计算机基础与实训教材系列

中文版 Office 2016 实用教程

杜思明 编著

清华大学出版社
北 京

内 容 简 介

本书由浅入深、循序渐进地介绍了 Microsoft 公司最新推出的办公自动化套装——中文版 Office 2016。全书共分为 12 章，分别介绍了 Microsoft Office 2016 软件基础，Word 文档的编辑排版，Word 文档的图文混排，Word 表格的创建与编辑，Word 文档处理高级应用，Excel 表格数据的输入与整理，Excel 工作簿与工作表的管理，Excel 函数和公式的应用技巧，Excel 表格数据的管理与分析，PPT 幻灯片的设计与编辑，PPT 幻灯片的动画制作与放映等内容。最后一章介绍了使用 Office 2016 软件制作综合案例的过程。

本书内容丰富、结构清晰、语言简练、图文并茂，具有很强的实用性和可操作性，是一本适合高等院校、职业学校及各类社会培训学校的优秀教材，也是广大初、中级电脑用户的自学参考书。

本书对应的电子教案、实例源文件和习题答案可以到 http://www.tupwk.com.cn/edu 网站下载。

图书在版编目(CIP)数据

中文版 Office 2016 实用教程 / 杜思明 编著. —北京：清华大学出版社，2017（2021.8重印）
(计算机基础与实训教材系列)
ISBN 978-7-302-47113-4

Ⅰ. ①中… Ⅱ. ①杜… Ⅲ. ①办公自动化—应用软件—教材 Ⅳ. ①TP317.1

中国版本图书馆 CIP 数据核字(2017)第 119128 号

责任编辑： 胡辰浩 袁建华
装帧设计： 孔祥峰
责任校对： 曹 阳
责任印制： 沈 露

出版发行： 清华大学出版社
网 址： http://www.tup.com.cn，http://www.wqbook.com
地 址： 北京清华大学学研大厦 A 座 **邮 编：** 100084
社 总 机： 010-62770175 **邮 购：** 010-62786544
投稿与读者服务： 010-62776969，c-service@tup.tsinghua.edu.cn
质 量 反 馈： 010-62772015，zhiliang@tup.tsinghua.edu.cn
课 件 下 载： http: //www.tup.com.cn, 010-62796865
印 装 者： 三河市铭诚印务有限公司
经 销： 全国新华书店
开 本： 190mm×260mm **印 张：** 23 **字 数：** 618 千字
版 次： 2017 年 6 月第 1 版 **印 次：** 2021 年 8 月第 4 次印刷
定 价： 69.00 元

产品编号：070043-02

编审委员会

丛书序

计算机已经广泛应用于现代社会的各个领域，熟练使用计算机已经成为人们必备的技能之一。因此，如何快速地掌握计算机知识和使用技术，并应用于现实生活和实际工作中，已成为新世纪人才迫切需要解决的问题。

为适应这种需求，各类高等院校、高职高专、中职中专、培训学校都开设了计算机专业的课程，同时也将非计算机专业学生的计算机知识和技能教育纳入教学计划，并陆续出台了相应的教学大纲。基于以上因素，清华大学出版社组织一线教学精英编写了这套“计算机基础与实训教材系列”丛书，以满足大中专院校、职业院校及各类社会培训学校的教学需要。

一、丛书书目

本套教材涵盖了计算机各个应用领域，包括计算机硬件知识、操作系统、数据库、编程语言、文字录入和排版、办公软件、计算机网络、图形图像、三维动画、网页制作以及多媒体制作等。众多的图书品种可以满足各类院校相关课程设置的需要。

⊙ 已出版的图书书目

《计算机基础实用教程（第三版）》	《Excel 财务会计实战应用（第三版）》
《计算机基础实用教程(Windows 7+Office 2010 版)》	《Excel 财务会计实战应用（第四版）》
《新编计算机基础教程（Windows 7+Office 2010）》	《Word+Excel+PowerPoint 2010 实用教程》
《电脑入门实用教程（第三版）》	《中文版 Word 2010 文档处理实用教程》
《电脑办公自动化实用教程（第三版）》	《中文版 Excel 2010 电子表格实用教程》
《计算机组装与维护实用教程（第三版）》	《中文版 PowerPoint 2010 幻灯片制作实用教程》
《网页设计与制作(Dreamweaver+Flash+Photoshop)》	《Access 2010 数据库应用基础教程》
《ASP.NET 4.0 动态网站开发实用教程》	《中文版 Access 2010 数据库应用实用教程》
《ASP.NET 4.5 动态网站开发实用教程》	《中文版 Project 2010 实用教程》
《多媒体技术及应用》	《中文版 Office 2010 实用教程》
《中文版 PowerPoint 2013 幻灯片制作实用教程》	《Office 2013 办公软件实用教程》
《Access 2013 数据库应用基础教程》	《中文版 Word 2013 文档处理实用教程》
《中文版 Access 2013 数据库应用实用教程》	《中文版 Excel 2013 电子表格实用教程》
《中文版 Office 2013 实用教程》	《中文版 Photoshop CC 图像处理实用教程》
《AutoCAD 2014 中文版基础教程》	《中文版 Flash CC 动画制作实用教程》
《中文版 AutoCAD 2014 实用教程》	《中文版 Dreamweaver CC 网页制作实用教程》

(续表)

《AutoCAD 2015 中文版基础教程》	《中文版 InDesign CC 实用教程》
《中文版 AutoCAD 2015 实用教程》	《中文版 Illustrator CC 平面设计实用教程》
《AutoCAD 2016 中文版基础教程》	《中文版 CorelDRAW X7 平面设计实用教程》
《中文版 AutoCAD 2016 实用教程》	《中文版 Photoshop CC 2015 图像处理实用教程》
《中文版 Photoshop CS6 图像处理实用教程》	《中文版 Flash CC 2015 动画制作实用教程》
《中文版 Dreamweaver CS6 网页制作实用教程》	《中文版 Dreamweaver CC 2015 网页制作实用教程》
《中文版 Flash CS6 动画制作实用教程》	《Photoshop CC 2015 基础教程》
《中文版 Illustrator CS6 平面设计实用教程》	《中文版 3ds Max 2012 三维动画创作实用教程》
《中文版 InDesign CS6 实用教程》	《Mastercam X6 实用教程》
《中文版 Premiere Pro CS6 多媒体制作实用教程》	《Windows 8 实用教程》
《中文版 Premiere Pro CC 视频编辑实例教程》	《计算机网络技术实用教程》
《中文版 Illustrator CC 2015 平面设计实用教程》	《Oracle Database 11g 实用教程》
《AutoCAD 2017 中文版基础教程	《中文版 AutoCAD 2017 实用教程》
《中文版 CorelDRAW X8 平面设计实用教程》	《中文版 InDesign CC 2015 实用教程》
《Oracle Database 12c 实用教程》	《Access 2016 数据库应用基础教程》
《中文版 Office 2016 实用教程》	《中文版 Word 2016 文档处理实用教程》
《中文版 Access 2016 数据库应用实用教程》	《中文版 Excel 2016 电子表格实用教程》
《中文版 PowerPoint 2016 幻灯片制作实用教程》	《中文版 Project 2016 项目管理实用教程》
《Office 2010 办公软件实用教程》	

二、丛书特色

1. 选题新颖，策划周全——为计算机教学量身打造

本套丛书注重理论知识与实践操作的紧密结合，同时突出上机操作环节。丛书作者均为各大院校的教学专家和业界精英，他们熟悉教学内容的编排，深谙学生的需求和接受能力，并将这种教学理念充分融入本套教材的编写中。

本套丛书全面贯彻“理论→实例→上机→习题”4 阶段教学模式，在内容选择、结构安排上更加符合读者的认知习惯，从而达到老师易教、学生易学的目的。

2. 教学结构科学合理、循序渐进——完全掌握“教学”与“自学”两种模式

本套丛书完全以大中专院校、职业院校及各类社会培训学校的教学需要为出发点，紧密结合学科的教学特点，由浅入深地安排章节内容，循序渐进地完成各种复杂知识的讲解，使学生能够一学就会、即学即用。

对教师而言，本套丛书根据实际教学情况安排好课时，提前组织好课前备课内容，使课堂教学过程更加条理化，同时方便学生学习，让学生在学习完后有例可学、有题可练；对自学者而言，可以按照本书的章节安排逐步学习。

3. 内容丰富，学习目标明确——全面提升“知识”与“能力”

本套丛书内容丰富，信息量大，章节结构完全按照教学大纲的要求来安排，并细化了每一章内容，符合教学需要和计算机用户的学习习惯。在每章的开始，列出了学习目标和本章重点，便于教师和学生提纲挈领地掌握本章知识点，每章的最后还附带有上机练习和习题两部分内容，教师可以参照上机练习，实时指导学生进行上机操作，使学生及时巩固所学的知识。自学者也可以按照上机练习内容进行自我训练，快速掌握相关知识。

4. 实例精彩实用，讲解细致透彻——全方位解决实际遇到的问题

本套丛书精心安排了大量实例讲解，每个实例解决一个问题或是介绍一项技巧，以便读者在最短的时间内掌握计算机应用的操作方法，从而能够顺利解决实践工作中的问题。

范例讲解语言通俗易懂，通过添加大量的“提示”和“知识点”的方式突出重要知识点，以便加深读者对关键技术和理论知识的印象，使读者轻松领悟每一个范例的精髓所在，提高读者的思考能力和分析能力，同时也加强了读者的综合应用能力。

5. 版式简洁大方，排版紧凑，标注清晰明确——打造一个轻松阅读的环境

本套丛书的版式简洁、大方，合理安排图与文字的占用空间，对于标题、正文、提示和知识点等都设计了醒目的字体符号，读者阅读起来会感到轻松愉快。

三、读者定位

本丛书为所有从事计算机教学的老师和自学人员而编写，是一套适合于大中专院校、职业院校及各类社会培训学校的优秀教材，也可作为计算机初、中级用户和计算机爱好者学习计算机知识的自学参考书。

四、周到体贴的售后服务

为了方便教学，本套丛书提供精心制作的PowerPoint教学课件(即电子教案)、素材、源文件、习题答案等相关内容，可在网站上免费下载，也可发送电子邮件至wkservice@vip.163.com索取。

此外，如果读者在使用本系列图书的过程中遇到疑惑或困难，可以在丛书支持网站(http://www.tupwk.com.cn/edu)的互动论坛上留言，本丛书的作者或技术编辑会及时提供相应的技术支持。咨询电话：010-62796045。

中文版Office 2016是Microsoft公司最新推出的专业化电子文档制作系列软件，能够制作美观的文字文档、电子表格以及幻灯片等办公文档。

本书从教学实际需求出发，合理安排知识结构，从零开始、由浅入深、循序渐进地讲解Office 2016的基本知识和使用方法。本书共分为12章，主要内容如下。

第1章介绍Office 2016的启动和退出、各组件工作界面等基础内容。

第2章介绍输入和编辑Word文本的相关操作内容。

第3章介绍在Word中使用图片、艺术字、自选图形等混排文档的方法。

第4章介绍在Word文档中编辑表格的方法与技巧。

第5章介绍在Word 2016使用样式、模板、主题，以及设置特殊版式、页面等高级应用。

第6章介绍Excel中的各种数据类型，以及在表格中输入与编辑各类数据的方法。

第7章介绍创建、保存与恢复Excel工作簿的方法，以及Excel工作表的基本操作。

第8章介绍函数与公式、单元格引用、公式的运算符等方面的知识。

第9章介绍排序、筛选与分类汇总，以及使用Excel数据透视表分析数据的方法。

第10章介绍使用PowerPoint设计与编辑演示文稿的方法与技巧。

第11章介绍为幻灯片增加效果和设置放映方式的方法与技巧。

第12章介绍几个综合实例，帮助用户使用Office 2016来制作文档。

本书图文并茂、条理清晰、通俗易懂、内容丰富，在讲解每个知识点时都配有相应的实例，方便读者上机实践。同时在难于理解和掌握的内容上给出相关提示，让读者能够快速地提高操作技能。此外，本书配有大量综合实例和练习，让读者在不断的实际操作中更加牢固地掌握书中讲解的内容。

为了方便老师教学，我们免费提供本书对应的电子教案、实例源文件和习题答案，您可以到http://www.tupwk.com.cn/edu网站的相关页面上进行下载。

除封面署名的作者外，参加本书编写的人员还有陈笑、孔祥亮、杜思明、高娟妮、熊晓磊、曹汉鸣、何美英、陈宏波、潘洪荣、王燕、谢李君、李珍珍、王华健、柳松洋、陈彬、刘芸、高维杰、张素英、洪妍、方峻、邱培强、顾永湘、王璐、管兆昶、颜灵佳、曹晓松等。由于作者水平所限，本书难免有不足之处，欢迎广大读者批评指正。我们的邮箱是huchenhao@263.net，电话是010-62796045。

作　者

2017年5月

推荐课时安排

章　　名	重点掌握内容	教 学 课 时
第 1 章 初识 Office 2016	1. 启动和退出 Office 2016 2. 安装与运行 Office 2016 3. Office 2016 的基本操作 4. Office 2016 的常用组件 5. 获取 Office 2016 的帮助信息	2 学时
第 2 章 Word 文档的编辑排版	1. Word 2016 文档的基本操作 2. 插入符号和日期 3. 设置文档的格式 4. 利用样式格式化文档	2 学时
第 3 章 Word 文档的图文混排	1. 在文档中插入与编辑图片 2. 在文档中应用艺术字 3. 在文档中添加文本框和 SmartArt 图形	3 学时
第 4 章 Word 表格的创建与编辑	1. 快速制作与修改表格 2. 编辑表格 3. 美化表格 4. Word 表格的计算与排序	3 学时
第 5 章 Word 文档处理高级应用	1. 在文档中使用样式 2. 套用 Word 模板 3. 添加文档页面背景和主题 4. 添加题注和尾注	2 学时
第 6 章 Excel 表格数据的输入与整理	1. 认识 Excel 数据的类型 2. 在 Excel 中输入与编辑数据 3. 数据的复制、粘贴、查找与替换 4. 隐藏和锁定单元格	3 学时
第 7 章 Excel 工作簿与工作表的管理	1. 工作簿的基本操作 2. 操作 Excel 工作表 3. 控制工作窗口视图 4. 行、列和单元格区域的基础操作	3 学时

(续表)

章　名	重点掌握内容	教学课时
第 8 章 Excel 函数和公式的应用技巧	1. 公式中的运算符 2. 了解公式和函数的基础知识 3. 使用命名公式——名称 4. 掌握 Excel 常用函数的应用技巧	3 学时
第 9 章 Excel 表格数据的管理与分析	1. 使用排序、筛选与分类汇总 2. 使用数据透视表分析数据 3. 使用 Excel 图表分析数据	3 学时
第 10 章 PPT 幻灯片的设计与编辑	1. 制作幻灯片母版 2. 编辑幻灯片内容 3. 在幻灯片中插入媒体文件 4. 设置动作按钮	2 学时
第 11 章 PPT 幻灯片的效果添加与放映	1. 设计幻灯片切换动画 2. 设置幻灯片的放映方式 3. 控制幻灯片的放映过程 4. 录制幻灯片演示	2 学时
第 12 章 Office 软件应用综合实例	1. 使用 Word 2016 制作与编辑文档 2. 使用 Excel 2016 管理与统计表格 3. 使用 PowerPoint 2016 设计与美化幻灯片	2 学时

注：1. 教学课时安排仅供参考，授课教师可根据情况作调整。

2. 建议每章安排与教学课时相同时间的上机练习。

目录 CONTENTS

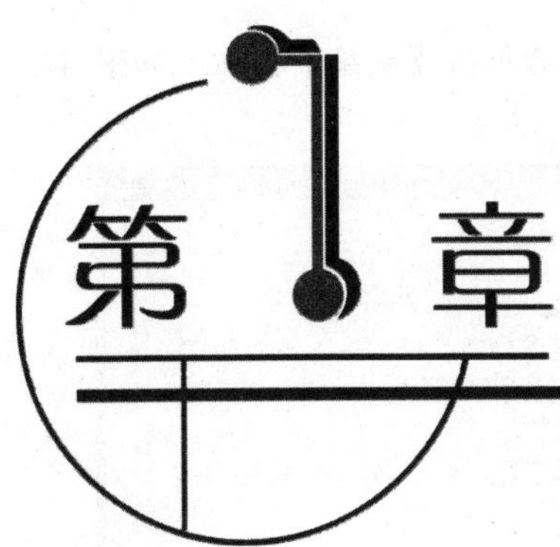

初识 Office 2016

学习目标

Office 2016 是 Microsoft 公司推出的 Office 系列办公软件的最新版本。本章将向大家介绍该软件的一些基本常识，包括 Office 2016 的常用组件、Office 2016 的安装方法及其工作界面等。

本章重点

- 安装与运行 Office 2016
- Office 2016 的基本操作
- Office 2016 的常用组件
- 获取 Office 2016 帮助信息

1.1 Office 2016 简介

要使用 Office 2016，首先要将其安装到计算机中。本节将主要介绍 Office 2016 的安装方法，以及 Office 2016 的通用操作。

1.1.1 安装 Office 2016

安装程序一般都有特殊的名称，其后缀名一般为.exe，名称一般为 Setup 或 Install。这种就是安装文件。双击该文件，即可启动应用软件的安装程序，然后按照软件提示逐步操作即可。

【例 1-1】 在 Windows 7 系统中安装办公软件 Office 2016。

(1) 首先获取 Microsoft Office 2016 的安装光盘或者安装包，然后找到安装程序(一般来说，软件安装程序的文件名为 Setup.exe)。

(2) 双击安装程序，系统弹出【Microsoft Office 专业增强版 2016】对话框，选择软件的安装方式。本例单击【自定义】按钮，如图 1-1 所示。

(3) 在打开的对话框中选择 Office 软件需要安装的组件，然后单击【继续】按钮，如图 1-2 所示。

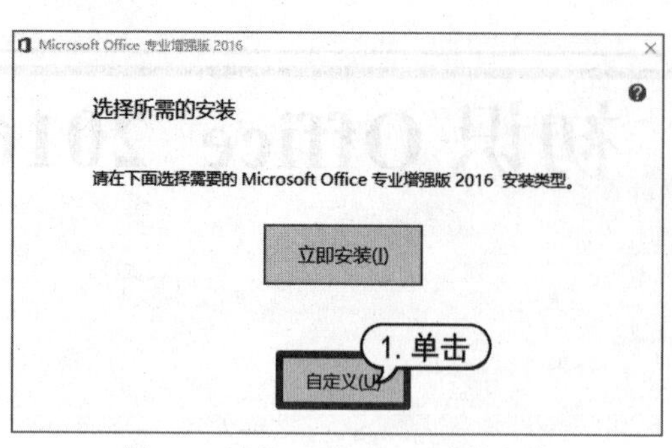

图 1-1　选择 Office 2016 安装方式

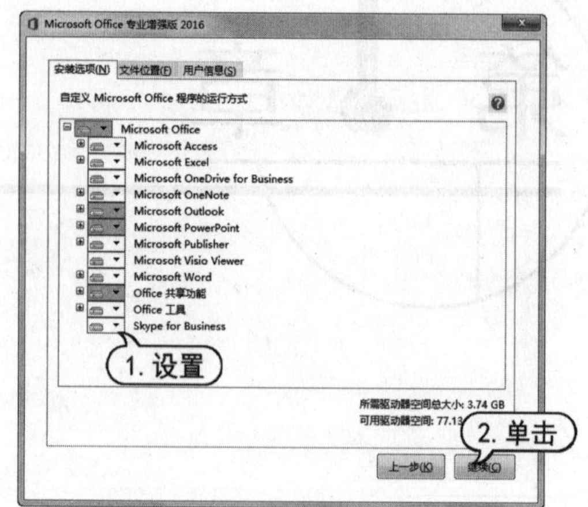

图 1-2　选择 Office 2016 安装组件

(4) 接下来根据安装软件的提示，即可完成 Office 2016 的安装与激活。

1.1.2　Office 2016 组件的功能

Office 2016 组件主要包括 Word、Excel、PowerPoint 等，它们可分别完成文档处理、数据处理、制作演示文稿等工作。

- Word：专业的文档处理软件，能够帮助用户快速地完成报告、合同等文档的编写。其强大的图文混排功能，能够帮助用户制作图文并茂且效果精美的文档。
- Excel：专业的数据处理软件。通过它，用户可方便地对数据进行处理，包括数据的排序、筛选和分类汇总等，是办公人员进行财务处理和数据统计的好帮手。
- PowerPoint：专业的演示文稿制作软件，能够集文字、声音和动画于一体，制作生动形象的多媒体演示文稿，如方案、策划、会议报告等。

1.1.3　启动 Office 2016 组件

认识 Office 2016 的各个组件后，就可以根据不同的需要选择启动不同的软件来完成工作。启动 Office 2016 中的组件可采用多种不同的方法，下面分别进行简要介绍。

- 通过开始菜单启动：单击【开始】按钮，选择【所有程序】| Microsoft Office | Microsoft Office Word 2016 命令，可启动 Word 2016。同理，也可启动其他组件。
- 双击快捷方式启动：通常软件安装完成后会在桌面上建立快捷方式图标，双击这些图标即可启动相应的组件。
- 通过【计算机】窗口启动：如果清楚地知道软件在电脑中安装的位置，可打开【计算机】窗口，找到安装目录。然后双击，即可启动文件。

◉ 通过已有的文件启动：如果电脑中已经存在已保存的文件，可双击这些文件启动相应的组件。例如，双击 Word 文档文件，可打开文件并同时启动 Word 2016；双击 Excel 工作簿，可打开工作簿并同时启动 Excel 2016。

1.1.4　Office 2016 组件的软件界面

Office 2016 中各个组件的工作界面大致相同，本书主要介绍 Word、Excel 和 PowerPoint 这 3 个组件，下面以 Word 2016 为例来介绍它们的共性界面。

选择【开始】|【所有程序】| Microsoft Office | Microsoft Office Word 2016 命令，启动 Word 2016。该软件的界面如图 1-3 所示。

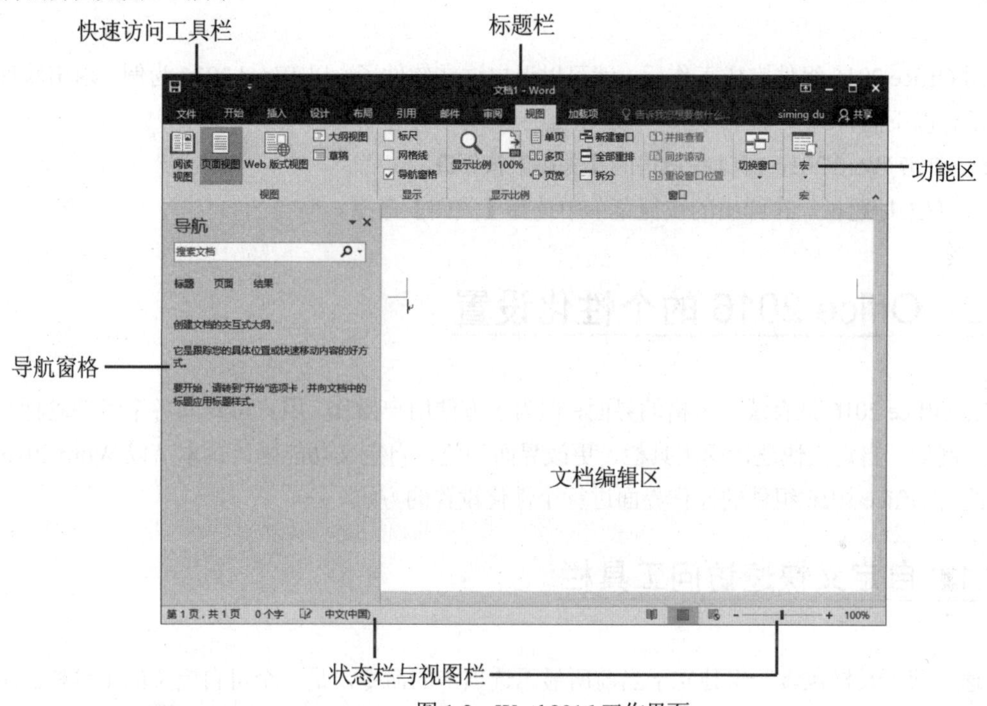

图 1-3　Word 2016 工作界面

在 Office 系列软件的界面中，通常会包含以下一些界面元素。

◉ 快速访问工具栏：快速访问工具栏中包含最常用操作的快捷按钮，方便用户使用。在默认状态中，快速访问工具栏中包含 3 个快捷按钮，分别为【保存】按钮、【撤销】按钮和【恢复】按钮，以及旁边的下拉按钮。

◉ 标题栏：标题栏位于窗口的顶端，用于显示当前正在运行的程序名及文件名等信息。标题栏最右端有 3 个按钮，分别用来控制窗口的最小化、最大化和关闭。

◉ 功能区：在 Word 2016 中，功能区是完成文本格式操作的主要区域。在默认状态下，功能区主要包含【文件】、【开始】、【插入】、【设计】、【页面布局】、【引用】、【邮件】、【审阅】、【视图】和【加载项】这 10 个基本选项卡。

- 导航窗格：导航窗格主要显示文档的标题文字，以便用户快速查看文档。单击其中的标题，可快速跳转到相应的位置。
- 文档编辑区：文档编辑区就是输入文本、添加图形和图像，以及编辑文档的区域。用户对文本进行的操作结果都将显示在该区域。
- 状态栏与视图栏：状态栏和视图栏位于 Word 窗口的底部，显示了当前文档的信息，如当前显示的文档是第几页、第几节和当前文档的字数等。在状态栏中还可以显示一些特定命令的工作状态。另外，在视图栏中通过拖动【显示比例滑杆】中的滑块，可以直观地改变文档编辑区的大小。

1.1.5 退出 Office 2016 组件

使用 Office 2016 组件完成工作后，就可以退出这些软件了。以 Word 2016 为例，退出软件的方法通常有以下两种。

- 单击 Word 2016 窗口右上角的【关闭】按钮☒。
- 右击标题栏，在弹出的快捷菜单中选择【关闭】命令。

1.2 Office 2016 的个性化设置

虽然 Office 2016 具有统一风格的界面，但为了方便用户操作，用户可对其各个组件进行个性化设置。例如，自定义快速访问工具栏、更改界面颜色、自定义功能区等。本节以 Word 2016 为例来介绍对 Office 2016 组件的操作界面进行个性化设置的方法。

1.2.1 自定义快速访问工具栏

快速访问工具栏包含一组独立于当前所显示选项卡的命令，是一个可自定义的工具栏。用户可以快速地自定义常用的命令按钮，单击【自定义快速访问工具栏】下拉按钮▾，从弹出的下拉菜单中选择【打开】命令，即可将【打开】按钮添加到快速访问工具栏中，如图 1-4 所示。

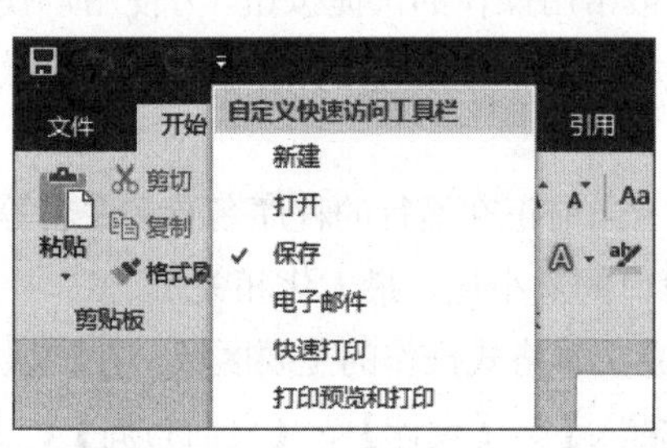

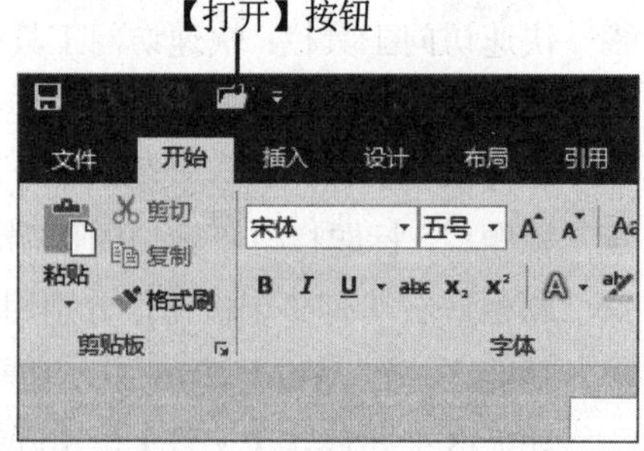

图 1-4　添加命令按钮

【例 1-2】自定义 Word 2016 快速访问工具栏中的按钮，将【快速打印】和【格式刷】按钮添加到快速访问工具栏中。

(1) 在快速访问工具栏中单击【自定义快速工具栏】下拉按钮。在弹出的菜单中选择【快速打印】命令，将【快速打印】按钮添加到快速访问工具栏中。

(2) 右击快速访问工具栏，在弹出的菜单中选择【自定义快速访问工具栏】命令，如图 1-5 所示。

(3) 打开【Word 选项】对话框，在【从下列位置选择命令】列表框中选择【格式刷】选项。然后单击【添加】按钮，将【格式刷】按钮添加到【自定义快速访问工具栏】的列表框中，如图 1-6 所示。

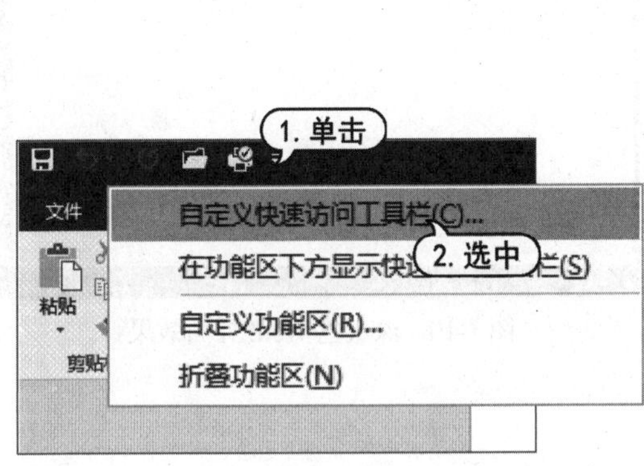

图 1-5　自定义快速访问工具栏

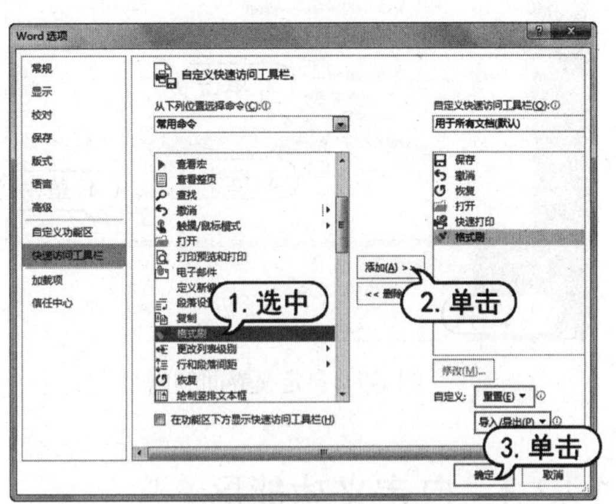

图 1-6　添加【格式刷】按钮

(4) 单击【确定】按钮，即可在快速访问工具栏添加【格式化】按钮，如图 1-7 所示。

(5) 在快速访问工具栏中右击某个按钮，在弹出的快捷菜单中选择【从快速访问工具栏删除】命令，即可将该按钮从快速访问工具栏中删除，如图 1-8 所示。

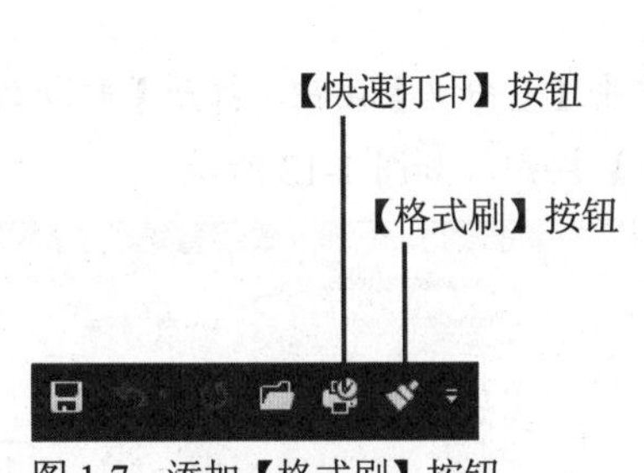

图 1-7　添加【格式刷】按钮

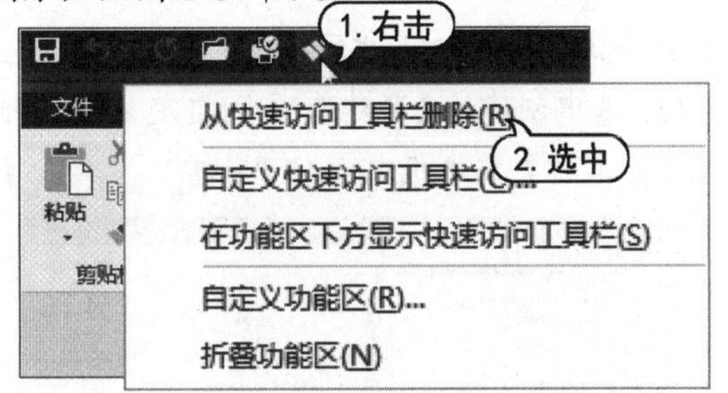

图 1-8　删除快速访问工具栏上的按钮

1.2.2　更改软件界面颜色

Office 2016 各组件都有其软件默认的工作界面(例如，Word 2016 为蓝色和白色，Excel 2016 为绿色和白色)。用户可以通过更改界面颜色，定制符合自己需求的软件窗口颜色。

【例 1-3】更改 Word 2016 工作界面颜色。

(1) 单击【文件】按钮，从弹出的菜单中选择【选项】命令。

(2) 打开【Word 选项】对话框的【常规】选项卡，单击【Office 主题】下拉按钮。在弹出的菜单中选择【深灰色】命令，如图 1-9 所示。

(3) 单击【确定】按钮，此时 Word 2016 工作界面的效果如图 1-10 所示。

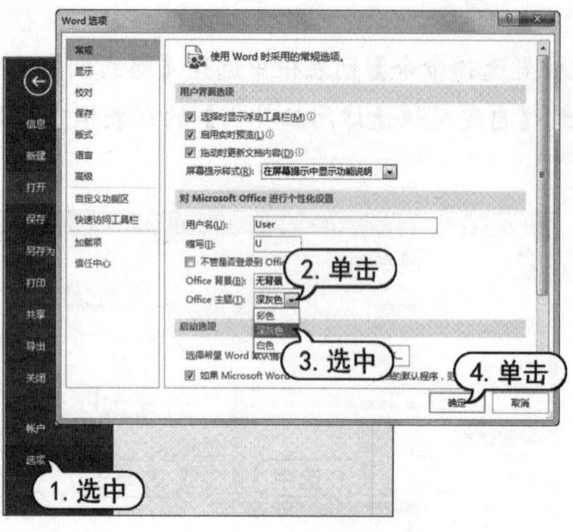

图 1-9　自定义界面颜色

图 1-10　深灰色 Word 界面效果

1.2.3　自定义功能区

用户还可以根据需要，在功能区中添加新选项和新组，并增加新组中的按钮，具体如下。

(1) 在功能区中任意位置右击，从弹出的快捷菜单中选择【自定义功能区】命令。

(2) 打开【Word 选项】对话框，切换至【自定义功能区】选项卡。单击右下方的【新建选项卡】按钮，如图 1-11 所示。

(3) 选中创建的【新建选项卡(自定义)】选项，单击【重命名】按钮，打开【重命名】对话框。在【显示名称】文本框中输入“新增”，单击【确定】按钮，如图 1-12 所示。

图 1-11　创建自定义选项卡

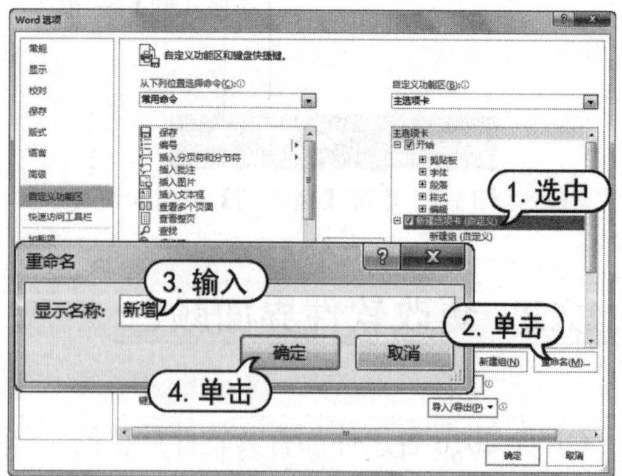

图 1-12　重命名自定义选项卡

(4) 返回至【Word 选项】对话框，在【主选项卡】列表框中显示重命名的新选项卡。

(5) 在【自定义功能区】选项组的【主选项卡】列表框中选中【新建组(自定义)】选项卡，单击【重命名】按钮。

(6) 打开【重命名】对话框，在【符号】列表框中选择一种符号。在【显示名称】文本框中输入“Office 工具”，单击【确定】按钮，如图 1-13 所示。

(7) 在【从下列位置选中命令】下拉列表框中选择【不在功能区中的命令】选项，并在下方的列表框中选择需要添加到的按钮，这里选择【标注】选项。单击【添加】按钮，即可将其添加到新建的【Office 工具】组中，如图 1-14 所示。

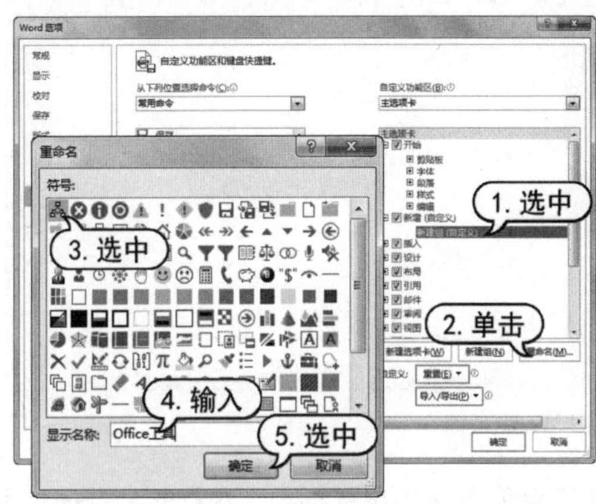

图 1-13　重命名命令组

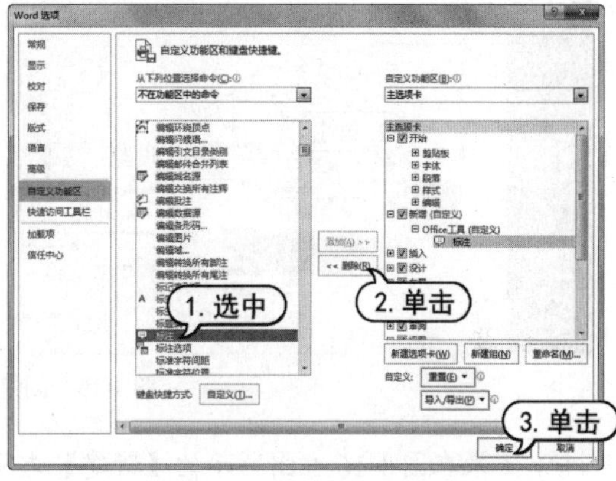

图 1-14　添加【标注】按钮

(8) 完成自定义设置后，单击【确定】按钮，返回至 Word 2016 工作界面。此时，显示【新增】选项卡。打开该选项卡，即可看到【Office 工具】命令组中的【标注】按钮，如图 1-15 所示。

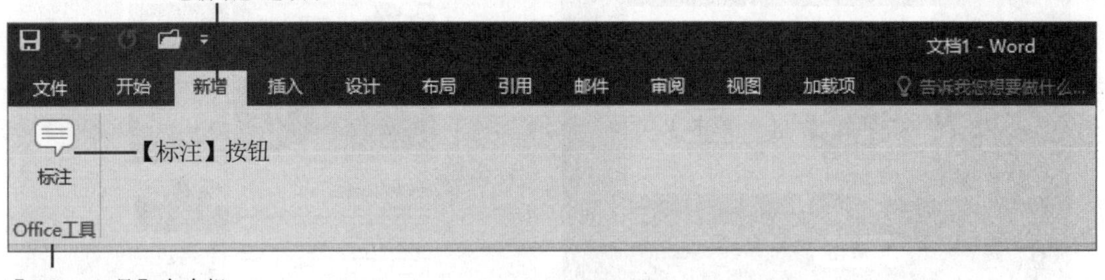

图 1-15　自定义 Word 功能区

1.3　Office 2016 的基本操作

本节将以 Word 2016 为例，介绍 Office 2016 的基本操作方法，包括新建文档、打开文档、关闭文档、保存文档以及打印文档等内容。

1.3.1 新建文档

在 Office 系列软件中，创建新文档的方法有很多种，如通过快速访问工具栏、快捷键、菜单栏命令等。下面将介绍创建新文档的常用操作。

(1) 选择【文件】选项卡，在弹出的菜单中选择【新建】命令，在显示的选项区域中单击【空白文档】按钮(或者按下 Ctrl+N 组合键)，即可创建一个空白 Word 文档，如图 1-16 所示。

图 1-16 创建空白 Word 文档

(2) 如果在图 1-16 左图所示的【新建】选项区域中单击一种模板样式，在打开的对话框中单击【创建】按钮，即可创建一个文档，并自动套用所选的模板样式，如图 1-17 所示。

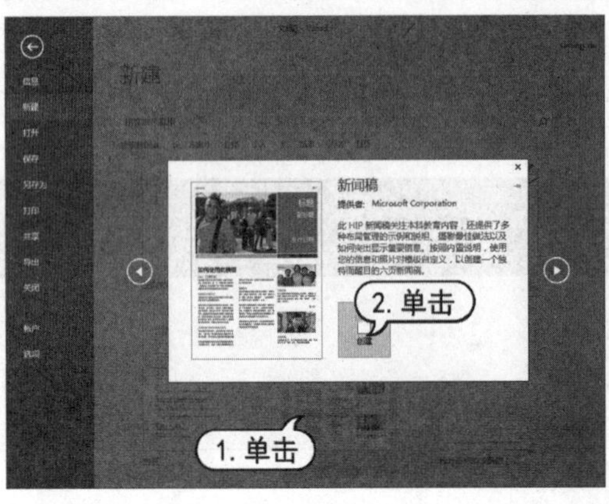

图 1-17 使用模板创建文档

1.3.2 打开文档

如果用户要打开一个 Office 2016 文档，可以参考下列操作。

(1) 选择【文件】选项卡，在弹出的菜单中选择【打开】命令。然后单击【浏览】按钮(或者按下 Ctrl+O 组合键)。

(2) 在打开的【打开】对话框中选择一个文档后，单击【打开】命令，如图 1-18 所示。

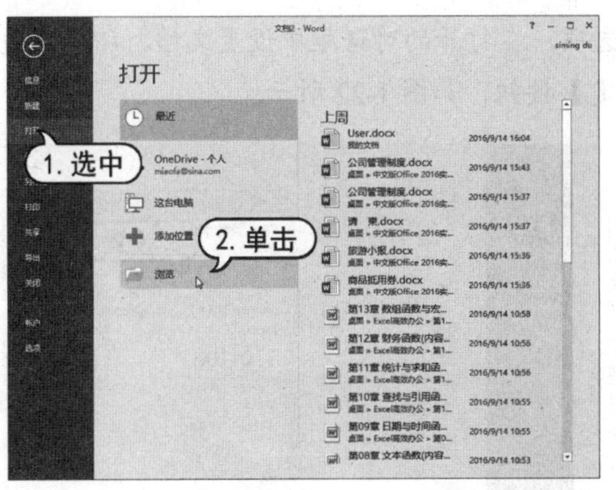

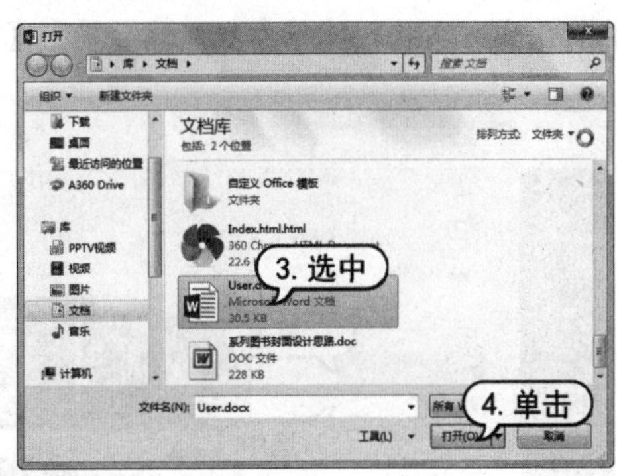

图 1-18　打开 Office 文档

1.3.3　保存文档

如果用户需要保存正在编辑的 Office 文档，可以参考下列步骤进行操作。

(1) 选择【文件】选项卡，在弹出的菜单中选择【另存为】命令(或按下 F12 键)。在展开的选项区域中单击【浏览】按钮，如图 1-19 所示。

(2) 打开【另存为】对话框。在【文件名】文本框中输入文档名称后，单击【保存】按钮即可将文档保存，如图 1-20 所示。

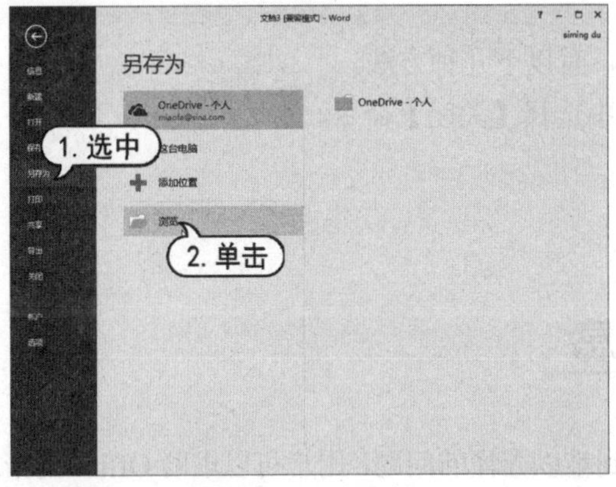

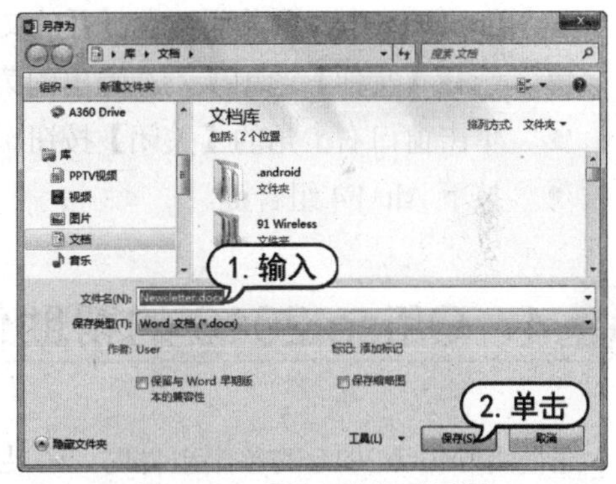

图 1-19　保存文档　　图 1-20　【另存为】对话框

1.3.4　打印文档

文档制作完毕之后，用户可以按下列步骤操作，将 Office 文件打印出来。

(1) 选择【文件】选项卡，在弹出的菜单中选择【打印】命令(或按下 Ctrl+P 组合键)。单击【打印机】下拉按钮，在弹出的菜单中选择一台与当前计算机连接的打印机。此时，在窗口右侧将显示文档的打印预览，如图 1-21 所示。

(2) 单击选项区域左下方的【页面设置】选项，在打开的对话框中设置文档打印的页边距、纸张、版式、文档网格等参数，然后单击【确定】按钮，如图 1-22 所示。

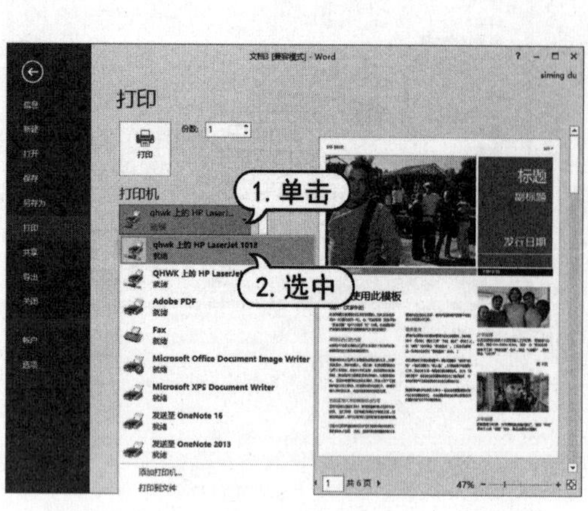

图 1-21 选择打印机

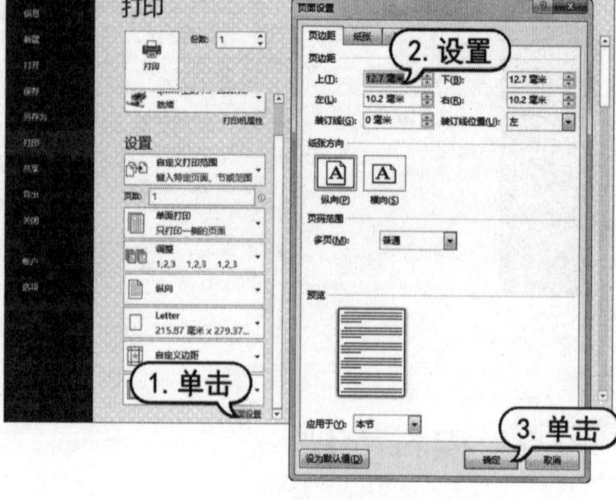

图 1-22 打印页面设置

(3) 完成以上设置后，在【份数】文本框中输入文档的打印份数，然后单击【打印】按钮即可打印文档。

1.3.5 关闭文档

在 Office 2016 中，要关闭正在打开的文档，有以下几种方法。

- 选择【文件】选项卡，在弹出的菜单中选择【关闭】命令。
- 单击窗口右上角的【关闭】按钮。
- 按下 Alt+F4 组合键。

1.4 Office 2016 的帮助信息

在使用 Office 2016 的各个组件时，如果遇到难以弄懂的问题，用户可以求助 Office 的帮助系统。人们可以使用它获取帮助，达到排忧解难的目的。

1.4.1 使用 Office 系统帮助

Office 2016 的帮助功能已经被融合到每一个组件中，用户只需单击【帮助】按钮 ?，或者按下 F1 键，即可打开帮助窗口。下面将以 Excel 2016 为例，讲解如何通过帮助系统获取帮助信息。

(1) 选择【文件】选项卡，然后单击窗口右上角的 ? 按钮，或者按下 F1 键，打开帮助窗口，如图 1-23 所示。

(2) 在文本框中输入“合并计算”，然后单击搜索按钮，即可联网搜索到与之相关的内容链接。本例单击【对多个表中的数据进行合并计算】链接，如图 1-24 所示。

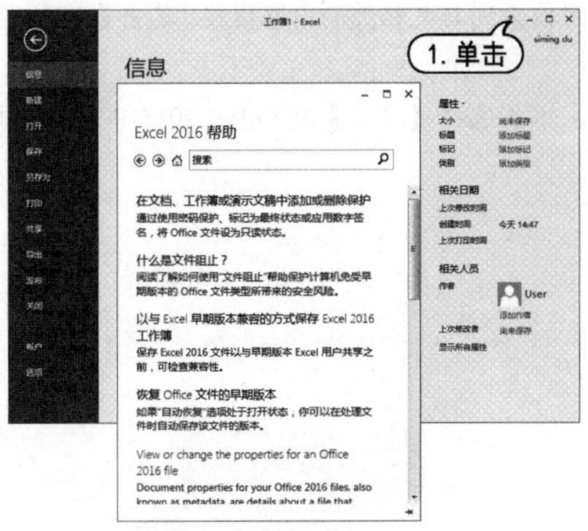

图 1-23　打开 Excel 2016 帮助

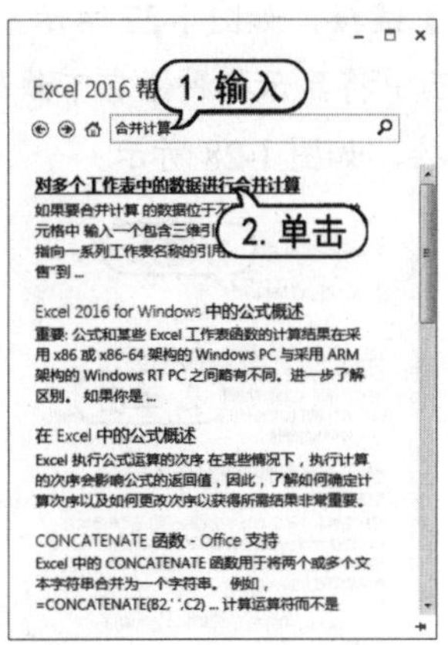

图 1-24　搜索帮助信息

(3) 此时，即可在【Excel 2016 帮助】窗口的文本区域中显示有关于“合并计算”的相关内容，如图 1-25 所示。

(4) 连续单击【后退】按钮，返回初始窗口。在文本框中输入文本“Word 2016 的新功能”，单击【Word 2016 for Windows 中的新增功能】链接，如图 1-26 所示。

图 1-25　查询合并计算的帮助

图 1-26　查询 Excel 2016 新增功能

1.4.2　下载帮助语言

在确保计算机已经联网的情况下，用户还可以通过强大的网络搜寻到更多的 Office 2016 帮助信息，即通过 Internet 获得更多的技术支持，如下载语言界面包。

【例 1-4】在 PowerPoint 2016 中使用帮助功能下载语言界面包。

(1) 启动 PowerPoint 2016 后，按下 F1 键打开【PowerPoint 2016 帮助】窗口。在文本框中输入“语言界面包”，然后单击搜索按钮，即可联网搜索到与之相关的内容链接。单击【Office 2016 语言配件包】链接，如图 1-27 所示。

(2) 界面中将显示各种语言下载的链接内容。本例选择【日语】的 Office 2016 下载包，单击【下载】链接，如图 1-28 所示。

图 1-27　搜索语言配件包

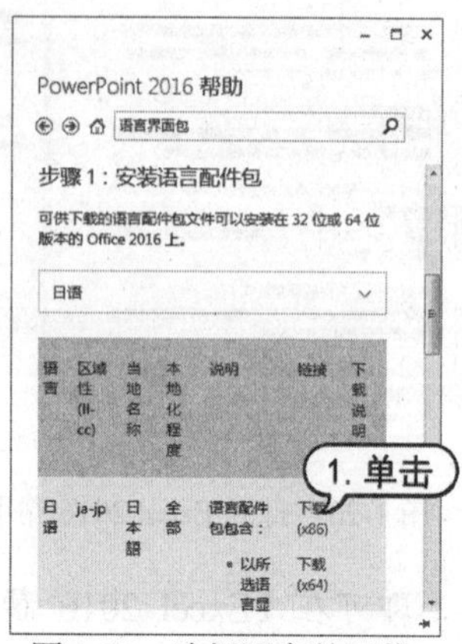

图 1-28　选择语言并下载

(3) 此时，打开 Microsoft 官方下载网页。在打开的对话框中，单击【下载并运行】按钮，即可开始下载并安装 Office 2016 语言配件包，如图 1-29 所示。

图 1-29　下载并安装 Office 2016 语言配件包

1.5　上机练习

本章的上机练习将通过实例操作介绍 Office 2016 中一些常用辅助功能的使用方法，如查找与替换，标尺、参考线与网格，格式刷以及文档导出功能等。

1.5.1　查找与替换

下面将以 Word 2016 为例，介绍快速地找到文档中某个信息或更改全文中多次出现的词语的方法。

(1) 启动 Word 2016，打开“邀请函”文档。在【开始】选项卡的【编辑】组中单击【查找】下拉按钮，在弹出的菜单中选择【高级查找】命令，如图 1-30 所示。

(2) 打开【查找和替换】对话框。在【查找内容】文本框中输入“运动会”，然后单击【查找下一处】按钮，即可在文档中选中查找到的文本，如图 1-31 所示。

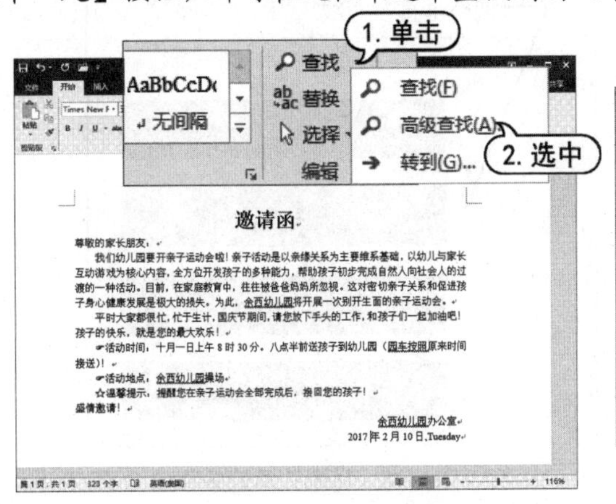

图 1-30　邀请函文档

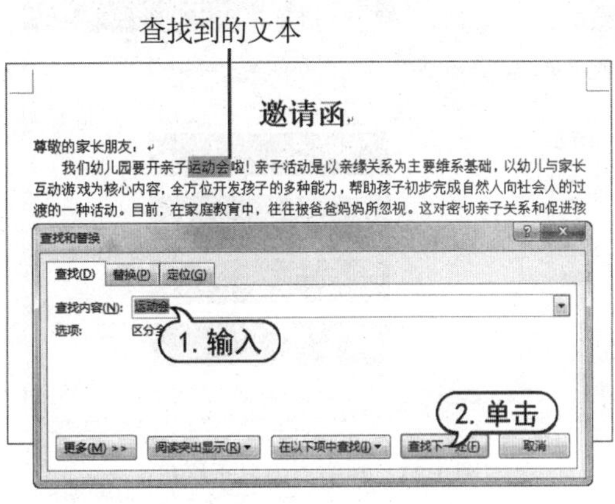

图 1-31　查找文本“运动会”

(3) 连续单击【查找下一处】按钮，可以查找文档中其他符合要求的文本。

(4) 在【查找和替换】对话框中选择【替换】选项卡。在【替换】文本框中输入“活动”，然后单击【全部替换】按钮，即可将文档中的文本“运动会”替换为“活动”，如图 1-32 所示。

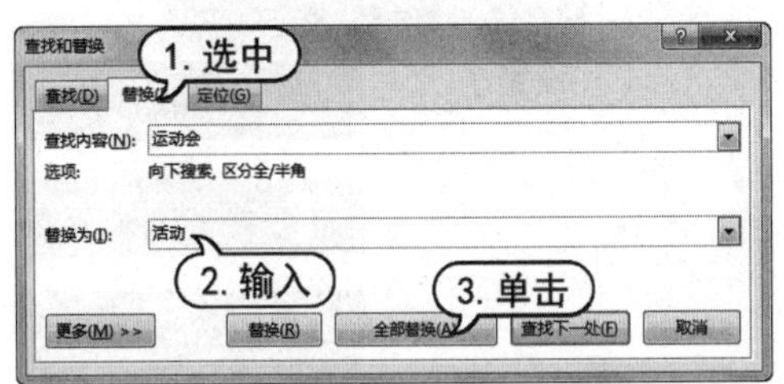

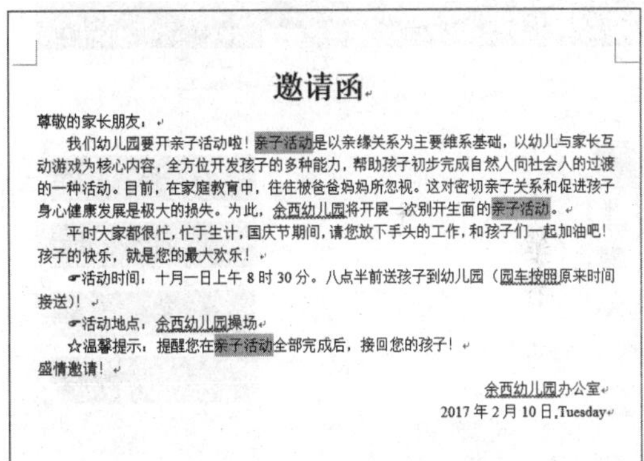

图 1-32　将文本“运动会”替换为“活动”

1.5.2　标尺、参考线与网格

下面将以 PowerPoint 2016 为例，介绍在 Office 2016 系列中标尺、参考线与网格的使用方法。

(1) 选择【视图】选项卡，在【显示】命令组中选中【标尺】复选框，即可在窗口中显示如图 1-33 所示的标尺。

(2) 在【显示】命令组中选中【参考线】复选框，可以在窗口中显示参考线。将鼠标指针放置在参考线上方，当指针变为十字形状后，按住鼠标指针拖动，可以调整参考线在窗口中的位置，如图 1-34 所示。参考线可以用于定位各种窗口元素(如图片、图形或视频)在文档中的位置。

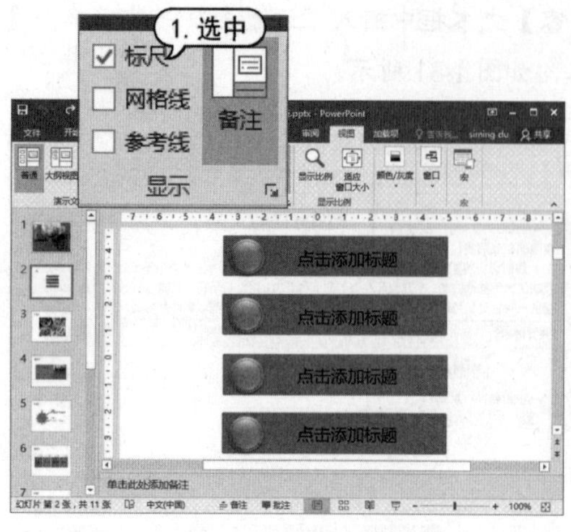

图 1-33　在窗口中显示标尺

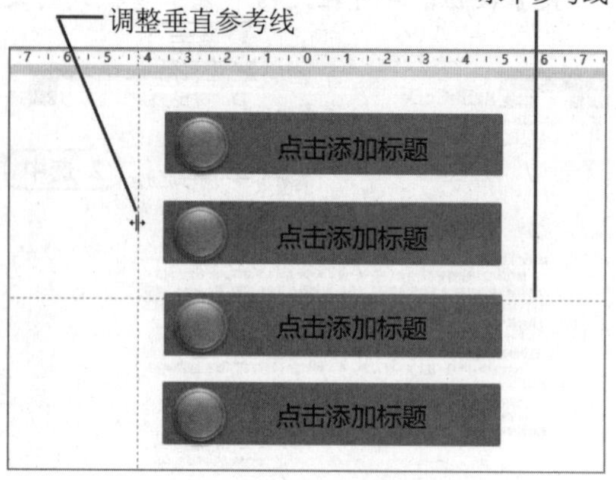

图 1-34　显示并调整参考线

(3) 在【显示】命令组中选中【网格线】复选框，可以在文档窗口中显示如图 1-35 所示的网格线。

(4) 选中文档中的对象(文本或图像)，按住鼠标左键拖动可以利用网格线将对象对齐，如图 1-36 所示。

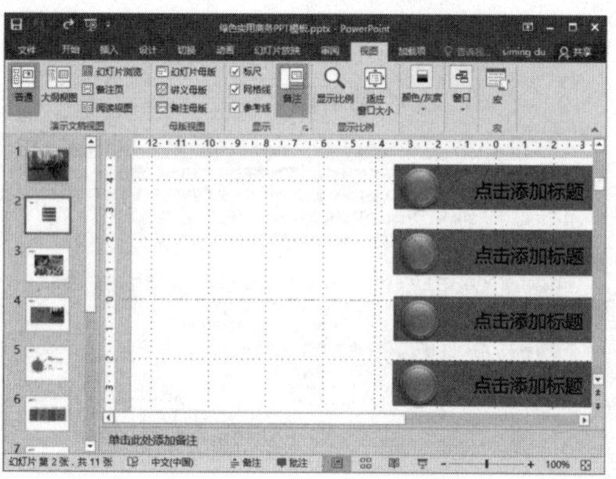

图 1-35　显示网格线

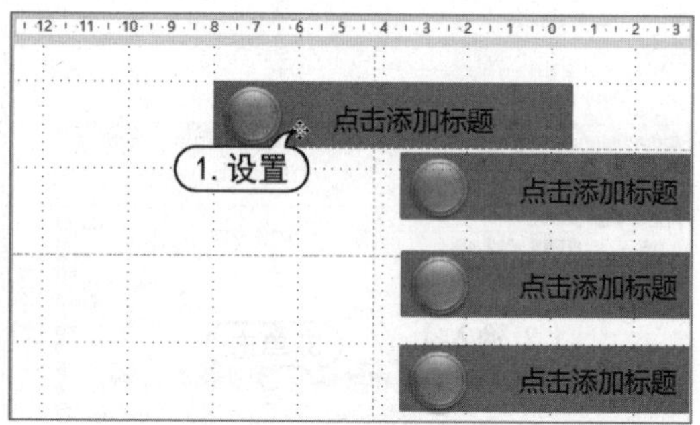

图 1-36　利用网格对齐对象

1.5.3　格式刷

下面将以 Excel 2016 为例，介绍在 Office 2016 系列软件中利用【格式刷】工具，复制对象格式的方法。

(1) 使用 Excel 2016 打开一个表格后，选中一个需要复制格式的单元格(或对象)，然后在【开始】选项卡【剪贴板】命令组中单击【格式刷】按钮，如图 1-37 所示。

(2) 使用鼠标拖动选中需要复制格式的目标单元格，即可将步骤(1)选中单元格的格式复制到

目标单元格上，如图 1-38 所示。

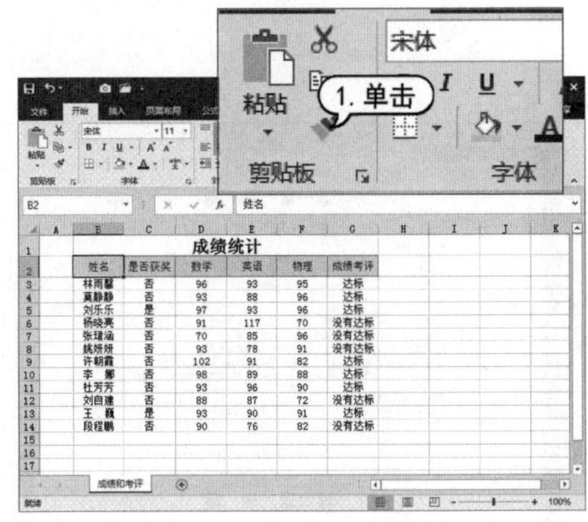

图 1-37　使用【格式化】按钮

成绩统计

姓名	是否获奖	数学	英语	物理	成绩考评
林雨馨	否	96	93	95	达标
莫静静	否	93	88	96	达标
刘乐乐	是	97	93	96	达标
杨晓亮	否	91	117	70	没有达标
张珺涵	否	70	85	96	没有达标
姚妍妍	否	93	78	91	没有达标
许朝霞	否	102	91	82	达标
李　娜	否	98	89	88	达标
杜芳芳	否	93	96	90	达标
刘自建	否	88	87	72	没有达标
王　巍	是	93	90	91	达标
段程鹏	否	90	76	82	没有达标

图 1-38　复制格式

(3) 如果用户在【剪贴板】命令组中双击【格式刷】按钮，可将对象格式复制到多个区域中。

1.5.4　导出文档

使用 Office 2016 可以将打开的文档导出为 PDF/XPS 格式的文档。下面以 Word 2016 为例，介绍导出文档的具体操作。

(1) 选择【开始】选项卡，在弹出的菜单中选择【导出】命令。在打开的选项区域中选中【创建 PDF/XPS 文档】选项，并单击【创建 PDF/XPS】按钮，如图 1-39 所示。

(2) 打开【发布为 PDF 或 XPS】对话框，单击【保存类型】下拉按钮，在弹出的下拉列表中选择文件导出的类型。在【文件名】文本框中输入文件导出的名称，如图 1-40 所示。

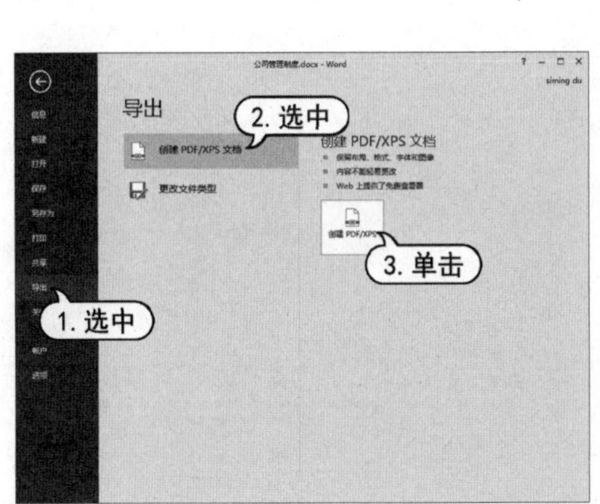

图 1-39　【导出】界面

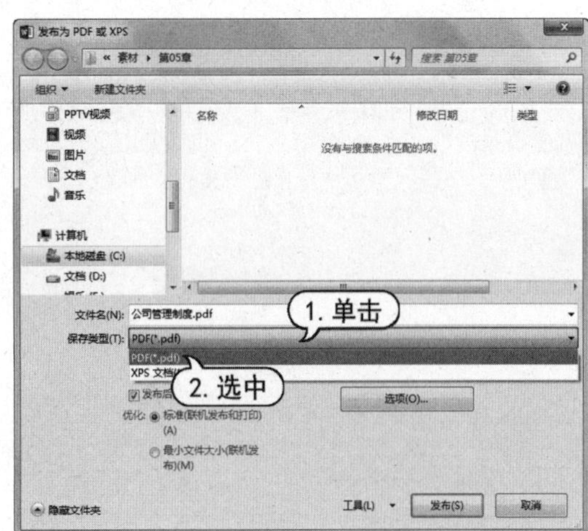

图 1-40　【发布为 PDF 或 XPS】对话框

(3) 单击【选项】按钮，在打开的对话框中可以设置文档导出的具体选项参数，完成后单击

【确定】按钮，返回【发布为 PDF 或 XPS】对话框。单击【发布】按钮即可将文档导出为 PDF(或 XPS)文档，如图 1-41 所示。

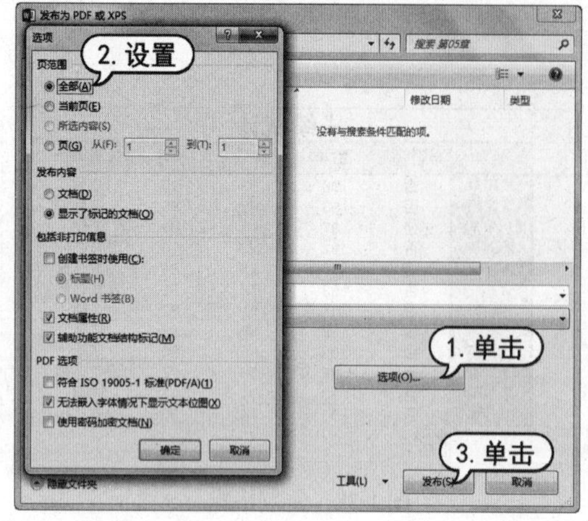

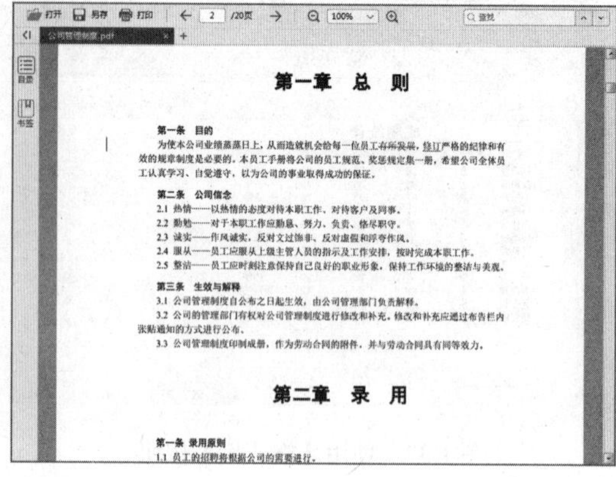

图 1-41 将文档导出为 PDF/XPS 文档

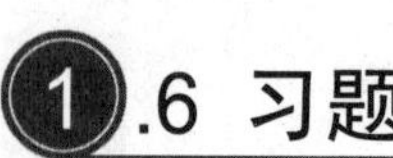1.6 习题

1. 练习在计算机中安装 Excel 2016 组件。
2. 简述启动和退出 PowerPoint 2016 的方法。
3. 启动 Excel 2016 后，参考本章介绍的 Word 2016 简述 Excel 2016 工作界面的组成。

第2章 Word 文档的编辑排版

学习目标

Word 2016 是 Microsoft 公司最新推出的文字处理软件。它继承了 Windows 友好的图形界面，可方便地进行文字、图形、图像和数据处理，可以制作具有专业水准的文档。本章主要介绍使用 Word 2016 编辑与排版文档的基础操作，包括文本的操作、插入符号和日期、插入项目符号和编号等。

本章重点

- Word 文档的基本操作
- 插入符号和日期
- 利用样式格式化文档

2.1 文本的操作

在编辑与排版 Word 文档的过程中，经常需要选择文本的内容，对选中的文本内容进行复制或删除操作。本节将详细介绍选择不同类型文本的操作，以及文本的复制、移动、粘贴和删除等操作方法。

2.1.1 选择文本

1. 鼠标操作

在 Word 中常常需要选择文本内容或段落内容，常见的情况有：自定义选择所需内容、选择一个词语、选择段落文本、选择全部文本等，下面将分别进行介绍。

- 选择需要的文本：打开 Word 文档后，将光标移动至需要选定文本的前面，按住鼠标左键并拖动，拖至目标位置后释放鼠标即可选定拖动时经过的文本内容，如图 2-1 所示。

- 选择一个词语：在文档中双击需要选择的词语，即可选定该词语，即选定双击位置的词语，如图 2-2 所示。

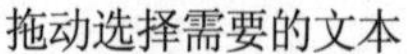

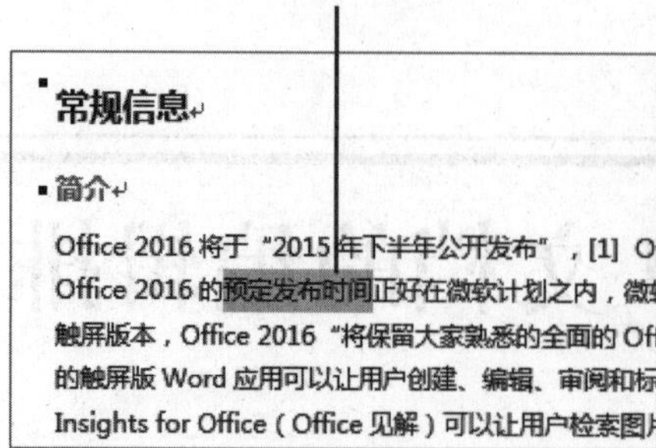

图 2-1　选取需要的文本

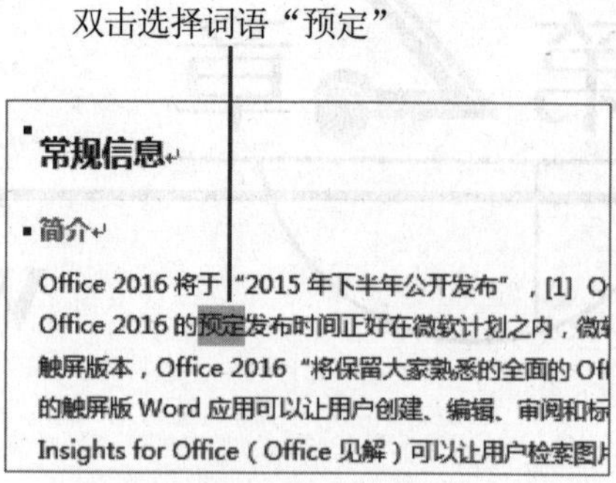

双击选择词语“预定”

图 2-2　选取词语

- 选择一行文本：除了使用拖动方法选择一行文本外，还可以将光标移动至该行文本的左侧，当光标变成↗时单击鼠标，选取整行文本，如图 2-3 所示。
- 选择多行文本：沿着文本的左侧向下拖动，至目标位置后释放鼠标，即可选中拖动时经过的多行文本，如图 2-4 所示。

图 2-3　选取一行文本

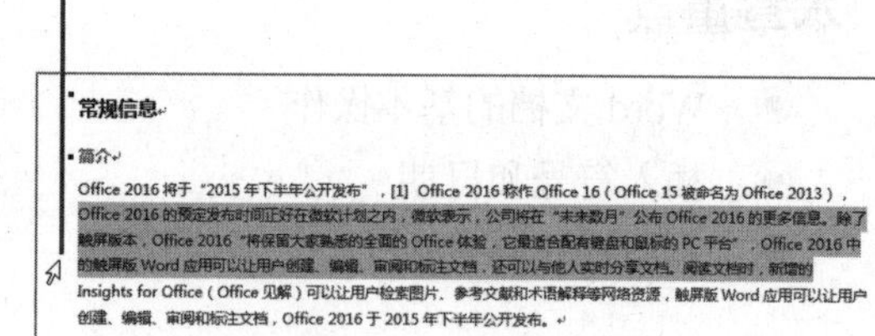

图 2-4　选取多行文本

- 选择段落文本：在需要选择段落的任意位置处双击，可以选中整段文本，如图 2-5 所示。
- 选择文档中所有文本：如果需要选择文档中所有的文本，可以将光标移动到文本左侧，当光标变为↗时连续三次单击鼠标即可，如图 2-6 所示。

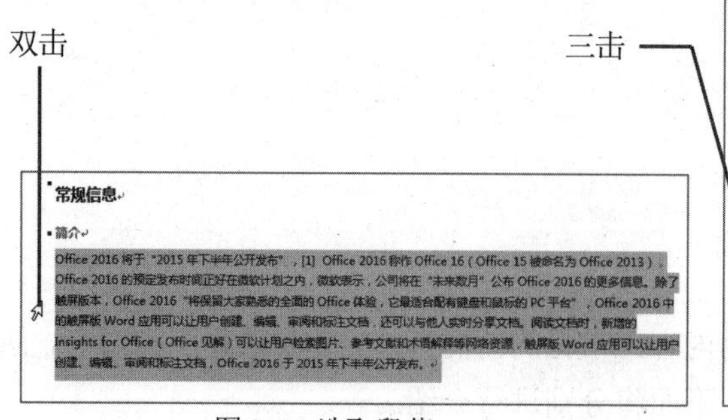

图 2-5　选取段落

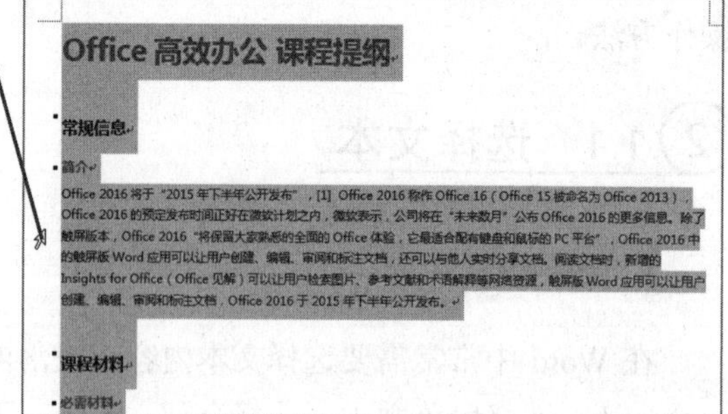

图 2-6　选择所有文本

2. 键盘操作

除了使用鼠标选取文档中的文档以外，还可以使用下列快捷键快速选取文档中的文本。

- 按下 Ctrl+A 组合键可以选中文档内所有的内容，包括文档中的文字、表格图形、图像，以及某些不可见的 Word 标记等。
- 按下 Shift+Page 组合键，从光标处向下选中一个屏幕内的所有内容，按下 Shift+PageUp 组合键，可以从光标处向上选中一个屏幕内的所有内容。
- 按下 Shift+向左方向键可以选中光标左边第一个字符，按下 Shift+向右方向键选中光标右边第一个字符，按下 Shift+向上方向键可以选中从光标处至上行同列之间的字符，按下 Shift 加向下方向键可以选中从光标处至下行同列之间的字符。在上述操作中，按住 Shift 键的同时连续按下向方向键可以获得更多的选中区域。
- 按下 Ctrl+Shift+向上方向键可以选中光标至段首的范围，按下 Ctrl+Shift+向下方向键可以选中光标至断尾的范围。

在选择小范围文本时，可以用按下鼠标左键来拖动的方法，但对大面积文本(包括其他嵌入对象)的选取、跨页选取或选中后需要撤销部分选中范围时，单用鼠标拖动的方法就显得难以控制。此时，使用 F8 键的扩展选择功能就非常必要，使用 F8 键的方法及效果如表 2-1 所示。

表 2-1　F8 键拓展选择功能的使用方法及说明

操　作	结　果	说　明
按一下 F8 键	设置选取的起点	
连续按 2 下 F8 键	选取一个字或词	中文词以当前用户的微软拼音输入法所带词库为准，英文词以 Word 自带的拼写检查字典为准
连续按 3 下 F8 键	选取一个句子	
连续按 4 下 F8 键	选取一段	
连续按 5 下 F8 键	选中当前节	如果文档没有分节则选中全文
连续按 6 下 F8 键	选中全文	
按下 Shift+F8 键	缩小选中范围	是上述系列操作的“逆向动作”

以上各步操作中，也可以再配合鼠标方向键操作来改变选中的范围。如果光标放在段尾回车符前面，只需要连续按 3 下 F8 键即可选中一段，依此类推。需要要退出 F8 键扩展功能，按下 Esc 键即可。

2.1.2　移动、复制、粘贴与删除文本

在编辑文档的过程中，经常需要移动、复制或删除文本内容。下面将分别介绍对文本内容进行此类操作的具体方法。

1. 移动文本

在 Word 2016 中，移动文本的操作步骤如下。

(1) 选中正文中需要移动的文本，将光标移至所选文本中，当光标变成形状后进行拖动，如图 2-7 所示。

(2) 将文本拖动至目标位置后释放鼠标，即可移动文本位置，如图 2-8 所示。

拖动至此

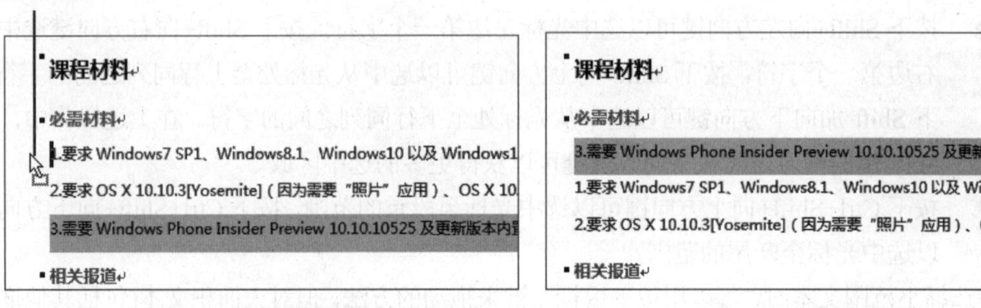

图 2-7　选中并拖动文本　　　　图 2-8　文本移动效果

【例 2-1】快速移动文档中的段落。

(1) 选中需要执行移动操作的段落，将光标移动到选定段落中。按住鼠标左键不放，这时鼠标指针会变为形状。同时，在选定段落中会出现一个长竖条形的插入点标志，如图 2-9 所示。

(2) 继续按住鼠标左键不放，移动鼠标指针。将插入点标志移动到目标位置后松开鼠标，这时原先选定的段落便会移动到标志所在的位置，如图 2-10 所示。

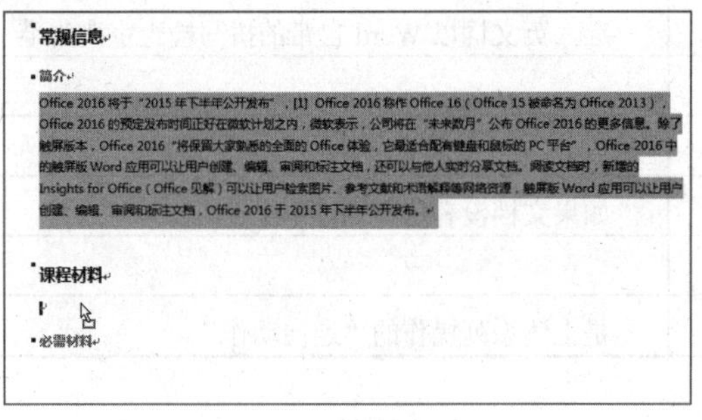

图 2-9　确定移动点

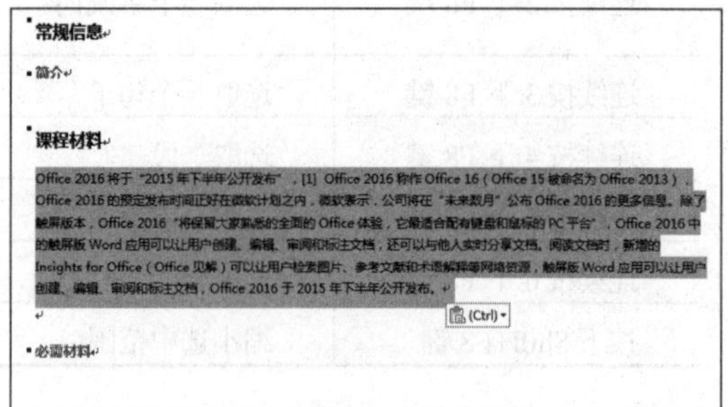

图 2-10　段落移动效果

2. 复制和粘贴

复制与粘贴文本的方法如下。

(1) 选中需要复制的文本后，按下 Ctrl+C 组合键复制文本。

(2) 将光标定位至目标位置后，按下 Ctrl+V 组合键粘贴文本。

在粘贴文本时，利用"选择性粘贴"功能，可以将文本或对象进行多种效果的粘贴，实现粘贴对象在格式和功能上的应用需求，使原本需要后续多个操作步骤实现的粘贴效果瞬间完成。执行"选择性粘贴"的具体操作方法如下。

(1) 按下 Ctrl+C 组合键复制文本后，选择【开始】选项卡。在【剪贴板】命令组中单击【粘贴】下拉按钮，在弹出的菜单中选择【选择性粘贴】命令，如图 2-11 所示。

(2) 打开【选择性粘贴】对话框，根据需要选择粘贴的内容，然后单击【确定】按钮即可，如图 2-12 所示。

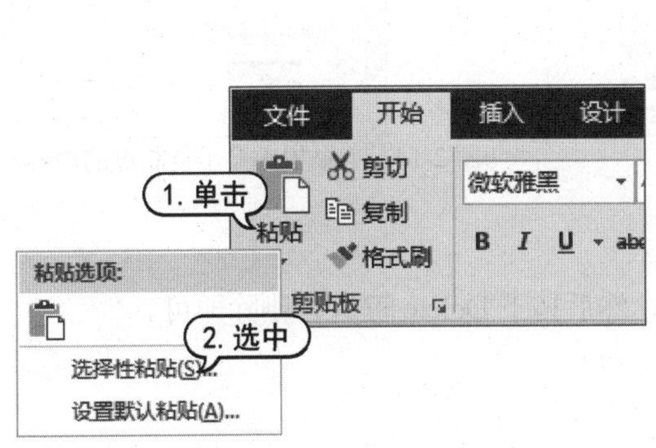

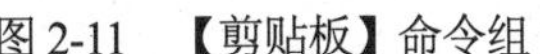
图 2-11 【剪贴板】命令组

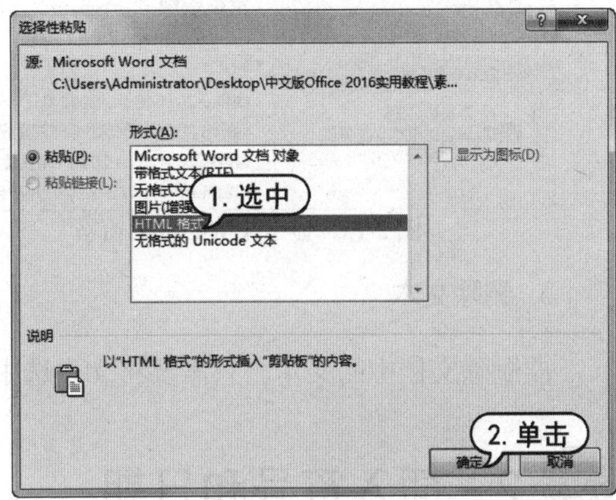

图 2-12 【选择性粘贴】对话框

【选择性粘贴】对话框中各选项的功能说明如下。

- 源：显示复制内容的源文档位置或引用电子表格单元格地址等，如果显示为“未知”，则表示所复制内容不支持 OLE 操作。
- 【粘贴】单选按钮：将复制内容以某种“形式”粘贴到目标文档中，粘贴后断开与源程序的联系。
- 【粘贴链接】单选按钮：将复制内容以某种“形式”粘贴到目标文档中，同时还建立与源文档的超链接。源文档中关于该内容的修改都会反映到目标文档中。
- 【形式】列表框：选择将复制对象以何种形式插入到当前文档中。
- 说明：当选择一种“形式”时进行有关说明。
- 【显示为图标】复选框：在【粘贴】为“Microsoft Word 文档对象”或选中【粘贴链接】单选按钮时，该复选框才可以选择。在这两种情况下，嵌入到文档中的内容将以其源程序图标形式出现，用户可以单击【更改图标】按钮来更改此图标。

【例 2-2】 利用“剪贴板”复制与粘贴文档中的内容。

(1) 选择【开始】选项卡，在【剪贴板】命令组中单击按钮，打开【剪贴板】窗格，如图 2-13 所示。

(2) 选中文档中需要复制的文本、图片或其他内容。按下 Ctrl+C 组合键将其复制，被复制的内容将显示在【剪贴板】窗格中。

(3) 重复执行步骤(2)的操作，【剪贴板】窗格中将显示多次复制的记录，如图 2-14 所示。

(4) 将鼠标指针插入 Word 文档中合适的位置，双击【剪贴板】窗格中的内容复制记录，即可将相关的内容粘贴至文档中。

图 2-13　显示【剪贴板】窗格

图 2-14　剪贴板中显示复制过的内容

3. 删除文本

要删除文档中的文本，只需要将文本选中，然后按下 Delete 键进行删除即可。

2.2　插入符号和日期

在 Word 中可以很方便地插入需要的符号，还可以为常用的符号设置快捷键。在使用的时候只需要按下自定义的快捷键即可快速插入需要的符号。在制作通知、信函等文档内容时，用户还可以插入不同格式的日期和时间。本节将介绍插入符号和日期的具体操作方法。

2.2.1　插入符号

在编辑文档时，可以按照下列步骤插入符号。

(1) 将插入点定位在文档中合适的位置，选择【插入】选项卡。在【符号】命令组中单击【符号】下列按钮，在弹出的下拉菜单中选择【其他符号】命令，如图 2-15 所示。

(2) 打开【符号】对话框，选择需要的符号后，单击【插入】按钮即可，如图 2-16 所示。

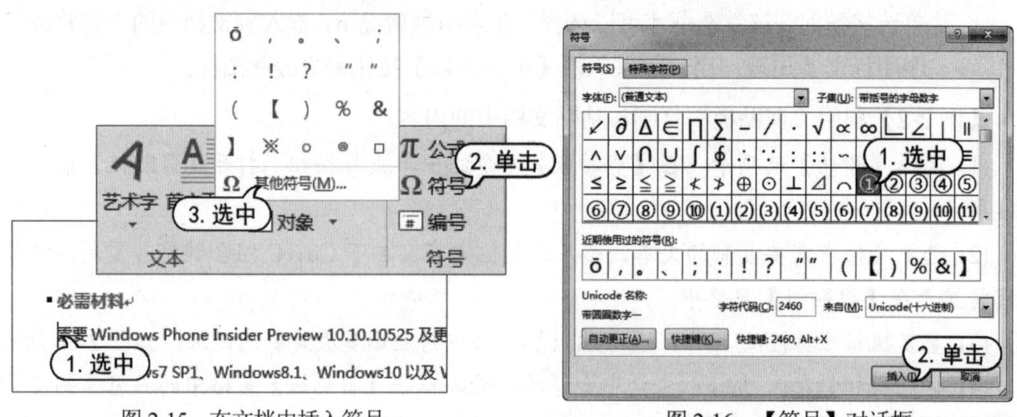

图 2-15　在文档中插入符号　　　　图 2-16　【符号】对话框

(3) 如果需要为某个符号设置快捷键，可以在【符号】对话框中选中该符号后，单击【快捷

键】按钮，打开【自定义键盘】对话框。在【请按新快捷键】文本框中输入快捷键后，单击【指定】按钮，再单击【关闭】按钮，如图 2-17 所示。

(4) 将鼠标指针插入文档中合适的位置，按下步骤(3)设置的快捷键即可插入如图 2-18 所示的符号。

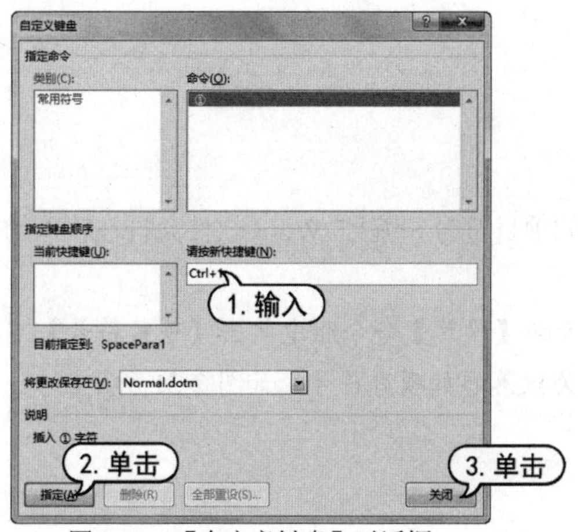

图 2-17　【自定义键盘】对话框

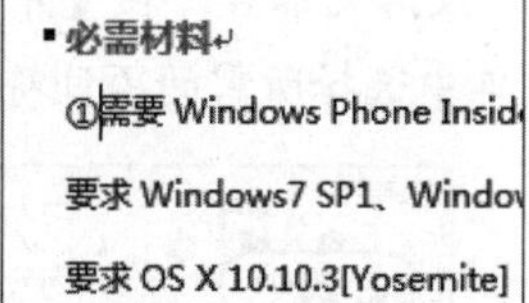

图 2-18　使用快捷键在文档中插入符号

2.2.2　插入当前日期

如果要在文档中插入当前计算机中的系统日期，可以按下列步骤操作。

(1) 将鼠标指针插入文档中合适的位置，选择【插入】选项卡，在【文本】命令组中单击【日期和时间】按钮，打开【日期和时间】对话框。

(2) 在【可用格式】列表框中选择所需的格式，然后单击【确定】按钮，如图 2-19 所示。

(3) 此时，即可在文档中插入当前日期，效果如图 2-20 所示。

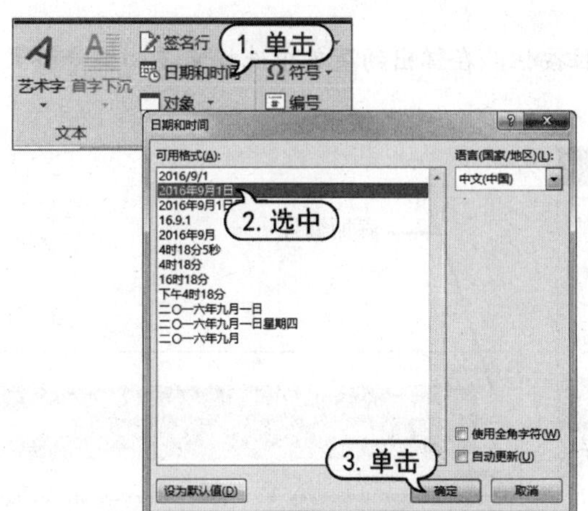

图 2-19　打开【日期和时间】对话框

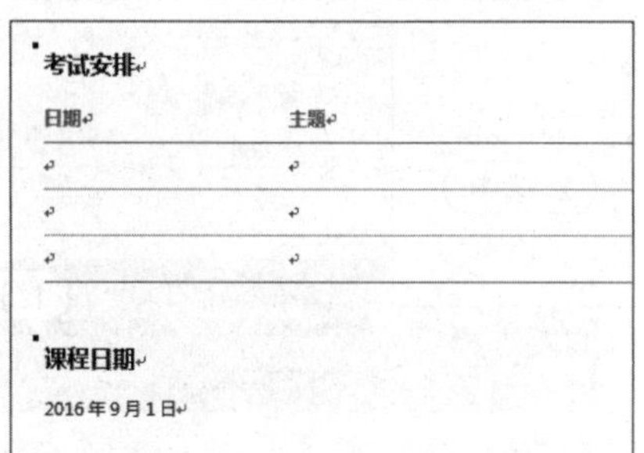

图 2-20　插入日期效果

2.3 使用项目符号和编号

在制作文档的过程中，对于一些条理性较强的内容，可以为其插入项目符号和编号，使文档的结构更加清晰。

2.3.1 添加项目符号和编号

用户可以根据需要快捷地创建 Word 中的项目符号和编号。Word 软件允许在输入的同时自动创建列表编号，具体操作步骤如下。

(1) 选中段落文本后，在【开始】选项卡的【段落】命令组中单击【项目符号】下拉按钮，在弹出的菜单中选择所需的项目符号，即可为段落添加项目符号，如图 2-21 所示。

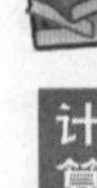

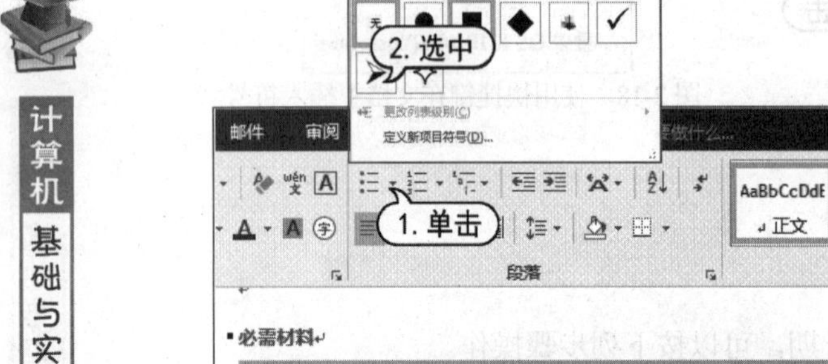

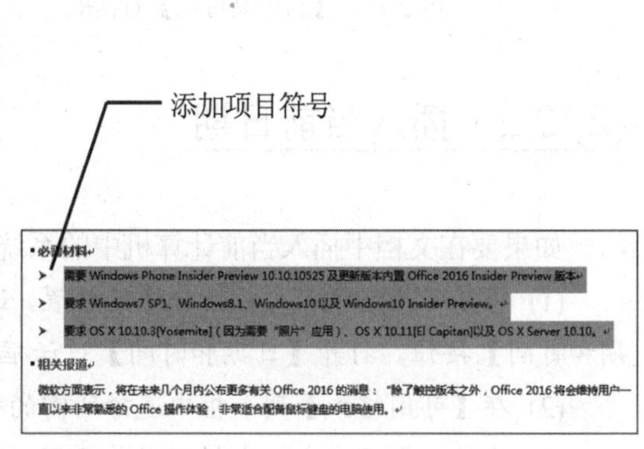

图 2-21　为段落添加项目符号

(2) 在【段落】命令组中单击【编号】下拉按钮，在弹出的菜单中选择需要的编号样式，即可为段落添加编号，如图 2-22 所示。

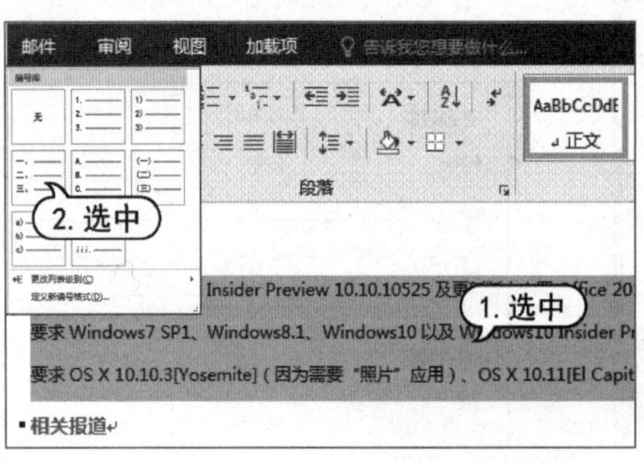

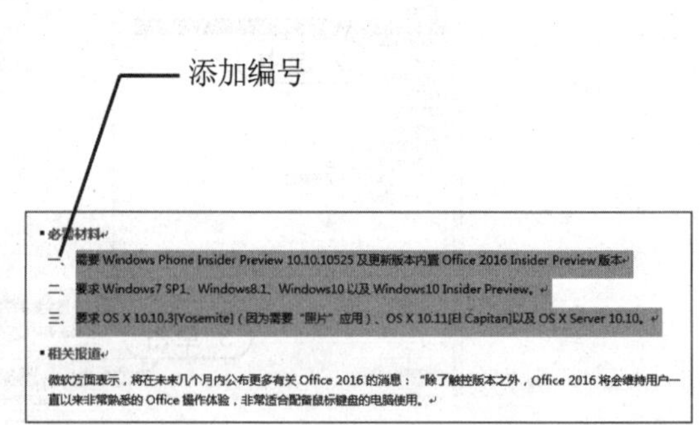

图 2-22　为段落添加编号

(3) 选择【文件】选项卡，在弹出的菜单中选择【选项】命令，打开【Word 选项】对话框。

选择【校对】选项，并单击【自动更正选项】按钮，如图 2-23 所示。

(4) 打开【自动更正】对话框，选择【键入时自动套用格式】选项卡。选中【自动编号列表】复选框，然后单击【确定】按钮，如图 2-24 所示。

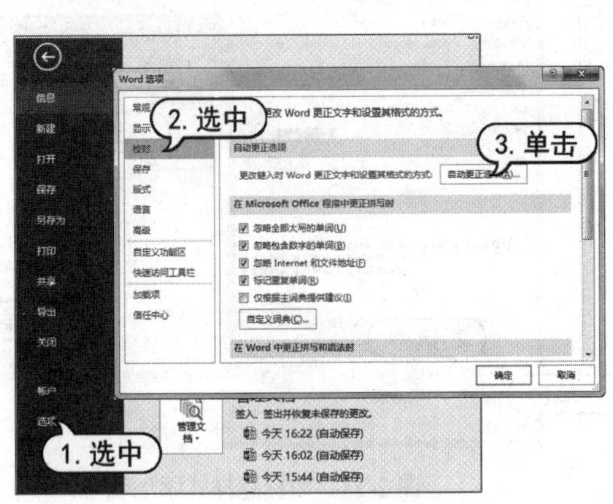

图 2-23　设置自动更正

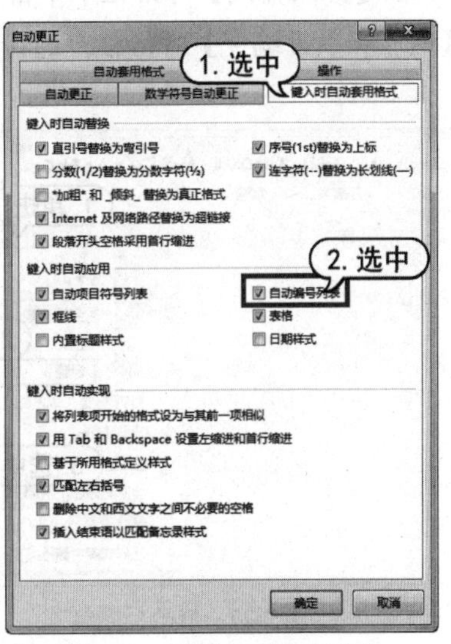

图 2-24　设置自动编号列表

(5) 此时，在文档中下方的空白处输入带编号的文本或者输入文本后添加项目符号。按下回车键后 Word 将自动在输入文本的下一行显示自动生成的编号，如图 2-25 所示。

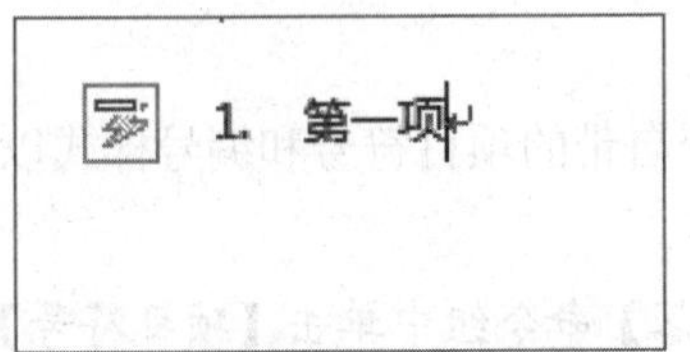

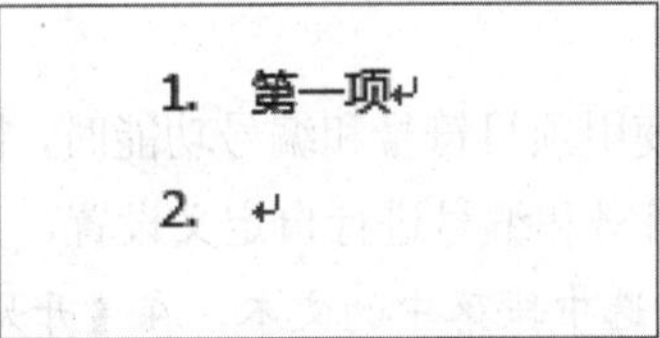

图 2-25　Word 软件自动生成编号

(6) 在自动添加的编号后输入相应的文本，如果用户还需要插入一个新的编号，则将插入点定位在需要插入新编号的位置处。按下回车键，软件将根据插入点的位置创建一个新的编号，效果如图 2-26 所示。

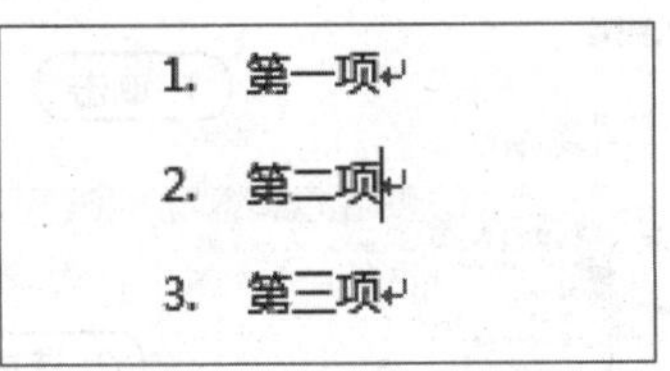

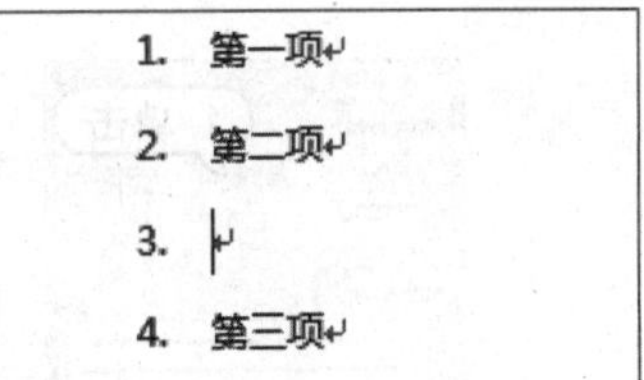

图 2-26　Word 为插入点创建编号

【例 2-3】为标题样式添加自动编号。

(1) 当用户将各级标题文本设置成相应的标题样式后，可以添加自动编号以提高编排效果。选择【开始】选项卡，在【样式】命令组中单击 按钮，打开【样式】任务窗格。

(2) 在【样式】窗格中单击要设置编号的标题右侧的下拉按钮，在弹出的菜单中选择【修改】命令，打开【修改样式】对话框，如图 2-27 所示。

(3) 在【修改样式】对话框中单击【格式】下拉按钮，在弹出的菜单中选择【编号】命令，打开【编号和项目编号】对话框。选择一种编号样式，单击【确定】按钮，如图 2-28 所示。

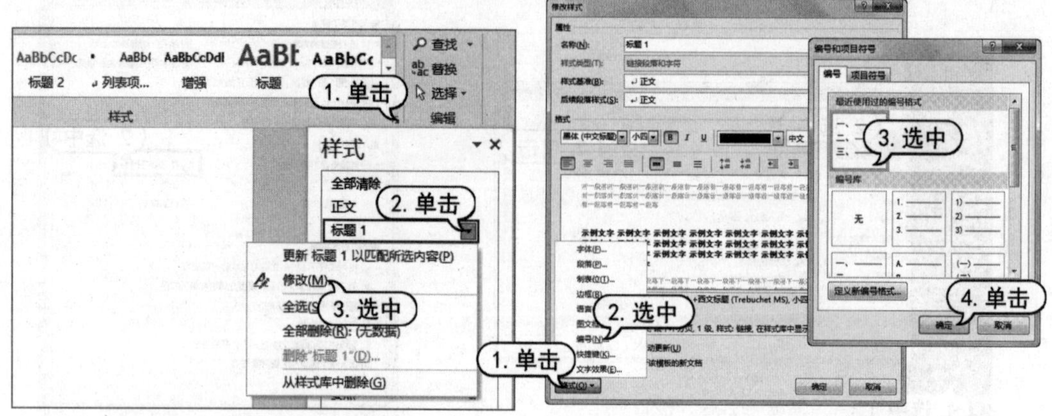

图 2-27　修改标题样式　　　　图 2-28　为标题样式添加编号

(4) 返回【修改样式】对话框，单击【确定】按钮即可为选中的标题添加编号。

2.3.2　自定义项目符号和编号

在使用项目符号和编号功能时，除了可以使用系统自带的项目符号和编号样式以外，还可以对项目符号和编号进行自定义设置，具体操作步骤如下。

(1) 选中段落中的文本，在【开始】选项卡的【段落】命令组中单击【项目符号】下拉按钮，在弹出的菜单中选择【定义新项目符号】命令。

(2) 打开【定义新项目符号】对话框，单击【图片】按钮，如图 2-29 所示。

(3) 打开【插入图片】对话框，单击【来自文件】选项后的【浏览】按钮。在打开的对话框中选择一个作为项目符号的图片，然后单击【插入】按钮，如图 2-30 所示。

图 2-29　【定义新项目符号】对话框

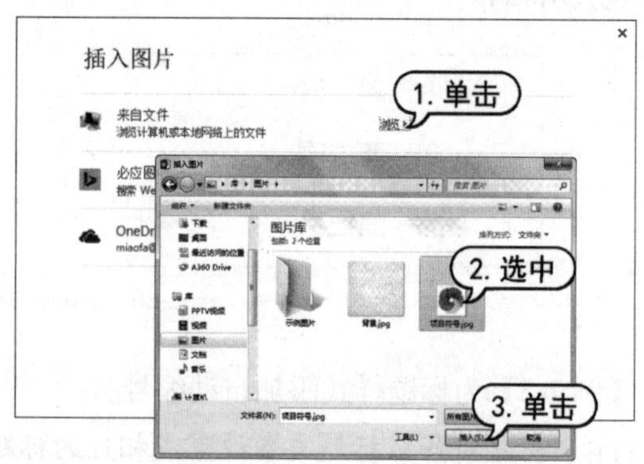

图 2-30　【插入图片】对话框

(4) 返回【定义新项目符号】对话框，单击【确定】按钮。此时，在【段落】命令组中单击【项目符号】下拉按钮，在弹出的菜单中将显示自定义的项目符号，如图 2-31 所示。

(5) 在【段落】命令组中单击【编号】下拉按钮，在弹出的菜单中选择【定义新编号格式】命令，打开【定义新编号格式】对话框。在该对话框的【编号样式】下拉列表框中选择需要的样式，在【编号格式】文本框中设置编号格式，然后单击【确定】按钮，如图 2-32 所示。

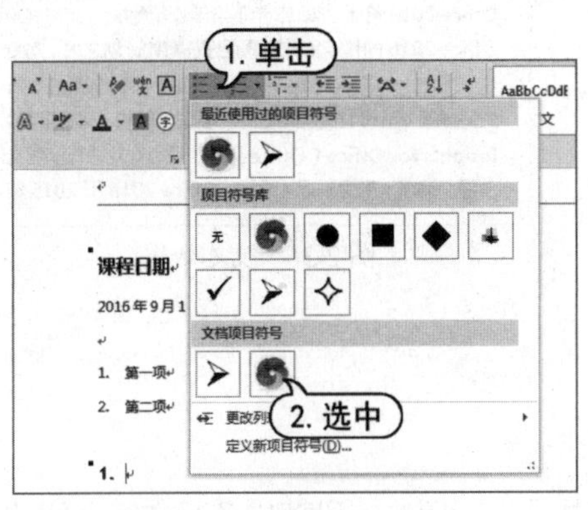

图 2-31　定义新编号格式

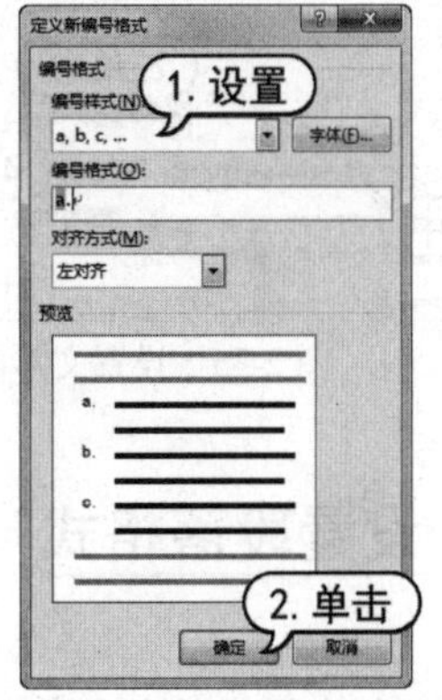

图 2-32　设置编号格式效果

(6) 在【段落】命令组中单击【编号】下拉按钮，在弹出的菜单中即可查看自定义的编号样式。

2.4　设置文档的格式

在制作 Word 文档的过程中，为了实现美观的效果，通常需要设置文字和段落的格式。

2.4.1　设置字符格式

用户可以通过对字体、字号、字形、字符间距和文字效果等内容进行设置来美化文档效果，使文档清晰、美观。下面将介绍设置字符格式的操作步骤。

(1) 选中文档中的文本后右击，在弹出的菜单中选择【字体】命令，如图 2-33 所示。

(2) 打开【字体】对话框。单击【中文字体】下拉按钮，在弹出的菜单中选择文本的字体格式。在【字号】列表框中设置文本字号，在【字形】列表框中设置文本字形，如图 2-34 所示。

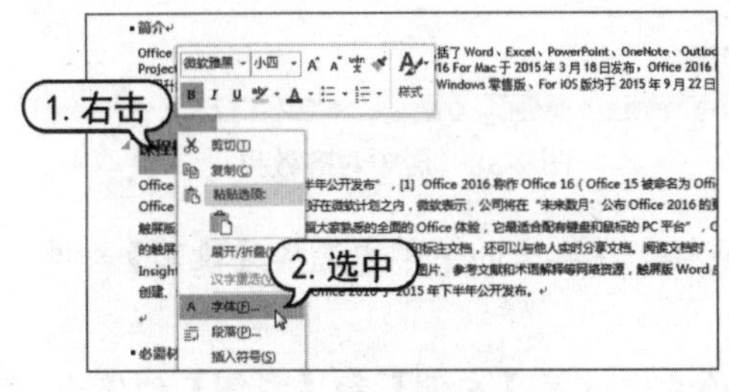

图 2-33　右击文本

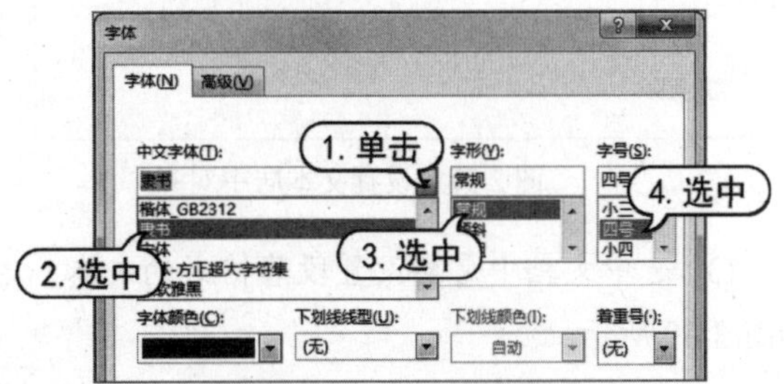

图 2-34　设置文本字体

(3) 选择【高级】选项卡，单击【间距】下拉按钮，在弹出的菜单中设置字体间距为【加宽】，并在【磅值】文本框中输入间距值为 1.5，如图 2-35 所示。

(4) 单击【确定】按钮后，文档中选中文本的效果如图 2-36 所示。

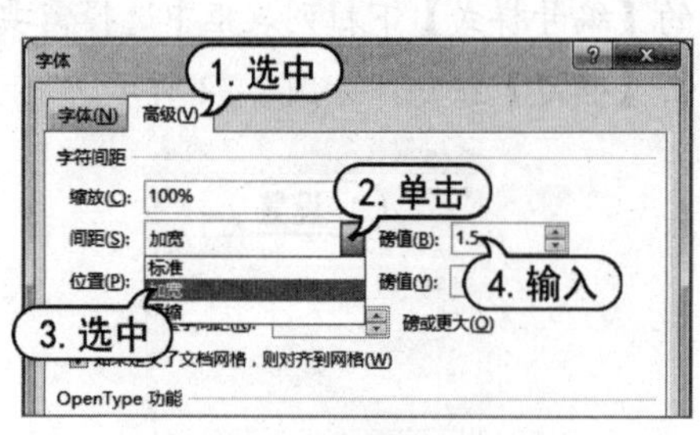

图 2-35　设置文本间距

图 2-36　文本效果

2.4.2　设置段落格式

对于文档中的段落文本内容，可以设置其段落格式，行距决定段落中各行文字之间的垂直距离，段落间距决定段落上方和下方的空间。下面将介绍设置段落格式的具体操作。

(1) 将鼠标定位于文档第 1 行文本中，或者选中第 1 行文本，在【开始】选项卡的【段落】命令组中单击【居中】按钮，如图 2-37 所示。

(2) 此时，第 1 行文本的对齐方式变为【居中对齐】方式，如图 2-38 所示。Word 软件中的文本对齐方式还有左对齐、右对齐、两端对齐、分散对齐。

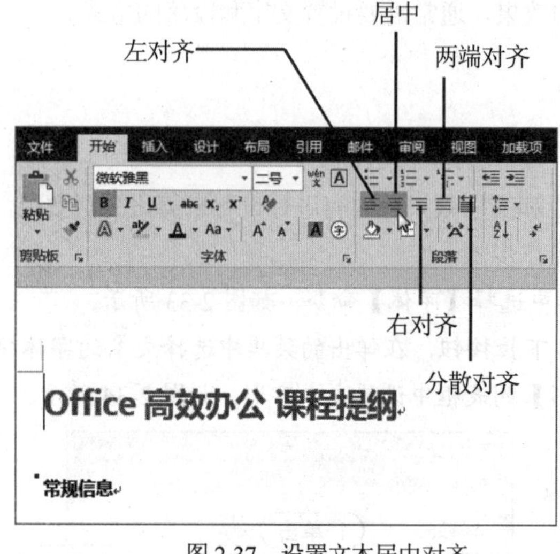

图 2-37　设置文本居中对齐

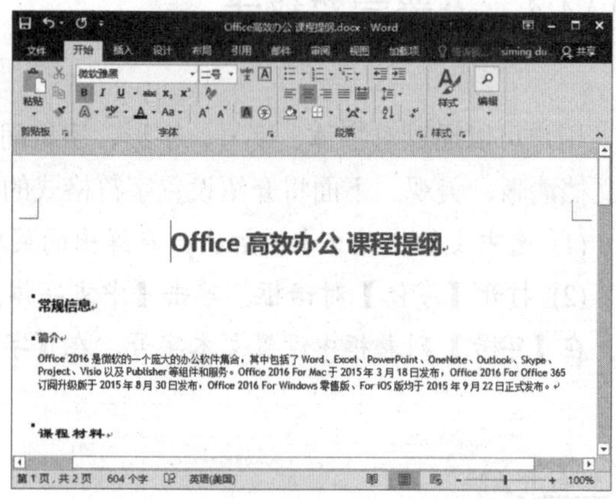

图 2-38　居中对齐效果

(3) 选中文档中需要设置段落格式的文本，右击鼠标，在弹出的菜单中选择【段落】命令，如图 3-39 所示。

(4) 打开【段落】对话框，在【缩进和间距】选项卡中设置【左侧】和【右侧】的值为“2 字符”。单击【特殊格式】下拉按钮，在弹出的菜单中选择【首行缩进】选项，并设置其值为“2

字符”，如图 2-40 所示。

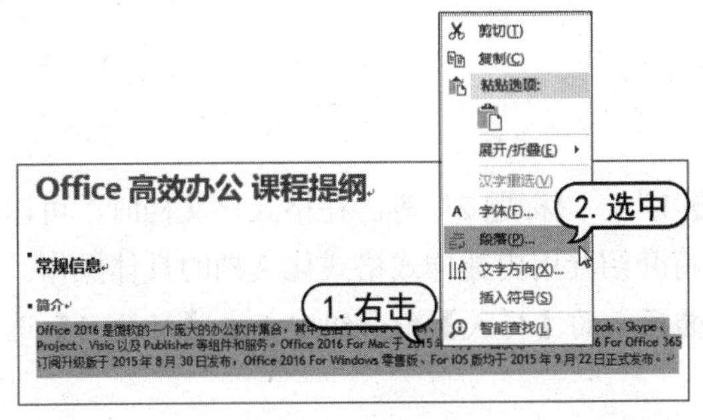

图 2-39　设置文本段落

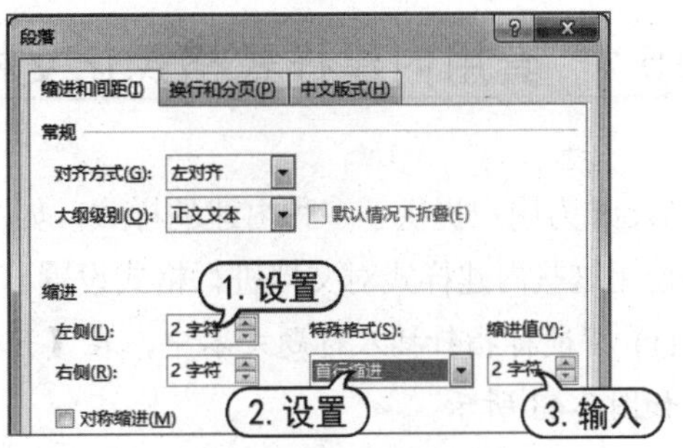

图 2-40　设置缩进值

(5) 单击【行距】下拉按钮，在弹出的菜单中选择【1.5 倍行距】选项。将【段前】和【段后】的值设置为【1 行】和【0 磅】，然后单击【确定】按钮，如图 2-41 所示。

(6) 此时，被选中段落的文本格式效果如图 2-42 所示。

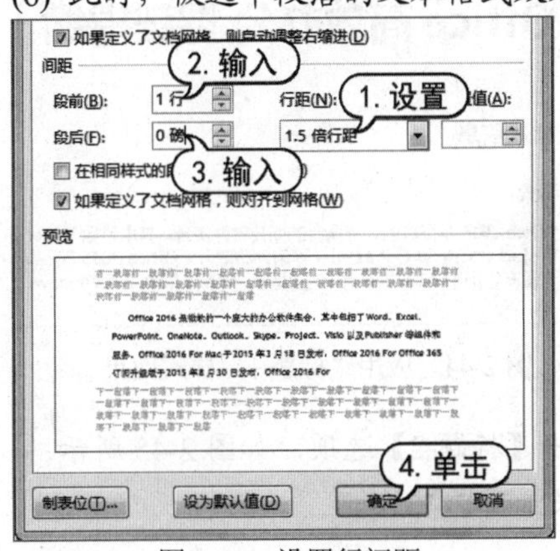

图 2-41　设置行间距

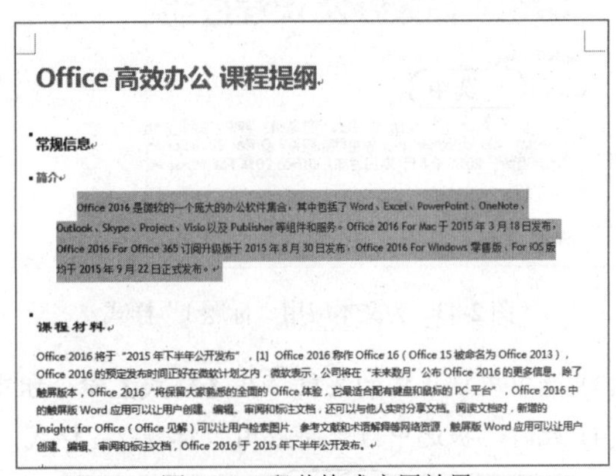

图 2-42　段落格式应用效果

【例 2-4】使用“格式刷”将指定文本、段落或图形的格式复制到目标文本、段落或图形上。

(1) 选中文档中需要复制格式的文本，在【开始】选项卡的【剪贴板】命令组中单击【格式刷】按钮。

(2) 当鼠标指针变为♣I形状时，拖动鼠标选中目标文本即可。

(3) 将光标放置在某个需要复制格式的段落内，单击【格式刷】按钮。

(4) 当鼠标指针变为♣I形状时，拖动鼠标选中整个目标区域段落即可将格式复制到目标段落。

(5) 选中文档中需要复制格式的图形，单击【格式刷】按钮。

(6) 当鼠标指针变为♣I形状时，单击目标图形即可将图形格式复制到目标图形上。

2.5　利用样式格式化文档

样式包括字体、字号、字体颜色、行距、缩进等，使用样式可以快速改变文档中选定文本的格式设置，从而方便用户进行排版工作，大大提高工作效率。本节将介绍套用内建样式格式化文档，以及修改和自定义样式的方法。

2.5.1 套用内建样式格式化文档

Word 为用户提供了多种内建的样式，如“标题 1”、“标题 2”等。在格式化文档时，可以直接使用这些内建样式对文档进行格式设置。下面将介绍套用内建样式格式化文档的具体操作。

(1) 将鼠标指针插入标题文本中，在【开始】选项卡的【样式】命令组中单击【标题 1】选项，如图 2-43 所示。

(2) 此时，可以为文档应用“标题 1”样式，效果如图 2-44 所示。

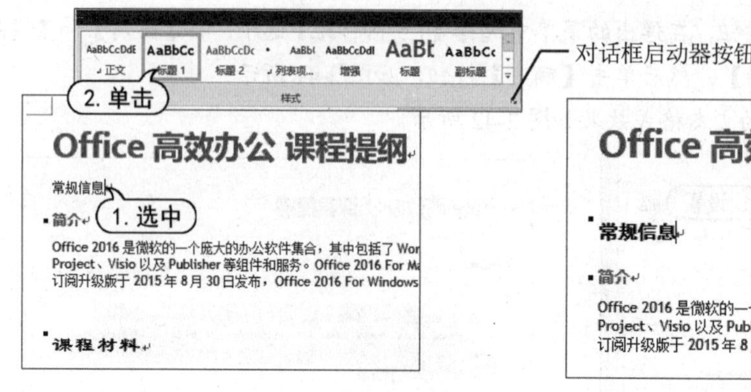

图 2-43 为文本应用“标题 1”样式

图 2-44 应用“标题 1”样式效果

(3) 选中文档正文的某段，在【样式】命令组中单击【标题 2】选项，如图 2-45 所示。

(4) 此时，被选中段落将应用“标题 2”样式，效果如图 2-46 所示。

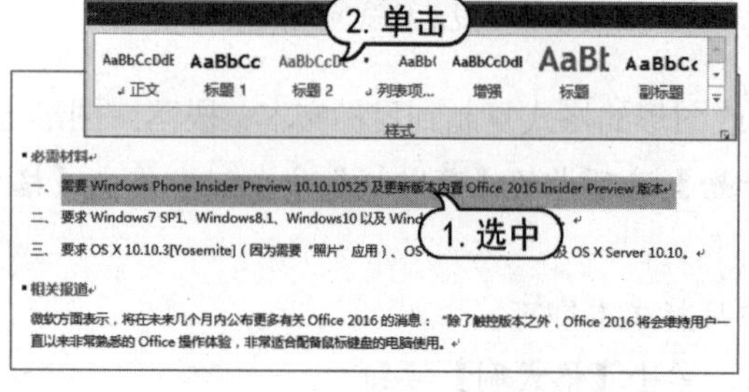

图 2-45 为文本应用“标题 2”样式

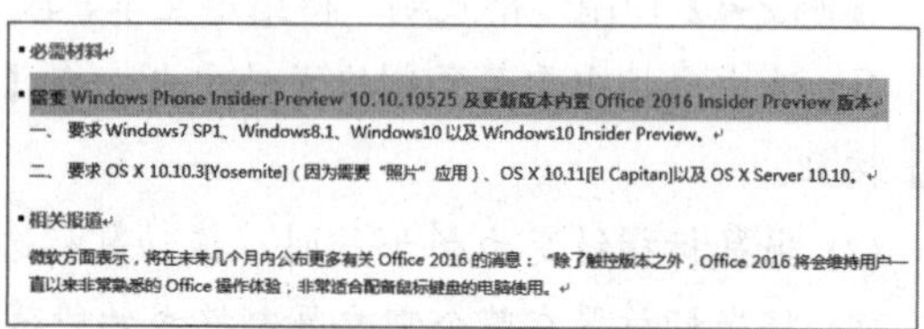

图 2-46 应用“标题 2”样式效果

2.5.2 修改和自定义样式

用户不仅可以套用软件内建的样式，还可以对 Word 内建的样式进行修改或自定义新的样式，以方便格式化文档。下面将介绍修改和自定义样式的方法。

(1) 将鼠标指针插入需要应用样式的段落中。在【开始】选项卡的【样式】命令组中单击对话框启动器按钮，打开【样式】窗格，如图 2-47 所示。

(2) 在【样式】窗格中右击需要修改的内建样式，在弹出的菜单中选择【修改】命令，打开【修改样式】对话框，将【字号】设置为【五号】，将【字体颜色】设置为【红色】，如图 2-47 所示。

(3) 单击【确定】按钮后，文档中应用了所设置样式的段落文本将如图 2-48 所示。

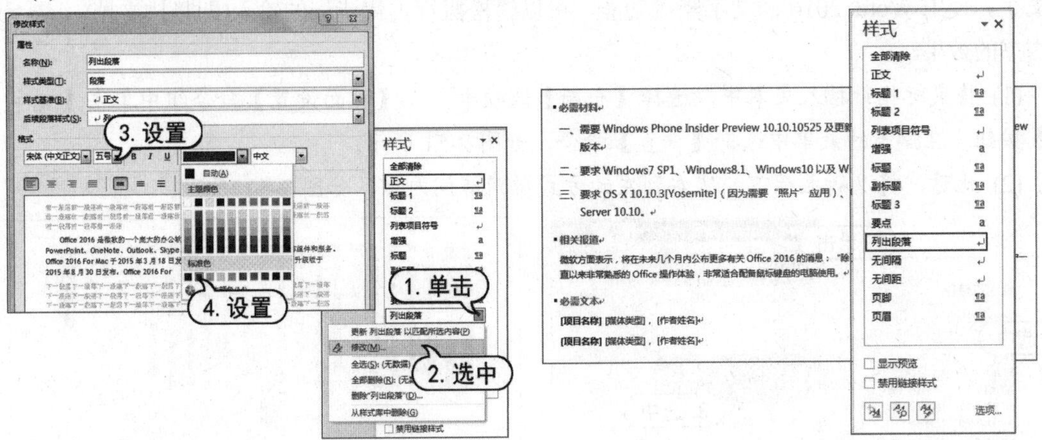

图 2-47　修改样式　　　　图 2-48　样式效果

(4) 将鼠标指针插入需要应用新样式的段落中，在如图 2-48 所示【样式】窗格中单击【新建样式】按钮，打开【根据格式设置创建新样式】对话框。

(5) 在【名称】文本框中输入【正文段落】，将【格式】设置为【微软雅黑】，将【字体颜色】设置为【自动】，如图 2-49 所示。

(6) 单击【确定】按钮，文档中段落已经应用了新建的样式，效果如图 2-50 所示。

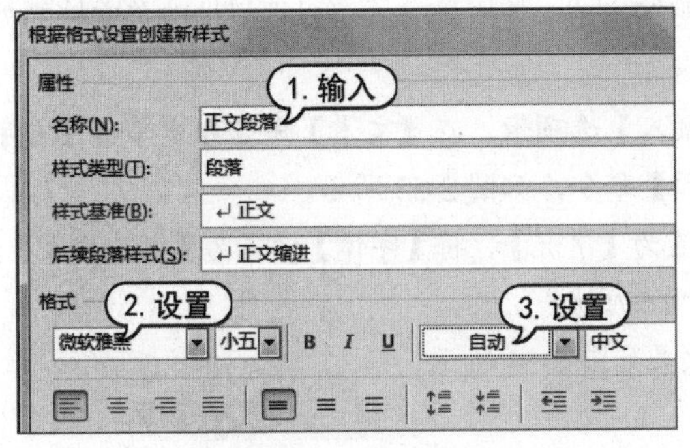

图 2-49　【根据格式设置创建新样式】对话框

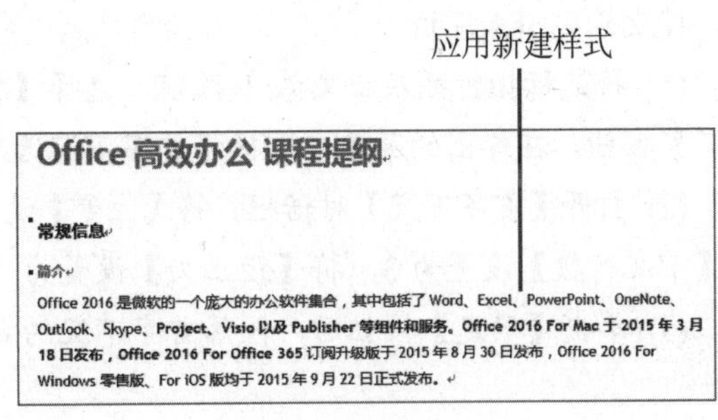

图 2-50　新建样式效果

2.6　设置文档版式

一般报刊杂志都需要创建带有特殊效果的文档，这就需要使用一些特殊的版式。Word 2016 提供了多种特殊版式，常用的有文字竖排、首字下沉和分栏排版。

2.6.1 设置文字竖排版式

古人写字都是以从右至左、从上至下的方式进行竖排书写，但现代人都是以从左至右方式书写文字。使用 Word 2016 的文字竖排功能，可以轻松执行古代诗词的输入(即竖排文档)，从而还原古书的效果。

(1) 将鼠标指针插入文本中，选择【布局】选项卡，在【页面设置】命令组中单击【文字方向】按钮。在弹出的菜单中选择【垂直】命令，如图 2-51 所示。

(2) 此时，将以从上至下，从右到左的方式排列诗词内容，如图 2-52 所示。

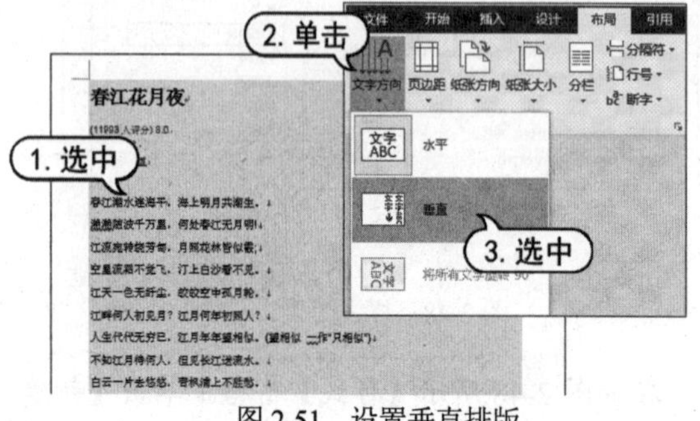

图 2-51 设置垂直排版

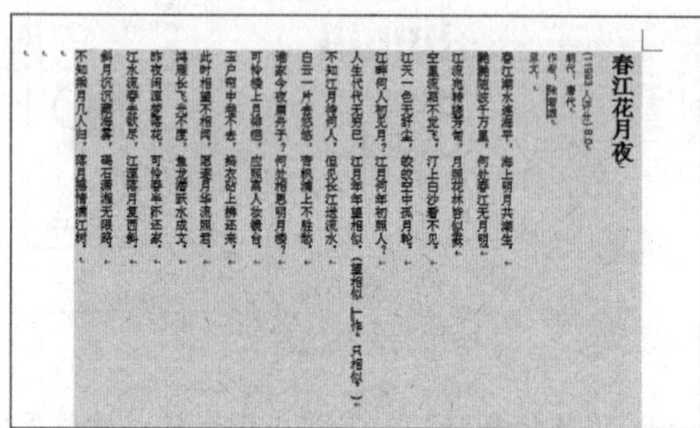

图 2-52 文档垂直排版效果

2.6.2 设置首字下沉版式

首字下沉是报刊杂志中较为常用的一种文本修饰方式，使用该方式可以很好地改善文档的外观，使文档更引人注目。

(1) 将鼠标指针插入正文第 1 段前，选择【插入】选项卡。在【文本】命令组中单击【首字下沉】按钮，在弹出的菜单中选择【首字下沉选项】命令，如图 2-53 所示。

(2) 打开【首字下沉】对话框，将【位置】设置为【下沉】，将【字体】设置为【微软雅黑】，将【下沉行数】设置为 3，将【距正文】设置为“0.5 厘米”。

(3) 单击【确定】按钮后，段落首字下沉的效果如图 2-54 所示。

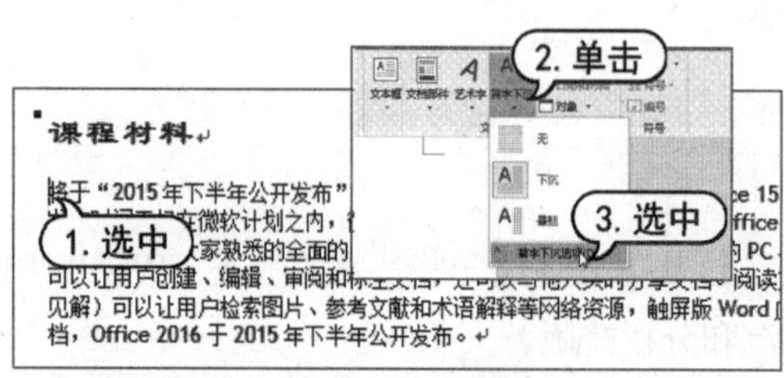

图 2-53 选择【首字下沉选项】命令

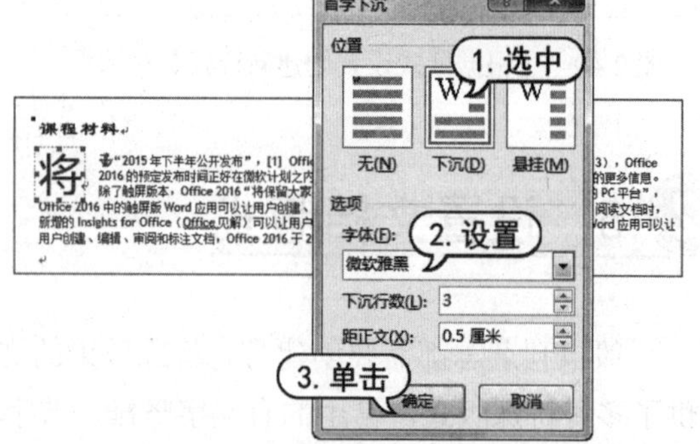

图 2-54 首字下沉设置效果

在 Word 中，首字下沉共有两种不同的方式，一个是普通的下沉、另外一个是悬挂下沉。两种方式区别之处就在于：【下沉】方式设置的下沉字符紧靠其他的文字，而【悬挂】方式设置的字符可以随意地移动其位置。

2.6.3　设置页面分栏版式

分栏是指按实际排版需求将文本分成若干个条块，使版面更为美观。在阅读报刊杂志时，常常会发现许多页面被分成多个栏目。这些栏目有的是等宽的，有的是不等宽的，从而使得整个页面布局显得错落有致，易于读者阅读。

(1) 选中文档中的段落，选择【布局】选项卡。在【页面设置】组中单击【分栏】下拉按钮，在弹出的快捷菜单中选择【更多分栏】命令，如图 2-55 所示。

(2) 打开【分栏】对话框，选择【三栏】选项。选中【栏宽相等】复选框和【分隔线】复选框，然后单击【确定】按钮。文档中段落的版式效果如图 2-56 所示。

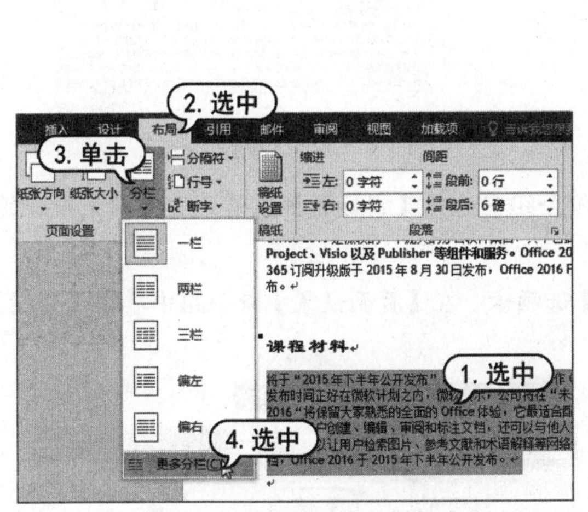

图 2-55　为段落设置分栏版式

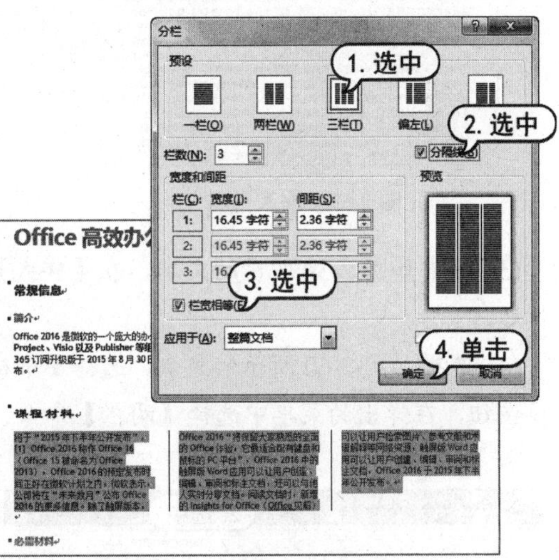

图 2-56　分栏版式设置效果

2.7　上机练习

本章的上机练习将介绍在 Word 中创建研究报告、目录和租赁协议等文档的方法，帮助用户进一步掌握所学的知识。

2.7.1　制作研究报告

本例将介绍使用 Word 2016 制作研究报告的方法。在文档制作的过程中，将自定义标题样式、编辑文本，并设置排版。

(1) 启动 Word 2016，单击【空白文档】选项，创建一个空白文档。并在文档中输入如图 2-57 所示的内容。

(2) 选择如图 2-58 所示的文本。在【开始】选项卡的【字体】命令组中，将字体设置为【宋体】，【字号】设置为【二号】，【字体颜色】设置为【深蓝】，单击【加粗】按钮 。在【段落】命令组中单击【居中】按钮 。

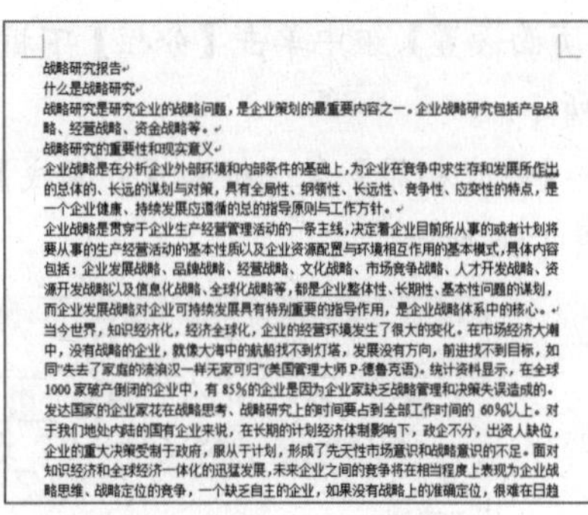

战略研究报告
什么是战略研究
战略研究是研究企业的战略问题，是企业策划的最重要内容之一。企业战略研究包括产品战略、经营战略、资金战略等。
战略研究的重要性和现实意义
企业战略是在分析企业外部环境和内部条件的基础上，为企业在竞争中求生存和发展所作出的总体的、长远的谋划与对策，具有全局性、纲领性、长远性、竞争性、应变性的特点，是一个企业健康、持续发展应遵循的总的指导原则与工作方针。
企业战略是贯穿于企业生产经营管理活动的一条主线，决定着企业目前所从事的或者计划将要从事的生产经营活动的基本性质以及企业资源配置与环境相互作用的基本模式，具体内容包括：企业发展战略、品牌战略、经营战略、文化战略、市场竞争战略、人才开发战略、资源开发战略以及信息化战略、全球化战略等，都是企业整体性、长期性、基本性问题的谋划，而企业发展战略对企业可持续发展具有特别重要的指导作用，是企业战略体系中的核心。
当今世界，知识经济化，经济全球化，企业的经营环境发生了很大的变化。在市场经济大潮中，没有战略的企业，就像大海中的航船找不到灯塔，发展没有方向，前进找不到目标，如同"失去了家庭的流浪汉一样无家可归"(美国管理大师 P·德鲁克语)。统计资料显示，在全球 1000 家破产倒闭的企业中，有 85%的企业是因为企业家缺乏战略管理和决策失误造成的。发达国家的企业家花在战略思考、战略研究上的时间要占到全部工作时间的 60%以上。对于我们地处内陆的国有企业来说，在长期的计划经济体制影响下，政企不分，出资人缺位，企业的重大决策受制于政府，服从于计划，形成了先天性市场意识和战略意识的不足。面对知识经济和全球经济一体化的迅猛发展，未来企业之间的竞争将在相当程度上表现为企业战略思维、战略定位的竞争，一个缺乏自主的企业，如果没有战略上的准确定位，很难在日趋

图 2-57　输入文本

图 2-58　设置文本格式

(3) 选中如图 2-59 所示的文本，在【样式】命令组中选择【副标题】选项，设置研究报告的副标题。

(4) 选择如图 2-60 所示的文本，选择【布局】选项卡。在【页面设置】命令组中单击【分栏】下拉按钮，在弹出的菜单中选择【两栏】命令。

图 2-59　设置文档副标题

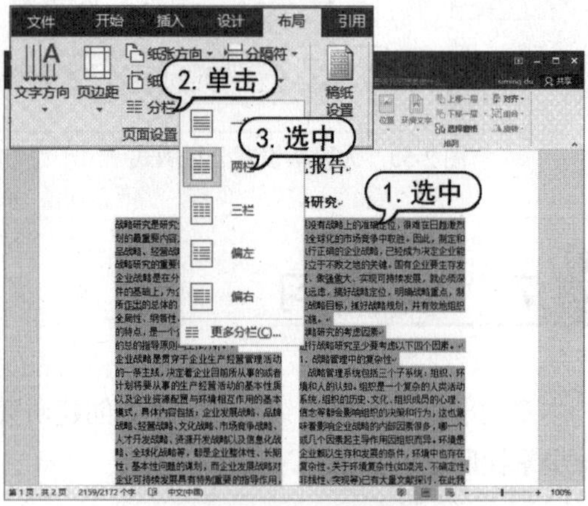

图 2-60　设置分栏

(5) 选择如图 2-61 所示的文本，选择【开始】选项卡，在【段落】命令组中单击 按钮。

(6) 打开【段落】对话框，单击【特殊格式】下拉按钮，在弹出的列表中选择【首行缩进】选项，在该选项后的文本框中输入“2 字符”，如图 2-62 所示。

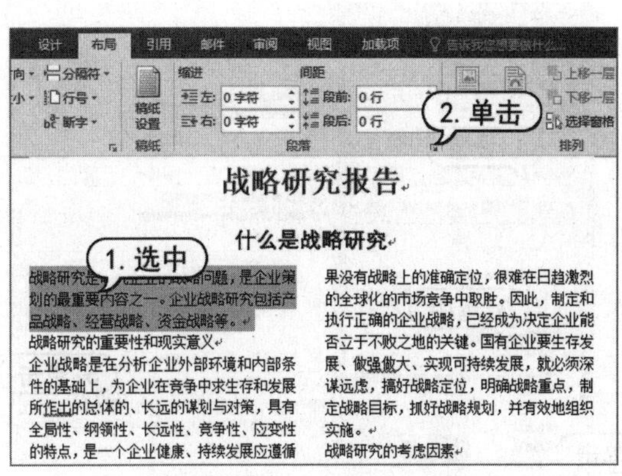

图 2-61　选中文档中的段落

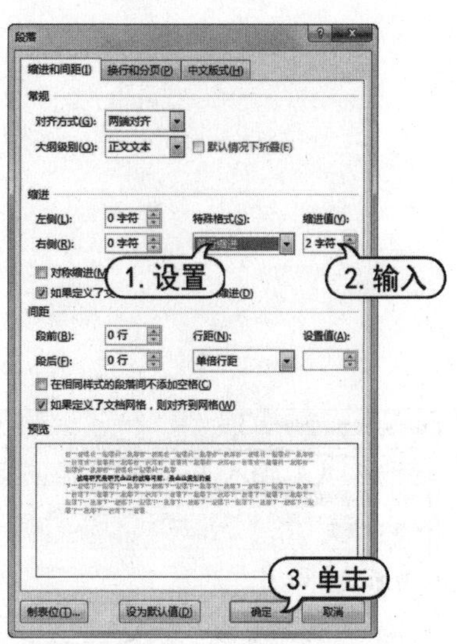

图 2-62　设置首行缩进

(7) 单击【确定】按钮，即可设置选中的段落首行缩进。

(8) 在【剪贴板】命令组中双击【格式刷】按钮，将段落格式复制到如图 2-63 所示的文本中。完成后按下 Esc 键。

(9) 选中如图 2-64 所示的文本，在【样式】命令组中单击【其他】按钮，在展开的库中选择【创建样式】选项，如图 2-64 所示。

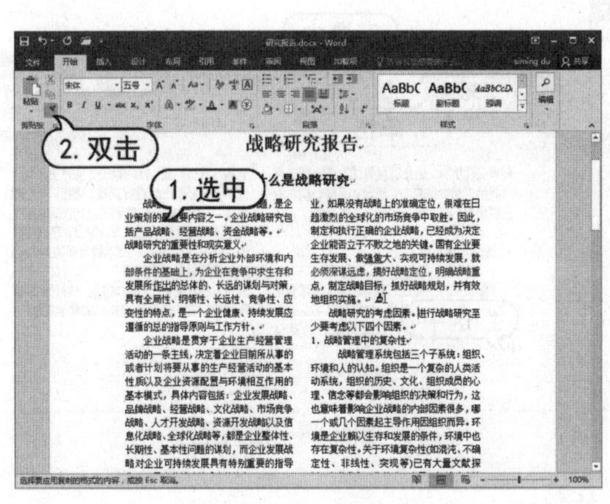

图 2-63　使用格式刷复制样式

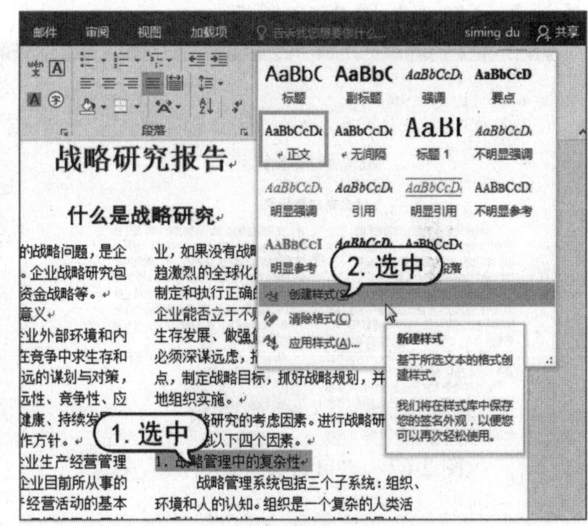

图 2-64　创建新样式

(10) 打开【根据格式设置创建新样式】对话框。在【名称】文本框中输入“自定义标题样式”，然后单击【修改】按钮，如图 2-65 所示。

(11) 打开【根据格式设置创建新样式】对话框，将字体格式设置为【微软雅黑】、【加粗】。单击【格式】下拉按钮，在弹出的菜单中选择【段落】命令。

(12) 打开【段落】对话框，将【段前】和【段后】设置为【0.5 行】，然后单击【确定】按钮，如图 2-66 所示。

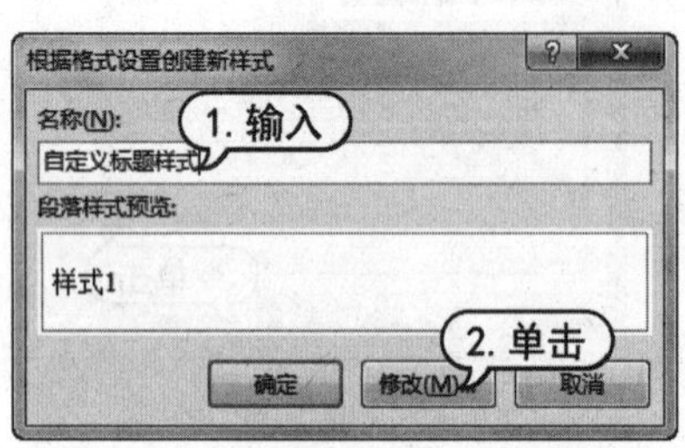

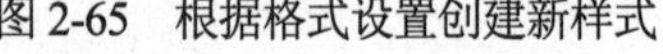

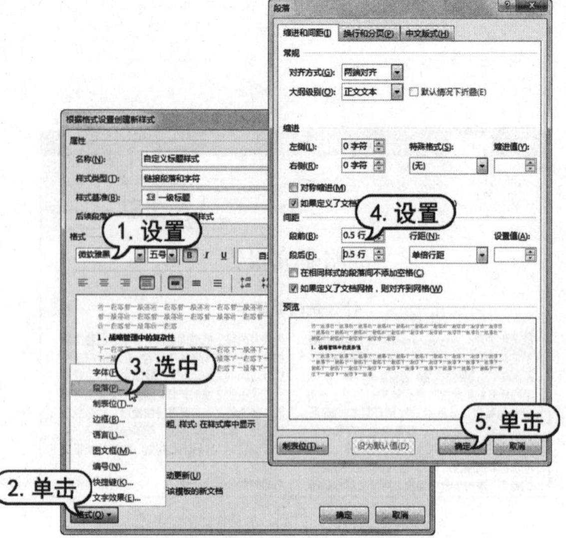

图 2-65　根据格式设置创建新样式　　　　图 2-66　设置自定义样式的文本和段落格式

(13) 返回【根据格式设置创建新样式】对话框。单击【确定】按钮，在【样式】命令组中的样式库中创建“自定义标题样式”样式，并应用于选中的文本，如图 2-67 所示。

(14) 选中文档中的其他文本，并将创建的“自定义标题样式”引用在文本上。

(15) 将鼠标指针置于文档的结尾处，选择【引用】选项卡。在【脚注】命令组中单击【插入尾注】按钮，如图 2-68 所示。

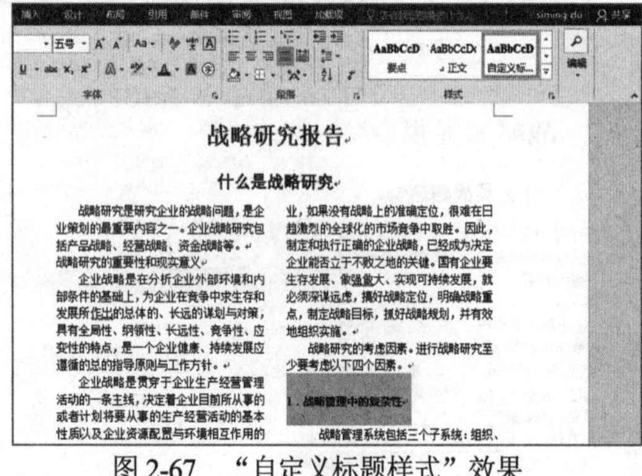

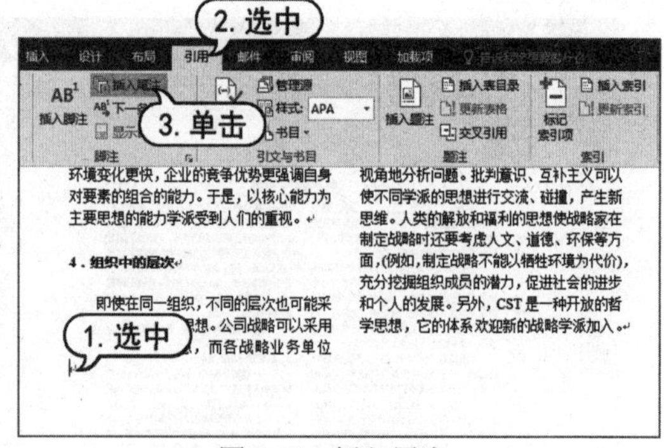

图 2-67　“自定义标题样式”效果　　　　图 2-68　插入尾注

(16) 在显示的两段尾注的上半段输入尾注标题。

(17) 在尾注的下半段输入如图 2-69 所示的内容。

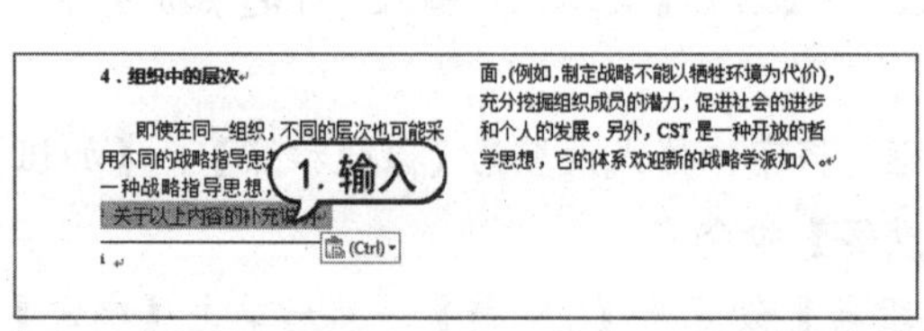

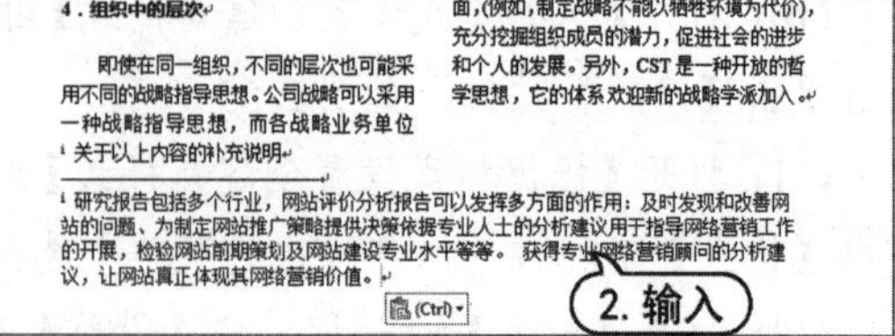

图 2-69　输入尾注内容

(18) 选中尾注上半部分的文本，右击鼠标，在弹出的菜单中选择【字体】命令，如图 2-70 所示。

(19) 打开【字体】对话框的【字体】选项卡。将【中文字体】设置为【楷体】，【字形】设置为【加粗】，【字号】设置为小五，如图 2-71 所示。

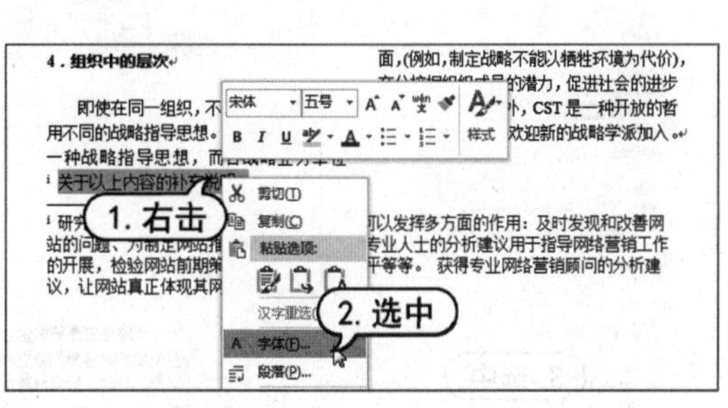

图 2-70　设置尾注字体格式

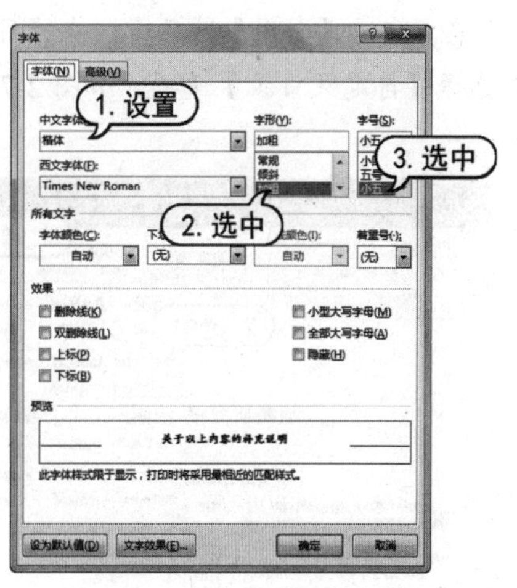

图 2-71　【字体】选项卡

(20) 选择【高级】选项卡，单击【位置】下拉按钮，在弹出的列表中选择【提升】选项，并在该选项后的文本框中输入“3 磅”，如图 2-72 所示。

(21) 单击【确定】按钮，应用字体样式。然后参考步骤(17)的操作，设置尾注下半部分文字的字体格式，完成后效果如图 2-73 所示。

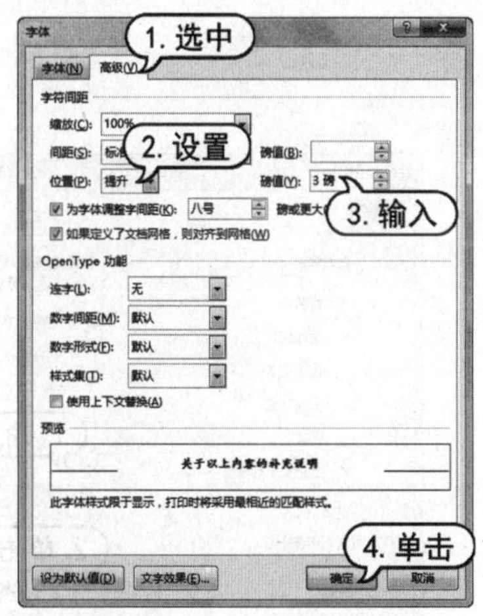

图 2-72　【高级】选项卡

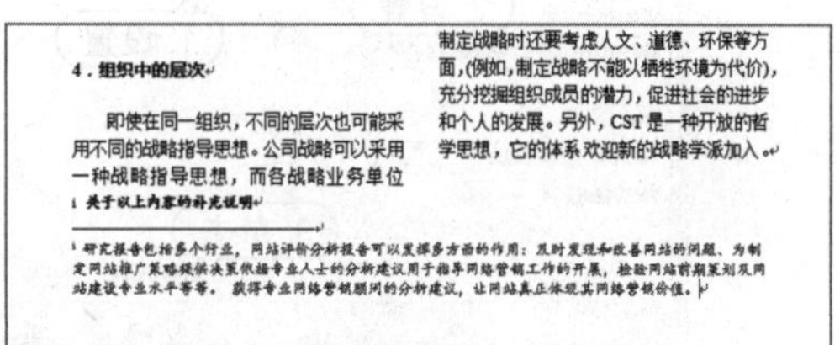

图 2-73　设置尾注字体格式

2.7.2　制作目录

本例将介绍使用 Word 2016 制作目录的方法。在文档制作的过程中，将使用第 2.7.1 小节制

作的“战略研究报告”文档，练习在文档中插入并设置目录的具体操作。

(1) 将鼠标指针放置在“战略研究报告”文档的标题右侧，按下回车键另起一行。在【开始】选项卡的【样式】命令组中单击【其他】按钮，在展开的库中为创建的新行应用【正文】样式，如图 2-74 所示。

(2) 选择【引用】选项卡，在【目录】命令组中单击【目录】下拉按钮，在弹出的下拉列表中选择【自定义目录】选项，如图 2-75 所示。

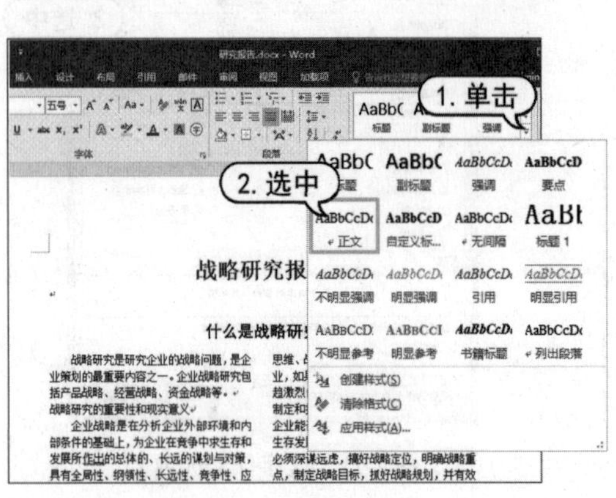

图 2-74　应用正文样式

图 2-75　自定义目录

(3) 打开【目录】对话框，取消【使用超链接而不使用页码】复选框的选中状态。单击【制表符前导符】下拉按钮，在弹出的下拉列表中选择一种符号，如图 2-76 所示。

(4) 单击【选项】按钮，打开【目录选项】对话框。在【自定义标题样式】选项后的文本框中输入 2，然后单击【确定】按钮，如图 2-77 所示。

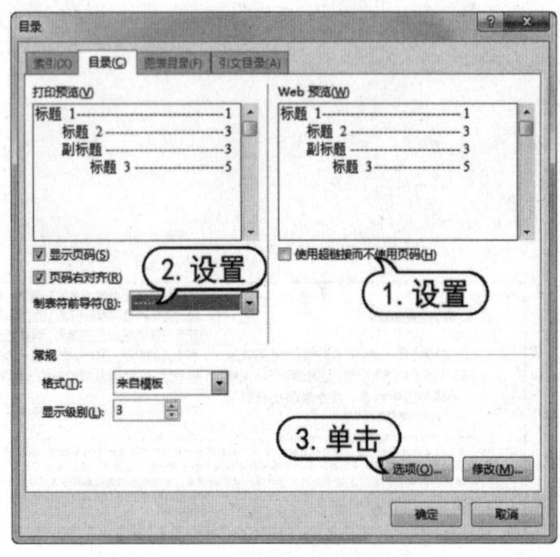

图 2-76　【目录】对话框

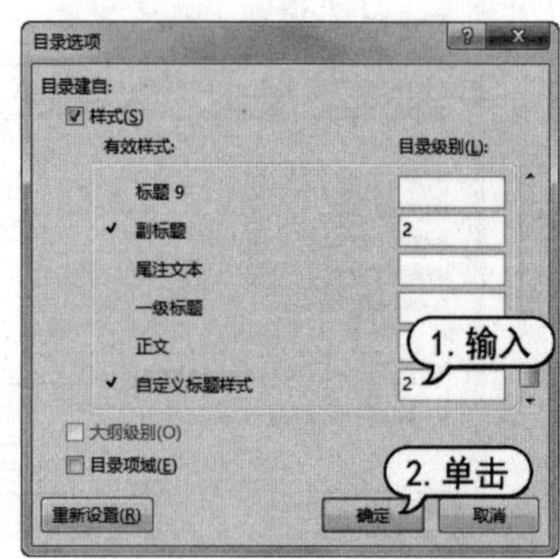

图 2-77　【目录选项】对话框

(5) 返回【目录】选项卡，单击【修改】按钮，打开【样式】对话框。选中【目录 1】选项，然后单击【修改】按钮，如图 2-78 所示。

(6) 打开【修改样式】对话框，在【格式】选项卡中将字体设置为【黑体】，将字号设置为 12。单击【字体颜色】下拉按钮，在展开的样式库中选择【深蓝】选项，如图 2-79 所示。

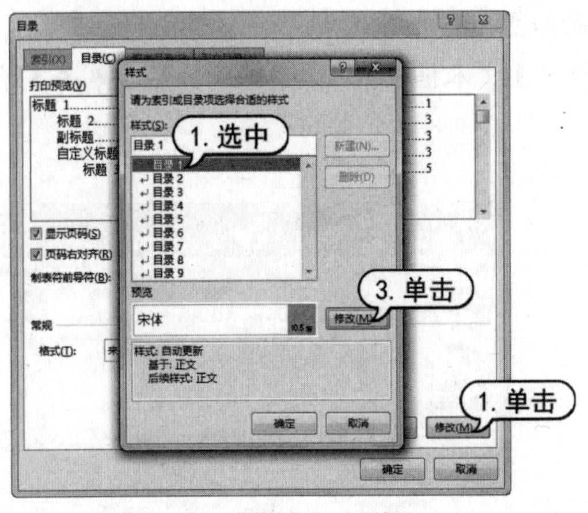

图 2-78　【样式】对话框

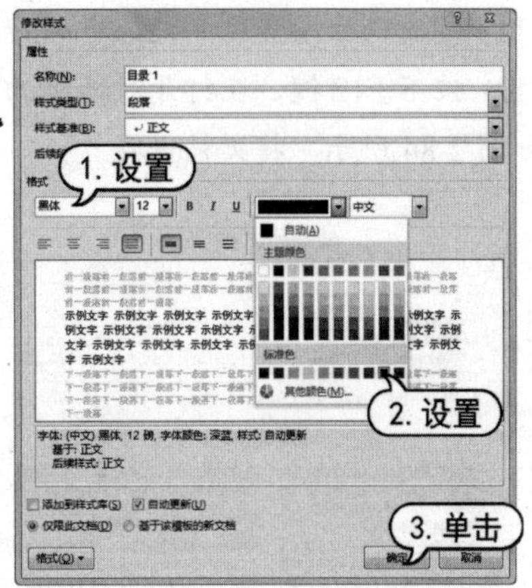

图 2-79　修改字体样式

(7) 单击【确定】按钮，返回【样式】对话框。选中【目录 2】选项，然后参考步骤(6)的操作，设置目录 2 的字体格式，如图 2-80 所示。

(8) 返回【目录】对话框。单击【确定】按钮，将在文档中插入如图 2-81 所示的目录。将鼠标指针插入目录的后方，按下 Delete 键，删除目录后的空行。

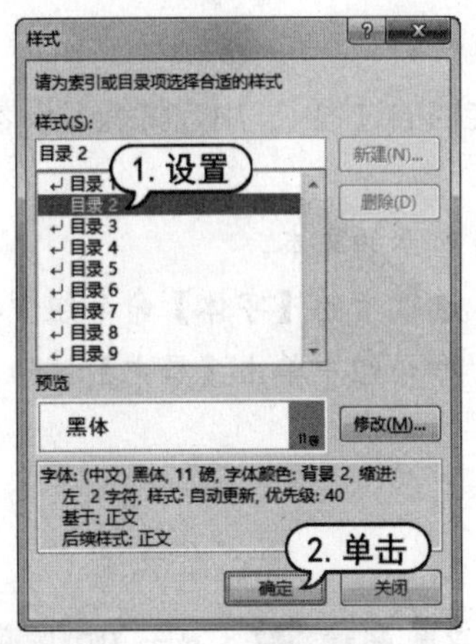

图 2-80　设置目录 2

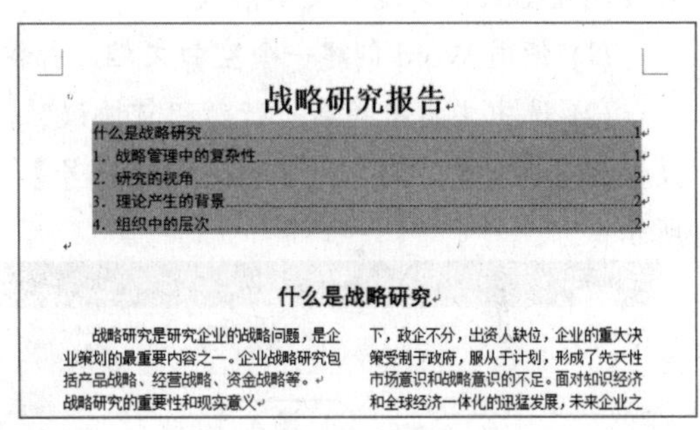

图 2-81　在文档中插入目录

(9) 将鼠标指针插入目录的头部，按下回车键插入一个空行，并输入文本“目录”。

(10) 选中文本“目录”，在【开始】选项卡的【样式】命令组中单击【标题】样式，如图 2-82 所示。

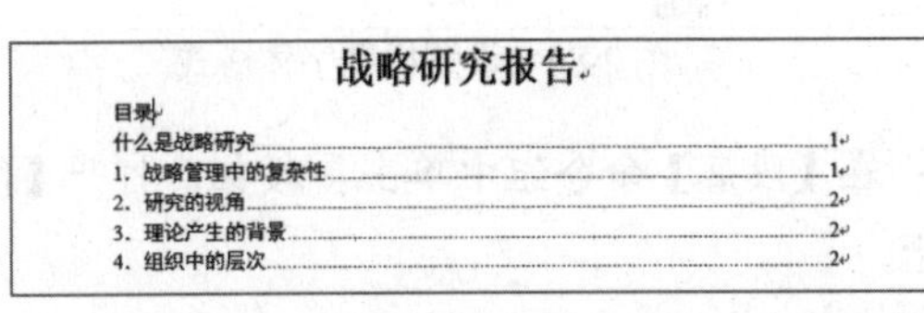

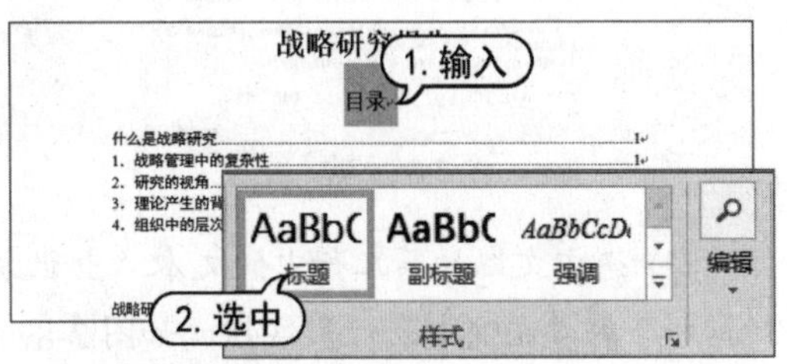

图 2-82　为文本“目录”应用“标题”样式

(11) 完成以上设置后，文档中的目录效果如图 2-83 所示。

(12) 按下 F12 键，在打开对话框的【文件名】文本框中输入“目录”。然后单击【保存】按钮，如图 2-84 所示，将文档保存。

战略研究报告

目录

什么是战略研究……1
1. 战略管理中的复杂性……1
2. 研究的视角……2
3. 理论产生的背景……2
4. 组织中的层次……2

什么是战略研究

战略研究是研究企业的战略问题，是企业策划的最重要内容之一。企业战略研究包括产品战略、经营战略、资金战略等。

战略研究的重要性和现实意义

企业战略是在分析企业外部环境和内部条件的基础上，为企业在竞争中求生存和发展所作出的总体的、长远的谋划与对策，具有全局性、纲领性、长远性、竞争性、应变性的特点，是一个企业健康、持续发展应遵循的总的指导原则与工作方针。

企业战略是贯穿于企业生产经营管理活动的一条主线，决定着企业目前所从事的或者计划将要从事的生产经营活动的基本工作时间的 60%以上。对于我们地处内陆的国有企业来说，在长期的计划经济体制影响下，政企不分，出资人缺位，企业的重大决策受制于政府，服从于计划，形成了先天性市场意识和战略意识的不足。面对知识经济和全球经济一体化的迅猛发展，未来企业之间的竞争将在相当程度上表现为企业战略思维、战略定位的竞争，一个缺乏自主的企业，如果没有战略上的准确定位，很难在日趋激烈的全球化的市场竞争中取胜。因此，制定和执行正确的企业战略，已经成为决定企业能否立于不败之地的关键。国有企业要生存发展、做强做大、实现可持续发展，就

图 2-83　文档中的目录效果

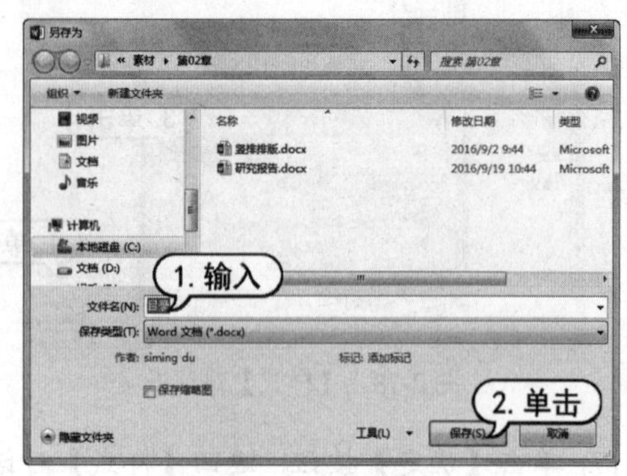

图 2-84　保存文档

2.7.3　制作租赁协议

本例将使用 Word 2016 制作一个文件协议。在制作文档的过程中，用户将练习设置文本格式，并使用【格式刷】复制文本格式。

(1) 使用 Word 创建一个空白文档，并输入如图 2-85 所示的文本。

(2) 选中文本中的第一行“租赁协议”，在【开始】选项卡的【字体】命令组中将【字体】设置为【宋体】、【字号】设置为【一号】，在【段落】命令组中单击【居中】按钮，如图 2-86 所示。

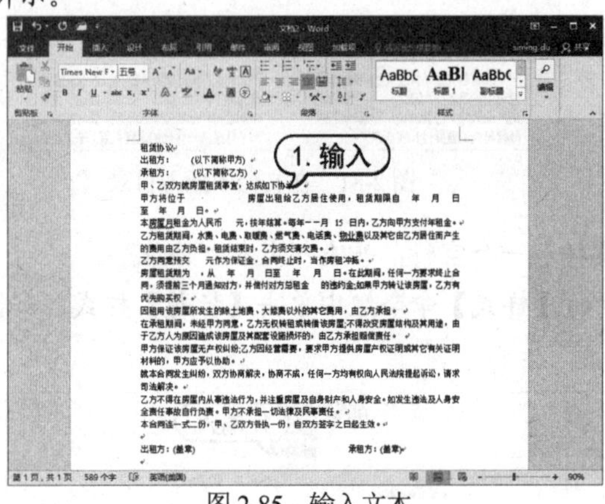

图 2-85　输入文本

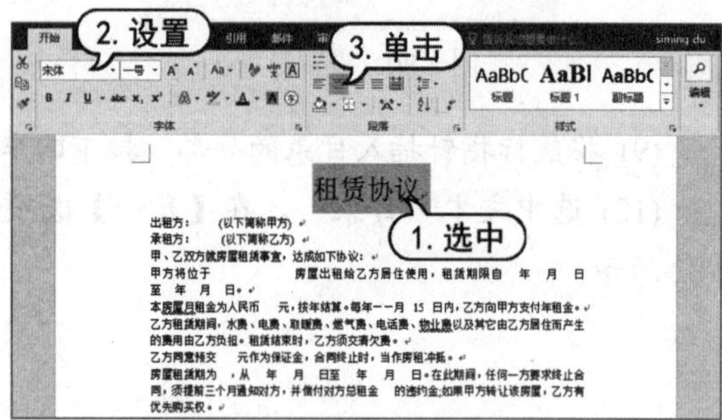

图 2-86　设置标题字体格式

(3) 选中文本的第二行中的文本“出租方”。在【段落】命令组中单击 按钮，打开【段落】对话框，并单击【制表位】按钮，如图 2-87 所示。

(4) 打开【制表位】对话框。在【制表位位置】文本框中输入“20 字符”，选中【4_(4)】单选按钮，然后单击【设置】按钮，如图 2-88 所示。

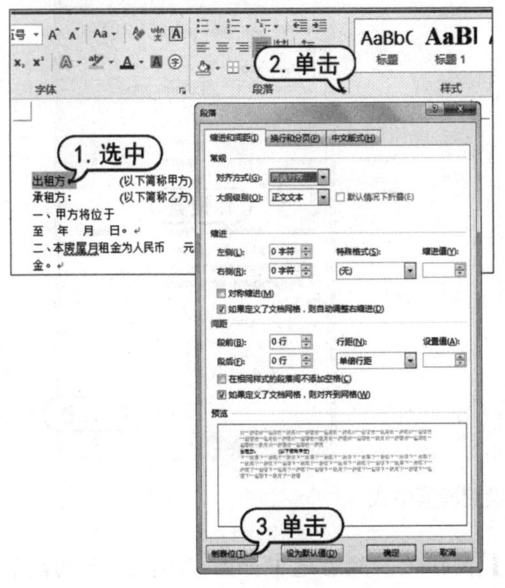

图 2-87 打开【段落】对话框

图 2-88 【制表位】对话框

(5) 在【制表位】对话框中单击【确定】按钮，按 Tab 键，在文档中输入如图 2-89 所示的制表位。

(6) 重复步骤(3)~(5)的操作，在第三行文本“承租方”后输入制表位。

(7) 选中如图 2-90 所示的文本，在【段落】命令组中单击【编号】下拉按钮，在弹出的菜单中选择一种编号样式。

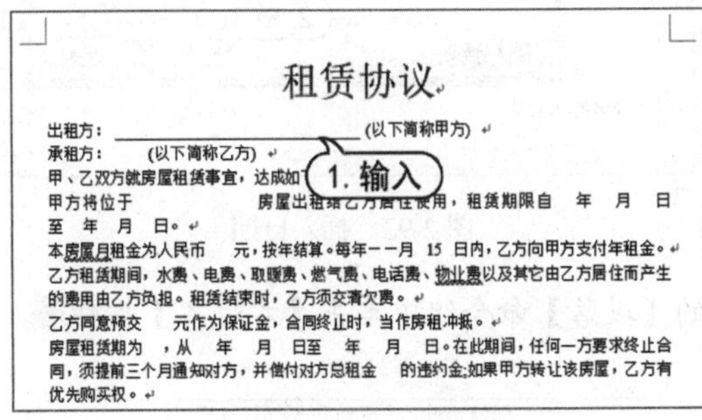

租赁协议

出租方：________________(以下简称甲方)

承租方：　　(以下简称乙方)

甲、乙双方就房屋租赁事宜，达成如下协议：

甲方将位于　　　　房屋出租给乙方居住使用，租赁期限自　年　月　日至　年　月　日。

本房屋月租金为人民币　元，按年结算。每年一月 15 日内，乙方向甲方支付年租金。

乙方租赁期间，水费、电费、取暖费、燃气费、电话费、物业费以及其它由乙方居住而产生的费用由乙方负担。租赁结束时，乙方须交清欠费。

乙方同意预交　元作为保证金，合同终止时，当作房租冲抵。

房屋租赁期为　，从　年　月　日至　年　月　日。在此期间，任何一方要求终止合同，须提前三个月通知对方，并偿付对方总租金　的违约金;如果甲方转让该房屋，乙方有优先购买权。

图 2-89 输入制表位

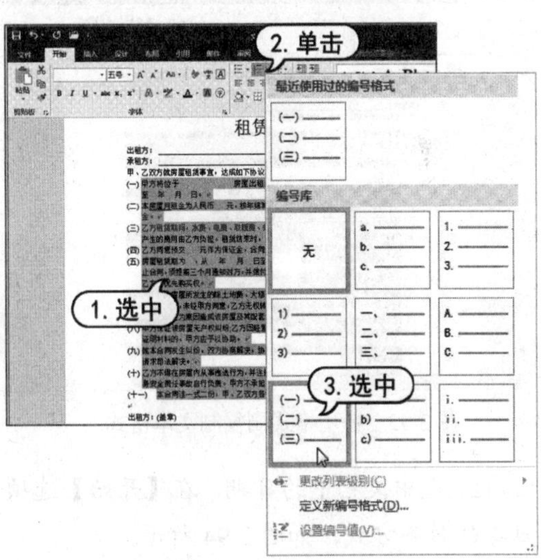

图 2-90 应用编号

(8) 选中如图 2-91 所示的文本，右击鼠标，在弹出的菜单中选择【段落】命令，打开【段落】对话框。

(9) 在【段前】和【段后】文本框中输入“0.5 行”，单击【确定】按钮，如图 2-91 所示。

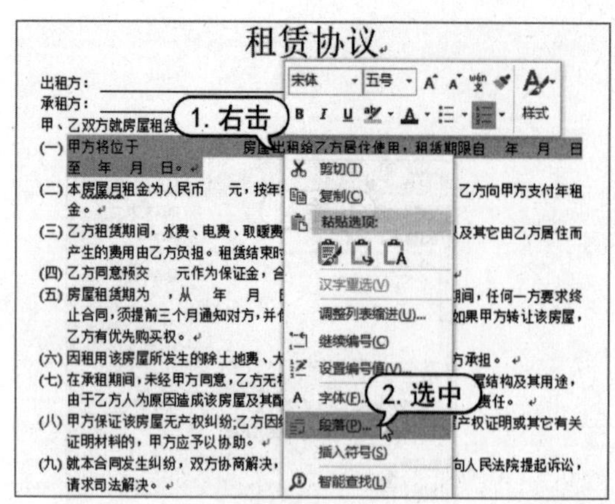

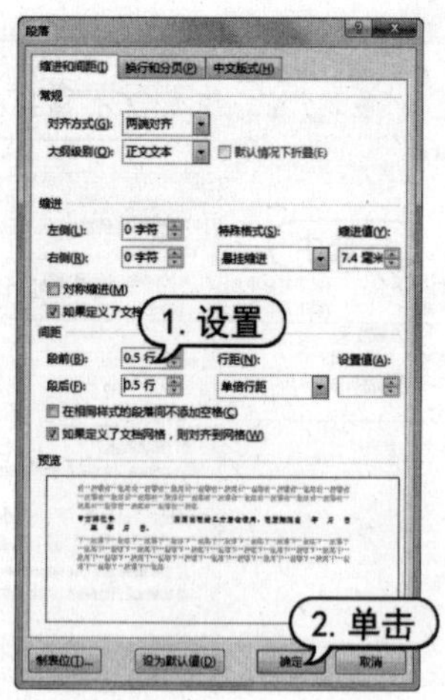

图 2-91　设置段落格式

(10) 在【剪贴板】命令组中单击【格式刷】按钮，然后选中如图 2-92 所示的段落，复制文本格式。

(11) 将鼠标指针插入文档的尾部，选择【插入】选项卡，在【文本】命令组中单击【日期和时间】按钮，打开【日期和时间】对话框。在【可用格式】列表框中选择一种日期格式后，单击【确定】按钮，在文档中插入时间，如图 2-93 所示。

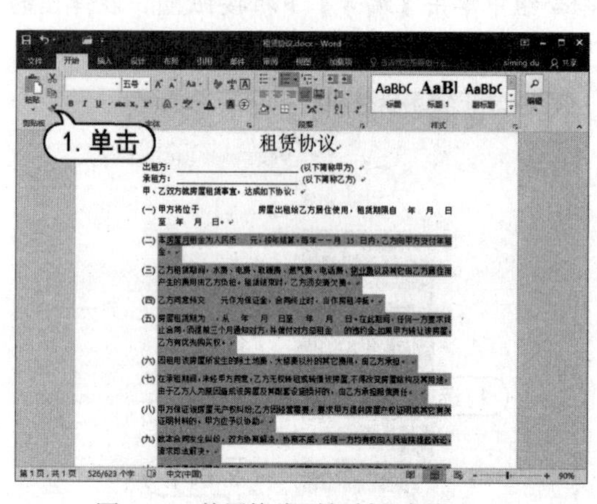

图 2-92　使用格式刷复制文本格式

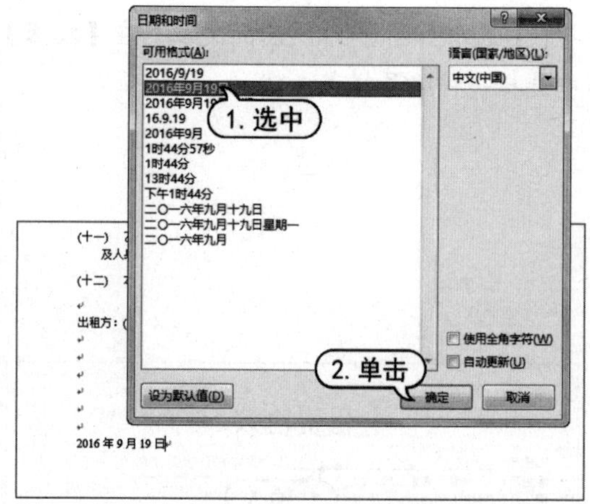

图 2-93　插入日期

(12) 选中文档中的日期，在【开始】选项卡的【段落】命令组中单击【右对齐】按钮，设置日期的对齐方式，如图 2-94 所示。

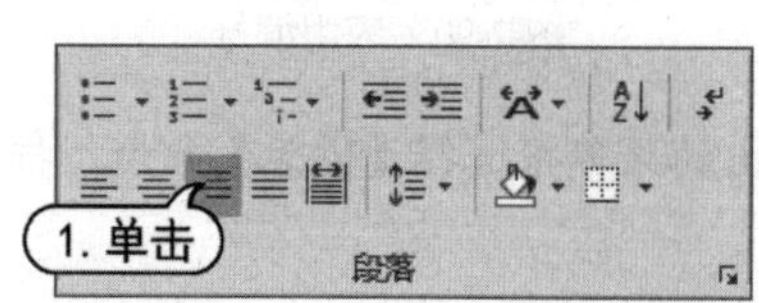

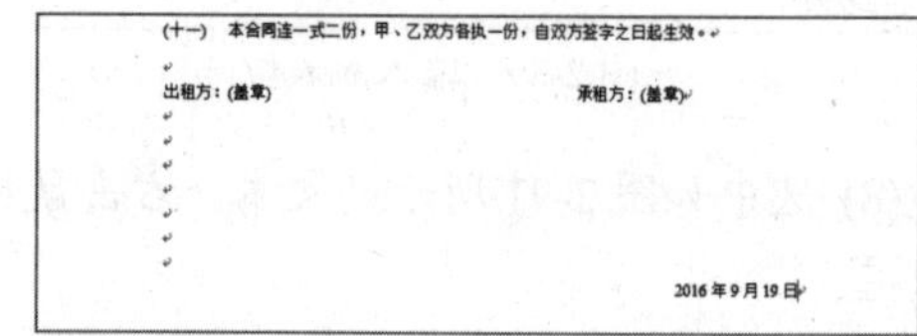

图 2-94　设置文本的对齐方式

计算机基础与实训教材系列

(13) 完成租赁协议的制作后，文档效果如图 2-95 所示。选择【文件】选项卡，在弹出的菜单中选择【打印】命令。在显示的选项区域中单击【打印机】下拉按钮，在弹出的菜单中选择与当前计算机连接的打印机。在【份数】文本框中输入 2，然后单击【打印】按钮，将制作的租赁协议打印 2 份，如图 2-96 所示。

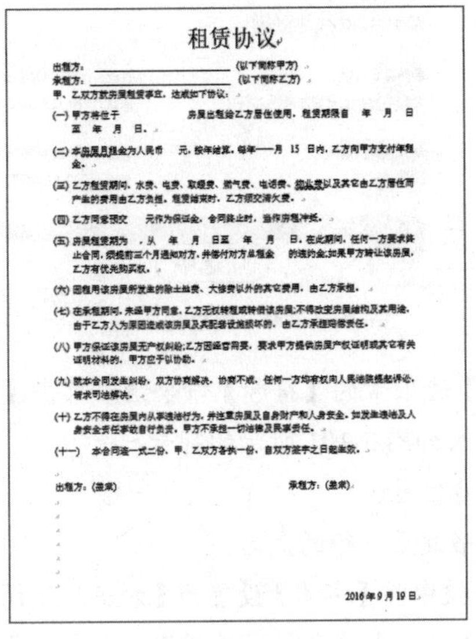

租赁协议

出租方：(盖章)　　　　承租方：(盖章)

2016年9月19日

图 2-95　租赁协议效果

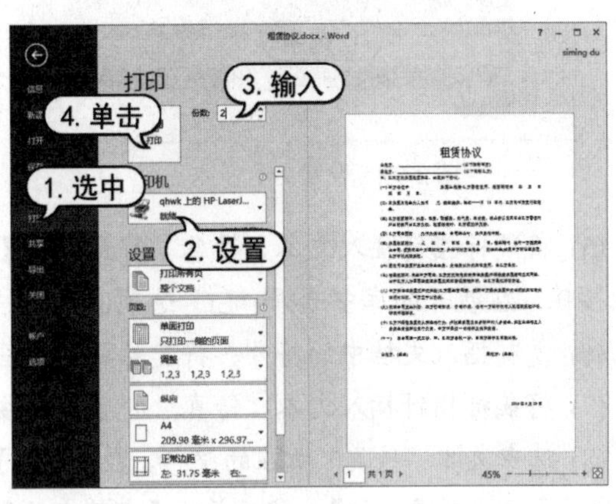

图 2-96　打印文档

2.7.4　制作传真封面

本例将介绍“传真封面”的制作方法。在实例操作中，将首先设置段落缩进，其次输入文本，并依次对输入的文字进行设置，最后插入符号完成文档的制作。

(1) 按下 Ctrl+N 组合键创建一个空白文档，并输入文本，如图 2-97 所示。

(2) 选中第 1 行文本，在【开始】选项卡的【字体】命令组中将【字体】设置为【方正综艺简体】，将【字号】设置为【小三】，如图 2-98 所示。

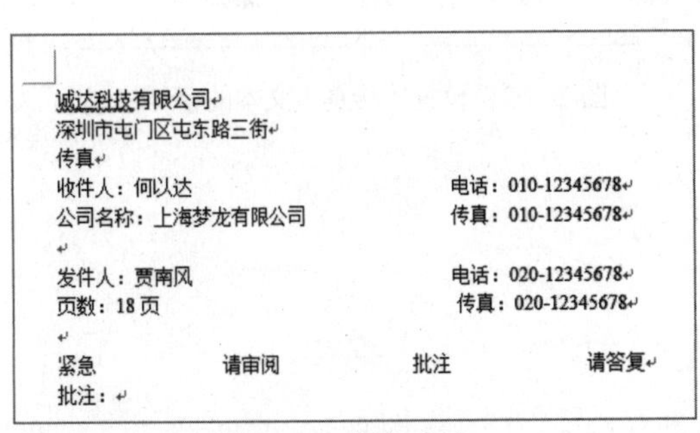

诚达科技有限公司
深圳市屯门区屯东路三街
传真
收件人：何以达　　　　电话：010-12345678
公司名称：上海梦龙有限公司　　　　传真：010-12345678

发件人：贾南风　　　　电话：020-12345678
页数：18 页　　　　传真：020-12345678

紧急　　请审阅　　批注　　请答复
批注：

图 2-97　输入文本

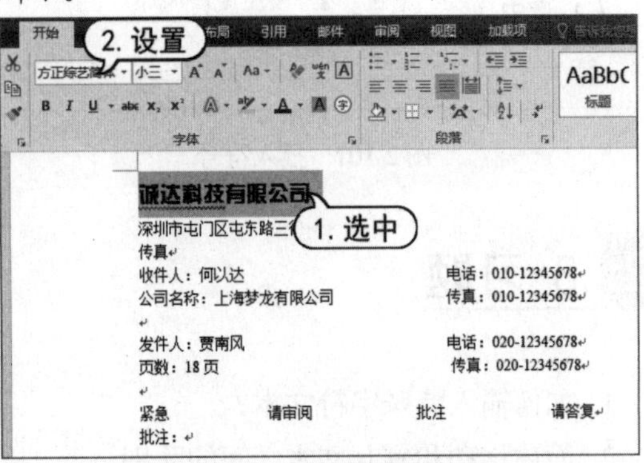

图 2-98　设置文本格式

(3) 选中如图 2-99 所示的文本，在【字体】命令组中将【字号】设置为【小五】。

(4) 选中如图 2-100 所示的文本，在【字体】命令组中单击【加粗】按钮。

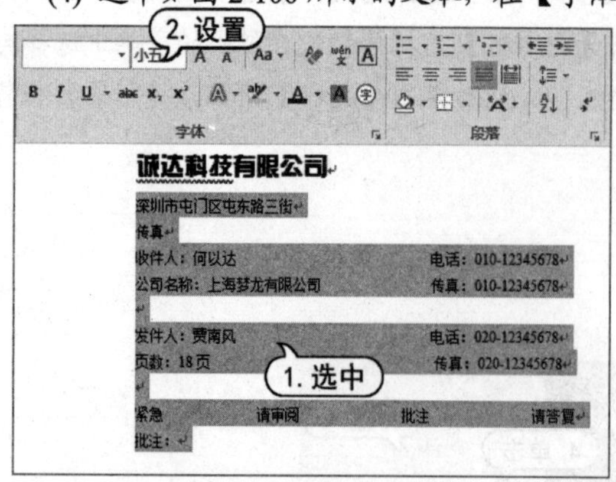

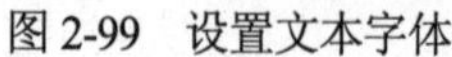
图 2-99　设置文本字体

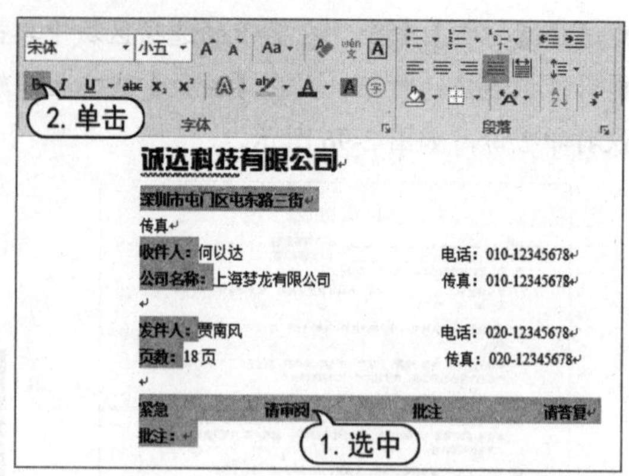

图 2-100　加粗文字

(5) 将鼠标指针插入文本“紧急”前面，在【插入】选项卡的【符号】命令组中单击【符号】下拉按钮。在展开的库中选择“□”选项，在文档中插入如图 2-101 所示的符号。

(6) 复制插入文档中的符号，将其粘贴到文档中其他位置。

(7) 将鼠标指针插入文本“传真”的后方，按下空格键至一行的最后。

(8) 选中文本“传真”所在的整行，在【字体】命令组中将【字体】设置为【方正综艺简体】，将【字号】设置为【小初】，然后单击【字符底纹】按钮，完成传真封面的制作，效果如图 2-102 所示。

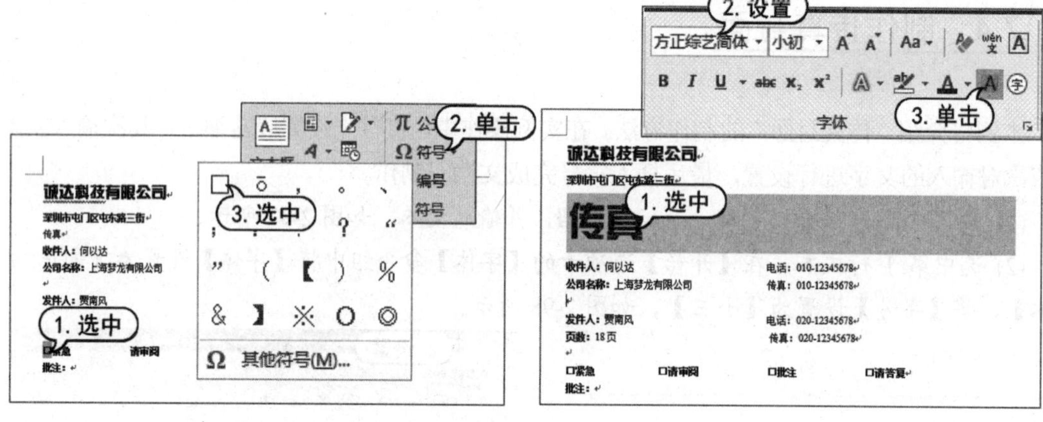

图 2-101　插入符号

图 2-102　设置“传真”文本的字体格式

2.8 习题

1. 如何输入特殊字符文本？

2. 简述移动和复制文本之间的区别。

3. 新建一个 Word 文档并输入文本内容，设置标题的字体为【隶书】，字号为【一号】，正文的字体为【宋体】，字号为【小四】。

第3章 Word 文档的图文混排

学习目标

在文档中适当地插入一些图形、图片、艺术字、文本框等对象，不仅会使文章、报告显得生动有趣，还能帮助用户更快地理解文章内容。本章将介绍使用 Word 2016 图文混排修饰文档的方法与技巧。

本章重点

- 在文档中插入与编辑图片
- 在文档中应用艺术字
- 在文档中添加文本框和 SmartArt 图形

3.1 插入图片

在制作文档时，常常需要插入相应的图片文件来具体说明一些相关的内容信息。在 Word 2016 中，用户可以在文档中插入计算机中保存的图片，也可以插入屏幕截图。

3.1.1 插入文件中的图片

用户可以直接将保存在计算机中的图片插入 Word 文档中，也可以利用扫描仪或者其他图形软件插入图片到 Word 文档中。下面介绍插入计算机中保存的图片的方法。

(1) 将鼠标指针插入文档中合适的位置后，选择【插入】选项卡，在【插入】命令组中单击【图片】按钮，打开【插入图片】对话框。

(2) 在【插入图片】对话框中选中一个图片文件后，单击【插入】按钮，如图 3-1 所示。

(3) 此时，将在文档中插入一个图片，如图 3-2 所示。

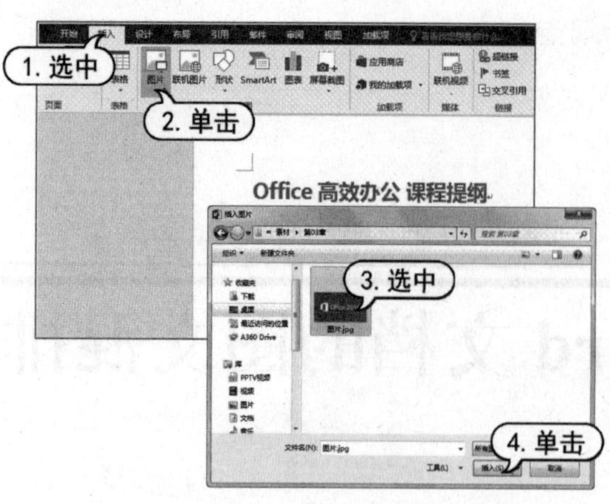

图 3-1　打开【插入图片】对话框

图 3-2　在文档中插入图片

3.1.2　使用【屏幕截图】功能

用户如果需要在 Word 文档中使用当前页面中的某个图片或者图片的一部分，则可以利用 Word 2016 的“屏幕截图”功能来实现。下面介绍插入屏幕视图以及自定义屏幕截图的方法。

1. 插入屏幕截图

屏幕视图指的是当前打开的窗口，用户可以快速捕捉打开的窗口并插入到文档中。

(1) 选择屏幕窗口，在【插入】选项卡的【插图】命令组中单击【屏幕截图】下拉按钮，在展开的库中选择当前打开的窗口缩略图，如图 3-3 所示。

(2) 此时，将在文档中插入如图 3-4 所示的窗口屏幕截图。

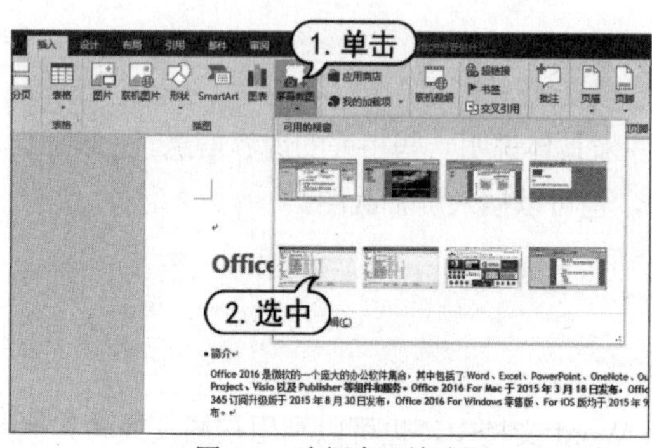

图 3-3　选择窗口缩略图

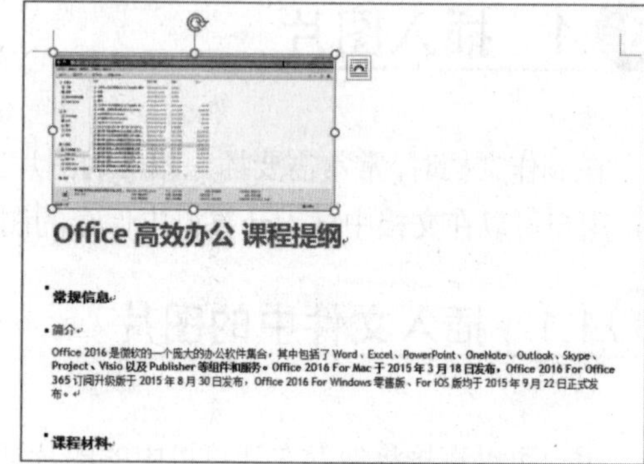

图 3-4　在文档中插入屏幕视图

2. 编辑屏幕截图

如果用户正在浏览某个页面，则可以将页面中的部分内容以图片的形式插入 Word 文档中。此时，需要使用自定义屏幕截图功能来截取所需图片。

(1) 在【插入】选项卡的【插入】命令组中单击【屏幕截图】下拉按钮，在展开的库中选择

【屏幕剪辑】选项。然后在需要截取图片的开始位置按住鼠标左键拖动，拖至合适位置处释放鼠标，如图 3-5 所示。

(2) 此时，即可在文档中插入如图 3-6 所示的屏幕截图。

图 3-5　截取屏幕截图

图 3-6　在文档中插入屏幕截图

【例 3-1】批量提取 Word 文档中插入的图片。

(1) 打开需要提取图片的文档，选择【文件】选项卡。在弹出的菜单中选择【另存为】命令，打开【另存为】对话框。在地址栏中选择要另存的位置，在【文件名】文本框中输入名称，如“文档图片”，将【保存类型】设置为【网页(*.htm;*html)】，如图 3-7 所示。

(2) 单击【确定】按钮将文档保存后，在保存位置会出现“文档图片.htm”文件和【文档图片.files】文件夹。双击打开“文档图片.files”文件夹，这时可以发现文档内的所有图片都存储在该文件夹中，如图 3-8 所示。

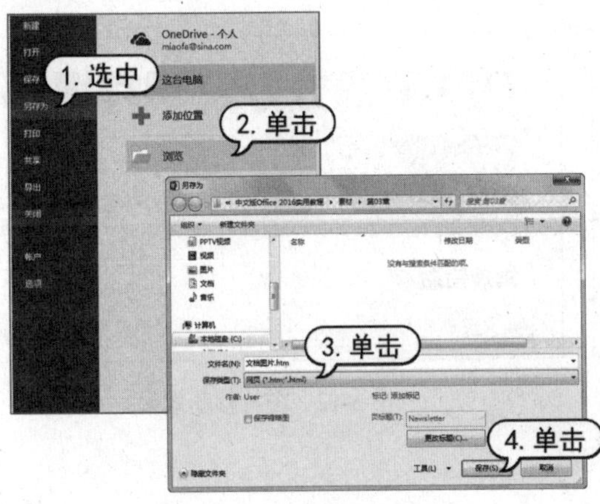

图 3-7　将文档保存为网页

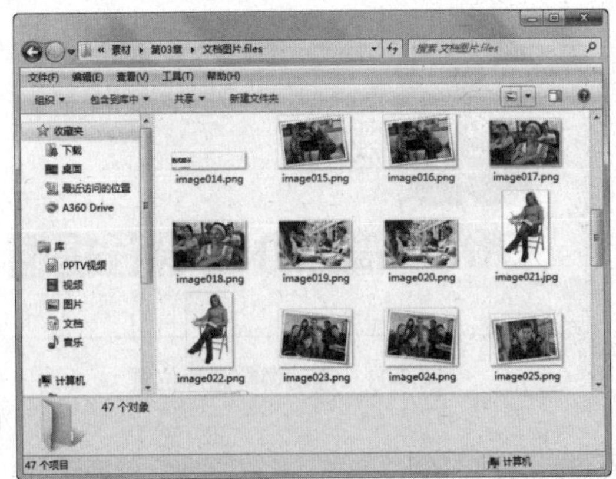

图 3-8　提取文档中的图片

3.2　编辑图片

在文档中插入图片后，经常还需要进行设置才能达到用户的需求，如调整图片的大小、位置，

以及图片的文字环绕方式和图片样式等。本节将介绍编辑图片的具体操作步骤。

3.2.1 调整图片大小和位置

下面将介绍调整图片大小和位置的方法。

(1) 选中文档中插入的图片，将指针移动至图片右下角的控制柄上，当指针变成双向箭头形状时进行拖动，如图 3-9 所示。

(2) 当图片大小变化为合适的大小后，释放鼠标即可改变图片大小，如图 3-10 所示。

图 3-9 拖动图片控制柄

图 3-10 图片调整效果

(3) 选中文档中的图片，将鼠标指针放置在图片上方，当指针变为十字箭头时进行拖动，如图 3-11 所示。

(4) 将图片拖动至合适的位置后释放鼠标。此时，可以看到图片的位置发生了变化，效果如图 3-12 所示。

图 3-11 拖动调整图片位置

图 3-12 图片移动效果

3.2.2 裁剪图片

如果只需要插入图片中的某一部分，可以对图片进行裁剪，将不需要的图片部分裁掉，具体操作步骤如下。

(1) 选择文档中需要裁剪的图片，在【格式】选项卡的【大小】命令组中单击【裁剪】下拉按钮，在弹出的菜单中选择【裁剪】命令。

(2) 调整图片边缘出现的裁剪控制手柄，拖动需要裁剪边缘的手柄，如图 3-13 所示。

(3) 按下回车键，即可裁剪图片，并显示裁剪后的图片效果，如图 3-14 所示。

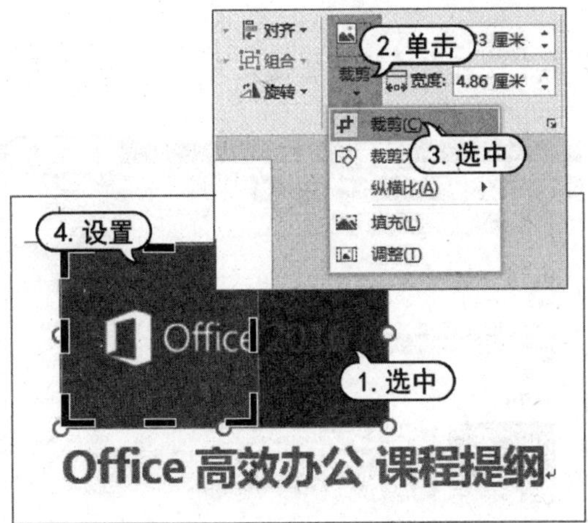

图 3-13　设置裁剪图片

图 3-14　图片裁剪效果

【例 3-2】利用遮罩将图片裁剪成形状。

(1) 单击需要裁剪的图片，选择【格式】选项卡，在【大小】命令组中单击【裁剪】下拉按钮，在弹出的菜单中选择【裁剪为形状】命令。

(2) 在弹出的子菜单中选择一种形状，即可将图片裁剪成如图 3-15 所示的形状。

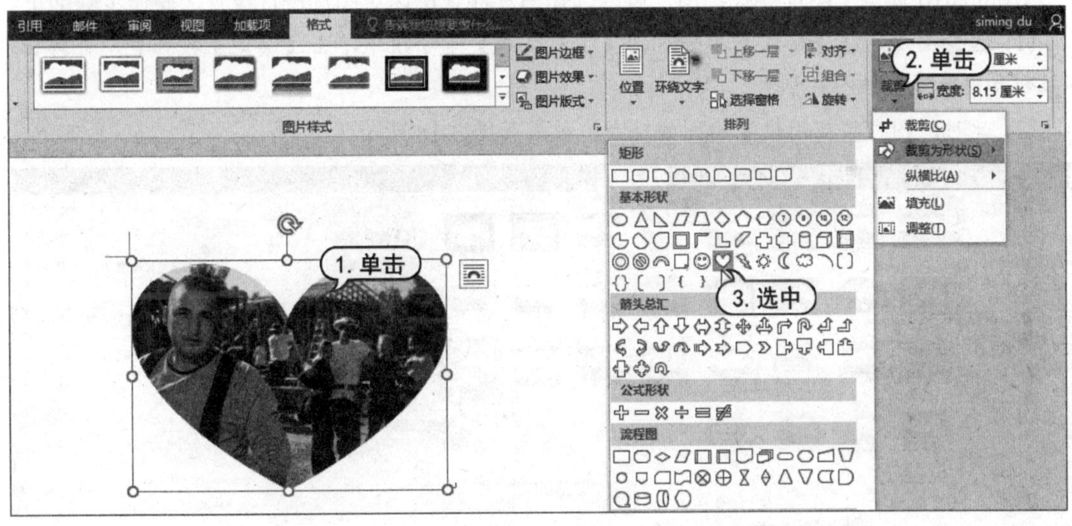

图 3-15　将图形裁剪成形状

3.2.3　设置图片与文本位置关系

在默认情况下，在文档中插入图片是以嵌入的方式显示的，用户可以通过设置环绕文字来改变图片与文本的位置关系，具体操作如下。

(1) 选中文档中的图片，在【格式】选项卡的【排列】命令组中单击【环绕文字】下拉按钮。在弹出的菜单中选择【浮于文字上方】选项，可以设置图片浮于文字上方。将图片拖动至文档任意位置处，效果如图 3-16 所示。

(2) 单击【环绕文字】下拉按钮，在弹出的菜单中还可以选择其他位置关系，如选择【四周型】命令，图片在文档中的效果如图 3-17 所示。

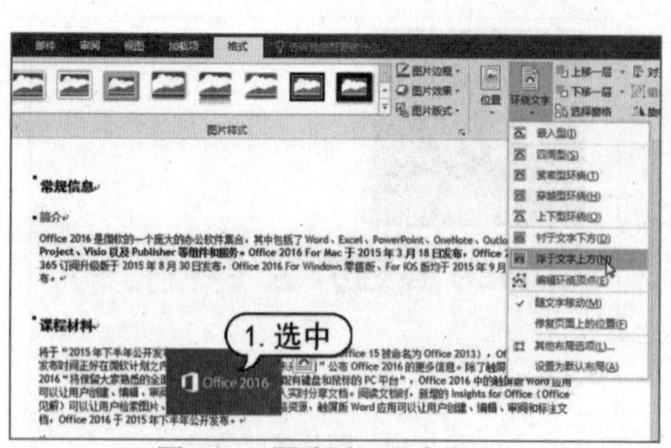

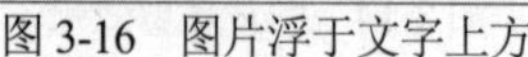

图 3-16　图片浮于文字上方

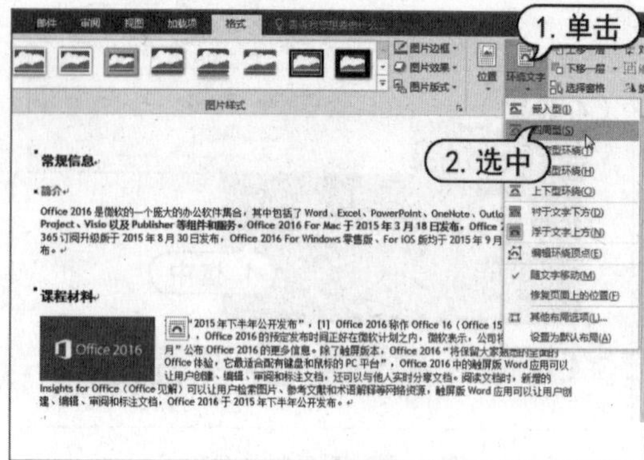

图 3-17　四周型效果

3.2.4　应用图片样式

Word 2016 提供了图片样式，用户可以选择图片样式快速对图片进行设置，操作步骤如下。

(1) 选择图片，在【格式】选项卡的【图片样式】命令组中单击【其他】按钮，在弹出的下拉列表中选择一种图片样式。

(2) 此时，图片将应用设置的图片样式，效果如图 3-18 所示。

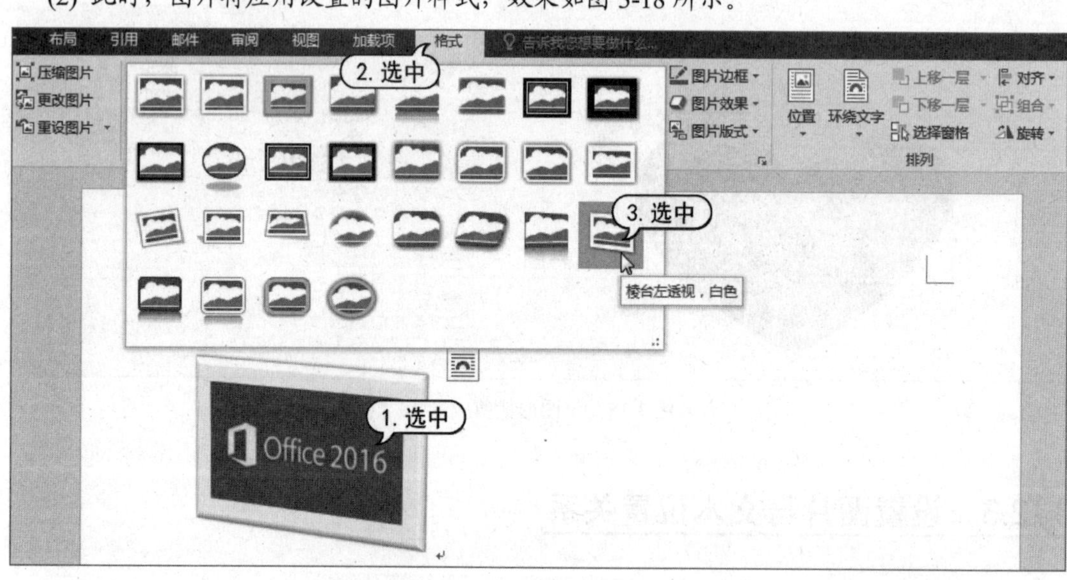

图 3-18　为图片应用样式

【例 3-3】快速还原文档中图片的原始状态。

(1) 选中文档中的图片。

(2) 选择【格式】选项卡，在【调整】命令组中单击【重设图片】下拉按钮，在弹出的菜单中选择【重设图片和大小】命令。

3.3 调整图片

在 Word 2016 中，用户可以快速地设置文档中图片的效果，如删除图片背景、更正图片亮度和对比度、重新设置图片颜色等。

3.3.1 删除图片背景

如果不需要图片的背景部分，可以使用 Word 2016 删除图片的背景，具体操作步骤如下。

(1) 选中文档中插入的图片，在【格式】选项卡的【调整】命令组中单击【删除背景】按钮，如图 3-19 所示。

(2) 在图片中显示保留区域控制柄，拖动手柄调整需要保留的区域，如图 3-20 所示。

图 3-19　删除背景

图 3-20　调整保留区域控制柄

(3) 在【优化】命令组中单击【标记要保留的区域】按钮，在图片中单击标记保留区域，如图 3-21 所示。

(4) 按下回车键，可以显示删除背景后的图片效果，如图 3-22 所示。

图 3-21　标记保留区域

图 3-22　删除图片背景效果

3.3.2 更正图片亮度和对比度

Word 2016 为用户提供了设置亮度和对比度的功能，用户可以通过预览图片效果来进行选择，快速得到所需的图片效果，具体操作如下。

(1) 选中文档中的图片后，在【格式】选项卡的【调整】命令组中单击【更正】下拉按钮，在弹出的菜单中选择需要的效果，如图 3-23 所示。

(2) 此时，图片将发生相应的变化，其亮度和对比度效果如图 3-24 所示。

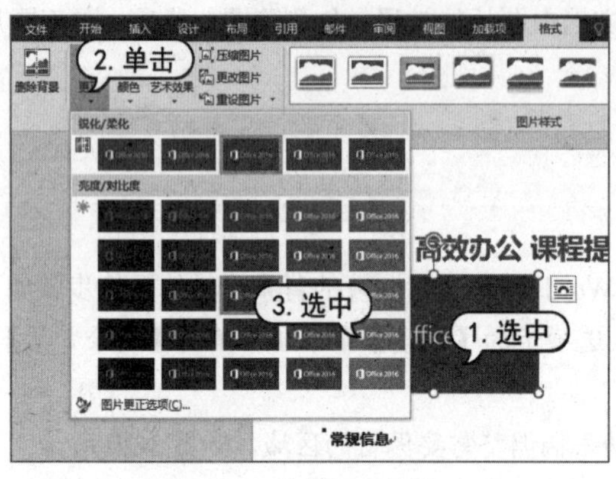

图 3-23　选择更正效果

图 3-24　图像亮度和对比度调整效果

3.3.3 重新设置图片颜色

如果用户对图片的颜色不满意，可以对图片颜色进行调整。在 Word 2010 中，可以快速得到不同的图片颜色效果，具体操作步骤如下。

(1) 选择文档中的图片，在【格式】选项卡的【调整】命令组中单击【颜色】下拉按钮，在展开的库中选择需要的图片颜色，如图 3-25 所示。

(2) 此时，图片的颜色发生了更改，效果如图 3-26 所示。

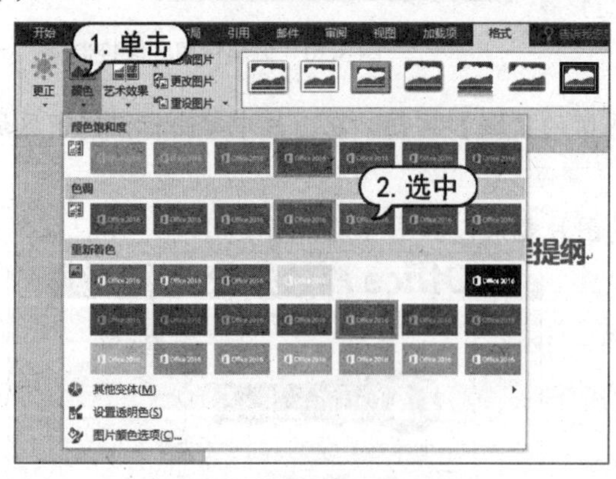

图 3-25　选择重设图片颜色

图 3-26　图片颜色效果

3.3.4 为图片应用艺术效果

Word 2016 提供多种图片艺术效果，用户可以直接选择所需的艺术效果对图片进行调整，具体操作步骤如下。

(1) 选中文档中的图片，在【格式】选项卡的【调整】命令组中单击【艺术效果】下拉按钮，在展开的库中选择一种艺术字效果，如“线条图”。

(2) 此时，将显示图片的艺术处理效果，如图 3-27 所示。

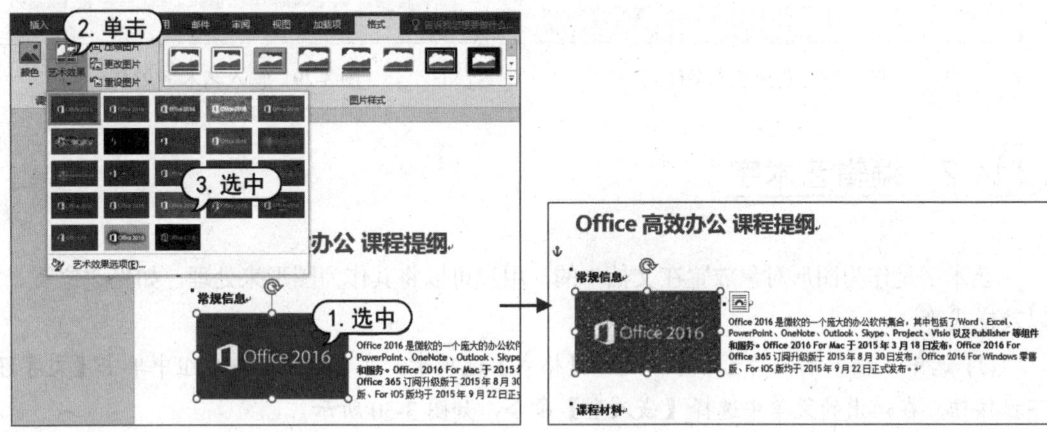

图 3-27 图片应用艺术效果

3.4 艺术字的应用

在 Word 文档中灵活地应用艺术字功能，可以为文档添加生动且具有特殊视觉效果的文字。由于在文档中插入艺术字会被作为图形对象处理，因此在添加艺术字时，需要对艺术字样式、位置、大小进行设置。

3.4.1 插入艺术字

插入艺术字的方法有两种，一种是先输入文本，再将输入的文本应用为艺术字样式；另一种是先选择艺术字的样式，然后在 Word 软件提供的文本占位符中输入需要的艺术字文本。下面将介绍插入艺术字的具体操作。

(1) 在【插入】选项卡的【文本】工作组中单击【艺术字】下拉按钮，在展开的库中选择需要的艺术字样式，如图 3-28 所示。

(2) 此时，将在文档中插入一个所选的艺术字样式，在其中显示“请在此放置您的文字”。

(3) 删除艺术字样式中显示的文本，输入需要的艺术字内容即可，如图 3-29 所示。

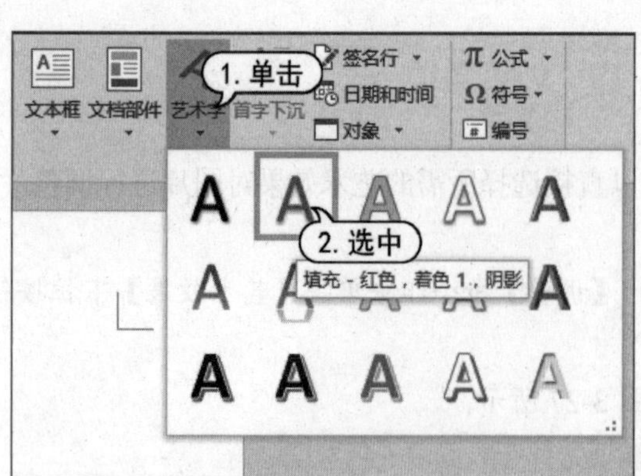

图 3-28 选择艺术字样式

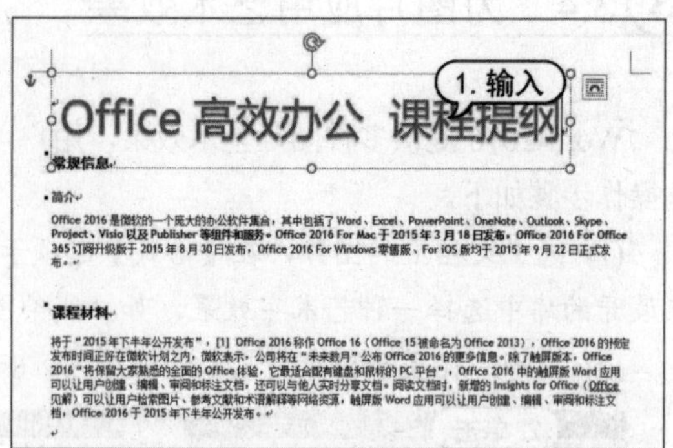

图 3-29 输入艺术字文本

3.4.2 编辑艺术字

艺术字是作为图形对象放置在文档中的，用户可以将其作为图形来处理，如更改位置、大小以及样式等。

(1) 选中文档中插入的艺术字，选择【格式】选项卡。在【排列】命令组中单击【文字环绕】下拉按钮，在弹出的菜单中选择【嵌入型】命令，如图 3-30 所示。

(2) 此时，可以看到艺术字以嵌入的方式显示在文档中。将鼠标指针插入艺术字所在位置，然后在【段落】命令组中单击【居中】按钮，使艺术字所在的段落以居中方式显示，如图 3-31 所示。

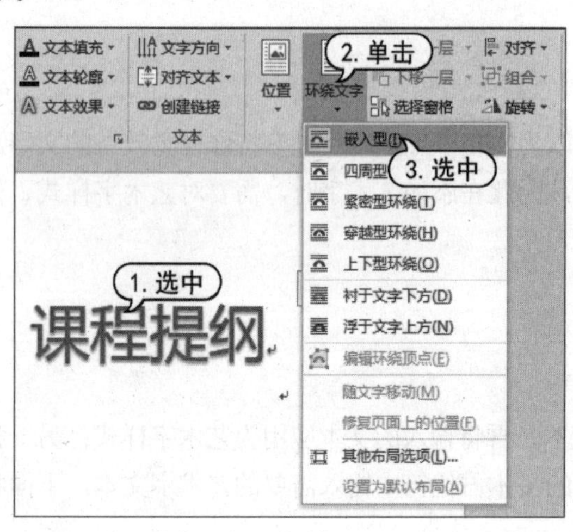

图 3-30 设置艺术字环绕方式

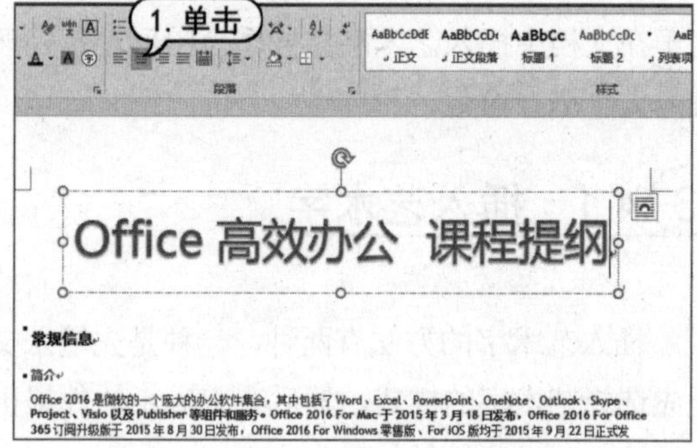

图 3-31 设置艺术字嵌入显示的效果

(3) 选择艺术字并选择【格式】选项卡，在【艺术字样式】命令组中单击按钮，打开【设置形状格式】窗格。

(4) 在【设置形状格式】窗格中展开【发光】选项区域，单击按钮，在展开的库中选择一种发光效果，如图 3-32 所示。

(5) 展开【三维格式】选项区域，单击【顶部棱台】下拉按钮，在展开的库中选择一种三维效果，如图 3-33 所示。

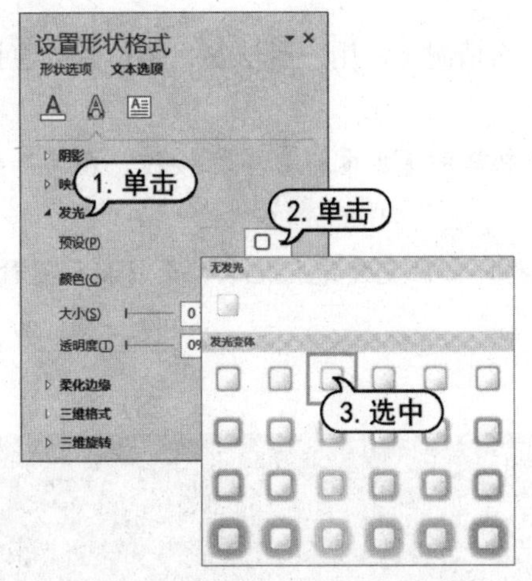

图 3-32　设置艺术字的发光效果

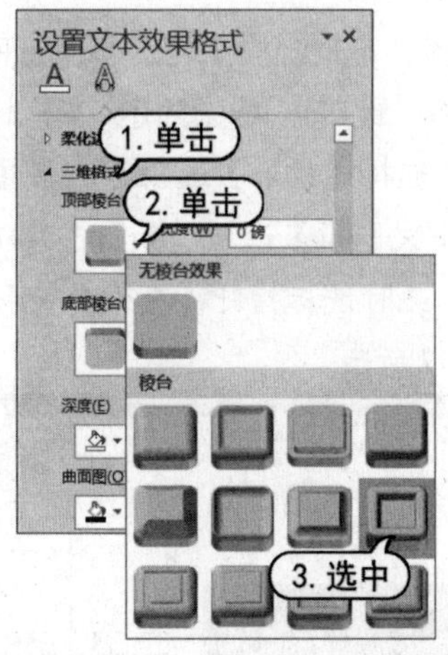

图 3-33　设置艺术字三维效果

(6) 展开【映像】选项区域，单击【映像】下拉按钮，在展开的库中选择一种映像效果，如图 3-34 所示。

(7) 完成以上设置后，文档中艺术字的编辑效果如图 3-35 所示。

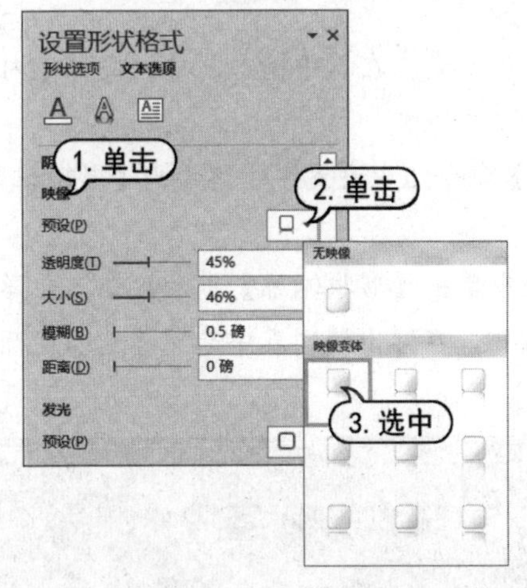

图 3-34　设置艺术字的映像效果

图 3-35　艺术字的编辑效果

3.5　使用文本框

在编辑一些特殊版面的文稿时，常常需要用到 Word 中的文本框将一些文本内容显示在特定的位置。常见的文本框有横排文本框和竖排文本框，下面将分别介绍其使用方法。

计算机基础与实训教材系列

3.5.1 横排文本框的应用

横排文本框是用于输入横排方向的文本。在特殊情况下，用户无法在目标位置处直接输入需要的内容，此时就可以使用文本框进行插入。

(1) 选择【插入】选项卡，在【文本】命令组中单击【文本框】下拉按钮，在展开的库中选择【绘制文本框】选项，如图 3-36 所示。

(2) 此时鼠标指针将变为十字形状，在文档中的目标位置处进行拖动，至目标位置释放鼠标，如图 3-37 所示。

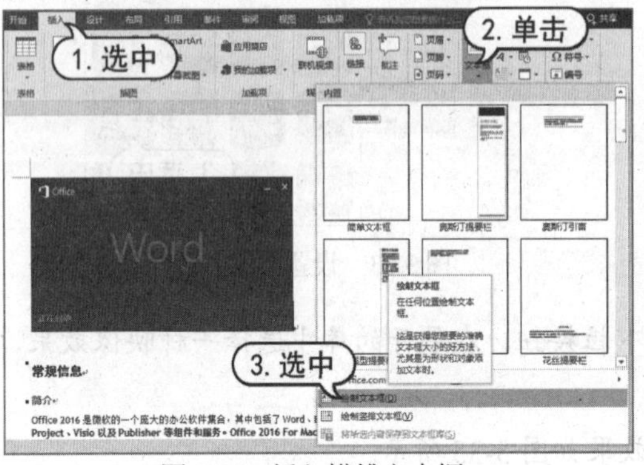

图 3-36　插入横排文本框

图 3-37　绘制文本框

(3) 释放鼠标后即绘制出文本框，默认情况下为白色背景。在其中输入需要的文本框内容即可，如图 3-38 所示。

(4) 选中文本框，选择【开始】选项卡，在【字体】命令组中设置字体格式为【微软雅黑】，字号为【六号】，字体颜色为【白色】。

(5) 选择【格式】选项卡，在【形状样式】命令组中单击【形状轮廓】下拉按钮，在弹出的列表中选择【无轮廓】选项。单击【形状填充】下拉按钮，在弹出的列表中选择【无填充颜色】选项，设置文本框效果如图 3-39 所示。

图 3-38　在文本框中输入文本

图 3-39　设置文本框效果

【例 3-4】设置让文本框中的文字大小随文本框大小变化。

(1) 在文档中插入一个文本框后，在文本框中输入文字并选中文本框，如图 3-40 所示。

(2) 按下 Ctrl+X 组合键剪切文本框，然后按下 Ctrl+Alt+V 组合键打开【选择性粘贴】对话框，

选中【图片(增强型图元文件)】选项，并单击【确定】按钮，将文本框选择性粘贴为图片。

(3) 此时，拖动文本框四周的控制点，就会发现文字也随着变大了，如图 3-41 所示。

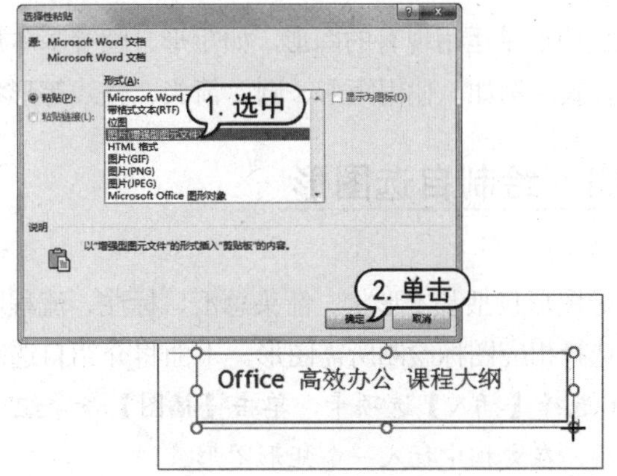

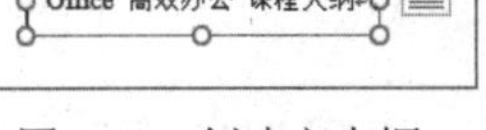

图 3-40　创建文本框

图 3-41　选择性粘贴文本框

3.5.2　竖排文本框的应用

用户除了可以在文档中插入横排文本框以外，还可以根据需要使用竖排样式的文本框，以实现特殊的版式效果，具体方法如下。

(1) 选择【插入】选项卡，单击【文本】命令组中的【文本框】下拉按钮，在展开的库中选择【绘制竖排文本框】选项。

(2) 在文档中的目标位置处进行拖动，至目标位置释放鼠标，绘制一个竖排文本框。

(3) 在竖排文本框中输入文本内容，可以看到输入的文字以竖排形式显示，如图 3-42 所示。

(4) 选中竖排文本框，在【格式】选项卡的【文本】命令组中单击【文字方向】下拉按钮，在弹出的菜单中选择【水平】命令。

(5) 此时，可以看到文本框内的竖排方向已经发生了改变，如图 3-43 所示。

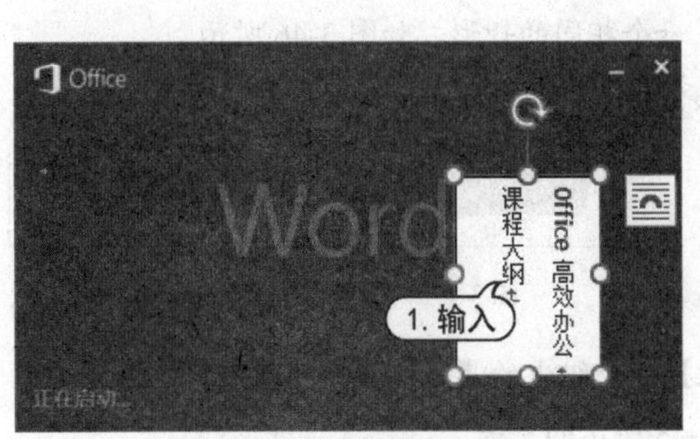

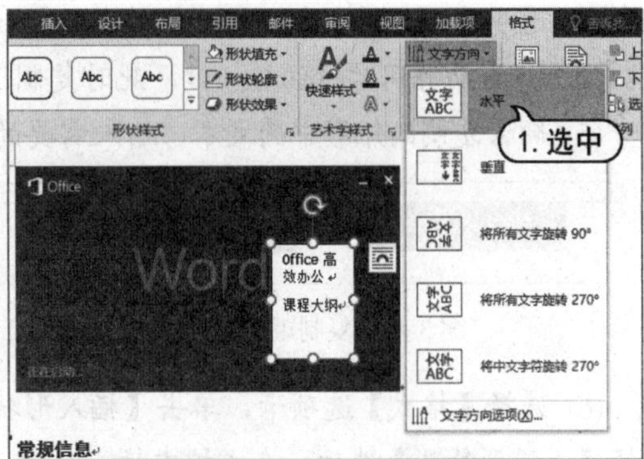

图 3-42　创建竖排文本框

图 3-43　更改文本文字方向

Word 2016 提供了 44 种内置文本框，如简单文本框、边线型提要栏和大括号型引述等。通过插入这些内置文本框，可快速制作出优秀的文档。

3.6 应用自选图形

自选图形是运用现有的图形，如矩形、圆等基本形状以各种线条或连接符绘制出的用户需要的图形样式。例如，使用矩形、圆、箭头、直线等形状制作一个流程图。

3.6.1 绘制自选图形

自选图形包括基本形状、箭头总汇、标注、流程图等类型，各种类型又包含了多种形状，用户可以选择相应图标绘制所需图形。下面将介绍自选图形的绘制方法。

(1) 选择【插入】选项卡，单击【插图】命令组中的【形状】按钮，在展开的库中选择【矩形】选项，在文档中插入一个矩形图形。

(2) 右击绘制的矩形，在弹出的菜单中选择【添加文字】命令，如图 3-44 所示。

(3) 在图形中输入需要的内容，选择【开始】选项卡，在【字体】和【段落】命令组中设置字体和段落的格式，如图 3-45 所示。

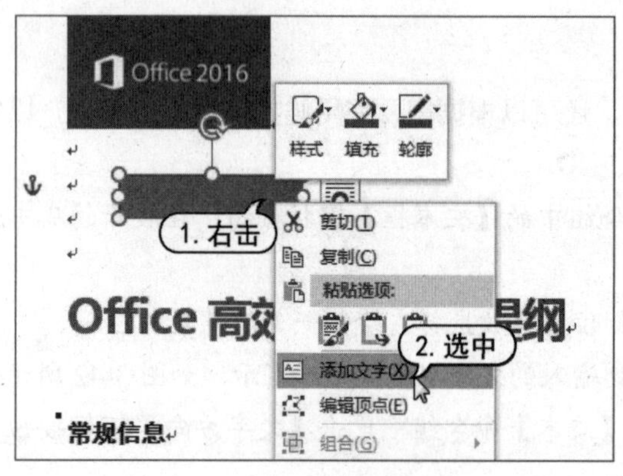

图 3-44 为矩形添加文字

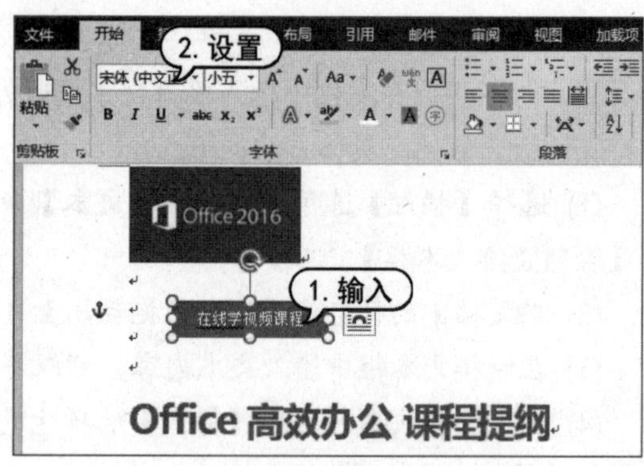

图 3-45 设置字体和段落格式

(4) 选中已经设置文本的矩形，将鼠标指针移动至矩形的边框位置处，当指针变成十字箭头形状时进行拖动并同时按住 Ctrl 键，此时复制了一个相同的矩形，如图 3-46 所示。

(5) 删除复制的矩形中的文本，输入需要的文本，如图 3-47 所示。

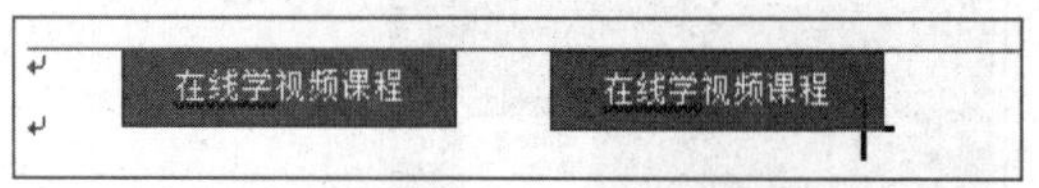

图 3-46 复制矩形图形

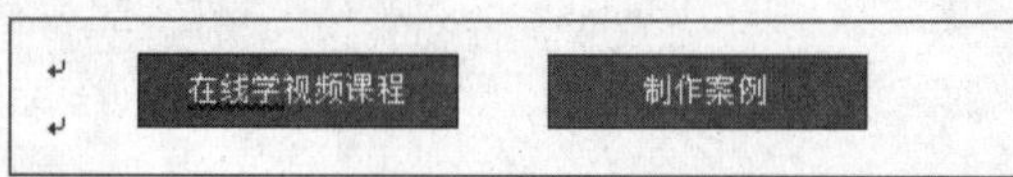

图 3-47 输入新的图形文本

(6) 选择【格式】选项卡，单击【插入形状】命令组中的【形状】下拉按钮，在展开的库中选择【上弧形箭头】选项，在文档中插入如图 3-48 所示的箭头。

(7) 选中绘制的上弧形箭头形状，按住键盘上的 Ctrl 键进行拖动复制形状，如图 3-49 所示。

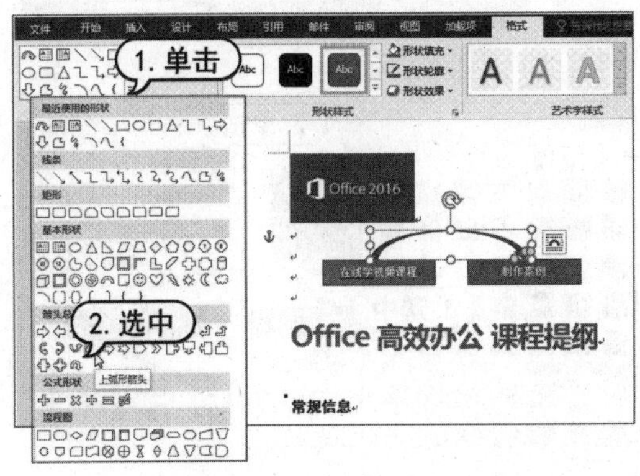

图 3-48　插入上弧形箭头形状

图 3-49　复制图形

(8) 在【格式】选项卡的【排列】命令组中，单击【旋转】下拉按钮，在弹出的列表中选择【向右旋转 90 度】选项，将上弧形箭头向右旋转 90°，如图 3-50 所示。

(9) 重复执行步骤(8)的操作，将上弧形箭头再次旋转 90°，效果如图 3-51 所示。

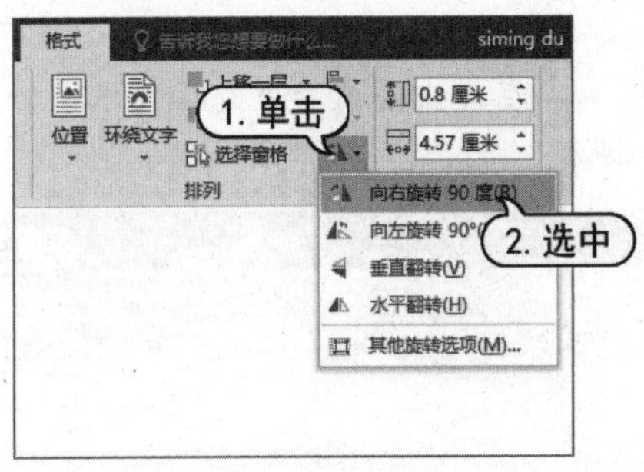

图 3-50　将箭头向右旋转 90°

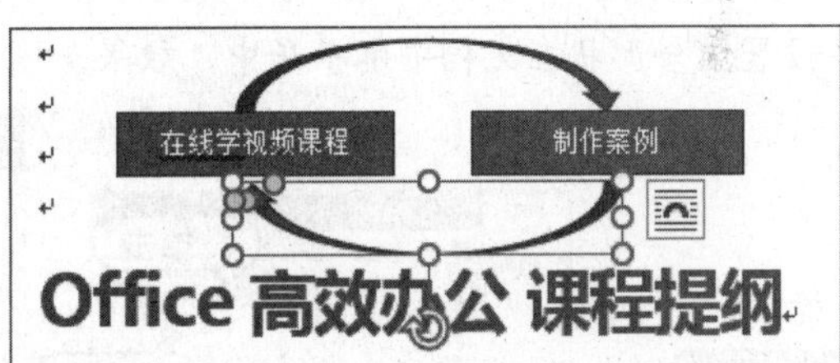

图 3-51　图形绘制效果

3.6.2　设置自选图形格式

在文档中绘制自选图形后，为了使其与文档内容更加协调，用户可以设置相关的格式，如更改自选图形的大小、位置等。下面介绍设置自选图形格式的方法。

(1) 按住 Ctrl 键同时选中文档中的两个矩形图像。选择【格式】选项卡，在【形状样式】命令组中单击【形状填充】下拉按钮，在展开的库中选择【紫色】选项，如图 3-52 所示。

(2) 在【形状样式】命令组中单击【形状轮廓】下拉按钮，然后在展开的库中选择【深蓝】选项。

(3) 按住 Ctrl 键同时选中两个箭头图形，在【形状样式】命令组中单击【其他】按钮，在展开的库中选择一种需要的形状样式。

(4) 此时，可以看到选中的箭头图形已经应用了相应的样式效果，如图 3-53 所示。

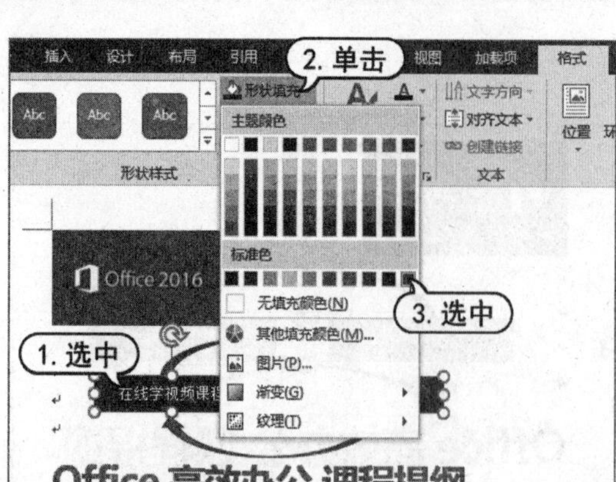

图 3-52　设置图形形状填充

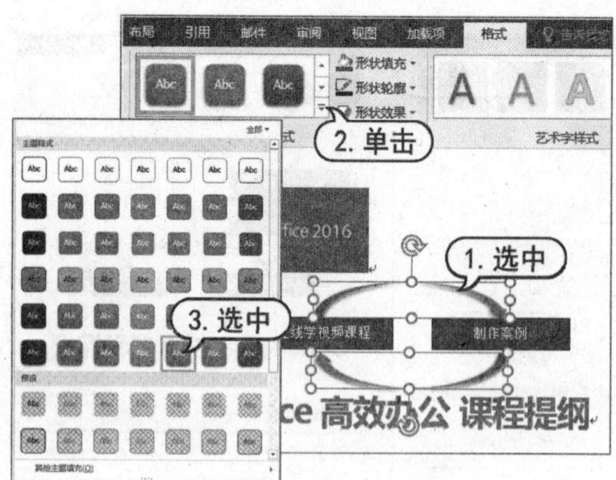

图 3-53　设置图形的形状样式

(5) 选中文档中的所有自选图形，在【排列】命令组中单击【组合】下拉按钮，在弹出的菜单中选择【组合】命令，将选中的图形组合，如图 3-54 所示。

(6) 选中组合后的图形，将鼠标移动至组合后图形的边缘，当指针变为十字状态后，进行拖动，将图形拖动至文档中合适的位置。

(7) 在【排列】命令组中单击【对齐对象】下拉按钮，在弹出的菜单中选择【水平居中】命令，设置组合形状在文档中水平居中，效果如图 3-55 所示。

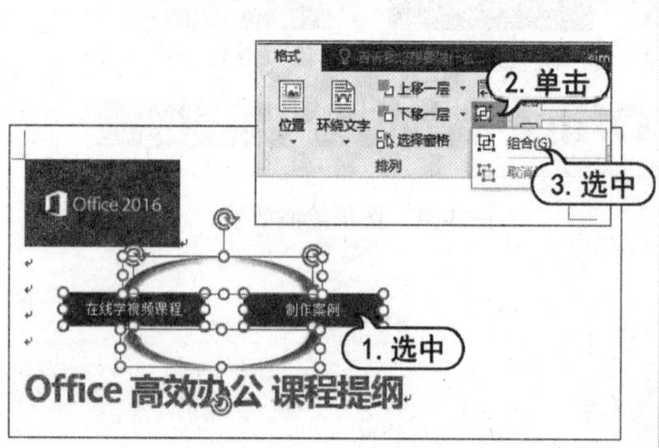

图 3-54　组合图形

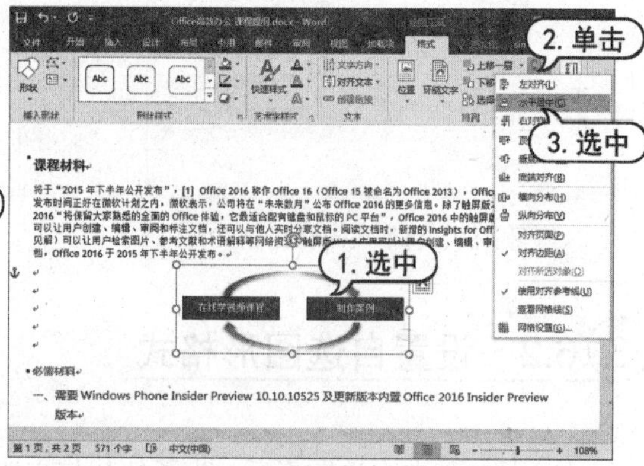

图 3-55　设置图形水平居中

3.7　插入 SmartArt 图形

SmartArt 图形是信息和观点的视觉表示形式，能够快速、有效地传达信息。本节将通过案例操作介绍在文档中创建与设置 SmartArt 图形的具体方法。

3.7.1　创建 SmartArt 图形

在创建 SmartArt 图形之前，用户需要考虑最适合显示数据的类型和布局，SmartArt 图形要传

达的内容是否要求特定的外观等问题。下面将介绍创建 SmartArt 图形的方法。

(1) 将鼠标指针插入文档中，选择【插入】选项卡，单击【插图】命令组中的 SmartArt 按钮，打开【插入 SmartArt 图形】对话框。选中【关系】选项，在显示的选项区域中选择一种 SmartArt 图形样式，然后单击【确定】按钮，如图 3-56 所示。

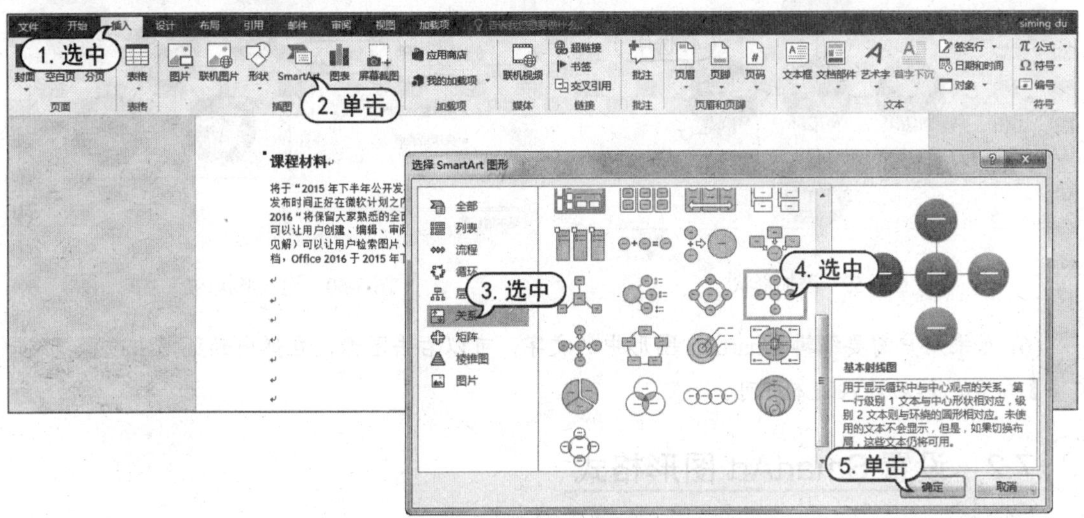

图 3-56 在文档中插入 SmartArt 图形

(2) 此时，将在文档中创建 SmartArt 图形，并显示【SmartArt 工具】选项卡，如图 3-57 所示。

(3) 分别单击 SmartArt 图形中的文本占位符，并分别输入需要的内容，如图 3-58 所示。

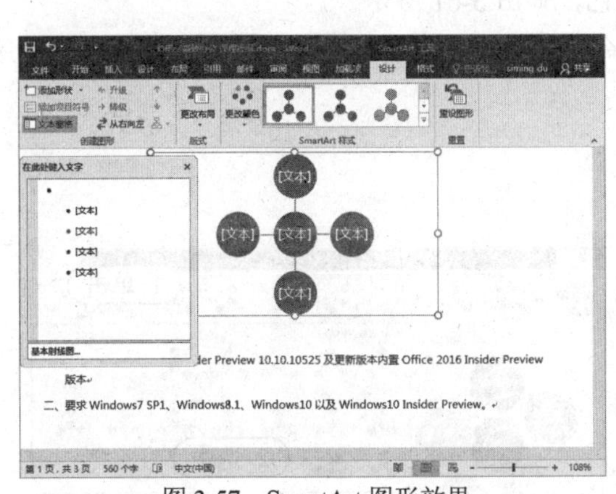

图 3-57 SmartArt 图形效果

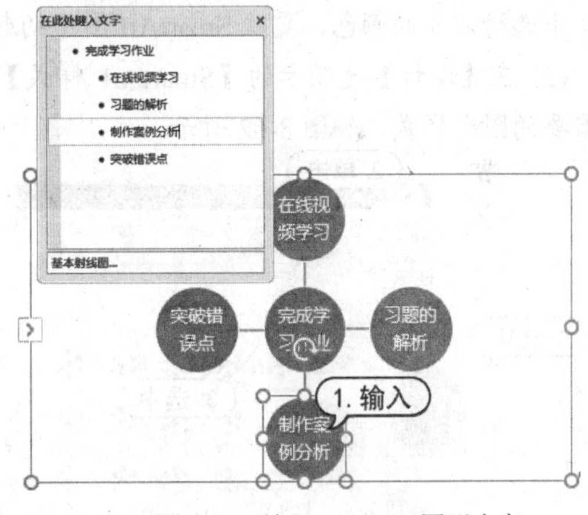

图 3-58 输入 SmartArt 图形内容

(4) 选中文本“习题的解析”所在的形状，选择【设计】选项卡，在【创建图形】命令组中单击【添加形状】下拉按钮，在弹出的菜单中选择【在后面添加形状】命令，如图 3-59 所示。

(5) 此时，在所选形状的后面添加了一个相同的形状，在【在此处键入文字】窗格中显示了添加的新项目。输入需要添加的项目内容，如“真题模拟考试”，SmartArt 图形中将显示输入的内容，如图 3-60 所示。

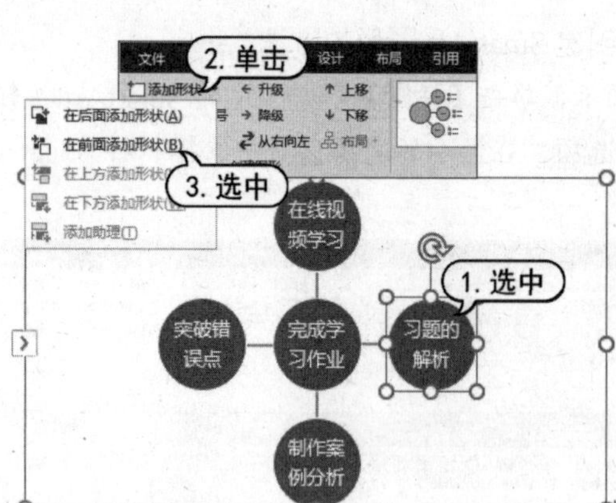

图 3-59　添加形状

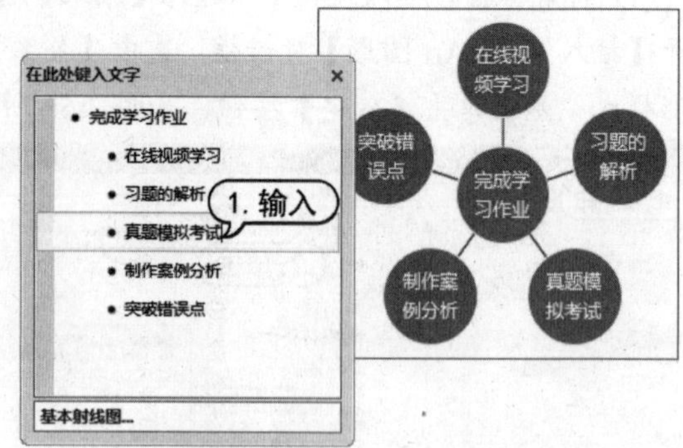

图 3-60　输入形状内容

(6) 如果用户需要编辑 SmartArt 图形中的文字，可以右击图形，在弹出的菜单中选择【编辑文字】命令，然后输入文本即可。

3.7.2　设置 SmartArt 图形格式

在创建 SmartArt 图形之后，用户可以更改其图形的形状、文本的填充以及三维效果，如设置阴影、反射、发光、柔滑边缘或旋转效果。

(1) 选中文档中的 SmartArt 图形，在【设计】命令组中单击【更改颜色】下拉按钮，在展开的库中选择需要的颜色，更改 SmartArt 图形的颜色，如图 3-61 所示。

(2) 在【设计】选项卡的【SmartArt 样式】命令组中单击【其他】按钮，在展开的库中选择需要的图形样式，如图 3-62 所示。

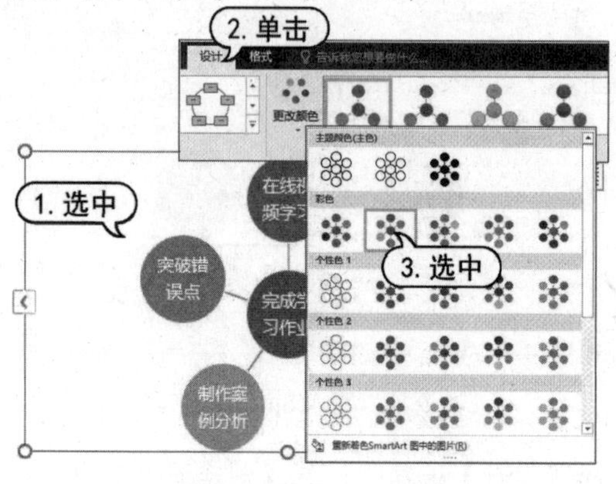

图 3-61　更改图形颜色

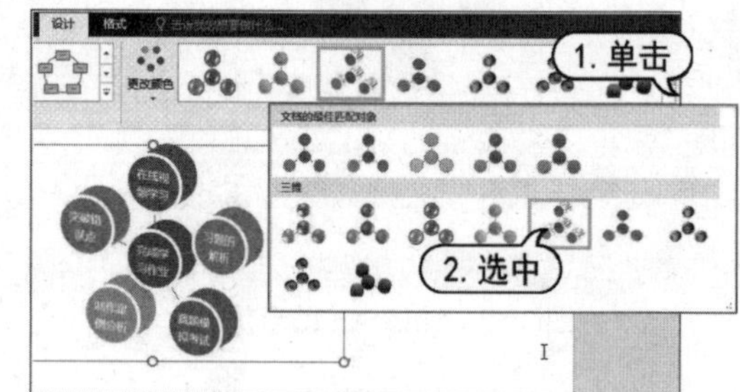

图 3-62　更改图形样式

(3) 右击 SmartArt 图形，在弹出的菜单中选择【设置形状格式】命令，如图 3-63 所示。打开【设置形状格式】窗格。

(4) 在【设置形状格式】窗格中展开【填充】选项区域，选中【渐变填充】单选按钮。单击【预设渐变】按钮，在展开的库中选择一种预设渐变选项，如图 3-64 所示。

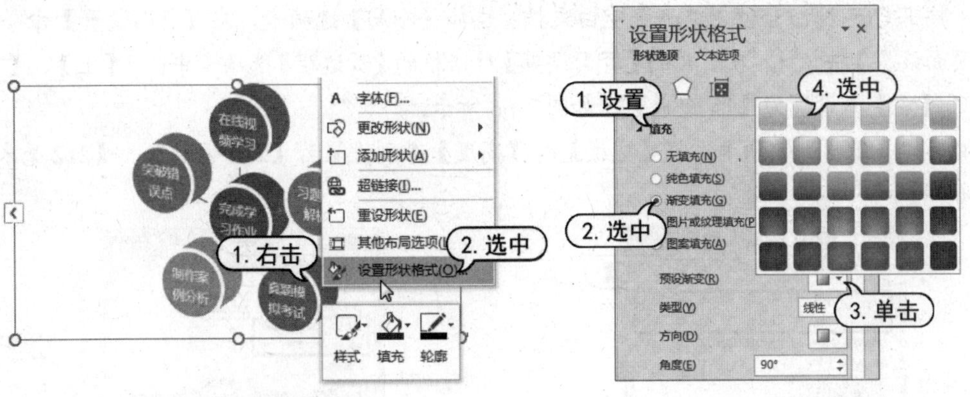

图 3-63　设置形状格式　　　　图 3-64　设置预设渐变

(5) 展开【文本边框】选项区域，选中【实线】单选按钮，并设置其下方的透明度、宽度、端点类型等参数，完成后文档中 SmartArt 图形的效果如图 3-65 所示。

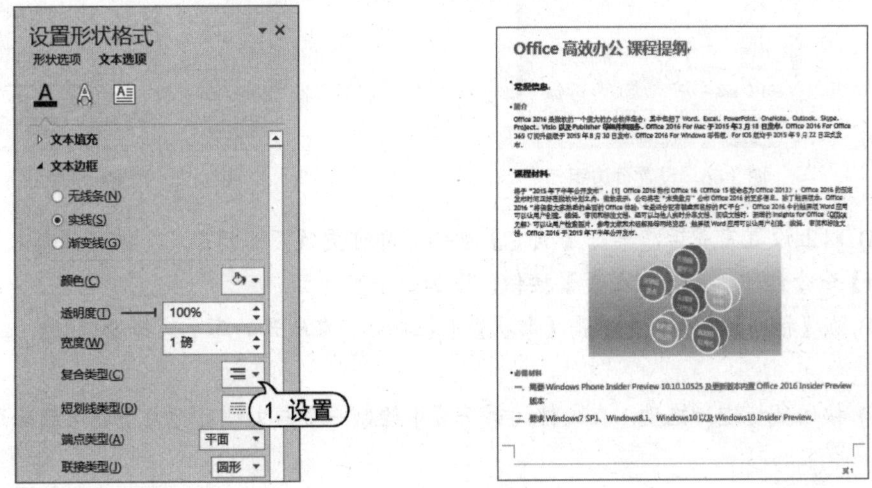

图 3-65　SmartArt 图形的设置效果

3.8　上机练习

本章的上机练习将介绍使用 Word 2016 制作售后服务保障卡、书签，以及房地产宣传页等文档的方法，帮助用户进一步掌握所学的知识。

3.8.1　制作售后服务保障卡

本例将介绍使用 Word 2016 制作售后服务保障卡的方法。在文档制作的过程中，将绘制【矩形】图形来绘制整体背景，然后绘制出售后服务保障卡的大小并插入素材文件，使用文本框工具输入内容文本。

(1) 按下 Ctrl+N 组合键创建一个空白文档。选择【布局】选项卡，在【页面设置】命令组中单击【页面设置】按钮，在打开的【页面设置】对话框的【页边距】选项卡中，将【上】、【下】、【左】、【右】都设置为【15 毫米】，如图 3-66 所示。

(2) 选择【纸张】选项卡，将【宽度】和【高度】分别设置为【232 毫米】、【212 毫米】，如图 3-67 所示。

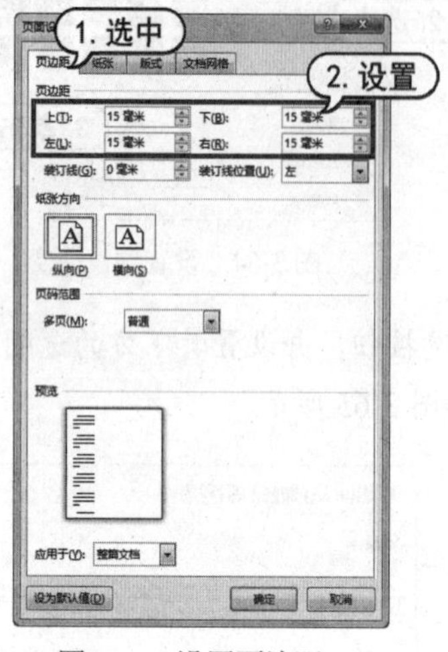

图 3-66　设置页边距

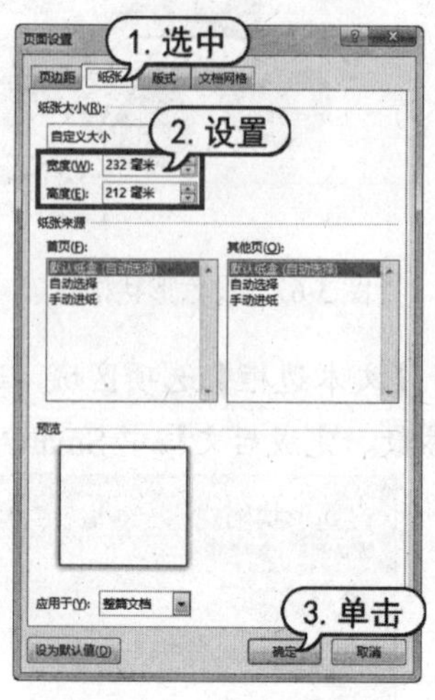

图 3-67　设置纸张大小

(3) 以上设置完成后，单击【确定】按钮，即可更改页面的布局。选择【插入】选项卡，在【页面】命令组中单击【空白页】按钮，添加一个空白页。

(4) 在【插图】命令组中单击【形状】下拉按钮，在展开的库中选择【矩形】选项，如图 3-68 所示。

(5) 按住鼠标进行拖动，在文档的第一页中绘制一个与文档页面大小相同的矩形，如图 3-69 所示。

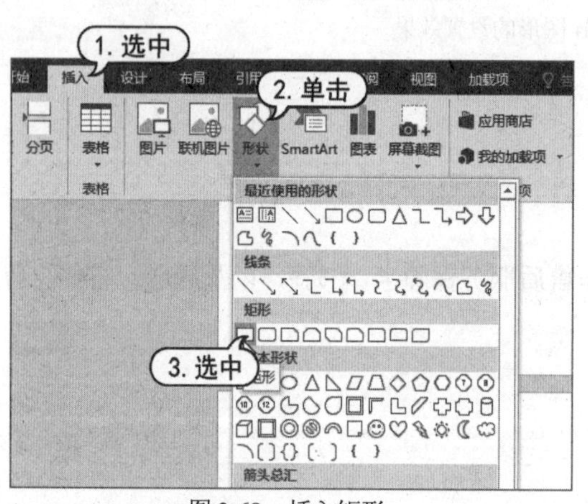

图 3-68　插入矩形

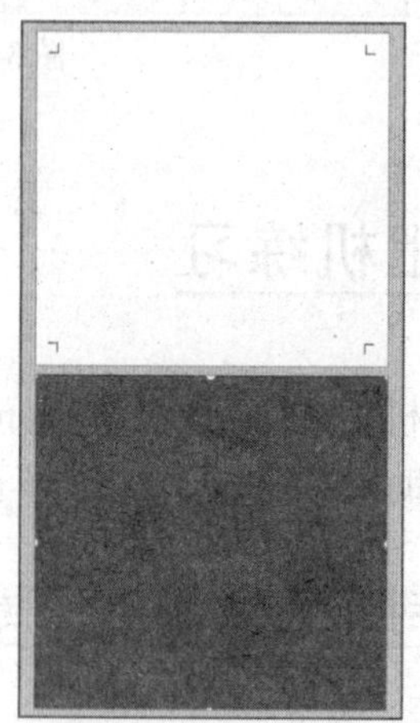

图 3-69　绘制矩形

(6) 选择【格式】选项卡，在【形状样式】命令组中单击【形状填充】下拉按钮，在展开的库中选择【渐变】|【从中心】选项，如图 3-70 所示。

(7) 单击【形状填充】下拉按钮，在弹出的下拉列表中选择【渐变】|【其他渐变】选项。

(8) 打开【设置形状格式】窗格，将左侧光圈的 RGB 值设置为 216、216、216，将中间光圈的 RGB 值设置为 175、172、172，将右侧光圈的 RGB 值设置为 118、112、112，如图 3-71 所示。

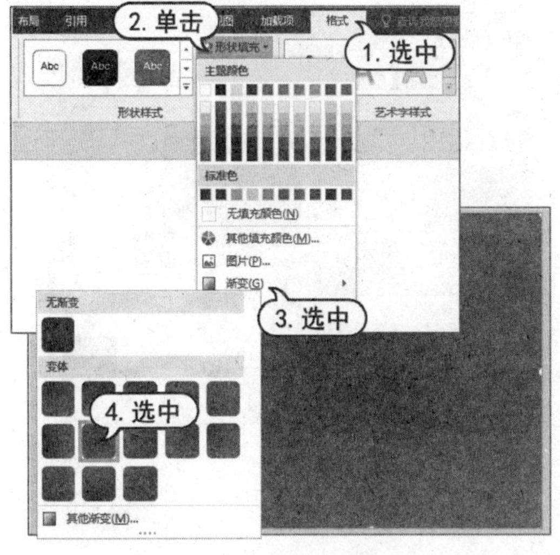

图 3-70　设置图形形状填充

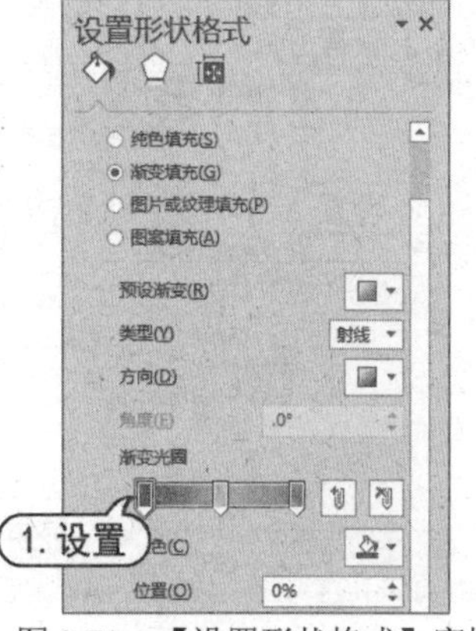

图 3-71　【设置形状格式】窗格

(9) 关闭【设置形状格式】窗格。在【插入】选项卡的【插图】命令组中单击【形状】下拉按钮，在展开的库中选择【矩形】选项。进行拖动在文档中绘制一个矩形，如图 3-72 所示。

(10) 选中步骤(9)绘制的矩形，选择【格式】选项卡，在【大小】命令组中单击【高级版式：大小】按钮，打开【布局】对话框。

(11) 选择【大小】选项卡，在【高度】选项区域中将【绝对值】设置为 96 毫米，在【宽度】选项区域中将【绝对值】设置为 212 厘米，如图 3-73 所示。

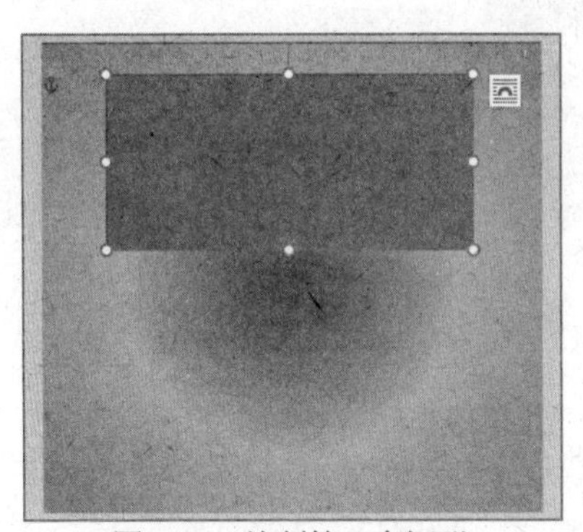

图 3-72　绘制第二个矩形

图 3-73　【布局】对话框

(12) 在【布局】对话框中选择【位置】选项卡，在【水平】和【垂直】选项区域中将【绝对位置】设置为【-5.5 毫米】，如图 3-74 所示。

(13) 单击【确定】按钮，关闭【布局】对话框。在【形状样式】命令组中单击【设置形状样式】按钮，在打开的【设置形状格式】窗格中将【填充】选项区域中【颜色】的 RGB 值设置为 0、88、152，如图 3-75 所示。

图 3-74 【位置】选项卡

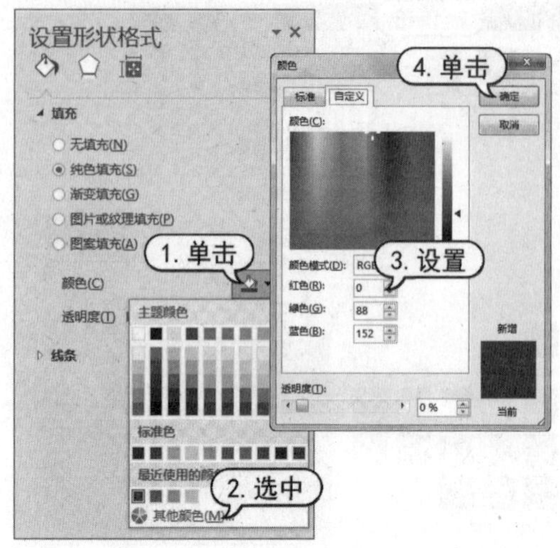

图 3-75 设置形状填充颜色

(14) 关闭【设置形状格式】窗格。选择【插入】选项卡，在【插图】组中单击【图像】按钮，在打开的对话框中选择一个图片文件后单击【插入】按钮，插入如图 3-76 所示的图片。

(15) 在【排列】命令组中单击【环绕文字】下拉按钮，在弹出的菜单中选择【浮于文字上方】命令，如图 3-77 所示。

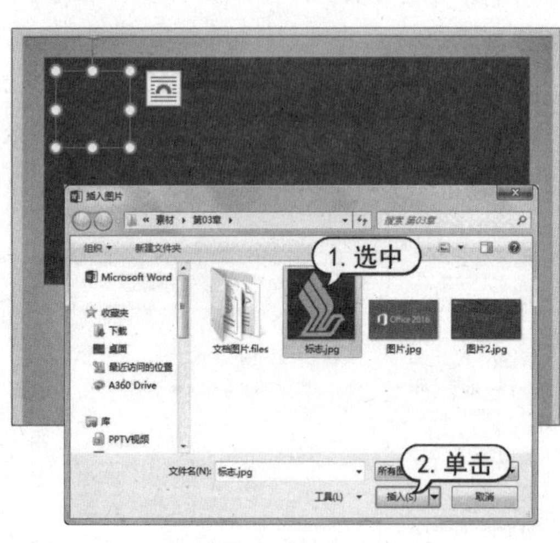

图 3-76 在文档中插入图片

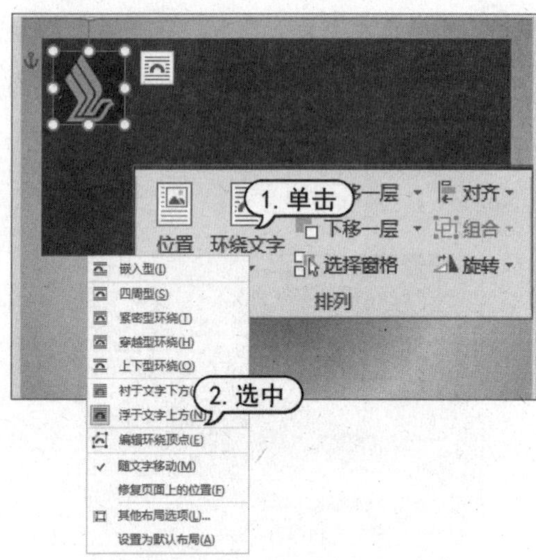

图 3-77 设置图片浮文字上方

(16) 在文档中调整该图像的位置，完成后按下 Esc 键取消图像的选择。选择【插入】选项卡，在【文本】命令组中单击【文本框】下拉按钮，在展开的库中选择【绘制文本框】选项，如图 3-78 所示。

(17) 按住鼠标在文档中绘制一个文本框并输入文本。选中输入的文本，选择【开始】选项卡，在【字体】命令组中设置文本的字体为【方正综艺简体】，设置字号为【五号】，如图 3-79 所示。

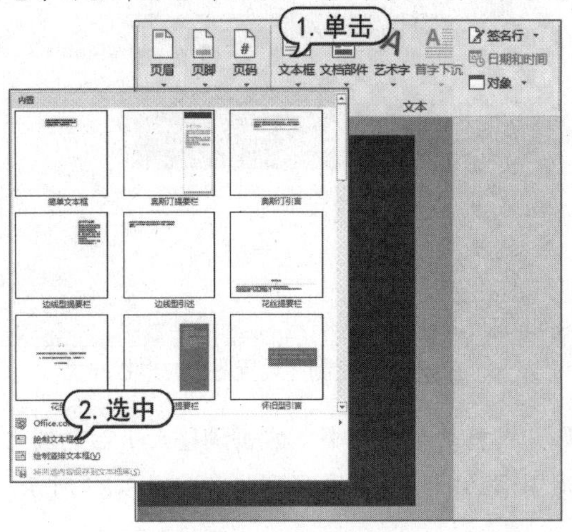

图 3-78　绘制文本框

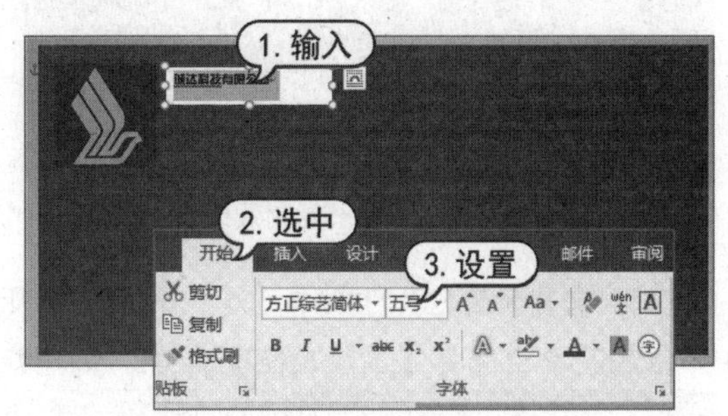

图 3-79　设置文本框中的文本字体格式

(18) 选择【格式】选项卡，在【形状格式】命令组中将【形状填充】设置为【无填充颜色】，将【形状轮廓】设置为【无轮廓】。在【艺术字样式】组中将【文本填充】设置为【白色】，并调整文本框和图片的大小和位置，完成后的效果如图 3-80 所示。

(19) 选中文档中的文本框，按下 Ctrl+C 组合键复制文本框，按下 Ctrl+V 组合键粘贴文本框。然后，调整复制后文本框的位置，并将该文本框中的文字修改为“售后服务保障卡”。

(20) 在【字体】命令组中将文本“售后服务保障卡”的【字体】设置为【华文行楷】，将【字号】设置为 48，如图 3-81 所示。

图 3-80　调整图片和文本框的大小

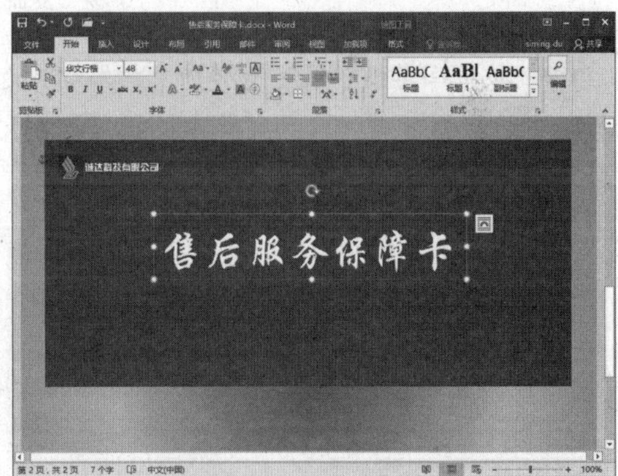

图 3-81　调整字体

(21) 重复步骤(20)的操作，复制更多的文本框，并在其中输入相应的文本内容，完成后效果如图 3-82 所示。

(22) 选中并复制文档中的蓝色图形，使用键盘上的方向键调整图形在文档中的位置。选择【格式】选项卡，在【形状样式】命令组中将复制后的矩形样式设置为【彩色样式-蓝色 强调颜色 1】，如图 3-83 所示。

图 3-82　文本框复制效果

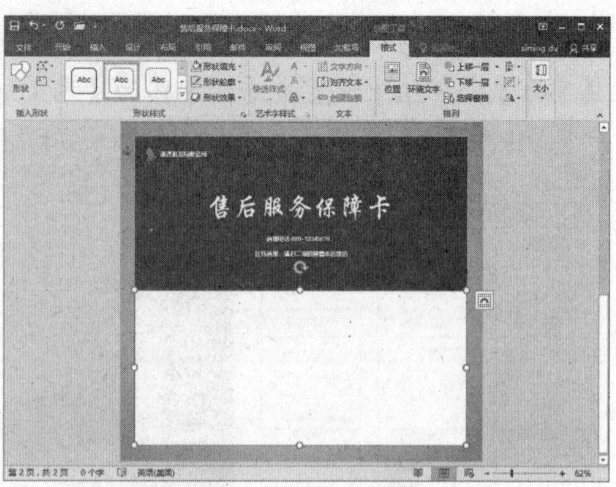

图 3-83　复制并设置图形的形状样式

(23) 重复步骤(22)的操作，复制文档中的矩形并调整矩形的大小。右击调整大小后的图形，在弹出的菜单中选择【编辑顶点】命令，编辑矩形图形的顶点改变图形形状，如图 3-84 所示。

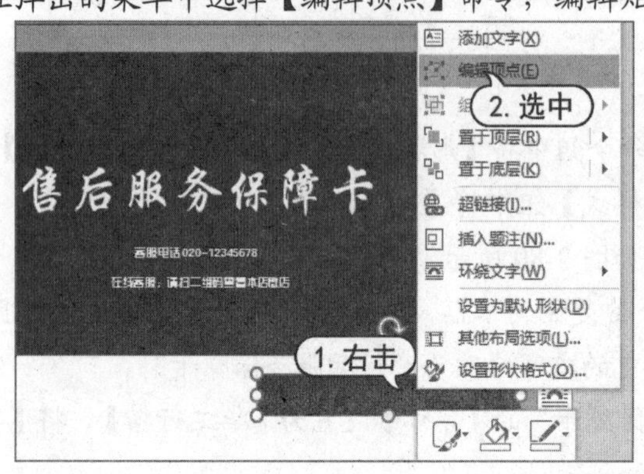

图 3-84　复制并调整图形顶点

(24) 按下回车键，确定图形顶点的编辑。选择【插入】选项卡，在【文本】命令组中单击【文本框】下拉按钮，在弹出的菜单中选择【绘制文本框】命令，在文档中绘制一个文本框，并在其中输入如图 3-85 所示的文本。

(25) 使用同样的方法，在文档中绘制其他文本框并输入相应的文本，如图 3-86 所示。

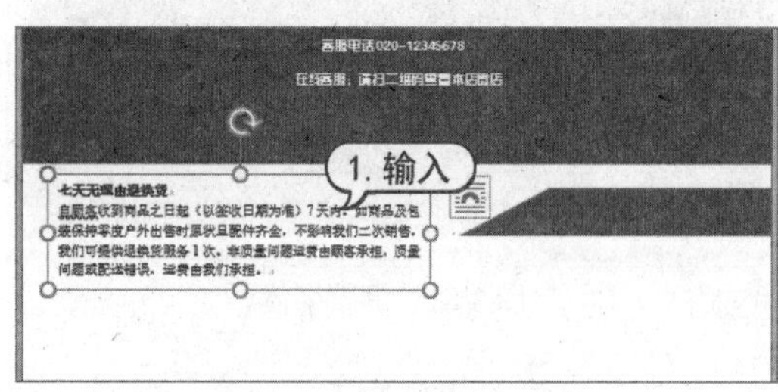

图 3-85　插入文本框并输入文本

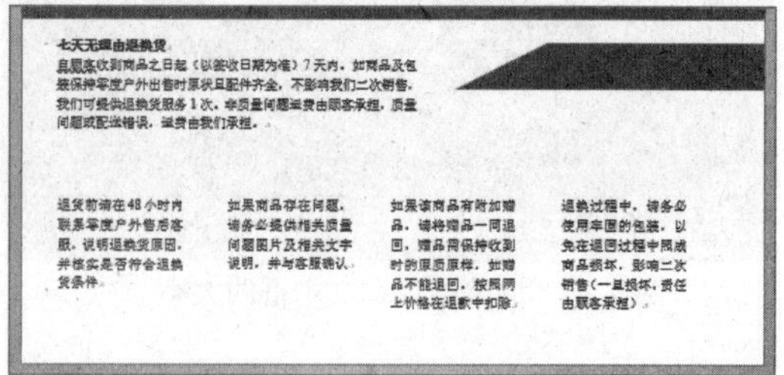

图 3-86　文本框复制效果

(26) 在【插入】选项卡的【插图】命令组中单击【形状】下拉按钮，按住 Shift 键在文档中绘制如图 3-87 所示的直线。

(27) 选择【格式】选项卡，在【形状样式】命令组中单击【其他】按钮，在弹出的列表中

选择【虚线】选项，设置直线的形状样式。

(28) 复制文档中的直线，将其粘贴至文档中的其他位置，完成售后服务保障卡的制作，效果如图 3-88 所示。

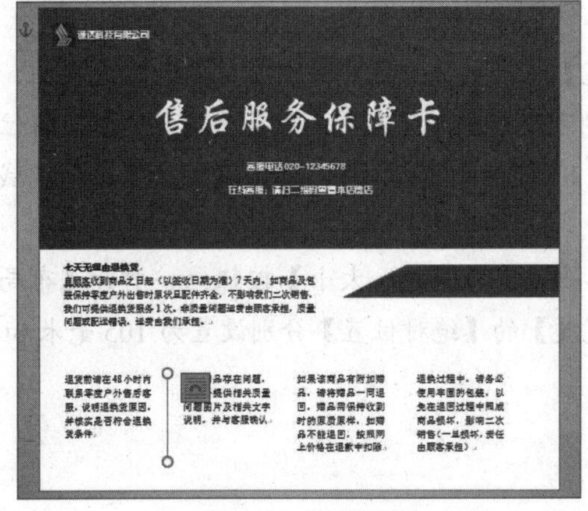

图 3-87　绘制直线

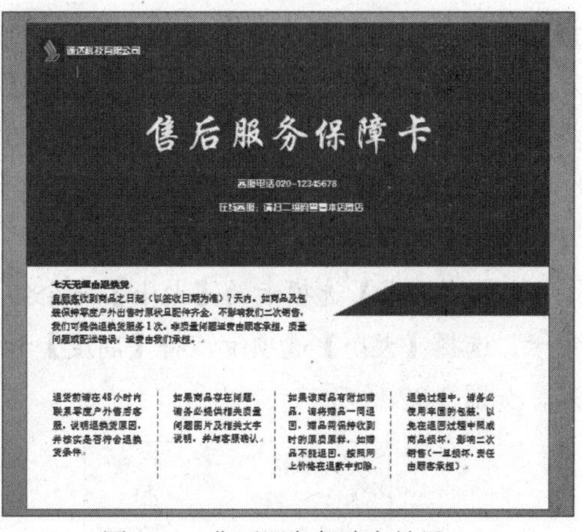

图 3-88　售后服务保障卡效果

3.8.2　制作书签

本例将介绍使用 Word 2016 制作书签的方法。主要通过绘制矩形并设置其填充颜色，制作出背景效果，然后插入素材图片美化文档，添加文字并进行设置，最后修饰书签效果。

(1) 按下 Ctrl+N 组合键新建一个空白文档。选择【布局】选项卡，在【页面设置】命令组中单击【页面设置】按钮，在打开的对话框中选择【页边距】选项卡，在【页边距】选项区域中将【上】、【下】、【左】、【右】都设置为【5 毫米】，如图 3-89 所示。

(2) 选择【纸张】选项卡，在【纸张大小】选项组中将【宽度】和【高度】分别设置为【60 毫米】和【115 毫米】，如图 3-90 所示。

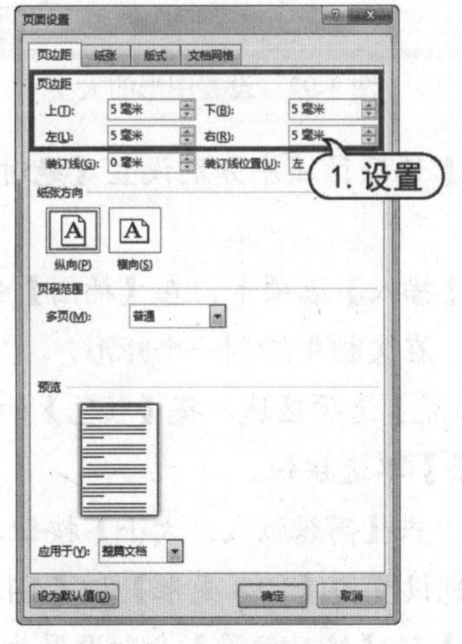

图 3-89　设置页边距

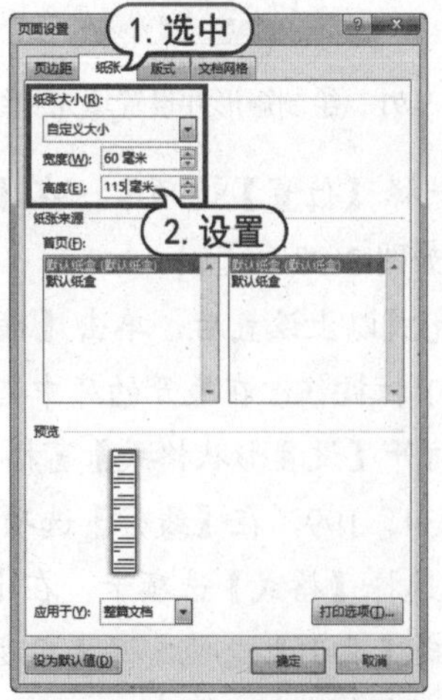

图 3-90　设置纸张大小

(3) 设置完成后，单击【确定】按钮，完成对文档的设置。选择【插入】选项卡，在【插入】命令组中单击【形状】下拉按钮，在展开的库中选择【矩形】选项。

(4) 在文档中绘制一个矩形，选中该矩形，选择【格式】选项卡，在【形状格式】命令组中单击【设置形状格式】按钮。

(5) 打开【设置形状格式】窗格，展开【填充】选项区域。选中【渐变填充】单选按钮，将【类型】设置为【射线】。将位置 0 处和 100 处的渐变光圈的【颜色】设置为【黑色】，将位置 0 处的渐变光圈的【亮度】设置为 35，将位置 74、85 处的渐变光圈删除，在【线条】选项区域选择【无线条】单选按钮，如图 3-91 所示。

(6) 在【格式】选项卡的【大小】命令组中单击【高级版式：大小】按钮，打开【布局】选项卡。选择【大小】选项卡，将【高度】和【宽度】的【绝对位置】分别设置为 105 毫米和 50 毫米，如图 3-92 所示。

图 3-91　绘制矩形并设置填充和线条

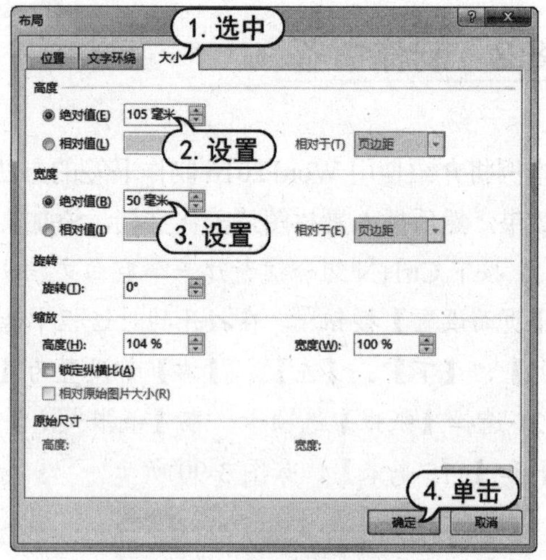

图 3-92　设置图形的大小

(7) 选择【位置】选项卡，在【水平】和【垂直】选项区域中分别设置【绝对位置】为【0 毫米】，如图 3-93 所示。

(8) 完成以上设置后，单击【确定】按钮。选择【插入】选项卡，在【插图】命令组中单击【形状】下拉按钮，在展开的库中选择【矩形】选项，在文档中绘制一个矩形。

(9) 打开【设置形状格式】窗格，单击展开的【填充】选项区域，将【颜色】的 RGB 值设置为 244、234、199，在【线条】选项组中选择【无线条】单选按钮。

(10) 选择【格式】选项卡。在【大小】命令组中单击【高级版式：大小】按钮，在打开的对话框中选择【大小】选项，将【高度】和【宽度】分别设置为【10.8 毫米】和【4.1 毫米】。

(11) 选择【位置】选项卡，将【水平】和【垂直】的【绝对位置】分别设置为【10.8 毫米】

和【29.2 毫米】。

(12) 设置完成后，单击【确定】按钮，文档中图形的效果如图 3-94 所示。

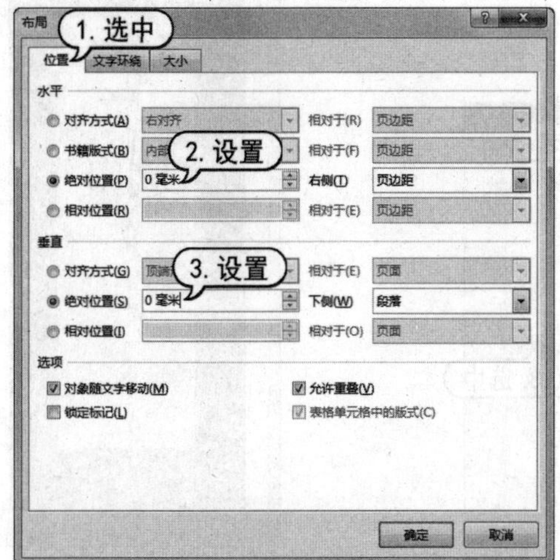

图 3-93　设置图形的位置

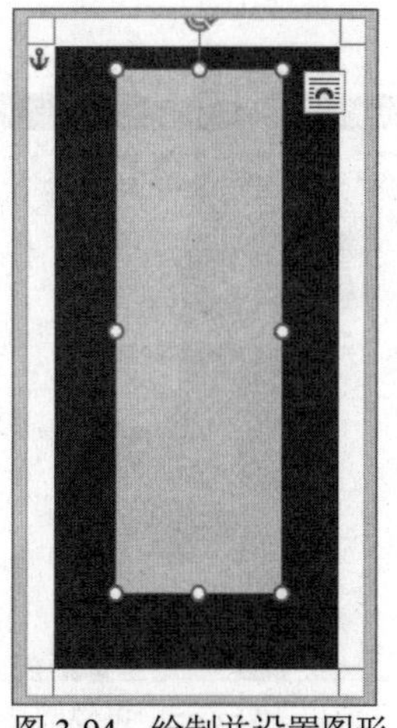

图 3-94　绘制并设置图形

(13) 复制一份选中的图形并调整其位置。选中复制的图形，在【设置形状格式】窗格中选择【图片或纹理填充】单选按钮，然后单击【文件】按钮。

(14) 打开【插入图片】对话框，选择如图 3-95 所示的图片文件，然后单击【插入】按钮。

(15) 在【设置图片格式】窗格中将【透明度】设置为 65%。选中【将图片平铺为纹理】复选框，将【偏移量 X】设置为【-25 磅】，如图 3-96 所示。

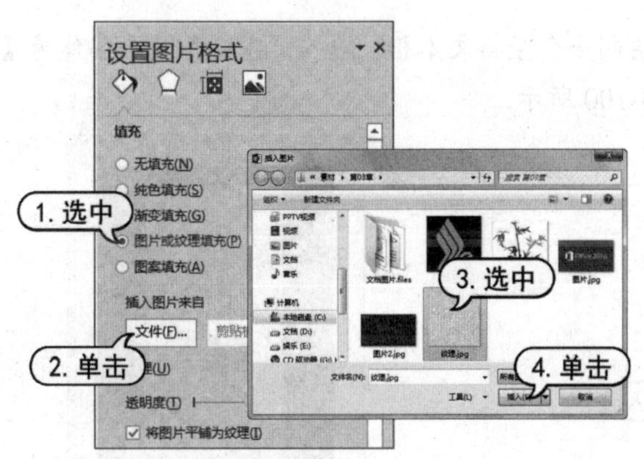

图 3-95　选择素材文件

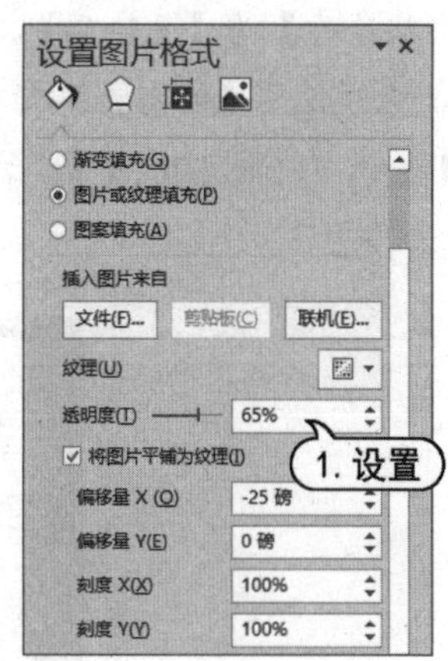

图 3-96　设置图片格式

(16) 选择【格式】选项卡，在【调整】命令组中单击【颜色】下拉按钮，在展开的库中选择【灰色】选项。

(17) 选择【插入】选项卡，在【插图】命令组中单击【图片】按钮。在打开的【插入图片】对话框中选择一张图片，并单击【插入】按钮。在文档中插入一张图片。

(18) 选择【格式】选项卡，在【排列】命令组中单击【环绕文字】下拉按钮，在弹出的菜单中选择【浮于文字上方】命令，如图 3-97 所示。

(19) 拖动文档中图片四周的控制点调整其大小，并拖动图片的位置，效果如图 3-98 所示。

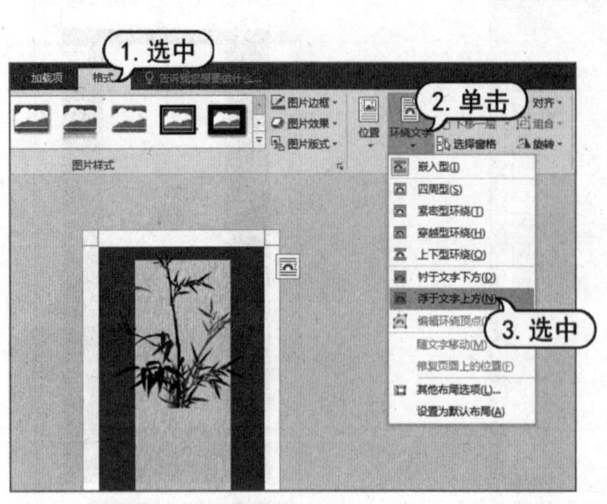

图 3-97 设置图片浮于文字上方

图 3-98 调整图片的大小和位置

(20) 选择【插入】选项卡，在【文本】命令组中单击【文本框】下拉按钮，在展开的库中选择【绘制竖排文本框】选项。

(21) 拖动绘制一个竖排文本框并输入文字。在【开始】选项卡的【字体】命令组中设置字体为【华文行楷】，设置【字号】为【小初】，如图 3-99 所示。

(22) 选择【格式】选项卡，在【形状样式】命令组中设置【形状填充】为【无填充颜色】，设置【形状轮廓】为【无轮廓】。

(23) 继续使用【绘制竖排文本框】选项绘制一个竖排文本框，输入文字，并设置字体为【微软雅黑】，设置字体大小为【小六】，如图 3-100 所示。

图 3-99 设置文本格式

图 3-100 文本框中输入文本效果

(24) 按住 Ctrl 键，选中文档中除了黑色矩形外的其他对象。右击鼠标，在弹出的菜单中选择

【组合】|【组合】命令，将对象组合，完成书签的制作。

3.8.3 制作房地产宣传页

本例将介绍使用 Word 2016 制作房地产宣传页的方法。

(1) 新建一个空白文档，选择【布局】选项卡。在【页面设置】命令组中单击【页面设置】按钮，打开【页面设置】对话框。设置【纸张大小】为 A3，如图 3-101 所示。

(2) 选择【页边距】选项卡，在【页边距】选项区域中，将【上】、【下】、【左】和【右】均设置为 10 毫米。在【纸张方向】选项区域中，选择【横向】单选按钮，然后单击【确定】按钮，如图 3-102 所示。

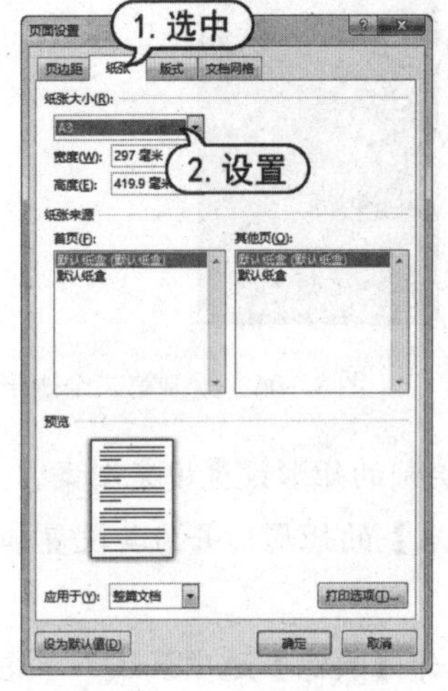

图 3-101 设置纸张大小

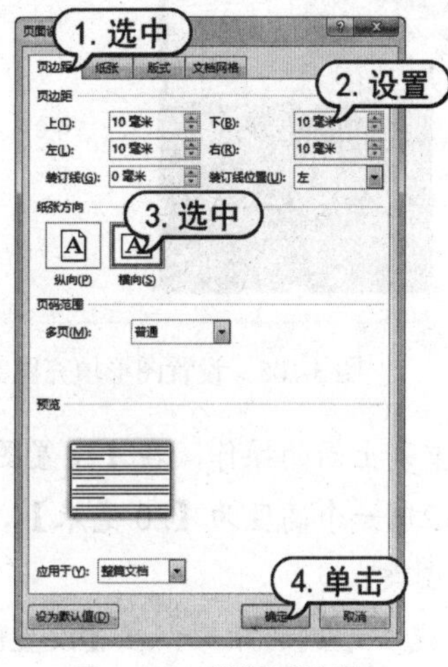

图 3-102 设置页边距

(3) 选择【插入】选项卡，在【插图】命令组中单击【形状】下拉按钮，在文档中插入如图 3-103 所示的矩形。

(4) 选择【格式】选项卡，在【大小】命令组中设置图形的【形状高度】为【257.99 毫米】，设置【形状宽度】为【175 毫米】，如图 3-104 所示。

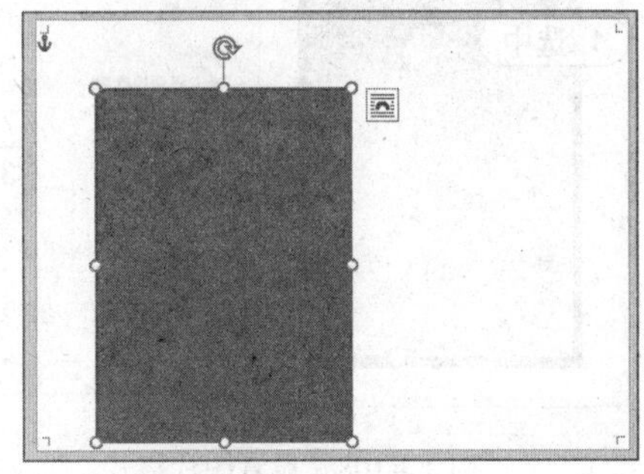

图 3-103 绘制矩形

图 3-104 设置图形大小

(5) 在【形状样式】命令组中单击【设置形状样式】按钮，打开【设置形状格式】窗格。展开【填充】选项区域，选择【图片或纹理填充】单选按钮，然后单击【文件】按钮。

(6) 打开【插入图片】对话框，选择一张图片，然后单击【插入】按钮，为绘制的图形设置填充图案，如图 3-105 所示。

(7) 绘制一个高度为 238 毫米、宽度为 160 毫米的矩形，拖动调整其在文档中的位置，如图 3-106 所示。

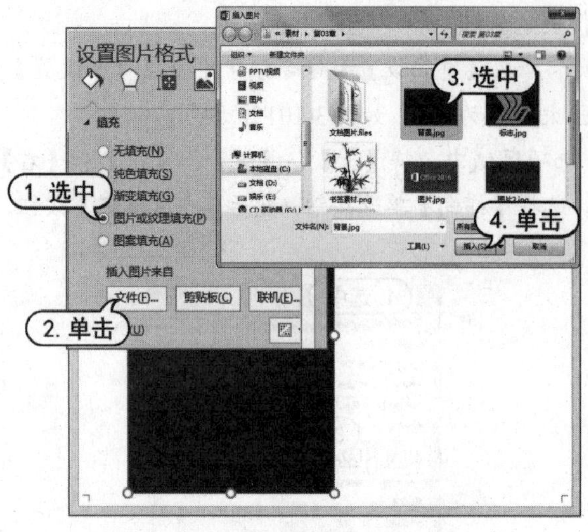

图 3-105　设置图形填充图案

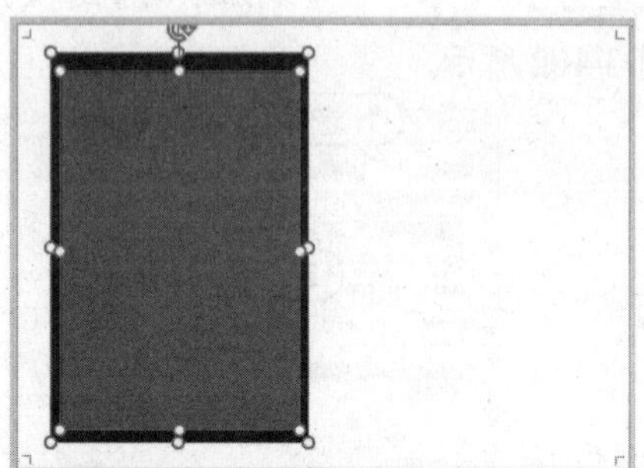

图 3-106　绘制第二个矩形

(8) 重复上面的操作，在【设置图片格式】窗格为新绘制的矩形设置填充图案。

(9) 绘制一个高度为【20 毫米】，宽度为【162.98 毫米】的矩形，并为其设置如图 3-107 所示的填充图案。

(10) 选中绘制的矩形，在【设置图片格式】窗口中展开【映像】选项区域。单击按钮，在展开的库中选择【半映像】选项，如图 3-108 所示。

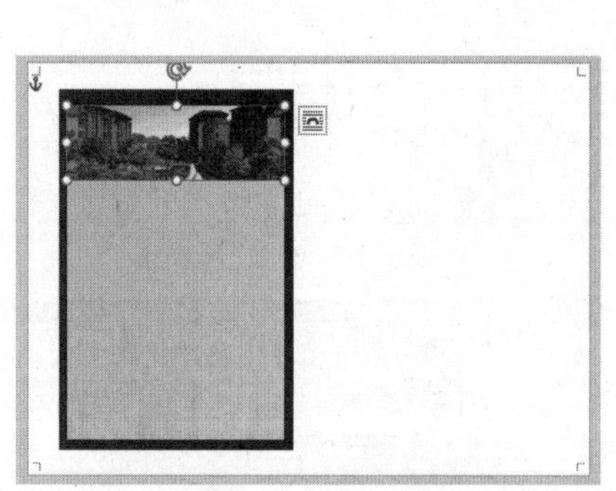

图 3-107　绘制第三个矩形

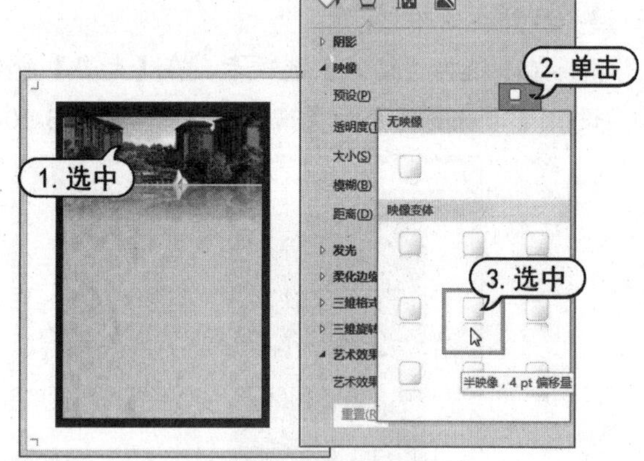

图 3-108　设置图片格式

(11) 选择【插入】选项卡，在【插图】命令组中单击【图片】按钮。在文档中插入一个标志图片，并调整其位置，如图 3-109 所示。

(12) 选中文档中所有的对象，右击鼠标，在弹出的菜单中选择【组合】|【组合】命令，合并对象。复制组合后的对象并调整对象的位置，如图 3-110 所示。

图 3-109　插入图片

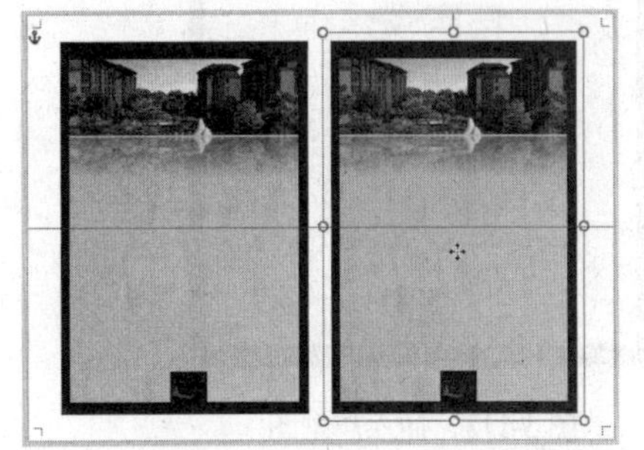

图 3-110　复制并调整对象位置

(13) 在【文本】命令组中单击【艺术字】下拉按钮，在展开的库中选择一种艺术字样式。在文档中插入一行艺术字，在【开始】选项卡的【字体】命令组中设置【字体】为【华文中宋】，设置【字号】为【小一】，如图 3-111 所示。

(14) 重复步骤(13)的操作，在文档中插入其他艺术字，并设置艺术字的字体格式，完成后的效果如图 3-112 所示。

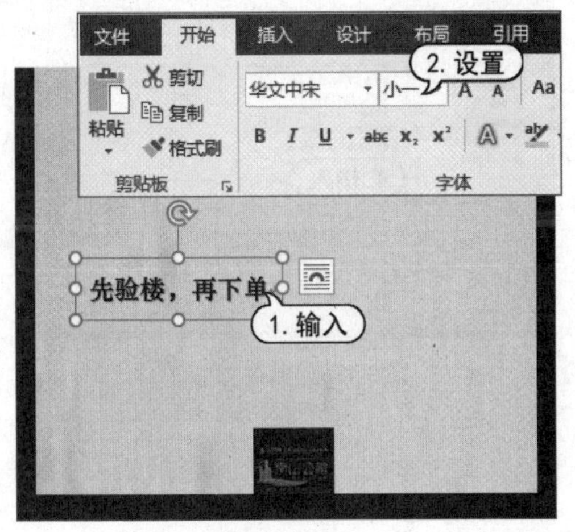

图 3-111　插入艺术字

图 3-112　文档效果

(15) 选择【插入】选项卡，在【插图】命令组中单击【图片】按钮，打开【插入图片】对话框，在文档中插入一张图片。

(16) 选择【格式】选项卡，单击【环绕文字】下拉按钮，在弹出的菜单中选择【浮于文字上方】命令，并调整文档中插入图片的大小和位置，如图 3-113 所示。

(17) 重复步骤(15)、(16)的操作，在文档中插入其他图片，效果如图 3-114 所示。

图 3-113　插入户型图

图 3-114　插入其他图片

(18) 选中步骤(17)插入的图片。选择【格式】选项卡，在【图片样式】命令组中选择【矩形投影】选项，设置图片效果，如图 3-115 所示。

(19) 按下 F12 键，打开【另存为】对话框。在【文件名】文本框中输入“房地产宣传页”，然后单击【保存】按钮保存文档，如图 3-116 所示。

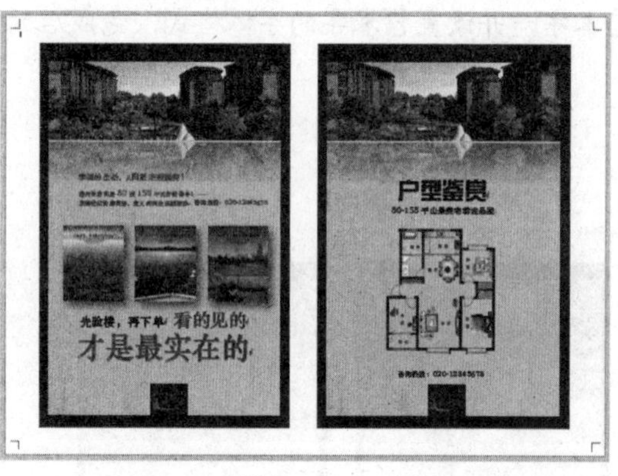

图 3-115　房地产宣传页效果

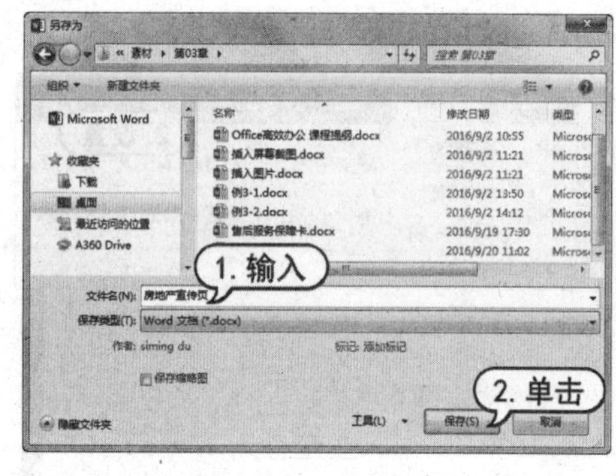

图 3-116　保存文档

3.9 习题

1. 在 Word 2016 中如何插入图片？
2. 制作一个 Word 文档，插入 SmartArt 图形和自选图形。

第4章 Word 表格的创建与编辑

学习目标

为了更形象地说明问题，常常需要在文档中制作各种各样的表格。Word 2016 提供了强大的表格功能，可以快速创建与编辑表格。本章将重点介绍在文档中创建与应用表格的方法。

本章重点

- 快速制作与修改表格
- 设置美化表格效果
- Word 表格的计算与排序

4.1 制作与绘制表格

表格由行和列组成，用户可以直接在 Word 文档中插入指定行列数的表格，也可以通过手动的方法绘制完整的表格或表格的部分。另外，如果需要对表格中的数据进行较复杂的运算，还可以引入 Excel 表格。

4.1.1 快速制作 10×8 表格

当用户需要在 Word 文档中插入列数和行数在 10×8(10 为列数，8 为行数)范围内的表格，如 8×8 时，可以按下列步骤操作。

(1) 选择【插入】选项卡，单击【表格】命令组中的【表格】下列按钮，在弹出的菜单中移动鼠标让列表中的表格处于选中状态。

(2) 此时，列表上方将显示出相应的表格列数和行数，同时在 Word 文档中将显出相应的表格，如图 4-1 所示。

(3) 单击鼠标左键，即可在文档中插入所需的表格。

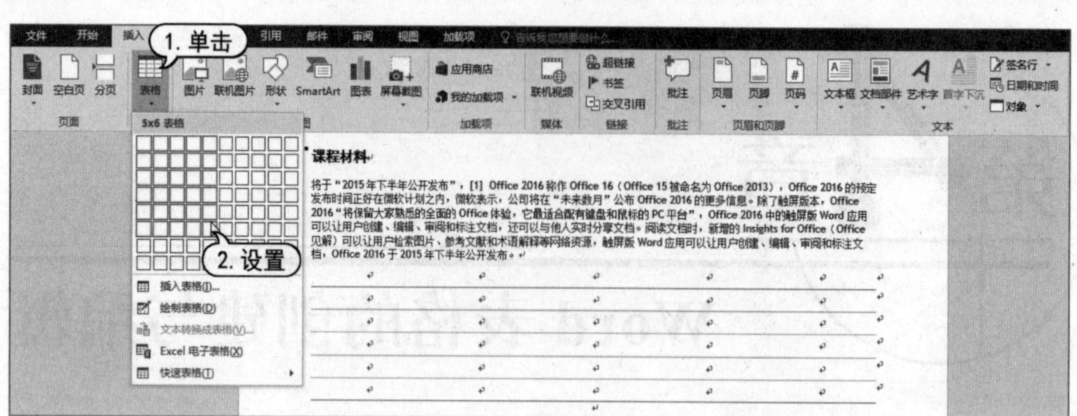

图 4-1　快速在文档中插入表格

4.1.2　制作超大表格

当用户需要在文档中插入的表格列数超过 10 行或行数超过 8 的表格，如 10×12 的表格时，可以按下列步骤操作。

(1) 选择【插入】选项卡。单击【表格】命令组中的【表格】下列按钮，在弹出的菜单中选择【插入表格】命令。

(2) 打开【插入表格】对话框。在【列数】文本框中输入 10，在【行数】文本框中输入 12，然后单击【确定】按钮，如图 4-2 所示。

(3) 此时，将在文档中插入如图 4-3 所示的 10×12 的表格。

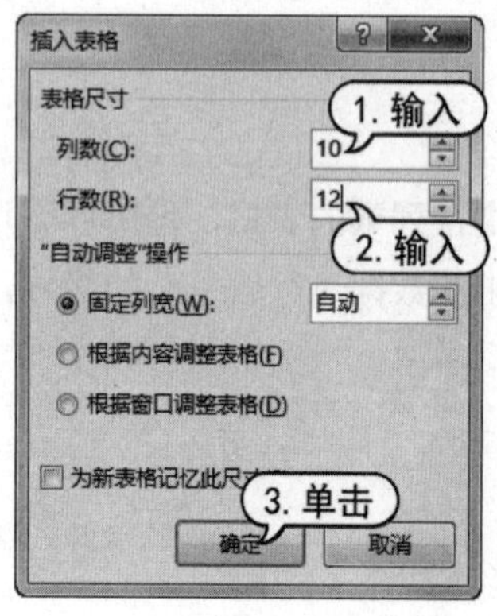

图 4-2　【插入表格】对话框

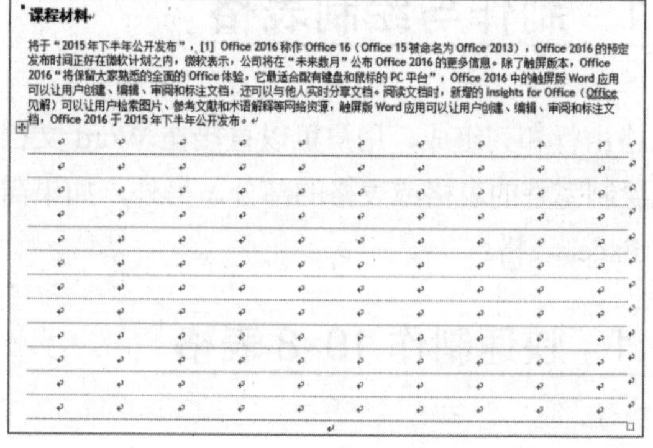

图 4-3　插入 10×12 的表格

4.1.3　将文本转换为表格

在 Word 中，用户也可以参考下列操作，将输入的文本转换为表格。

(1) 选中文档中需要转化为表格的文本。选择【插入】选项卡，单击【表格】命令组中的【表

格】下列按钮。在弹出的菜单中选择【文本转换成表格】命令，打开【将文字转换成表格】对话框。根据文本的特点设置合适的选项参数，单击【确定】按钮。

(2) 此时，将在文档中插入一个如图 4-4 所示的表格。

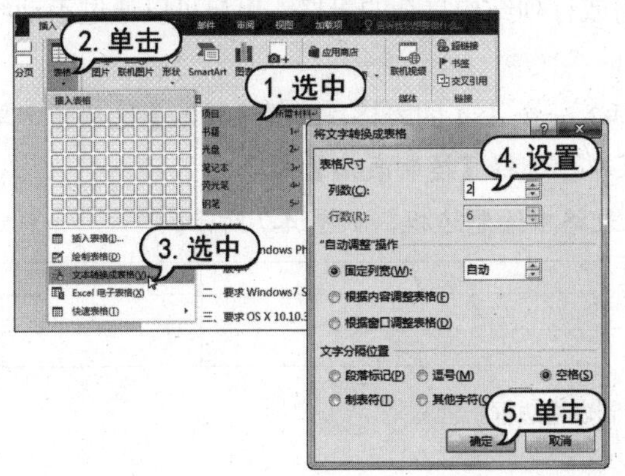

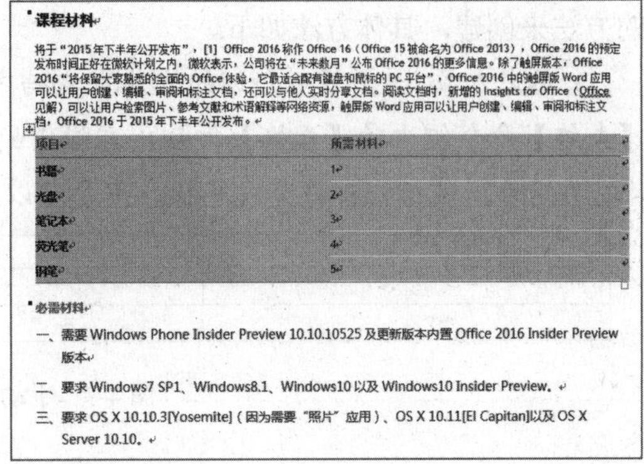

图 4-4　将文档中的文本转换为表格

4.1.4　使用“键入时自动应用”插入表格

如果用户仅仅需要插入简单的表格，如 1 行 2 列，可以在一个空白段落中输入“+---------+---------+”，再按下回车键，Word 将会自动将输入的文本更正为一个 1 行 2 列的表格，如图 4-5 所示。

如果用户按照上面介绍的方法不能得到表格，是因为用户使用 Word 表格的【自动套用格式】已经关闭，打开方法如下。

(1) 选择【文件】选项卡，在弹出的菜单中选择【选项】命令，打开【Word 选项】对话框。选中【校对】选项卡，单击【自动更正选项】按钮。

(2) 打开【自动更正】对话框。选择【键入时自动套用格式】选项卡，选中【键入时自动应用】选项区域中的【表格】复选框，然后单击【确定】按钮，如图 4-6 所示。

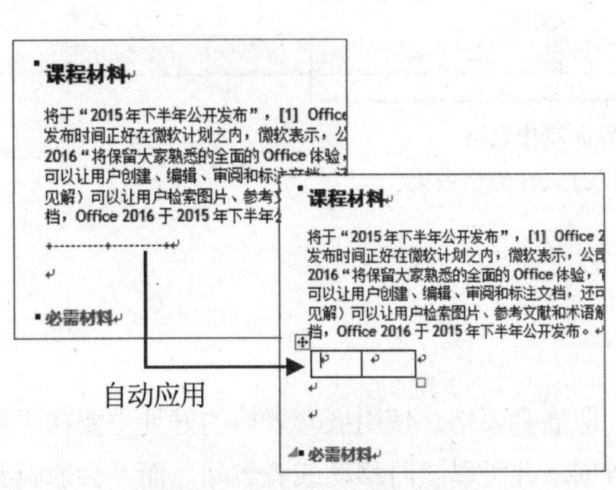

图 4-5　键入时自动应用表格

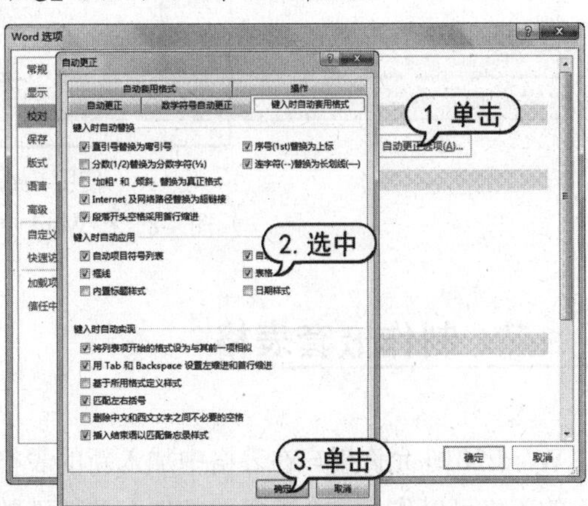

图 4-6　表格的自动更正设置

4.1.5 手动绘制特殊表格

对于一些特殊的表格，例如带斜线表头的表格或行列结构复杂的表格，用户可以通过手动绘制的方法来创建，具体方法如下。

(1) 参考本章 4.1.1 节所介绍的方法在文档中插入一个 4×4 的表格，选择【插入】选项卡，单击【表格】命令组中的【表格】按钮，在弹出的菜单中选择【绘制表格】命令。

(2) 此时，鼠标指针将变成笔状，用户可以在表格中绘制边框，如图 4-7 所示。

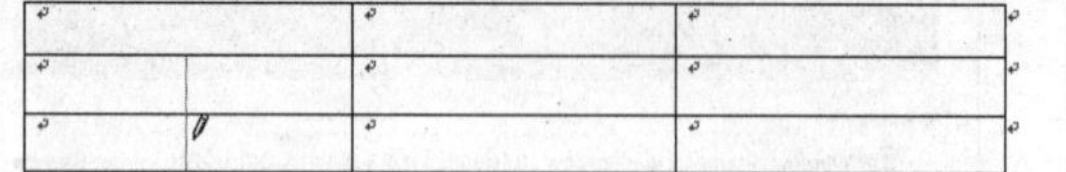

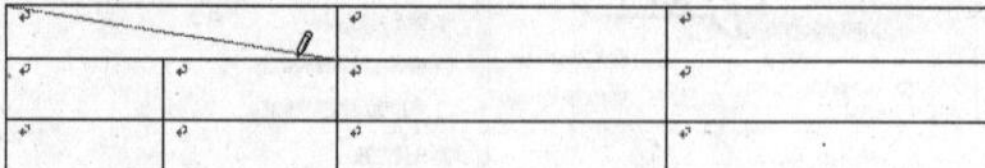

图 4-7　手动绘制表格边框

4.1.6 引入 Excel 表格

用户可以参考下面介绍的方法，在 Word 软件中使用 Excel 软件功能制作表格。

(1) 选择【插入】选项卡，在【表格】命令组中单击【表格】下拉按钮，在弹出的菜单中选择【Excel 电子表格】命令，即可在 Word 界面中插入一个 Excel 工作界面。

(2) 此时，用户可以使用 Excel 软件界面中的功能，在 Word 中创建表格，如图 4-7 所示。

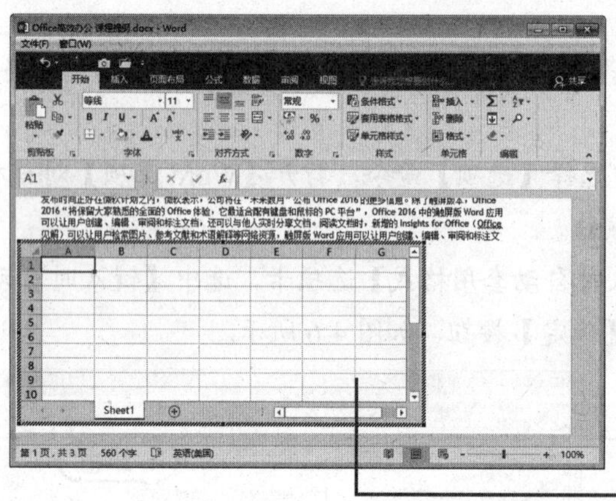

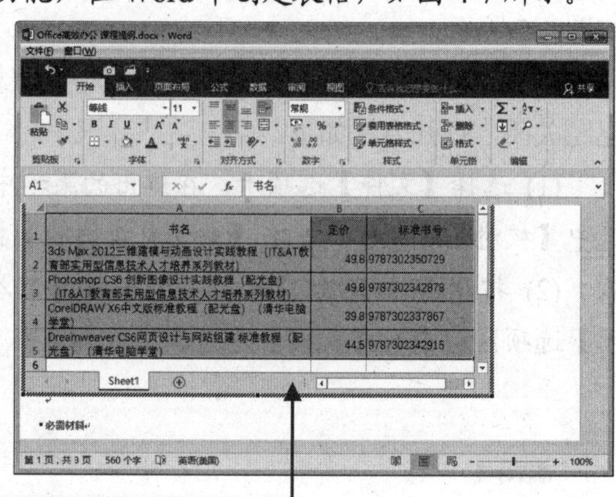

使用 Excel 界面制作表格

图 4-8　在 Word 中引入 Excel 表格效果

4.1.7 制作嵌套表格

Word 2016 允许用户在表格中加入新的表格，即嵌套表格。使用嵌套表格的好处主要在于新加入的表格可以作为一个独立的部件存储特殊的数据，并可以随时移动或者删除，而不会影响到

被嵌套的表格。

制作嵌套表格的方法有以下两种。

- 先按常规方法制作一个表格，将光标定位在要加入新表格的单元格中，然后在这个单元格中再插入一个表格。
- 先按常规方法制作两个表格，然后将其中一个表格复制或移动到另一个表格的某一个单元格中。

4.2　编辑表格

在 Word 2016 中制作表格时，用户可以快速选取表格的全部，或者表格中的某些行、列、单元格，然后对其进行设置，同时还可以根据需要拆分、合并指定的单元格，编辑单元格的行高、列宽等参数。

4.2.1　快速选取行、列及整个表格

在编辑表格时，可以根据需要选取行、列及整个表格，然后对多个单元格进行设置。

1. 选取整个表格

在 Word 中选取整个表格的常用方法有以下几种。

- 使用鼠标拖动选择：当表格较小时，先选择表格中的一个单元格，然后拖动至表格的最后一个单元格即可，如图 4-9 所示。
- 单击表格控制柄选择：在表格任意位置单击，然后单击表格左上角显示的控制柄选取整个表格，如图 4-10 所示。

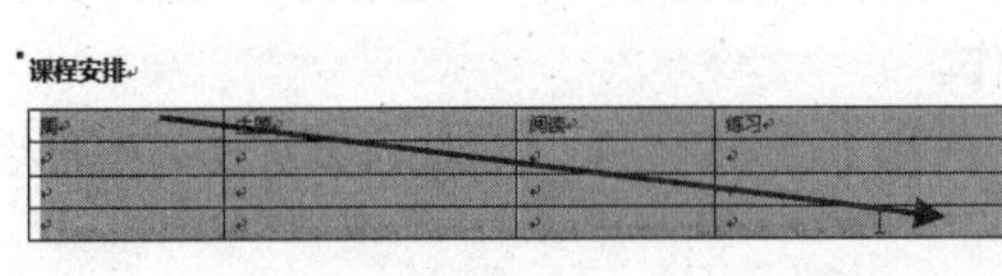

图 4-9　拖动鼠标选取整个表格

控制柄

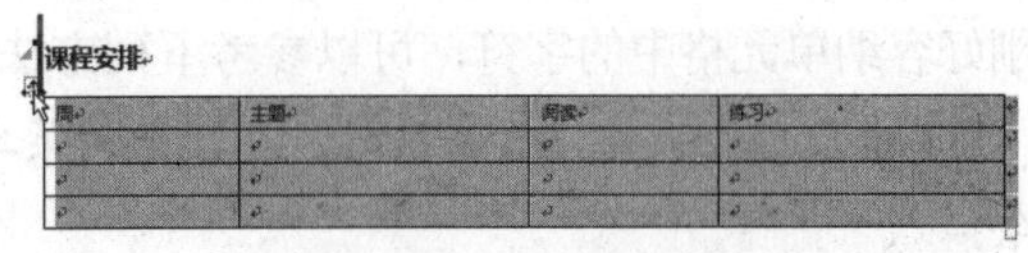

图 4-10　单击控制柄选取整个表格

- 在 Numlock 键关闭的状态下，按下 Alt+5 组合键(5 是小键盘上的 5 键)。
- 将光标定位于表格中。选择【布局】选项卡，在【表】命令组中单击【选择】下列按钮，在弹出的菜单中选中【选择表格】命令。

2. 选取单个单元格

将鼠标指针悬停在某个单元格左侧，当鼠标指针变为↗形状时单击，即可选中该单元格，如图 4-11 所示。

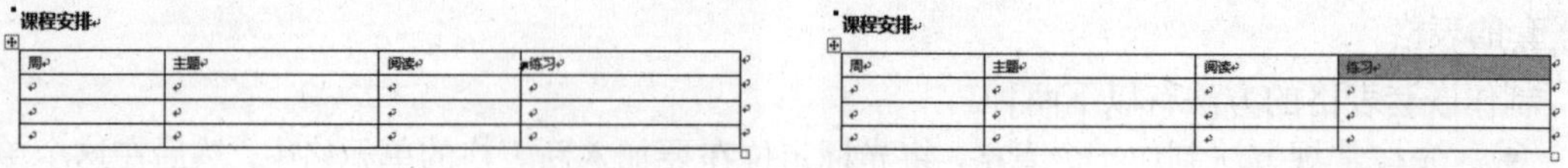

图 4-11　选取单个单元格

3. 选取整行

选取表格整行的常用方法有以下两种。

- ◉ 将鼠标指针放置在页面左侧(左页边距区)，当指针变为↗形状后单击，如图 4-12 所示。
- ◉ 将鼠标指针放置在一行的第一个单元格中，然后拖动鼠标至该列的最后一个单元格即可，如图 4-13 所示。

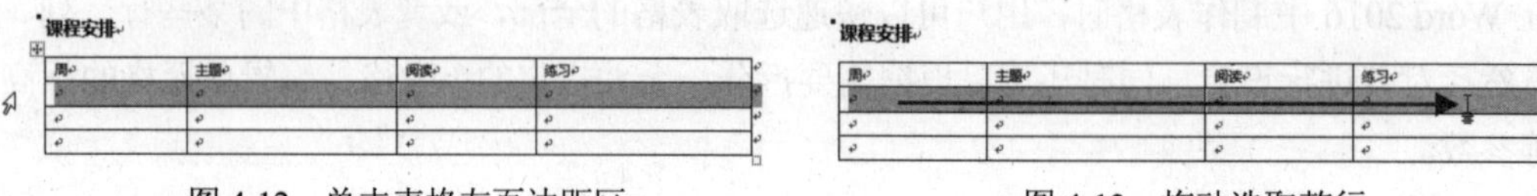

图 4-12　单击表格左页边距区　　　　图 4-13　拖动选取整行

4. 选取整列

选取表格整列的常用方法有以下两种。

- ◉ 将鼠标指针放置在表格最上方的表格上边框，当指针变为⬇形状后单击。
- ◉ 将鼠标指针放置在一列的第一个单元格，然后拖动鼠标至该列的最后一个单元格即可。

如果用户需要同时选取连续的多行或者多列，可以在选中一列或一行时，按住鼠标左键拖动选中相邻的行或列。如果用户需要选取不连续的多行或多列，可以按住 Ctrl 键执行选取操作。

4.2.2　设置表格根据内容自动调整

在文档中编辑表格时，如果想要表格根据表格中输入内容的多少自动调整大小，让行高和列宽刚好容纳单元格中的字符，可以参考下列方法操作。

(1) 选取整个表格，右击鼠标，在弹出的菜单中选择【自动调整】|【根据内容自动调整表格】命令。

(2) 此时，表格将根据其中的内容自动调整大小，如图 4-14 所示。

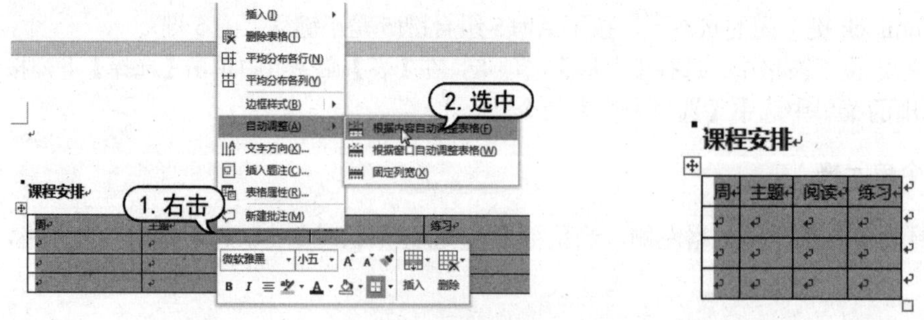

图 4-14　设置表格根据内容自动调整

4.2.3　精确设定列宽与行高

在文档中编辑表格时，对于某些单元格，可能需要精确设置它们的列宽和行高，相关的设置方法如下。

(1) 选择需要设置列宽与行高的表格区域，在【布局】选项卡的【单元格大小】命令组中的【高度】和【宽度】文本框中输入行高和列宽精度。

(2) 完成设置后表格行高和列宽效果将如图 4-15 所示。

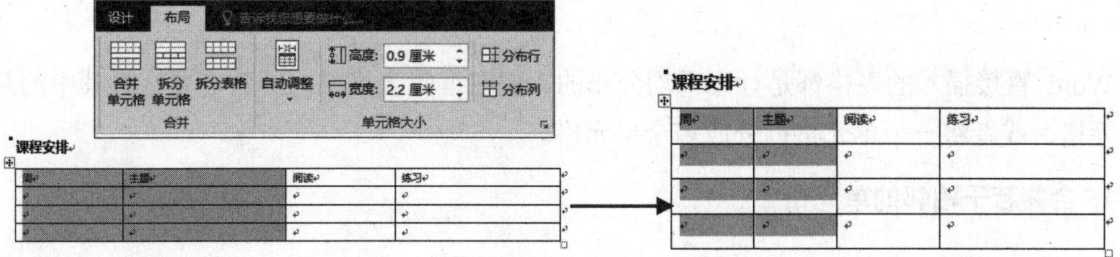

图 4-15　在【单元格大小】组中设置行高和列宽

4.2.4　固定表格的列宽

在文档在设置好表格的列宽后，为了避免列宽发生变化，影响文档版面的美观，可以通过设置固定表格列宽，使其一直保持不变。

(1) 右击需要设置的表格，在弹出的菜单中选择【自动调整】|【固定列宽】命令。

(2) 此时，在固定列宽的单元格中输入文本，单元格宽度不会发生变化，如图 4-16 所示。

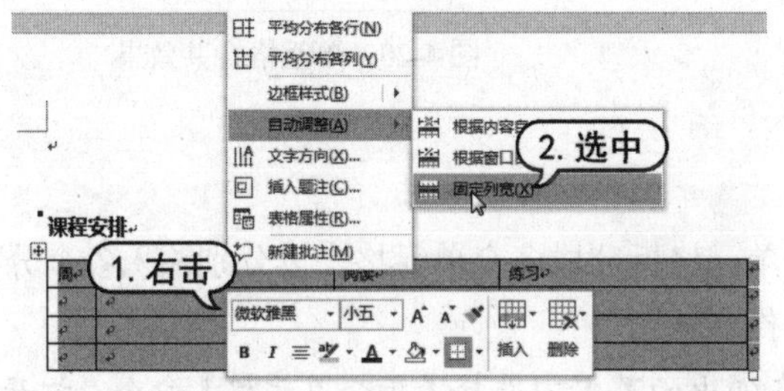

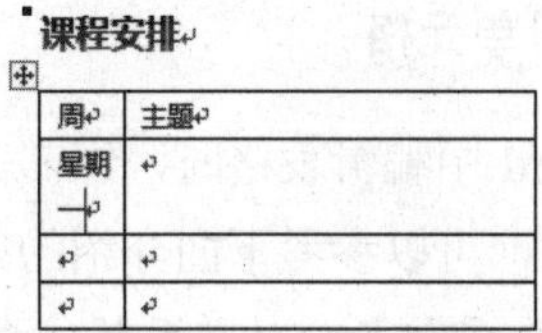

图 4-16　设置固定表格列宽

4.2.5　单独改变表格单元格列宽

有时用户需要单独对某个或几个单元格列宽进行局部调整而不影响整个表格，操作方法如下。

(1) 将鼠标指针移动至目标单元格的左侧框线附近，当指针变为↗形状时单击选中单元格，如图 4-17 所示。

(2) 将鼠标指针移动至目标单元格右侧的框线上，当鼠标指针变为十字形状时按住鼠标左键

不放，左右拖动即可，如图 4-18 所示。

图 4-17　选中目标单元格　　　　图 4-18　拖动单元格的右侧框线

4.2.6　拆分与合并单元格

Word 直接插入的表格都是行列平均分布的，但在编辑表格时，经常需要合并其中的某些相邻单元格，或者将一个单元格拆分成多个单元格。

1. 合并若干相邻的单元格

在文档中编辑表格时，有时需要将几个相邻的单元格合并为一个单元格。此时，可以参考下面介绍的方法合并表格中的单元格。

(1) 选中需要合并的多个单元格(连续)，右击鼠标，在弹出的菜单中选择【合并单元格】命令，如图 4-19 所示。

(2) 此时，被选中的单元格将合并，效果如图 4-20 所示。

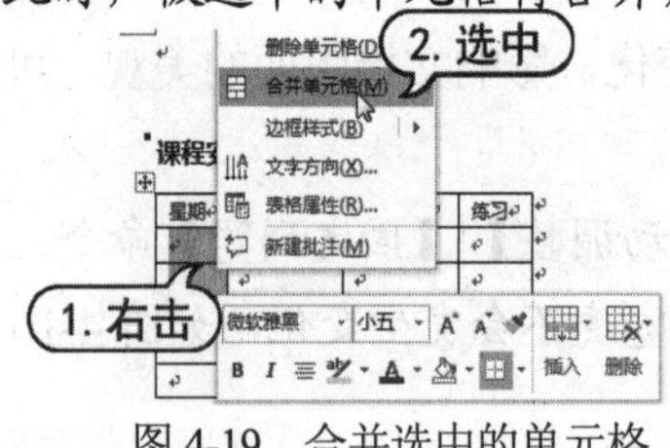

图 4-19　合并选中的单元格

图 4-20　单元格合并效果

2. 拆分单元格

在 Word 中编辑表格时，经常需要将某个单元格拆分成多个单元格，以分别输入各个分类的数据。此时，可以参考下面介绍的方法进行操作。

(1) 选取需要拆分的单元格，右击鼠标，在弹出的菜单中选择【拆分单元格】命令，打开【拆分单元格】对话框。

(2) 在【拆分单元格】对话框中设置具体的拆分行数和列数后，单击【确定】按钮，即可将选取的单元格拆分，如图 4-21 所示。

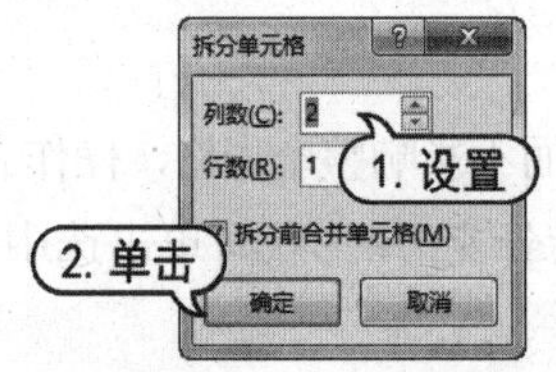

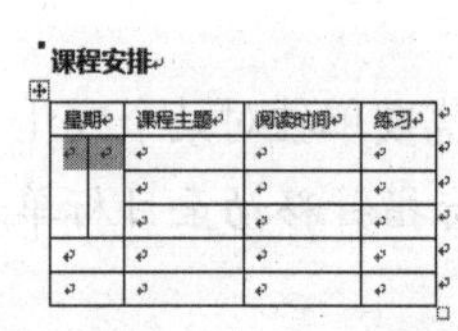

图 4-21　使用【拆分单元格】对话框拆分单元格

4.2.7　快速平均列宽与行高

在文档中编辑表格时，出于美观考虑，在单元格大小足够输入字符的情况下，可以平均表格各行的高度，让所有行的高度一致。或者平均表格各类的宽度，让所有列的宽度一致。

(1) 选取需要设置的表格，右击鼠标，在弹出的菜单中选择【平均分布各行】命令，如图 4-22 所示。

(2) 再次右击鼠标，在弹出的菜单中选择【平均分布各列】命令。

(3) 此时，表格中各行、列的宽度和高度将被平均分布，效果如图 4-23 所示。

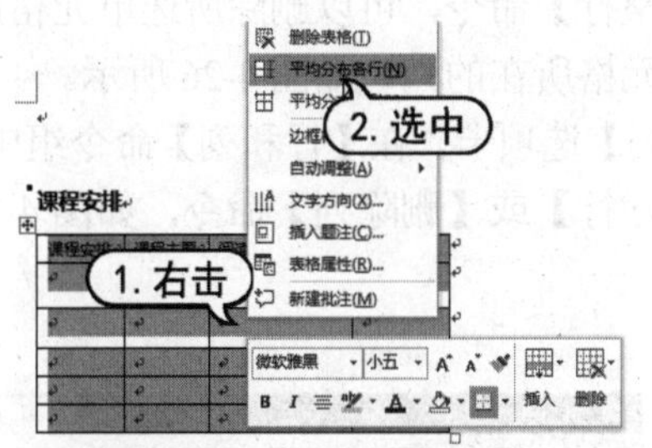

图 4-22　平均分布各行

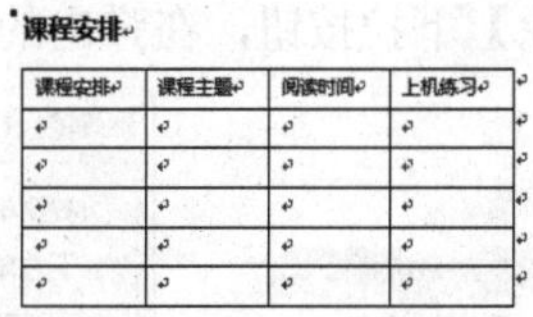

图 4-23　各行各列平均分布后的效果

4.2.8　在表格中增加与删除行或列

1. 在表格中增加空行

在 Word 中，要在表格中增加一行空行，可以使用以下几种方法。

- 将鼠标指针移动至表格右侧边缘，当显示“+”符号后，单击该符号，如图 4-24 所示。
- 将鼠标指针插入表格中的任意单元格中，右击鼠标，在弹出的菜单中选择【在上方插入行】或【在下方插入行】命令，如图 4-25 所示。

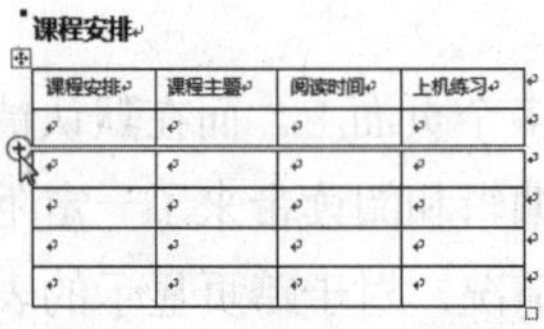

图 4-24　单击行左边框按钮插入空行

图 4-25　通过右键菜单插入空行

- 选择【布局】选项卡，在【行和列】命令组中单击【在上方插入】按钮或【在下方插入】按钮。

2. 在表格中增加空列

要在表格中增加一列空列，可以使用以下几种方法。

- 将鼠标指针移动至表格上方两列框线之间，当显示“+”符号后，单击该符号。
- 将鼠标指针插入表格中的任意单元格中，右击鼠标，在弹出的菜单中选择【在左侧插入列】或【在右侧插入列】命令。
- 选择【布局】选项卡，在【行和列】命令组中单击【在左侧插入】按钮或【在右侧插入】按钮。

3. 删除表格中的行或列

若用户需要删除表格中的行或列，可以参考以下两种方法。

- 将鼠标指针插入表格单元格中，右击鼠标，在弹出的菜单中选择【删除单元格】命令，打开【删除单元格】对话框。选择【删除整行】命令，可以删除所选单元格所在的行，选择【删除整列】命令，可以删除所选单元格所在的列，如图 4-26 所示。
- 将鼠标指针插入表格单元格中，选择【布局】选项卡。在【行和列】命令组中单击【删除】下拉按钮，在弹出的菜单中选择【删除行】或【删除列】命令，如图 4-27 所示。

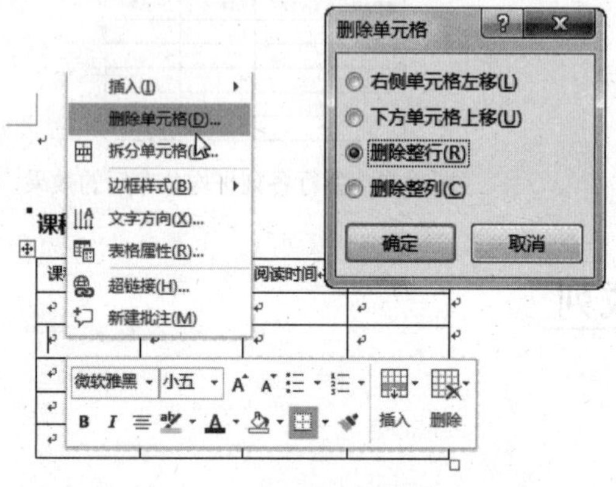

图 4-26　通过右键菜单删除行或列

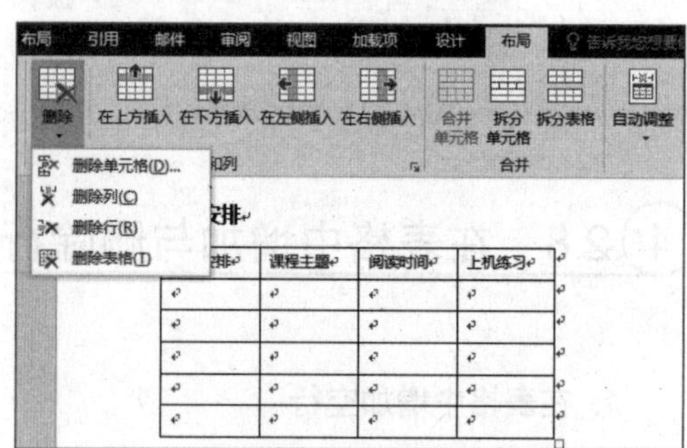

图 4-27　通过【布局】选项卡删除行或列

如果用户需要删除表格中的多行或者多列，可以参考本章第 4.2.1 小节所介绍的内容选中表格中的多行，然后执行以上操作中的一种。

4.2.9　设置跨页表格自动重复标题行

对于包含有较多行的表格，可能会跨页显示在文档的多个页面上。而在默认情况下，表格的标题并不会在每页的表格上面都自动显示，这就为表格的编辑和阅读带来了一定阻碍，让用户难以辨认每一页表格中各列存储内容的性质。为了避免这种情况，对于跨页显示的表格，在编辑时可以通过以下设置，让表格在每一页自动重复标题行。

(1) 将鼠标光标定位至表格第 1 行中的任意单元格中，右击鼠标，在弹出的菜单中选择【表格属性】命令，打开【表格属性】对话框。

(2) 在【表格属性】对话框中选择【行】选项卡，选中【在各页顶端以标题形式重复出现】复选框，然后单击【确定】按钮，如图 4-28 所示。

(3) 此时，当表格行列超过一页文档将在下一页中自动添加表格标题，如图 4-29 所示。

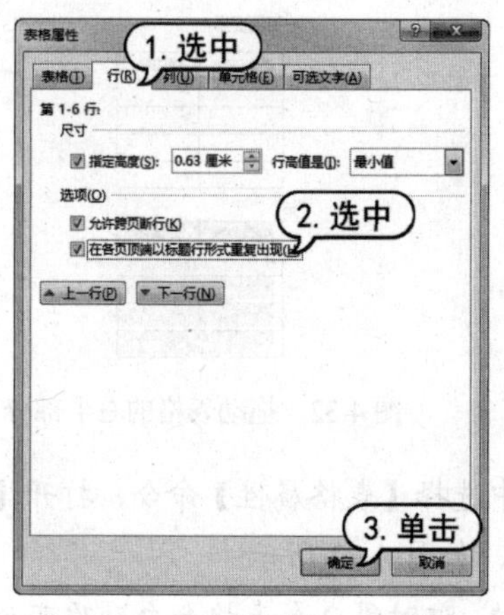

图 4-28　【表格属性】对话框

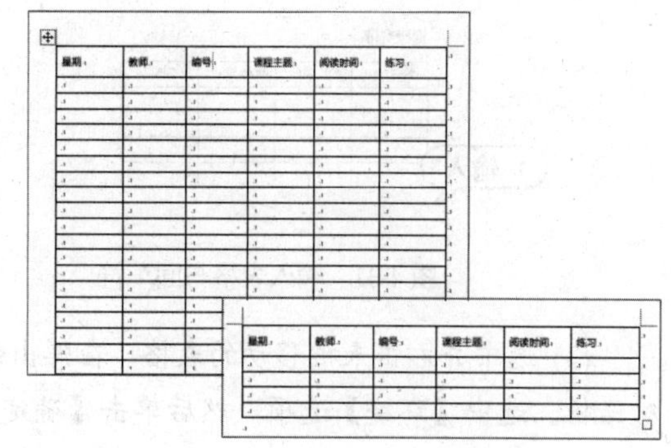

图 4-29　表格跨页自动重复标题

4.2.10　设置上下、左右拆分表格

1. 上下拆分表格

如果要上下拆分表格，有以下 3 种方法。

- 将光标放置在需要成为第二个表格首行的行内，按下 Ctrl+Shift+Enter 组合键即可，如图 4-30 所示。

课程安排

课程安排	课程主题	阅读时间	上机练习

课程安排

课程安排	课程主题	阅读时间	上机练习

图 4-30　按下 Ctrl+Shift+Enter 组合键上下拆分表格

- 将光标放在需要成为第二个表格首行的行内，选择【布局】选项卡，在【合并】命令组中单击【拆分表格】按钮。
- 选中要成为第二个表格的所有行，按下 Ctrl+X 组合键剪切。然后按下 Enter 键在第一个表格后增加一空白段落，再按下 Ctrl+V 组合键粘贴。

2. 左右拆分表格

如果要左右拆分表格，可以按下列步骤操作。

(1) 在文档中插入一个至少有 2 列的表格，并在其下方输入两个回车符，如图 4-31 所示。

(2) 选中要拆分表格的右半部分表格，将其拖动至步骤(1)输入的两个回车符前面，如图 4-32 所示。

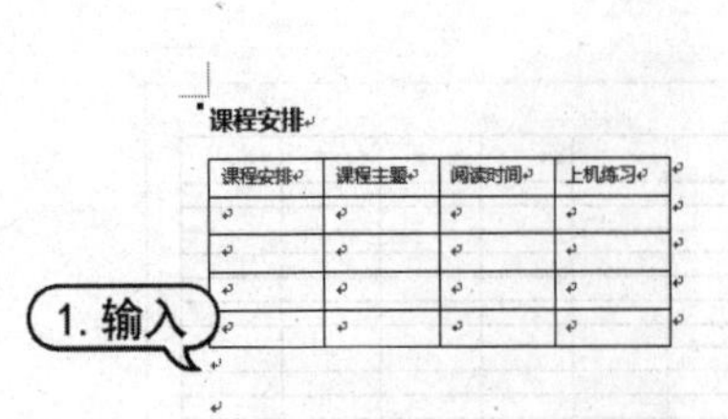

图 4-31　输入表格与回车符

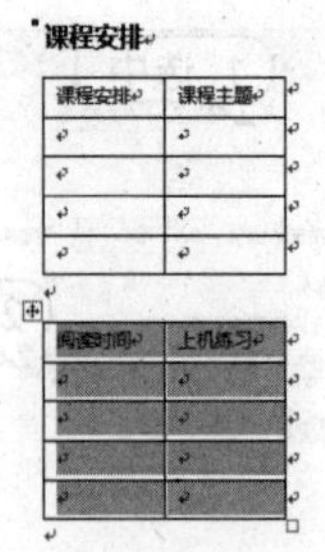

图 4-32　拖动表格的右半部分

(3) 选中并右击未被移动的表格，在弹出的菜单中选择【表格属性】命令，打开【表格属性】对话框。选中【环绕】选项，然后单击【确定】按钮，如图 4-33 所示。

(4) 将生成的第 2 个表格拖动到第 1 个表格的右边，这时第 2 个表格会自动改变为环绕类型，如图 4-34 所示。

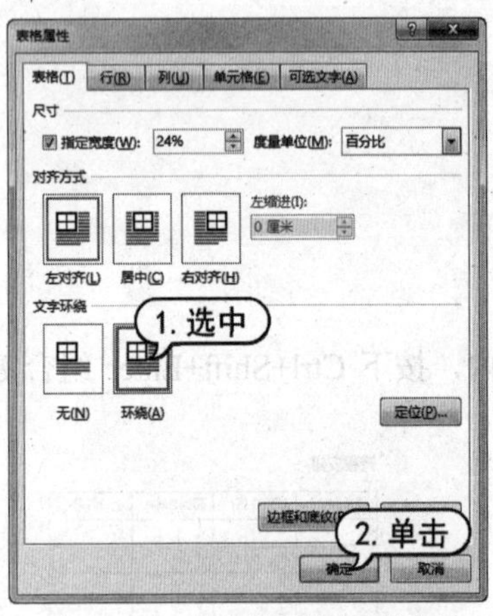

图 4-33　【表格属性】对话框

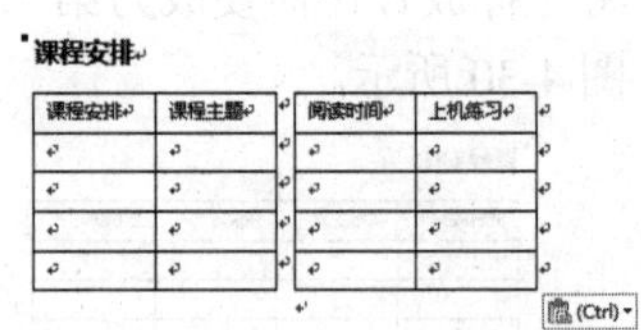

图 4-34　左右拆分表格效果

4.2.11　整体缩放表格

要想一个表格在放大或者缩小时保持纵横比例，可以按住 Shift 键不放，然后拖动表格右下角的控制柄拖动即可。如果同时按住 Shift+Alt 键拖动表格右下角的控制，则可以实现表格锁定纵横比例的精细缩放，如图 4-35 所示。

课程安排

课程安排	课程主题	阅读时间	上机练习

课程安排

课程安排	课程主题	阅读时间	上机练习

图 4-35　通过拖动右下角控制柄缩放表格

4.2.12　删除表格

删除文档中表格的方法并不是使用 Delete 键。选中表格后按下 Delete 键只会清除表格中的内容。正确地删除表格的方法有以下几种。

- 选中表格，按下 BackSpace 键。
- 选中表格，按下 Shift+Delete 组合键。
- 选择【布局】选项卡，在【行和列】命令组中单击【删除】按钮，在弹出的菜单中选择【删除表格】命令。

4.3　美化表格

创建好表格的基本框架和录入内容后，还可以根据需要对表格进行美化，如调整表格中字符的对齐方式、设置表格样式、添加底纹和边框等。

4.3.1　调整表格内容对齐方式

Word 2016 提供多种表格内容对齐方式，可以让文字居中对齐、右对齐或两端对齐等，而居中又可以分为靠上居中、水平居中和靠下居中；靠右对齐可以分为靠上对齐、中部右对齐和靠下右对齐；两端对齐可以分为靠上两端对齐、中部两端对齐和靠下两端对齐。

设置表格内文字对齐方式的具体操作如下。

(1) 选中整个表格，选择【布局】选项卡，在【对齐方式】命令组中单击【水平居中】按钮，如图 4-36 所示。

(2) 此时，表格中文本的对齐方式将如图 4-37 所示。

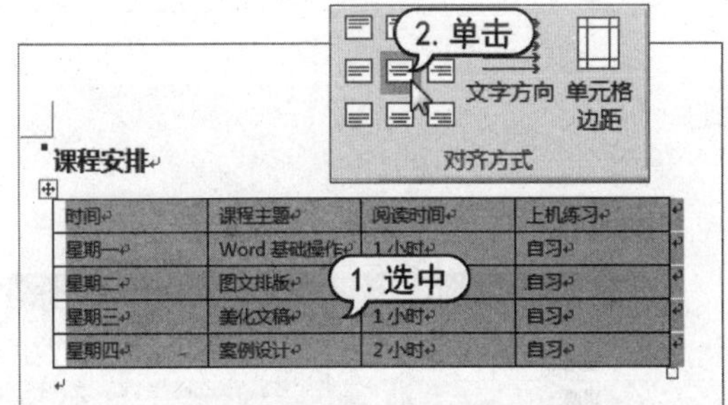

图 4-36　设置水平居中对齐文本

课程安排

时间	课程主题	阅读时间	上机练习
星期一	Word 基础操作	1 小时	自习
星期二	图文排版	2 小时	自习
星期三	美化文稿	1 小时	自习
星期四	案例设计	2 小时	自习

图 4-37　文本对齐效果

4.3.2　调整表格中的文字方向

默认情况下，表格中的文字方向为横向分布，但对于某些特殊的需要，要让文字方向变为纵

向分布，可以按下列步骤操作。

(1) 选择要调整文字方向的单元格，在【布局】选项卡的【对齐方式】命令组中单击【文字方向】按钮。

(2) 此时，表格中的文字方向将改为如图 4-38 所示纵向分布。

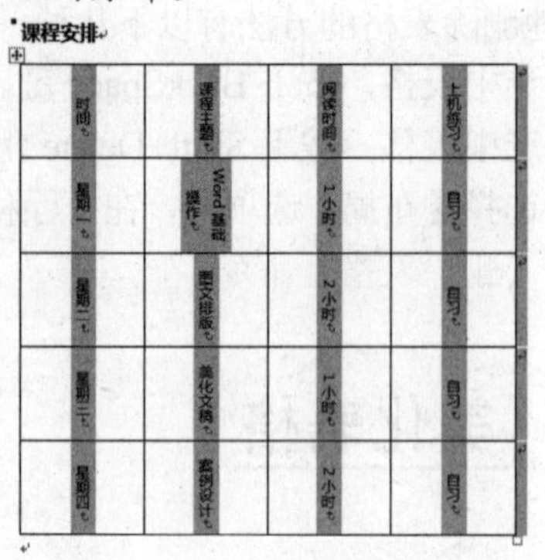

图 4-38　调整表格中的文字方向

4.3.3　通过样式美化表格

在文档中插入表格后，默认的表格样式比较简单。如果用户对文稿的版式有较高的要求，用户可以根据需要调整表格的样式。

1. 套用表格样式

将光标定位到要套用样式的表格中，选择【设计】选项卡。在【表格样式】命令组的内置表格样式库中选择一种样式，即可为表格套用样式，如图 4-39 所示。

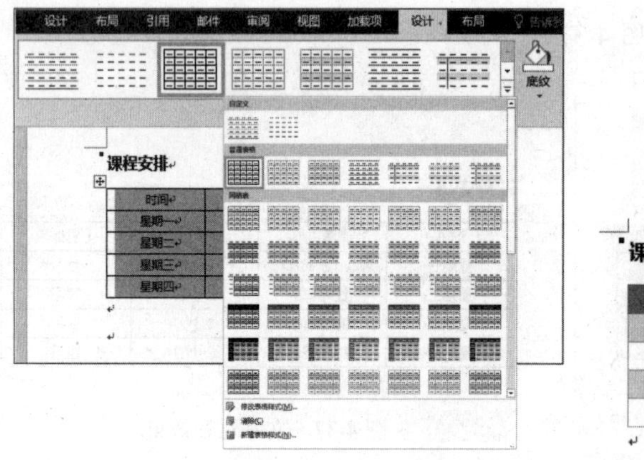

时间	课程主题	阅读时间	上机练习
星期一			
星期二			
星期三			
星期四			

图 4-39　套用样式库中的样式

2. 修改表格样式

如果 Word 内置的表格样式不能完全满足用户的需要，还可以修改已有的内置表格样式，具

体操作步骤如下。

(1) 选择【设计】选项卡，在【表格样式】命令组中单击【其他】按钮，在展开的库中选择【修改表格样式】选项。

(2) 打开【修改样式】对话框，根据需要修改样式的各项参数，然后单击【确定】按钮，即可调整 Word 内置的表格样式，如图 4-40 所示。

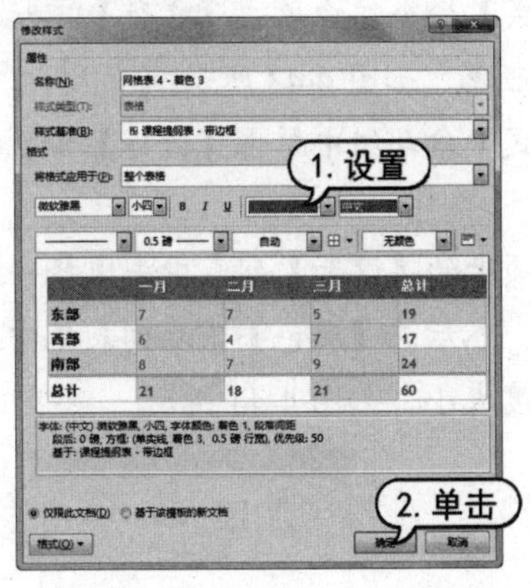

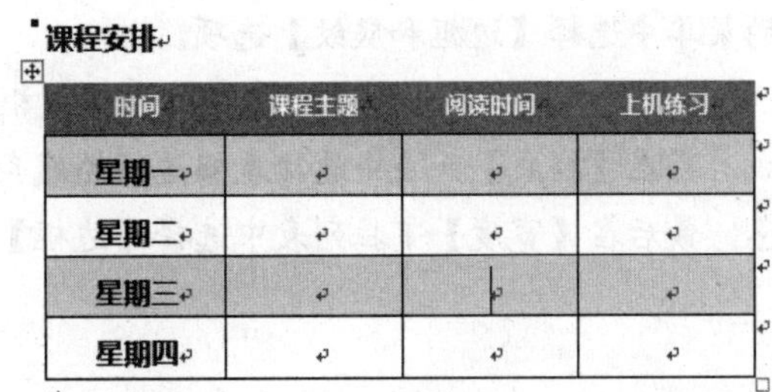

课程安排

时间	课程主题	阅读时间	上机练习
星期一			
星期二			
星期三			
星期四			

图 4-40　修改内置表格样式

3. 创建表格样式

在 Word 中，用户也可以为表格创建新的样式，具体方法如下。

(1) 选择【设计】选项卡，在【表格样式】命令组中单击【其他】按钮，在展开的库中选择【新建表格样式】选项。

(2) 打开【根据格式设置创建新样式】对话框，在【名称】文本框中输入新的表格样式名称。在【样式基准】下拉列表中选择一种内置表格样式，其他设置操作与【修改样式】对话框一样，如图 4-41 所示。

(3) 单击【确定】按钮后，再次单击【表格样式】命令组中的【其他】按钮，在展开的库中将显示创建的样式，如图 4-42 所示。

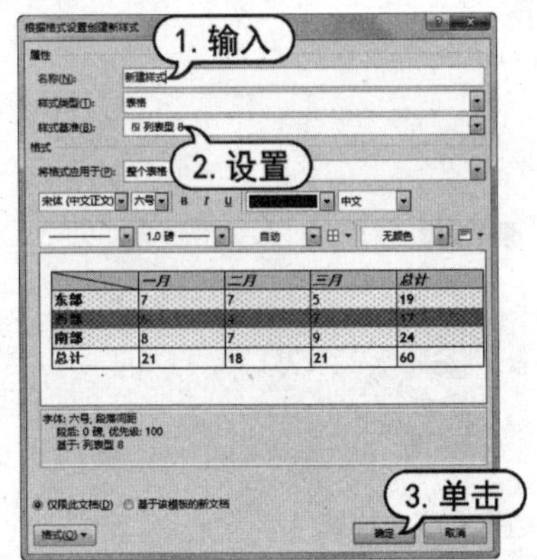

图 4-41　【根据格式设置创建新样式】对话框

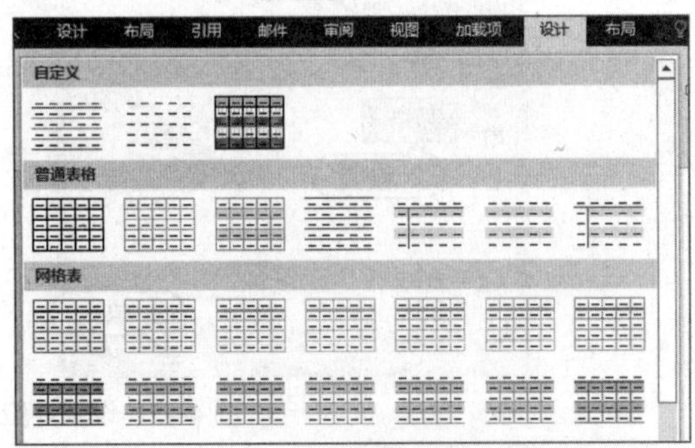

图 4-42　新建样式效果

4.3.4 手动设置表格边框与底纹

除了可以套用 Word 2016 自带的样式美化表格以外，用户还可以自定义表格的边框和底纹，让表格风格与整个文档的风格一致。

(1) 选中表格后，在【设计】选项卡的【表格样式】命令组中单击【底纹】下拉按钮，在弹出的菜单中选择一种颜色即可为表格设置简单的底纹颜色，如图 4-43 所示。

(2) 选中表格后，在【设计】选项卡的【表格样式】命令组中单击【边框】下拉按钮，在弹出的菜单中选择【边框和底纹】选项。

(3) 打开【边框和底纹】对话框，在【边框】选项卡的【设置】列表中先选择一种边框设置方式，再在【样式】列表中选择表格边框的线条样式，然后在【颜色】下拉列表框中选择边框的颜色，最后在【宽度】下拉列表中选择【边框】的宽度大小，如图 4-44 所示。

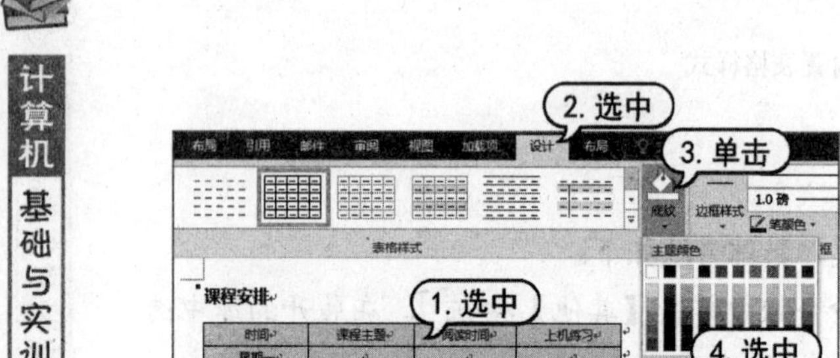

图 4-43　设置表格底纹颜色

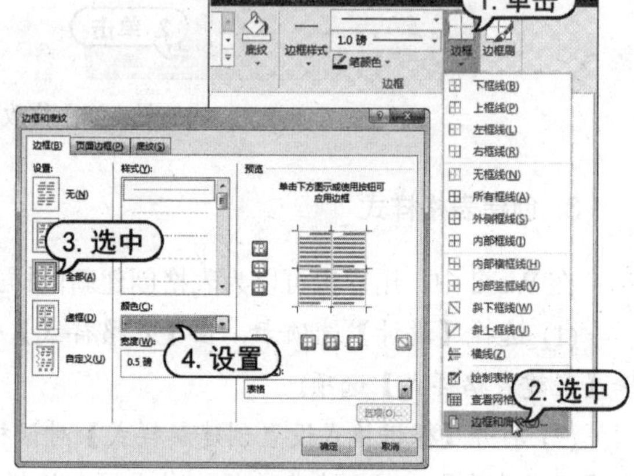

图 4-44　设置表格边框

(4) 选择【底纹】选项卡，在【填充】下拉列表中选择底纹的颜色。如果需要填充图案，可以在【样式】下拉列表中选择图案的样式，在【颜色】下拉列表中选择图案颜色，然后单击【确定】按钮，应用表格边框和底纹效果，如图 4-45 所示。

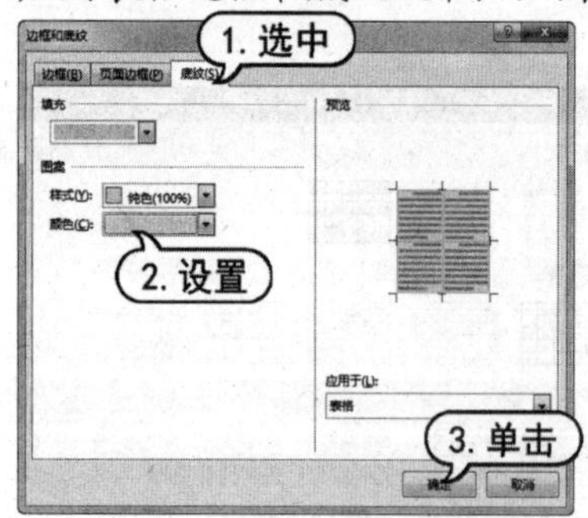

课程安排

时间	课程主题	阅读时间	上机练习
星期一			
星期二			
星期三			
星期四			

图 4-45　设置并应用表格边框和底纹样式

【例 4-1】在 Word 文档中制作一个三线表。

(1) 在文档中插入一个如图 4-46 所示的 5 行 2 列表格。

(2) 选中创建的表格，在【设计】选项卡的【表格样式】命令组中单击【其他】按钮，在展开的库中选择【新建表格样式】选项。

(3) 打开【根据格式设置创建新样式】对话框。在【名称】文本框中输入“三线表”，在【样式基准】下拉列表中选择【古典型 1】。在【将格式应用于】下拉列表中选择【汇总行】选项，在【框线样式】下拉列表中选择【上框线】。选择【仅限此文档】单选按钮，然后单击【确定】按钮即可，如图 4-47 所示。

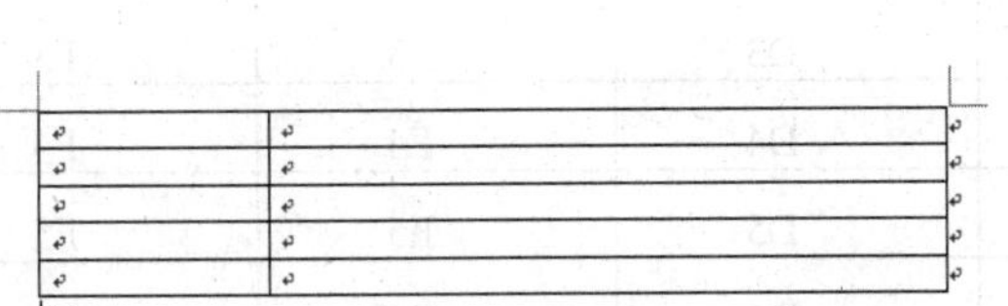

图 4-46　创建表格

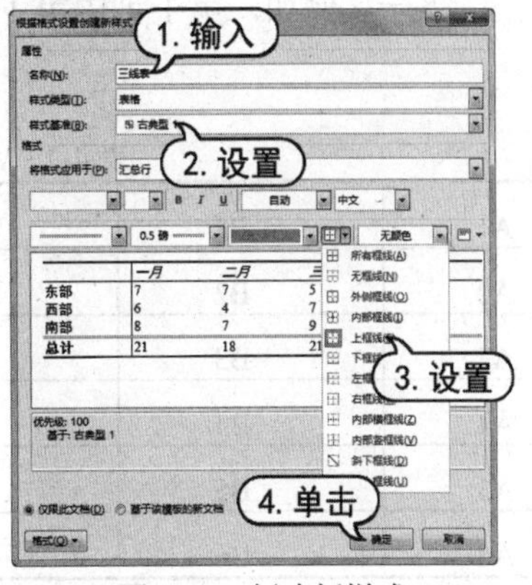

图 4-47　创建新样式

(4) 选中表格，在【设计】选项卡的【表格样式】命令组中单击【其他】按钮，在展开的库中选择【三线表】样式，如图 4-48 所示。

(5) 此时，文档中的表格将应用如图 4-49 所示的三线表样式。

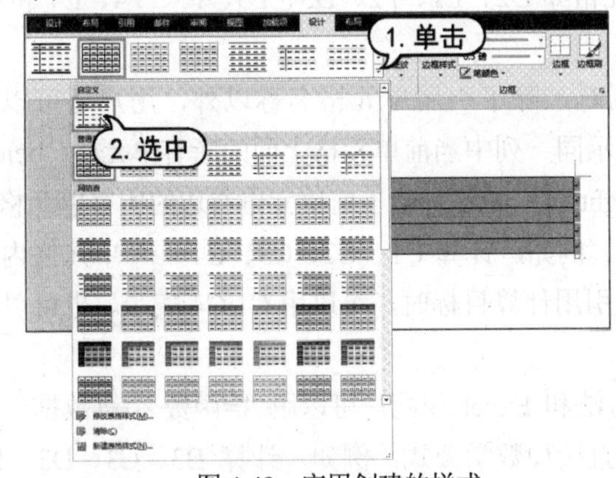

图 4-48　应用创建的样式

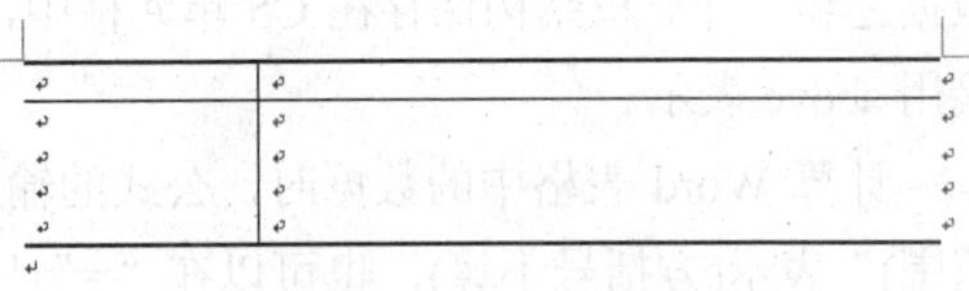

图 4-49　三线表样式

4.4　表格数据的计算与排序

对于表格中的数据，常常需要对它们进行计算与排序，如果是简单的求和、取平均值、最大值以及最小值等计算，可以直接使用 Word 2016 提供的计算公式来完成。本节将重点介绍在 Word 中计算和排序表格数据的方法和技巧。

4.4.1 Word 表格数据计算的基础知识

在 Word 表格中使用公式和函数计算数据时，大多需要引用单元格名称。表格中单元格的命名和 Excel 单元格的命名方式相同，都是由单元格所在的行和列的序号组合而成(列号在前，行号在后)。其中列号用字母顺序 a、b、c、d、……表示(大小写都可以)，行号则用阿拉伯数字 1、2、3、4、……表示。例如，第 1 列中第 1 行(即表格左上角的单元格)的单元格命名为 A1，如表 4-1 所示。

表 4-1　Word 表格中各个单元格的命名

A1	B1	C1	D1	E1	F1
A2	B2	C2	D2	E2	F2
A3	B3	C3	D3	E3	F3
A4	B4	C4	D4	E4	F4
A5	B5	C5	D5	E5	F5
A6	B6	C6	D6	E6	F6

利用单元格名称除了指定单个单元格外，还可以用于表示表格区域，用冒号“:”将表格区域中首个单元格的名称和最后一个单元格的名称连起来即可(分号必须使用半角输入)。例如，同一列中 C2、C3、C4 三个单元格组成的区域，用 C2:C3 表示，同一行中 B2、C2、D2、E2 四个单元格组成的区域，用 B2:E2 表示，相邻的几个单元格如 D2、E2、F2、D3、E3、F3、F4、E4 和 F4 组成的区域，用 D2:F4 表示。

在计算某个单元格上方所有单元格的数据时，除了引用单元格名称以外，用户还可以用 above、below、right、left 来表示，其中 above 表示同一列中当前单元格上面的所有单元格；below 表示同一列中当前单元格下面的所有单元格；right 表示同一行中当前单元格右边的所有单元格；left 表示同一行中当前单元格左边的所有单元格。例如，计算 C1、C2、C3、C4 四个单元格内的数据之和，计算机结构保存在 C5 单元格中，在引用计算目标时，可以用 C1:C4 表示。也可以直接用 above 表示。

计算 Word 表格中的数据时，公式的输入方法和 Excel 相同，可以用“=函数名称(数据引用范围)”表示(方括号不算)，也可以在“=”后面直接加数学公式。例如，计算 B3、C3、D3、E3 这 4 个单元格的平均值，结果保存在单元格 F3 中，可以用公式“=AVERAGE(B3:E3)”来实现。

4.4.2 Word 表格求和

计算 Word 表格中若干单元格内的数据之和，可以用函数 SUM 来实现。例如，要在图 4-47 所示的表格中计算销售总量，可以按下列方法操作。

(1) 将鼠标指针定位在 C2 单元格中，选择【布局】选项卡，在【数据】命令组中单击【公式】

按钮，如图 4-50 所示。

(2) 打开【公式】对话框，在【公式】文本框中输入等号“=”。然后在【粘贴函数】下列列表中选择 SUM 选项，在【公式】文本框中将出现函数 SUM()。在括号中输入计算对象的单元格区域 B2:B6，在【编号格式】下列列表中选择计算结果的格式(本例选择 0)，然后单击【确定】按钮即可，如图 4-51 所示。

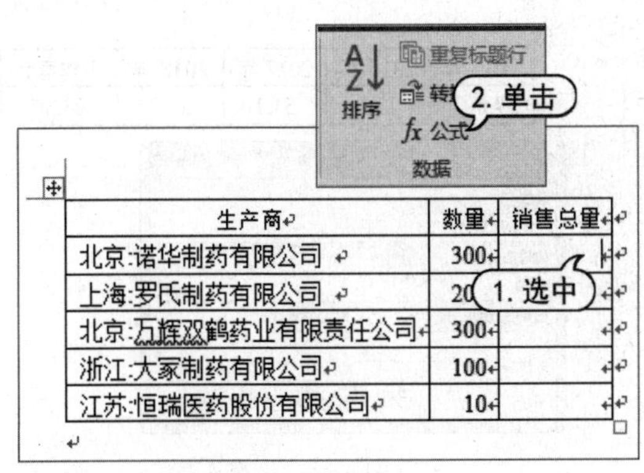

图 4-50　使用公式

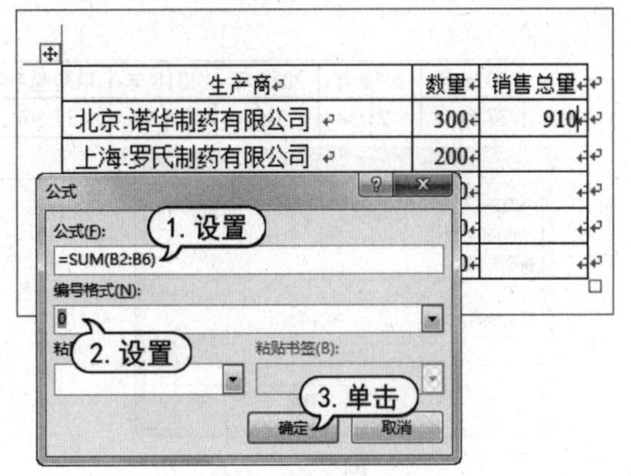

图 4-51　计算销售总量

4.4.3　Word 表格求平均值

计算 Word 表格中若干单元格内数据的平均值，可以使用函数 AVERAGE 来实现。例如，在图 4-52 中计算平均盈利，可以按下列步骤操作。

(1) 将鼠标指针定位在 C2 单元格中，选择【布局】选项卡，在【数据】命令组中单击【公式】按钮，如图 4-52 所示。

(2) 打开【公式】对话框，在【公式】文本框中输入等号“=”。然后在【粘贴函数】下列列表中选择 AVERAGE 选项。在【公式】文本框中将出现函数 AVERAGE()，在括号中输入 LEFT。在【编号格式】下列列表中选择计算结果的格式(本例选择 0)，然后单击【确定】按钮即可，如图 4-53 所示。

图 4-52　计算平均盈利

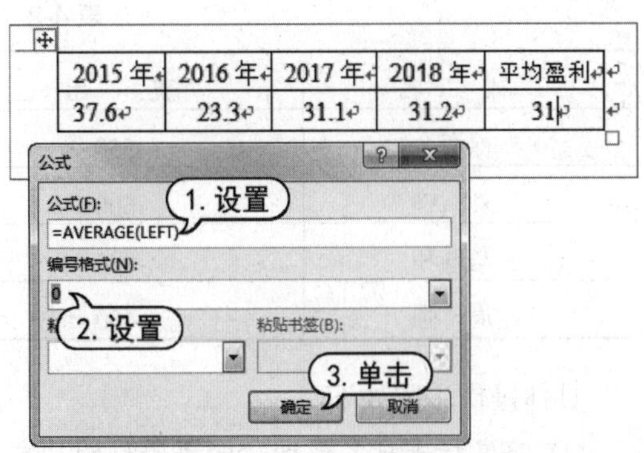

图 4-53　计算结果

4.4.4 Word 表格求最大、最小值

要快速找到 Word 表格中指定单元格区域的最大值或最小值，可以使用函数 MAX 或 MIN 来完成。图 4-54 为在图 4-52 所示的表格中求最大值，图 4-55 为在图 4-52 所示的表格中求最小值。

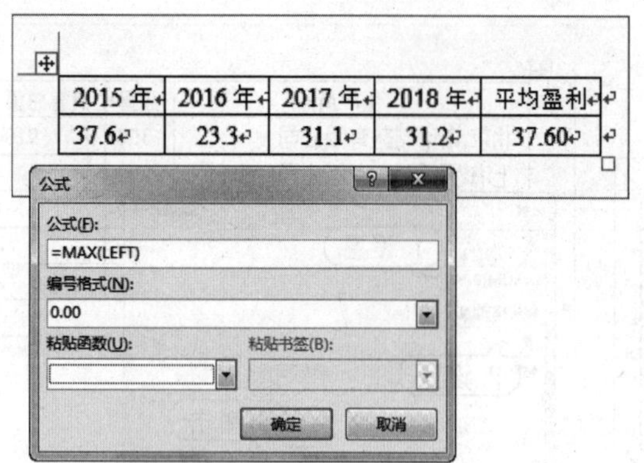

图 4-54　求最大值

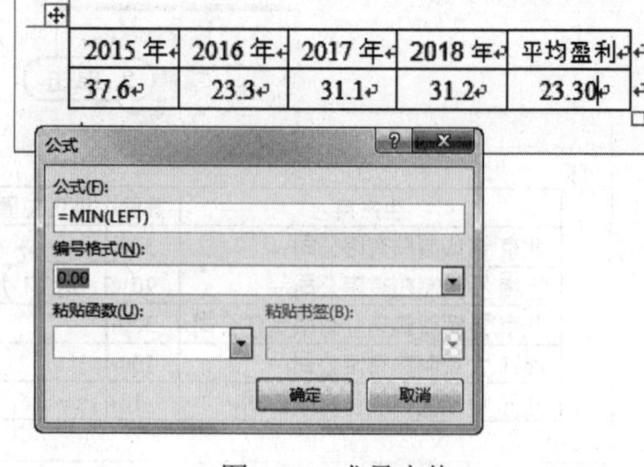

图 4-55　求最小值

4.4.5 计算结果不同，显示不同的内容

Word 表格的计算公式也可以实现类似 Excel 单元格条件格式的效果，即条件不同，自动产生不同类型的结果。

假设要对表 4-2 中的各人收支情况作出判断。

- 如果“支出”>“收入”，表格“本月结论”列相应处显示“超支”，并且单元格内的字体为红色。
- 如果“支出”<“收入”，表格“本月结论”列显示“正常”，且单元格内的字体为绿色。
- 如果“支出”=“收入”，表格“本月结论”列显示“无结余”，并且单元格内的字体为蓝色。

表 4-2　分析前的表格

姓　名	支　出	收　入	本月结余
徐海金	-550	580	
刘　铮	-600	1200	
马琳和	-800	800	
周　强	-400	600	

具体操作步骤如下。

(1) 将鼠标光标定位到“徐海金”的“本月结余”单元格中，然后选择【布局】选项卡。单击【数据】命令组中的【公式】按钮，打开【公式】对话框，在【公式】文本框中输入如下公式。

=SUM(LEFT)

在【编号格式】文本框中输入“正常;超支;无结余”，单击【确定】按钮，如图 4-56 所示。

(2) 按下 Alt+F9 键，将公式切换成代码形式，将正常字体设置为绿色。将“超支”字体设置为“红色”，将“无结余”字体设置为“蓝色”。

(3) 选中当前域，按下 Ctrl+C 组合键复制。然后按下 Ctrl+V 组合键粘贴到“本月结余”的其他空单元格中，最后按下 Alt+F9 组合键将域代码状态切换回结果显示。

(4) 最后全选表格，按下 F9 键刷新，表格最终效果如图 4-57 所示。

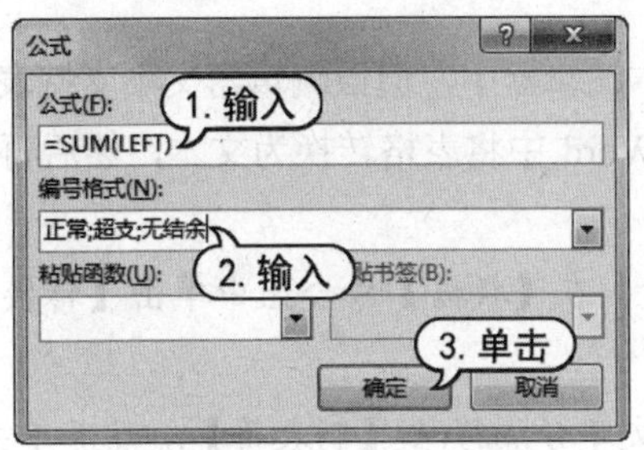

图 4-56 【公式】对话框

姓　名	支　出	收　入	本月结余
徐海金	-550	580	正常
刘　静	-600	1200	正常
马琳和	-800	800	无结余
周　强	-400	100	超支

图 4-57 显示不同的内容

4.4.6 Word 表格的排序

Word 2016 提供表格排序功能，该功能对表格中指定单元格区域按照字母顺序或者数字大小排序。例如，在表 4-2 中，按“支出”从高到低排序，操作步骤如下。

(1) 选中要排序的单元格区域后，选择【布局】选项卡，在【数据】命令组中单击【排序】按钮，如图 4-58 所示。

(2) 打开【排序】对话框，选中【主要关键字】选项区域中的【降序】单选按钮，然后单击【确定】按钮即可，如图 4-59 所示。

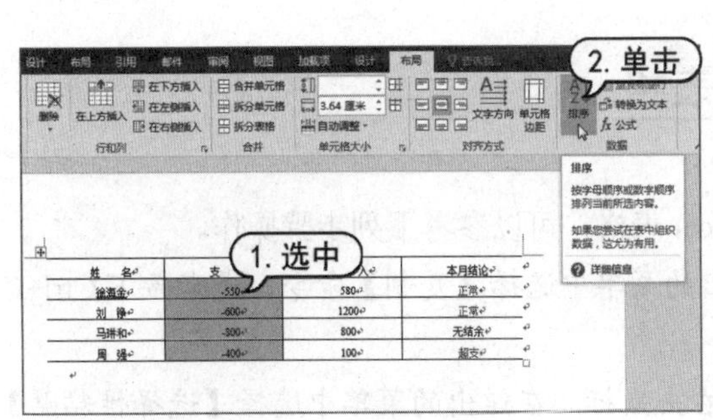

图 4-58 排序表格数据

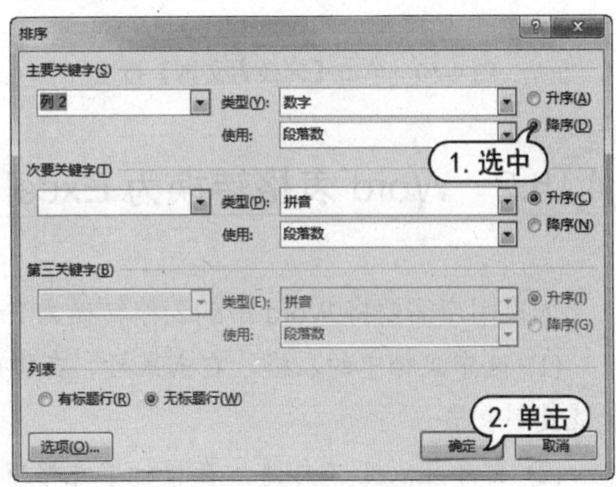

图 4-59 【排序】对话框

对 Word 表格进行排序，有可能使用一个关键字时会出现几个单元格处于并列的地位。此时，可以设置次要关键字、第三关键字，对于处于并列地位的单元格再次排序。

4.5 转换 Word 表格

对于 Word 文档中的表格，可以将它们转换成井然有序的文本，以便于引用到其他文本编辑器。另外，对于行列分布有规律的 Word 表格，还可以将其转换为 Excel 表格。

4.5.1 表格转换为文本

有时需要将包含表格的文本内容复制到其他文本编辑器中，但该编辑器又不支持表格功能。为了避免复制后表格中的数据出现错误，可以先在 Word 中将表格转换为文本，然后再进行复制操作，具体如下。

(1) 选中需要转换的表格，选择【布局】选项卡，在【数据】命令组中单击【转换为文本】按钮，如图 4-60 所示。

(2) 打开【表格转换成文本】对话框，选择一种文字分隔符(如【制表符】)，然后单击【确定】按钮即可，如图 4-61 所示。

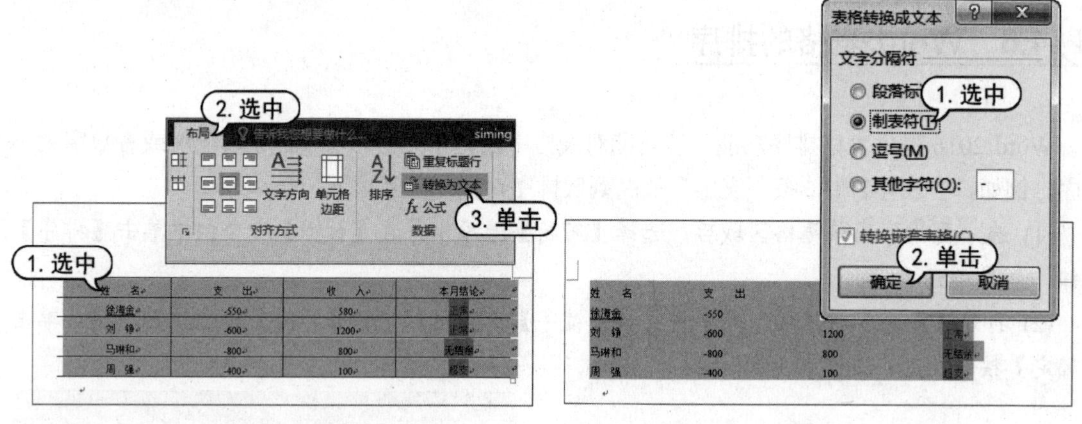

图 4-60 单击【转换为文本】按钮

图 4-61 【表格转换成文本】对话框

4.5.2 Word 表格转换为 Excel 表格

如果用户需要将 Word 中的表格转换为 Excel 表格，可以参考下列步骤操作。

(1) 选中文档中的表格，右击鼠标，在弹出的菜单中选择【复制】命令，或者按下 Ctrl+C 组合键复制表格。

(2) 打开 Excel 工作簿，在目标单元格中右击鼠标，在弹出的菜单中选择【选择性粘贴】命令，如图 4-62 所示。

(3) 打开【选择性粘贴】对话框，在【方式】列表框中选择【Unicode 文本】选项，然后单击【确定】按钮。

(4) 此时，即可将 Word 中的表格转换为 Excel 表格，如图 4-63 所示。

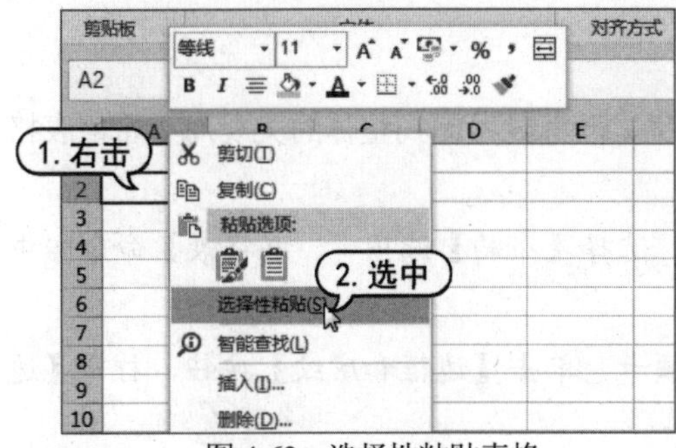

图 4-62　选择性粘贴表格

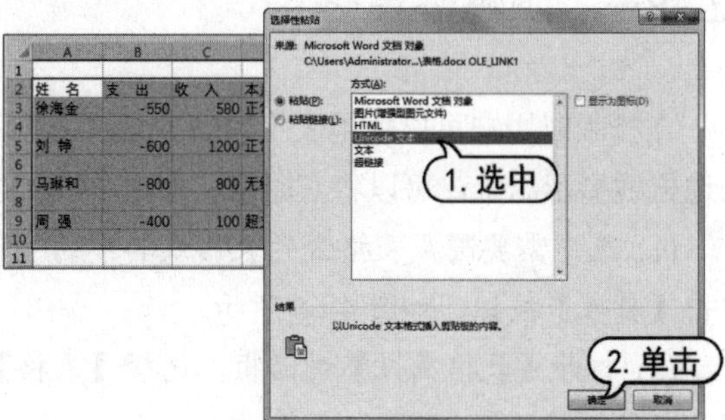

图 4-63　表格转换

4.6　上机练习

本章的上机练习将介绍在 Word 2016 中使用表格的技巧，帮助用户通过实例操作进一步巩固所学的知识。

4.6.1　对齐表格中的内线

如果想要对齐表格内的竖线条，可能会遇到上下难以对齐的情况。例如，图 4-64 中第 3 行中间的竖线和第 1 行中的竖线，解决的方法如下。

(1) 选择【布局】选项卡，在【排列】命令组中单击【对齐】下拉按钮，在弹出的菜单中选择【网格设置】命令。

(2) 打开【网格线和参考线】对话框，将水平间距设置成一个小的数值(如 0.1 字符)，如图 4-65 所示。单击【确定】按钮后即可在图 4-64 中拖动内线条以精细的步长值移动。

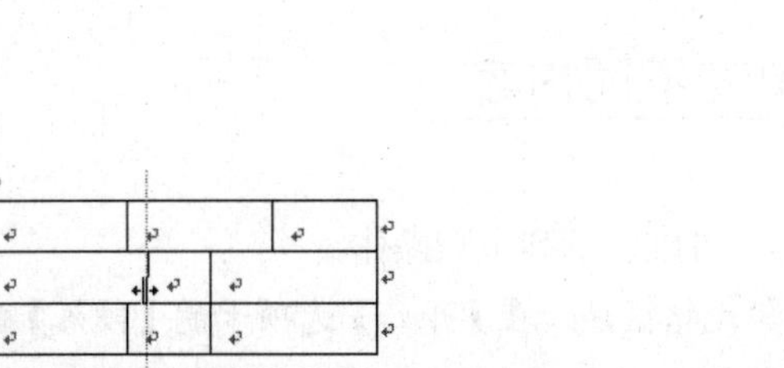

图 4-64　需要调整内线的表格

图 4-65　【网格线和参考线】对话框

4.6.2 隐藏表格线

在排版时用户可以使用表格来分割版面和对齐文字，但有时考虑到整体的美观而不希望表格的边框线显示出来，可以将其隐藏，具体操作如下。

(1) 选中需要隐藏表格线的表格或其中的一部分，选择【布局】选项卡，在【表】命令组中单击【属性】按钮，如图 4-66 所示。

(2) 打开【表格属性】对话框，选择【表格】选项卡，单击【边框和底纹】按钮，打开【边框和底纹】对话框。

(3) 选择【边框】选项卡，在【设置】选项区域选择【无】选项，单击【应用于】下拉按钮，在弹出的列表中选择【表格】选项，如图 4-67 所示。

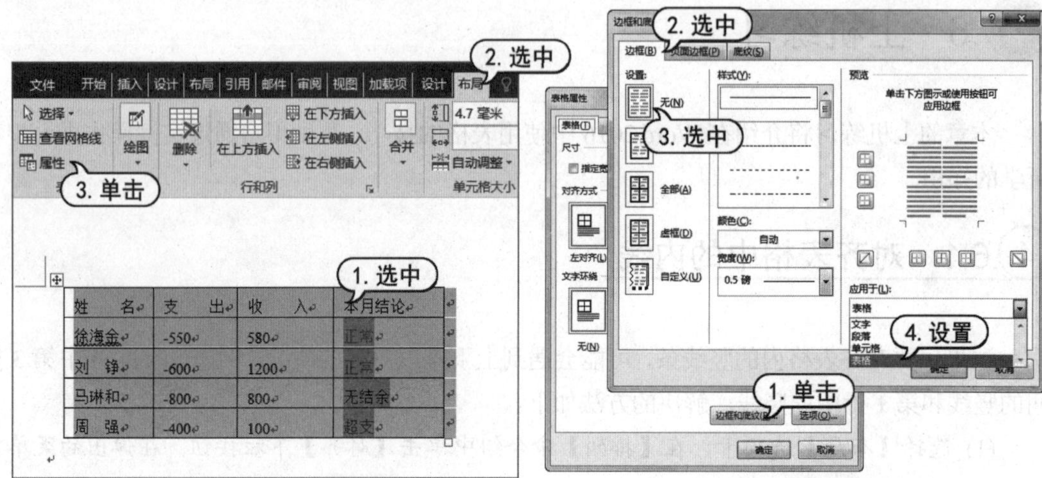

图 4-66　选中表格　　图 4-67　设置隐藏表格线

(4) 单击【确定】按钮，即可隐藏表格的表格线。

4.6.3 在单元格中批量填充相同内容

要在表格中批量填充相同的内容，可以按下列步骤操作。

(1) 选中需要填充的对象(如文本、图片等)，按下 Ctrl+C 组合键复制。

(2) 选中整个表格或局部要填充内容的单元格，按下 Ctrl+V 组合键粘贴。

4.6.4 在单元格内批量填充不同内容

要在表格中批量填充不同的内容，可以按下列步骤操作。

(1) 选中表格中需要填充内容的单元格区域，在【开始】选项卡的【段落】命令组中单击【编号】下列按钮，在展开的库中选择一种编号样式，如图 4-68 所示。即可在单元格区域中填充单一

的数字编号。

(2) 在【段落】命令组中单击【编号】下列按钮，在展开的库中选择【定义新编号格式】选项，打开【定义新编号格式】对话框。

(3) 将【编号样式】设置为【无】，在【编号格式】文本框中输入 1201200，如图 4-69 所示。

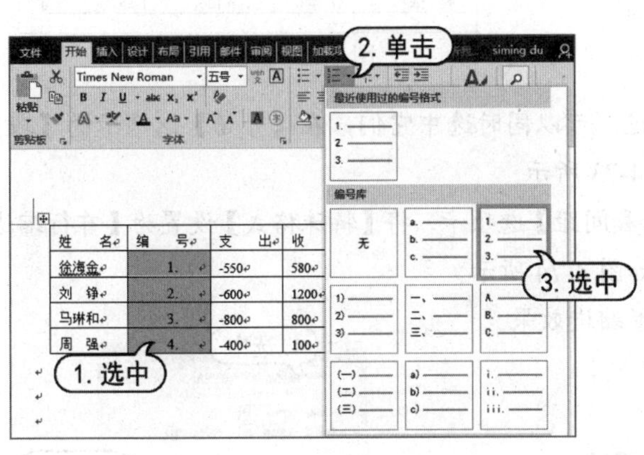

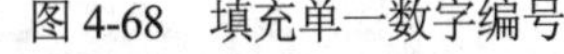

图 4-68　填充单一数字编号

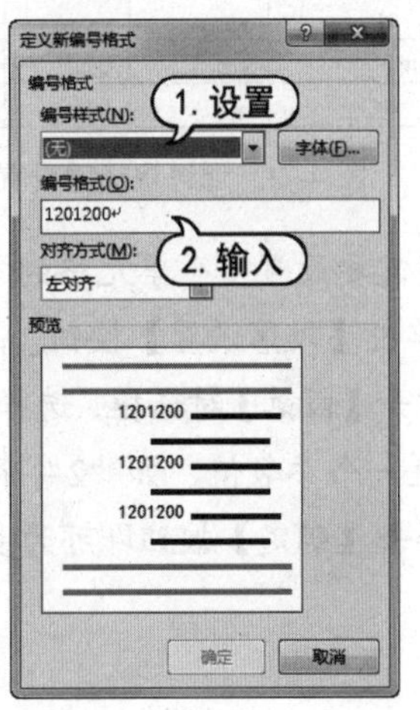

图 4-69　定义新编号样式

(4) 将【编号样式】设置为【1,2,3,...】，然后单击【确定】按钮，即可在选中的单元格区域中生成如图 4-70 所示的内容。

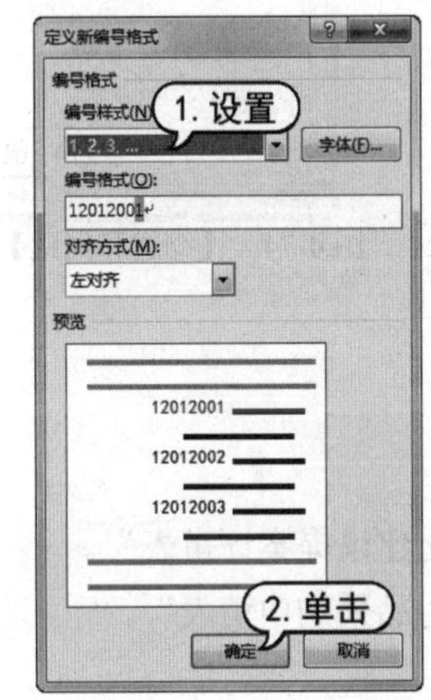

姓　名	编　号	支　出	收　入	本月结论
徐海金	12012001	-550	580	正常
刘　铮	12012002	-600	1200	正常
马琳和	12012003	-800	800	无结余
周　强	12012004	-400	100	超支

图 4-70　在表格中插入不同的内容

4.6.5　在表格内设置文本缩进

如果用户需要给表格内的文本段落设置首行缩进的格式，可以按下列步骤操作。

(1) 将光标定位于某个单元格中，按下 Ctrl+Tab 组合键，如图 4-71 所示。

(2) 将光标定位于单元格中，直接拖动水平标尺上的首行缩进符▽，如图 4-72 所示。

姓　名	支　出	收　入	本月结论
徐海金	-550	580	正常
刘　铮	-600	1200	正常
马琳和	-800	800	无结余
周　强	-400	100	超支

图 4-71　通过快捷键设置缩进

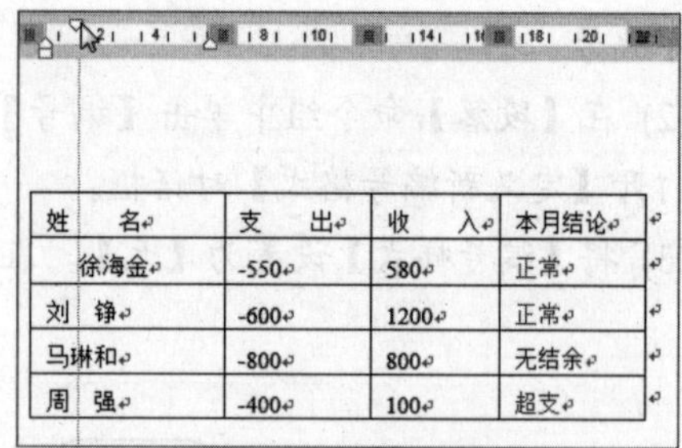

姓　名	支　出	收　入	本月结论
徐海金	-550	580	正常
刘　铮	-600	1200	正常
马琳和	-800	800	无结余
周　强	-400	100	超支

图 4-72　调整缩进符

(3) 若需要设置多个单元格的首行缩进，可以同时选中它们，在【开始】选项卡的【段落】命令组中单击【段落设置】按钮，如图 4-73 所示。

(4) 打开【段落】对话框。选择【缩进和间距】选项卡，将【特殊格式】设置为【首行缩进】，并为其设置一个参数值，如“2 字符”，如图 4-74 所示。

(5) 单击【确定】按钮即可为多行设置缩进效果。

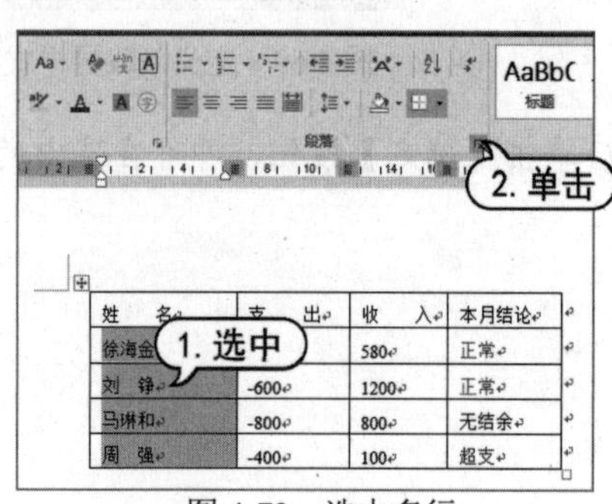

图 4-73　选中多行

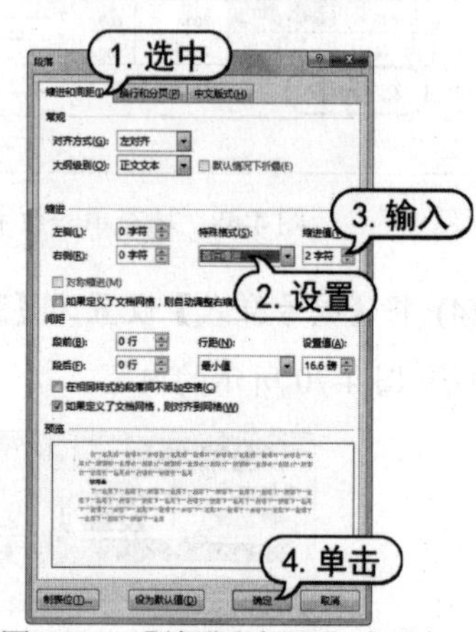

图 4-74　【缩进和间距】选项卡

4.7　习题

1. 在 Word 2016 文档中创建如图 4-75 所示的“合理化建议提案评审表”。
2. 在 Word 2016 文档中创建如图 4-76 所示的“办公用品采购申请表”。

合理化建议提案评审表

编号：__________　　　　提案部门：__________

提案名称						
提案编号		评审人			评审日期	
创意性	分　值	高度创意	较高创意	一般创意	无创意	实得分
	10	10	7	3	0	
经济性	分　值	重大效益	一般效益	略有效益	无效益	实得分
	20	20	10	5	1	
可行性	分　值	可行性强	可行	需改进	不可行	实得分
	10	10	7	3	0	
努力度	分　值	非常努力	相当努力	努力	一般	实得分
	10	10	7	3	1	
评价标准	A 档：45 分以上；B 档：35−45 分；C 档：25−34 分；D 档：15−24 分；E 档：14 分以下					
评审等级	A□　B□　C□　D□　E□				总得分	
备　注						

图 4-75　合理化建议提案评审表

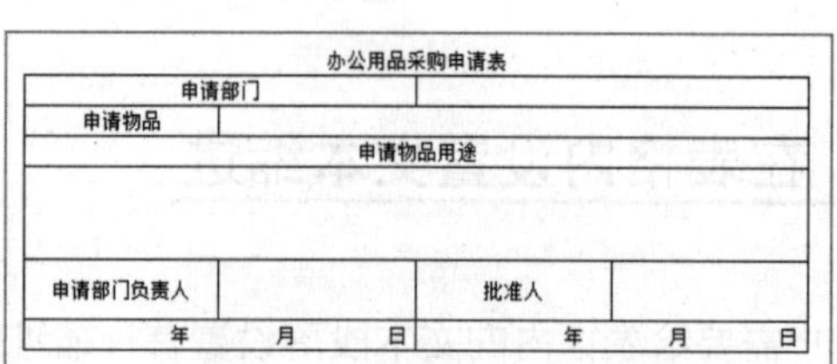

办公用品采购申请表

申请部门			
申请物品			
申请物品用途			
申请部门负责人		批准人	
年　月　日		年　月　日	

图 4-76　办公用品采购申请表

第5章 Word 文档处理高级应用

学习目标

在 Word 文档中应用特定样式，插入表格、图形和图片，可以使文档显得生动有趣，还能帮助用户更快理解内容。本章介绍在 Word 2016 使用样式、模板、主题，以及设置特殊版式、页面等高级应用。

本章重点

- 在文档中使用样式
- 套用 Word 模板
- 添加文档页面背景和主题

5.1 使用样式

编辑大量同类型的文档时，为了提高工作效率，有经验的用户都会制作一份模板，在模板中事先设置好各种文本的样式。以模板为基础创建文档，在编辑时，就可以直接套用预设的样式，而无须逐一设置。

5.1.1 什么是样式

在 Word 中，样式是指一组已经命名的字符或段落格式。Word 自带有一些书刊的标准样式，如正文、标题、副标题、强调、要点等，每一种样式所对应的文本段落的字体、段落格式等都有所不同，如图 5-1 所示。

除了使用 Word 自带的样式外，用户还可以自定义样式，包括自定义样式的名称，设置对应的字符、段落格式等。

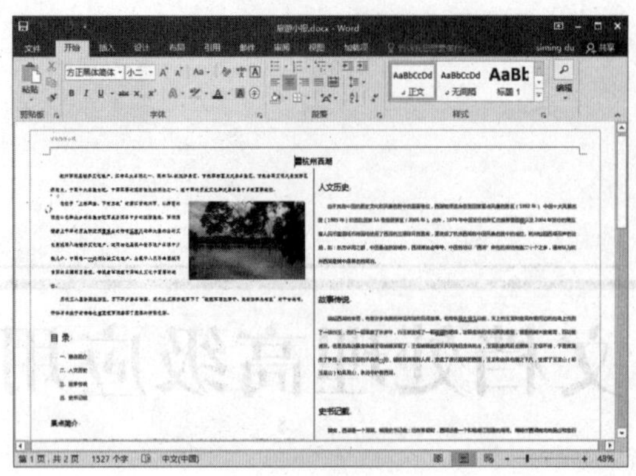

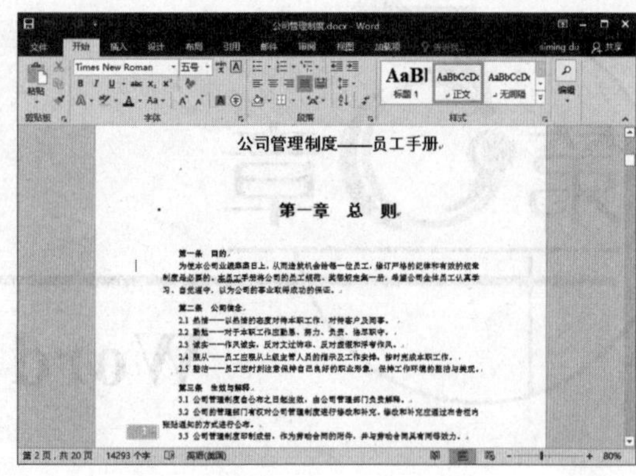

图 5-1 文档中应用的样式

5.1.2 自定义样式

尽管 Word 提供了一整套的默认样式，但编辑文档时可能依然会觉得不太够用。遇到这样的情况时，用户可以参考以下操作，自行创建样式以满足实际需求。

(1) 打开文档后选中一段文本，在显示的工具栏中单击【样式】下拉按钮，在弹出的菜单中选择【创建样式】命令，如图 5-2 所示。

(2) 打开【根据格式设置创建新样式】对话框。在【名称】文本框中输入当前样式的名称，单击【修改】按钮，在打开的对话框中设置自定义样式的参数，如图 5-3 所示。

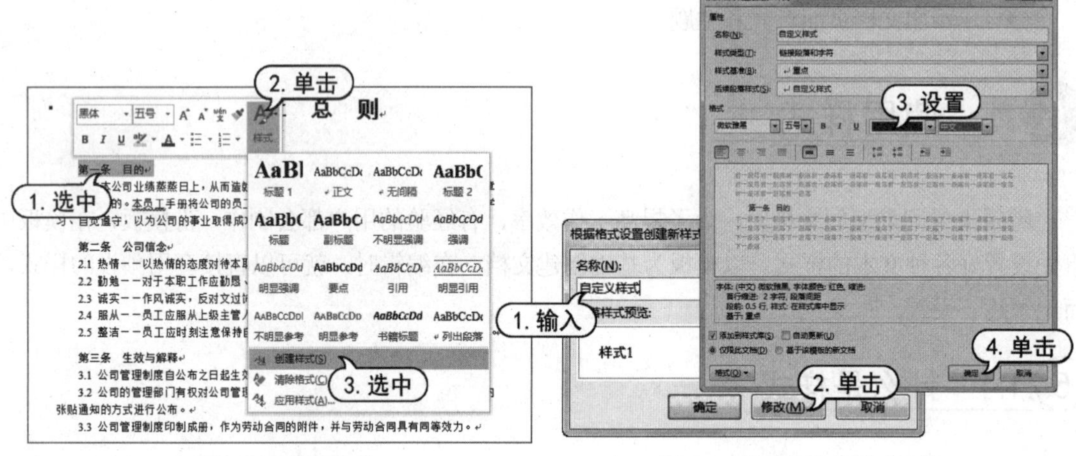

图 5-2 创建样式　　　　图 5-3 修改自定义样式参数

(3) 最后，单击【确定】按钮即可创建一个自定义样式。

5.1.3 套用现有的样式

编辑文档时，如果之前设置过各类型文本的格式，并为之创建了对应的样式，用户可以参考

下列步骤，快速将样式对应的格式套用到当前所编辑的段落。

(1) 在【开始】选项卡的【样式】命令组中单击按钮，显示【样式】窗格，如图 5-4 所示。

(2) 选中文档中需要套用样式的文本，在【样式】窗格中单击样式名称(如“自定义样式”)，即可将样式应用在文本上，如图 5-5 所示。

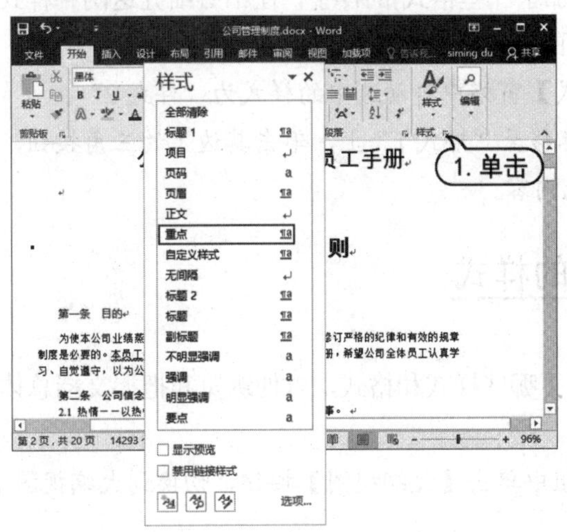

图 5-4　打开【样式】窗格

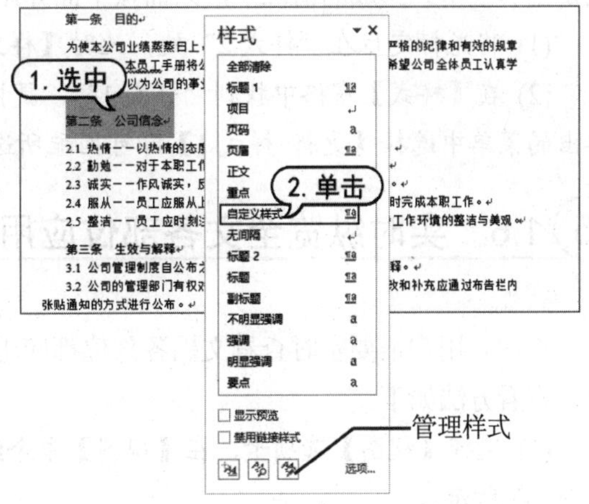

图 5-5　套用自定义样式

5.1.4　快速传递文档/模板的样式

当用户打开一个文档后，如果需要提取该文档中的一个或多个样式到另一个文档中，可以按下列步骤操作。

(1) 选择【开始】选项卡，单击【样式】命令组中的按钮，打开【样式】窗格。然后单击该窗格下方的【管理样式】按钮。

(2) 打开【管理样式】对话框，单击【导入/导出】按钮，打开【管理器】对话框。在【样式的有效范围】列表框中设置需要提取样式的文档和目标文档。选中一个或多个样式后，单击【复制】按钮，最后单击【关闭】按钮即可，如图 5-6 所示。

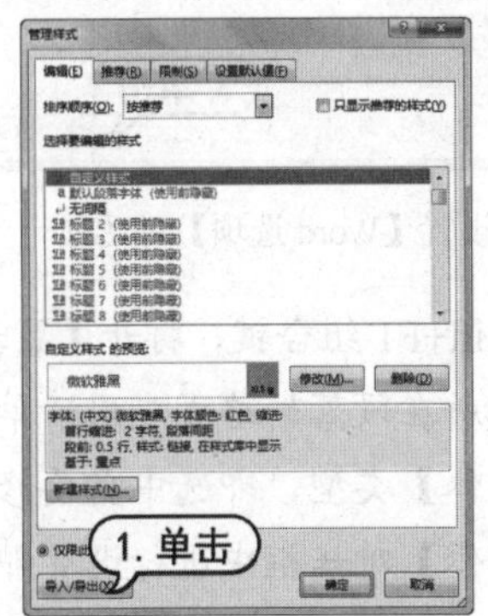

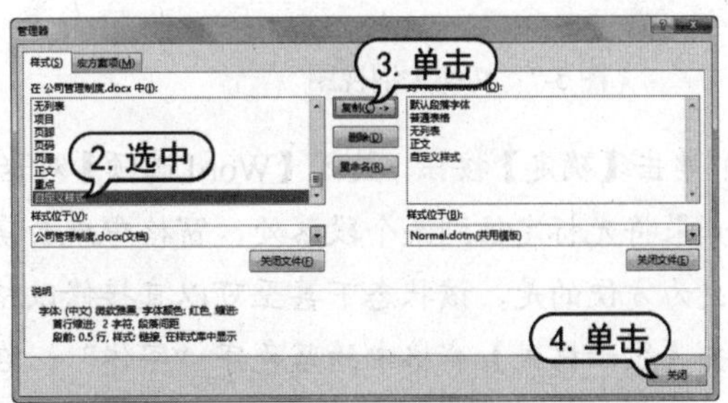

图 5-6　使用样式管理器传递样式

5.1.5 更新某种样式以匹配所选内容

如果在制作文档时遇到这种情形："样式 1"有 N 处文本(或此样式再附加了一些格式)，想快速变成另外一处"样式 2"文本(或此样式还附加了一些格式)的样子，在不必细究这两种样式到底是由哪些格式组成的情况下，只需按下面介绍的方法即可实现快速设定。

(1) 将光标定位在"样式 2"处，此时【样式】窗格中自动选中的样式为"样式 2"。

(2) 在【样式】窗格中找到"样式 1"，鼠标移至"样式 1"上，单击其边上的三角按钮，在弹出的菜单中选择【更新 样式 1】即可匹配所选内容。

5.1.6 实时纵览全文各部位应用的样式

有时，用户需要实时查看文档各部位都应用了哪些样式和格式，以便纵览和把握文档总体结构，查看方法如下。

(1) 选择【视图】选项卡，在【视图】命令组中单击【大纲视图】按钮，切换到大纲视图下，如图 5-7 所示。

(2) 单击【文件】选项卡，在弹出的菜单中选择【选项】命令，打开【Word 选项】对话框。选择【高级】选项卡，在右侧的【显示】选项区域中将【草稿和大纲视图中的样式区窗格宽度】设置一个值，如"25 毫米"，如图 5-8 所示。

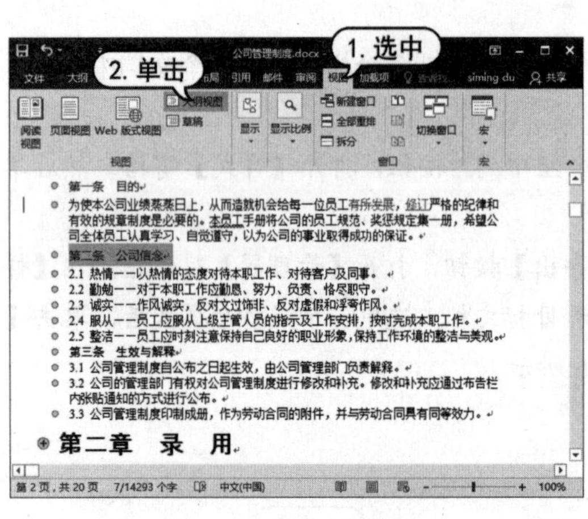

图 5-7 切换大纲视图

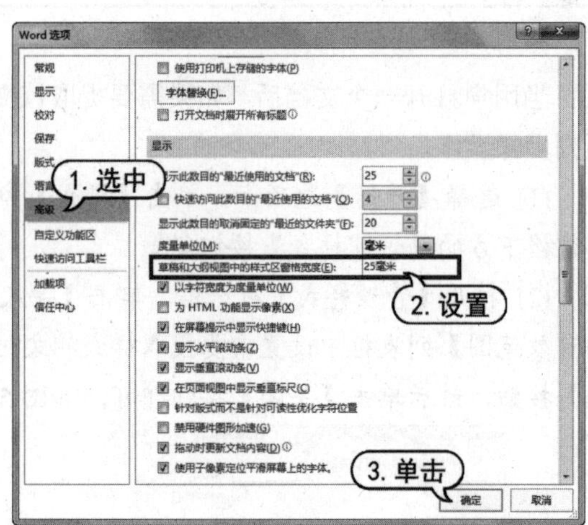

图 5-8 设置【Word 选项】对话框

(3) 单击【确定】按钮，关闭【Word 选项】对话框。按下 Shift+F1 组合键，打开【显示格式】窗格。如果将光标定位到某个段落处，窗格中就会实时显示光标所在段落的格式应用清单，非常直观。更为方便的是，该状态下甚至可以直接修改格式，如【字体】类型，即选中需要修改的文字。单击【显示格式】窗格中的蓝色字"字体"，在弹出的【字体】对话框中进行设置即可，如图 5-9 所示。

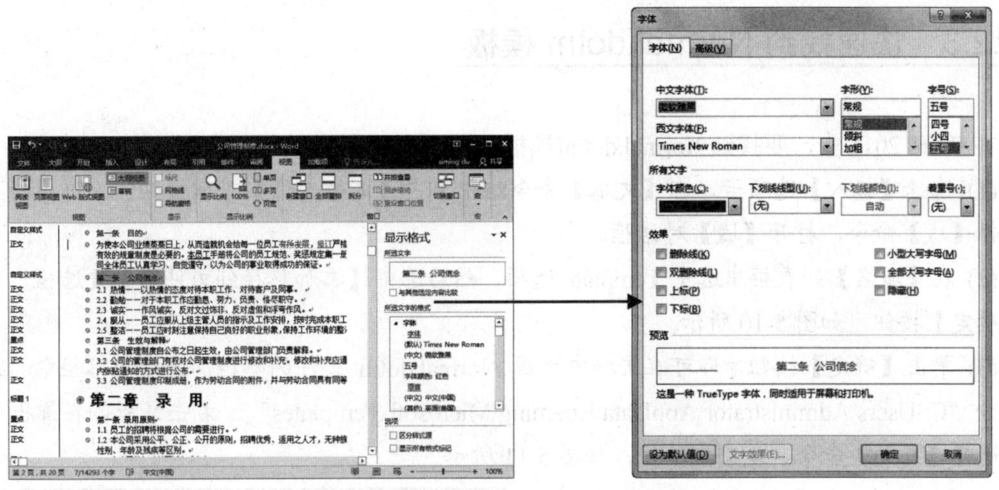

图 5-9　实时纵览全文各部位应用的样式

5.2　使用模板

对于经常编辑类似风格的文档的用户而言，使用模板是一种非常好的选择，它能有效地提高办公效率。Word 2016 虽然提供了模板搜索功能，但这些模板未必符合实际需要，用户可以自行创建并修改模板。

5.2.1　快速认识模板

用户在新建一个 Word 文档时都是源自“模板”。Word 2016 内置了很多自带的模板，用户可以在使用时加以选用。

文档都是在以模板为样板的基础上衍生的。模板的结构特征直接决定了基于它的文档的基本结构和属性，如字体、段落、样式、页面设置等。如果编辑一个文档后，在【另存为】对话框中单击【文件类型】下拉按钮，将其另存为 dotx 格式或者 dotm 格式，那么模板就生成了。

5.2.2　修改模板

用户可以制作若干个自定义的模板以备用，但如果希望对默认的新建文档有所要求，如文档页眉中都包含的单位名称作为抬头，那么就需要对 Normal.dotm 模板进行修改。

在资源管理器中，如果双击模板文件(如 Normal.dotm)，就会生成一个基于此模板的新文档。例如，在模板上右击，在弹出的菜单中选择【打开】命令，则打开的是模板文件。打开后就可以进行如同一般文档一样的修改和保存等操作。

5.2.3 快速找到 Normal.dotm 模板

在 Word 2016 中，要找到 Normal.dotm(模板文件)文件，可以按下列步骤操作。

(1) 选择【插入】选项卡，在【文本】命令组中单击【文档部件】下列按钮。在弹出的菜单中选择【域】命令，打开【域】对话框。

(2) 在【域名】列表框中选中 Template 选项，然后选中【添加路径到文件名】复选框，并单击【确定】按钮，如图 5-10 所示。

(3) 单击【确定】按钮，即可在文档中生成 Normal.dotm 文件的路径。选中该路径中的文件夹部分“C:\Users\Administrator\AppData\Roaming\Microsoft\Templates”，右击鼠标，在弹出的菜单中选择【复制】命令，复制该路径，如图 5-11 所示。

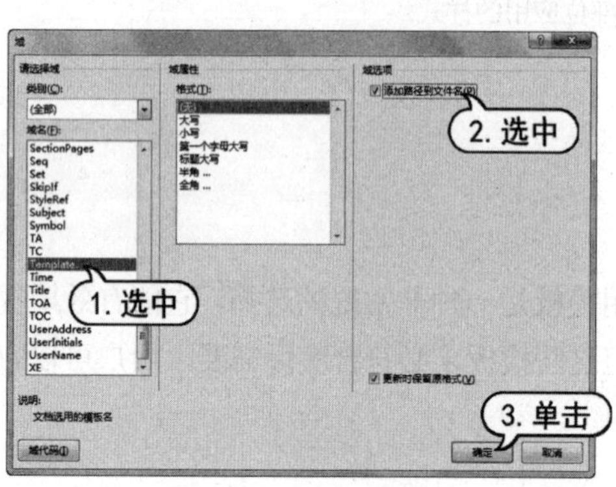

图 5-10 【域】对话框

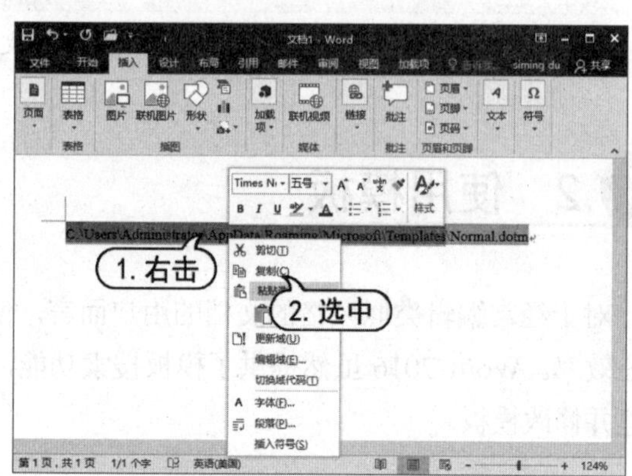

图 5-11 复制文件路径

(4) 按下 Win+E 组合键打开资源管理器，将复制的文件夹路径粘贴到地址栏，按下回车键即可在窗口中快速找到 Normal.dotm 文件。

如果 Word 2016 不能启动或启动后生产的文档出现异常等情况，用户可以通过删除 Normal.dotm 文件解决问题。删除 Normal.dotm 文件后，重新启动 Word 2016 软件，这时软件将自动生成一个全新的 Normal.dotm 模板。

5.2.4 加密模板

在一些对文档安全性较高的场合，用户可能需要每个新建的文档都带有密码(如打开密码)。要给每次新建的文档加上密码比较繁琐，如果在 Word 模板中设置密码，则只要是基于这个模板的新模板都具有和模板一样的密码，非常方便。下面以设置添加打开文档密码为例，介绍为模板设置密码的步骤。

(1) 在 Normal.dotm 文件上右击，在弹出的菜单中选择【打开】命令，使模板处于编辑状态，如图 5-12 所示。

(2) 选择【文件】选项卡，在弹出的菜单中选择【信息】命令。在显示的选项区域中单击【保

护文档】下拉按钮，在弹出的下拉列表中选择【用密码进行加密】选项。

(3) 打开【加密文档】对话框，在【密码】文本框中输入密码后单击【确定】按钮，如图 5-13 所示。

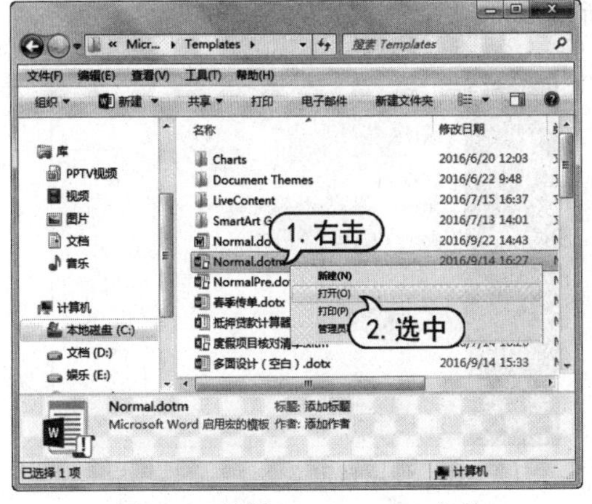

图 5-12　编辑 Normal.dotm 文件

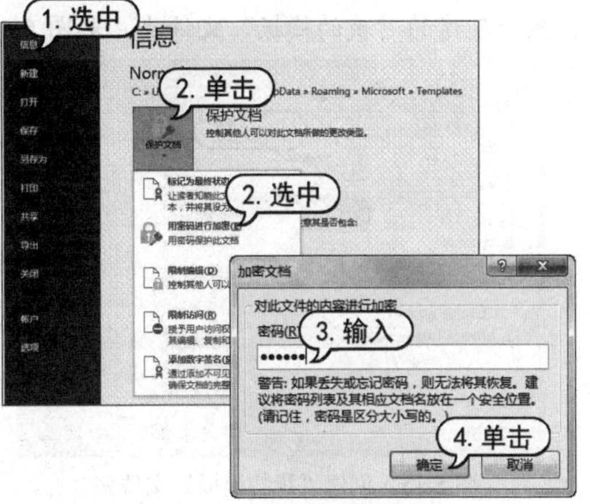

图 5-13　设置模板密码

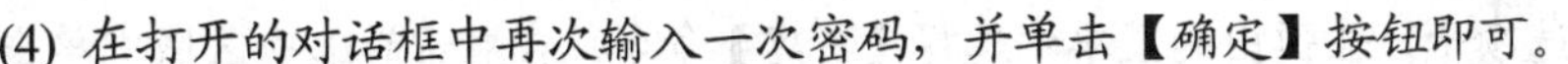
(4) 在打开的对话框中再次输入一次密码，并单击【确定】按钮即可。

5.2.5　自定义模板库

用户如果经常使用同一个模板，为了便于对模板的管理，可以将其放“D:\Documents\自定义 Office 模板”文件夹中。若要使用此模板创建一个新文档，可以选择【文件】选项卡，在弹出的菜单中选择【新建】命令。在打开的选项区域中单击【个人】选项，在显示的列表中即可选择自定义模板，如图 5-14 所示。

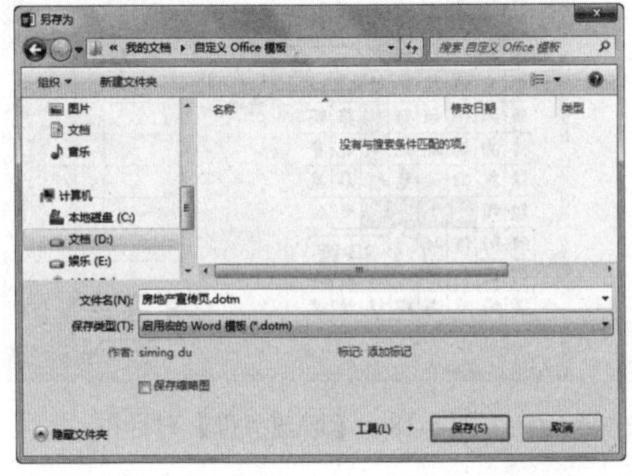

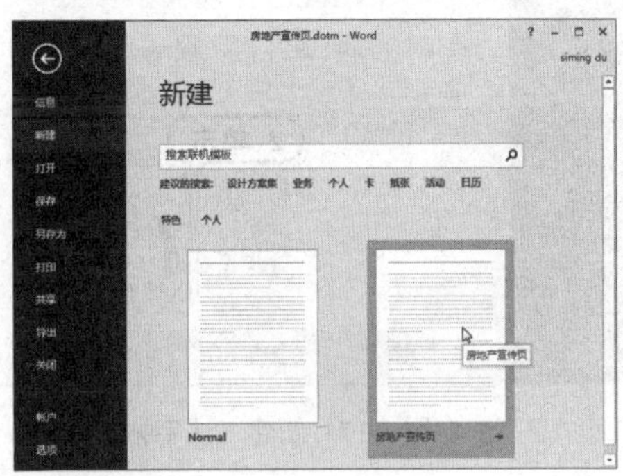

图 5-14　保存自定义模板

如果将所有的自定义模板都放在如图 5-14 所示【个人】列表中，可能在查找、调用时不是很方便。此时，用户可以在“D:\Documents\自定义 Office 模板”文件夹中添加一个文件夹来管理它们，具体操作步骤如下。

(1) 打开“D:\Documents\自定义 Office 模板”文件夹，在其中创建一个名为“我的模板”的

文件夹，如图 5-15 所示。

(2) 将创建的自定义模板保存至步骤(1)创建的“我的模板”文件夹中。

(3) 使用 Word 2016 新建文档时，在【新建】选项区域中单击【文件】选项，在显示的列表中将显示创建的“我的模板”文件夹，如图 5-16 所示。

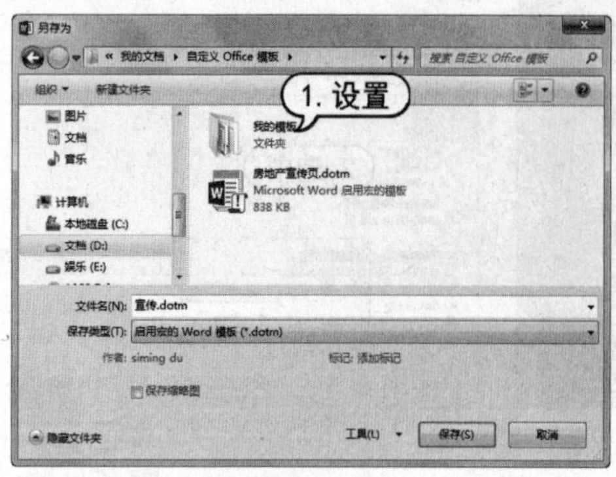

图 5-15　创建“我的模板”文件夹

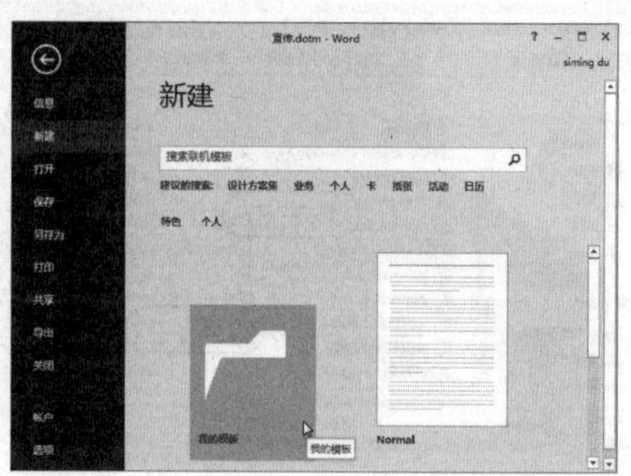

图 5-16　使用自定义文件夹管理模板

【例 5-1】使用模板快速制作书法字帖。

(1) 选择【文件】选项卡，在弹出的菜单中选择【新建】命令，在显示的选项区域中单击【书法字帖】选项，如图 5-17 所示。

(2) 打开【增减字符】对话框，选择需要的字体等选项。在【可用字符】列表框中单击选中某个字符或批量拖动多个字符，然后单击【添加】按钮，将选取的字符添加到【已用字符】列表中。单击【关闭】按钮，如图 5-18 所示。

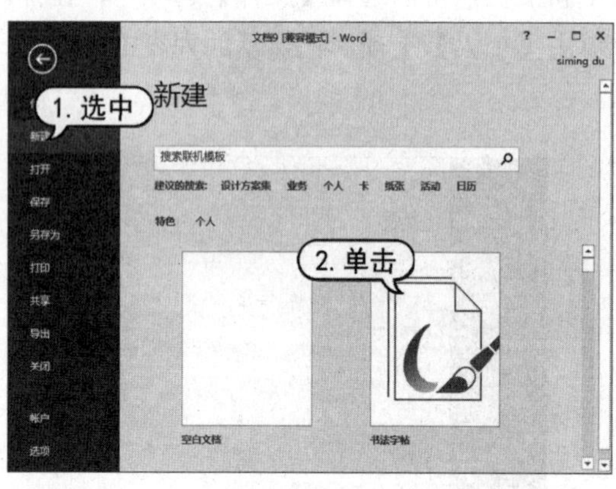

图 5-17　新建书法字帖

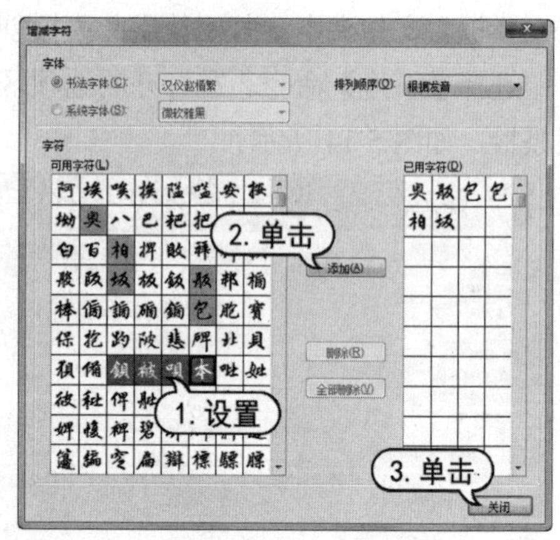

图 5-18　【增减字符】对话框

【例 5-2】使用联机模板制作名片。

(1) 选择【文件】选项卡，在弹出的菜单中选择【新建】命令，在显示的选项区域中输入“日历”后按下回车键。在显示的列表中单击一个【日历】图标，在打开的对话框中单击【创建】按钮，如图 5-19 所示。

(2) 此时，将创建模板预设的日历文档。在该文档中添加一些用户自己的标记，如图 5-20 所示。完成后按下 F12 键，打开【另存为】对话框将文档保存。

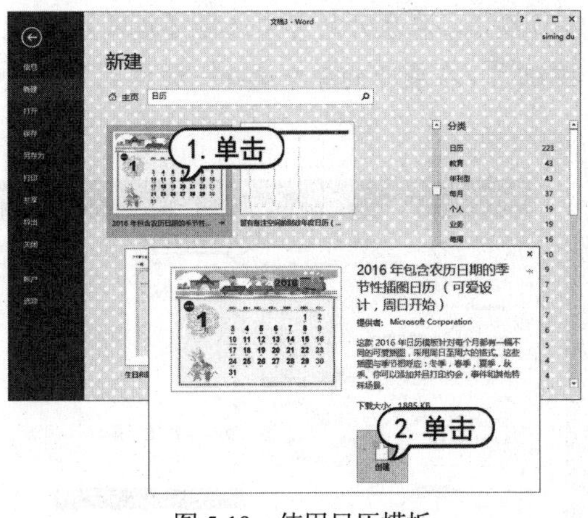

图 5-19 使用日历模板

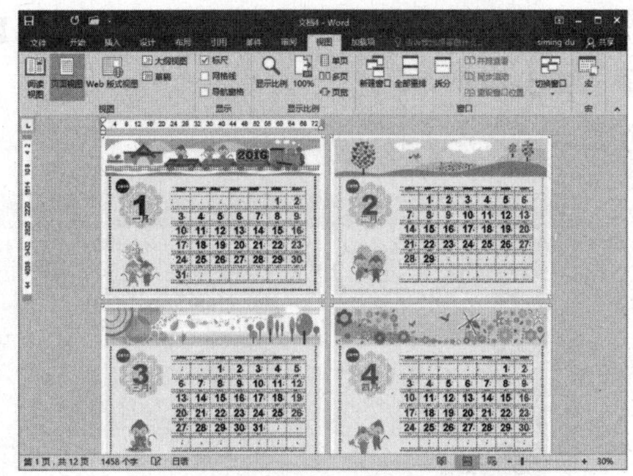
图 5-20 日历效果

5.3 使用主题

通过应用文档主题效果，用户可以快速而轻松地设置整个文档的格式，赋予它专业和美观的外观。文档主题是一组格式选项，包括一组主题颜色、一组主题字体。下面将介绍为文档应用主题的具体操作方法。

(1) 选择【布局】选项卡，在【文档格式】命令组中单击【主题】下拉按钮，在展开的库中选择一种主题选项(如“水滴”)，如图 5-21 所示。

(2) 此时，可以看到文档中的内容已经应用了所选的主题效果。在【文档格式】命令组中单击【字体】下拉按钮，在展开的库中可以选择主题字体效果，如图 5-22 所示。

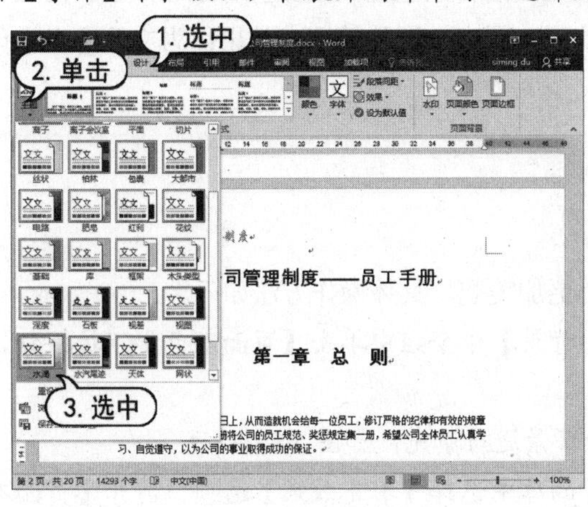

图 5-21 选择主题样式

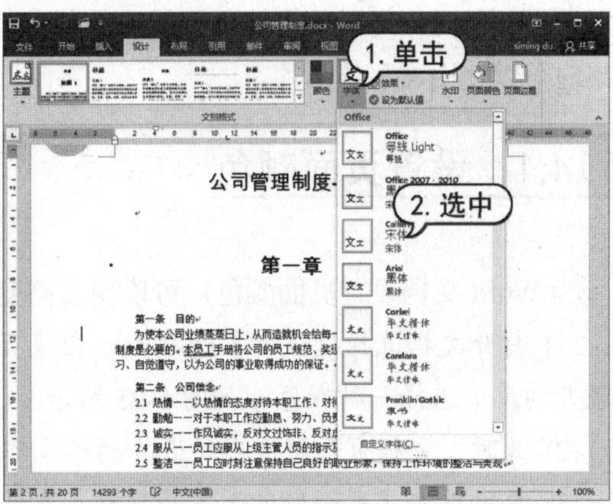

图 5-22 设置主题字体

(3) 在如图 5-22 所示的库中选择【自定义字体】选项，打开【新建主题字体】对话框，可以新建主题字体，设置标题字体为【微软雅黑】，设置正文字体为【华文新魏】，在【名称】文本框中输入“新风”。然后单击【保存】按钮，如图 5-23 所示。

(4) 单击【文档格式】命令组中的【字体】下拉按钮，在展开的库中选择【新风】选项。

(5) 单击【文档格式】命令组中的【其他】按钮，在展开的库中选择一种样式集，文档效果如图 5-24 所示。

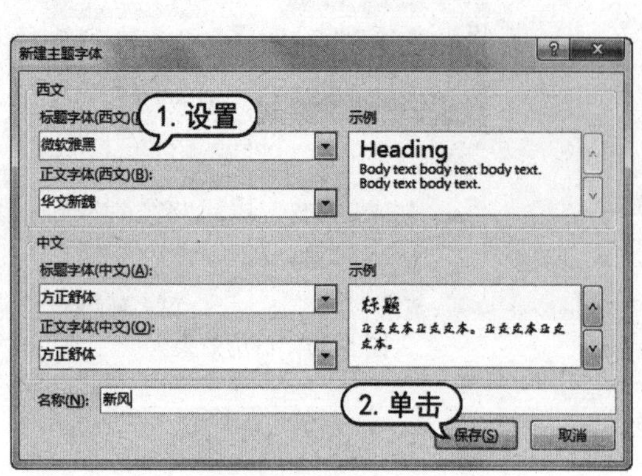

图 5-23 【新建主题字体】对话框

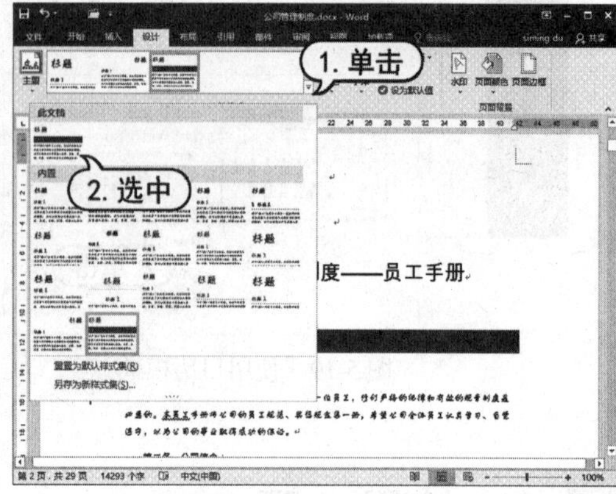

图 5-24 应用样式集

使用同样的方法，用户可以自定义主题颜色：在【文档格式】命令组中单击【颜色】下拉按钮，在展开的库中选择【新建主题颜色】选项。然后在打开的【新建主题颜色】对话框中，可以对主题颜色进行相应的设置。

5.4 为文档设置背景

为了使文档更加美观，用户可以为文档背景，文档的背景包括页面颜色和水印效果。为文档设置页面颜色时，可以使用纯色背景以及渐变、纹理、图案、图片等填充效果；为文档添加水印效果时可以使用文字或图片。

5.4.1 设置页面颜色

为 Word 文档设置页面颜色，可以使文档变得更加美观，具体操作方法如下。

(1) 打开文档选择【设计】选项卡，在【页面背景】命令组中单击【页面颜色】下拉按钮，在展开的库中选择一种颜色，如图 5-25 所示。

(2) 此时，文档页面将应用所选择的颜色作为背景进行填充，如图 5-26 所示。

(3) 再次单击【页面颜色】下拉按钮，在展开的库中选择【填充效果】选项，打开【页面布局】对话框。

(4) 选择【渐变】选项卡，选中【双色】单选按钮。设置【颜色 1】和【颜色 2】的颜色，在【变形】选项区域中选择变形的样式。

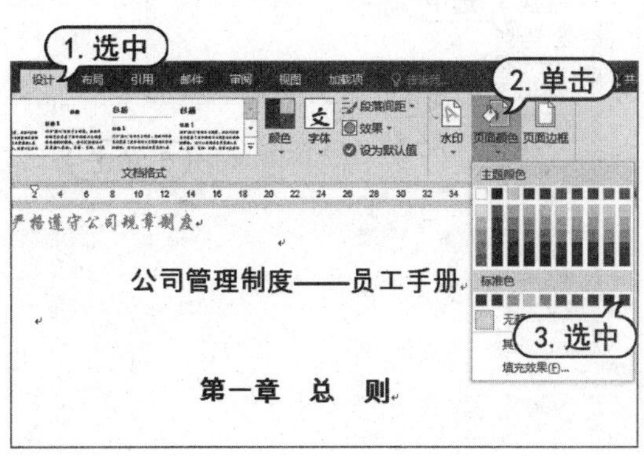

图 5-25 设置文档页面颜色

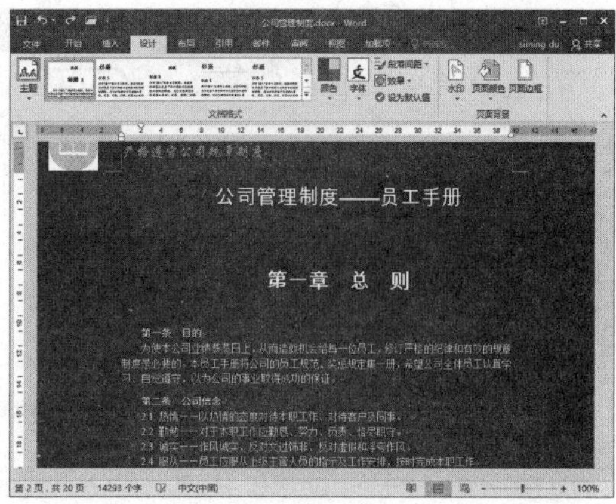

图 5-26 文档背景效果

(5) 单击【确定】按钮后，即可为页面应用设置渐变效果，如图 5-27 所示。

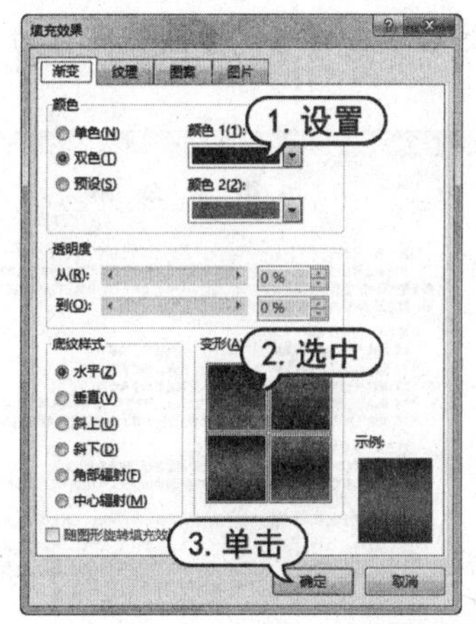

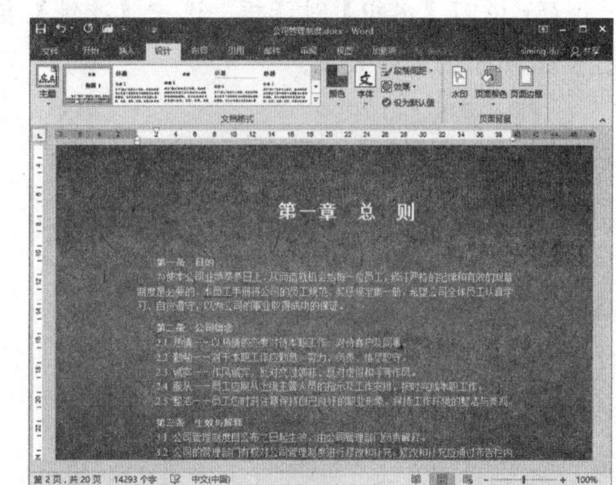

图 5-27 设置文档渐变效果

在【渐变填充】对话框中，如果需要设置纹理填充效果，可以选择【纹理】选项卡，选择需要的纹理效果。设置图案、图片填充效果的方法与此类似，分别选择相应的选项卡进行设置即可。

5.4.2 设置水印效果

水印是出现在文本下方的文字或图片。如果用户使用图片水印，可以对其进行淡化或冲蚀设置以免图片影响文档中文本的显示。如果用户使用文本水印，则可以从内置短语中选择需要的文字，也可以输入所需的文本。下面将介绍设置水平效果的具体操作步骤。

(1) 选择【设计】选项卡，在【页面背景】命令组中单击【水印】下拉按钮，在展开的库中选择【自定义水印】选项，如图 5-28 所示。

(2) 打开【水印】对话框，选择【图片水印】单选按钮，然后单击【选择图片】按钮。

(3) 打开【插入图片】对话框，单击【来自文件】选项后的【浏览】按钮，如图 5-29 所示。

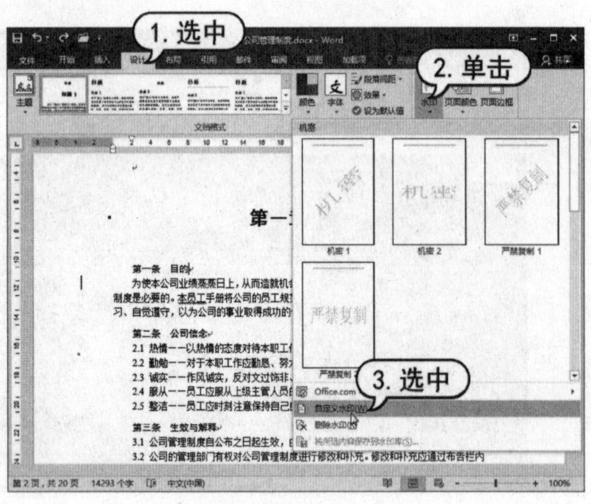

图 5-28 自定义水印

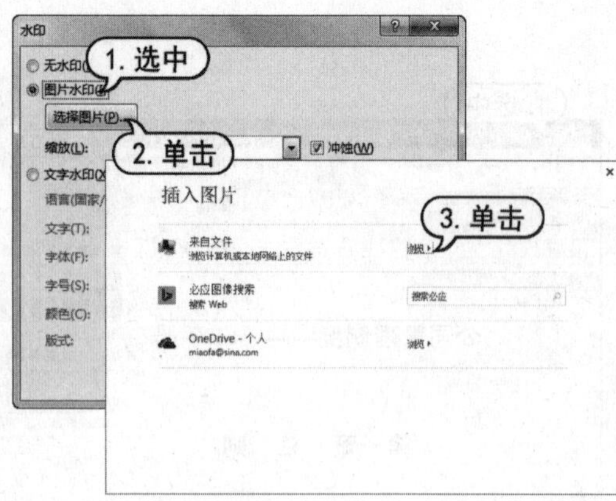

图 5-29 选择水印图片

(4) 打开【插入图片】对话框，选择一个图片文件后，单击【插入】按钮。

(5) 返回【水印】对话框，选中【冲蚀】复选框，然后单击【确定】按钮即可为文档设置如图 5-30 所示的水印效果。

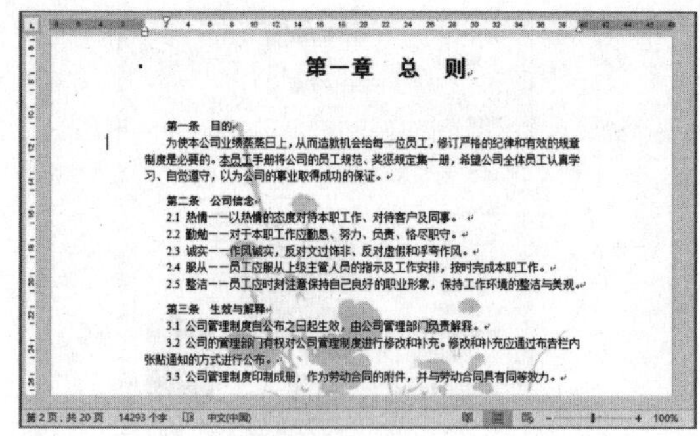

图 5-30 水印效果

(6) 若在【水印】文本框中选择【文字水印】单选按钮。单击【文字】下拉按钮，在弹出的列表中选择【传阅】选项，取消【半透明】复选框的选中状态，如图 5-31 所示。

(7) 单击【确定】按钮，文档中文字水印效果如图 5-32 所示。

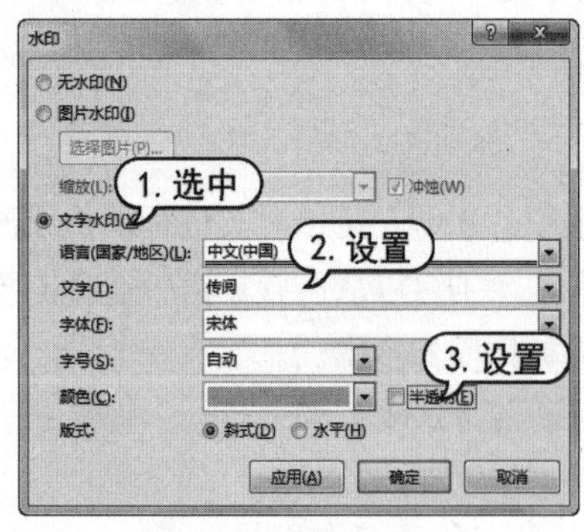

图 5-31 设置水印文本

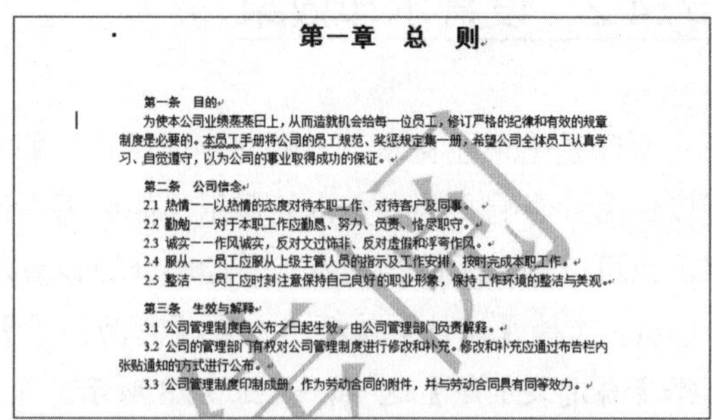

图 5-32 文本水印效果

在【水印】对话框中选择【文字水印】单选按钮之后，用户可以设置水印文字的字体、字号、

颜色等格式，还可以设置文字的版式(斜式或水平)。

5.5　设置页眉和页脚

在制作文档时，经常需要为文档添加页眉和页脚内容，页眉和页脚显示在文档中每个页面的顶部和底部区域。可以在页眉和页脚中插入文本或图形，也可以显示相应的页码、文档标题或文件名等内容，页眉与页脚中的内容在打印时会显示在页面的顶部和底部区域。

5.5.1　设置静态页眉和页脚

为文档插入静态的页眉和页脚时，插入的页码内容不会随页数的变化而自动改变。因此，静态页面与页脚常用于设置一些固定不变的信息内容，具体操作如下。

(1) 选择【插入】选项卡，在【页眉和页脚】命令组中单击【页眉】下拉按钮，在展开的库中选择【空白】选项，如图 5-33 所示。

(2) 进入页眉编辑状态，在页面顶部的输入页面文本，如图 5-34 所示。

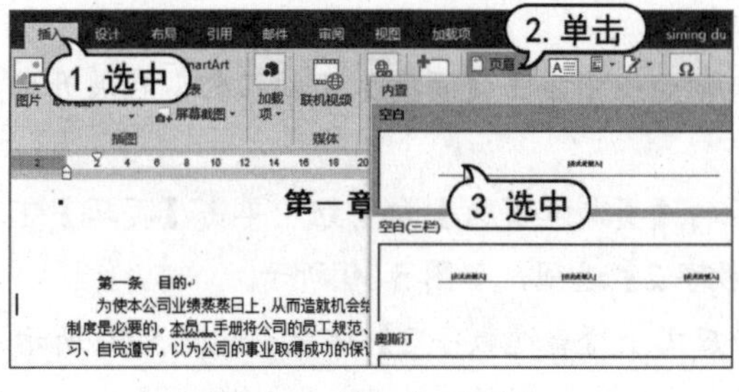

图 5-33　插入空白页眉

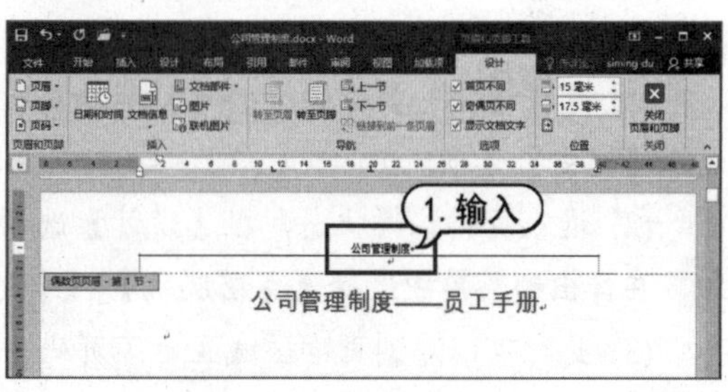

图 5-34　输入页眉文本

(3) 选中步骤(2)输入的文本，右击鼠标，在弹出的菜单中选择【字体】命令，打开【字体】对话框。设置【中文字体】为【华文楷体】，在【字形】列表框中选择【加粗】选项，在【字号】列表框中选择【小三】选项，如图 5-35 所示。

(4) 单击【字体颜色】下拉按钮，在展开的库中选择一种字体颜色，然后单击【确定】按钮，如图 5-36 所示。

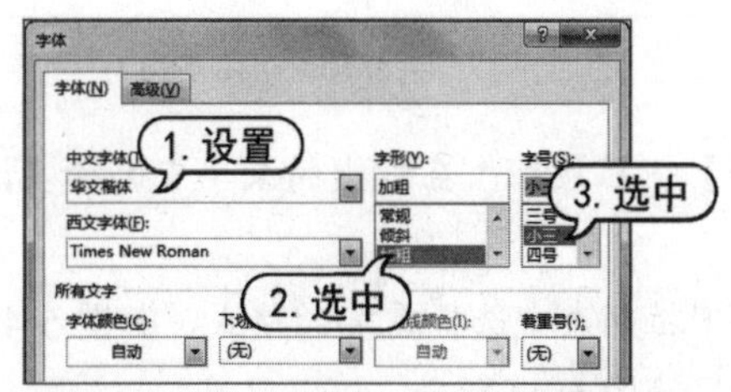

图 5-35　设置页眉字体、字号和字形

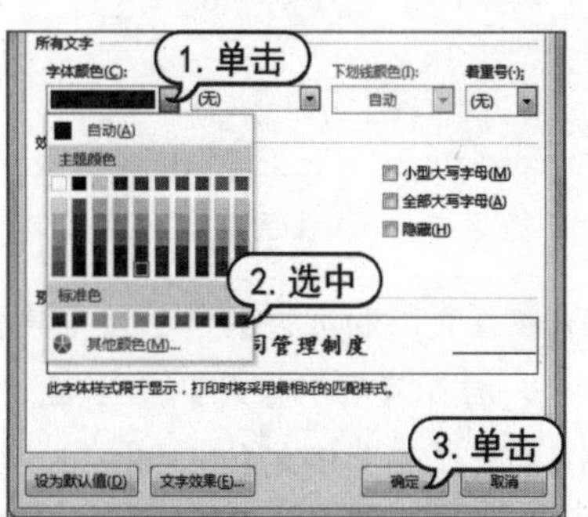

图 5-36　设置页面字体颜色

(5) 此时，可以看到输入的页眉文本效果如图 5-37 所示。

(6) 按下键盘上的向下方向键，切换至页脚区域中，输入需要的页脚内容，如图 5-38 所示。

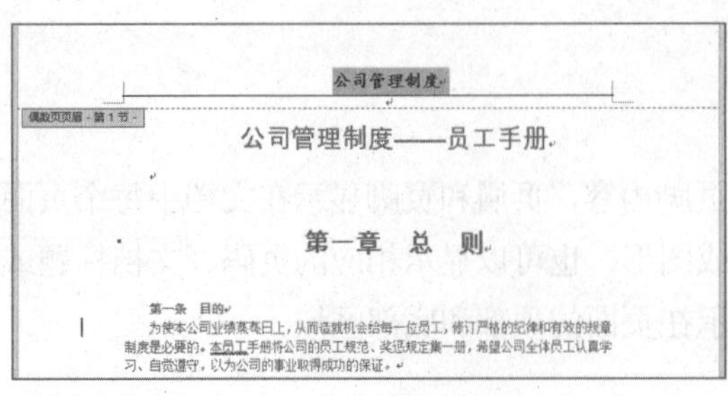

图 5-37 页眉效果　　图 5-38 输入页脚文本

(7) 向下拖动 Word 文档窗口的垂直滚动条，可以查看其他页面中的页脚。此时，将会发现静态页脚不会随着页数的变化而变化。

5.5.2 添加动态页码

在制作页脚内容时，如果用户需要显示相应的页码，用户可以运用动态页码来添加自动编号的页码，具体操作步骤如下。

(1) 选择【插入】选项卡的【页眉和页脚】命令组中单击【页脚】下拉按钮，在展开的库中选择【空白】选项。

(2) 进入页脚编辑状态，在【设计】选项卡的【页眉和页脚】命令组中单击【页码】下拉按钮，在弹出的菜单中选择【页眉底端】|【普通数字 2】选项，如图 5-39 所示。

(3) 此时可以看到页脚区域显示了页码，并应用了【普通数字 2】样式，如图 5-40 所示。

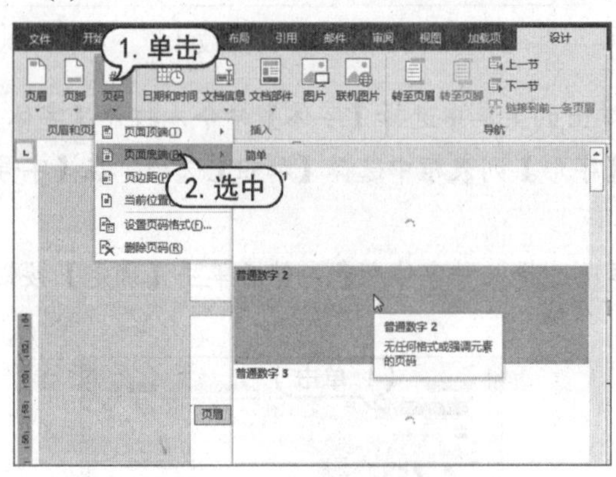

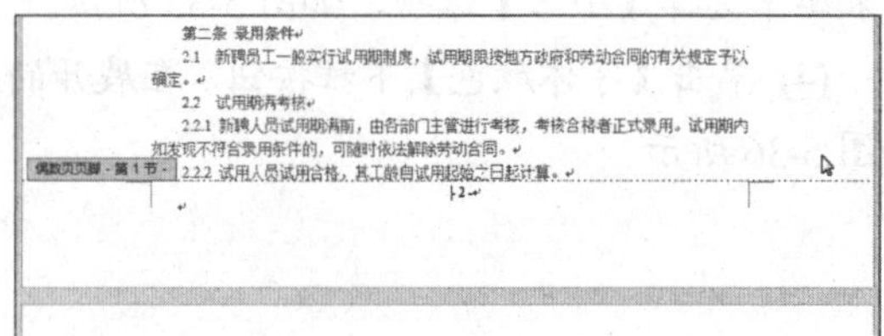

图 5-39 应用【普通数字 2】样式　　图 5-40 页脚效果

(4) 在【页眉和页脚】命令组中单击【页码】下拉按钮，在弹出的菜单中选择【设置页面格式】命令，打开【页码格式】对话框。

(5) 单击【编号格式】下拉按钮，在弹出的下拉列表中选择需要的格式，如图 5-41 所示。

(6) 单击【确定】按钮后，页面中页脚的效果如图 5-42 所示。

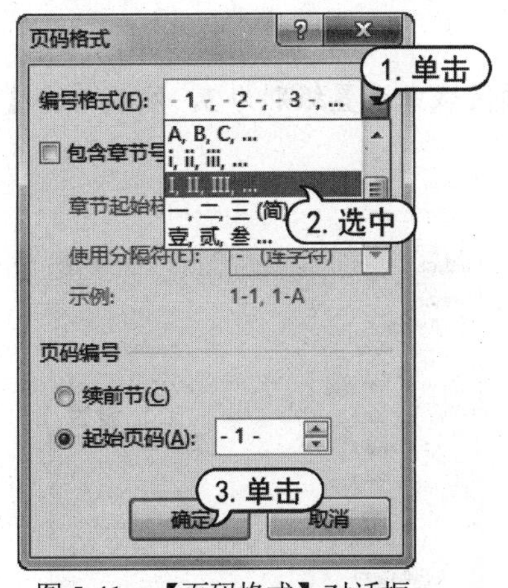

图 5-41　【页码格式】对话框

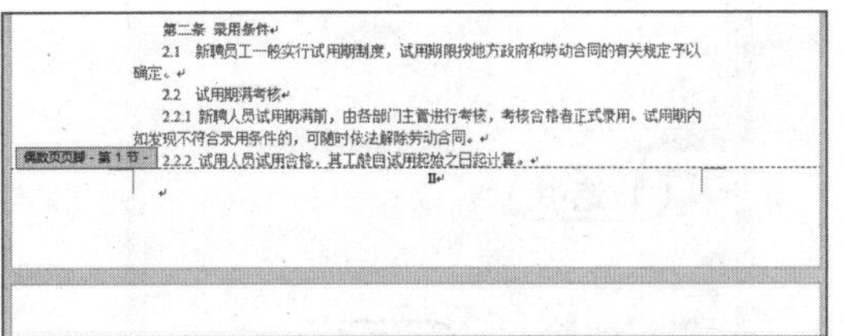

图 5-42　设置格式后的页面效果

(7) 将鼠标指针放置在页脚文本中，可以对页脚内容进行编辑。

(8) 完成以上设置后，向下拖动窗口滚动条，可以看到每页的页面均不同，随着页数的改变自动发生变化。

5.6　自动生成文档目录

使用 Word 中的内建样式，用户可以自动生成相应的目录。在本书第 2.7.2 小节已经介绍过使用 Word 制作目录的方法。下面将介绍通过内建样式自动生成目录的方法。

(1) 选择【视图】选项卡，在【显示】命令组中选中【导航窗格】复选框，显示【导航窗格】窗格，如图 5-43 所示。

(2) 选择【引用】选项卡，在【目录】命令组中单击【目录】下拉按钮，在展开的库中选择【自定义目录】选项，如图 5-44 所示。

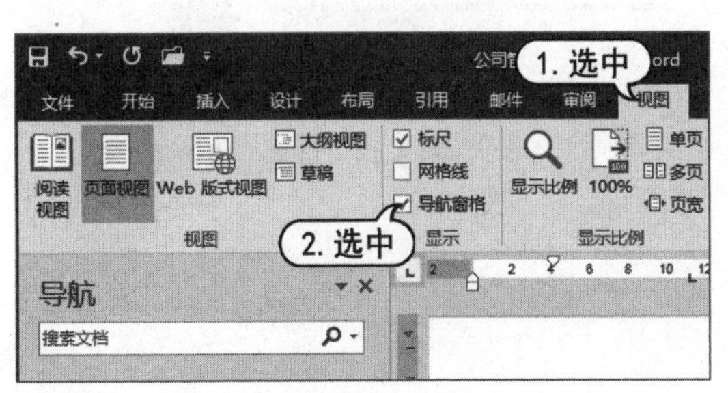

图 5-43　显示【导航窗格】窗格

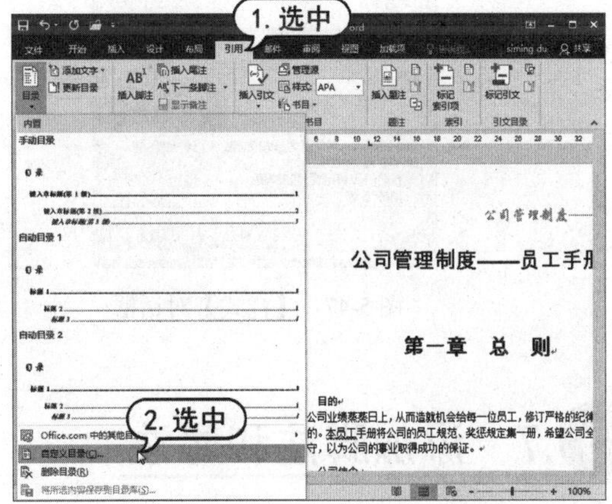

图 5-44　自定义目录

(3) 打开【目录】对话框，在【目录】选项卡中设置目录的结构。选中【显示页码】复选框，

然后单击【选项】按钮，如图 5-45 所示。

(4) 打开【目录选项】对话框，在【目录级别】选项区域中设置级别为 3，然后单击【确定】按钮，如图 5-46 所示。

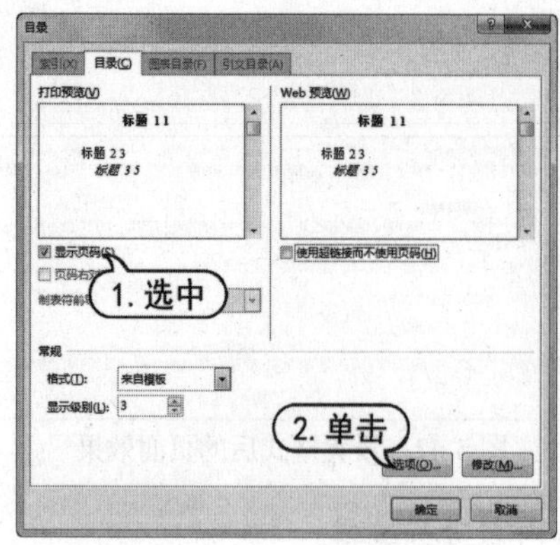

图 5-45 【目录】对话框

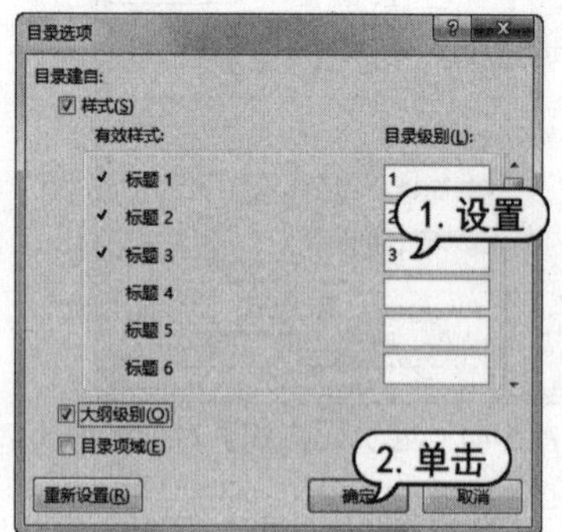

图 5-46 【目录选项】对话框

(5) 返回【目录】对话框，单击【修改】按钮，打开【样式】对话框。在【样式】列表框中显示了 9 个级别的目录名称，在此选择【目录 1】选项，然后单击【修改】按钮，如图 5-47 所示。

(6) 打开【修改样式】对话框，在该对话框中用户可以对目录样式进行设置。例如，设置字体为【华文楷体】、字号为【小三】，单击【确定】按钮。

(7) 返回【样式】对话框，单击【确定】按钮，返回【目录】对话框，再次单击【确定】按钮，即可在文档中自动生成如图 5-48 所示的目录。

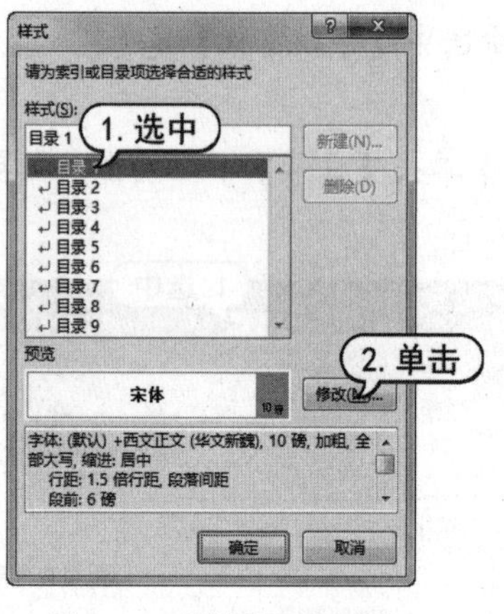

图 5-47 【样式】对话框

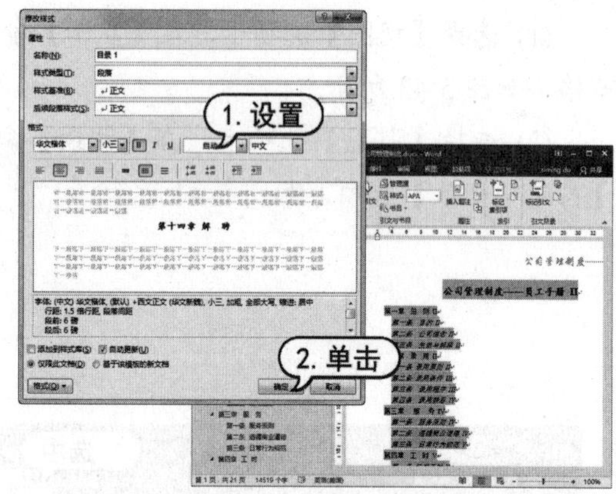

图 5-48 目录生成效果

5.7 添加脚注和尾注

脚注和尾注用于对文档中的文本进行解释、批注或提供相关的参考资料。脚注常用于对文档内容进行注释说明，尾注则常用于说明引用的文献。其不同之处在于所处的位置不同，脚注位于

页面的结尾处，而尾注位于文档的结尾处或章节的结尾处。

5.7.1 添加脚注

当需要对文档中的内容进行注释说明时，用户可以在相应的位置处添加脚注，具体如下。

(1) 将鼠标指针插入文档中需要插入脚注的位置，选择【引用】选项卡，在【脚注】命令组中单击【插入脚注】按钮，如图 5-49 所示。

(2) 此时，鼠标的插入点将自动定位至当前文档页的底端，并显示默认的标注符号。

(3) 直接输入脚注内容“详细请参见公司管理制度细则”，效果如图 5-50 所示。

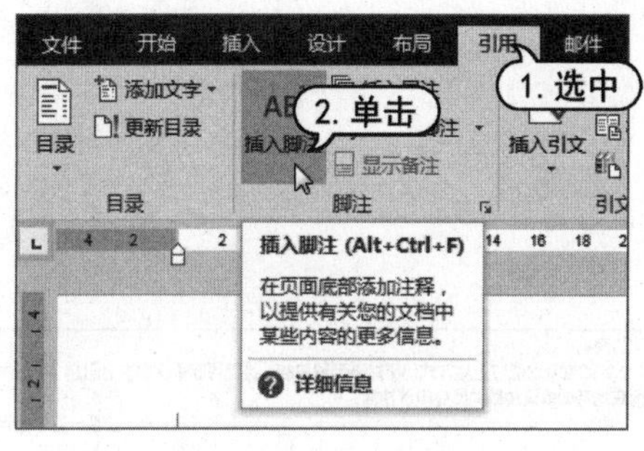

图 5-49 插入标注

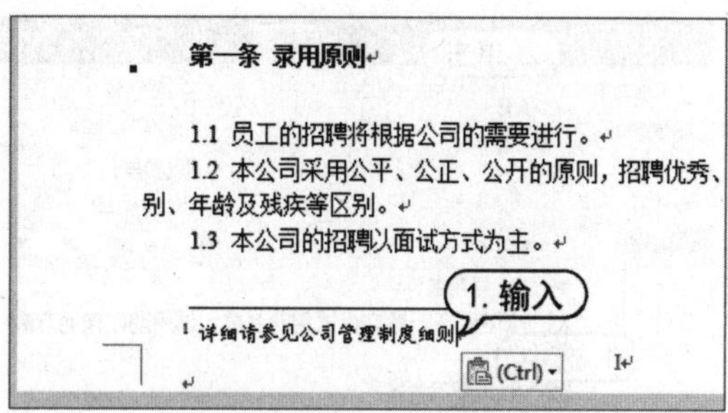

图 5-50 显示默认标注符号

(4) 此时，可以看到插入脚注的位置处显示了与脚注内容前相同的符号，将指针指向该符号时自动在边缘将显示如图 5-51 所示的脚注内容。

(5) 继续插入脚注。在“第二条 录用条件”文本后插入脚注，输入脚注内容为“参见公司员工手册第十二条”，如图 5-52 所示。

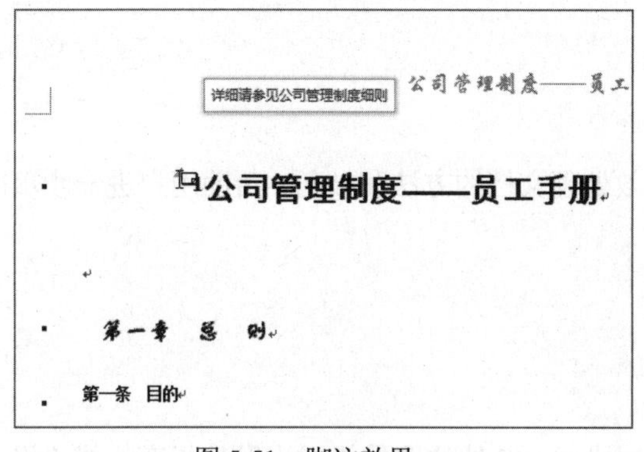

图 5-51 脚注效果

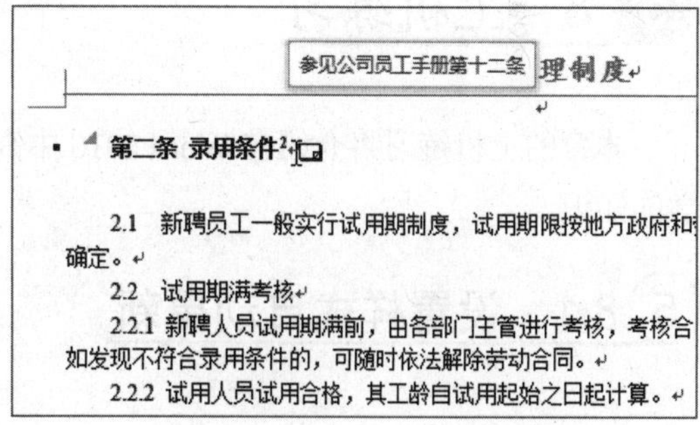

图 5-52 插入更多脚注

(6) 将插入点定位在第 2 条脚注的位置处，在【引用】选项卡的【脚注】命令组中单击【下一条脚注】下拉按钮，在弹出的菜单中选择【上一条脚注】命令。

(7) 此时，鼠标插入点将立即跳转到第 1 条脚注的位置。

5.7.2 添加尾注

当需要说明文档中引用文献或者对关键字词进行说明时，用户可以在文档相应的位置处添加尾注，具体操作步骤如下。

(1) 选择文档中的文本“试用期”，在【引用】选项卡的【脚注】命令组中单击【插入尾注】按钮，如图 5-53 所示。

(2) 此时，插入点自动移动到文档的末尾位置处，并显示了默认的尾注符号。

(3) 鼠标插入点在尾注区域中闪烁，直接输入需要的内容即可为文档添加尾注，如图 5-54 所示。

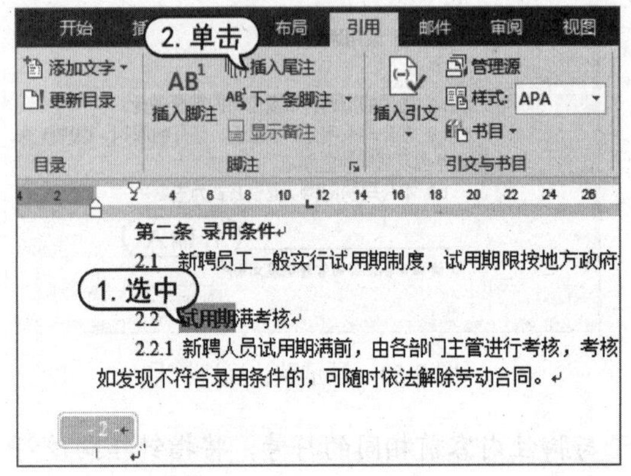

图 5-53 选中文本

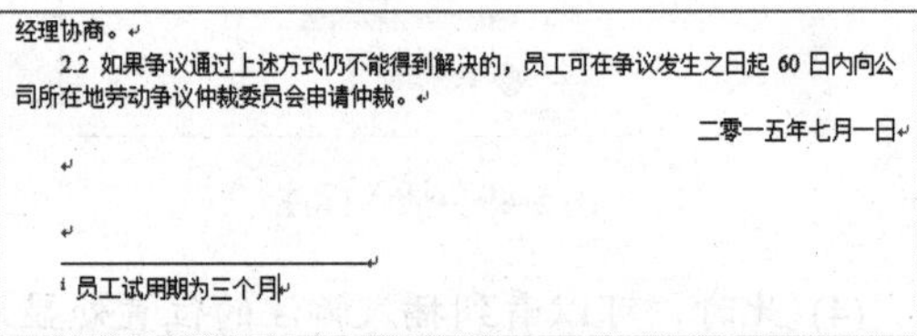

图 5-54 输入尾注内容

(4) 将光标指向尾注符号，即可看到显示的尾注内容。

5.8 上机练习

本章的上机练习将介绍在 Word 2016 中高效处理文档的方法和技巧，帮助用户进一步巩固所学的知识。

5.8.1 设置样式自动更新

用户在修改文档时，如果发现改动一处文本格式，其他位置的格式也发生了变化或“格式丢失”，此时可以参考下列步骤解决问题。

(1) 选择【开始】选项卡，在【样式】命令组中单击【样式】按钮，打开【样式】窗格，如图 5-55 所示。

(2) 在【样式】窗格中右击【标题 1】选项，在弹出的菜单中选择【修改】命令，打开【修改样式】对话框。取消【自动更新】复选框的选中状态，单击【确定】按钮即可，如图 5-56 所示。

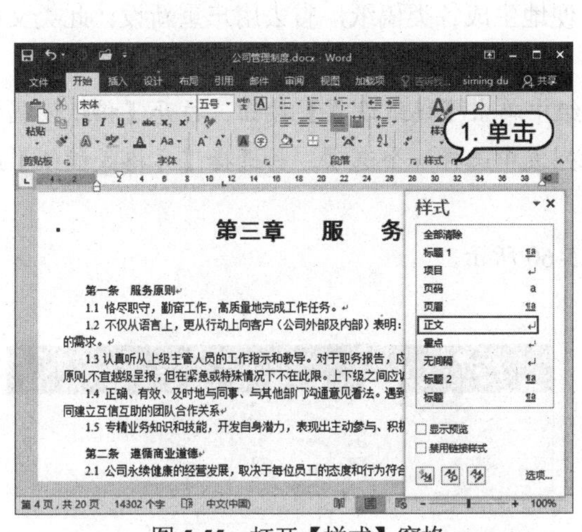

图 5-55　打开【样式】窗格

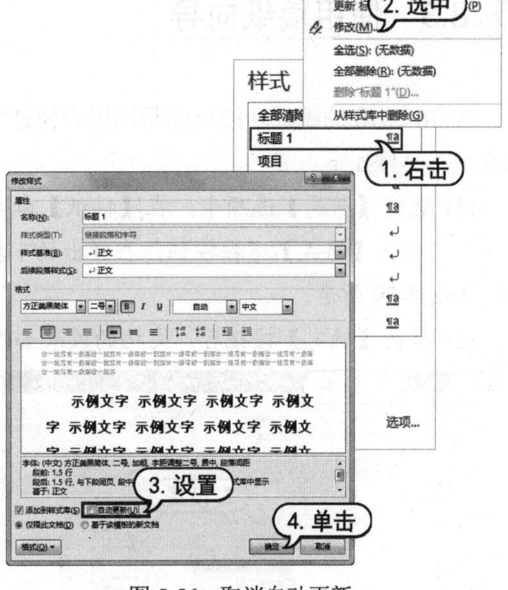

图 5-56　取消自动更新

5.8.2　设置保护自定义样式

有时发送一篇文档给其他用户修改后，反馈回来的文档会出现一些其他样式，将原有样式弄得有些混乱。如果希望他人只修改文字内容而不能改动文档中的自定义样式，可按下列步骤操作。

(1) 选择【开始】选项卡，在【样式】命令组中单击【样式】按钮，打开【样式】窗格。

(2) 单击【管理样式】按钮，打开【管理样式】对话框。选择【限制】选项卡，选中一个或多个样式，选中【仅限对允许的样式进行格式设置】复选框，单击【限制】按钮，在选中的样式前添加标志，如图 5-57 所示。

(3) 打开【启动强制保护】对话框，输入保护密码(也可以不设置)，然后单击【确定】按钮即可，如图 5-58 所示。

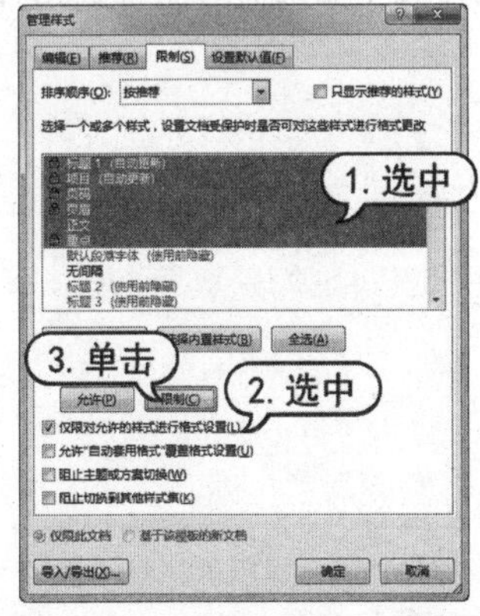

图 5-57　【管理样式】对话框

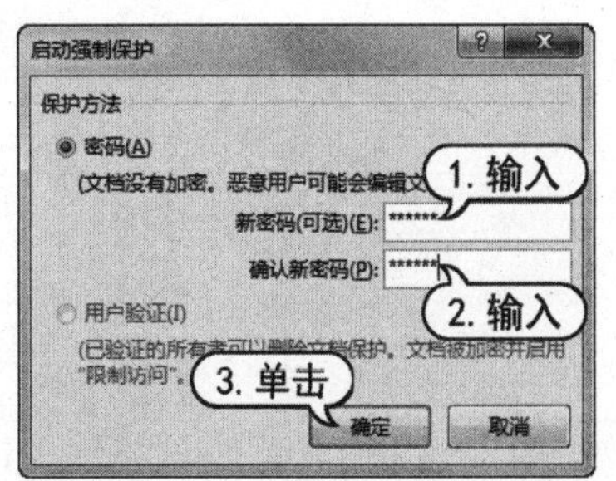

图 5-58　【启动强制保护】对话框

5.8.3 使用稿纸向导

Word 2016 的稿纸功能可以帮助用户快速方便地生成各类稿纸，省去用户重新设计此类文稿的麻烦，具体如下。

(1) 选择【布局】选项卡，在【稿纸】命令组中单击【稿纸设置】按钮，打开【稿纸设置】对话框。单击【格式】下拉按钮，在弹出的下拉列表中选择一个选项，如选择【方格式稿纸】选项，如图 5-59 所示。

(2) 单击【确定】按钮后，文档的效果如图 5-60 所示。

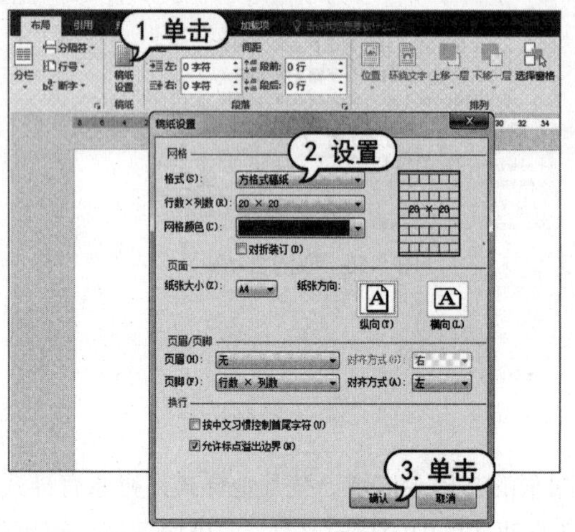

图 5-59　打开【稿纸设置】对话框

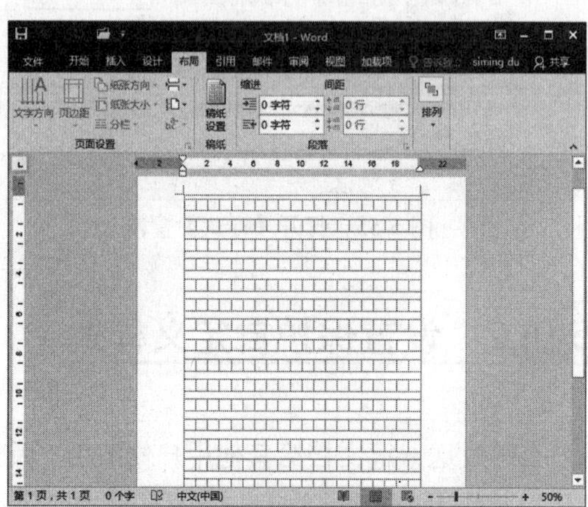
图 5-60　使用稿纸向导生成稿纸

5.9 习题

1. 通过网络搜索“公司印笺”模板，然后使用该模板创建文档，并添加水印效果。

2. 新建文档，然后创建一个样式，其格式包括对齐方式为文本右对齐、字体为楷体、大小为 12、颜色为黄色，并将其命名为“便笺”。

第6章 Excel 表格数据的输入与整理

学习目标

Excel 是目前最强大的电子表格制作软件之一，拥有强大的数据组织计算功能和图表显示功能。在使用 Excel 制作表格前，首先应掌握表格数据的输入与整理方法。

本章重点

- 认识 Excel 数据的类型
- 在 Excel 中输入与编辑数据
- 数据的复制、粘贴、查找与粘贴

6.1 Excel 数据的类型

在工作表中输入和编辑数据是用户使用 Excel 时最基础的操作之一。工作表中的数据都保存在单元格内，单元格内可以输入和保存数据包括数值、日期和时间、文本、公式这 4 种基本类型。除此以外，还有逻辑型、错误值等一些特殊的数值类型。

- 数值：数值指的是所代表数量的数字形式，如企业的销售额、利润等。数值可以是正数，也可以使负数，但是都可以用于进行数值计算，如加、减、求和、求平均值等。除了普通的数字以外，还有一些待用特殊符号的数字也被 Excel 理解为数值，如百分号“%”、货币符号“¥”，千分间隔符“,”，以及科学计数符号“E”等。
- 日期和时间：在 Excel 中，日期和时间以一种特殊的数值形式存储，这种数值形式被称为“序列值”(Series)，在早期的版本中也被称为“系列值”。序列值是介于一个大于等于 0，小于 2,958,466 区间的数值。因此，日期型数据实际上是一个包括在数值数据范畴中的数值区间。日期系统的序列值是一个整数数值，一天的数值单位就是 1，那么 1 小时就可以表示为 1/24 天，1 分钟就可以表示为 1/(24x60)天等。一天中的每一个时刻都可以由小数形式的序列值来表示。例如，中午 12:00:00 的序列值为 0.5(一天的一半)，

12:05:00 的序列值近似为 0.503472。

- 文本：文本通常指的是一些非数值型文字、符号等，如企业的部门名称、员工的考核科目、产品的名称等。除此之外，许多不代表数量的、不需要进行数值计算的数字也可以保存为文本形式，如电话号码、身份证号码、股票代码等。所以，文本并没有严格意义上的概念。事实上，Excel 将许多不能理解为数值(包括日期时间)和公式的数据都视为文本。文本不能用于数值计算，但可以比较大小。
- 逻辑值：逻辑值是一种特殊的参数，它只有 TRUE(真)和 FALSE(假)这两种类型。例如，在公式=IF(A3=0,"0",A2/A3)中，“A3=0”就是一个可以返回 TRUE(真)或 FLASE(假)两种结果参数。当“A3=0”为 TRUE 时，在公式返回结果为 0，否则返回 A2/A3 的计算结果。逻辑值之间进行四则运算，可以认为 TRUE=1，FLASE=0。
- 错误值：经常使用 Excel 的用户可能都会遇到一些错误信息，如“#N/A!”、“#VALUE!”等。出现这些错误的原因有很多种，如果公式不能计算正确结果，Excel 将显示一个错误值。例如，在需要数字的公式中使用文本、删除了被公式引用的单元格等。
- 公式：公式是 Excel 中一种非常重要的数据，Excel 作为一种电子数据表格，其许多强大的计算功能都是通过公式来实现的。公式通常都是以“=”号开头，它的内容可以是简单的数学公式，如“=16*62*2600/60-12”。

6.2 输入与编辑数据

本节将详细介绍在 Excel 中输入与编辑表格的方法。

6.2.1 在单元格中输入数据

要在单元格内输入数值和文本类型的数据，用户可以在选中目标单元格后，直接向单元格内输入数据。数据输入结束后按下 Enter 键或者使用鼠标单击其他单元格，都可以确认完成输入。要在输入过程中取消本次输入的内容，则可以按下 Esc 键退出输入状态。

当用户输入数据的时候(Excel 工作窗口底部状态栏的左侧显示“输入”字样，如图 6-1 所示)，原有编辑栏的左边出现两个新的按钮，分别是 ✕ 和 ✓，如图 6-2 所示。如果用户单击 ✓ 按钮，可以对当前输入的内容进行确认，如果单击 ✕ 按钮，则表示取消输入。

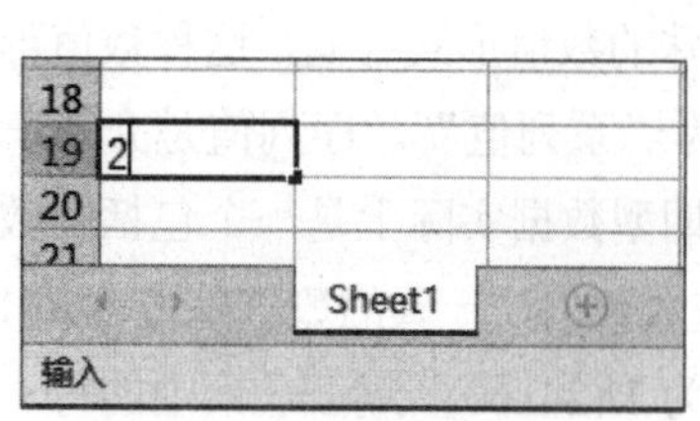

图 6-1　状态栏显示“输入”

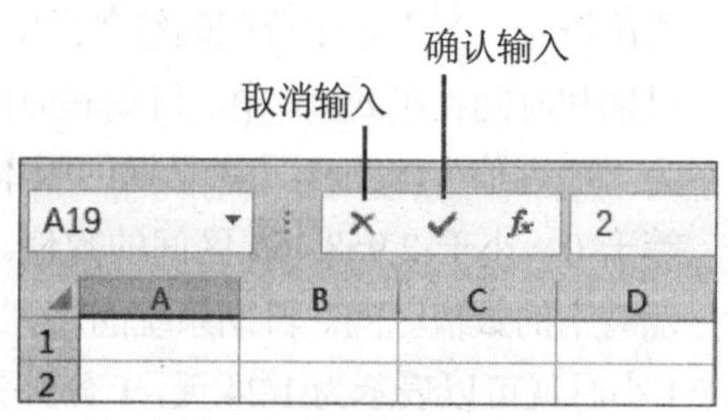

图 6-2　编辑栏左侧的按钮

虽然单击✔按钮和按下 Enter 键同样都可以对输入内容进行确认，但两者的效果并不完全相同。当用户按下 Enter 键确认输入后，Excel 会自动将下一个单元格激活为活动单元格，这为需要连续数据输入的用户提供了便利。而当用户单击✔按钮确认输入后，Excel 不会改变当前选中的活动单元格。

6.2.2　编辑单元格中的内容

对于已经存放数据的单元格，用户可以在激活目标单元格后，重新输入新的内容来替换原有数据。但是，如果用户只想对其中的部分内容进行编辑修改，则可以激活单元格进入编辑模式。使用以下几种方式可以进入单元格编辑模式。

- 双击单元格，在单元格中的原有内容后会出现竖线光标显示，提示当前进入编辑模式，光标所在的位置为数据插入位置。在内容中不同位置单击或者右击，可以移动光标插入点的位置。用户可以在单元格中直接对其内容进行编辑修改。
- 激活目标单元格后按下 F2 快捷键，进入编辑单元格模式。
- 激活目标单元格，然后单击 Excel 编辑栏内部。这样可以将竖线光标定位在编辑栏中，激活编辑栏的编辑模式。用户可以在编辑栏中对单元格原有的内容进行编辑修改。对于数据内容较多的编辑修改，特别是对公式的修改，建议用户使用编辑栏的编辑方式。

进入单元格的编辑模式后，工作窗口底部状态栏的左侧会出现“编辑”字样，如图 6-3 所示，用户可以在键盘上按下 Insert 键切换“插入”或者“改写”模式，如图 6-4 所示。用户也可以使用鼠标或者键盘选取单元格中的部分内容进行复制和粘贴操作。

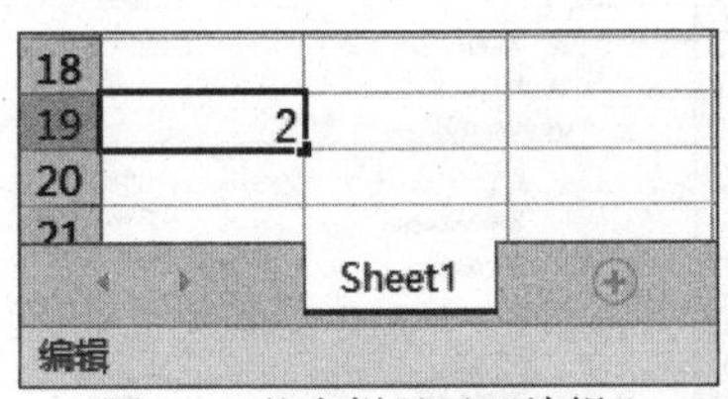

图 6-3　状态栏显示“编辑”

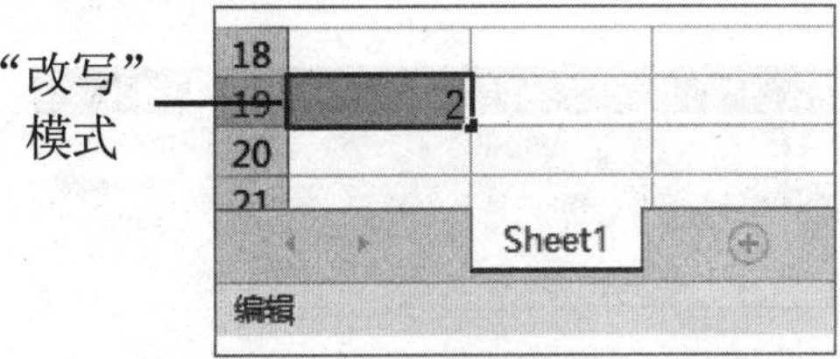

图 6-4　按下 Insert 键切换“改写”模式

另外，按下 Home 键可以将光标定位到单元格内容的开头，如图 6-5 所示。按下 End 键则可以将光标插入点定位到单元格内容的末尾。在编辑修改完成后，按下 Enter 键或者使用图 6-2 中的✔按钮同样可以对编辑的内容进行确认输入。

如果在单元格中输入的是一个错误的数据，用户可以再次输入正确的数据覆盖它，也可以单击【撤销】按钮或者按下 Ctrl+Z 键撤销本次输入。

用户单击一次【撤销】按钮，只能撤销一步操作。如果需要撤销多步操作，用户可以多次单击【撤销】按钮，或者单击该按钮旁的下拉按钮，在弹出的下拉列表中选择需要撤销返回的具体操作，如图 6-6 所示。

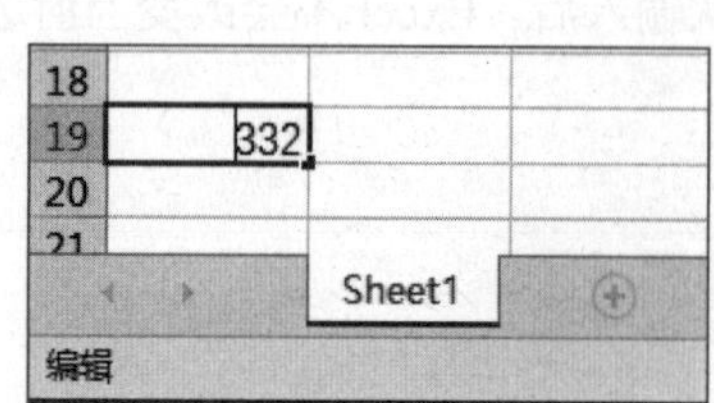

图 6-5 按下 Home 键定位单元格开头

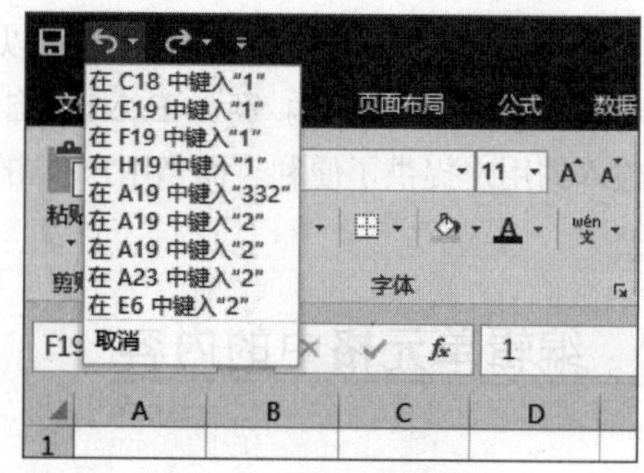

图 6-6 撤销多步骤操作

6.2.3 为单元格添加批注

除了可以在单元格中输入数据内容以外，用户还可以为单元格添加批注。通过批注，用户可以对单元格的内容添加一些注释或者说没，方便自己或者其他人更好地理解单元格中的内容含义。

在 Excel 中为单元格添加批注的方法有以下几种。

- 选中单元格，选择【审阅】选项卡，在【批注】命令组中单击【新建批注】按钮，批注效果如图 6-7 所示。
- 右击单元格，在弹出的菜单中选择【插入批注】命令，如图 6-8 所示。
- 选中单元格后，按下 Shift+F2 组合键。

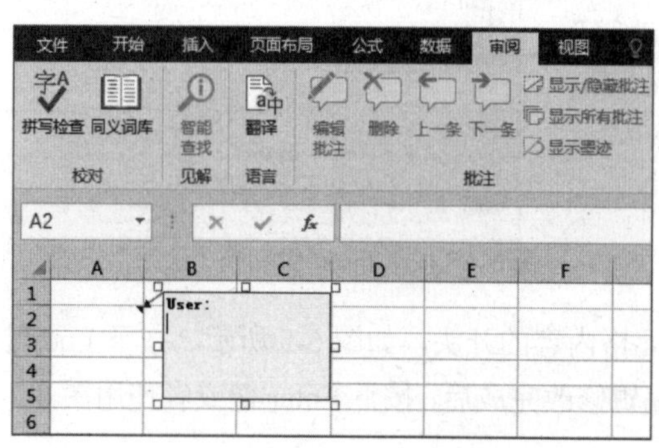

图 6-7 插入批注

图 6-8 通过右键菜单插入批注

在单元格中插入批注后，在目标单元格的右上方将出现红色的三角形符号，该符号为批注标识符，表示当前单元格包含批注。右侧的矩形文本框通过引导箭头与红色标识符相连，此矩形文本框即为批注内容的显示区域，用户可以在此输入文本内容作为当前单元格的批注。批注内容会默认以加粗字体的用户名称开头，标识了添加此批注的作者。此用户名默认为当前 Excel 用户名，实际使用时，用户名也可以根据自己的需要更改为方便识别的名称。

完成批注内容的输入后，单击其他单元格即可表示完成了添加批注的操作。此时，批注内容

呈现隐藏状态，只显示出红色标识符。当用户将鼠标移动至包括标识符的目标单元格上时，批注内容会自动显示出来。用户也可以在包含批注的单元格上右击，在弹出的菜单中选择【显示/隐藏批注】命令使得批注内容取消隐藏状态，固定显示在表格上方。或者在 Excel 功能区上选择【审阅】选项卡，在【批注】命令组中单击【显示/隐藏批注】切换按钮，切换批注的“显示”和“隐藏”状态，如图 6-9 所示。

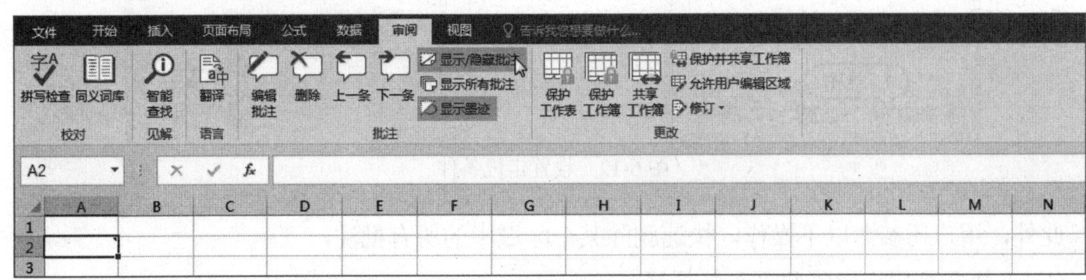

图 6-9　切换显示与隐藏批注

除了上面介绍的方法以外，用户还可以通过单击【审阅】选项卡【批注】命令组中的【显示所有批注】切换按钮，切换所有批注的“显示”或“隐藏”状态。

如果用户需要对单元格中的批注内容进行编辑修改，可以使用以下几种方法。

- 选中包含批注的单元格，选择【审阅】选项卡，在【批注】命令组中单击【编辑批注】按钮。
- 右击包含批注的单元格，在弹出的菜单中选择【编辑批注】命令。
- 选中包含批注的单元格，按下 Shift+F2 组合键。

当单元格创建批注或批注处于编辑状态时，将鼠标指针移动至批注矩形框的边框上方时，鼠标指针会显示为黑色双箭头或者黑色十字箭头图标。当出现前者时，可以通过拖动来改变批注的大小，如图 6-10 所示；当出现后者时，可以通过拖动来移动批注的位置，如图 6-11 所示。

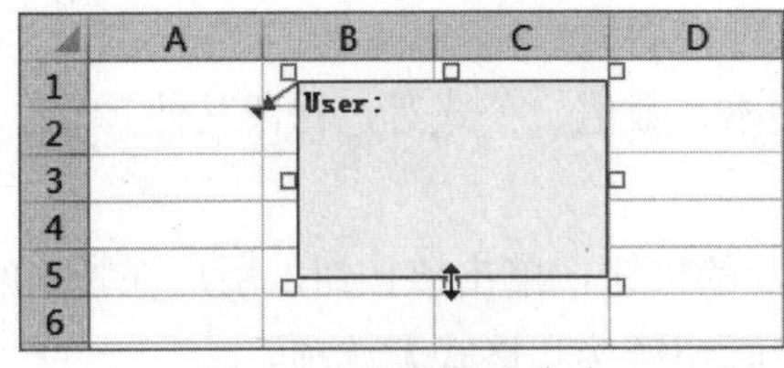

图 6-10　调整批注大小

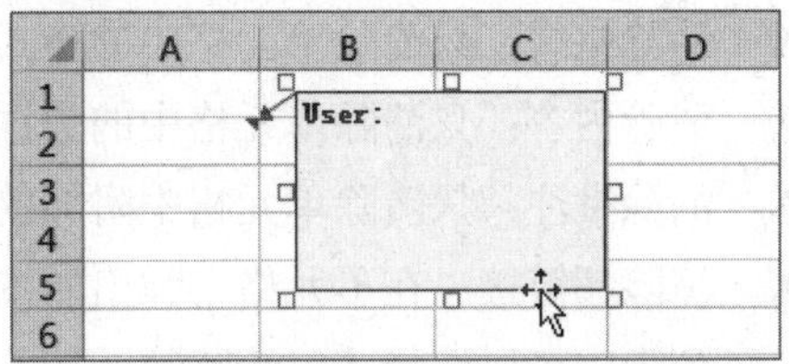

图 6-11　移动批注位置

要删除一个已有的批注，可以在选中包含批注的单元格后，右击，在弹出的菜单中选择【删除批注】命令。或者在【审阅】选项卡的【批注】命令组中单击【删除批注】按钮。

如果用户需要一次性删除当前工作表中的所有批注，具体操作方法如下。

(1) 选择【开始】选项卡，在【编辑】命令组中单击【查找和选择】下拉按钮，在弹出的下拉列表中选择【转到】命令。或者按下 F5 键，打开【定位】对话框。

(2) 在【定位】对话框中单击【定位条件】按钮，打开【定位条件】对话框。选择【批注】单选按钮，然后单击【确定】按钮，如图 6-12 所示。

(3) 选择【审阅】选项卡，在【批注】命令组中单击【删除】按钮即可。

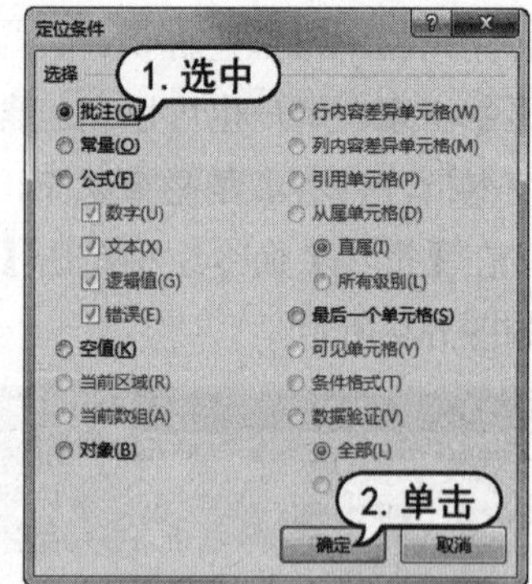

图 6-12　设置定位条件

此外，用户还参考以下操作，快速删除某个区域中的所有批注。

(1) 选择需要删除批注的单元格区域。

(2) 选择【开始】选项卡，在【编辑】命令组中单击【清除】下拉按钮，在弹出的下拉列表中选择【清除批注】命令。

6.2.4　删除单元格中的内容

对于表格中不再需要的单元格内容，如果用需要将其删除，可以先选中目标单元格(或单元格区域)，然后按下 Delete 键，将单元格中所包含的数据删除。但是这样的操作并不会影响单元格中的格式、批注等内容。要彻底地删除单元格中的内容，可以在选中目标单元格(或单元格区域)后，在【开始】选项卡的【编辑】命令组中单击【清除】下拉按钮，在弹出的下拉列表中选择相应的命令，如图 6-13 所示，具体如下。

- 全部清除：清除单元格中的所有内容，包括数据、格式、批注等。
- 清除格式：只清除单元格中的格式，保留其他内容。
- 清除内容：只清除单元格中的数据，包括文本、数值、公式等，保留其他。
- 清除批注：只清除单元格中附加的批注。
- 清除超链接：在单元格中弹出如图 6-14 所示的按钮，单击该按钮，用户在弹出的下拉列表中可以选择【仅清除超链接】或者【清除超链接和格式】选项。
- 删除超链接：清除单元格中的超链接和格式。

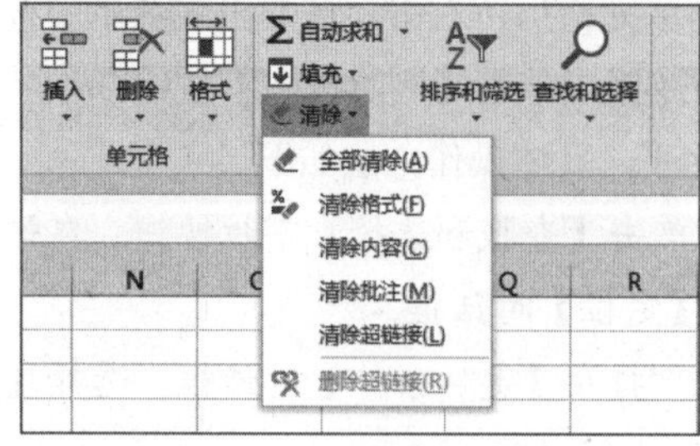

图 6-13　【清除】下拉列表

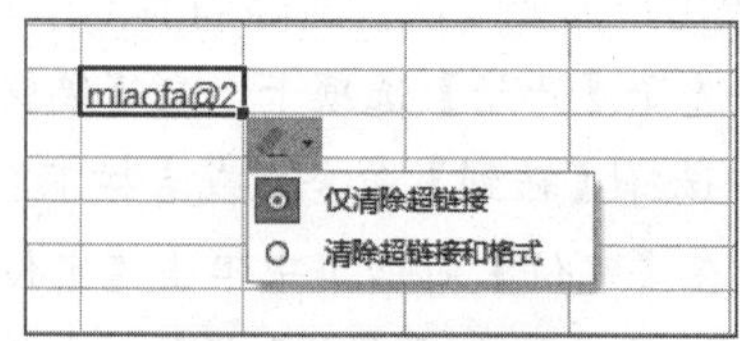

图 6-14　清除超链接

6.3 使用填充与序列

除了通常的数据输入方式以外，如果数据本身包括某些顺序上的关联特性，用户还可以使用 Excel 所提供的填充功能进行快速的批量录入数据。

6.3.1 自动填充

当用户需要在工作表连续输入某些“顺序”数据时，如星期一、星期二、……，甲、乙、丙、……等，可以利用 Excel 的自动填充功能实现快速输入。

应先确保“单元格拖放”功能启动。打开【Excel 选项】对话框，选择【高级】选项卡，然后在对话框右侧的选项区域中选中【启用填充柄和单元格拖放功能】复选框即可，如图 6-15 所示。

【例 6-1】 使用自动填充连续输入 1~10 的数字，连续输入甲、乙、丙等 10 个天干。

(1) 在 A1 单元格中输入 1，在 A2 单元格中输入 2。

(2) 选中 A1:A2 单元格区域，将鼠标移动至区域中的黑色边框右下角，当鼠标指针显示为黑色加号时，向下拖动，直到 A10 单元格时释放鼠标。

(3) 在 B1 单元格中输入“甲”，选中 B1 单元格将鼠标移动至填充柄处，当鼠标指针显示为黑色加号时，双击即可，如图 6-16 所示。

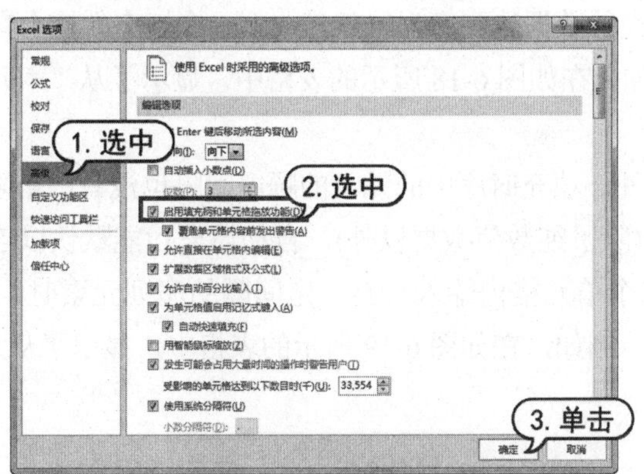

图 6-15 启用填充柄和单元格拖放功能

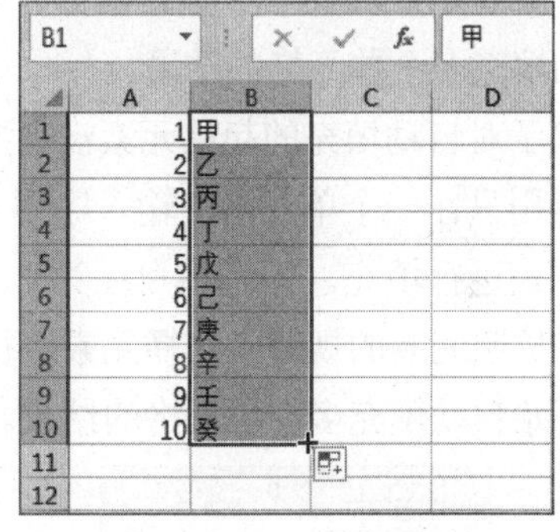

图 6-16 自动填充

除了拖动填充柄执行自动填充操作以外，双击填充柄也可以完成自动填充操作。当数据的目标区域的相邻单元格存在数据时(中间没有单元格)，双击填充柄的操作可以代替拖动填充柄的操作。例如，在【例 6-1】中，与 B1：B10 相邻的 A1：A10 中都存在数据，可以采用填充柄操作。

6.3.2 序列

在 Excel 中可以实现自动填充的“顺序”数据被称为序列。在前几个单元格内输入序列中的元素，就可以为 Excel 提供识别序列的内容及顺序信息，以及 Excel 在使用自动填充功能时，自

动按照序列中的元素、间隔顺序来依次填充。

用户可以在【Excel 选项】对话框中查看可以被自动填充的序列，如图 6-17 所示。

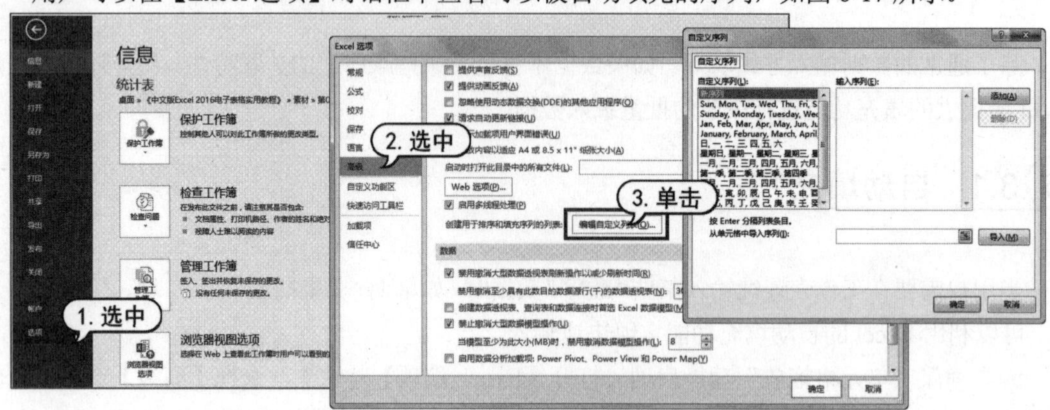

图 6-17　Excel 内置序列及自定义序列

如图 6-17 所示的【自定义序列】对话框左侧的列表中显示了当前 Excel 中可以被识别的序列(所有的数值型、日期型数据都是可以被自动填充的序列，不再显示于列表中)，用户也可以在右侧的【输入序列】文本框中手动添加新的数据序列作为自定义系列，或者引用表格中已经存在的数据列表作为自定义序列进行导入。

Excel 中自动填充的使用方式相当灵活，用户并非必须从序列中的一个元素开始自动填充，而是可以始于序列中的任何一个元素。当填充的数据达到序列尾部时，下一个填充数据会自动取序列开头的元素，循环往复地继续填充。例如，在如图 6-18 所示的表格中，显示了从“六月”开始自动填充多个单元格的结果。

除了对自动填充的起始元素没有要求之外，填充时序中的元素的顺序间隔也没有严格限制。

当用只在一个单元格中输入序列元素时(除了纯数值数据以外)，自动填充功能默认以连续顺序的方式进行填充。而当用户在第一、第二个单元格内输入具有一定间隔的序列元素时，Excel 会自动按照间隔的规律来选择元素进行填充。例如，在如图 6-19 所示的表格中，显示了从六月、九月开始自动填充多个单元格的结果。

	A	B	C
1	六月		
2	七月		
3	八月		
4	九月		
5	十月		
6	十一月		
7	腊月		
8	正月		
9	二月		
10	三月		
11	四月		
12	五月		
13	六月		
14	七月		
15	八月		
16			
17			

图 6-18　循环往复地重复序列中的数据

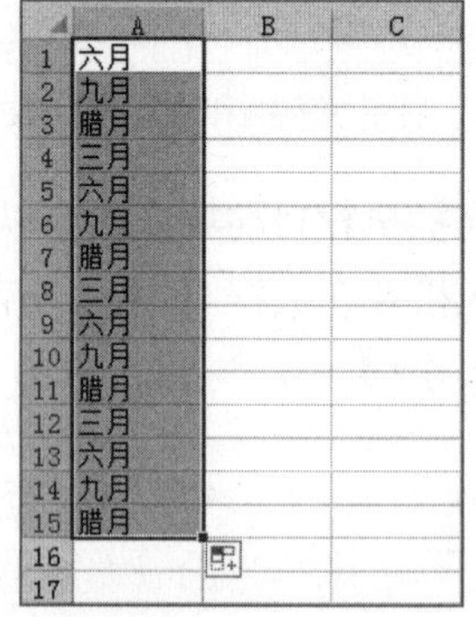

图 6-19　非连续序列元素的自动填充

但是，如果用户提供的初始信息缺乏线性的规律，不符合序列元素的基本排列顺序，则 Excel

不能识别为序列。此时，使用填充功能并不能使填充区域出现序列内的其他元素，而只是单纯实现复制功能效果。

6.3.3　填充选项

自动填充完成后，填充区域的右下角将显示【填充选项】按钮，将鼠标指针移动至该按钮上并单击，在弹出的菜单中可显示更多的填充选项，如图 6-20 所示。

在图 6-20 所示的菜单中，用户可以为填充选择不用的方式，如【填充格式】、【不带格式填充】、【快速填充】等，甚至可以将填充方式改为复制，使数据不再按照序列顺序递增，而是与最初的单元格保持一致。填充选项按钮下拉菜单中的选项内容取决于所填充的数据类型。例如，图 6-21 所示的填充目标数据是日期型数据，则在菜单中显示了更多日期有关的选项，如【以月填充】、【以年填充】等。

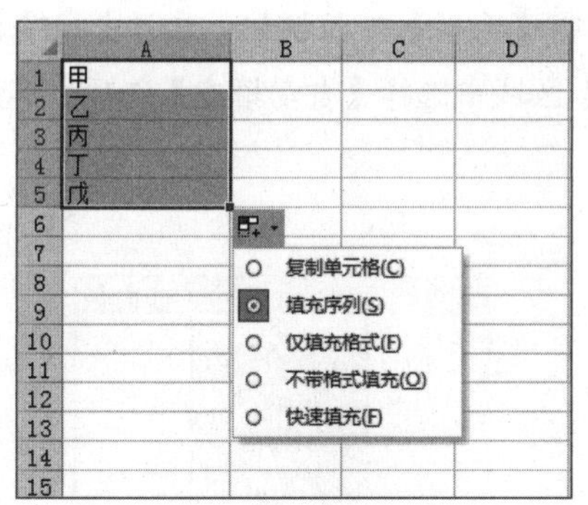

图 6-20　填充选项菜单

图 6-21　日期型数据填充选项

除了使用填充选项按钮可以选择更多填充方式以外，用户还可以从右键菜单中选择如图 6-20、图 6-21 所示的菜单命令，具体方法为：右击并拖动填充柄，在达到目标单元格时释放邮件，此时将弹出一个快捷菜单，该菜单中显示了与图 6-20、6-21 类似的填充选项。

6.3.4　使用填充菜单

除了可以通过拖动或者双击填充柄的方式进行自动填充以外，使用 Excel 功能区中的填充命令，也可以在连续单元格中批量输入定义为序列的数据内容。

(1) 选择【开始】选项卡，在【编辑】命令组中单击【填充】下拉按钮。在弹出的下拉列表中选择【序列】命令，打开【序列】对话框。

(2) 在【序列】对话框中，用户可以选择序列填充的方向为【行】或者【列】。也可以根据需要填充的序列数据类型，选择不同的填充方式，如图 6-22 所示。

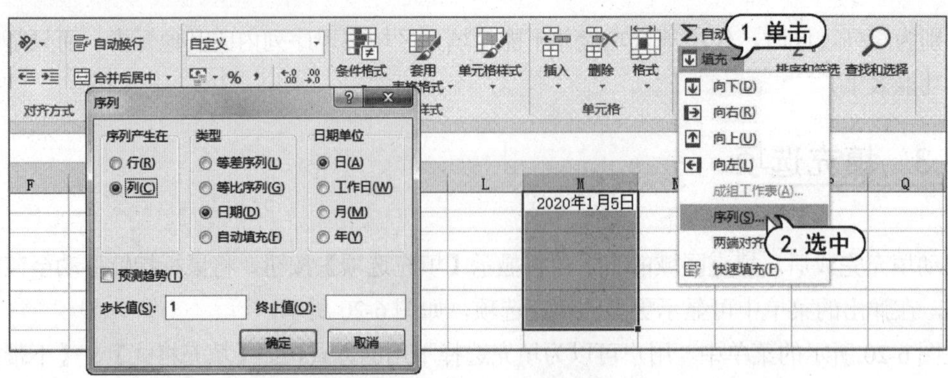

图 6-22　打开【序列】对话框

1. 文本型数据序列

对于包含文本型数据的序列，如内置的序列“甲、乙、丙、……葵”。在【序列】对话框中，实际可用的填充类型只有【自动填充】，具体操作方法如下。

(1) 在单元格中输入需要填充的序列元素，如“甲”。

(2) 选中输入序列元素的单元格以及相邻的目标填充区域。

(3) 选择【开始】选项卡。在【编辑】命令组中单击【系列】下拉按钮，在弹出的下拉列表中选择【序列】命令，打开【序列】对话框。在【类型】区域中选择【自动填充】选项，单击【确定】按钮，如图 6-23 所示。

(4) 此时，单元格区域的填充效果如图 6-24 所示。

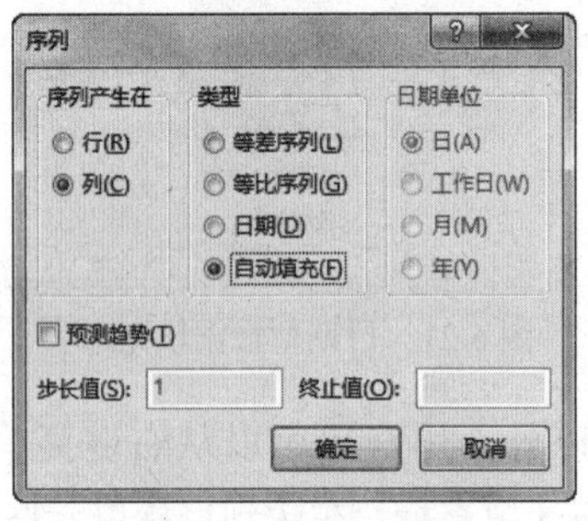

图 6-23　设置自动填充

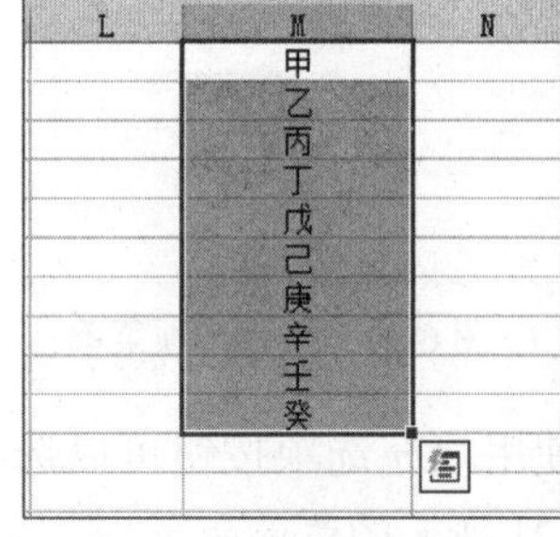

图 6-24　数据填充效果

文本型数据序列的填充方式与使用填充柄的自动填充方式十分相似，用户也可以在前两个单元格中输入具有一定间隔的序列元素，使用相同的操作方式填充出具有相同间隔的连续单元格区域。

2. 数值型数据序列

对于数值型数据，用户可以采用以下两种填充类型。

- 等差序列：使数值数据按照固定的差值间隔依次填充，需要在【步长值】文本框内输入此固定差值。
- 等比数列：使数值数据按照固定的比例间隔依次填充，需要在【步长值】文本框内输入此固定比例值。

对于数值型数据，用户还可以在【序列】对话框的【终止值】文本框内输入填充的最终目标数据，以确定填充单元格区域的范围。在输入终止值的情况下，用户无须预先选取填充目标区域即可完成填充操作。

除了用户手动设置数据变化规律以外，Excel 还具有自动测算数据变化趋势的能力。当用户提供连续两个以上单元格数据时，选定这些数据单元格和目标填充区域，然后选中【序列】对话框内的【预测趋势】复选框，并且选择数据填充类型(等比或者等差序列)，然后单击【确定】按钮即可使 Excel 自动测算数据变化趋势并且进行填充操作。例如，如图 6-25 所示为 1、3、9，选择等比方式进行预测趋势填充效果。

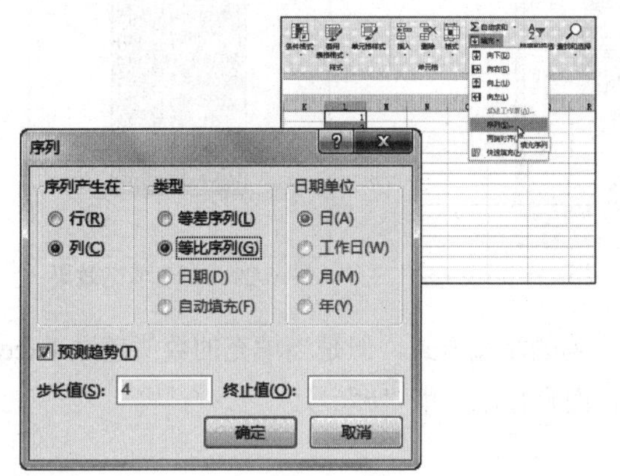

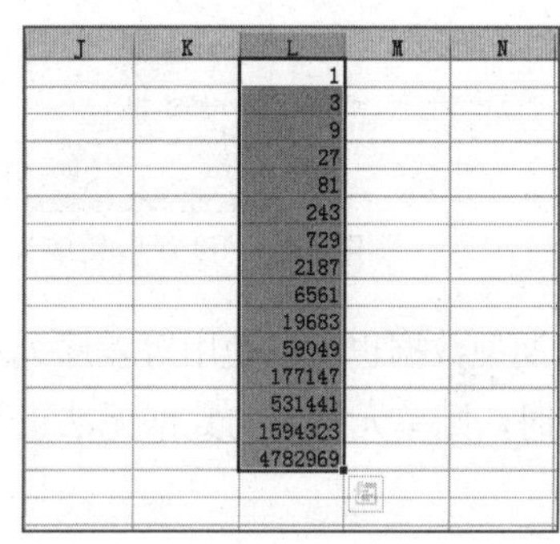

图 6-25　预测趋势的数值填充

3. 日期型数据序列

对于日期型数据，Excel 会自动选中【序列】对话框中的【日期】类型。同时，右侧【日期单位】选项区域中的选项将以高亮显示，用户可以对其进一步设置，如图 6-26 所示。

- 【日】：填充时以天数作为日期数据传递变化的单位，如图 6-26 所示。
- 【工作日】：填充时同样以天数作为日期数据递增变化的单位，但是其中不包含周末以及定义过的节假日，如图 6-27 所示。

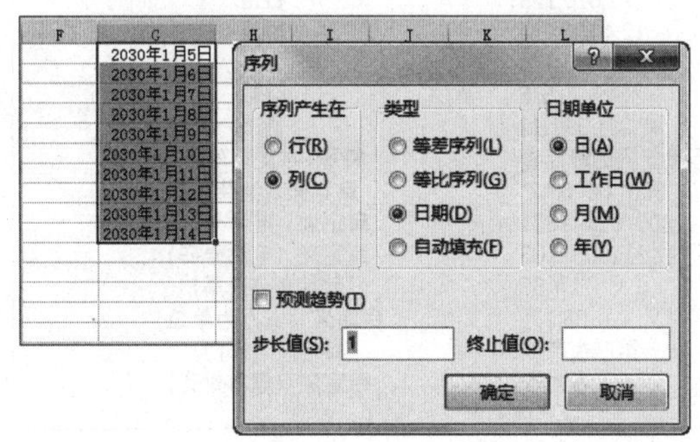

图 6-26　日期单位为【日】

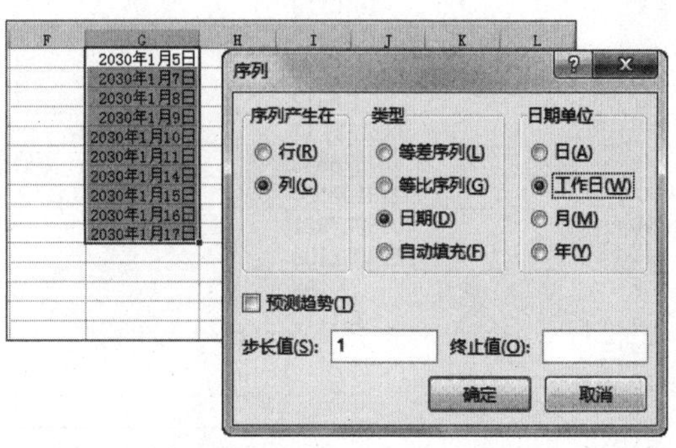

图 6-27　日期单位为【工作日】

◉ 【月】：填充时以月份作为日期数据递增变化的单位。

◉ 【年】：填充时以年份作为日期数据递增变化的单位。

选中以上任意选项后，需要在【序列】对话框的【步长值】文本框中输入日期组成部分递增变化的间隔值。此外，用户还可以在【终止值】文本框中输入填充的最终目标日期，以确定填充单元格区域的范围。以图 6-28 为例，显示了 2030 年 1 月 20 日为初始日期，在【序列】对话框中选择按【月】变化，【步长值】为 3 的填充效果如图 6-29 所示。

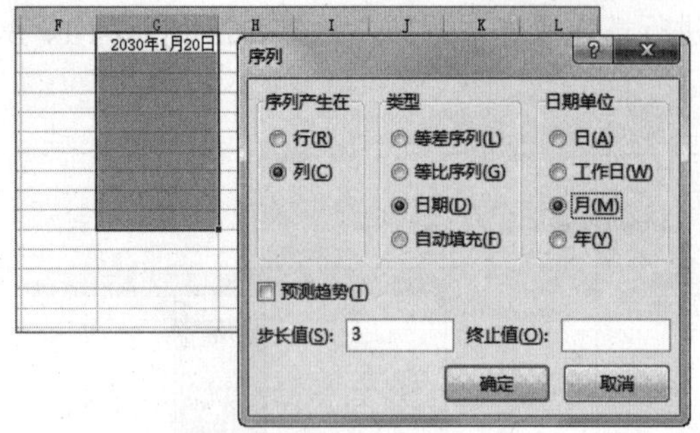

图 6-28　设置步长值为 3

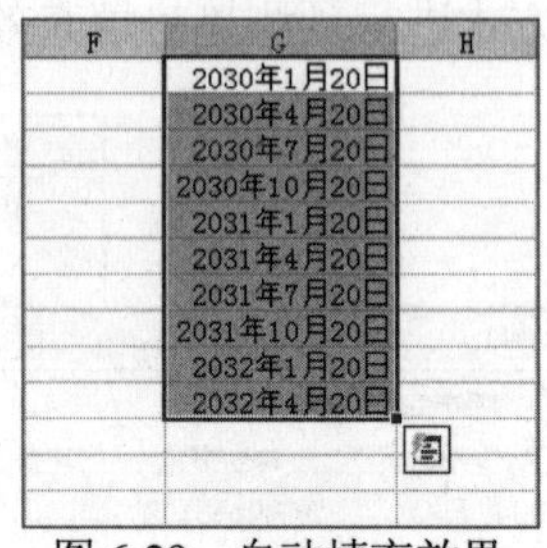

图 6-29　自动填充效果

日期型数据也可以使用等差序列和等比序列的填充方式，但是当填充的数值超过 Excel 的日期范围时，则单元格中的数据无法正常显示，而是显示一串“#”号。

6.4　设置数据的数字格式

Excel 提供多种对数据进行格式化的功能，除了对齐、字体、字号、边框等常用的格式化功能以外，更重要的是其“数字格式”功能。该功能可以根据数据的意义和表达需求来调整显示外观，完成匹配展示的效果。例如，在图 6-30 中，通过对数据进行格式化设置，可以明显地提高数据的可读性。

	A	B	C
1	原始数据	格式化后的显示	格式类型
2	42856	2017年5月1日	日期
3	-1610128	-1,610,128	数值
4	0.531243122	12:44:59 PM	时间
5	0.05421	5.42%	百分比
6	0.8312	5/6	分数
7	7321231.12	¥7,321,231.12	货币
8	876543	捌拾柒万陆仟伍佰肆拾叁	特殊-中文大写数字
9	3.213102124	000° 00′ 03.2″	自定义（经纬度）
10	4008207821	400-820-7821	自定义（电话号码）
11	2113032103	TEL:2113032103	自定义（电话号码）
12	188	1米88	自定义（身高）
13	381110	38.1万	自定义（以万为单位）
14	三	第三生产线	自定义（部门）
15	右对齐	右对齐	自定义（靠右对齐）
16			

图 6-30　通过设置数据格式提高数据的可读性

Excel 内置的数字格式大部分适用于数值型数据，因此称之为“数字”格式。但数字格式并

非数值数据专用，文本型的数据同样也可以被格式化。用户可以通过创建自定义格式，为文本型数据提供各种格式化的效果。

对单元格中的数据应用格式，可以使用以下几种方法。

- 选择【开始】选项卡，在【数字】命令组中使用相应的按钮，如图 6-31 所示。
- 打开【单元格格式】对话框，选择【数字】选项卡。
- 使用快捷键应用数字格式。

在 Excel【开始】选项卡的【数字】命令组中，【数字格式】命令组会显示活动单元格的数字格式类型。单击其中的下拉按钮，可以选择如图 6-32 所示的 12 种数字格式。

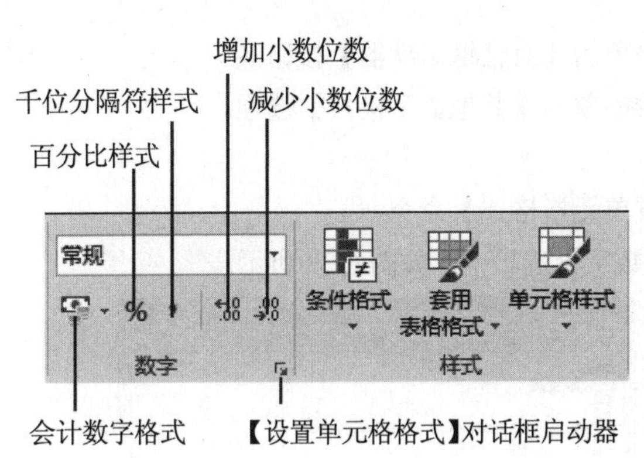

图 6-31　【数字】命令组

图 6-32　12 种数字格式

在工作表中选中包含数值的单元格区域，然后单击图 6-31 所示的按钮或选项，即可应用相应的数字格式。【数字】命令组中各个按钮的功能说明如下。

- 【会计数字格式】：在数值开头添加货币符号，并为数值添加千位分隔符，数值显示两位小数。
- 【百分比样式】：以百分数形式显示数值。
- 【千位分隔符样式】：使用千位分隔符分隔数值，显示两位小数。
- 【增加小数位数】：在原数值小数位数的基础上增加一位小数位。
- 【减少小数位数】：在原数值小数位数的基础上减少一位小数位。

6.4.1　使用快捷键应用数字格式

通过键盘快捷键也可以快速地对目标单元格和单元格区域设定数字格式，具体如下。

- Ctrl+Shift+~组合键：设置为常规格式，即不带格式。
- Ctrl+Shift+%组合键：设置为百分数格式，无小数部分。
- Ctrl+Shift+^组合键：设置为科学计数法格式，含两位小数。

- Ctrl+Shift+#组合键：设置为短日期格式。
- Ctrl+Shift+@组合键：设置为时间格式，包含小时和分钟显示。
- Ctrl+Shift+!组合键：设置为千位分隔符显示格式，不带小数。

6.4.2 使用【单元格格式】对话框应用数字格式

若用户希望在更多的内置数字格式中进行选择，可以通过【单元格格式】对话框中的【数字】选项卡来进行数字格式设置。选中包含数据的单元格或区域后，有以下几种等效方式可以打开【单元格格式】对话框。

- 在【开始】选项卡的【数字】命令组中单击【对话框启动器】按钮。
- 在【数字】命令组的【格式】下拉列表中单击【其他数字格式】选项。
- 按下 Ctrl+1 组合键。
- 右击鼠标，在弹出的菜单中选择【设置单元格格式】命令。

打开【设置单元格格式】对话框后，选择【数字】选项卡，如图 6-33 所示。

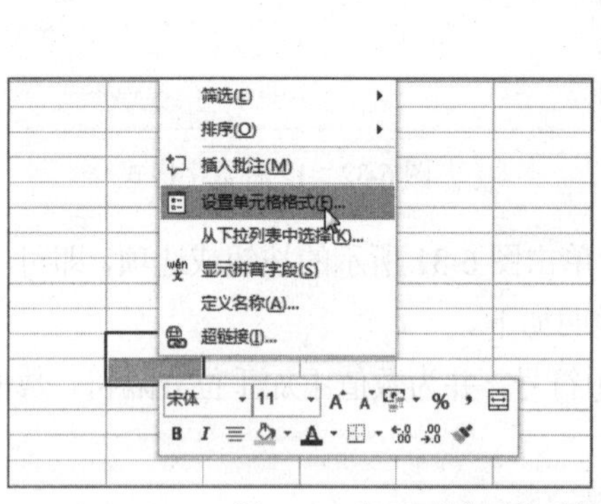

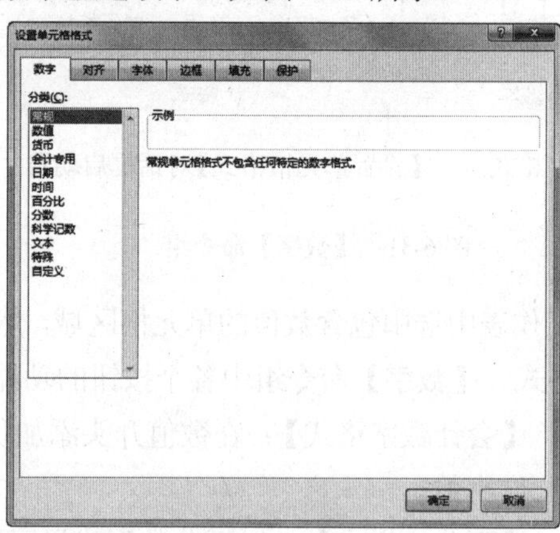

图 6-33 打开【设置单元格格式】对话框的【数字】选项卡

在【数字】选项卡中【分类】列表中显示了 Excel 内置的 12 类数字格式，除了【常规】和【文本】外，其他每一种格式类型中都包含了更多的可选择样式或选项。在【分类】列表中选择一种格式类型后，对话框右侧就会显示相应的选项区域，并根据用户所做的选择将预览效果显示在“示例”区域中。

【例 6-2】将图 6-34 所示表格中的数值设置为人民币格式(显示两位小数，负数显示为带括号的红色字体)。

(1) 选中 A1:B5 单元格区域，如图 6-34 所示，按下 Ctrl+1 组合键打开【设置单元格格式】对话框。

(2) 在【分类】列表框中选择【货币】选项。在对话框右侧的【小数负数】微调框中设置数值为 2。在【货币符号】下拉列表中选择¥，最后在【负数】下拉列表中选择带括号的红色字体样式。

(3) 单击【确定】按钮格式化后，单元格的显示效果如图 6-35 所示。

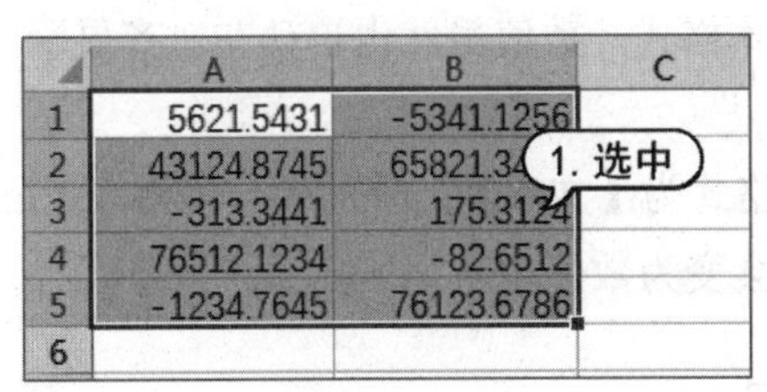

图 6-34　数值

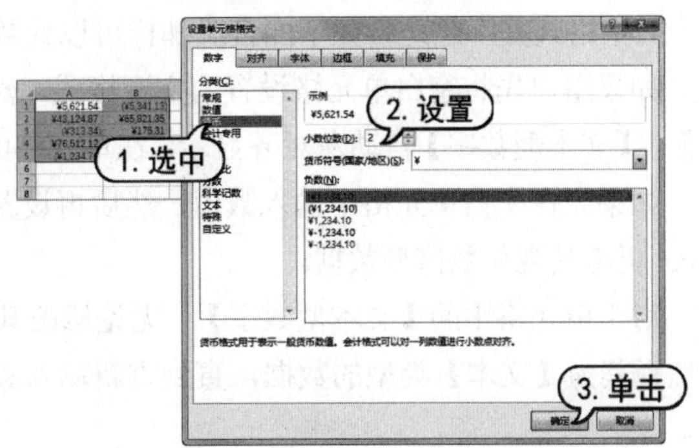

图 6-35　设置数值显示为人民币格式

在【设置单元格格式】对话框中，主要数字格式的详细说明如下。

- 常规：数据的默认格式，即未进行任何特殊设置的格式。
- 数值：可以设置小数位数、选择是否添加千位分隔符，负数可以设置特殊样式(包括显示负号、显示括号、红色字体等几种格式)。
- 货币：可以设置小数位数、货币符号。负数可以设置特殊样式(包括显示负号、显示括号、红色字体等几种样式)。数字显示自动包含千位分隔符。
- 会计专用：可以设置小数位数、货币符号，数字显示自动包含千位分隔符。与货币格式不同的是，本格式将货币符号置于单元格最左侧进行显示。
- 日期：可以选择多种日期显示模式，其中包括同时显示日期和时间的模式。
- 时间：可以选择多种时间显示模式。
- 百分比：可以选择小数位数。数字以百分数形式显示。
- 分数：可以设置多种分数，包括显示一位数分母、两位数分母等。
- 科学记数：以包含指数符号(E)的科学记数形式显示数字，可以设置显示的小数位数。
- 文本：将数值作为文本处理。
- 特殊：包含了几种以系统区域设置为基础的特殊格式。在区域设置为“中文(中国)”的情况下，包括 3 种允许用户自己定义格式，其中 Excel 已经内置了部分自定义格式，内置的自定义格式不可删除。

6.5　处理文本型数字

【文本型数字】是 Excel 中的一种比较特殊的数据类型，它的数据内容是数值，但作为文本类型进行存储，具有和文本类型数据相同的特征。

6.5.1　设置【文本】数字格式

【文本】格式是特殊的数字格式，它的作用是设置单元格数据为“文本”。在实际应用中，这一数字格式并不总是会如字面含义那样可以让数据在“文本”和“数值”之间进行转换。

如果用户先将空白单元格设置为文本格式，然后输入数值，Excel 会将其存储为【文本型数字】。【文本型数字】自动左对齐显示，在单元格的左上角显示绿色三角形符号，如图 6-36 所示。

如果先在空白单元格中输入数值，然后再设置为文本格式，数值虽然也自动左对齐显示，但 Excel 仍将其视作数值型数据。

对于单元格中的【文本型数字】，无论修改其数字格式为【文本】之外的哪一种格式，Excel 仍然视其为【文本】类型的数据，直到重新输入数据才会变为数值型数据。

6.5.2 将文本型数据转换为数值型数据

【文本型数字】所在单元格的左上角显示绿色三角形符号，此符号为 Excel【错误检查】功能的标识符，它用于标识单元格可能存在某些错误或需要注意的特点。选中此类单元格，会在单元格一侧出现【错误检查选项】按钮，单击该按钮右侧的下拉按钮会显示如图 6-37 所示的菜单。

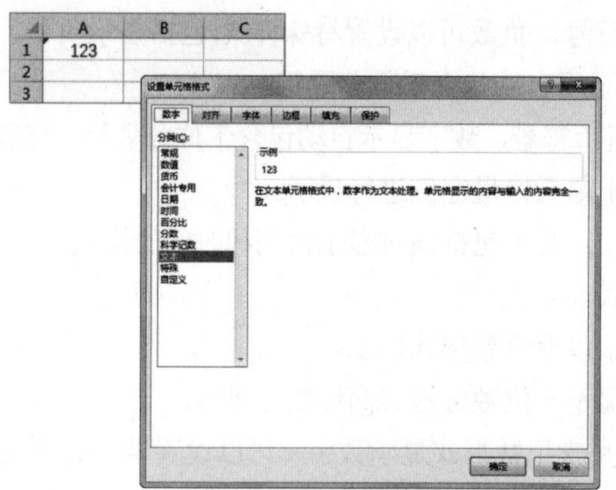

图 6-36 将数值设置为【文本】格式

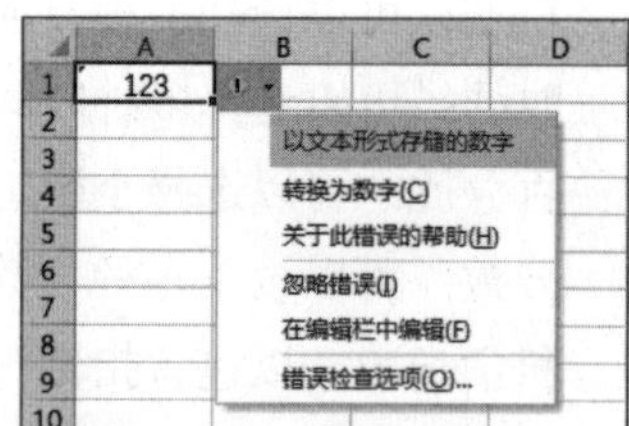

图 6-37 错误检查选项菜单

在如图 6-37 所示的下拉菜单中的【以文本形式存储的数字】命令，显示了当前单元格的数据状态。此时，如果选择【转换为数字】命令，单元格中的数据将会转换为数值型。

如果用户需要保留这些数据为【文本型数字】类型，而又不需要显示绿色三角符号的显示，可以在如图 6-37 所示的菜单中选择【忽略错误】命令，关闭此单元格的【错误检查】功能。

如果用户需要将【文本型数字】转换为数值，对于单个单元格，可以借助错误检查功能提供的菜单命令。而对于多个单元格，则可以参考下面介绍的方法进行转换。

【例 6-3】将文本型数字转换为数值。

(1) 打开工作表，选中工作表中的一个空白单元格，按下 Ctrl+C 组合键。

(2) 选中 A1:B5 单元格区域，右击鼠标，在弹出的菜单中选择【选择性粘贴】命令，在弹出的【选择性粘贴】子菜单中选择【选择性粘贴】命令，如图 6-38 所示。

(3) 打开【选择性粘贴】对话框。选中【加】单选按钮，然后单击【确定】按钮即可将 A1:B5 单元格区域转换为数值，如图 6-39 所示。

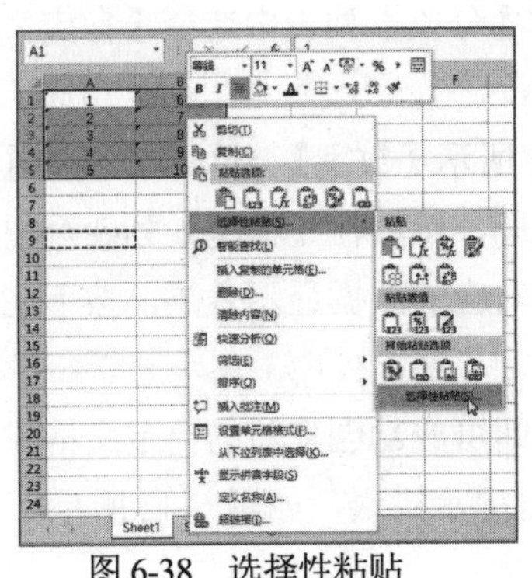

图 6-38　选择性粘贴

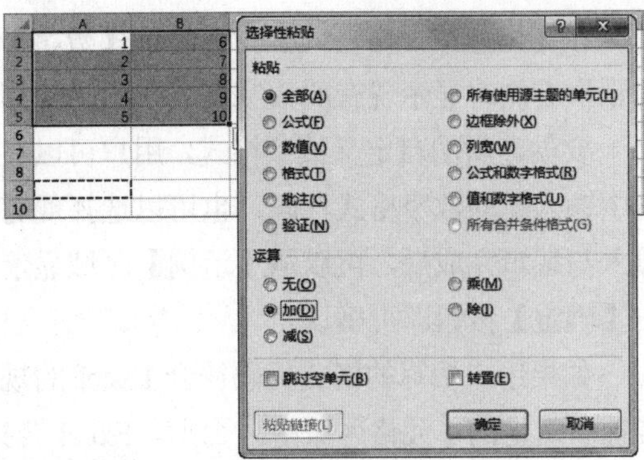

图 6-39　批量转换文本型数字为数值

6.5.3　将数值型数据转换为文本型数据

如果要将工作表中的数值型数据转换为文本型数字，可以先将单元格设置为【文本】格式。然后双击单元格或按下 F2 键激活单元格的编辑模式，最后按下 Enter 键即可。但是此方法只对单个单元格起作用。如果要同时将多个单元格的数值转换为文本类型，且这些单元格在同一列，可以参考以下方法进行操作。

(1) 选中位于同一列的包含数值型数据的单元格区域，选择【数据】选项卡，在【数据工具】命令组中单击【分列】按钮。

(2) 打开【文本分列向导-第 1 步】对话框，连续单击【下一步】按钮。

(3) 打开【文本分列向导-第 3 步】对话框，选中【文本】单选按钮，单击【完成】按钮，如图 6-40 所示。

(4) 此时，被选中区域中的数值型数据转换为文本型数据，如图 6-41 所示。

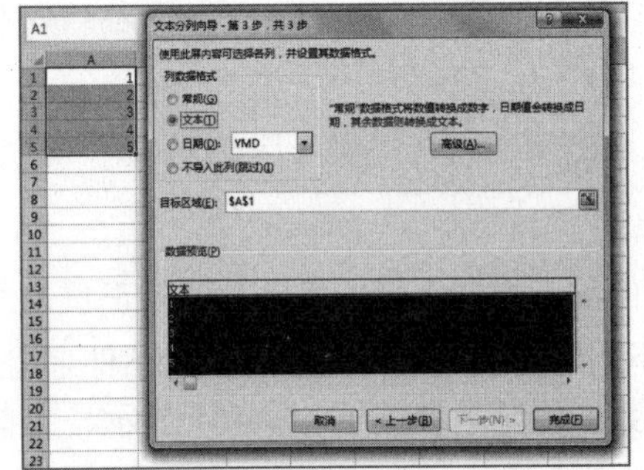

图 6-40　【文本分列向导】对话框

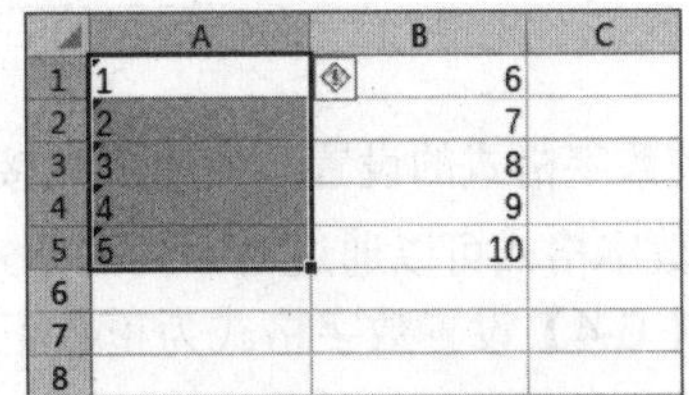

图 6-41　数据格式转换结果

6.6　自定义数字格式

在【单元格格式】对话框的【数字】选项卡中，【自定义】类型包括了更多用于各种情况的数字格式，并且允许用户创建新的数字格式。此类型的数字格式都使用代码方式保存。

在【设置单元格格式】对话框的【数字】选项卡的【分类】列表中选择【自定义】类型，在对话框右侧将显示现有的数字格式代码，如图 6-42 所示。

要创建新的自定义数字格式，用户可以在如图 6-42 所示【数字】选项卡右侧的【类型】列表框中输入新的数字格式代码，也可以选择现有的格式代码，然后在【类型】列表框中进行编辑。输入与编辑完成后，可以从【示例】区域显示格式代码对应的数据显示效果，按下 Enter 键或单击【确定】按钮即可确认。

如果用户编写的格式代码符合 Excel 的规则要求，即可成功创建新的自定义格式，并应用于当前所选定的单元格区域中。否则，Excel 会打开对话框提示错误，如图 6-42 所示。

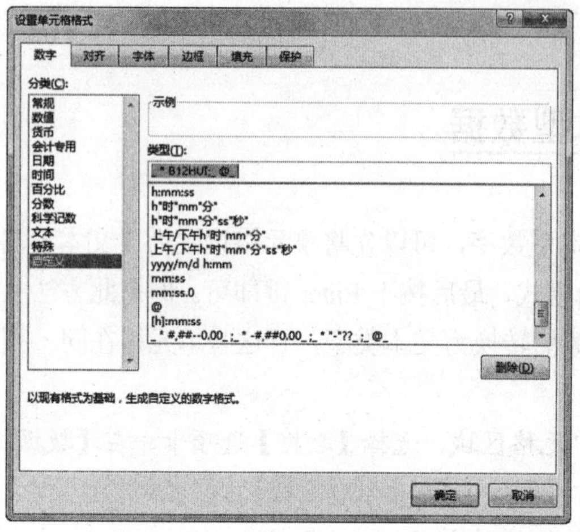

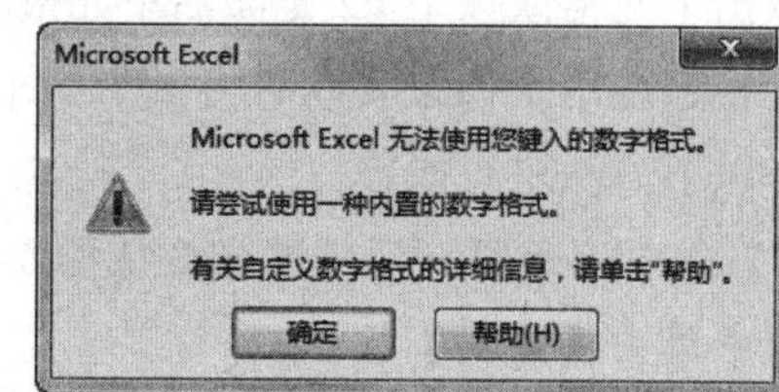

图 6-42　自定义格式代码错误的警告提示信息

用户创建的自定义格式仅保存在当前工作簿中。如果用户要将自定义的数字格式应用于其他工作簿，除了将格式代码复制到目标工作簿的自定义格式列表中以外，将包含此格式的单元格直接复制到目标工作簿也是一种非常方便的方式。

6.6.1　以不同方式显示分段数字

通过数字格式的设置，使用户直接能够从数据的显示方式上轻松判断数值的正负、大小等信息。此类数字格式可以通过对不同的格式区段设置不同的显示方式以及设置区段条件来达到效果。

【例 6-4】设置数字格式为正数正常显示、负数红色显示带负号、零值不显示、文本显示为“ERR!”。

(1) 打开如图 6-43 所示的工作表选中 A1:B5 单元格区域，打开【设置单元格格式】对话框。选择【自定义】选项，在【类型】文本框中输入如下公式。

```
G/通用格式;[红色]-G/通用格式; ;"ERR!"
```

(2) 单击【确定】按钮后，自定义数字格式的效果如图 6-44 所示。

	A	B	C
1	5621.5431	-5341.1256	
2	43124.8745	65821.3456	
3	ERR!	175.3124	
4	76512.1234	文本	
5	-1234.7645	76123.6786	
6			

图 6-43　设置单元格区域

	A	B	C
1	5621.5431	-5341.1256	
2	43124.8745	65821.3456	
3		175.3124	
4	76512.1234	ERR!	
5	-1234.7645	76123.6786	
6			

图 6-44　正数、负数、零值、文本不同显示方式

【例 6-5】设置数字格式为，小于 1 的数字以两位小数的百分数显示，其他情况以普通的两位小数数字显示，并且以小数点位置对齐数字。

(1) 打开如图 6-45 所示的工作表选中 A1:B5 单元格区域，打开【设置单元格格式】对话框。选择【自定义】选项，在【类型】文本框中输入如下信息。

```
[<1]0.00%; #.00_%
```

(2) 单击【确定】按钮后，自定义数字格式的效果如图 6-46 所示。

	A	B	C
1	1	5.3	
2	0.2	12.7	
3	4.6	0.13	
4	0.67	1.46	
5	3	8.31	
6			

图 6-45　选择单元格区域

	A	B	C
1	1.00	5.30	
2	20.00%	12.70	
3	4.60	13.00%	
4	67.00%	1.46	
5	3.00	8.31	
6			

图 6-46　自动显示百分比数

6.6.2　以不同的单位显示数值

所谓“数值单位”指的是“十、百、千、万、十万、百万”等十进制数字单位。在大多数英语国家中，习惯以“千(Thousand)”和“百万(Milion)”作为数值单位，千位分隔符就是其中的一种表现形式。而在中文环境中，常以“万”和“亿(即万万)”作为数值单位。通过设置自定义数字格式，可以方便地令数值以不同的单位来显示。

【例 6-6】设置以万为单位显示数值。

(1) 打开如图 6-47 所示的工作表依次选中 A1:A4 单元格。打开【设置单元格格式】对话框，选择【自定义】选项，在【类型】文本框中分别输入如下内容。

```
0!.0,
0"万"0,
0!.0,"万"
0!.0000"万元"
```

(2) 自定义数字格式的效果如图 6-48 所示。

	A	B	C
1	528315		
2	17631		
3	883131		
4	183133		
5			
6			

图 6-47　单元格中的数值

	A	B	C
1	52.8		
2	1万8		
3	88.3万		
4	18.3133万元		
5			
6			

图 6-48　以万为单位显示数值

6.6.3 以不同方式显示分数

用户可以使用以下一些格式代码显示分数值。

◉ 常见的分数形式，与内置的分数格式相同，包含整数部分和真分数部分。

```
# ?/?
```

◉ 以中文字符“又”替代整数部分与分数部分之间的连接符，符合中文的分数读法。

```
#"又"?/?
```

◉ 以运算符号“+”替代整数部分与分数部分之间的连接符，符合分数的实际数学含义。

```
#"+"?/?
```

◉ 以假分数的形式显示分数。

```
?/?
```

◉ 分数部分以 20 为分母显示。

```
# ?/20
```

◉ 分数部分以 50 为分母显示。

```
# ?/50
```

6.6.4 以多种方式显示日期和时间

用户可以使用以下一些格式代码显示日期数据。

◉ 以中文“年月日”以及“星期”来显示日期，符合中文使用习惯。

```
yyyy"年"m"月"d"日"aaaa
```

◉ 以中文小写数字形式来显示日期中的数值。

```
[DBNum1]yyyy"年"m"月"d"日"aaaa
```

◉ 符合英语国家习惯的日期及星期显示方式。

```
d-mmm-yy,dddd
```

◉ 以“.”号分隔符间隔的日期显示，符合某些人的使用习惯。

```
yyyy.m.d
```

◉ 在年月日数字外显示方括号，类似某些网络日志、数字时钟等方面的日期显示习惯。

```
![yyyy!]![mm!]![dd!]
```

或

```
"["yyyy"]["mm"]["dd"]"
```

◉ 仅显示星期几，前面加上文本前缀，适合于某些动态日历的文字化显示。

```
"今天"aaaa
```

用户可以使用以下一些格式代码显示时间数据。

◉ 以中文“点分秒”以及“上下午”的形式来显示时间，符合中文使用习惯。

```
上午/下午  h"点"mm"分"ss"秒"
```

◉ 符合英语国家习惯的 12 小时制时间显示方式。

```
h:mm a/p".m."
```

◉ 符合英语国家习惯的 24 小时制时间显示方式。

```
mm'ss.00!"
```

6.6.5　显示电话号码

电话号码是工作和生活中常见的一类数字信息。通过自定义数字格式，可以在 Excel 中灵活显示并且简化用户输入操作。

对于一些专用业务号码，如 400 电话、800 电话等，使用以下格式可以使业务号段前置显示，使业务类型一目了然。

```
"tel: "000-000-0000
```

以下格式适用于长途区号自动显示，其中本地号码段长度固定为 8 位。由于我国的城市长途区号分为 3 位(如 010)和 4 位(0511)这两类。代码中的“(0###)”适应了小于等于 4 位区号的不同情况，并且强制显示了前置 0。后面的八位数字占位符“#”是实现长途区号本地号码分离的关键，也决定了此格式只适用于 8 位本地号码的情况。

```
(0###)   #### ####
```

在以上格式的基础上，下面的格式添加了转拨分机号的显示。

```
(0###)   #### ####"转"####
```

6.6.6　简化输入操作

在某些情况下，使用带有条件判断的自定义格式可以简化用户的输入操作，起到类似于“自动更正”功能的效果，如以下例子。

使用以下格式代码，可以用数字 0 和 1 代替×和√的输入。由于符号√的输入并不方便，而通过设置包含条件判断的格式代码，可以使得当用户输入 1 时自动替换为√显示，输入 0 时自动替换为×显示，以输入 0 和 1 的简便操作代替了原有特殊符号的输入。如果输入的数值既不是 1，也不是 0，将不显示。

```
[=1] "√";[=0] "×";;
```

用户还可以设计一些类似上面的数字格式，在输入数据时以简单的数字输入来替代复杂的文本输入，并且方便数据统计，而在显示效果时以含义丰富的文本来替代信息单一的数字。例如，在输入数值于零时显示“YES”，等于零时显示“NO”，小于零时显示空。

```
"YES";;"NO"
```

使用以下格式代码可以在需要大量输入有规律的编码时，极大程度地提高效率。例如，特定前缀的编码，末尾是 5 位流水号。

```
"苏 A-2017"-00000
```


6.6.7 隐藏某些类型的数据

通过设置数字格式，还可以在单元格内隐藏某些特定类型的数据，甚至隐藏整个单元格的内容显示。但需要注意的是，这里所谓的“隐藏”只是在单元格显示上的隐藏。当用户选中单元格，其真实内容还是会显示在编辑栏中。

使用以下格式代码，可以设置当单元格数值大于 1 时才有数据显示，隐藏其他类型的数据。格式代码分为 4 个区段，第 1 区段当数值大于 1 时常规显示，其余区段均不显示内容。

```
[>1]G/通用格式;;;
```

以下代码分为 4 个区段，第 1 区段当数值大于零时，显示包含 3 位小数的数字；第 2 区段当数值小于零时，显示负数形式的包含 3 位小数的数字；第 3 区段当数值等于零时显示零值；第 4 区段文本类型数据以“*”代替显示。其中第 4 区段代码中的第一个“*”表示重复下一个字符来填充列宽，而紧随其后的第二个“*”则是用来填充的具体字符。

```
0.000;-0.000;0;**
```

以下格式代码为 3 个区段，分别对应于数值大于、小于及等于零的 3 种情况，均不显示内容。因此这个格式的效果为只显示文本类型的数据。

```
;;
```

以下代码为 4 个区段，均不显示内容，因此这个格式的效果为隐藏所有的单元格内容。此数

字格式通常被用来实现简单的隐藏单元格数据，但这种“隐藏”方式并不彻底。

```
;;;
```

6.6.8　文本内容的附加显示

数字格式在多数情况下主要应用于数值型数据的显示需求，但用户也可以创建出主要应用于文本型数据的自定义格式，为文本内容的显示增添更多样式和附加信息。例如，有以下一些针对文本数据的自定义格式。

下面所示的格式代码为 4 个区段，前 3 个区段禁止非文本型数据的显示，第 4 区段为文本数据增加了一些附加信息。此类格式可用于简化输入操作，或是某些固定样式的动态内容显示(如公文信笺标题、署名等)，用户可以按照此种结构根据自己的需要创建出更多式样的附加信息类自定义格式。

```
;;;"南京分公司"@"部"
```

文本型数据通常在单元格中靠左对齐显示，设置以下格式可以在文本左边填充足够多的空格使文本内容显示为靠右侧对齐。

```
;;;*@
```

下面所示的格式在文本内容的右侧填充下划线“_”，形成类似签名栏的效果，可用于一些需要打印后手动填写的文稿类型。

```
;;; @*_
```

6.7　复制与粘贴单元格及区域

用户如果需要将工作表中的数据从一处复制或移动到其他位置，在 Excel 中可以参考以下方法操作。

- 复制：选择单元格区域后，执行【复制】操作，然后选取目标区域，按下 Ctrl+V 组合键执行【粘贴】操作。
- 移动：选择单元格区域后，执行【剪切】操作，然后选取目标区域，按下 Ctrl+V 组合键执行【粘贴】操作。

复制和移动的主要区别在于，复制是产生源区域的数据副本，最终效果不影响源区域；而移动则是将数据从源区域移走。

6.7.1 复制单元格和区域

用户可以参考以下几种方法复制单元格和区域。

- 选择【开始】选项卡，在【剪贴板】命令组中单击【复制】按钮。
- 按下 Ctrl+C 组合键。
- 右击选中的单元格区域，在弹出的菜单中选择【复制】命令。

完成以上操作将会把目标单元格或区域中的内容添加到剪贴板中(这里所指的“内容”不仅包括单元格中的数据，还包括单元格中的任何格式、数据有效性，以及单元格的批注)。

6.7.2 剪切单元格和区域

用户可以参考以下几种方法剪切单元格和区域。

- 选择【开始】选项卡，在【剪贴板】命令组中单击【剪切】按钮。
- 按下 Ctrl+X 组合键。
- 右击单元格或区域，在弹出的菜单中选择【剪切】命令。

完成以上操作后，即可将单元格或区域的内容添加到剪贴板上。在进行粘贴操作之前，被剪切的单元格或区域中的内容并不会被清除，直到用户在新的目标单元格或区域中执行粘贴操作。

6.7.3 粘贴单元格和区域

“粘贴”操作实际上是从剪贴板中取出内容存放到新的目标区域中。Excel 允许粘贴操作的目标区域等于或大于源区域。

用户可以参考以下几种方法实现“粘贴”单元格和区域操作。

- 选择【开始】选项卡，在【剪贴板】命令组中单击【粘贴】按钮。
- 按下 Ctrl+V 组合键。

完成以上操作后，即可将最近一次复制或剪切操作源区域内容粘贴到目标区域中。如果之前执行的是剪切操作，此时会将源单元格和区域中的内容清除。如果复制或剪切的内容只需要粘贴一次，用户可以在目标区域中按下 Enter 键。

6.7.4 使用【粘贴选项】按钮

用户执行“复制”命令后再执行“粘贴”命令时，默认情况下被粘贴区域的右下角会显示【粘贴选项】按钮。单击该按钮，将展开如图 6-49 所示的菜单。

此外，在执行了复制操作后，在【开始】选项卡的【剪贴板】命令组中单击【粘贴】拆分按钮，也会打开类似的下拉菜单，如图 6-50 所示。

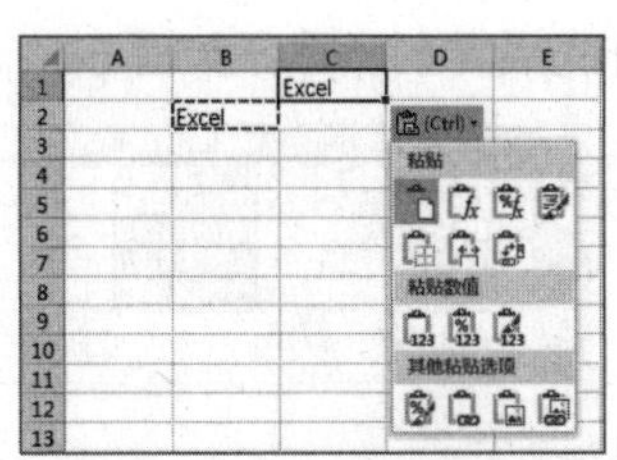

图 6-49　单击【粘贴选项】按钮弹出的菜单

图 6-50　【粘贴】下拉菜单

在默认的“粘贴”操作中，粘贴到目标区域的内容包括源单元格中的全部内容，包括数据、公式、单元格格式、条件格式、数据有效性，以及单元格的批注。通过在【粘贴选项】下拉菜单中选择，用户可以根据自己的需求粘贴。

6.7.5　使用【选择性粘贴】对话框

【选择性粘贴】是 Excel 中非常有用的粘贴辅助功能，其中包含了许多详细的粘贴选项设置，以方便用户根据实际需求选择多种不同的复制粘贴方式。要打开【选择性粘贴】对话框，用户需要先执行“复制”操作，然后参考以下两种方法之一操作。

- 选择【开始】选项卡，在【剪贴板】命令组中单击【粘贴】拆分按钮，在弹出的下拉列表中选择【选择性粘贴】命令，如图 6-51 所示。
- 在粘贴的目标单元格中右击，在弹出的菜单中选择【选择性粘贴】命令，如图 6-52 所示。

图 6-51　【选择性粘贴】命令

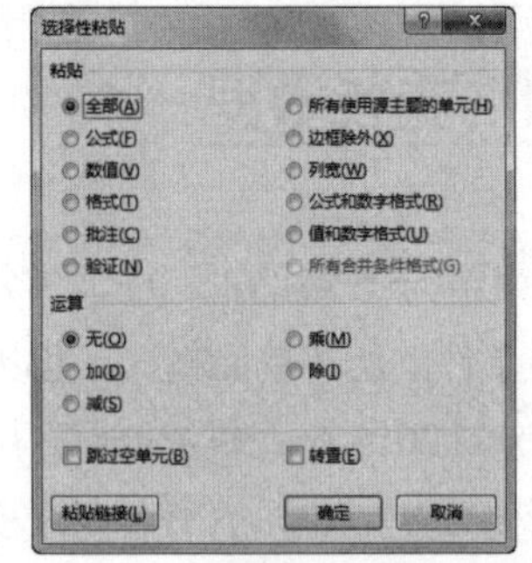

图 6-52　【选择性粘贴】对话框

6.7.6　通过拖动执行复制和移动

在 Excel 中，除了以上所示的复制和移动方法以外，用户还可以通过拖动的方式直接对单元格和区域进行复制或移动操作。执行【复制】操作的方法如下。

(1) 选中需要复制的目标单元格区域，将鼠标指针移动至区域边缘，当指针颜色显示为黑色

十字箭头时，按住鼠标左键。

(2) 拖动鼠标，移动至需要粘贴数据的目标位置后按下 Ctrl 键。此时，鼠标指针显示为带加号“+”的指针样式，最后依次释放鼠标和 Ctrl 键，即可完成复制操作，如图 6-53 所示。

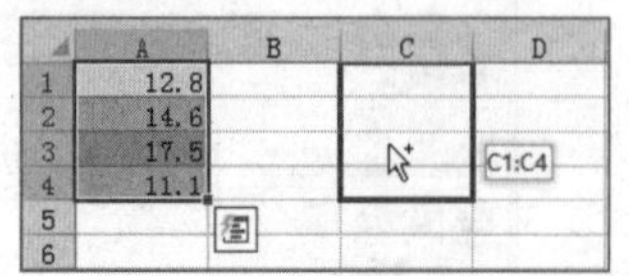

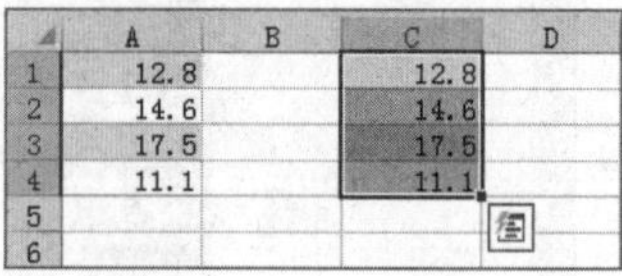

图 6-53　通过拖动实现复制操作

通过拖动移动数据的操作与复制类似，只是在操作的过程中不需要按住 Ctrl 键。

通过拖动实现复制和移动的操作方式不仅适合同个工作表中的数据复制和移动，也同样适用于不同工作表或不同工作簿之间的操作。

- 要将数据复制到不同的工作表中，可以在拖动过程中将鼠标移动至目标工作表标签上方，然后按 Alt 键(同时不要松开鼠标左键)，即可切换到目标工作表中。此时，再执行上面步骤(2)的操作，即可完成跨表粘贴。
- 要在不同的工作簿之间复制数据，用户可以在【视图】选项卡的【窗口】命令组中选择相关命令，同时显示多个工作簿窗口，即可在不同的工作簿之间拖动数据进行复制。

6.8　查找与替换表格数据

如果需要在工作表中查找一些特定的字符串，那么查看每个单元格就较为繁琐，特别是在一份较大的工作表或工作簿中。Excel 提供的查找和替换功能可以方便地查找和替换需要的内容。

6.8.1　查找数据

在使用电子表格的过程中，常常需要查找某些数据。使用 Excel 的数据查找功能可以快速查找出满足条件的所有单元格，还可以设置查找数据的格式，进一步提高了编辑和处理数据的效率。

在 Excel 2016 中查找数据时，可以选择【开始】选项卡，在【编辑】组中单击【查找和选择】下拉列表按钮，然后在弹出的下拉列表中选中【查找】选项，打开【查找和替换】对话框。接下来，在该对话框的【查找内容】文本框中输入要查找的数据，然后单击【查找下一个】按钮，如图 6-54 所示。Excel 会自动在工作表中选定相关的单元格。若想查看下一个查找结果，则再次单击【查找下一个】按钮即可，依次类推。

若用户想要显示所有的查找结果，则在【查找和替换】对话框中单击【查找全部】按钮即可。

另外，在 Excel 中使用 Ctrl+F 快捷键，可以快速打开【查找和替换】对话框的【查找】选项卡。若查找的结果条目过多，用户还可以在【查找】选项卡中单击【选项】按钮，显示相应的选项区域，详细设置查找选项后再次查找，如图 6-55 所示。

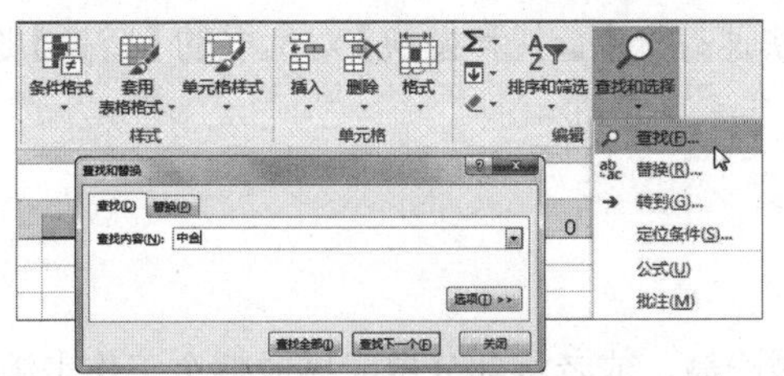

图 6-54　【查找和替换】对话框

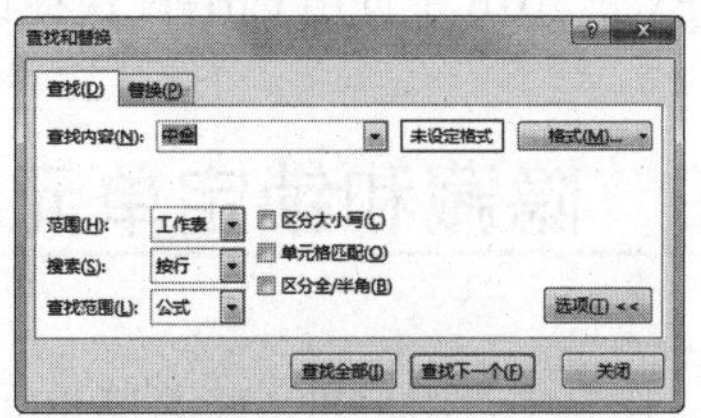

图 6-55　设置查找选项

在【选项】选项区域中，各选项的功能说明如下。

- 单击【格式】按钮，可以为查找的内容设置格式限制。
- 在【范围】下拉列表框中可以选择搜索当前工作表还是搜索整个工作簿。
- 在【搜索】下拉列表框中可以选择按行搜索还是按列搜索。
- 在【查找范围】下拉列表框中可以选择是查找公式、值或是批注中的内容。
- 通过选中【区分大小写】、【单元格匹配】和【区分全/半角】等复选框可以设置在搜索时是否区别大小写、全角半角等。

6.8.2　替换数据

在 Excel 中，若用户要统一替换一些内容，则可以使用数据替换功能。通过【查找和替换】对话框，不仅可以查找表格中的数据，还可以将查找的数据替换为新的数据，这样可以提高工作效率。

在 Excel 2016 中需要替换数据时，可以选择【开始】选项卡，在【编辑】组中单击【查找和选择】下拉列表按钮。然后在弹出的下拉列表中选中【替换】选项，打开【查找和替换】对话框的【替换】选项卡。在【查找内容】文本框中输入要替换的数据，在【替换为】文本框中输入要替换为的数据，并单击【查找下一个】按钮，Excel 会自动在工作表中选定相关的单元格，如图 6-56 所示。此时，若要替换该单元格的数据则单击【替换】按钮，若不替换则单击【查找下一个】按钮，查找下个要替换的单元格。若用户单击【全部替换】按钮，则 Excel 会自动替换所有满足替换条件的单元格中的数据。

若要详细设置替换选项，则在【替换】选项卡中单击【选项】按钮，打开相应的选项区域，如图 6-57 所示。在该选项区域中，用户可以详细设置替换的相关选项，其设置方法与设置查找选项的方法相同。

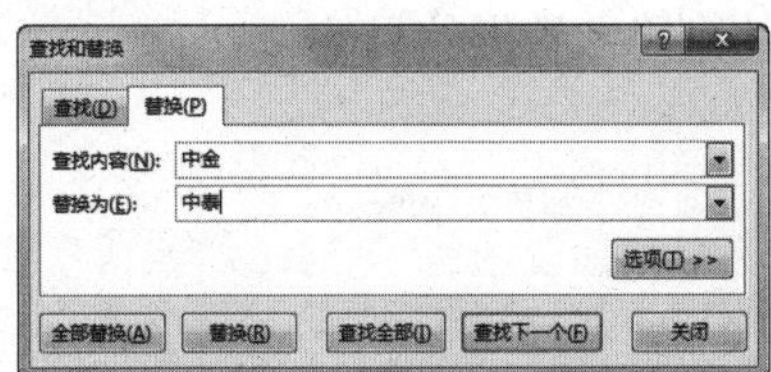

图 6-56　【替换】选项卡

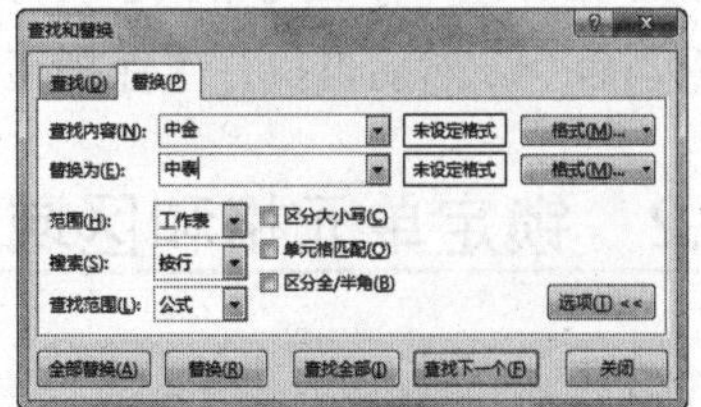

图 6-57　【替换】选项区域

在 Excel 2016 中使用 Ctrl+H 快捷键，可以快速打开【查找和替换】对话框的【替换】选项卡。

6.9 隐藏和锁定单元格

在工作表中，用户可以将某些单元格或区域隐藏，或者将部分单元格或整个工作表锁定，防止泄露机密或者意外的编辑删除数据。设置 Excel 单元格格式的“保护”属性，再配合“工作表保护”功能，可以帮助用户方便地实现这些目的。

6.9.1 隐藏单元格和区域

要隐藏工作表中的单元格或单元格区域，用户可以参考以下步骤。

(1) 选中需要隐藏内容的单元格或区域后，按下 Ctrl+1 组合键，打开【设置单元格格式】对话框。选择【数字】选项卡，将单元格格式设置为“;;;”，如图 6-58 所示。

(2) 选择【保护】选项卡，选中【隐藏】复选框，然后单击【确定】按钮。

(3) 选择【审阅】选项卡，在【更改】命令组中单击【保护工作表】按钮，打开【保护工作表】对话框。单击【确定】按钮即可完成单元格内容的隐藏，如图 6-59 所示。

图 6-58 设置单元格格式

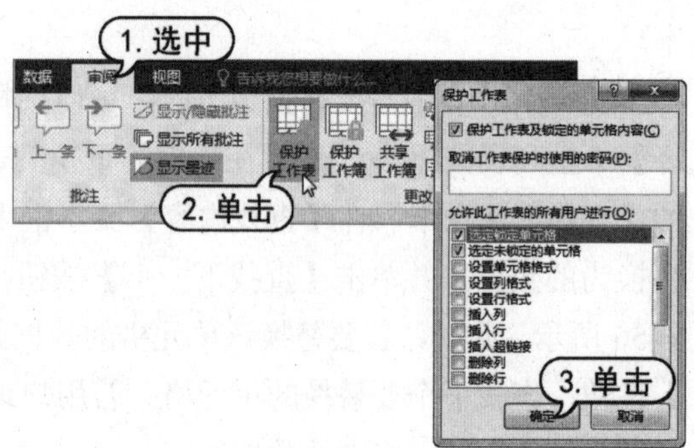

图 6-59 【保护工作表】对话框

除了上面介绍的方法以外，用户也可以先将整行或者整列单元格选中。在【开始】选项卡的【单元格】命令组中单击【格式】拆分按钮，在弹出的菜单中选择【隐藏和取消隐藏】|【隐藏行】(或隐藏列)命令。然后再执行【保护工作表】操作，达到隐藏数据的目的。

6.9.2 锁定单元格和区域

Excel 中单元格是否可以被编辑，取决于以下两项设置。

- 单元格是否被设置为【锁定】状态。

◉ 当前工作表是否执行了【工作表保护】命令。

当用户执行了【工作表保护】命令后，所有被设置为“锁定”状态的单元格，将不允许再被编辑，而未被执行“锁定”状态的单元格仍然可以被编辑。

要将单元格设置为“锁定”状态，用户可以在【单元格格式】对话框中选择【保护】选项卡，然后选中该选项卡中的【锁定】复选框。

Excel 中所有单元格的默认状态都为“锁定”状态。

6.10　上机练习

本章的上机练习将通过实例介绍在 Excel 中输入特殊数据的操作技巧，用户可以通过实例的操作巩固所学的知识。

(1) 在默认情况下，Excel 会自动将以 0 开头的数字默认为普通数字。若用户需要在表格中输入以 0 开头的数据，可以在选择单元格后，先在单元格中输入单引号【 ‘】。

(2) 输入以 0 开头的数字，并按下 Enter 键即可，如图 6-60 所示。

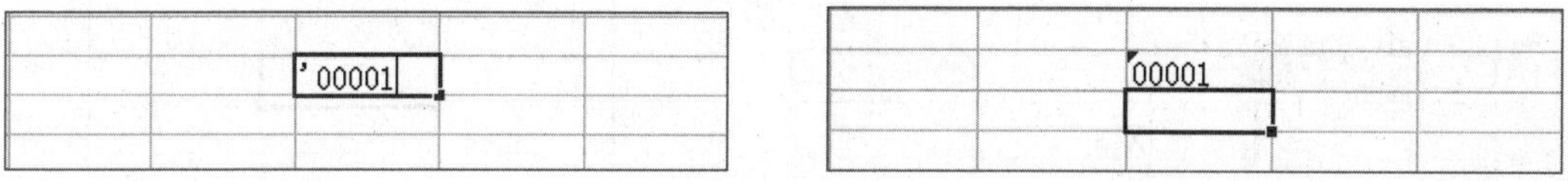

'00001

00001

图 6-60　在单元格中输入以 0 开头的数字

(3) 除此之外，右击单元格，在弹出的菜单中选择【设置单元格格式】命令，打开【设置单元格格式】对话框。在该对话框中的【分类】列表框中选中【自定义】选项后，在对话框右侧的【类型】文本框中输入 000#，并单击【确定】按钮。此时，可以直接在选中的单元格中输入 0001 之类的以 0 开头的数字，如图 6-61 所示。

0001

图 6-61　通过设置单元格格式在单元格中输入 0 开头的数字

(4) 如果用户在如图 6-61 所示【自定义】选项区域的【类型】文本框中输入 000000。然后单击【确定】按钮，可以在单元格中输入类似 000001 的数字。

(5) 如果用户需要在单元格中输入平方，可以先在单元格中输入 X2。然后双击单元格，选中数字 2 并右击。在弹出的菜单中选中【设置单元格格式】命令，如图 6-62 所示。

(6) 打开【设置单元格格式】对话框，选中【上标】复选框，如图 6-63 所示。

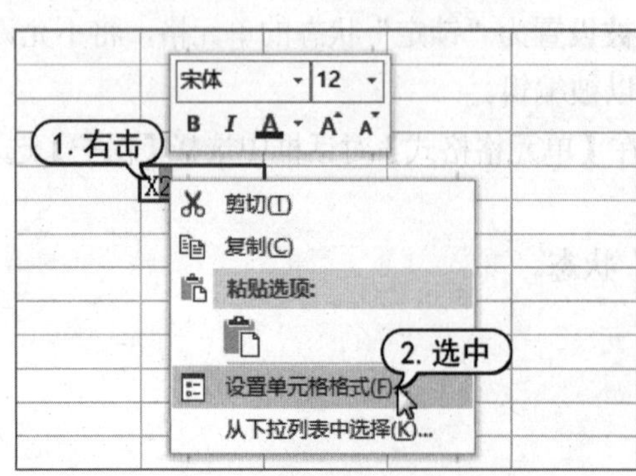

图 6-62　设置数字 2 的格式

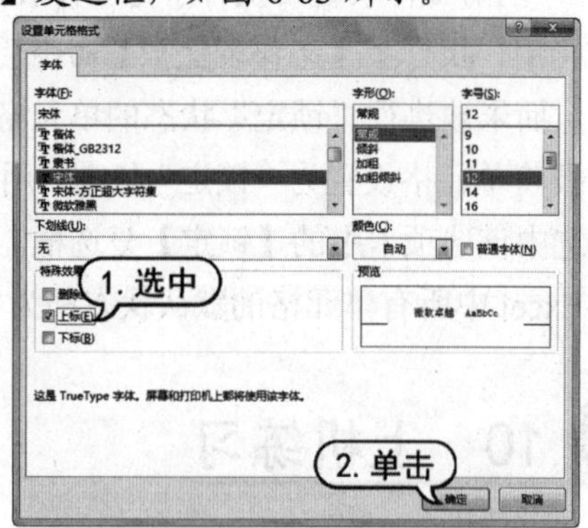

图 6-63　【设置单元格格式】对话框

(7) 单击【确定】按钮关闭【设置单元格格式】对话框后，平方的输入效果如图 6-64 所示。

(8) 如果用户需要在单元格中输入对号与错号，可以在选中单元格后按住 Alt 键的同时输入键盘右侧数字输入区上的 41420，即可输入对号；输入 41409，即可输入错号，如图 6-65 所示。

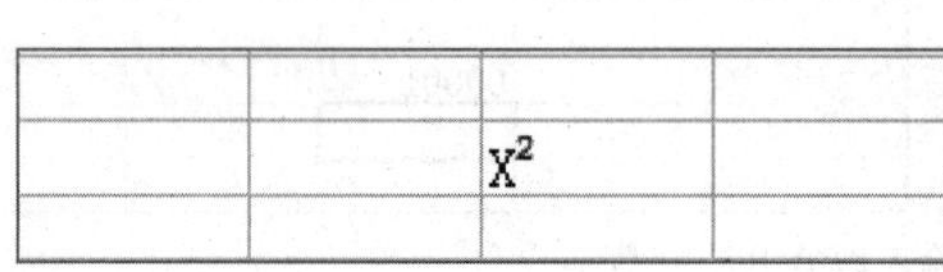
图 6-64　平方输入效果

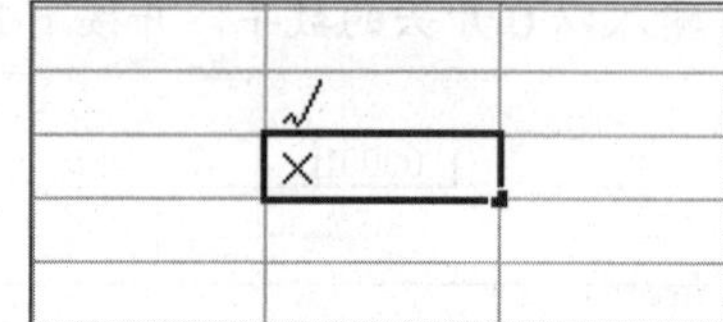
图 6-65　对号与错号输入效果

(9) 如果用户需要在单元格中输入一段较长的数据，如 123456789123456789，可以在输入之前先在单元格中输入单引号【 ‘】，然后再输入具体的数据。如此，可以避免 Excel 软件自动以科学计数的方式显示输入的数据。

6.11 习题

1. 如何在单元格中输入数据？
2. 如何在删除单元格中的数据的同时，删除单元格格式、注释等其他所有属性？
3. 如何复制或移动单元格中的数据？

第7章 Excel 工作簿与工作表的管理

学习目标

本章将主要介绍 Excel 工作簿和工作表的基础操作，包括工作簿的创建、保存，工作表的创建、移动、删除等基础知识，以及工作表中行、列单元格区域的操作。通过对操作工作簿和工作表的熟练掌握，可以帮助使用户在日常办公中提高 Excel 的操作效率，解决实际的工作问题。

本章重点

- 操作 Excel 工作簿与工作表
- 控制工作窗口视图
- 行、列和单元格区域的基础操作

7.1 操作 Excel 工作簿

工作簿(Workbook)是用户使用 Excel 进行操作的主要对象和载体，本节将介绍 Excel 工作簿的基础知识与常用操作。

7.1.1 工作簿的类型

在 Excel 中，用于存储并处理工作数据的文件被称为工作簿。工作簿有多重类型，当保存一个新的工作簿时，可以在【另存为】对话框的【保存类型】下拉列表中选择所需保存的 Excel 文件格式，如图 7-1 所示。默认情况下，Excel 2016 保存的文件类型为“Excel 工作簿(*.xlsx)”，如果用户需要和使用早起版本 Excel 的用户共享电子表格，或者需要制作包含宏代码的工作簿时，可以通过在【Excel 选项】对话框中选择【保存】选项卡，设置工作簿的默认保存文件格式，如图 7-2 所示。

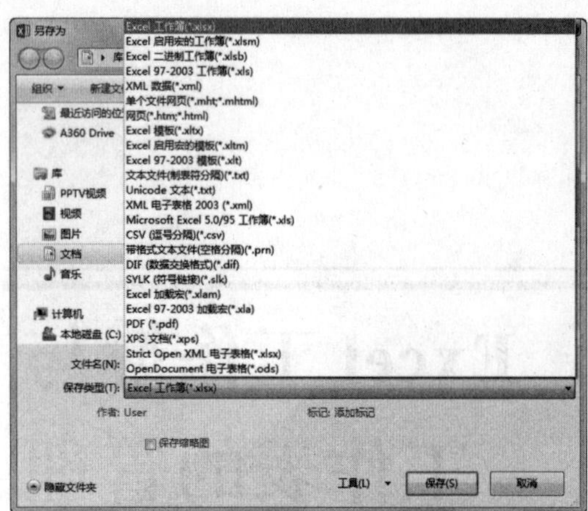

图 7-1 Excel 工作簿的保存格式

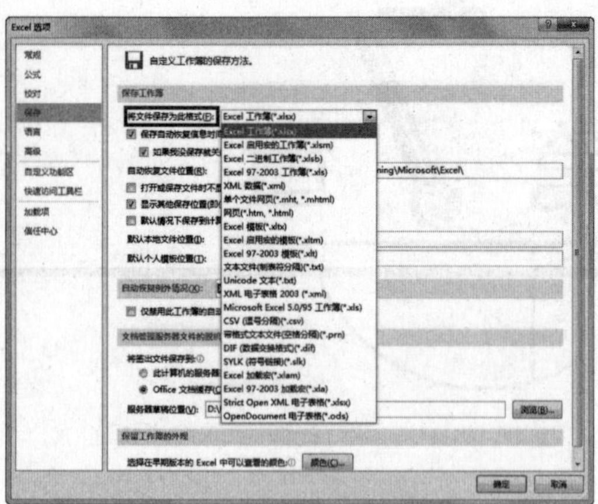

图 7-2 设置默认的文件保存类型

7.1.2 设置自动保存工作簿

在 Excel 中设置使用【自动保存】功能，可以减少因突然原因造成的数据丢失。

1. 设置自动保存

在 Excel 2016 中，用户可以在通过在【Excel 选项】对话框中启用并设置【自动保存】功能。

【例 7-1】启动【自动保存】功能，并设置每间 15 分钟自动保存一次当前工作簿。

(1) 打开【Excel 选项】对话框。选择【保存】选项卡，然后选中【保存自动恢复信息时间间隔】复选框(默认被选中)，即可设置启动【自动保存】功能。

(2) 在【保存自动恢复信息时间间隔】复选框后的数值框中输入 15，然后单击【确定】按钮即可完成自动保存时间的设置，如图 7-3 所示。

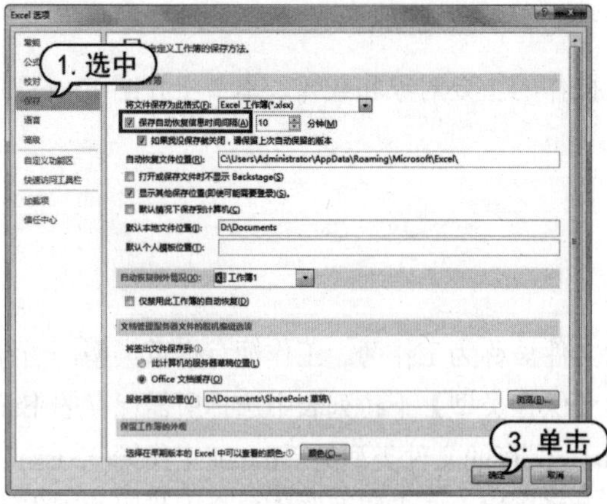

图 7-3 设置【自动保存】功能

自动保存的间隔时间在实际使用时遵循以下几条规则。

◉ 只有在工作簿发生新的修改时，自动保存计时才开始启动计时，到达指定的间隔时间后

发生保存动作。如果在保存后没有新的修改编辑产生，计时器将不会再次激活，也不会有新的备份副本产生。

- 在一个计时周期过程中，如果进行了手动保存操作，计时器将立即清零，直到下一次工作簿发生修改时再次开始激活计时。

2. 恢复文档

利用 Excel 自动保存功能恢复工作簿的方式根据 Excel 软件关闭的情况不同而分为两种，一种是用户手动关闭 Excel 程序之前没有保存文档。

这种情况通常由误操作造成。要恢复之前所编辑的状态，可以重新打开目标工作簿文档后，在功能区单击【文件】选项卡，在弹出的菜单中选择【信息】选项，窗口右侧会显示工作簿最近一次自动保存的文档副本，如图 7-4 所示。单击该副本即可将其打开，并在编辑栏上方显示提示信息，如图 7-5 所示。单击【还原】按钮可以将工作簿恢复到相应的版本。

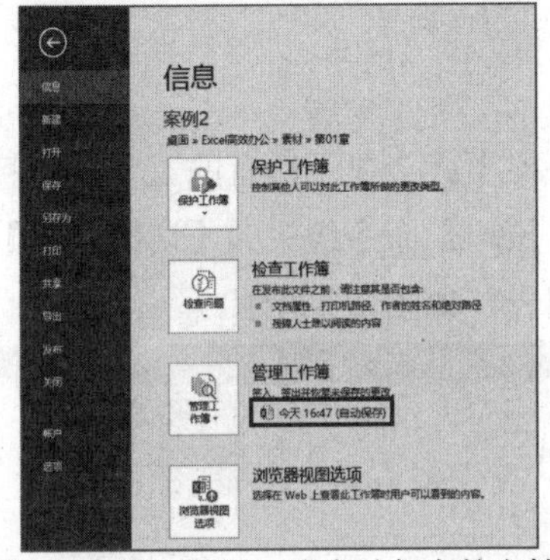

图 7-4　显示最近一次自动保存的文档

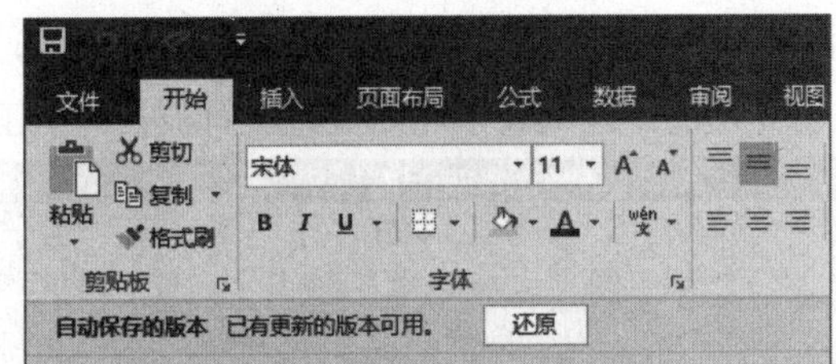

图 7-5　恢复未保存的工作簿文档

第二种情况是 Excel 因发生突然性的断电、程序崩溃等状况而意外退出，导致 Excel 工作窗口非正常关闭。这种情况下再次重新启动 Excel 时会自动显示一个【文档恢复】窗格，提示用户可以选择打开 Excel 自动保存的文件版本。

7.1.3　恢复未保存的工作簿

Excel 具有【恢复未保存工作簿】功能，该功能与自动保存功能相关，但在对象和方式上与前面介绍的【自动保存】功能有所区别，具体如下。

(1) 打开如图 7-3 所示的【Excel 选项】对话框，选择【保存】选项卡，选中【如果我没保存就关闭，请保留上次自动保留的版本】复选框，并在【自动恢复文件位置】文本框中输入保存恢复文件的路径。

(2) 选择【文件】选项卡，在弹出的菜单中选择【打开】命令，在显示的选项区域的右下方单击【恢复未保存的工作簿】按钮。

(3) 在打开的【打开】对话框中打开步骤(1)设置的路径后，选择需要回复的文件，并单击【打开】按钮即可恢复未保存的工作簿，如图 7-6 所示。

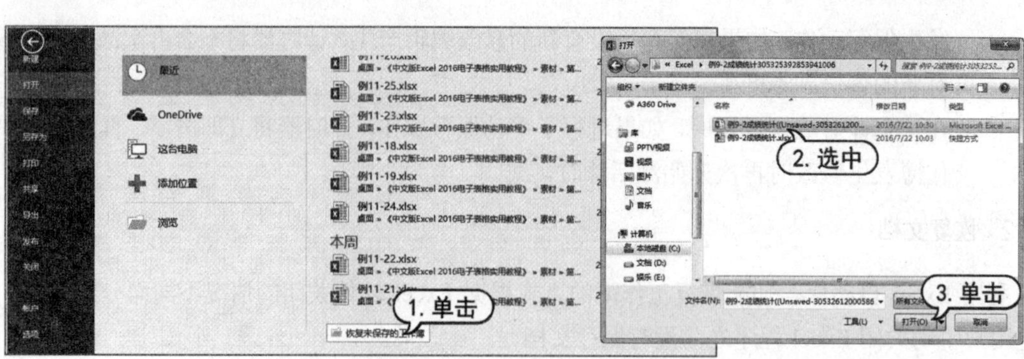

图 7-6　恢复未保存的工作簿

Excel 中的【恢复未保存的工作簿】功能仅对从未保存过的新建工作簿或临时文件有效。

7.1.4　显示和隐藏工作簿

在 Excel 中同时打开多个工作簿，Windows 系统的任务栏上就会显示所有的工作簿标签。此时，用户若在 Excel 功能区中选择【视图】选项卡，单击【窗口】命令组中的【切换窗口】下拉按钮，在弹出的下拉列表中可以查看所有被打开的工作簿列表，如图 7-7 所示。

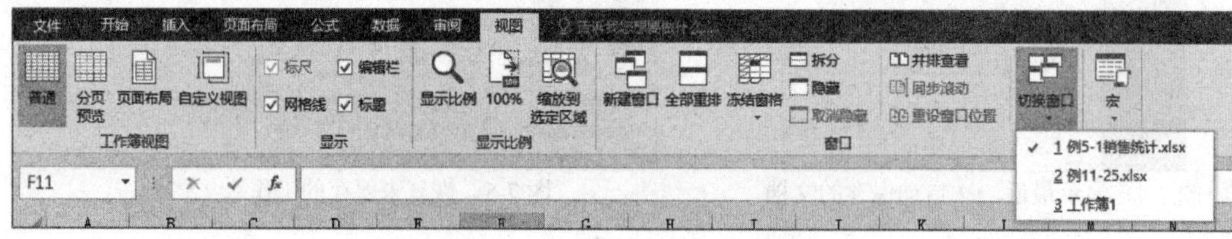

图 7-7　显示所有打开的工作簿

如果用户需要隐藏某个已经打开的工作簿，可以在选中该工作簿后，选择【视图】选项卡，在【窗口】命令组中单击【隐藏】按钮，如图 7-7 所示。如果当前打开的所有工作簿都被隐藏，Excel 将显示如图 7-8 所示的窗口界面。

如果用户需要取消工作簿的隐藏，可以在【视图】选项卡的【窗口】命令组中单击【取消隐藏】按钮，打开【取消隐藏】对话框。选择需要取消隐藏的工作簿名称后，单击【确定】按钮，如图 7-9 所示。

图 7-8　隐藏所有打开的工作簿

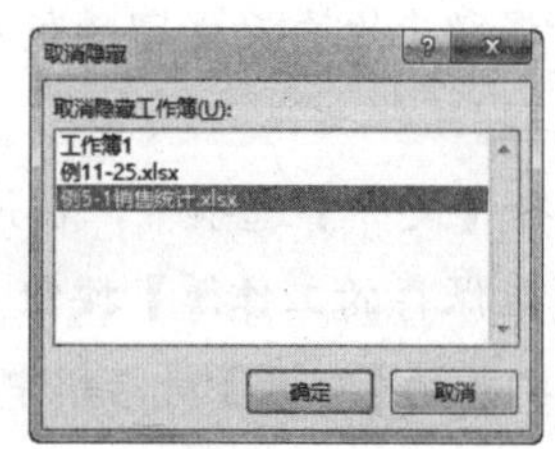

图 7-9　【取消隐藏】对话框

执行取消隐藏工作簿操作，一次只能取消一个隐藏的工作簿，不能一次性对多个隐藏的工作簿同时操作。如果用户需要对多个工作簿取消隐藏，可以在执行一次取消隐藏操作后，按下 F4 键重复执行。

7.1.5　转换版本和格式

在 Excel 2016 中，用户可以参考下面介绍的方法，将早期版本的工作簿文件转换为当前版本，或将当前版本的文件转换为其他格式的文件。

(1) 选择【文件】选项卡，在弹出的菜单中选择【导出】命令，在显示的选项区域中单击【更改文件类型】按钮。

(2) 在【更改文件类型】列表框中双击需要转换的文本和文件类型后，打开【另存为】对话框，单击【保存】按钮即可，如图 7-10 所示。

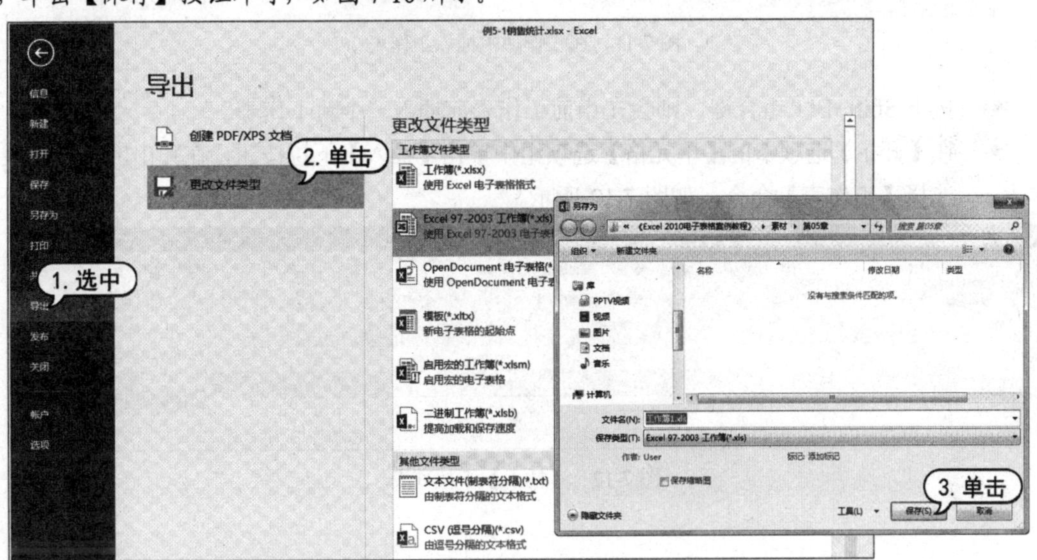

图 7-10　转换 Excel 文件类型与格式

7.2　操作 Excel 工作表

Excel 工作表包含于工作簿之中，是工作簿的必要组成部分，工作簿总是包含一个或者多个工作表，它们之间的关系就好比是书本与图书中书页的关系。

7.2.1　创建工作表

若工作簿中的工作表数量不够，用户可以在工作簿中创建新的工作表，不仅可以创建空白的

工作表，还可以根据模板插入带有样式的新工作表。Excel 2016 中常用创建工作表的方法有四种，分别如下。

- 在工作表标签栏中单击【新工作表】按钮⊕。
- 右击工作表标签，在弹出的菜单中选择【插入】命令，然后在打开的【插入】对话框中选择【工作表】选项，并单击【确定】按钮即可，如图 7-11 所示。此外，在【插入】对话框的【电子表格方案】选项卡中，还可以设置要插入工作表的样式。

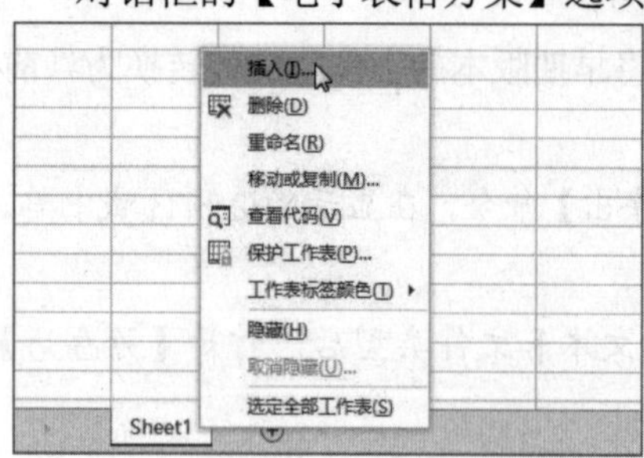

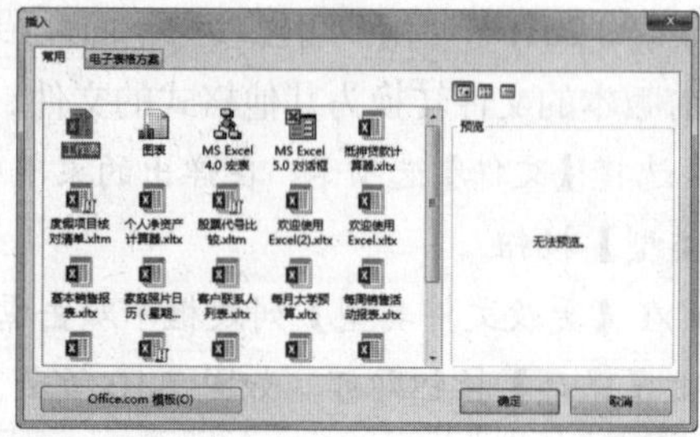

图 7-11　在工作簿中插入工作表

- 按下 Shift+F11 组合键，则会在当前工作表前插入一个新工作表。
- 在【开始】选项卡的【单元格】选项组中单击【插入】下拉按钮，在弹出的下拉列表中选择【工作表】命令，如图 7-12 所示。

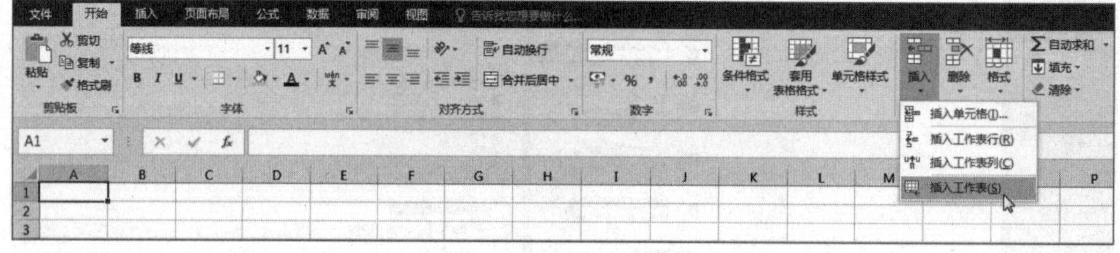

图 7-12　【插入】下拉列表

7.2.2　选取当前工作表

在实际工作中，由于一个工作簿中往往包含多个工作表，因此操作前需要选取工作表。选取工作表的常用操作包括以下 4 种。

- 选定一张工作表，直接单击该工作表的标签即可，如图 7-13 所示。
- 选定相邻的工作表，首先选定第一张工作表标签，然后保持按住Shift键并单击其他相邻工作表的标签即可，如图 7-14 所示。

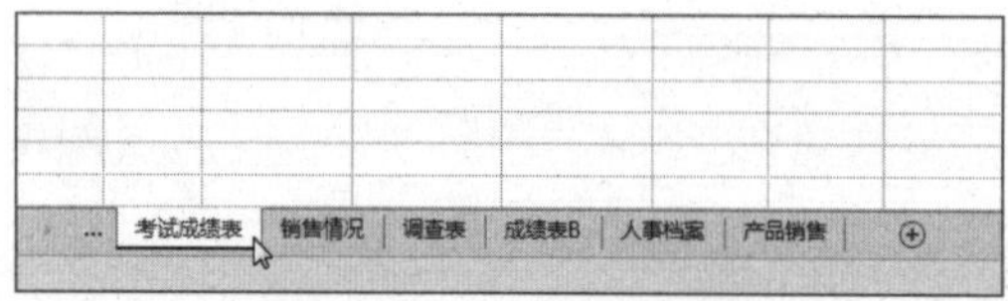

图 7-13　选中一张工作簿

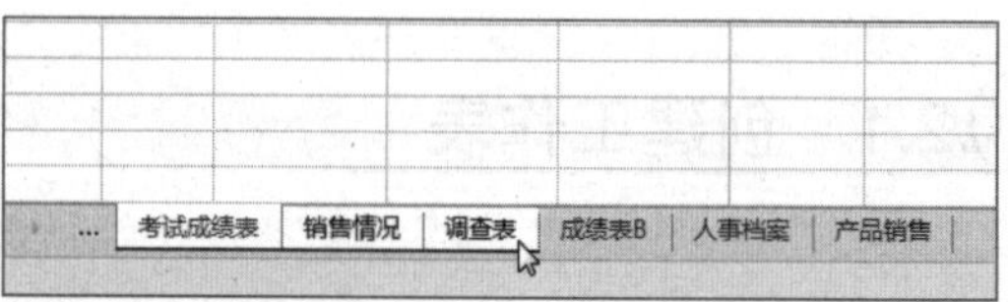

图 7-14　选中相邻的工作表

◉ 选定不相邻的工作表，首先选定第一张工作表，然后保持按住Ctrl键并单击其他任意一张工作表标签即可，如图 7-15 所示。

◉ 选定工作簿中的所有工作表，右击任意一个工作表标签，在弹出的菜单中选择【选定全部工作表】命令即可，如图 7-16 所示。

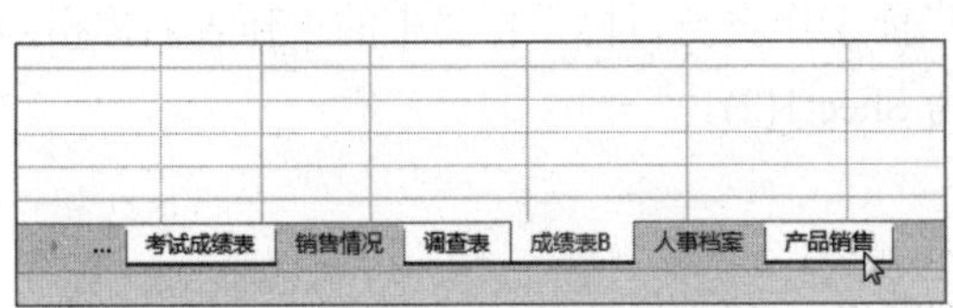

图 7-15　选定不相邻的工作表

图 7-16　选定全部工作表

7.2.3　移动和复制工作表

通过复制操作，工作表可以在另一个工作簿或者不同的工作簿创建副本；工作表还可以通过移动操作，在同一个工作簿中改变排列顺序；也可以在不同的工作簿之间转移。

1. 通过菜单实现工作表的复制与移动

在 Excel 中，有以下两种方法可以显示【移动或复制】对话框。

◉ 右击工作表标签，在弹出的菜单中选择【移动或复制工作表】命令。

◉ 选中需要进行移动或复制的工作表，在Excel功能区选择【开始】选项卡；在【单元格】命令组中单击【格式】拆分按钮，在弹出的菜单中选择【移动或复制工作表】命令，如图 7-17 所示。

图 7-17　打开【移动或复制工作表】对话框

打开【移动或复制工作表】对话框。在【工作簿】下拉列表中可以选择【复制】或【移动】的目标工作簿。用户可以选择当前 Excel 软件中所有打开的工作簿或新建工作簿，默认为当前工作簿。下面的列表框中显示了指定工作簿中所包含的全部工作表，可以选择【复制】或【移动】工作表的目标排列位置。

在【移动或复制工作表】对话框中，选中【建立副本】复选框，则为【复制】方式；取消该复选框的选中状态，则为【移动】方式。

另外，在复制和移动工作表的过程中，如果当前工作表与目标工作簿中的工作表名称相同，则会被自动重新命名。例如，Sheet1 将会被命名为 Sheet1(2)。

2. 通过拖动实现工作表的复制与移动

拖动工作簿标签来实现移动或者复制工作表的操作步骤非常简单，具体如下。

(1) 将光标移动至需要移动的工作表标签上，接下来单击鼠标，鼠标指针显示出文档的图标。此时，可以进行拖动，将当前工作表移动至其他位置，如图 7-18 所示。

(2) 拖动一个工作表标签至另一个工作表标签的上方时，被拖动的工作表标签前将出现黑色三角箭头图标，以此标识了工作表的移动插入位置。此时，如果释放鼠标即可移动工作表，如图 7-19 所示。

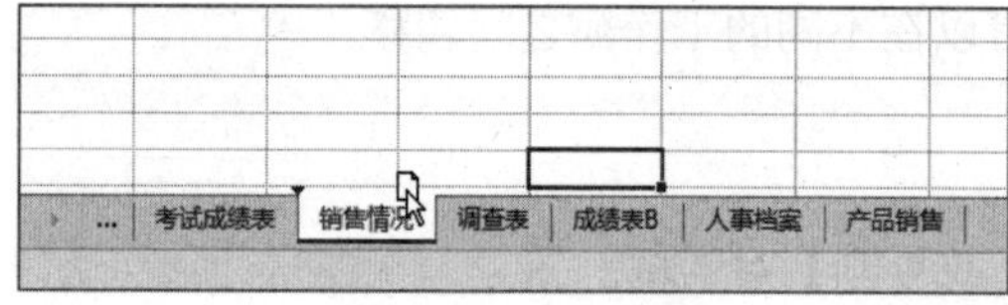

图 7-18　移动工作表

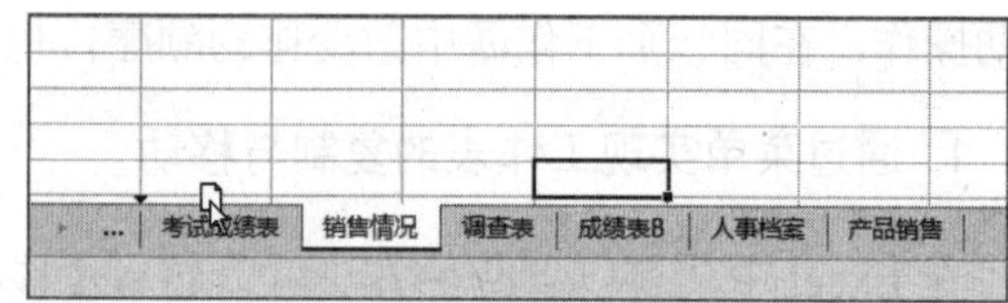

图 7-19　显示黑色三角箭头

(3) 如果按住鼠标左键的同时，按住 Ctrl 键则执行【复制】操作。此时，鼠标指针下将显示的文档图标上还会出现一个“+”号，以此来表示当前操作方式为【复制】，如图 7-20 所示。

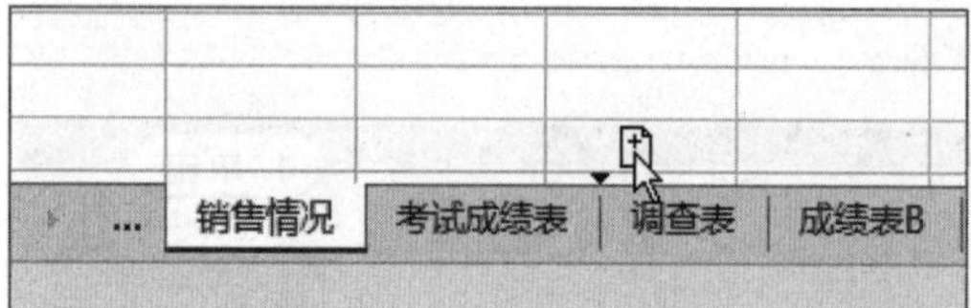

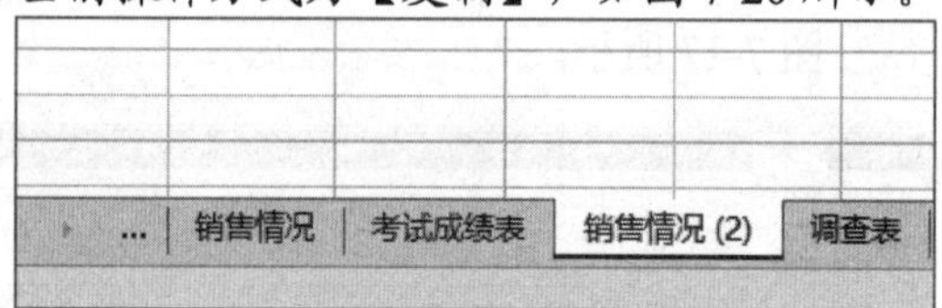

图 7-20　复制工作表

如果在当前 Excel 工作窗口中显示了多个工作簿，拖动工作表标签的操作也可以在不同工作簿中进行。

7.2.4　删除工作表

对工作表进行编辑操作时，可以删除一些多余的工作表。这样不仅可以方便用户对工作表进行管理，也可以节省系统资源。在 Excel 2016 中删除工作表的常用方法如下。

- 在工作簿中选定要删除的工作表。在【开始】选项卡的【单元格】命令组中单击【删除】下拉按钮，在弹出的下拉列表中选中【删除工作表】命令即可，如图 7-21 所示。

◉ 右击要删除工作表的标签，在弹出的快捷菜单中选择【删除】命令，即可删除该工作表，如图 7-22 所示。

图 7-21　【删除】下拉列表

图 7-22　通过右击菜单删除工作表

提示

若要删除的工作表不是空工作表，则在删除时 Excel 2016 会弹出对话框提示用户是否确认删除操作。

7.2.5　重命名工作表

在 Exce 中，工作表的默认名称为 Sheet1、Sheet2……。为了便于记忆与使用工作表，可以重新命名工作表。在 Excel 2016 中右击要重新命名工作表的标签，在弹出的快捷菜单中选择【重命名】命令，即可为该工作表自定义名称。

【例 7-2】将“家庭支出统计表”工作簿中的工作表次命名为“春季”、“夏季”、“秋季”与“冬季”。

(1) 在 Excel 2016 中新建一个名为“家庭支出统计表”的工作簿后，在工作表标签栏中连续单击 3 次【新工作表】按钮⊕，创建 Sheet2、Sheet3 和 Sheet4 这 3 个工作表。

(2) 在工作表标签中通过单击，选定 Sheet1 工作表，然后右击，在弹出的菜单中选择【重命名】命令，如图 7-23 所示。

(3) 输入工作表名称“春季”，如图 7-24 所示，按 Enter 键即可完成重命名工作表的操作。

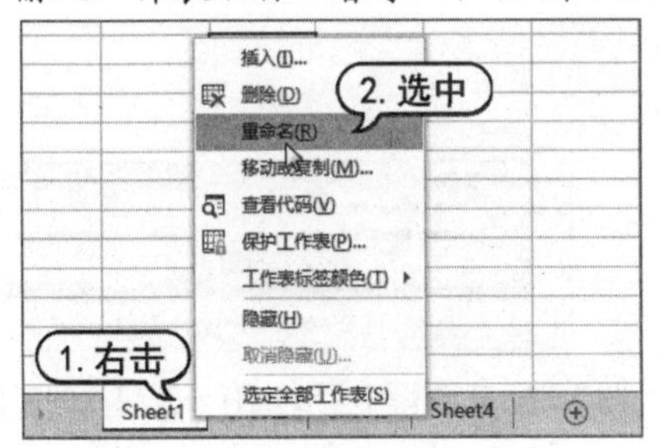

图 7-23　重命名 Sheet1 工作表

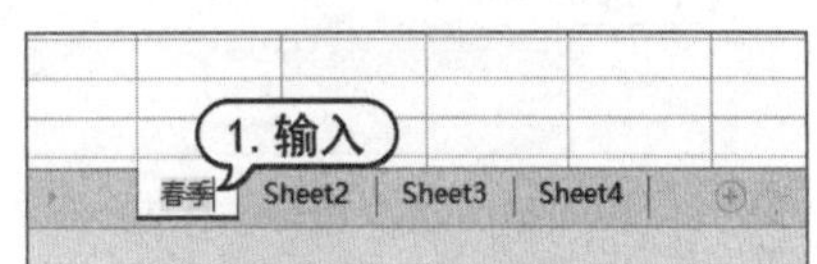

图 7-24　输入新工作表名称

(4) 重复以上操作，将 Sheet2 工作表重命名为“夏季”，将 Sheet3 工作表重命名为“秋季”，将 Sheet4 工作表重命名为“冬季”。

7.2.6 设置工作表标签颜色

为了方便用户对工作表进行辨识，为工作表标签设置不同的颜色是一种便捷的方法，具体操作步骤如下。

(1) 右击工作表标签，在弹出的菜单中选择【工作表标签颜色】命令。

(2) 在弹出的子菜单中选择一种颜色，即可为工作表标签设置颜色，如图 7-25 所示。

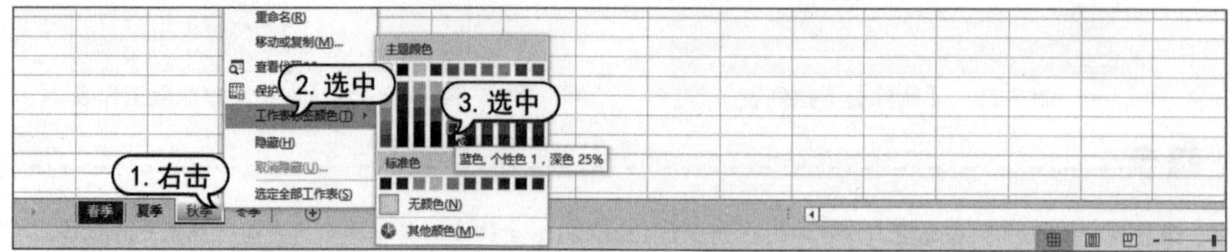

图 7-25　设置工作表标签颜色

7.2.7 显示和隐藏工作表

在工作中，用户可以使用工作表隐藏功能，将一些工作表隐藏显示，具体方法如下。

- 选择【开始】选项卡，在【单元格】命令组中单击【格式】拆分按钮，在弹出的菜单中选择【隐藏和取消隐藏】|【隐藏工作表】命令，如图 7-26 所示。
- 右击工作表标签，在弹出的菜单中选择【隐藏】命令，如图 7-25 所示。

在 Excel 中无法隐藏工作簿中的所有工作表，当隐藏到最后一张工作表时，则会弹出如图 7-27 所示的对话框。提示工作簿中至少应含有一张可视的工作表。

图 7-26　隐藏工作表

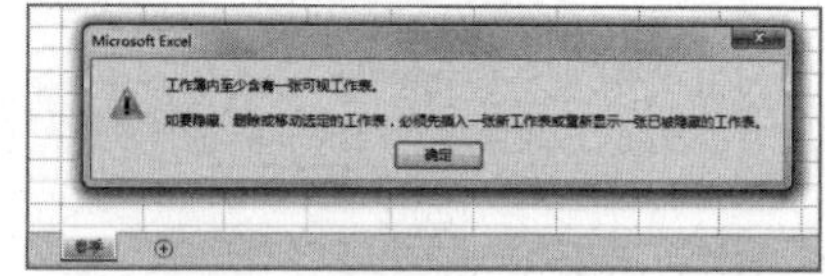

图 7-27　工作簿中至少应有一张可视的工作表

如果用户需要取消工作表的隐藏状态，可以参考以下几种方法。

- 选择【开始】选项卡，在【单元格】命令组中单击【格式】拆分按钮，在弹出的菜单中选择【隐藏和取消隐藏】|【取消隐藏工作表】命令。在打开的【取消隐藏】对话框中选择需要取消隐藏的工作表后，单击【确定】按钮，如图 7-28 所示。

◉ 在工作表标签上右击，在弹出的菜单中选择【取消隐藏】命令，如图 7-29 所示。然后在打开的【取消隐藏】对话框中选择需要取消隐藏的工作表，并单击【确定】按钮。

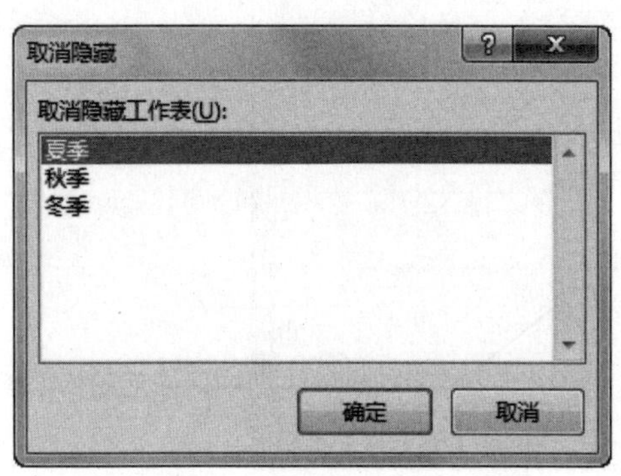

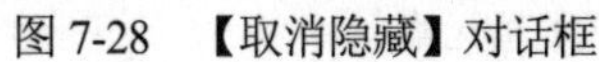
图 7-28　【取消隐藏】对话框

图 7-29　通过右键菜单取消工作表的隐藏状态

在取消隐藏工作操作时，应注意以下几点。

◉ Excel无法一次性对多张工作表取消隐藏。

◉ 如果没有隐藏的工作表，则右击工作表标签后，【取消隐藏】命令为灰色不可用状态。

◉ 工作表的隐藏操作不会改变工作表的排列顺序。

7.3　操作行、列及单元格区域

本节将重点介绍 Excel 中行、列及单元格等重要对象的操作，帮助用户理解这些对象的概念以及基本的操作方法与技巧。

7.3.1　认识行与列

Excel 作为一款电子表格软件，其最基本的操作形态是标准的表格——由横线和竖线组成的格子。在工作表中，由横线隔出的区域被称为行(Row)，而被竖线分隔出的区域被称为“列”(Column)。行与列相互交叉形成了一个个的格子被称为“单元格”(Cell)。

1. 行与列的概念

在 Excel 窗口中，一组垂直的灰色阿拉伯数字标识了电子表格的行号；而另一组水平的灰色标签中的英文字母，则标识了电子表格的列号。这两组标签在 Excel 中分别被称为“行号”和“列标”，如图 7-30 所示。

在 Excel 工作表区域中，用于划分不同行列的横线和竖线被称为“网格线”。它们可以使用户更加方便地辨别行、列及单元格的位置。在默认情况下，网格线不会随着表格数据的内容被打印出来。用户可以设置关闭网格线的显示或者更改网格线的颜色，以适应不同工作环境的需求。

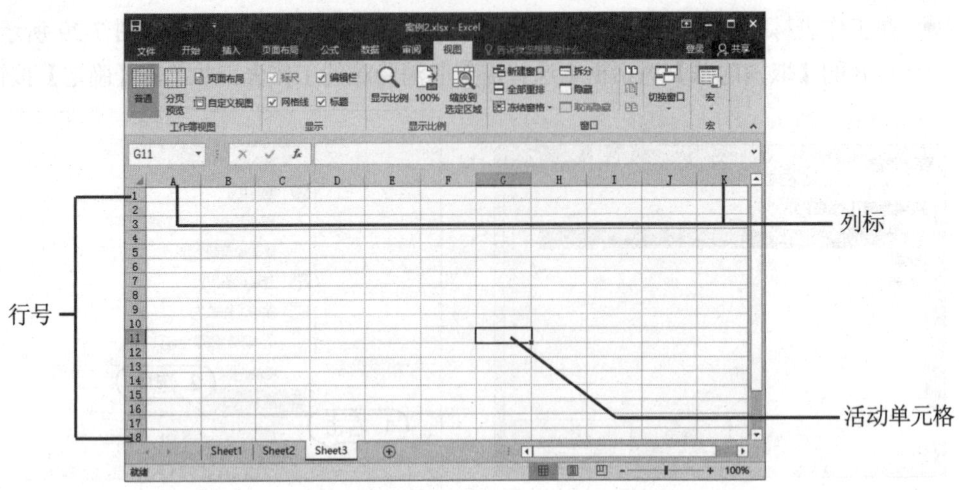

图 7-30　行号和列标以及由行与列组成的单元格

【例 7-3】在 Excel 中设置更改网格线的颜色。

(1) 打开【Excel 选项】对话框后，选择【高级】选项卡。在窗口右侧选中【显示网格线】复选框，设置在窗口中显示网格线。

(2) 单击【网格线颜色】下拉列表按钮，在弹出的下拉列表中选择【红色】选项。然后单击【确定】按钮，完成对网格的设置，如图 7-31 所示。

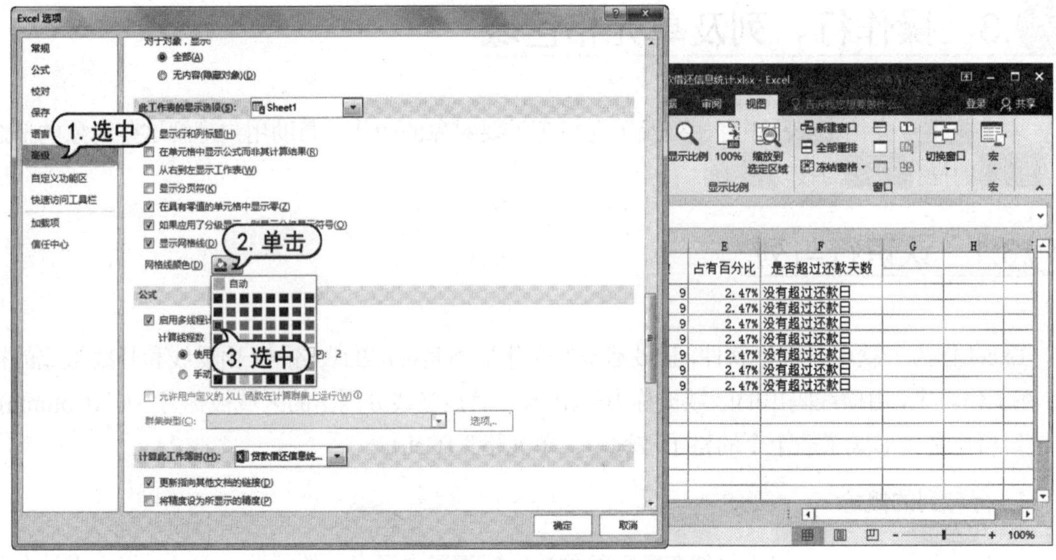

图 7-31　网格线颜色的设置及设置效果

2. 行与列的范围

在 Excel 2016 中，工作表的最大行号为 1,048,576(即 1,048,576 行)，最大列表为 XFD 列(A~Z、AA~XFD，即 16,384 列)。在一张空白工作表中，选中任意单元格，在键盘上按下 Ctrl+向下方向键就可以迅速定位到选定单元格所在列向下连续非空的最后一行(若整列为空或选择单元格所在

列下方均为空，则定位到当前列的 1,048,576 行)；按下 Ctrl+向右方向键，则可以迅速定位到选定单元格所在行向右连续非空的最后一列(若整行为空或者选择单元格所在行右方均为空，则定位到当前行的 XFD 列)；按下 Ctrl+Home 组合键，可以到达表格定位的左上角单元格，按下 Ctrl+End 组合键，可以到达表格定义的右下角单元格。

按照以上行列数量计算，最大行 X 最大列=17179869184。如此巨大的空间，对于一般应用来说，已经足够了，并且这已经超过交互式网页格式所能存储的单元格数量。

提示

Excel 左上角单元格并不一定是 A1 单元格，它只是一个相对位置。例如，当工作表设置冻结窗格时，按下 Ctrl+Home 组合键到达的位置为设置冻结窗格所在的单元格位置，这个单元格的不一定是 A1 单元格。

7.3.2　行与列的基本操作

本节将详细介绍 Excel 2016 中与行列相关的各项操作方法。

1. 选择行和列

单击某个行号或者列标签即可选中相应的整行或者整列。当选中某行后，此行的行号标签会改变颜色，所有的列标签会加亮显示，此行的所有单元格也会加亮显示，以此来表示此行当前处于选中状态。相应的，当列被选中时也会有类似的显示效果。

除此之外，使用快捷键也可以快速地选定单行或者单列，操作方法如下。

单击选中单元格后，按下 Shift+空格组合键，即可选定单元格所在的行；按下 Ctrl+空格键，即可选定单元格所在的列。

在 Excel 中，单击某行(或某列)的标签后，向上或者向下拖动，即可选中该行相邻的连续多行。选中多列的方法与此相似(向左或者向右拖动)。拖动时，行或列标签旁会出现一个带数字和字母内容的提示框，显示当前选中的区域中有多少列，如图 7-32 所示。

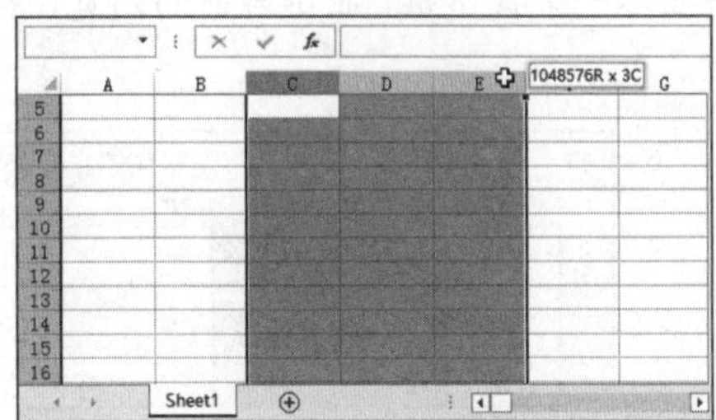

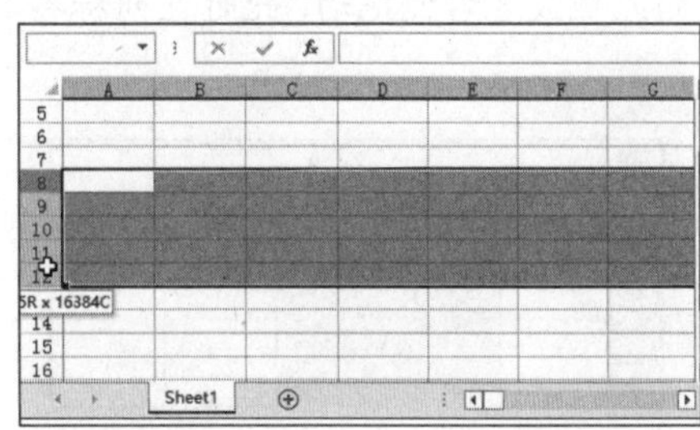

图 7-32　选中相邻的连续多行与多列

选定某行后按下 Ctrl+Shift+↓组合键，如果选定行中活动单元格以下的行都不存在非空单元格，则将同时选定该行到工作表中的最后可见行。同样，选定某列后按下 Ctrl+Shift+→组合键，如果选定列中活动单元格右侧的列中不存在非空单元格，则将同时选定该列到工作表中的最后可见列。使用相反的方向键则可以选中相反方向的所有行或列。

另外，单击行列标签交叉处的【全选】按钮◢，可以同时选中工作表中的所有行和所有列，即选中整个工作表区域。

要选定不相邻的多行可以通过如下操作实现。选中单行后，保持按下 Ctrl 键，继续单击多个行标签，直至选择完所有需要选择的行。然后松开 Ctrl 键，即可完成不相邻的多行的选择。如果要选定不相邻的多列，方法与此相似。

2. 设置行高和列宽

在 Excel 2016 中用户可以参考下面介绍的步骤精确设定行高和列宽。

(1) 选中需要设置的行高，选择【开始】选项卡，在【单元格】命令组中单击【格式】拆分按钮，在弹出的菜单中选择【行高】选项，如图 7-33 所示。

(2) 打开【行高】对话框，输入所需设定的行高数值，单击【确定】按钮，如图 7-34 所示。

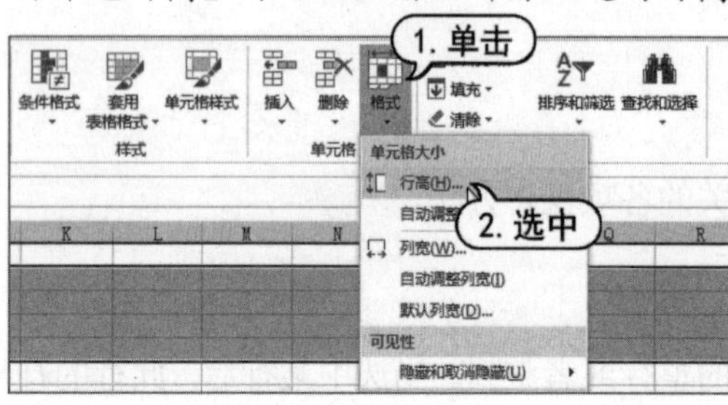

图 7-33 设置行高

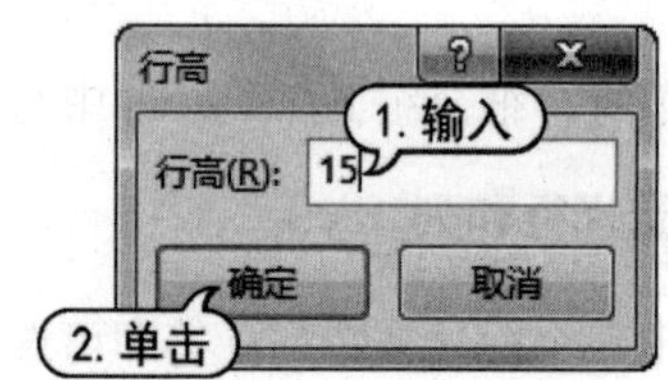

图 7-34 【行高】对话框

(3) 设置列宽的方法与设置行高的方法类似。

除了上面介绍的方法以外，用户还可以在选中行或列后，右击鼠标在弹出的菜单中选择【行高】(或者【列宽】)命令，设置行高或列宽。

用户可以直接在工作表中通过拖动的方式来设置选中行的行高和列宽，方法如下。

(1) 选中工作表中的单列或多列，将鼠标指针放置在选中的列与相邻列的列标签之间，如图 7-35 所示。

(2) 向左侧或者右侧拖动，此时在列标签上方将显示一个提示框，显示当前的列宽，如图 7-36 所示。

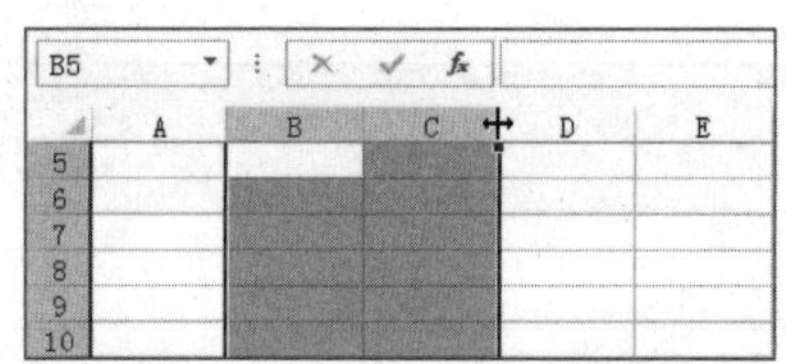

图 7-35 将鼠标指针放置在选中列的边缘

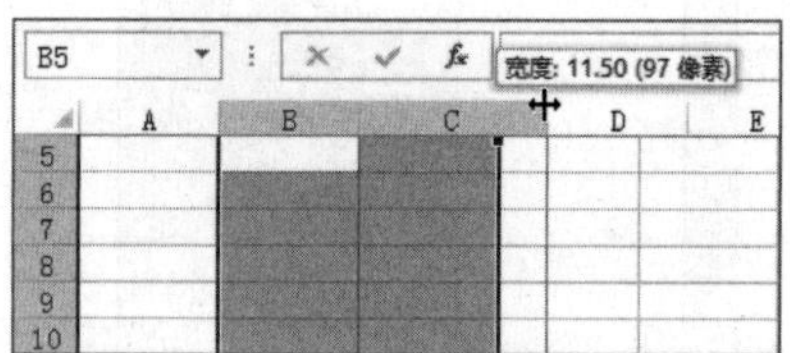

图 7-36 显示列宽提示

(3) 当调整到所需列宽时，释放鼠标即可完成列宽的设置(设置行高的方法与以上操作类似)。

如果某个表格中设置了多种行高或列宽，或者该表格中的内容长短不齐，会使表格的显示效果较差，影响数据的可读性，如图 7-37 所示。此时，用户可以在 Excel 中执行以下操作，调整表格的行高与列宽至最佳状态。

(1) 选中表格中需要调整行高的行，在【开始】选项卡的【单元格】命令组中单击【格式】拆分按钮，在弹出的菜单中选择【自动调整行高】选项，如图 7-38 所示。

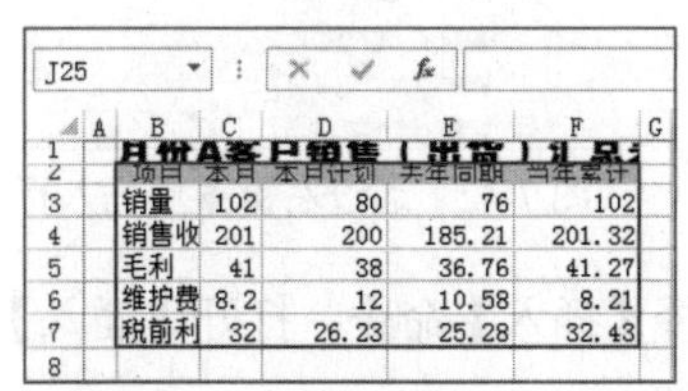

项目	本月	本月计划	去年同期	当年累计
销量	102	80	76	102
销售收	201	200	185.21	201.32
毛利	41	38	36.76	41.27
维护费	8.2	12	10.58	8.21
税前利	32	26.23	25.28	32.43

图 7-37　参差不齐的行列设置

图 7-38　自动调整行高

(2) 选中表格中需要调整列宽的列，重复步骤(1)的操作。单击【格式】拆分按钮，在弹出的下拉列表中选择【自动调整列宽】选项，调整选中表格的列宽，完成后表格的行高与列宽的调整效果如图 7-39 所示。

除了上面介绍的方法以外，还有一种更加快捷的方法可以用来快速调整表格的行高和列宽：同时选中需要调整列宽(或行高)的多列(多行)，将鼠标指针放置在列(或行)的中线上。此时，鼠标箭头显示为一个黑色双向的图形，如图 7-40 所示。双击鼠标即可完成设置【自动调整列宽】的操作。

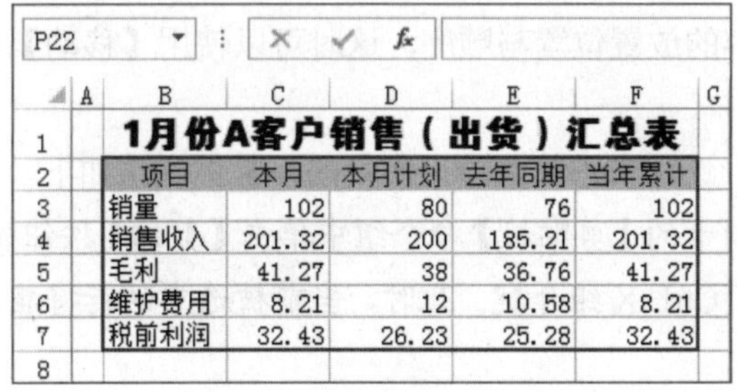

1月份A客户销售（出货）汇总表

项目	本月	本月计划	去年同期	当年累计
销量	102	80	76	102
销售收入	201.32	200	185.21	201.32
毛利	41.27	38	36.76	41.27
维护费用	8.21	12	10.58	8.21
税前利润	32.43	26.23	25.28	32.43

图 7-39　行高与列宽调整效果

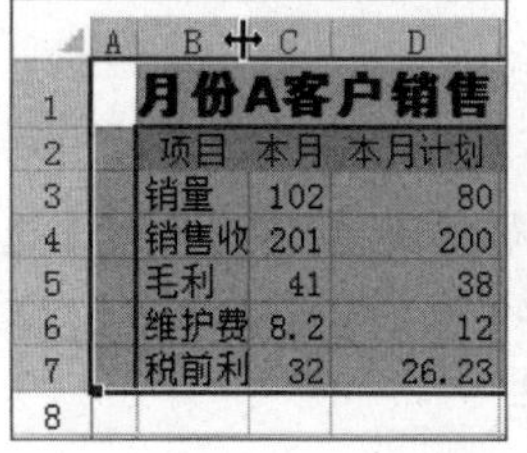

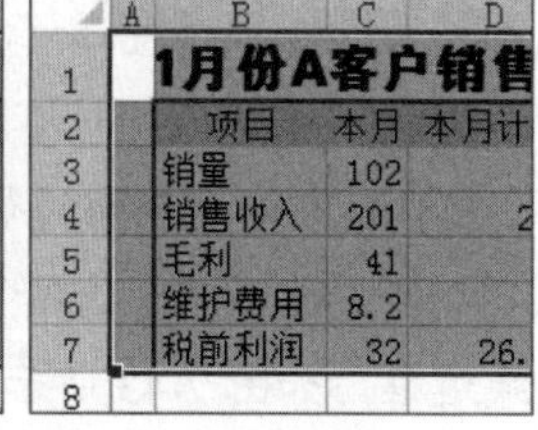

图 7-40　双击标签边缘调整行高/列宽

在如图 7-38 所示的【格式】菜单中，选择【默认列宽】命令。可以在打开的【标准列宽】对话框中，一次性修改当前工作表的所有单元格的默认列宽。但是该命令对已经设置过列宽的列无效，也不会影响其他工作表以及新建的工作表或工作簿。

3. 插入行与列

用户有时需要在表格中增加一些条目的内容，并且这些内容不是添加在现有表格内容的末尾，而是插入到现有表格的中间，这时就需要在表格中插入行或者插入列。

选中表格中的某行，或者选中行中的某个单元格，然后执行以下操作可以在行之前插入新行。

- 选择【开始】选项卡，在【单元格】命令组中单击【插入】按钮，在弹出的菜单中选择【插入工作表行】命令，如图 7-41 所示。
- 选中并右击某行，在弹出的菜单中选择【插入】命令，如图 7-42 所示。

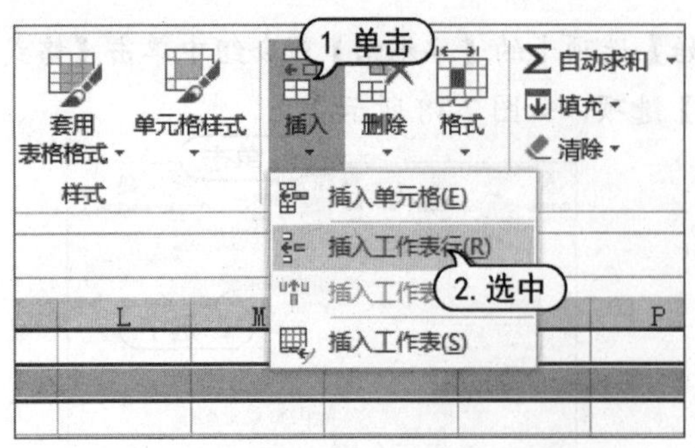

图 7-41　选择【插入工作表】命令

图 7-42　通过右键菜单插入行

- 选中并右击某个单元格，在弹出的菜单中选择【插入】命令。打开【插入】对话框，选中【整行】单选按钮，然后单击【确定】按钮。
- 在键盘上按下 Ctrl+Shift+=组合键，打开【插入】对话框选中【整行】单选按钮，并单击【确定】按钮。

插入列的方法与插入行的方法类似，同样也可以通过列表、右键快捷菜单和键盘快捷键这几种方法操作。

另外，如果用户在执行插入行或列操作之前，选中连续的多行(或多列)，在执行【插入】操作后，会在选定位置之前插入与选定行、列相同数量的多行或多列。

4. 移动和复制行与列

用户有时会需要在 Excel 中改变表格行列内容的放置位置与顺序，这时可以使用【移动】行或者列的操作来实现。

实现移动行列的基本操作方法是通过【开始】选项卡中的菜单来实现的，具体方法如下。

(1) 选中需要移动的行(或列)，在【开始】选项卡的【剪贴板】命令组中单击【剪切】按钮✂。也可以在右键菜单中选择【剪切】命令，或者按下 Ctrl+X 组合键。此时，当前被选中的行将显示虚线边框，如图 7-43 所示。

(2) 选中需要移动的目标位置行的下一行，在【单元格】命令组中单击【插入】拆分按钮，在弹出的菜单中选择【插入剪切的单元格】命令。也可以在右键菜单中选择【插入剪切的单元格】命令，或者按下 Ctrl+V 组合键即可完成移动行操作，如图 7-44 所示。

图 7-43　剪切行

图 7-44　移动行

完成移动操作后，需要移动的行的次序调整到目标位置之前，而此行的原有位置则被自动清

除。如果用户在步骤(1)中选定连续的多行，则移动行的操作也可以同时对连续多行执行。非连续的多行无法同时执行剪切操作。移动列的操作方法与移动行的方法类似。

相比使用菜单方式移动行或列，直接使用鼠标拖动的方式可以更加直接方便地移动行或列，具体方法如下。

(1) 选中需要移动的行，将鼠标移动至选定行的黑色边框上。当鼠标指针显示为黑色十字箭头图标时按住鼠标左键，并在键盘上按下 Shift 键不放。

(2) 拖动鼠标，将显示一条工字型虚线，显示移动行的目标插入位置，如图 7-45 所示。

1月份B客户销售（出货）汇总表

项目	本月	本月计划	去年同期	当年累计
销量	12	15	18	12
销售收入	33.12	36	41.72	33.12
毛利	3.65	5.5	34.8	3.65
维护费用	1.23	2	1.8	1.23
税前利润	2.12	2.1	2.34	2.12

1月份B客户销售（出货）汇总表

项目	本月	本月计划	去年同期	当年累计
销量	12	15	18	12
销售收入	33.12	36	41.72	33.12
毛利	3.65	5.5	34.8	3.65
维护费用	1.23	2	1.8	1.23
税前利润	2.12	2.1	2.34	2.12

图 7-45　通过拖动移动行

(3) 拖动鼠标直到工字型虚线位于需要移动的目标位置，释放鼠标即可完成选定行的移动操作。

鼠标拖动实现移动列的操作与此类似。如果选定连续多行或者多列，同样可以通过拖动执行同时移动多行或者多列目标到指定的位置。但是无法对选定的非连续多行或者多列同时执行拖动移动操作。

复制行列与移动行列的操作方式十分相似，具体方法如下。

(1) 选中需要复制的行，在【开始】选项卡的【剪贴板】命令组中单击【复制】按钮，或者按下 Ctrl+C 组合键。此时，当前选定的行会显示出虚线边框。

(2) 选定需要复制的目标位置行的下一行，在【单元格】命令组中单击【插入】拆分按钮，在弹出的菜单中选择【插入复制的单元格】命令；也可以在右键菜单中选择【插入复制的单元格】命令，即可完成复制行插入至目标位置的操作。

使用拖动的方式复制行的方法与移动行的方法类似，具体操作有以下两种。

- 选定数据行后，保持按下 Ctrl 键的同时拖动鼠标，鼠标指针旁显示“+”号图标。目标位置出现如图 7-46 所示的虚线框，表示复制的数据将覆盖原来区域中的数据。

1月份B客户销售（出货）汇总表

项目	本月	本月计划	去年同期	当年累计
销量	12	15	18	12
销售收入	33.12	36	41.72	33.12
毛利	3.65	5.5	34.8	3.65
维护费用	1.23	2	1.8	1.23
税前利润	2.12	2.1	2.34	2.12

1月份B客户销售（出货）汇总表

项目	本月	本月计划	去年同期	当年累计
销量	12	15	18	12
销售收入	33.12	36	41.72	33.12
毛利	3.65	5.5	34.8	3.65
销量	12	15	18	12
税前利润	2.12	2.1	2.34	2.12

图 7-46　通过拖动实现复制替换行

◉ 选定数据行后，按下 Ctrl+Shift 组合键的同时拖动鼠标，鼠标旁显示“+”号图标，目标位置出现工字型虚线，表示复制的数据将插入在虚线所示位置。此时释放鼠标即可完成复制并插入行的操作。

通过鼠标拖动实现复制列的操作方法与以上方法类似。用户在 Excel 2016 中可以同时对连续多行多列进行复制操作，无法对选定的非连续多行或者多列执行拖动操作。

5. 删除行与列

对于一些不再需要的行列内容，用户可以选择删除整行或者整列进行清除。删除行的具体操作方法如下。

(1) 选定目标整行或者多行，选择【开始】选项卡，在【单元格】命令组中单击【删除】拆分按钮。在弹出的菜单中选择【删除工作表行】命令，或者右击，在弹出的菜单中选择【删除】命令，如图 7-47 所示。

(2) 如果选择的目标不是整行，而是行中的一部分单元格，Excel 将打开如图 7-48 所示的【删除】对话框。在对话框中选择【整行】单选按钮，然后单击【确定】按钮即可完成目标行的删除。

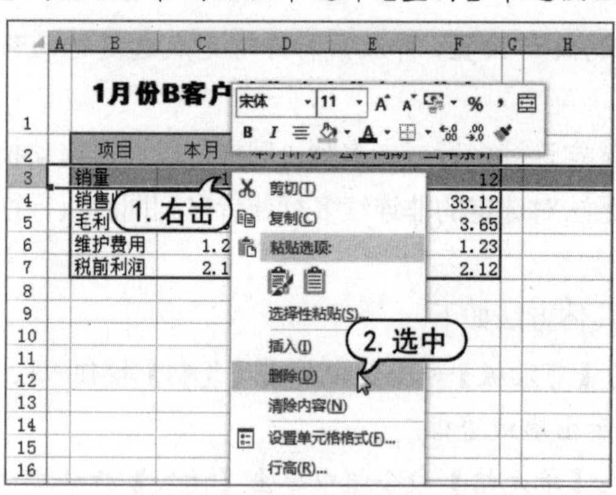

图 7-47　通过右键菜单删除行

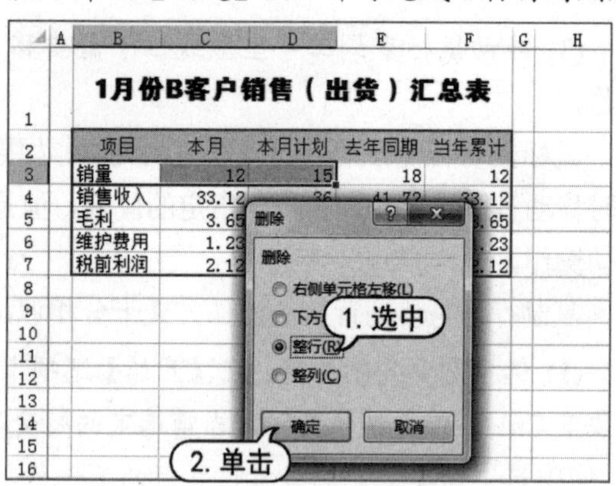

图 7-48　使用【删除】对话框删除行

(3) 删除列的操作与删除行的方法类似。

6. 隐藏和显示行列

在实际工作中，用户有时会出于方便浏览数据的需要，希望隐藏表格中的一部分内容，如隐藏工作表中的某些行或列。

选定目标行(单行或者多行)整行或者行中的单元格后，在【开始】对话框的【单元格】命令组中单击【格式】按钮，在弹出的菜单中选择【隐藏和取消隐藏】|【隐藏行】命令，即可完成目标行的隐藏，如图 7-49 所示。隐藏列的操作与此类似，选定目标列后，在【开始】选项卡的【单元格】命令组中单击【格式】按钮，在弹出的菜单中选择【隐藏和取消隐藏】|【隐藏列】命令。

如果选定的对象是整行或者整列，也可以通过右击鼠标，在弹出的菜单中选择【隐藏】命令，来实现隐藏行列的操作。

在隐藏行列之后，包含隐藏行列处的行号或者列标标签不再显示连续序号，隐藏处的标签分

隔线也会显得比其他的分割线更粗，如图 7-50 所示。

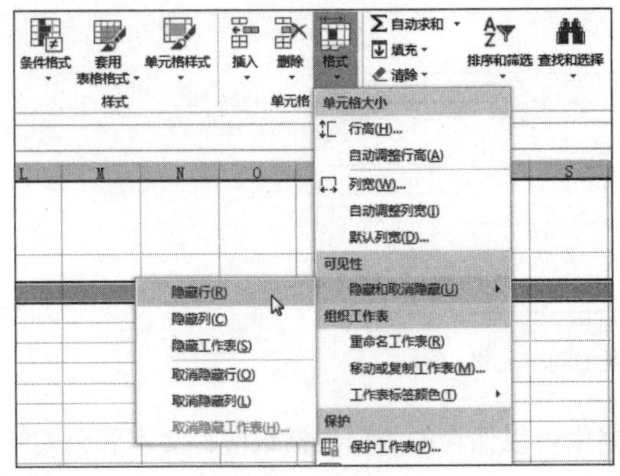

图 7-49　隐藏行

隐藏行处不显示连续序号

1月份B客户销售（出货）汇总表

项目	本月	本月计划	去年同期	当年累计
销售收入	33.12	36	41.72	33.12
毛利	3.65	5.5	34.8	3.65
维护费用	1.23	2	1.8	1.23
税前利润	2.12	2.1	2.34	2.12

图 7-50　包括隐藏行的行标签显示

通过这些特征，用户可以发现表格中隐藏行列的位置。要把被隐藏的行列取消隐藏，重新恢复显示，可采用以下操作方法。

- 使用【取消隐藏】命令取消隐藏：在工作表中，选定包含隐藏行的区域，如选中图 7-50 中的 A2：A4 单元格区域，在【开始】选项卡的【单元格】命令组中单击【格式】拆分按钮，在弹出的菜单中选择【隐藏和取消隐藏】|【取消隐藏行】命令，即可将其中隐藏的行恢复显示。按下 Ctrl+Shift+9 组合键，可以代替菜单操作，实现取消隐藏的操作。
- 使用设置行高列宽的方法取消隐藏：通过将行高列宽设置 0，可以将选定的行列隐藏。反过来，通过将行高列宽设置为大于 0 的值，则可以将隐藏的行列设置为可见，达到取消隐藏的效果。
- 使用【自动调整行高(列宽)】命令取消行列的隐藏：选定包含隐藏行的区域后，在【开始】选项卡的【单元格】命令组中单击【格式】拆分按钮，在弹出的菜单中选择【自动调整行高】命令(或【自动调整列宽】命令)，即可将隐藏的行(或列)重新显示。

通过设置行高或者列宽值的方法，达到取消行列的隐藏，将会改变原有行列的行高或者列宽。而通过菜单取消隐藏的方法，则会保持原有行高和列宽值。

7.3.3　理解单元格和区域

在了解行列的概念和基本操作之后，用户可以进一步学习 Excel 表格中单元格和单元格区域的操作，这是工作表中最基础的构成元素。

1. 单元格的概念

行和列相互交叉形成一个个的格子被称为“单元格”(Cell)。单元格是构成工作表最基础的组成元素，众多的单元格组成了一个完整的工作表。在 Excel 中，默认每个工作表中所包含的单元格数量共有 17,179,869,184 个。

每个单元格都可以通过单元格地址进行标识。单元格地址由它所在列的列标和所在行的行号所组成，其形式通常为“字母+数字”的形式。例如，A1 单元格就是位于 A 列第 1 行的单元格，如图 7-51 所示。

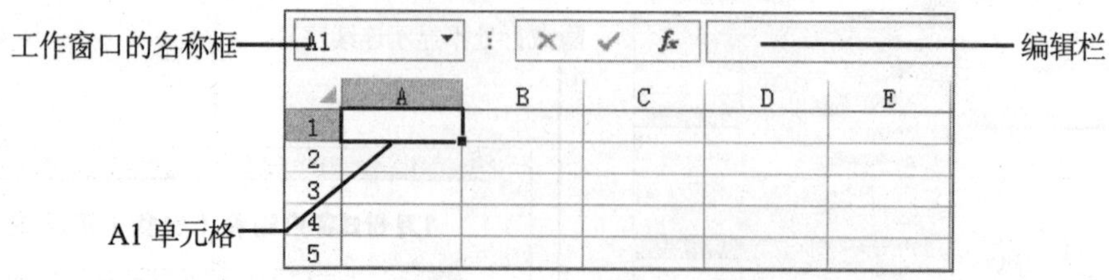

图 7-51　工作表中的单元格

用户可以在单元格中输入和编辑数据，单元格中可以保存的数据包括数值、文本和公式等。除此以外，用户还可以为单元格添加批注，以及设置各种格式。

在当前的工作表中，无论用户是否曾经用鼠标单击过工作表区域，都存在一个被激活的活动单元格，如图 7-51 中的 A1 单元格，该单元格即为当前被激活(被选定)的活动单元格。活动单元格的边框显示为黑色矩形边框，在 Excel 工作窗口的名称框中将显示当前活动单元格的地址，在编辑栏中则会显示活动单元格中的内容。

要选取某个单元格为活动单元格，用户只需要使用鼠标或者键盘按键等方式激活目标单元格即可。使用鼠标直接单击目标单元格，可以将目标单元格切换为当前活动单元格。使用键盘方向键及 Page UP、Page Down 等按键，也可以在工作中移动选取活动单元格。

除了以上方法以外，在工作窗口中的名称框中直接输入目标单元格的地址也可以快速定位到目标单元格所在的位置，同时激活目标单元格为当前活动单元格。与该操作效果相似的是使用【定位】的方法在表格中选中具体的单元格，方法如下。

(1) 在【开始】选项卡的【编辑】命令组中单击【查找和选择】下拉按钮，在弹出的下拉列表中选择【转到】命令，如图 7-52 所示。

(2) 打开【定位】对话框，在【引用位置】文本框中输入目标单元格的地址，如图 7-53 所示，然后单击【确定】按钮即可。

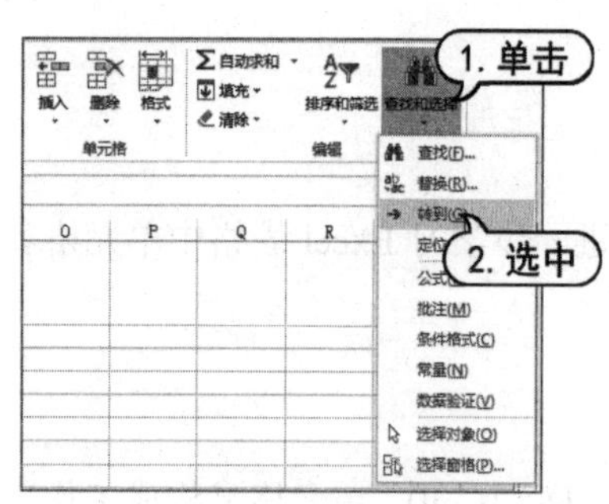

图 7-52　【查找和选择】下拉列表

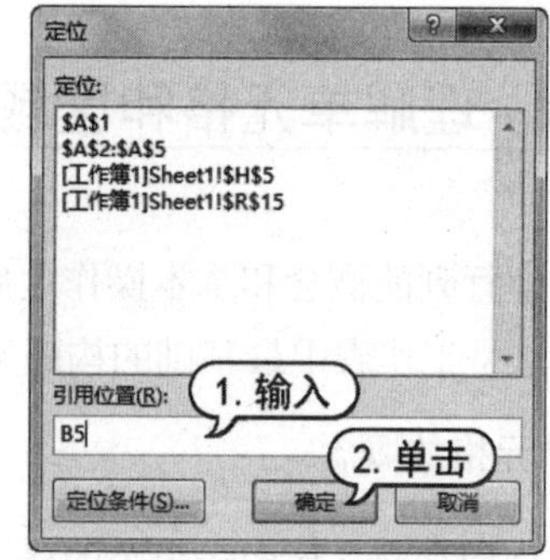

图 7-53　【定位】对话框

对于一些位于隐藏行或列中的单元格，无法通过鼠标或者键盘激活，只能通过名称框直接输入地址选取和上例介绍的定位方法来选中。

2. 区域的基本概念

单元格“区域”的概念是单元格概念的延伸，多个单元格所构成的单元格群组被称为“区域”。构成区域的多个单元格之间可以是相互连续的，它们所构成的区域就是连续区域，连续区域的形状一般为矩形；多个单元格之间可以使相互独立不连续的，它们所构成的区域就成为不连续区域。对于连续区域，可以使用矩形区域左上角和右下角的单元格地址进行标识，形式上为“左上角单元格地址：右下角单元格地址”，如图 7-54 所示的 B2：F7 单元格“区域”。

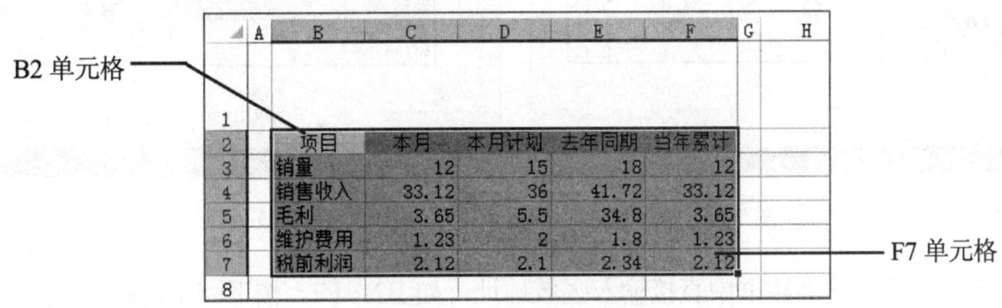

	A	B	C	D	E	F	G	H
1								
2		项目	本月	本月计划	去年同期	当年累计		
3		销量	12	15	18	12		
4		销售收入	33.12	36	41.72	33.12		
5		毛利	3.65	5.5	34.8	3.65		
6		维护费用	1.23	2	1.8	1.23		
7		税前利润	2.12	2.1	2.34	2.12		
8								

图 7-54　B2：F7 单元格区域

图 7-54 所示的单元格区域包含了从 B2 单元格到 F7 单元格的矩形区域，矩形区域宽度为 5 列，高度为 6 行，总共 30 个连续单元格。

3. 选取单元格区域

在 Excel 工作表中选取区域后，可以对区域内所包含的所有单元格同时执行相关命令操作，如输入数据、复制、粘贴、删除、设置单元格格式等。选取目标区域后，在其中总是包含了一个活动单元格。工作窗口名称框显示的是当前活动单元格的地址，编辑栏所显示的也是当前活动单元格中的内容。

活动单元格与区域中的其他单元格显示风格不同，区域中所包含的其他单元格会加亮显示，而当前活动单元格还是保持正常显示，以此来标识活动单元格的位置，如图 7-55 所示。

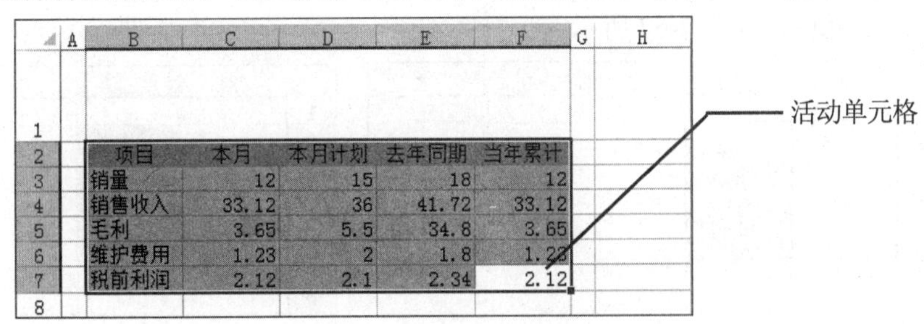

	A	B	C	D	E	F	G	H
1								
2		项目	本月	本月计划	去年同期	当年累计		
3		销量	12	15	18	12		
4		销售收入	33.12	36	41.72	33.12		
5		毛利	3.65	5.5	34.8	3.65		
6		维护费用	1.23	2	1.8	1.23		
7		税前利润	2.12	2.1	2.34	2.12		
8								

图 7-55　选定区域与区域中的活动单元格

选定一个单元格区域后，区域中包含的单元格所在的行列标签也会显示出不同的颜色，如图 7-55 中的 B~F 列和 2~7 行标签所示。

要在表格中选中连续的单元格，可以使用以下几种方法。

- ◉ 选定一个单元格，直接在工作表中拖动来选取相邻的连续区域。
- ◉ 选定一个单元格，按下 Shift 键，然后使用方向键在工作表中选择相邻的连续区域。

- 选定一个单元格，按下 F8 键，进入“扩展”模式。此时，再单击一个单元格，则会选中该单元格与前面选中单元格之间所构成的连续区域，如图 7-56 所示。完成后再次按下 F8 键，则可以取消“扩展”模式。

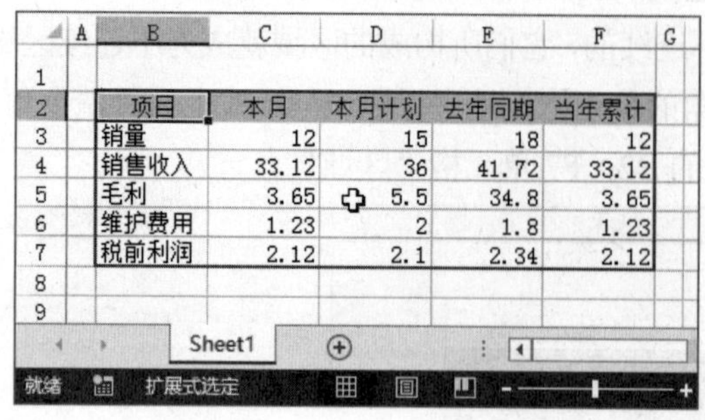

项目	本月	本月计划	去年同期	当年累计
销量	12	15	18	12
销售收入	33.12	36	41.72	33.12
毛利	3.65	5.5	34.8	3.65
维护费用	1.23	2	1.8	1.23
税前利润	2.12	2.1	2.34	2.12

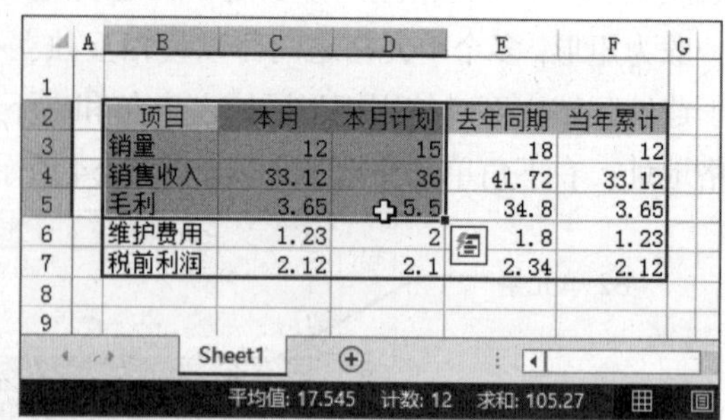

项目	本月	本月计划	去年同期	当年累计
销量	12	15	18	12
销售收入	33.12	36	41.72	33.12
毛利	3.65	5.5	34.8	3.65
维护费用	1.23	2	1.8	1.23
税前利润	2.12	2.1	2.34	2.12

图 7-56　在“扩展”模式中选中连续单元格区域

- 在工作窗口的名称框中直接输入区域地址，如 B2：F7，按下回车键确认后，即可选取并定位到目标区域。此方法可适用于选取隐藏行列中所包含的区域。
- 在【开始】选项卡的【编辑】命令组中单击【查找和选择】下拉按钮，在弹出的下拉列表中选择【转到】命令；或者在键盘上按下 F5 键，在打开的【定位】对话框的【引用位置】文本框中输入目标区域地址，单击【确定】按钮即可选取并定位到目标区域。该方法可以适应于选取隐藏行列中所包含的区域。
- 选取连续的区域时。鼠标或者键盘第一个选定的单元格就是选定区域中的活动单元格；如果使用名称框或者定位窗口选定区域，则所选区域的左上角单元格就是选定区域中的活动单元格。

在表格中选择不连续单元格区域的方法，与选择连续单元格区域的方法类似，具体如下。

- 选定一个单元格，按下 Ctrl 键，然后单击或者拖动选择多个单元格或者连续区域。最后一次单击的单元格，或者最后一次拖动开始之前选定的单元格就是选定区域的活动单元格，如图 7-57 所示。

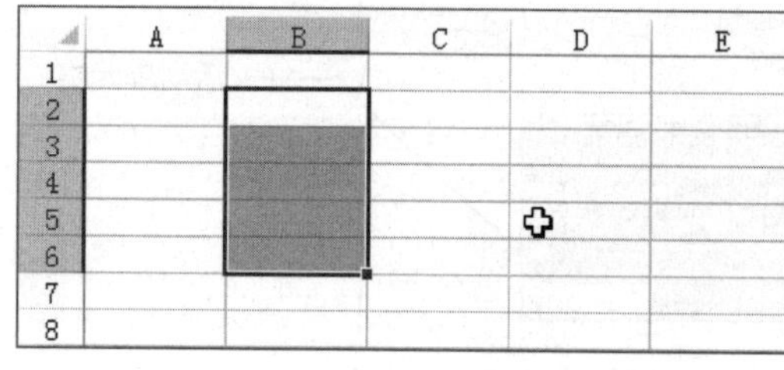

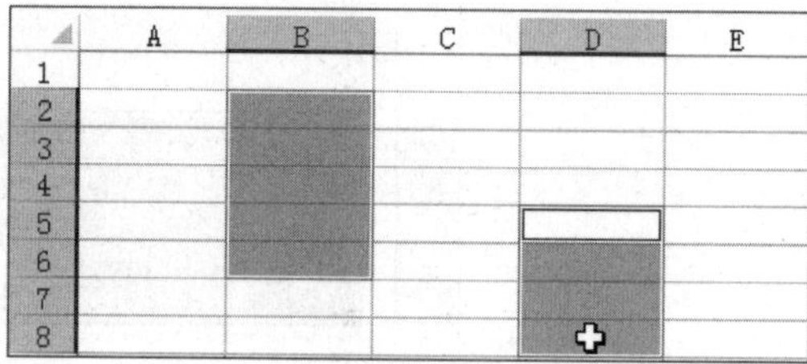

图 7-57　按住 Ctrl 键选取不连续的单元格区域

- 按下 Shift+F8 组合键，可以进入“添加”模式，与上面按 Ctrl 键作用相同。进入添加模式后，再用鼠标选取的单元格或者单元格区域会添加到之前的选取当中。
- 在工作表窗口的名称框中输入多个单元格或者区域地址，地址之间用半角状态下的逗号隔开，例如“A1,B4,F7,H3”，按下回车键确认后即可选取并定位到目标区域。在这种状态下，最后输入的一个连续区域的左上角或者最后输入的单元格为区域中的活动单元

格(该方法适用于选取隐藏行列中所包含的区域)。

◉　打开【定位】对话框，在【引用位置】文本框中输入多个地址，也可以选取不连续的单元格区域。

除了可以在一张工作表中选取某个二维区域以外，用户还可以在 Excel 中同时在多张工作表上选取三维的多表区域。

【例 7-4】将当前工作簿的 Sheet1、Sheet2、Sheet3 工作表中分别设置 B3：D6 单元格区域的背景颜色(任意)。

(1) 在 Sheet1 工作表中选中 B3：D6 区域，按住 Shift 键，单击 Sheet3 工作表标签，再释放 Shift 键。此时，Sheet1~Sheet3 单元格的 B3：D6 单元格区域构成了一个三维的多表区域，并进入多表区域的工作编辑模式。在工作窗口的标题栏上显示出“[工作组]”字样，如图 7-58 所示。

(2) 在【开始】选项卡的【字体】命令中单击【填充颜色】拆分按钮，在弹出的颜色选择器中选择一种颜色即可。

(3) 此时，切换 Sheet1、Sheet2、Sheet3 工作表，可以看到每个工作表的 B3：D6 区域单元格背景颜色均被统一填充了颜色，如图 7-59 所示。

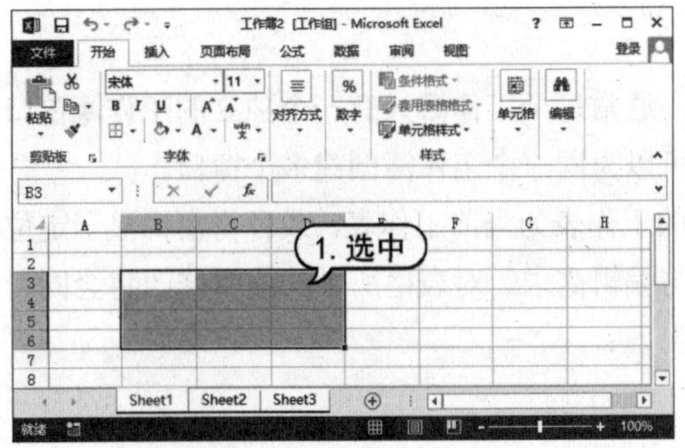

图 7-58　进入多表区域的工作编辑模式

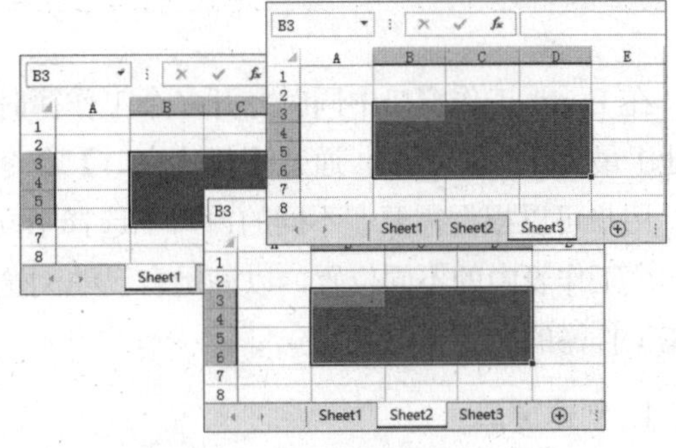

图 7-59　多表区域设置单元格格式

4. 通过名称选取区域

在实际日常办公中，如果以区域地址来进行标识和描述有时会显得非常复杂，特别是对于非连续区域，需要以多个地址来进行标识。Excel 中提供了一种名为【定义名称】的功能，用户可以给单元格和区域命名，以特定的名称来标识不同的区域，使得区域的选取和使用更加直观和方便，具体方法如下。

(1) 在工作表中选中一个单元格区域(不连续)，然后在工作窗口的名称框中输入“区域 1”。再按下回车键，即可选定相应区域，如图 7-60 所示。

(2) 单击名称框下拉按钮，在弹出的下拉列表中选择【区域 1】选项，即可选择存在于当前工作簿中的区域名称，如图 7-61 所示。

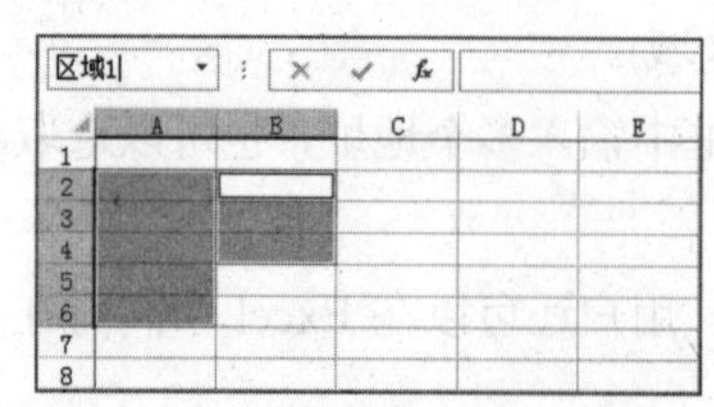

图 7-60　通过名称框输入设定选定区域

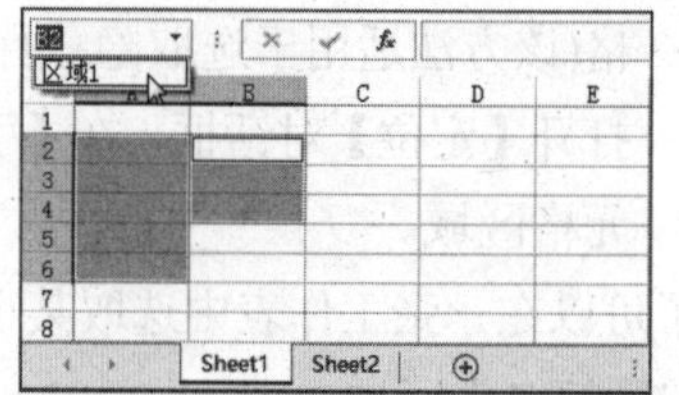

图 7-61　通过下拉列表显示区域名称

7.4　控制工作窗口视图

在处理一些复杂的表格时，用户通常需要花费很多时间和精力在切换工作簿、工作簿、查找浏览和定位数据等繁琐的操作上。实际上，为了能够在有限的屏幕区域中显示更多有用的信息，以方便表格内容的查询和编辑，用户可以通过工作窗口的视图控制来改变窗口显示。

7.4.1　多窗口显示工作簿

在 Excel 工作窗口中同时打开多个工作簿时，通常每个工作簿只有一个独立的工作簿窗口，并处于最大化显示状态。通过【新建窗口】命令可以为同一个工作簿创建多个窗口。

用户可以根据需要在不同的窗口中选择不同的工作表为当前工作表，或者将窗口显示定位到同一个工作表中的不同位置，以满足自己的浏览与编辑需求。对表格所做的编辑修改将会同时反映在工作簿的所有窗口上。

1. 创建窗口

在 Excel 2016 中创建新窗口的方法如下。

(1) 选择【视图】选项卡，在【窗口】命令组中单击【新建窗口】按钮。

(2) 此时，即可为当前工作簿创建一个新的窗口。原有的工作簿窗口和新建的工作簿窗口都会相应地更改标题栏上的名称，如图 7-62 所示。

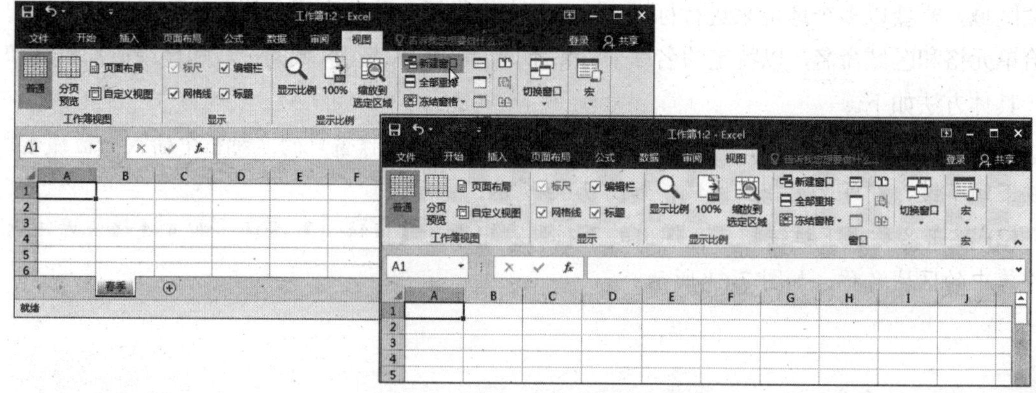

图 7-62　为同一个工作簿创建新的视图窗口

2. 切换窗口

在默认情况下，Excel 每一个工作簿窗口总是以最大化的形式出现在工作窗口中，并在工作窗口标题栏上显示自己的名称。

用户可以通过菜单操作将其他工作簿窗口选定为当前工作簿窗口，具体方法如下。

- 选择【视图】选项卡，在【窗口】命令组中单击【切换窗口】下拉按钮，在弹出的下拉列表中显示当前所有的工作簿窗口名称，单击相应的名称即可将其切换为当前工作簿窗口。如果当前打开的工作簿较多(9 个以上)，在【切换窗口】下拉列表上无法显示出所有窗口名称，则在该列表的底部将显示【其他窗口】命令，执行该命令将打开【激活】对话框。在其中的列表框内将显示全部打开的工作簿窗口，如图 7-63 所示。

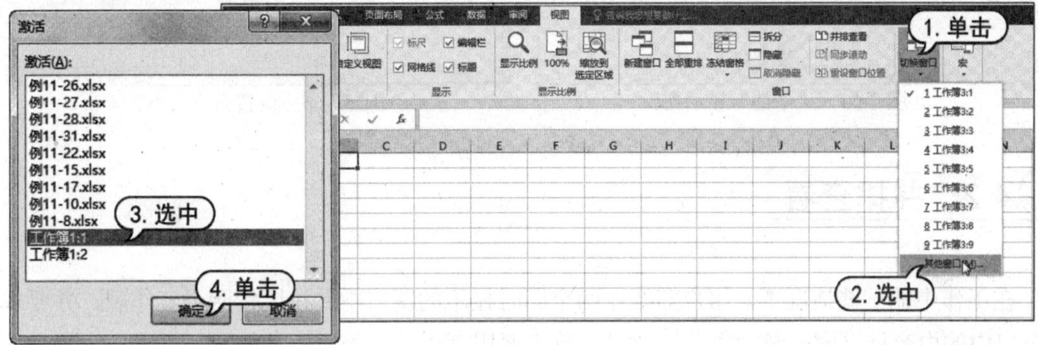

图 7-63　激活窗口

- 在Excel工作窗口中按下Ctrl+F6组合键或者Ctrl+Tab组合键，可以切换到上一个工作簿窗口。
- 单击Windows系统任务栏上的窗口图表，切换Excel工作窗口，或者按下Alt+Tab组合键进行程序窗口切换。

3. 重排窗口

Excel 中打开了多个工作簿窗口时，通过菜单命令或者手动操作的方法可以将多个工作簿以多种形式同时显示 Excel 工作窗口中，这样可以在很大程度上方便用户检索和监控表格内容。

在功能区上选择【视图】选项卡，在【窗口】命令组中单击【全部重排】按钮，在打开的【重排窗口】对话框中选择一种排列方式(例如，选择【平铺】单选按钮)，然后单击【确定】按钮，如图 7-64 所示。

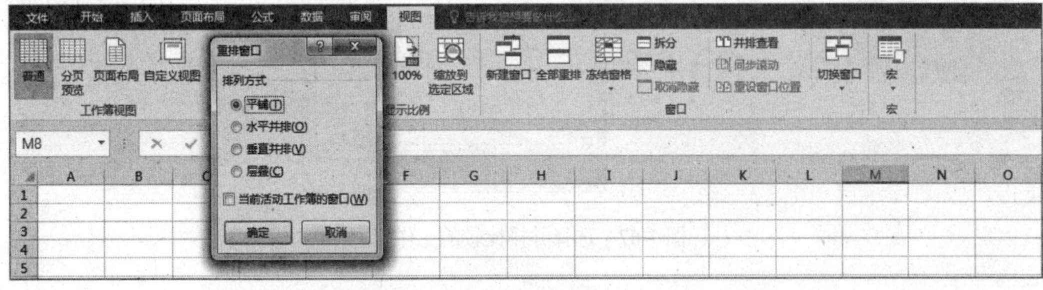

图 7-64　重排窗口

此后，就可以将当前 Excel 软件中所有的工作簿窗口“水平并排”显示在工作窗口中，效果如图 7-65 所示。

通过【重排窗口】命令自动排列的浮动工作簿窗口，可以通过拖动鼠标的方法来改变其位置和窗口大小。将鼠标指针放置在窗口的边缘，通过拖动可以调整窗口的位置，拖动窗口的边缘则可以调整窗口的大小，如图 7-66 所示。

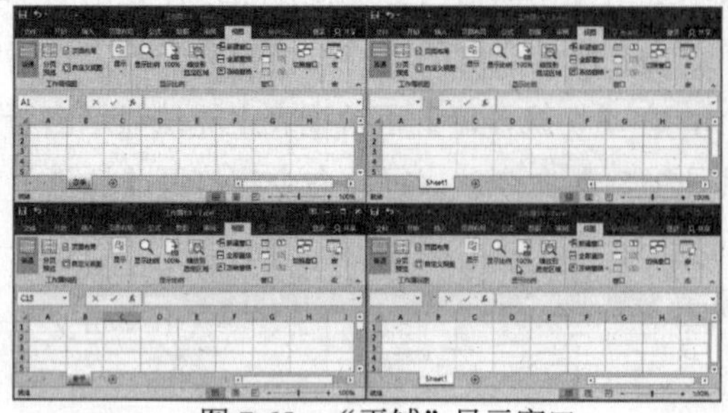

图 7-65 “平铺”显示窗口

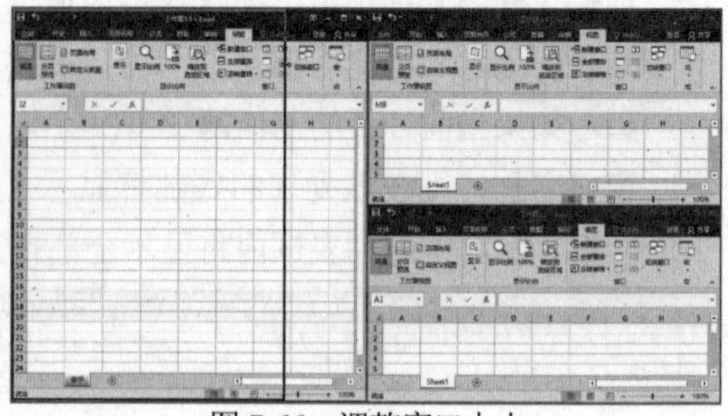

图 7-66 调整窗口大小

7.4.2 并排查看

在工作中的一些情况下，用户需要在两个同时显示的窗口中并排比较两个工作表，并要求两个窗口中的内容能够同步滚动浏览。此时，就需要用到“并排查看”功能。

“并排查看”是一种特殊的重排窗口方式，选定需要对比的某个工作簿窗口。在功能区中选择【视图】选项卡，在【窗口】命令组中单击【并排查看】按钮。如果当前打开了多个工作簿，将打开【并排比较】对话框，在其中选择需要进行对比的目标工作簿，然后单击【确定】按钮，如图 7-67 所示，即可将两个工作簿窗口并排显示在 Excel 工作窗口之中。

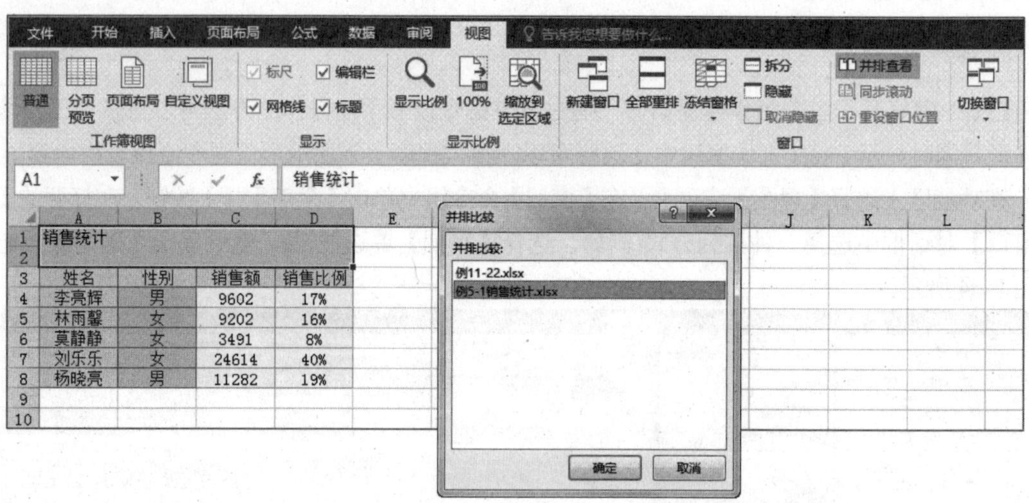

图 7-67 选择并排比较的工作簿

如果，当前只有两个工作簿被打开，则直接显示“并排比较”后的状态，如图 7-68 所示。

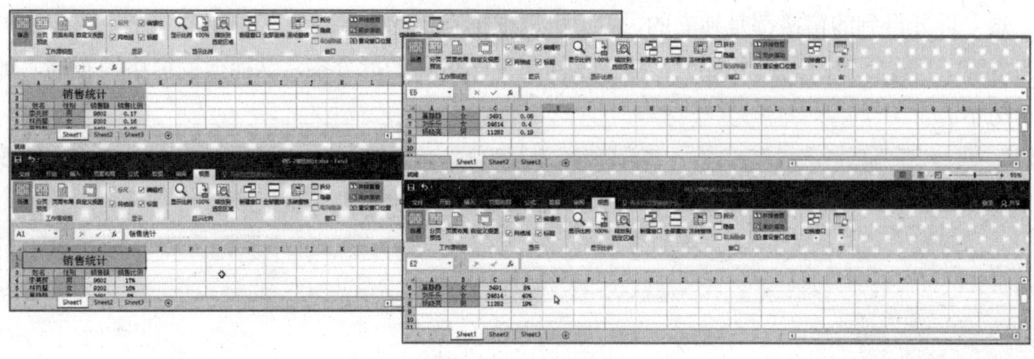

图 7-68　并排比较

设置并排比较命令后，当用户在其中一个窗口中滚动浏览内容时，另一个窗口也会随之同步滚动。这种“同步滚动”功能是并排比较与单纯的重排窗口之间最大的功能上的区别。通过【视图】选项卡上的【同步滚动】切换按钮，用户可以选择打开或者关闭自动同步窗口滚动的功能。

使用并排比较命令同时显示的两个工作簿窗口，在默认情况下是以水平并排的方式显示的，用户也可以通过重排窗口命令来改变它们的排列方式。对于排列方式的改变，Excel 具有记忆能力，在下次执行并排比较命令时，还将以用户所选择的方式来进行窗口的排列。如果要恢复初始默认的水平状态，可以在【视图】选项卡的【窗口】命令组中单击【重置窗口位置】按钮。当鼠标光标置于某个窗口上，再单击【重置窗口位置】按钮，则此窗口会置于上方。

若用户需要关闭并排比较工作模式，可以在【视图】选项卡中单击【并排查看】切换按钮，则取消“并排查看”功能(单击【最大化】按钮，并不会取消【并排查看】)。

7.4.3　拆分窗口

对于单个工作表来说，除了通过新建窗口的方法来显示工作表的不同位置之外，还可以通过“拆分窗口”的办法在现有的工作表窗口中同时显示多个位置。

将鼠标指针定位在 Excel 工作区域中，选择【视图】选项卡，在【窗口】命令组中单击【拆分】切换按钮，即可将当前窗格沿着当前活动单元格左边框和上边框的方向拆分 4 个窗口，如图 7-69 所示。

图 7-69　拆分窗体

每个拆分得到的窗格都是独立的，用户可以根据自己的需要让它们显示同一个工作表不同位置的内容。将光标定位到拆分条上，按住鼠标左键即可移动拆分条，从而改变窗格的布局，如图 7-70 所示。

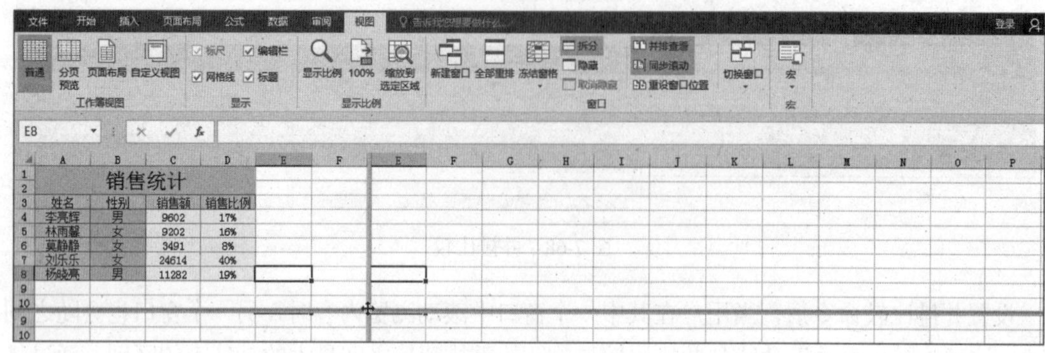

销售统计			
姓名	性别	销售额	销售比例
李亮辉	男	9602	17%
林雨馨	女	9202	16%
莫静静	女	3491	8%
刘乐乐	女	24614	40%
杨晓亮	男	11282	19%

图 7-70　移动拆分条调整窗格布局

如果用户需要在窗口内去除某条拆分条，可以将该拆分条拖动到窗口的边缘或者在拆分条上双击。如果要取消整个窗口的拆分状态，可以选择【视图】选项卡，在【窗口】命令组中单击【拆分】切换按钮进行状态的切换。

7.4.4　冻结窗格

在工作中对比复杂的表格时，经常需要在滚动浏览表格时，固定显示表头标题行。此时，使用“冻结窗格”命令可以方便地实现效果，具体方法如下。

【例 7-5】在【考试成绩表】工作表中固定 A 列和 1 行。

(1) 打开工作表后，选中 B2 单元格作为活动单元格。

(2) 选择【视图】选项卡，在【窗口】命令组中单击【冻结窗格】下拉按钮，在弹出的下拉列表中选择【冻结拆分窗格】命令，如图 7-71 所示。

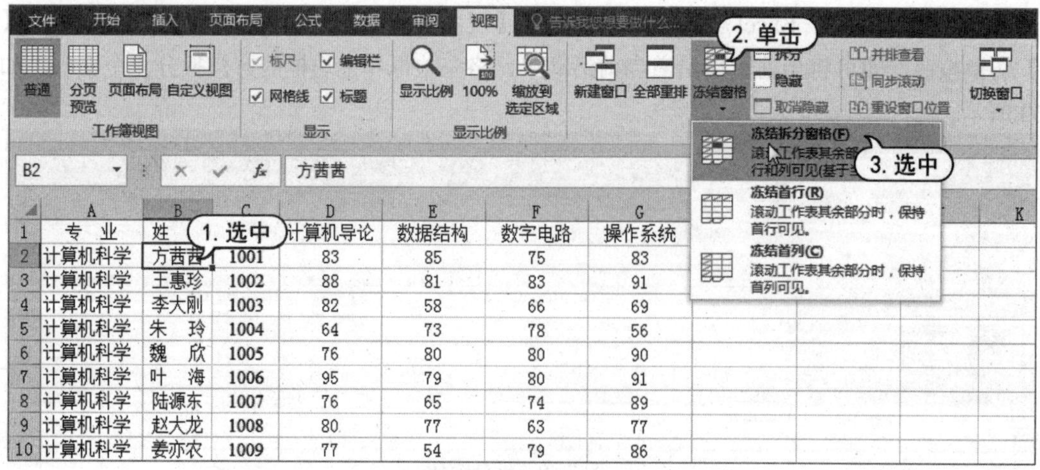

专　业	姓		计算机导论	数据结构	数字电路	操作系统
计算机科学	方茜茜	1001	83	85	75	83
计算机科学	王惠珍	1002	88	81	83	91
计算机科学	李大刚	1003	82	58	66	69
计算机科学	朱　玲	1004	64	73	78	56
计算机科学	魏　欣	1005	76	80	80	90
计算机科学	叶　海	1006	95	79	80	91
计算机科学	陆源东	1007	76	65	74	89
计算机科学	赵大龙	1008	80	77	63	77
计算机科学	姜亦农	1009	77	54	79	86

图 7-71　冻结窗格示例表格

(3) 此时，Excel 将沿着当前激活单元格的左边框和上边框的方向出现水平和垂直方向的两条黑线冻结线条，如图 7-72 所示。

	A	B	C	D	E	F	G	H	I	J
1	专　业	姓　名	编号	计算机导论	数据结构	数字电路	操作系统			
2	计算机科学	方茜茜	1001	83	85	75	83			
3	计算机科学	王惠珍	1002	88	81	83	91			
4	计算机科学	李大刚	1003	82	58	66	69			
5	计算机科学	朱　玲	1004	64	73	78	56			
6	计算机科学	魏　欣	1005	76	80	80	90			
7	计算机科学	叶　海	1006	95	79	80	91			
8	计算机科学	陆源东	1007	76	65	74	89			
9	计算机科学	赵大龙	1008	80	77	63	77			
10	计算机科学	姜亦农	1009	77	54	79	86			
11	计算机科学	陈　珉	1010	79	77	83	79			
12	计算机科学	杨　阳	1011	73	91	88	68			
13	计算机科学	唐蓟君	1012	86	66	76	77			
14	网络技术	李　林	1013	89	79	76	68			
15										
16										

黑色冻结线

图 7-72　冻结窗口效果

(4) 黑色冻结线左侧的【专业】列以及冻结线上方的标题行都被冻结。在沿着水平和垂直方向滚动浏览表格内容时，被冻结的区域始终保持可见。

除了上面介绍的方法以外，用户还可以在【冻结窗格】下拉列表中选择【冻结首行】或【冻结首列】命令，快速冻结表格的首行或者冻结首列。

如果用户需要取消工作表的冻结窗格状态，可以在 Excel 功能区上再次单击【视图】选项卡上的【冻结窗格】下拉按钮，在弹出的下拉列表中选择【取消冻结窗格】命令。

7.4.5　缩放窗口

对于一些表格内容较小不容易分辨，或者是表格内容范围较大，无法在一个窗口中浏览全局的情况下，使用窗口缩放功能可以有效地解决问题。在 Excel 中，缩放工作窗口有以下几种方法。

- 选择【视图】选项卡，在【显示比例】命令组中单击【显示比例】按钮，在打开【显示比例】对话框中设定窗口的显示比例，如图 7-73 所示。
- 在状态栏中调整如图 7-74 所示的移动滑块，调节工作窗口的缩放比例。

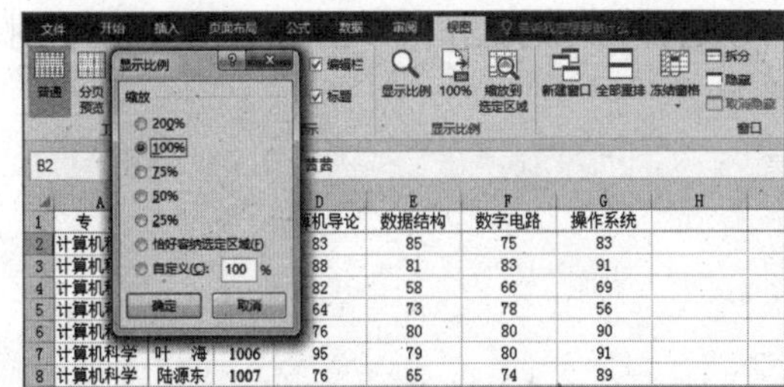

图 7-73　打开【显示比例】对话框

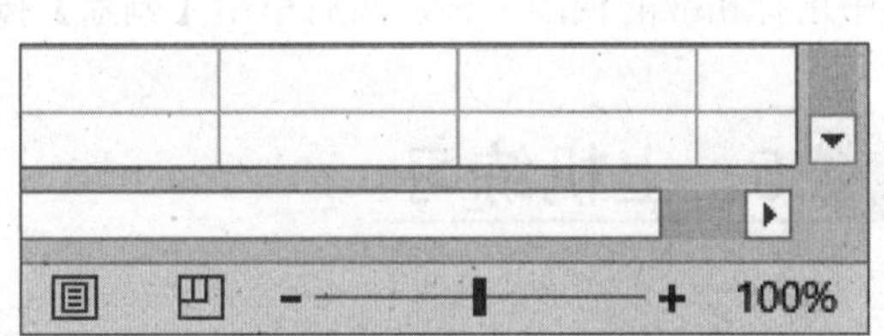

图 7-74　状态栏上的缩放比例调整滑块

7.4.6 自定义视图

在用户对工作表进行了各种视图显示调整之后，如果需要保存设置的内容，并在今后的工作中能够随时使用这些设置后的视图显示，可以通过【视图管理器】来实现，具体方法如下。

(1) 选择【视图】选项卡，在【工作簿视图】命令组中单击【自定义视图】按钮。

(2) 打开【视图管理器】对话框，单击【添加】按钮，如图 7-75 所示。

(3) 打开【添加视图】对话框。在【名称】文本框中输入创建的视图所定义的名称，然后单击【确定】按钮，如图 7-76 所示，即可完成自定义视图的创建。

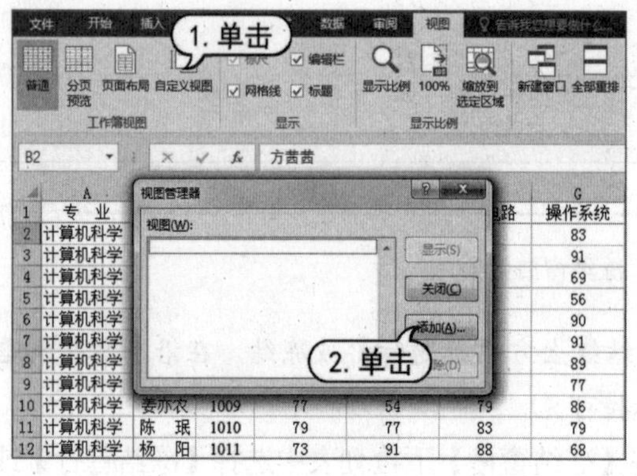

图 7-75　打开【视图管理器】对话框

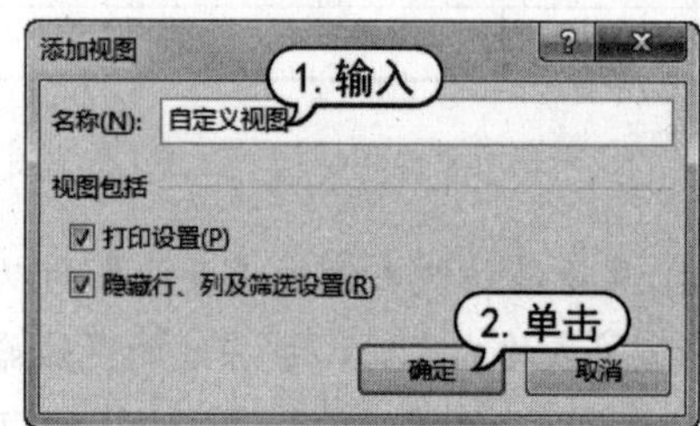

图 7-76　【添加视图】对话框

在【添加视图】对话框中，【打印设置】和【隐藏行、列及筛选设置】这两个复选框为用户选择需要保存在视图中的相关设置内容，通过选中这两个复选框，用户在当前视图窗口中所进行过的打印设置以及行列隐藏、筛选等设置也会保留在保存的自定义视图中。

视图管理器所能保存的视图设置包括窗口的大小、位置、拆分窗口、冻结窗格、显示比例、打印设置、创建视图时的选定单元格、行列的隐藏、筛选，以及【选项】对话框的许多设置。需要调用自定义视图的显示时，用户可以重复以上操作步骤(1)的操作，打开【视图管理器】对话框，在该对话框中选择相应的视图名称，然后单击【显示】按钮即可。

创建的自定义视图名称均保存在当前工作簿中，用户可以在同一个工作簿中创建多个自定义视图，也可以为不同的工作簿创建不同的自定义视图。但是，在【视图管理器】对话框中，只显示当前激活的工作簿中所保存的视图名称列。

如果用户需要删除已经保存的自定义视图，可以选择相应的工作簿，在【视图管理器】对话框中选择相应的视图名称，然后单击【删除】按钮。

7.5 上机练习

本章的上机练习将通过实例介绍在 Excel 2016 中管理工作表与工作簿的技巧，如查看固定常用文档、查看工作簿路径等。

7.5.1　设置固定查看常用文档

在使用 Excel 处理数据时，经常会重复打开相同的文档。一般情况下，用户打开文档的方法是直接找到文档的存储位置，然后双击打开文档。除此之外，还可以在 Excel 2016 中设置最近使用的工作簿来找到常用文档。

(1) 单击【文件】按钮，在打开的【信息】界面中选择【选项】命令。

(2) 在打开的【Excel 选项】对话框中，选中对话框左侧列表框中的【高级】选项，然后在对话框右侧的选项区域中，设置【显示此数目的“最近使用的工作簿”】数值框参数为 10，如图 7-77 所示。

(3) 在【Excel 选项】对话框中单击【确定】按钮后，返回【信息】界面，在该界面中选择【打开】命令，在显示的选项区域中可以查看最近打开的 10 个工作簿记录。

(4) 在【最近使用的工作簿】列表框中单击需要固定的文档后的【将此项目固定到列表】按钮，将其固定于列表中，如图 7-78 所示。

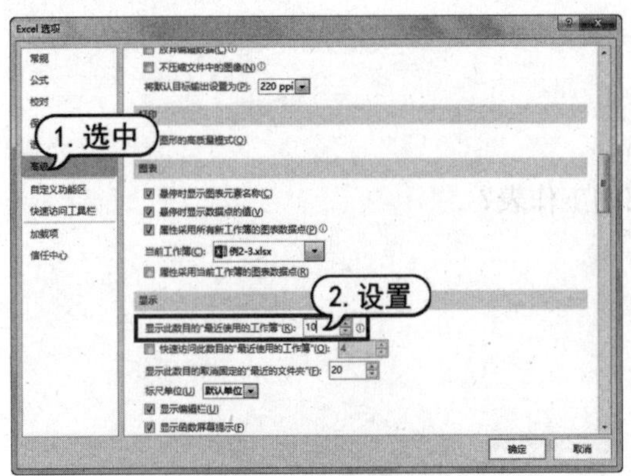

图 7-77　【Excel 选项】对话框

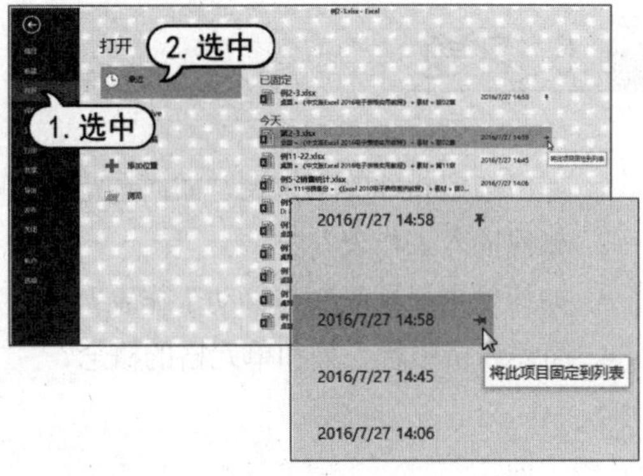

图 7-78　【最近使用的工作簿】列表框

(5) 重复步骤(1)、(2)的操作，打开【Excel 选项】对话框。然后在该对话框中设置【显示此数目的“最近使用的工作簿”】数值框参数为 2。此时，用户会发现固定的文档将在【打开】选项区域中保持不变，而新打开的文档名称将无法在该列表框中显示。

7.5.2　查看工作簿路径

Excel 是目前使用最广泛的数据处理软件，许多用户在电脑中往往会存储多个 Excel 文件，并且多个 Excel 文件可能会被存储在不同的位置中。一般情况下，Excel 界面中没有直接显示文件路径，用户可以通过下面介绍的方法来查看工作簿的路径。

(1) 单击【文件】按钮，在打开界面中选择【选项】命令，打开【Excel 选项】对话框。

(2) 在【Excel 选项】对话框左侧的列表框中选中【快速访问工具栏】选项。在对话框右侧的选项区域中单击【从下列位置选择命令】下列列表按钮，在弹出的下拉列表中选中【所有命令】

选项。然后选中【文档位置】选项，并单击【添加】按钮，如图 7-79 所示。

(3) 此时，Excel 界面左上方的快速访问工具栏中将显示【文档位置】文本框。该文本框中将显示当前打开文档的路径，如图 7-80 所示。

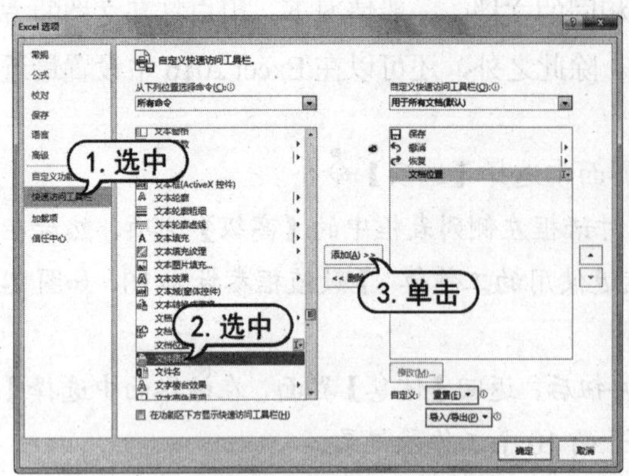

图 7-79 【Excel 选项】对话框

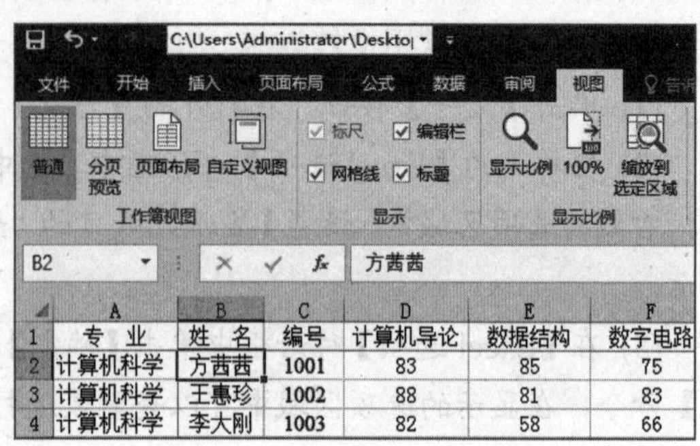

	A	B	C	D	E	F
1	专 业	姓 名	编号	计算机导论	数据结构	数字电路
2	计算机科学	方茜茜	1001	83	85	75
3	计算机科学	王惠珍	1002	88	81	83
4	计算机科学	李大刚	1003	82	58	66

图 7-80 【文档位置】文本框

7.6 习题

1. 如何选定相邻的工作表？如何选定不相邻的工作表？
2. 如何插入工作表？
3. 如何使用鼠标复制与移动工作表？
4. 简述表格中行、列和单元格的概念？

第8章 Excel 函数和公式的应用技巧

学习目标

本章将对 Excel 的公式和常用工作表函数进行详细介绍。通过对本章的学习，用户能够深入了解 Excel 的常用工作表函数的应用技术，并将其运用到实际工作和学习中，真正发挥 Excel 在数据计算上的威力。

本章重点

- ◉ 了解公式和函数的基础知识
- ◉ 使用命名公式——名称
- ◉ 掌握 Excel 常用函数的应用技巧

8.1 公式和函数基础

处理 Excel 工作表中的数据，离不开公式和函数。公式和函数不仅可以帮助用户快速并准确地计算表格中的数据，还可以解决办公中的各种查询与统计问题。

8.1.1 公式简介

公式(Formula)是以“=”号为引号，通过运算符按照一定顺序组合进行数据运算和处理的等式。函数则是按特定算法执行计算的产生一个或一组结构的预定义的特殊公式。本节将重点介绍在 Excel 中输入、编辑、删除、复制与填充公式的方法。

1. 输入公式

在 Excel 中，当以“=”号作为开始在单元格中输入时，软件将自动切换输入公式状态。以“+”、“-”号作为开始输入时，软件会自动在其前面加上等号并切换输入公式状态，如图 8-1 所示。

在 Excel 的公式输入状态下，单击选中其他单元格区域时，被选中区域将作为引用自动输入到公式中，如图 8-2 所示。

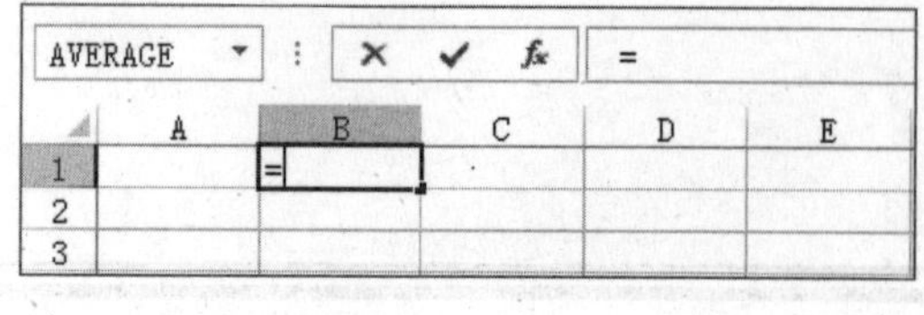

图 8-1 进入公式输入状态

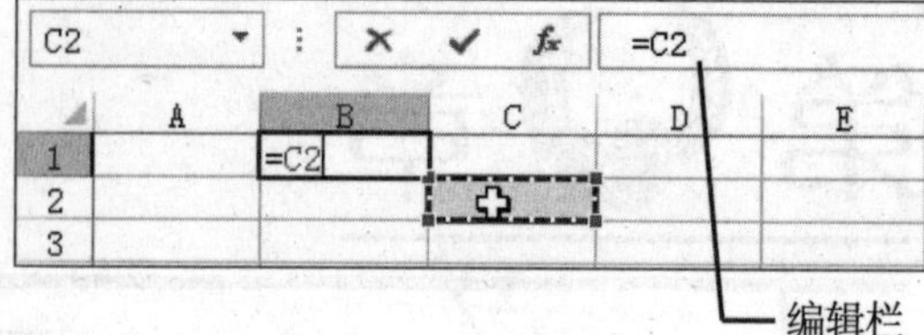

图 8-2 引用单元格

2. 编辑公式

按下 Enter 键或者 Ctrl+Shift+Enter 组合键，可以结束普通公式和数组公式的输入或编辑状态。如果用户需要单元格中的公式进行修改，可以使用以下 3 种方法。

- 选中公式所在的单元格，然后按下 F2 键。
- 双击公式所在的单元格。
- 选中公式所在的单元格，单击窗口中的编辑栏。

3. 删除公式

选中公式所在的单元格，按下 Delete 键可以清除单元格中的全部内容，或者进入单元格剪辑状态后，将光标放置在某个位置并按下 Delete 键或 Backspace 键，删除光标后面或前面的公式部分内容。当用户需要删除多个单元格数组公式时，必须选中其所在的全部单元格再按下 Delete 键。

4. 公式的复制与填充

如果用户要在表格中使用相同的计算方法，可以通过【复制】和【粘贴】功能实现操作。此外，还可以根据表格的具体制作要求，使用不同方法在单元格区域中填充公式，以提高工作效率。

【例 8-1】在 Excel 2016 中使用公式在如图 8-3 所示表格的 I 列中计算学生成绩总分。

(1) 在 I4 单元格中输入以下公式，并按下 Enter 键。

```
=H4+G4+F4+E4+D4
```

(2) 采用以下几种方法，可以将 I4 单元格中的公式应用到计算方法相同的 I5:I16 区域。

- 拖动 I4 单元格右下角的填充柄：将鼠标指针置于单元格右下角，当鼠标指针变为黑色“十字”时，按住鼠标左键向下拖动至 I16 单元格，如图 8-3 所示。
- 双击 I4 单元格右下角的填充柄：选中 I4 单元格后，双击该单元格右下角的填充柄，公式将向下填充到其相邻列第一个空白单元格的上一行，即 I16 单元格。
- 使用快捷键：选择 I4：I16 单元格区域，按下 Ctrl+D 组合键；或者选择【开始】选项卡，在【编辑】命令组中单击【填充】下拉按钮，在弹出的下拉列表中选择【向下】命令(当需要将公式向右复制时，可以按下 Ctrl+R 组合键)。
- 使用选择性粘贴：选中 I4 单元格，在【开始】选项卡的【剪贴板】命令组中单击【复制】按钮；或者按下 Ctrl+C 组合键，然后选择 I5:I16 单元格区域。在【剪贴板】命令

组中单击【粘贴】拆分按钮，在弹出的菜单中选择【公式】命令。

I4　=H4+G4+F4+E4+D4

	A	B	C	D	E	F	G	H	I
1	学 生 成 绩 表								
3	学号	姓名	性别	语文	数学	英语	物理	化学	总分
4	1121	李亮辉	男	96	99	89	96	86	466
5	1122	林雨馨	女	92	96	93	95	92	
6	1123	莫静静	女	91	93	88	96	82	
7	1124	刘乐乐	女	96	87	93	96	91	
8	1125	杨晓亮	男	82	91	87	90	88	
9	1126	张珺涵	男	96	90	85	96	87	
10	1127	姚妍妍	女	83	93	88	91	91	
11	1128	许朝霞	女	93	88	91	82	93	
12	1129	李　娜	女	87	98	89	88	90	
13	1130	杜芳芳	女	91	93	96	90	91	
14	1131	刘自建	男	82	88	87	82	96	
15	1132	王　巍	男	96	93	90	91	93	
16	1133	段程鹏	男	82	90	96	82	96	

化学	总分
86	466
92	468
82	450
91	463
88	438
87	454
91	446
93	447
90	452
91	461
[illegible]	435
93	463
96	446

图 8-3　使用填充柄

- 多单元格同时输入：选中 I4 单元格，按住 Shift 键，单击所需复制单元格区域的另一个对角单元格 I16。然后单击编辑栏中的公式，按下 Ctrl+Enter 组合键，则 I4:I16 单元格区域中将输入相同的公式。

8.1.2　公式中的运算符

运算符用于对公式中的元素进行特定的运算，或者用来连接需要运算的数据对象，并说明进行了哪种公式运算，如加“+”、减“-”、乘“*”、除“/”等。

1. 认识运算符

运算符对公式中的元素进行特定类型的运算。Excel 2016 中包含了 4 种运算符类型：算术运算符、比较运算符、文本连接运算符与引用运算符。

- 算数运算符：如果要完成基本的数学运算，如加法、减法和乘法，连接数据和计算数据结果等，可以使用如表 8-1 所示的算术运算符。

表 8-1　算术运算符

运 算 符	含　义	示　范
+(加号)	加法运算	2+2
-(减号)	减法运算或负数	2-1 或-1
*(星号)	乘法运算	2*2
/(正斜线)	除法运算	2/2

◉ 比较运算符：使用下表所示的比较运算符可以比较两个值的大小。当用运算符比较两个值时，结果为逻辑值，比较成立则为 TRUE，反之则为 FALSE，如表 8-2 所示。

表 8-2 比较运算符

运 算 符	含 义	示 范
=(等号	等于	A1=B1
>(大于号	大于	A1>B1
<(小于号)	小于	A1<B1
>=(大于等于号)	大于或等于	A1>=B1
<=(小于等于号)	小于或等于	A1<=B1

◉ 文本连接运算符：在 Excel 公式中，使用和号(&)可加入或连接一个或更多文本字符串以产生一串新的文本，如表 8-3 所示。

表 8-3 比较运算符

运 算 符	含 义	示 范
&(和号)	将两个文本值连接或串联起来以产生一个连续的文本值	spuer &man

◉ 引用运算符：单元格引用是用于表示单元格在工作表上所处位置的坐标集。例如，显示在第 B 列和第 3 行交叉处的单元格，其引用形式为 B3。使用如表 8-4 所示的引用运算符，可以将单元格区域合并计算。

表 8-4 引用运算符

运 算 符	含 义	示 范
:(冒号)	区域运算符，产生对包括在两个引用之间的所有单元格的引用	(A5:A15)
,(逗号)	联合运算符，将多个引用合并为一个引用	SUM(A5:A15,C5:C15)
(空格)	交叉运算符，产生对两个引用共有的单元格的引用	(B7:D7 C6:C8)

2. 数据比较的原则

在 Excel 中，数据可以分为文本、数值、逻辑值、错误值等几种类型。其中，文本用一对半角双引号("")所包含的内容表示文本。例如，"Date"是由 4 个字符组成的文本。日期与时间是数值的特殊表现形式，数值 1 表示 1 天。逻辑值只有 TRUE 和 FALSE 两个，错误值主要由#VALUE!、#DIV/0!、#NAME?、#N/A、#REF!、#NUM!、#NULL!等几种组成。

除了错误值以外，文本、数值与逻辑值比较时按照以下顺序排列。

…、-2、-1、0、1、2、…、A~Z、FALSE、TRUE

即数值小于文本，文本小于逻辑值，错误值不参与排序。

3. 运算符的优先级

如果公式中同时用到多个运算符，Excel 将会依照运算符的优先级来依次完成运算。如果公式中包含相同优先级的运算符，如公式中同时包含乘法和除法运算符，则 Excel 将从左到右进行计算。如表 8-5 所示的是 Excel 中的运算符优先级。其中，运算符优先级从上到下依次降低。

表 8-5　算术运算符

运　算　符	含　义
:(冒号) (单个空格) ,(逗号)	引用运算符
-	负号
%	百分比
^	乘幂
* 和 /	乘和除
+ 和 -	加和减
&	连接两个文本字符串
= < > <= >= <>	比较运算符

如果要更改求值的顺序，可以将公式中需要先计算的部分用括号括起来。例如，公式=8+2*4 的值是 16。因为 Excel 2016 按先乘除后加减的顺序进行运算，即先将 2 与 4 相乘，然后再加上 8，得到结果 16。若在该公式上添加括号，=(8+2)*4，则 Excel 2016 先用 8 加上 2，再用结果乘以 4，得到结果 40。

8.1.3　公式中的常量

常量数值用于输入公式中的值和文本。

1. 常量参数

公式中可以使用常量进行运算。常量指的是在运算过程中自身不会改变的值，但是公式以及公式产生的结果都不是常量。

- 数值常量：如=(3+9)*5/2
- 日期常量：如=DATEDIF("2016-10-10",NOW(),"m")
- 文本常量：如"I Love"&"You"
- 逻辑值常量：如=VLOOKIP("曹焱兵",A:B,2,FALSE)
- 错误值常量：如=COUNTIF(A:A,#DIV/0!)

在公式运算中，逻辑值与数值的关系如下。

- 在四则运算及乘幂、开方运算中，TRUE=1，FALSE=0。

◉ 在逻辑判断中，0=FALSE，所有非 0 数值=TRUE。

◉ 在比较运算中，数值<文本<FLASE<TRUE。

文本型数字可以作为数值直接参与四则运算，但当此类数据以数组或者单元格引用的形式作为某些统计函数(如 SUM、AVERAGE 和 COUNT 函数等)的参数时，将被视为文本来运算。例如，在 A1 单元格输入数值 1，在 A2 单元格输入前置单引号的数字“'2”，则对数值 1 和文本型数字 2 的运算如表 8-6 所示。

表 8-6　文本型数字参与运算

公　式	返回结果	说　明
=A1+A2	3	文本 2 参与四则运算被转换为数值
=SUM(A1：A2)	1	文本 2 在单元格中，视为文本，未被 SUM 函数统计
=SUM(1, "2")	3	文本 2 直接作为参数视为数值
=COUNT(1, "2")	2	
=COUNT({1, "2"})	1	文本 2 在常量数组中，视为文本，可被 COUNTA 函数统计，但未被 COUNT 函数统计
=COUNTA({1, "2"})	2	

2. 常用常量

以公式 1 和公式 2 为例介绍公式中的常用常量，这两个公式分别可以返回表格中 A 列单元格区域最后一个数值和文本型的数据，如图 8-4 所示。

公式 1：

```
=LOOKUP(9E+307,A:A)
```

公式 2：

```
=LOOKUP("龠",A:A)
```

	A	B	C	D	E	F	G	H	I	J	K	L
1	学生成绩表											
2										公式1：	1133	
3	学号	姓名	性别	语文	数学	英语	物理	化学	总分	公式2：	学号	
4	1121	李亮辉	男	96	99	89	96	86	466			
5	1122	林雨馨	女	92	96	93	95	92	468			
6	1123	莫静静	女	91	93	88	96	82	450			
7	1124	刘乐乐	女	96	87	93	96	91	463			
8	1125	杨晓亮	男	82	91	87	90	88	438			
9	1126	张珺涵	男	96	90	85	96	87	454			
10	1127	姚妍妍	女	83	93	88	91	91	446			
11	1128	许朝霞	女	93	88	91	82	93	447			
12	1129	李　娜	女	87	98	89	88	90	452			
13	1130	杜芳芳	女	91	93	96	90	91	461			
14	1131	刘自建	男	82	88	87	82	96	435			
15	1132	王　巍	男	96	93	90	91	93	463			
16	1133	段程鹏	男	82	90	96	82	96	446			
17												

最后一个数值型数据

最后一个文本型数据

图 8-4　公式 1 和公式 2 的运行结果

在公式 1 中，9E+307 是数值 9 乘以 10 的 307 次方的科学记数法表示形式，也可以写作 9E307。根据 Excel 计算规范限制，在单元格中允许输入的最大值为 9.99999999999999E+307，因此采用较为接近限制值且一般不会使用到的一个大数 9E+307 来简化公式输入，用于在 A 列中查找最后一个数值。

在公式 2 中，使用“龠”(yuè)字的原理与 9E+307 相似，是接近字符集中最大全角字符的单字。此外，也常用“座”或者 REPT("座",255)来产生遗传“很大”的文本，以查找 A 列中最后一个数值型数据。

3. 数组常量

在 Excel 中数组(array)是由一个或者多个元素按照行列排列方式组成的集合，这些元素可以是文本、数值、日期、逻辑值或错误值等。数组常量的所有组成元素为常量数据，其中文本必须使用半角双引号将首尾标识出来。具体表示方法为：用一对大括号“{}”将构成数组的常量包括起来，并以半角分号“；”间隔行元素、以半角逗号“,”间隔列元素。

数组常量根据尺寸和方向不同，可以分为一维数组和二维数组。只有 1 个元素的数组称为单元素数组，只有 1 行的一维数组又可称为水平数组。只有 1 列的一维数组又可以称为垂直数组，具有多行多列(包含两行两列)的数组为二维数组。示例如下。

- 单元格数组：{1}，可以使用=ROW(A1)或者=COLUMN(A1)返回。
- 一维水平数组：{1,2,3,4,5}，可以使用=COLLUMN(A:E)返回。
- 一维垂直数组：{1;2;3;4;5}，可以使用=ROW(1:5)返回。
- 二维数组：{0, "不及格";60, "及格";70,"中";80, "良";90, "优"}。

8.1.4 单元格的引用

Excel 工作簿可以由多张工作表组成，单元格是工作表最小的组成元素。由窗口左上角第一个单元格为原点，向下向右分别为行、列坐标的正方向，由此构成的单元格在工作表上所处位置的坐标集合。在公式中使用坐标方式表示单元格在工作中的“地址”实现对存储于单元格中的数据调用，这种方法称为单元格的引用。

1. 相对引用

相对引用是通过当前单元格与目标单元格的相对位置来定位引用单元格的。

相对引用包含了当前单元格与公式所在单元格的相对位置。默认设置下，Excel 使用的都是相对引用，当改变公式所在单元格的位置时，引用也会随之改变。

【例 8-2】通过相对引用将工作表 I4 单元格中的公式复制到 I5:I16 单元格区域中。

(1) 打开工作表后，在 I4 单元格中输入如下公式。

```
=H4+G4+F4+E4+D4
```

(2) 将光标移至单元格 I4 右下角的控制点■，当鼠标指针呈十字状态后，按住左键并拖动，选定 I5: I16 区域，如图 8-5 所示。

(3) 释放鼠标，即可将 I4 单元格中的公式复制到 I5: I16 单元格区域中，如图 8-6 所示。

I4 =H4+G4+F4+E4+D4

学 生 成 绩 表

学号	姓名	性别	语文	数学	英语	物理	化学	总分
1121	李亮辉	男	96	99	89	96	86	466
1122	林雨馨	女	92	96	93	95	92	
1123	莫静静	女	91	93	88	96	82	
1124	刘乐乐	女	96	87	93	96	91	
1125	杨晓亮	男	82	91	87	90	88	
1126	张珺涵	男	96	90	85	96	87	
1127	姚妍妍	女	83	93	88	91	91	
1128	许朝霞	女	93	88	91	82	93	
1129	李　娜	女	87	98	89	88	90	
1130	杜芳芳	女	91	93	96	90	91	
1131	刘自建	男	82	88	87	82	96	
1132	王　巍	男	96	93	90	91	93	
1133	段程鹏	男	82	90	96	82	96	

图 8-5　拖动控制点

I4 =H4+G4+F4+E4+D4

学 生 成 绩 表

学号	姓名	性别	语文	数学	英语	物理	化学	总分
1121	李亮辉	男	96	99	89	96	86	466
1122	林雨馨	女	92	96	93	95	92	468
1123	莫静静	女	91	93	88	96	82	450
1124	刘乐乐	女	96	87	93	96	91	463
1125	杨晓亮	男	82	91	87	90	88	438
1126	张珺涵	男	96	90	85	96	87	454
1127	姚妍妍	女	83	93	88	91	91	446
1128	许朝霞	女	93	88	91	82	93	447
1129	李　娜	女	87	98	89	88	90	452
1130	杜芳芳	女	91	93	96	90	91	461
1131	刘自建	男	82	88	87	82	96	435
1132	王　巍	男	96	93	90	91	93	463
1133	段程鹏	男	82	90	96	82	96	446

图 8-6　相对引用结果

2. 绝对引用

绝对引用就是公式中单元格的精确地址，与包含公式的单元格的位置无关。绝对引用与相对引用的区别在于：复制公式时使用绝对引用，则单元格引用不会发生变化。绝对引用的方法是，在列标和行号前分别加上美元符号$。例如，$B$2 表示单元格 B2 的绝对引用，而$B$2:$E$5 表示单元格区域 B2:E5 的绝对引用。

【例 8-3】在工作表中通过相对引用将工作表 I4 单元格中的公式复制到 I5:I16 单元格区域中。

(1) 打开工作表后，在 I4 单元格中输入如下公式。

```
=$H$4+$G$4+$F$4+$E$4+$D$4
```

(2) 将光标移至单元格 I4 右下角的控制点■，当鼠标指针呈十字状态后，按住左键并拖动选定 I5:I16 区域。释放鼠标，将会发现在 I5: I16 区域中显示的引用结果与 I4 单元格中的结果相同。

3. 混合引用

混合引用指的是在一个单元格引用中，既有绝对引用，同时也包含有相对引用，即混合引用具有绝对列和相对行，或具有绝对行和相对列。绝对引用列采用 $A1、$B1 的形式，绝对引用行采用 A$1、B$1 的形式。如果公式所在单元格的位置改变，则相对引用改变，而绝对引用不变。如果多行或多列地复制公式，相对引用自动调整，而绝对引用不作调整。

【例 8-4】将工作表中 I4 单元格中的公式混合引用到 I5:I16 单元格区域中。

(1) 打开工作表后，在 I4 单元格中输入如下公式。

```
=$H4+$G4+$F4+E$4+D$4
```

其中，$H4、$G4 和$F4 是绝对列和相对行形式，E$4、D$4 是绝对行和相对列形式，按下 Enter 键后即可得到合计数值。

(2) 将光标移至单元格 I4 右下角的控制点■，当鼠标指针呈十字状态后，按住左键并拖动选定 I5:I16 区域。释放鼠标，混合引用填充公式。此时相对引用地址改变，而绝对引用地址不变，如图 8-7 所示。例如，将 I4 单元格中的公式填充到 I5 单元格中，公式调整如下。

```
=$H5+$G5+$F5+E$4+D$4
```

AVERAGE　=$H5+$G5+$F5+E$4+D$4

	A	B	C	D	E	F	G	H	I
1-2	学　生　成　绩　表								
3	学号	姓名	性别	语文	数学	英语	物理	化学	总分
4	1121	李亮辉	男	96	99	89	96	86	466
5	1122	林雨馨	女	92	96	93	95	=$H5+$G5+$F5+E$4+D$4	
6	1123	莫静静	女	91	93	88	96	82	

图 8-7　公式 1 和公式 2 的运行结果

综上所述，如果用户需要在复制公式时能够固定引用某个单元格地址，则需要使用绝对引用符号$，加在行号或列号的前面。

在 Excel 中，用户可以使用 F4 键在各种引用类型中循环切换，其顺序如下。

```
绝对引用→行绝对列相对引用→行相对列绝对引用→相对引用
```

以公式“=A2”为例，单元格输入公式后按下 F4 键，将依次改变为如下形式。

```
=$A$2→=A$2→=$A2→=A2
```

4. 合并区域引用

Excel 除了允许对单个单元格或多个连续的单元格进行引用以外，还支持对同一工作表中不连续单元格区域进行引用，称为“合并区域”引用。用户可以使用联合运算符“,”，将各个区域的引用间隔开，并在两端添加半角括号“( )”将其包含在内，具体如下。

【例 8-5】通过合并区域引用计算学生成绩排名。

(1) 打开工作表后，在 D4 单元格中输入以下公式，并向下复制到 D10 单元格：

```
=RANK(C4,($C$4:$C$10,$G$4:$G$9))
```

(2) 选择 D4:D9 单元格区域后，按下 Ctrl+C 组合键执行【复制】命令。然后选中 H4 单元格按下 Ctrl+V 组合键执行【粘贴】命令，结果如图 8-8 所示。

H4　=RANK(G4,($C$4:$C$10,$G$4:$G$9))　合并区域引用

	A	B	C	D	E	F	G	H
1-2	学　生　成　绩　表							
3	学号	姓名	成绩	排名	学号	姓名	成绩	排名
4	1121	李亮辉	96	2	1128	许朝霞	86	10
5	1122	林雨馨	92	4	1129	李　娜	92	4
6	1123	莫静静	91	6	1130	杜芳芳	82	12
7	1124	刘乐乐	97	1	1131	刘自建	91	6
8	1125	杨晓亮	82	12	1132	王　巍	88	8
9	1126	张珺涵	96	2	1133	段程鹏	87	9
10	1127	姚妍妍	83	11				

图 8-8　通过合并区域引用计算排名

在本例所用公式中，($C$4:$C$10,$G$4:$G$9)为合并区域引用。

5. 交叉引用

在使用公式时，用户可以利用交叉运算符(单个空格)取得两个单元格区域的交叉区域，具体方法如下。

【例 8-6】通过交叉引用筛选鲜花品种“黑王子”在 6 月份的销量。

(1) 打开工作表后，在 O2 单元格中输入如图 8-9 所示的公式。

```
=G:G 3:3
```

AVERAGE | =G:G 3:3

	A	B	C	D	E	F	G	H	I	J	K	L	M	N	O	P	Q
1	产品	1月	2月	3月	4月	5月	6月	7月	8月	9月	10月	11月	12月		“黑王子”6月份的销量		
2	白牡丹	96	54	66	45	43	34	134	56	98	45	78	76		=G:G 3:3		
3	黑王子	92	65	55	44	13	47	34	31	78	98	56	64				
4	露娜莲	91	45	723	66	45	51	65	89	79	76	78	76				
5	熊童子	97	77	12	75	123	34	33	98	91	87	95	65				
6																	

图 8-9　引用运算符空格完成交叉引用查找

(2) 按下 Enter 键即可在 O2 单元格中显示“黑王子”在 6 月的销量。

在上例所示的公式中，“G:G”代表 6 月份，“3:3”代表“黑王子”所在的行，空格在这里的作用是引用运算符，分会对两个引用共同的单元格引用，本例为 G3 单元格。

6. 绝对交集引用

在公式中，对单元格区域而不是单元格的引用按照单个单元格进行计算时，依靠公式所在的从属单元格与引用单元格之间的物理位置，返回交叉点值，称为“绝对交集”引用或者“隐含交叉”引用。如图 7-10 所示，O2 单元格中包含公式“=G2:G5”，并且未使用数组公式方式编辑公式，在该单元格返回的值为 G2，这是因为 O2 单元格和 G2 单元格位于同一行。

O2 | =G2:G5

	A	B	C	D	E	F	G	H	I	J	K	L	M	N	O	P	Q
1	产品	1月	2月	3月	4月	5月	6月	7月	8月	9月	10月	11月	12月		“黑王子”6月份的销量		
2	白牡丹	96	54	66	45	43	34	134	56	98	45	78	76		34		
3	黑王子	92	65	55	44	13	47	34	31	78	98	56	64				
4	露娜莲	91	45	723	66	45	51	65	89	79	76	78	76				
5	熊童子	97	77	12	75	123	34	33	98	91	87	95	65				
6																	

图 8-10　绝对交集引用

8.1.5　工作表和工作簿的引用

本节将介绍在公式中引用当前工作簿中其他工作表和其他工作簿中工作表单元格区域的方法。

1. 引用其他工作表中的数据

如果用户需要在公式中引用当前工作簿中其他工作表内的单元格区域，可以在公式编辑状态

下，使用鼠标单击相应的工作表标签，切换到该工作表选取需要的单元格区域。

【例 8-7】通过跨表引用其他工作表区域，统计学生成绩总分。

(1) 在"学生成绩(总分)"工作表中选中 D4 单元格，并输入如下公式。

```
=SUM(
```

(2) 单击"学生成绩(各科)"工作表标签，选择 D4：H4 单元格区域，然后按下 Enter 键即可，如图 8-11 所示。

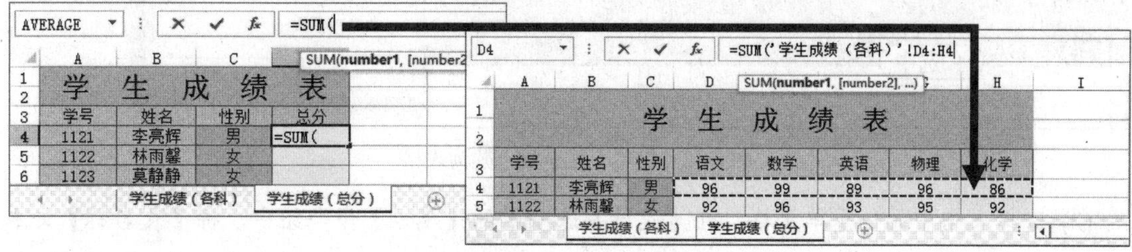

图 8-11　跨表引用

(3) 此时，在编辑栏中将自动在引用前添加工作表名称，如下。

```
=SUM(' 学生成绩(各科)'!D4:H4)
```

跨表引用的表示方式为"工作表名+半角感叹号+引用区域"。当所引用的工作表名是以数字开头或者包含空格以及$、%、~、!、@、^、&、(、)、+、-、=、|、"、;、{、}等特殊字符时，公式中北引用工作表名称将被一对半角单引号包含。例如，将【例 8-7】中的"学生成绩(各科)"工作表修改为"学生成绩"，则跨表引用公式将变为如下形式。

```
=SUM(学生成绩!D4:H4)
```

在使用 INDIRECT 函数进行跨表引用时，如果被引用的工作表名称包含空格或者上述字符，需要在工作表名前后加上半角单引号才能正确返回结果。

2. 引用其他工作簿中的数据

当用户需要在公式中引用其他工作簿中工作表内的单元格区域时，公式的表示方式将为"[工作簿名称]工作表名!单元格引用"。例如，新建一个工作簿，并对【例 8-7】中【学生成绩(各科)】工作表内 D4：H4 单元格区域求和，公式如下。

```
=SUM(' [例 7-7.xlsx]学生成绩(各科)'!$D$4:$H$4)
```

当被引用单元格所在的工作簿关闭时，公式中将在工作簿名称前自动加上引用工作簿文件的路径。当路径或工作簿名称、工作表名称之一包含空格或相关特殊字符时，感叹号之前的部分需要使用一对半角单引号包含。

8.1.6　表格与结构化引用

在 Excel 2016 中，用户可以在【插入】选项卡的【表格】命令组中单击【表格】按钮；或按下

Ctrl+T 键，创建一个表格，用于组织和分析工作表中的数据，具体操作如下。

【例 8-8】在工作表中使用表格与结构化引用汇总数据。

(1) 打开工作表后，选中一个单元格区域，按下 Ctrl+T 键打开【创建表】对话框，并单击【确定】按钮，如图 8-12 所示。

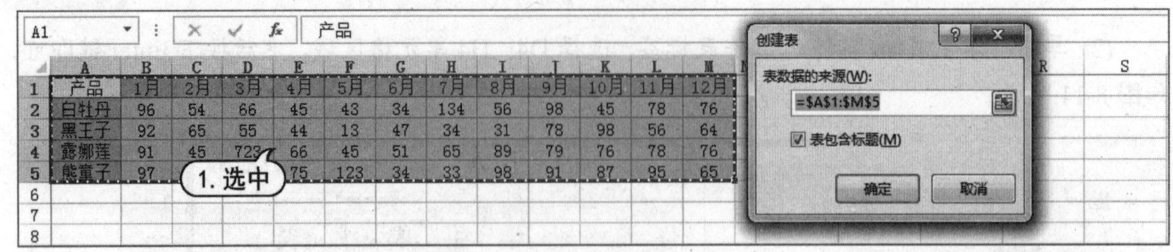

图 8-12　将单元格区域创建为表格

(2) 选择表格中的任意单元格，在【设计】选项卡的【属性】命令组中，将【表名称】文本框中将默认的【表 1】修改为【成绩】。

(3) 在【表格样式选项】命令组中，选中【汇总行】复选框，在 A6:M6 单元格区域将显示【汇总】行，单击 B6 单元格中的下拉按钮，在弹出的下拉列表中选择【平均值】命令，将自动在该单元格中生成如图 8-13 所示的公式。

```
=SUBTOTAL(101,[1 月])
```

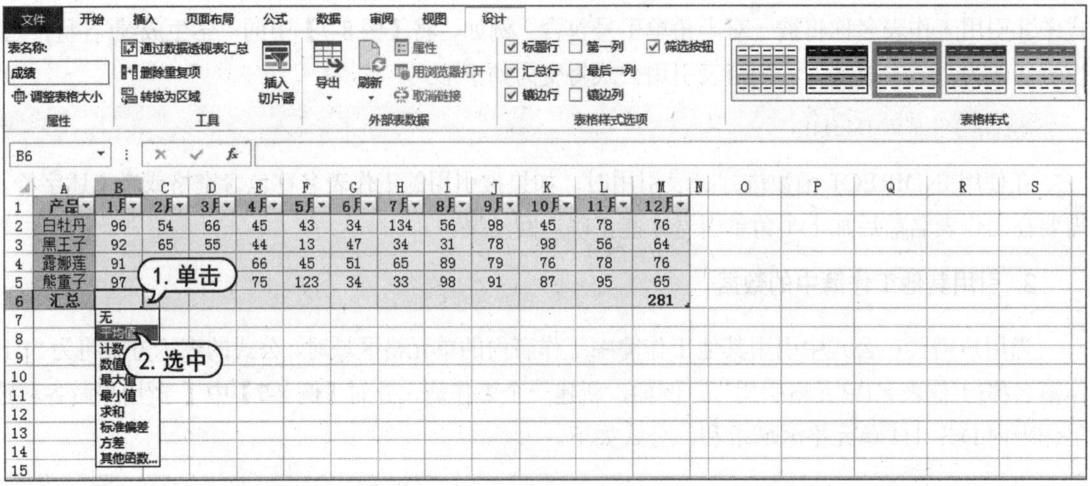

图 8-13　使用表格汇总功能

在以上公式中使用“[1 月]”表示 B2:B5 区域，并且可以随着“表格”区域的增加与减少自动改变引用范围。这种以类似字段名方式表示单元格区域的方法称为“结构化引用”。

一般情况下，结构化引用包含以下几个元素。

- 表名称：例如，【例 8-8】中步骤(2)设置的“成绩”，可以单独使用表名称来引用除标题行和汇总行以外的“表”区域。
- 列标题：例如，【例 8-8】公式中的“[1 月]”，用方括号包含，引用的是该列除标题和汇总以外的数据区域。

◉ 表字段：共有[#全部]、[#数据]、[#标题]、[#汇总]这 4 项。其中，[#全部]引用“表”区域中的全部(含标题行、数据区域和汇总行)单元格。

例如，在【例 8-8】创建的“表格”以外的区域中，输入“=SUM(”，然后选择 B2：M2 区域，按下 Enter 键结束公式编辑后，将自动生成如图 8-14 所示的公式。

AVERAGE　=SUM(成绩[@[1月]:[12月]])

	A	B	C	D	E	F	G	H	I	J	K	L	M	N	O	P	Q	R
1	产品	1月	2月	3月	4月	5月	6月	7月	8月	9月	10月	11月	12月					
2	白牡丹	96	54	66	45	43	34	134	56	98	45	78	76		=SUM(成绩[@[1月]:[12月]])			
3	黑王子	92	65	55	44	13	47	34	31	78	98	56	64		SUM(number1, [number2], ...)			
4	露娜莲	91	45	723	66	45	51	65	89	79	76	78	76					
5	熊童子	97	77	12	75	123	34	33	98	91	87	95	65					
6	汇总												281					
7																		
8																		

图 8-14　表格区域外的结构化引用

8.1.7　使用函数

Excel 中的函数与公式一样，都可以快速计算数据。公式是由用户自行设计的对单元格进行计算和处理的表达式，而函数则是在 Excel 中已经被软件定义好的公式。用户在 Excel 中输入和编辑函数之前，首先应掌握函数的基本知识。

1. 函数的结构

在公式中使用函数时，通常由表示公式开始的“=”号、函数名称、左括号、以半角逗号相间隔的参数和右括号构成。此外，公式中允许使用多个函数或计算式，通过运算符进行连接。

```
=函数名称(参数 1,参数 2,参数 3,….)
```

有的函数可以允许多个参数。例如，SUM(A1:A5，C1:C5)使用了 2 个参数。另外，也有一些函数没有参数或不需要参数。例如，NOW 函数、RAND 函数等没有参数，ROW 函数、COLUMN 函数如何参数省略则返回公式所在的单元格行号、列标数。

函数的参数，可以由数值、日期和文本等元素组成，可以使用常量、数组、单元格引用或其他函数。当使用函数作为另一个函数的参数时，称为函数的嵌套。

2. 函数的参数

Excel 函数的参数可以是常量、逻辑值、数组、错误值、单元格引用或嵌套函数等(其指定的参数都必须为有效参数值)，其各自的含义如下。

◉ 常量：指的是不进行计算且不会发生改变的值。例如，数字 100 与文本“家庭日常支出情况”都是常量。

◉ 逻辑值：逻辑值即 TRUE(真值)或 FALSE(假值)。

◉ 数组：用于建立可生成多个结果或可对在行和列中排列的一组参数进行计算的单个公式。

◉ 错误值：即“#N/A”、“空值”或“_”等值。

◉ 单元格引用：用于表示单元格在工作表中所处位置的坐标集。

◉ 嵌套函数：嵌套函数就是将某个函数或公式作为另一个函数的参数使用。

3. 函数的分类

Excel 函数包括【自动求和】、【最近使用的函数】、【财务】、【逻辑】、【文本】、【日期和时间】、【查找与引用】、【数学和三角函数】和【其他函数】这 9 大类的上百个具体函数，每个函数的应用各不相同。常用函数包括 SUM(求和)、AVERAGE(计算算术平均数)、ISPMT、IF、HYPERLINK、COUNT、MAX、SIN、SUMIF、PMT，它们的语法和作用如表 8-7 所示。

表 8-7　函数的语法和作用说明

语　法	说　明
SUM(number1，number2，…)	返回单元格区域中所有数值的和
ISPMT(Rate，Per，Nper，Pv)	返回普通(无提保)的利息偿还
AVERAGE(number1，number2，…)	计算参数的算术平均数；参数可以是数值或包含数值的名称、数组或引用
IF(Logical_test，Value_if_true，Value_if_false)	执行真假值判断，根据对指定条件进行逻辑评价的真假而返回不同的结果
HYPERLINK(Link_location，Friendly_name)	创建快捷方式，以便打开文档或网络驱动器或连接 INTERNET
COUNT(value1，value2，…)	计算数字参数和包含数字的单元格的个数
MAX(number1，number2，…)	返回一组数值中的最大值
SIN(number)	返回角度的正弦值
SUMIF(Range，Criteria，Sum_range)	根据指定条件对若干单元格求和
PMT(Rate，Nper，Pv，Fv，Type)	返回在固定利率下，投资或贷款的等额分期偿还额

在常用函数中使用频率最高的是 SUM 函数，其作用是返回某一单元格区域中所有数字之和。例如，“=SUM(A1:G10)”表示对 A1:G10 单元格区域内所有数据求和。SUM 函数的语法如下。

```
SUM(number1,number2, ...)
```

其中，number1, number2, ...为 1 到 30 个需要求和的参数。说明如下。

◉ 直接输入到参数表中的数字、逻辑值及数字的文本表达式将被计算。

◉ 如果参数为数组或引用，只有其中的数字将被计算。数组或引用中的空白单元格、逻辑值、文本或错误值将被忽略。

◉ 如果参数为错误值或为不能转换成数字的文本，将会导致错误。

4. 函数的易失性

有时，用户打开一个工作簿不做任何编辑就关闭，Excel 会提示“是否保存对文档的更改?”。这种情况可能是因为该工作簿中用到了具有 Volatile 特性的函数，即“易失性函数”。这种特性表现在使用易失性函数后，每激活一个单元格或者在一个单元格输入数据，甚至只是打开工作簿，

具有易失性的函数都会自动重新计算。

易失性函数在以下条件下不会引发自动重新计算。

- 工作簿的重新计算模式被设置为【手动计算】。
- 当手工设置列宽、行高而不是双击调整为合适列宽时，但隐藏行或设置行高值为 0 除外。
- 当设置单元格格式或其他更改显示属性的设置时。
- 激活单元格或编辑单元格内容但按 Esc 键取消。

常见的易失性函数包括以下几种。

- 获取随机数的 RAND 和 RANDBETWEEN 函数，每次编辑会自动产生新的随机值。
- 获取当前日期、时间的 TODAY、NOW 函数，每次返回当前系统的日期、时间。
- 返回单元格引用的 OFFSET、INDIRECT 函数，每次编辑都会重新定位实际的引用区域。
- 获取单元格信息 CELL 函数和 INFO 函数，每次编辑都会刷新相关信息。

此外，SUMF 函数与 INDEX 函数在实际应用中，当公式的引用区域具有不确定性时，每当其他单元格被重新编辑，也会引发工作簿重新计算。

5. 输入与编辑函数

在 Excel 中，所有函数操作都是在【公式】选项卡的【函数库】选项组中完成的。

【例 8-9】在 Sheet1 表内的 F13 单元格中插入求平均值函数。

(1) 打开 Sheet1 工作表选取 F13 单元格，选择【公式】选项卡在【函数库】选项组中单击【其他函数】下拉列表按钮，在弹出的菜单中选择【统计】| AVERAGE 选项，如图 8-15 所示。

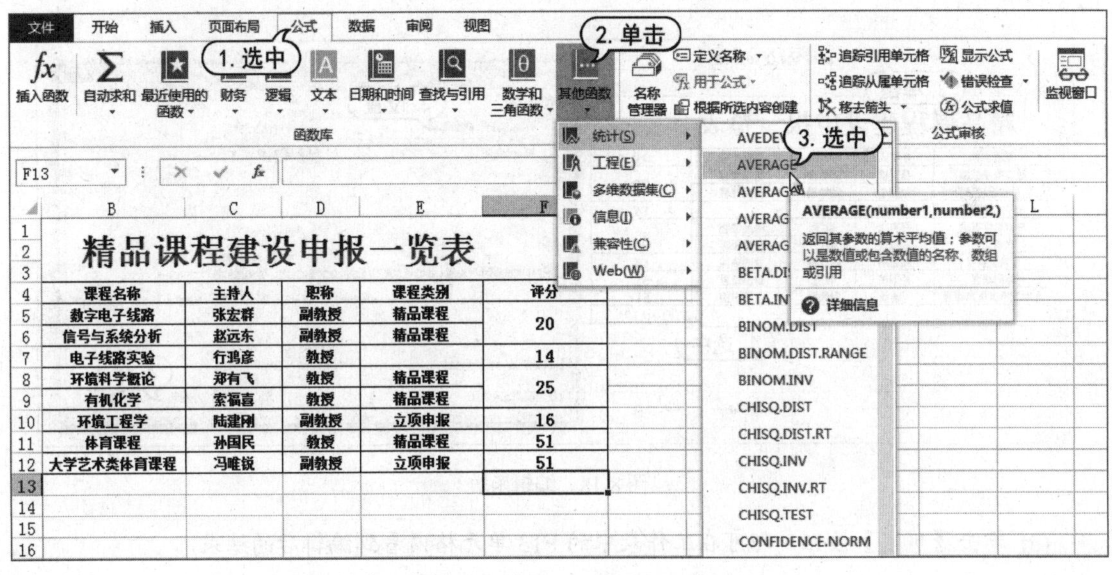

图 8-15 使用 AVERAGE 函数

(2) 在打开的【函数参数】对话框中，在 AVERAGE 选项区域的 Number1 文本框中输入计算平均值的范围。这里输入 F5:F12，如图 8-16 所示。

(3) 单击【确定】按钮，此时，即可在 F13 单元格中显示计算结果，如图 8-17 所示。

当插入函数后，还可以将某个公式或函数的返回值作为另一个函数的参数来使用，这就是函数的嵌套使用。使用该功能的方法为：首先插入 Excel 2016 自带的一种函数，然后通过修改函数的参数来实现函数的嵌套使用，示例公式如下。

```
=SUM(I3:I17)/15/3
```

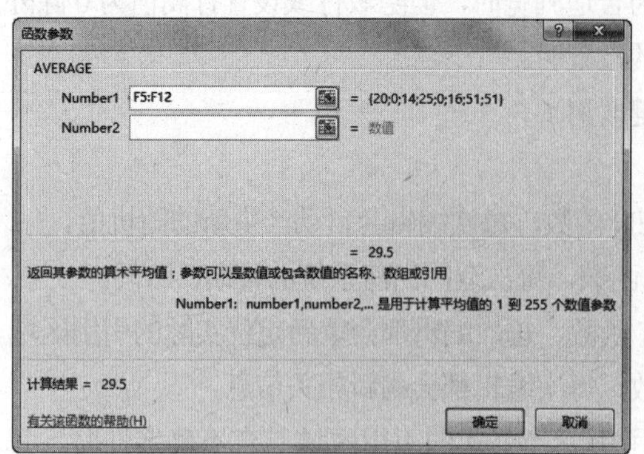
图 8-16　【函数参数】对话框

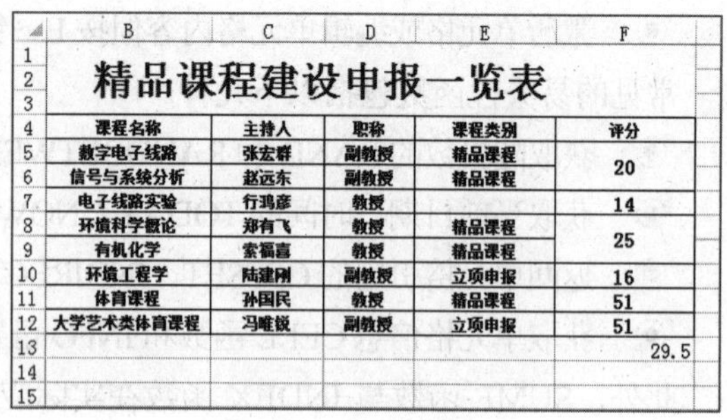
图 8-17　计算结果

用户在运用函数进行计算时，有时会需要对函数进行编辑。编辑函数的方法很简单，下面将通过一个实例详细介绍。

【例 8-10】继续【例 8-9】的操作，编辑 F13 单元格中的函数。

(1) 打开 Sheet1 工作表，然后选择需要编辑函数的 F13 单元格，单击【插入函数】按钮 f_x。

(2) 在打开的【函数参数】对话框中将 Number1 文本框中的单元格地址更改为 F10:F12，如图 8-18 所示。

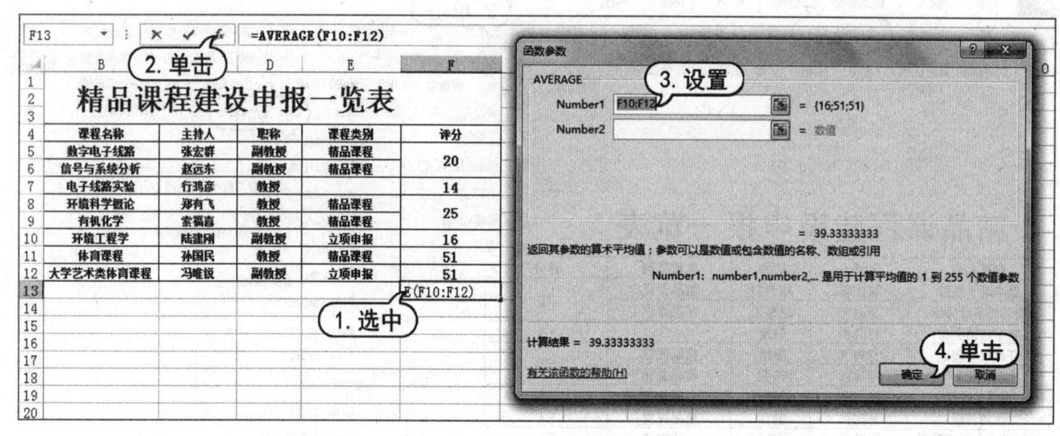

图 8-18　编辑函数

(3) 单击【确定】按钮，即可在工作表中的 F13 单元格内看到编辑后的结果。

8.2　使用命名公式——名称

本节将重点介绍对单元格引用、常量数据、公式进行命名的方法与技巧，帮助用户认识并了

解名称的分类和用途，以便合理运用名称解决公式计算中的具体问题。

8.2.1　认识名称

在 Excel 中，名称(Name)是一种比较特殊的公式，多数由用户自行定义，也有部分名称可以随创建列表、设置打印区域等操作自动产生。

1. 名称的概念

作为一种特殊的公式，名称也是以“=”开始，可以由常量数据、常量数组、单元格引用、函数与公式等元素组成，并且每个名称都具有一个唯一的标识，可以方便在其他名称或公式中使用。与一般公式有所不同的是，普通公式存在于单元格中，名称保存在工作簿中，并在程序运行时存在于 Excel 的内存中，通过其唯一标识(名称的命名)进行调用。

2. 名称的作用

在 Excel 中合理地使用名称，可以方便编写公式，主要有以下几个作用。

- 增强公式的可读性：例如，将存放在 B4：B7 单元格区域的考试成绩定义为“语文”，使用以下两个公式可以求语文的平均成绩，显然公式 1 比公式 2 更易于理解。

公式 1：

```
=AVERAGE(语文)
```

公式 2：

```
=AVERAGE(B4：B7)
```

- 方便公式的统一修改：例如，在工资表中有多个公式都使用 2000 作为基本工资以乘以不同奖金系数进行计算，当基本工资额发生改变时，要逐个修改相关公式将较为繁琐。如果定义一个【基本工资】的名称并带入到公式中，则只需要修改名称即可。
- 可替代需要重复使用的公式：在一些比较复杂的公式中，可能需要重复使用相同的公式段进行计算，导致整个公式冗长，不利于阅读和修改，示例代码如下。

```
=IF(SUM($B4:$B7)=0,0,G2/SUM($B4:$B7))
```

将以上公式中的 SUM($B4:$B7)部分定义为“库存”，则公式可以简化为如下形式。

```
=IF(库存=0,0,G2/库存)
```

- 可替代单元格区域存储常量数据：在一些查询计算机中，常常使用关系对应表作为查询依据。可使用常量数组定义名称，省去了单元格存储空间，避免删除或修改等误操作导致关系对应表的缺失或者变动。
- 可解决数据有效性和条件格式中无法使用常量数组、交叉引用问题：在数据有效性和条件格式中使用公式，程序不允许直接使用常量数组或交叉引用(即使用交叉运算符空格获取单元格区域交集)，但可以将常量数组或交叉引用部分定义为名称。然后在数据有

效性和条件格式中进行调用。

◉ 可以解决工作表中无法使用宏表函数问题：宏表函数不能直接在工作表单元格中使用，必须通过定义名称来调用。

3. 名称的级别

有些名称在一个工作簿的所有工作表中都可以直接调用，而有些名称只能在某一个工作表中直接调用。这是由于名称的级别不同，其作用的范围也不同。类似于在 VBA 代码中定义全局变量和局部变量，Excel 的名称可以分为工作簿级名称和工作表级名称。

一般情况下，用户定义的名称都能够在同一工作簿的各个工作表中直接调用，称为“工作簿级名称”或“全局名称”。例如，在工资表中，某公司采用固定基本工资和浮动岗位、奖金系数的薪酬制度。基本工资仅在有关工资政策变化时才进行调整，而岗位系数和奖金系数则变动较为频繁。因此，需要将基本工资定义为名称进行维护。

【例 8-11】在“工资表”中创建一个名为“基本工资”的工作簿级名称。

(1) 打开工作簿后，选择【公式】选项卡。在【定义的名称】命令组中单击【定义的名称】下拉按钮，在弹出的列表中选择【定义名称】选项。

(2) 打开【新建名称】对话框，在【名称】文本框中输入“基本工资”。在【引用位置】文本框中输入“=3000”，然后单击【确定】按钮，如图 8-19 所示。

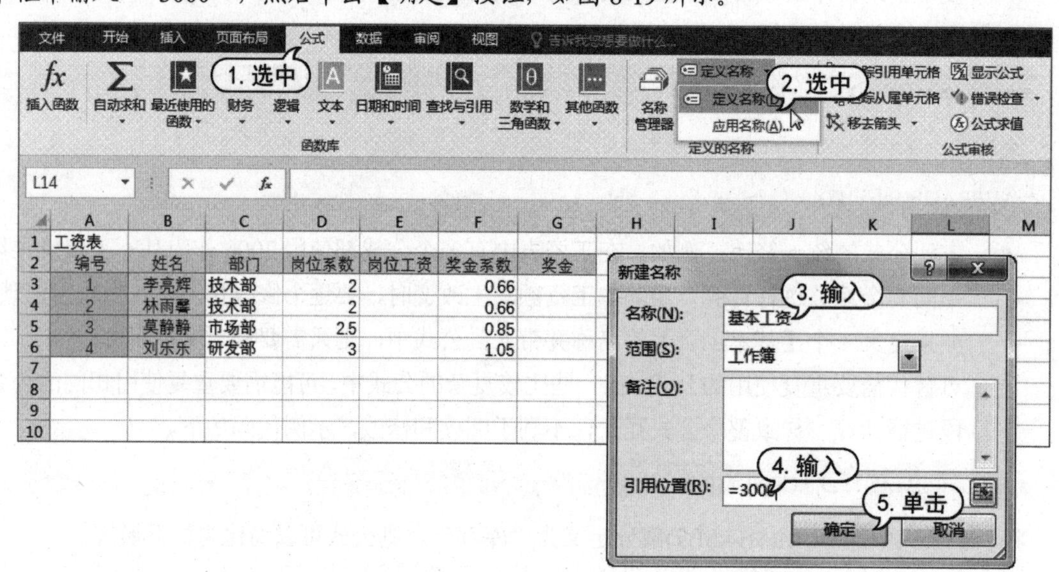

图 8-19　新建名称

(3) 选择 E3：E6 单元格区域，在编辑栏中执行以下公式。

```
=基本工资*D3
```

(4) 选择 E3：E6 单元格区域，选择【开始】选项卡，在【剪贴板】命令组中单击【复制】按钮。选择 G3：G6 单元格区域，单击【粘贴】按钮。此时，表格数据效果如图 8-20 所示。

G3 =基本工资*F3

	A	B	C	D	E	F	G
1	工资表						
2	编号	姓名	部门	岗位系数	岗位工资	奖金系数	奖金
3	1	李亮辉	技术部	2	6000	0.66	1980
4	2	林雨馨	技术部	2	6000	0.66	1980
5	3	莫静静	市场部	2.5	7500	0.85	2550
6	4	刘乐乐	研发部	3	9000	1.05	3150

图 8-20 复制公式

在【新建名称】对话框，【名称】文本框中的字符表示名称的命名，【范围】下拉列表中可以选择工作簿和具体工作表两种级别，【引用位置】文本框用于输入名称的值或定义公式。

在公式中调用其他工作簿中的全局名称，表示方法如下。

```
工作簿全名+半角感叹号+名称
```

例如，若用户需要调用“工作表.xlsx”中的全局名称“基本工资”，应使用如下公式。

```
=工资表.xlsx!基本工资
```

当名称仅能在某一个工作表中直接调用时，所定义的名称为工作表级名称，又称为“局部名称”。如图 8-19 所示的【新建名称】对话框中，单击【范围】下拉列表，在弹出的下拉列表中可以选择定义工作级名称所适用的工作表。

在公式中调用工作表级名称的表示方法如下。

```
工作表名+半角感叹号+名称
```

Excel 允许工作表级、工作簿级名称使用相同的命名。当存在同名的工作表级和工作簿级名称时，在工作表级名称所在的工作表中，调用的名称为工作表级名称，在其他工作表中调用的为工作簿名称。

8.2.2 定义名称

本节将介绍在 Excel 中定义名称的方法和对象。

1. 定义名称的方法

Excel 提供了以下几种方式来定义名称。

- 选择【公式】选项卡，在【定义的名称】命令组中单击【定义名称】按钮。
- 选择【公式】选项卡，在【定义的名称】命令组中单击【名称管理器】按钮，打开【名称管理器】对话框后单击【新建】按钮。
- 按下 Ctrl+F3 组合键打开【名称管理器】对话框，然后单击【新建】按钮。

打开如图 8-20 所示的“工资表”后，选中 A3：A6 单元格区域。将鼠标指针放置在【名称框】中，将其中的内容修改为编号，并按下 Enter 键，即可将 A3：A6 单元格区域定义名称为“编号”，如图 8-21 所示。

使用【名称框】可以方便地将单元格区域定位为名称，默认为工作簿级名称。若用户需要定义工作表级名称，需要在名称前加工作表名和感叹号，如图 8-22 所示。

编号 | fx 1

	A	B	C	D
1	工资表			
2	编号	姓名	部门	岗位系数
3	1	李亮辉	技术部	2
4	2	林雨馨	技术部	2
5	3	莫静静	市场部	2.5
6	4	刘乐乐	研发部	3
7				
8				

图 8-21 定义工作簿级名称

Sheet1!编号 | fx 1

	A	B	C	D
1	工资表			
2	编号	姓名	部门	岗位系数
3	1	李亮辉	技术部	2
4	2	林雨馨	技术部	2
5	3	莫静静	市场部	2.5
6	4	刘乐乐	研发部	3
7				
8				

图 8-22 定义工作表级名称

如果用户需要对表格中多行单元格区域按标题、列定义名称，可以使用以下操作方法。

(1) 选择“工资表”中 A2:C6 单元格区域，选择【公式】选项卡。在【定义的名称】命令中单击【根据所选内容创建】按钮，或者按下 Ctrl+Shift+F3 组合键。

(2) 打开【以选定区域创建名称】对话框，选中【首行】复选框并取消其他复选框的选中状态。然后单击【确定】按钮，如图 8-23 所示。

(3) 选择【公式】选项卡。在【定义的公式】命令组中单击【名称管理器】按钮，打开【名称管理器】对话框，可以看到以【首行】单元格中的内容命名的 3 个名称，如图 8-24 所示。

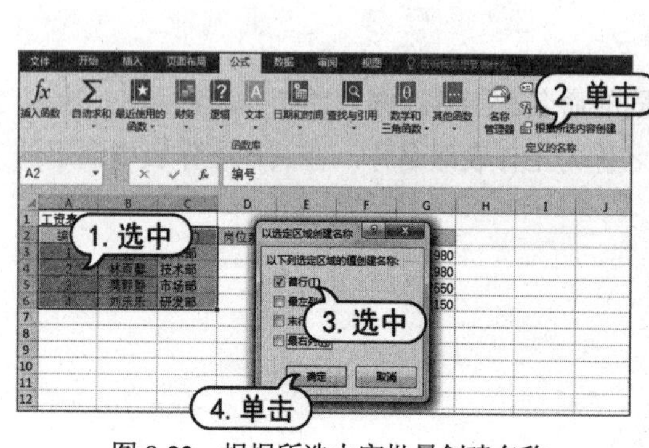

图 8-23 根据所选内容批量创建名称

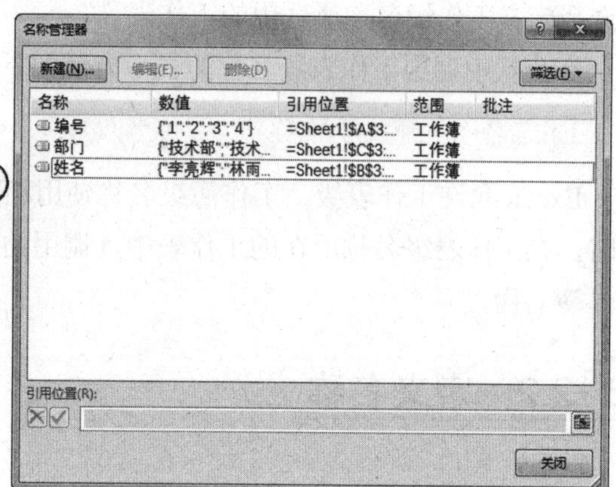

图 8-24 名称管理器

2. 定义名称的对象

有些工作表由于需要按照规定的格式，要计算的数据存放在不连续的多个单元格区域中，在公式中直接使用合并区域引用让公式的可读性变弱。此时可以将其定义为名称来调用。

【例 8-12】在如图 8-25 所示的降雨量统计表中，在 H5:H8 单元格区域统计最高、最低、平均值以及降雨天数统计。

(1) 按住 Ctrl 键，选中 B3：B12、D3：D12、F3：F12 和 H3 单元格区域，在名称框中输入“降雨量”，按下 Enter 键；或者在【新建名称】对话框的【引用位置】文本框中输入“=Sheet1!$B$3,Sheet1!$B$3:$B$12,Sheet1!$D$3:$D$12,Sheet1!$F$3:$F$12,Sheet1!$H$3”，在【名称】文本框中输入“降雨量”，然后单击【确定】按钮，如图 8-25 所示。

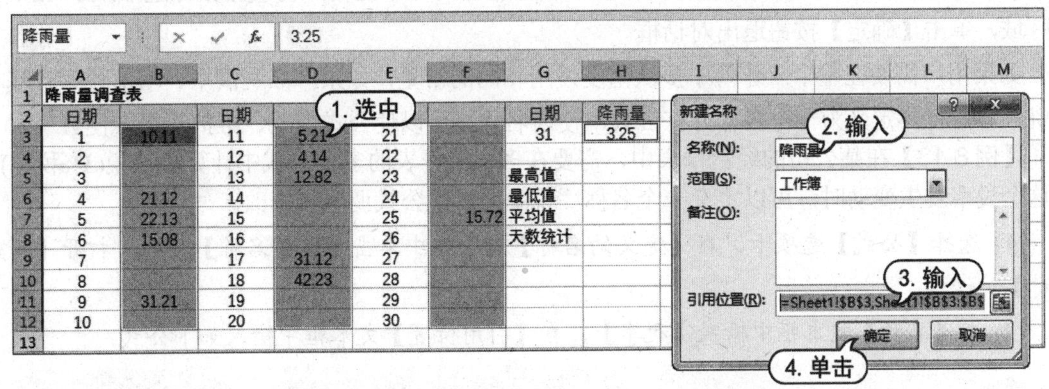

图 8-25　定义名称

(2) 打在 H5 单元格中输入如下公式。

```
=MAX(降雨量)
```

(3) 在 H6 单元格中输入如下公式。

```
=MIN(降雨量)
```

(4) 在 H7 单元格中输入如下公式。

```
=AVERAGE(降雨量)
```

(5) 在 H7 单元格中输入如下公式。

```
=COUNT(降雨量)
```

(6) 完成以上公式的执行后，即可在 H5:H8 单元格区域中得到相应的结果，如图 8-26 所示。

SUM　=COUNT(降雨量)

	A	B	C	D	E	F	G	H	I	J	K	L	M
1	降雨量调查表												
2	日期		日期		日期		日期	降雨量					
3	1	10.11	11	5.21	21		31	3.25					
4	2		12	4.14	22								
5	3		13	12.82	23		最高值	42.23					
6	4	21.12	14		24		最低值	3.25					
7	5	22.13	15		25	15.72	平均值	17.25					
8	6	15.08	16		26		天数统计	=COUNT(降雨量)					
9	7		17	31.12	27			COUNT(value1, [value2], ...)					
10	8		18	42.23	28								
11	9	31.21	19		29								
12	10		20		30								

图 8-26　通过合并区域引用计算结果

在名称中使用交叉运算符(单个空格)的方法与在单元格的公式中一样。例如，要定义一个名称“降雨量”，使其引用 Sheet1 工作表的 B3：B12、D3：D12 单元格区域，打开如图 8-25 所示的【新建名称】对话框，在【引用位置】文本中输入如下公式。

```
=Sheet1!$B$3:$B$12 Sheet1!$D$3:$D$12
```

或者单击【引用位置】文本框后的按钮，选取B3:B12单元格区域，自动将“=Sheet1!$B$3:$B$12”应用到文本框。按下空格键输入一个空格，再使用鼠标选取D3：12单元格区域，单击【确定】按钮退出对话框。

如果用户需要在整个工作簿中多次重复使用相同的常量，如果产品利润率、增值税率、基本工资额等，将其定义为一个名称并在公式中使用名称，可以使公式修改、维护变得方便。

【例 8-13】在某公司的经营报表中，需要在多个工作表的多处公式中计算营业税(3%税率)。当这个税率发生变动时，可以定义一个名称“税率”以便公式调用和修改。

(1) 选择【公式】选项卡，在【定义的名称】命令组中单击【定义名称】按钮，打开【新建名称】对话框。

(2) 在【名称】文本框中输入【税率】，在【引用位置】文本框中输入如下公式。

```
=3%
```


(3) 在【备注】文本框中输入备注内容“税率为 3%”，然后单击【确定】按钮即可。

在单元格中存储查询所需的常用数据，可能影响工作表的美观，并且会由于误操作(例如，删除行、列操作，或者数据单元格区域选取时不小心按到键盘造成的数据意外修改)导致查询结果的错误。这时，可以在公式中使用常量数组或定义名称让公式更易于阅读和维护。

【例 8-14】某公司销售产品按单批检验的不良率评定质量等级，其标准不良率小于 1.5%、5%、10%的分别算特级、优质、一般，达到或超过 10%的为劣质。

(1) 打开工作表后，选择【公式】选项卡，在【定义的名称】命令组中单击【定义名称】按钮，打开【新建名称】对话框。

(2) 在【名称】文本框中输入“评定”，在【引用位置】文本框中输入以下等号和常量数组，如图 8-27 所示。

```
={0,"特级";1.5,"优质";5,"一般";10,"劣质"}
```

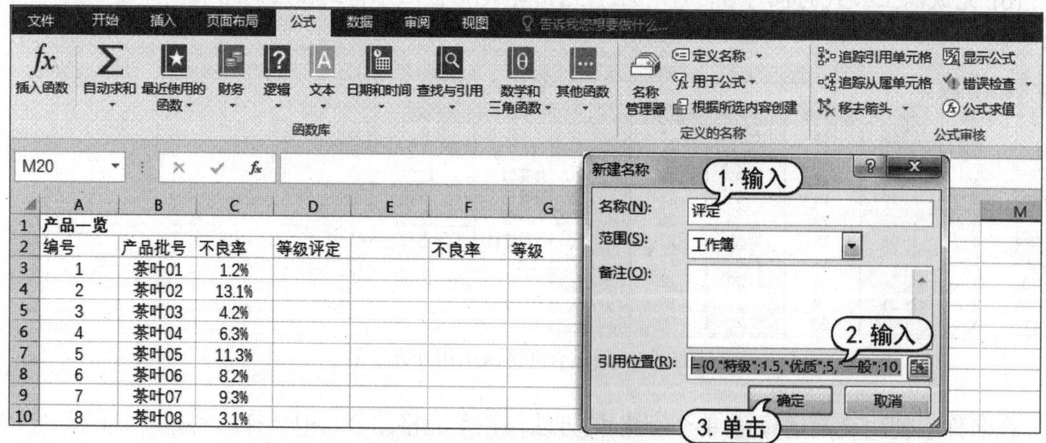

图 8-27　使用常量数组定义质量“评定”名称

(3) 在 D3 单元格中输入以下公式。

```
=LOOKUP(C3*100,评定)
```

其中，C3 单元格为百分比数值，因此需要“*100”后查询。

(4) 双击填充柄，向下复制到 D10 单元格，即可得到如图 8-28 所示的结果。

D3　　=LOOKUP(C3*100,评定)

	A	B	C	D	E	F	G	H	I	J	K
1	产品一览										
2	编号	产品批号	不良率	等级评定		不良率	等级				
3	1	茶叶01	1.2%	特级							
4	2	茶叶02	13.1%	劣质							
5	3	茶叶03	4.2%	优质							
6	4	茶叶04	6.3%	一般							
7	5	茶叶05	11.3%	劣质							
8	6	茶叶06	8.2%	一般							
9	7	茶叶07	9.3%	一般							
10	8	茶叶08	3.1%	优质							
11											

图 8-28　公式计算结果

3. 定义名称的技巧

在名称中使用鼠标选取方式输入单元格引用时，默认使用带工作表名称的绝对引用方式。例如，单击【引用位置】文本框右侧的按钮，然后单击选择 Sheet1 工作表中的 A1 单元格，相当于输入“=Sheet1A$1”。当需要使用相对引用或混合引用时，用户可以通过按下 F4 键切换。

在单元格中的公式内使用相对引用，是与公式所在单元格的形成相对位置关系；在名称中使用相对引用，则是与定义名称时活动单元格形成相对位置关系。例如，当 B1 单元格是当前活动单元格时创建名称“降雨量”，定义中使用公式并相对引用 A1 单元格，则在 C1 输入=降雨量时，是调用 B1 而不是 A1 单元格。

默认情况下，在【新建名称】对话框的【引用位置】文本框中使用鼠标指定单元格引用时，将以带工作表名称的完整的绝对引用方式生成定义公式，示例如下。

```
=三季度 !A$$1
```

当需要在不同工作表引用各自表中的某个特定单元格区域，如一季度、二季度等工作表中，也需要引用各自表中的 A1 单元格时，可以使用“缺省工作表名的单元格引用”方式来定义名称，即手工删除工作表名但保留感叹号，实现“工作表名”的相对引用。

在名称中对单元格区域的引用，即使是绝对引用。也可能因为数据所在单元格区域的插入行(列)、删除行(列)、剪切操作等而发生改变，导致名称与实际期望引用的区域不相符。

如图 8-29 所示，将单元格 D4：D7 定义为名称“语文”，默认为绝对引用。将第 5 行整行剪切后，在第 7 行执行【插入剪切的单元格】命令，再打开【名称管理器】对话框，就会发现“语文”引用的单元格区域由 D3：D7 变为 D4：D6。

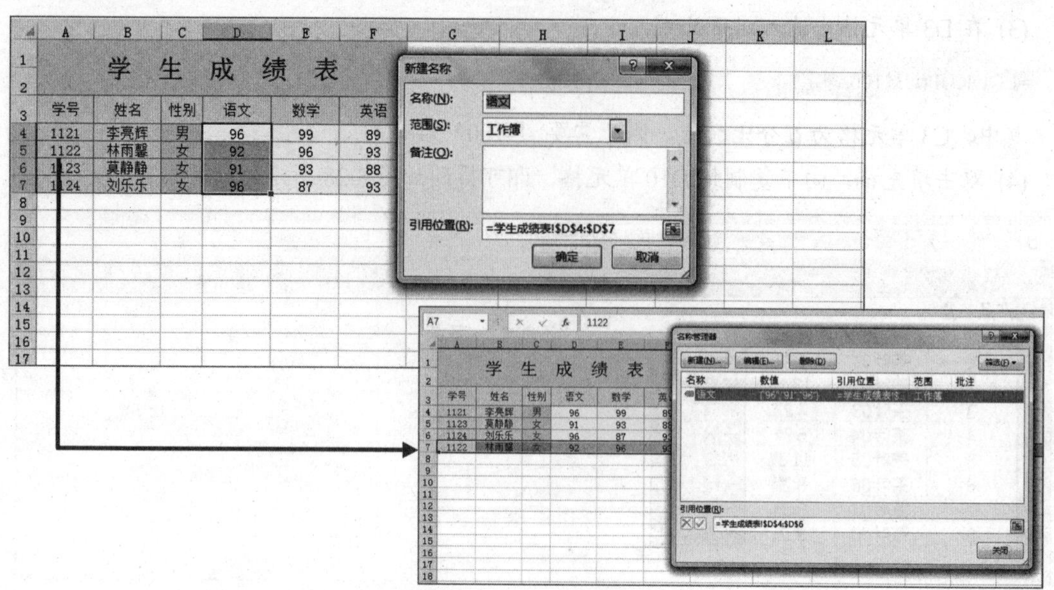

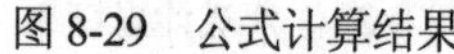

图 8-29　公式计算结果

如果用户需要永恒不变地引用“学生成绩表”工作表中的 D3：D7 单元格区域，可以将名称“语文”的【引用位置】改为如下内容。

```
=INDIRECT("学生成绩表!D3:D7")
```

如果希望这个名称能够像 0 那样，在各个工作表分别引用各自的 D3：D7 单元格区域，可以将“语文”的【引用位置】改为如下内容。

```
=INDIRECT("D3:D7")
```

8.2.3　管理名称

Excel 2016 提供“名称管理器”功能，可以帮助用户方便地进行名称的查询、修改、筛选、删除操作。

1. 名称的修改与备注

在 Excel 2016 中，选择【公式】选项卡，在【定义的名称】命令组中单击【名称管理器】按钮。或者按下 Ctrl+F3 组合键，可以打开【名称管理器】对话框，如图 8-30 所示。在该对话框中选中名称(如“评定”)，单击【编辑】按钮，可以打开【编辑名称】对话框。在【名称】文本框中修改名称的命名，如图 8-31 所示。

完成名称命名的修改后，在【编辑名称】对话框中单击【确定】按钮，返回【名称管理器】对话框，单击【关闭】按钮即可。

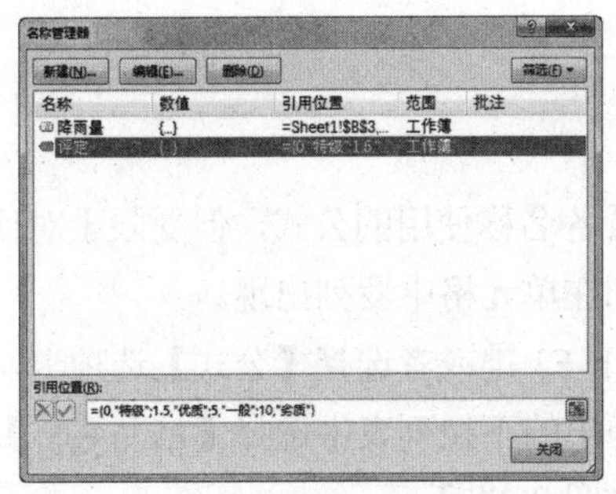

图 8-30　从名称管理器中选择已定义的名称

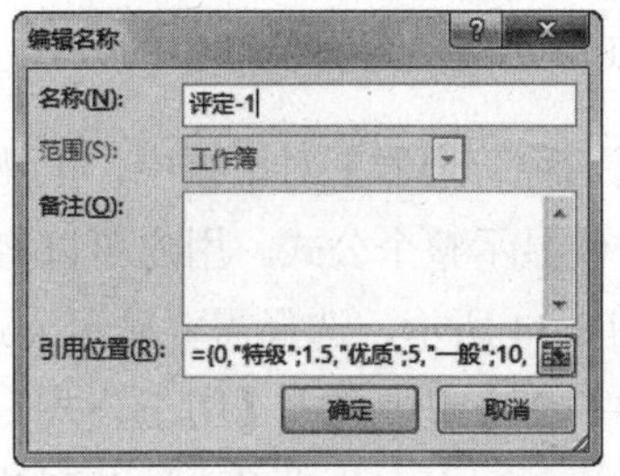

图 8-31　【编辑名称】对话框

与修改名称的命名操作相同，如果用户需要修改名称的引用位置，可以打开【编辑名称】对话框，在【引用位置】文本框中输入新的引用位置公示即可。

在编辑【引用位置】文本框中的公式时，按下方向键或 Home、End，以及单击单元格区域，都会将光标激活的单元格区域以绝对引用方式添加到【引用位置】的公式中。这是由于【引用位置】编辑框在默认状态下是“点选”模式，按下方向键只是对单元格进行操作。按下 F2 键切换到“编辑”模式，就可以在编辑框的公式中移动光标，修改公式。

如果用户需要将工作表级名称更改为工作簿级名称，可以打开【编辑名称】对话框，复制【引用位置】文本框中的公式。然后单击【名称管理器】对话框中的【新建】按钮，新建一个同名不同级别的名称。然后单击【删除】按钮将旧名称删除。反之，工作簿级名称修改为工作表级名称也可以使用相同的方法操作。

2. 筛选和删除错误名称

当用户不需要使用名称或名称出现错误无法使用时，可以在【名称管理器】对话框中进行筛选和删除操作，具体方法如下。

(1) 打开【名称管理器】对话框，单击【筛选】下拉按钮。在弹出的下拉列表中选择【有错误的名称】选项，如图 8-32 所示。

(2) 此时，在筛选后的名称管理器中，将显示存在错误的名称。选中该名称，单击【删除】按钮，再单击【关闭】按钮即可，如图 8-33 所示。

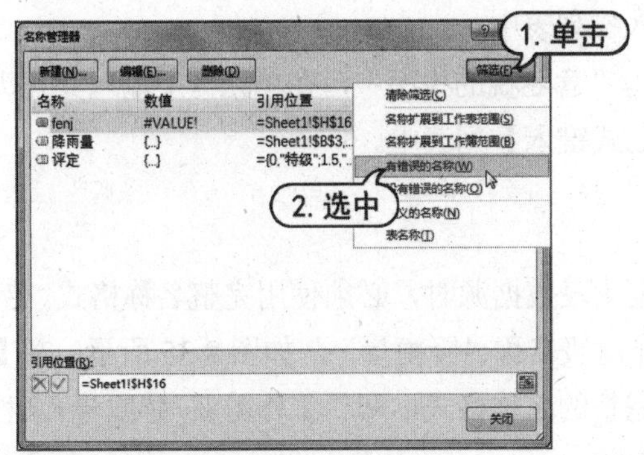

图 8-32　筛选有错误的名称

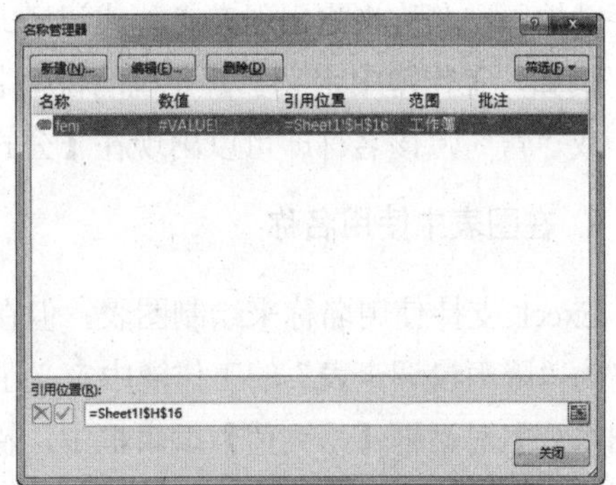

图 8-33　删除名称

此外，在名称管理器中用户还可以通过筛选，显示工作簿级名称或工作表级名称、定义的名

称或表名称。

3. 在单元格中查看名称中的公式

在【名称管理器】对话框中，虽然用户也可以查看各名称使用的公式，但受限于对话框，有时并不方便显示整个公式。用户可以将定义的名称全部在单元格中罗列出现。

如图 8-34 所示，选择需要显示公式的单元格。按下 F3 键或者选择【公式】选项卡，在【定义的名称】命令组中单击【用于公式】下拉按钮，从弹出的下拉列表中选择【粘贴名称】，将以一列名称、一列文本公式形式粘贴到单元格区域中，如图 8-34 所示。

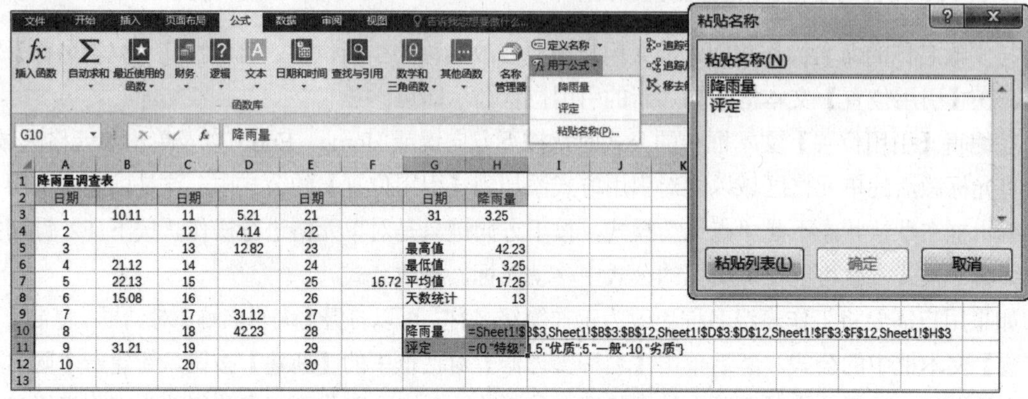

图 8-34　在单元格中粘贴名称列表

8.2.4　使用名称

本节将介绍在实际工作中调用名称的各种方法。

1. 在公式中使用名称

当用户需要在单元格的公式中调用名称时，可以选择【公式】选项卡。在【定义的名称】命令组中单击【用于公式】下拉按钮，在弹出的下拉列表中选择相应的名称。也可以在公式编辑状态手动输入，名称也将出现在“公式记忆式键入”列表中。

例如，工作簿中定义了营业税的税率名称为“营业税的税率”，在单元格中输入其开头“营业”或“营”，该名称即可以出现在【公式记忆式键入】列表中。

2. 在图表中使用名称

Excel 支持使用名称来绘制图表，但在制定图表数据源时，必须使用完整名称格式。例如，在名为“降雨量调查表”的工作簿中定义了工作簿级名称“降雨量”。如图 8-35 所示，在【编辑数据系列】对话框【系列值】编辑框中，输入完整的名称格式，即“工作簿名+感叹号+名称”，如图 8-35 所示。

```
=降雨量调查表.xlsx!降雨量
```

如果直接在【系列值】文本框中输入“=降雨量”，将弹出如图 8-36 所示的警告对话框。

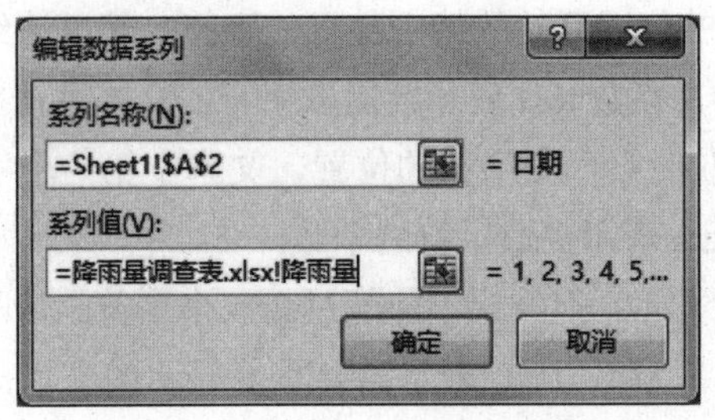

图 8-35　在图表系列中使用名称

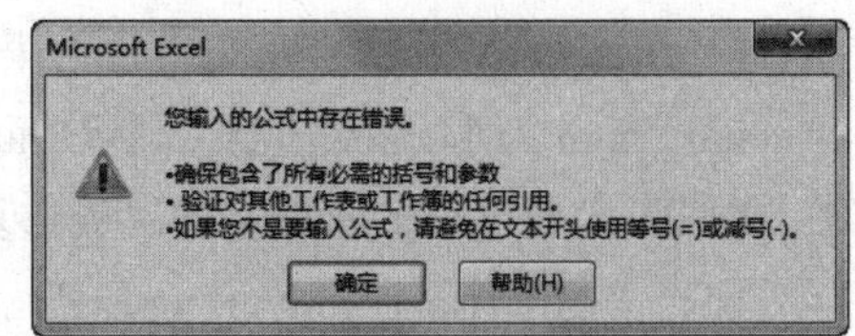

图 8-36　警告对话框

3. 在条件格式和数据有效性中使用名称

条件格式和数据有效性在实际办公中应用非常广泛，但不支持直接使用常量数组、合并区域引用和交叉引用。因此用户必须先定义为名称后，再进行调用。

8.3 常用 Excel 函数简介

Excel 软件提供了多种函数进行计算和应用，如文本处理、日期和时间函数、查找和引用函数等。本章将主要介绍这些函数在电子表格中的应用技巧。

8.3.1 文本与逻辑函数

在 Excel 中进行文本信息处理的函数称为文本函数。而逻辑函数在条件判断、验证数据有效性方面有着重要的作用。本章将介绍 Excel 2016 中提供的文本函数与逻辑函数的应用技巧。

1. 文本函数

在使用 Excel 时，常用的文本函数有以下几种。

- CODE 函数用于返回文本字符串中第一个字符所对应的数字代码(其范围为 1~255)。返回的代码对应于计算机当前使用的字符集。其语法结构为 CODE(text)，其中，参数 text 表示需要得到其第一个字符代码的文本。
- CLEAN 函数用于删除文本中含有的当前 Windows 7 操作系统无法打印的字符。其语法结构为 CLEAN(text)。其中，参数 text 表示要从中删除不能打印字符的任何工作表信息。如果直接使用文本，需要添加双引号。
- LEFT 函数用于从指定的字符串中的最左边开始返回指定的字符数。其语法结构为 LEFT(text,num_chars)。其中，参数 text 表示所提取字符的字符串；参数 num_chars 表示指定要提取的字符数。num_chars 必须大于或等于零。
- LEN 函数用于返回文本字符串中的字符数。其语法结构为 LEN(text)。其中，参数 text

表示要查找设定长度的文本，空格也将作为字符进行计数。

- MID 函数用于从文本字符串中提取指定的位置开始的特定数目的字符。其语法结构为“MID(text,start_num,num_chars)”。其中，参数 text 表示要提取字符的文本字符串；参数 start_num 表示要在文本字符串中提取的第一个字符的位置，文本中第一个字符的 start_num 为 1，依此类推；参数 num_chars 表示提取字符的个数。
- REPT 函数用于按照指定的次数重复显示文本，但结果不能超过 255 个字符。其语法结构为“REPT(text,number_times)”。其中，参数 text 表示需要重复显示的文本；参数 number_times 表示重复显示文本的次数(正数)。若 number_times 不是整数，则截尾取整。

2. 逻辑函数

在使用 Excel 时，常用的逻辑函数有以下几种。

- AND 函数用于对多个逻辑值进行交集运算。当所有参数的逻辑值为真时，将返回运算结果为 TURE。反之，返回运算结果为 FALSE。其语法结构为“AND(logical1,logical2,…)”。其中，参数 logical1,logical2,…为 1~255 个要进行检查的条件，它们可以为 TRUE 或 FALSE。
- IF 函数用于根据对所知条件进行判断，返回不同的结果。它可以对数值和公式进行条件检测，常与其他函数结合使用。其语法结构为“IF(logical_test,value_if_true,value_if_false)”。其中，参数 logical_test 表示计算结果为 TRUE 或 FALSE 的任意值或表达式；参数 value_if_true 表示 logical_test 为 TRUE 时返回的值。如果省略，则返回字符串 TRUE；参数 value_if_false 表示 logical_test 为 FALSE 时返回的值。如果省略，则返回字符串 FALSE。
- NOT 函数数是求反函数，用于对参数的逻辑值求反。当参数为真(TRUE)时，返回运算结果 FALSE；反之，当参数为假(FALSE)时，返回运算结果 TRUE，其语法结构为“NOT(logical)”。其中，参数 logical 表示一个可以计算出真(TRUE)或假(FALSE)的逻辑值或逻辑表达式。
- OR 函数用于判断逻辑值并集的计算结果。当任何一个参数逻辑值为 TRUE 时，都将返回 TURE；否则返回 FALSE。其语法结构为 OR(logical1,logical2,…)。其中，参数 logical1,logical2,…与 AND 函数的参数一样，数目页是可选的，范围为 1~255。
- TRUE 函数用于返回逻辑值 TRUE。其语法结构为 TRUE()。该函数不需要参数。

8.3.2 数学与三角函数

在 Excel 中，软件提供了大量的数学与三角函数。这些函数在用户进行数据统计与数据排序等运算时，起着非常重要的作用。

1. 数学函数

下面对主要的数学函数进行介绍，帮助用户理解函数的种类、功能、语法结构及参数的含义。

- ABS 函数用于计算指定数值的绝对值，绝对值是没有符号的。语法结构为“ABS(number)”。其中，参数number为需要返回绝对值的实数。
- CEILING 函数用于将指定的数值按指定的条件进行舍入计算。语法结构为“CEILING(number,significance)”。其中，number 表示需要舍入的数值；significance 表示需要进行舍入的倍数，即舍入的基准。
- EVEN 函数用于指定的数值沿绝对值增大方向取整，并返回最接近的偶数。使用该函数可以处理成对出现的对象。语法结构为“EVEN(number)”。其中，参数 number 为需要进行四舍五入的数值。
- EXP 函数用于计算指定数值的幂，即返回 e 的 n 次幂。语法结构为 EXP(number)。其中，EXP 函数的参数 number 表示应用于底数 e 的指数。常数 e 等于 2.71828182845904，是自然对数底数。
- FACT 函数用于计算指定正数的阶乘(阶乘主要用于排列和组合的计算)，一个数的阶乘等于 1*2*3*…。语法结构为“FACT(number)”。其中，参数 number 表示需要计算其阶乘的非负数。
- FLOOR 函数用于将数值按指定的条件向下舍入计算。语法结构为“FLOOR(number,significance)”。其中，number 表示需要进行舍入计算的数值；significance 表示进行舍入计算的倍数，其值不能为 0。
- INT 函数用于将数字向下舍入到最接近的整数。语法结构为“INT(number)”。其中，参数 number 表示需要进行向下舍入取整的实数。当其值为负数时，将向绝对值增大的方向取整。
- MOD 函数用于返回两个数相除的余数。无论被除数能不能被整除，其返回值的正负号都与除数相同。语法结构为“MOD(number, divisor)”。其中，参数 number 表示被除数；参数 divisor 表示除数。
- SUM 函数用于计算某一单元格区域中所有数字之和。语法结构为“SUM(number1, number2,…)”。其中，参数number1,number2,…表示要对其求和的 1~255 个可选参数。

2. 三角函数

下面分别对各三角函数进行介绍，帮助用户理解三角函数的种类、功能、语法结构及参数的含义。

- ACOS 函数用于返回数字的反余弦值，反余弦值是角度，其余弦值为数字。返回的角度值以弧度表示，范围是 0~pi。语法结构为“ACOS(number)”。其中，参数 number 表示角度的余弦值，该值必须介于-1~1 之间。
- ACOSH 函数用于返回数字的反双曲余弦值。语法结构为“ACOSH(number)”，其中，参数 number 为大于或等于 1 的实数。
- ASIN 函数用于返回参数的反正弦值，反正弦值为一个角度，该角度的正弦值即等于此函数的 number 参数。返回的角度值将以弧度表示，范围为-π/2~π/2。语法结构为

"ASIN(number)"。其中，参数 number 表示角度的正弦值，该值必须介于-1~1 之间。

- ASINH 函数用于返回参数的反双曲正弦值。语法结构为"ASINH(number)"。其中，参数 number 为任意实数。
- ATAN 函数用于返回参数的反正切值，反正切值为角度，返回的角度值将以弧度表示，范围为-π/2~π/2。语法结构为"ATAN(number)"。其中，参数 number 表示角度的正切值。
- ATAN2 函数用于返回给定 X 以及 Y 坐标轴的反正切值，反正切值的角度等于 X 轴与通过原点和给定坐标点(x_num,y_num)的直线之间的夹角，其返回的结果以弧度表示并介于-π~π 之间(不包括-π)。语法结构为"ATAN2(x_num,y_num)"。其中，参数 x_num 表示坐标点 X 的坐标；y_num 表示坐标点 Y 的坐标。
- ATANH 函数用于返回参数的反双曲正切值。语法结构为"ATANH(number)"。其中，参数 x_num 为-1~1 之间的任意实数，不包括-1 和 1。
- COS 函数用于返回指定角度的余弦值。语法结构为"COS(number)"。其中，参数 number 表示需要求余弦的角度，单位为弧度。
- COSH 函数用于返回参数的反双曲余弦值。语法结构为"COSH(number)"。其中，参数 number 表示需要求双曲余弦的任意实数。
- DEGREES 函数用于将弧度转换为角度。语法结构为"DEGREES(angle)"。其中，参数 angle 表示需要转换的弧度值。
- RADIANS 函数用于将角度转换为弧度，与 DEGREES 函数相对。语法结构为"RADIANS(angle)"。其中，参数 angle 表示需要转换的角度。
- SIN 函数用于返回指定角度的正弦值。语法结构为"SIN(number)"。其中，参数 number 表示需要求正弦的角度，单位为弧度。
- SINH 函数用于返回参数的双曲正弦值。语法结构为"SINH(number)"。其中，参数 number 为任意实数。
- TAN 函数用于返回指定角度的正切值。其语法结构为"TAN(number)"。其中，参数 number 表示需要求正切的角度，单位为弧度。
- TANH 函数用于返回参数的双曲正切值。其语法结构为"TANH(number)"。其中，参数 number 为任意实数。

8.3.3 日期与时间函数

日期函数主要用于日期对象的处理，用来完成转换、返回日期的分析和操作。时间函数用于处理时间对象，用来完成返回时间值、转换时间格式等与时间有关的分析和操作。Excel 2016 提供了多种日期和时间函数供用户使用。

1. 日期函数

日期函数主要由 DATE、DAY、TODAY、MONTH 等函数组成。下面分别对常用的日期函数进行介绍，帮助用户理解日期函数的功能、语法结构及参数的含义。

- DATE 函数用于将指定的日期转换为日期序列号。语法结构为“DATE(year,month,day)”。其中，year 表示指定的年份，可以为 1~4 位的数字；month 表示一年中从 1 月~12 月各月的正整数或负整数；day 表示一个月中从 1 日~31 日中各天的正整数或负整数。
- DAY 函数用于返回指定日期所对应的当月天数。语法结构为“DAY(serial_number)”。其中，参数 serial_number 表示指定的日期。除了使用标准日期格式外，还可以使用日期所对应的序列号。
- MONTH 函数用于计算指定日期所对应的月份，是一个 1 月~12 月之间的整数。语法结构为“MONTH(serial_number)”。
- TODAY 函数用于返回当前系统的日期。语法结构为“TODAY()”。该函数没有参数，但在输入时必须在函数后面添加括号“()”。

如果在输入 TODAY 函数前，单元格的格式为【常规】，则结果将默认设为日期格式。除了使用该函数输入当前系统的日期外，还可以使用快捷键来输入，选中单元格后，按 Ctrl+；组合键即可。

2. 时间函数

Excel 提供了多个时间函数，主要由HOUR、MINUTE、SECOND、NOW、TIME和TIMEVALUE这 6 个函数组成，用于处理时间对象，完成返回时间值、转换时间格式等与时间有关的分析和操作。

- HOUR 函数用于返回某一时间值或代表时间的序列数所对应的小时数，其返回值为 0(12:00AM)~23(11:00PM)之间的整数。语法结构为“HOUR(serial_number)”。其中，参数 serial_number 表示将要计算小时的时间值，包含要查找的小时数。
- MINUTE 函数用于返回某一时间值或代表时间的序列数所对应的分钟数，其返回值为 0~59 之间的整数。语法结构为“MINUTE(serial_number)”。其中，参数 serial_number 表示需要返回分钟数的时间，包含要查找的分钟数。
- NOW 函数用于返回计算机系统内部时钟的当前时间。语法结构为“NOW()”，该函数没有参数。
- SECOND 函数用于返回某一时间值或代表时间的序列数所对应的秒数，其返回值为 0~59 之间的整数。语法结构为“SECOND(serial_number)”。其中，参数 serial_number 表示需要返回秒数的时间值，包含要查找的秒数。
- TIME 函数用于将指定的小时、分钟和秒合并为时间，或者返回某一特定时间的小数值。语法结构为“TIME(hour,minute,second)”。其中，hour 表示小时；minute 表示分钟；second 表示秒；参数的数值范围为 0~32767 之间。
- TIMEVALUE 函数用于将字符串表示的字符串转换为该时间对应的序列数字(即小数值)。其值为 0~0.999999999 的数值，代表从 0:00:00(12:00:00 AM)~23:59:59(11:59:59 PM)之间的时间。语法结构为“TIMEVALUE(time_text)”。其中，参数 time_text 表示指定的时间文本，即文本字符串。

8.3.4 财务与统计函数

财务函数是用于进行财务数据计算和处理的函数，统计函数是指对数据区域进行统计计算和分析的函数，使用财务和统计函数可以提高实际财务统计的工作效率。

1. 财务函数

财务函数主要分为投资函数、折旧函数、本利函数和回报率函数这 4 类，它们为财务分析提供了极大的便利。下面介绍几种常用财务函数。

- AMORDEGRC 函数用于返回每个会计期间的折旧值。语法结构为“AMORDEGRC(cost, date_purchased,first_period,salvage,period,rate,basis)”。其中，cost 表示资产原值；date_purchased 表示购入资产的日期；first_period 表示第一个期间结束时的日期；salvage 表示资产在使用寿命结束时的残值；period 表示期间；basis 表示年基准。
- AMORLINC 函数用于返回每个会计期间的折旧值，该函数为法国会计系统提供。语法结构为“AMORLINCC(cost,date_purchased,first_period,salvage,period,rate,basis)”。其中，cost 表示资产原值；参数 date_purchased 表示购入资产的日期；first_period 表示第一个期间结束时的日期；salvage 表示资产在使用寿命结束时的残值；period 表示期间；rate 表示折旧率；basis 表示年基准。
- DB 函数可以使用固定余额递减法计算一笔资产在给定时间内的折旧值。语法结构为“DB(cost,salvage,life,period,month)”。其中，cost 表示资产原值，或者成为资产取得值；salvage 表示资产折旧完以后的残余价值，也称为资产残值；life 表示使用年限，折旧的年限；period 表示计算折旧值的期间；month 表示第一年的实际折旧月份数，可省略，默认值为 12。
- FV 函数可以基于固定利率及等额分期付款方式，返回某项投资的未来值。语法结构为 FV(rate,nper,pmt,pv,type)。其中，rate 表示各期利率；参数 nper 表示总投资期，即该项投资的付款总期数；pmt 表示为各期所应支付的金额；pv 表示现值，即从该项投资开始计算时已经入账的款项，或一系列未来付款的当前值的累积和，也称为本金；type 表示用于指定各期的付款时间是在期初或期末(0 为期末，1 为期初)。

2. 统计函数

针对常规统计，本节将对各常规统计函数进行简要介绍，帮助用户理解常规统计函数的功能、语法结构和参数的含义。

- AVEDEV 函数用于返回一组数据与其均值的绝对偏差的平均值，该函数可以评测这组数据的离散度。语法结构为“AVEDEV(number1,number2,…)”。其中，参数 number1,number2,…表示用于计算绝对偏差平均值的一组参数，其个数可以在 1~255 之间。

- COUNT 函数用于返回数字参数的个数，即统计数组或单元格区域中含有数字的单元格个数。语法结构为“COUNT(value1,value2,…)”。其中，参数 value1,value2,…表示包含或引用各种类型数据参数(1~255)，但只有数字类型的数据才能被统计。
- COUNTBLANK 函数用于计算指定单元格区域中空白单元格的个数。语法结构为“COUNTBLANK(range)”。其中，参数 range 表示需要计算其中空白单元格数目的区域。
- MAX 函数用于返回一组值中的最大值。语法结构为“MAX(number1,number2,…)”。其中，参数 number1,number2,…表示要从中找到最大值的 1~255 个参数。它们可以是数字或者包含数字的名称、数字或引用。
- MIN 函数用于返回一组值中的最小值。语法结构为“MIN(number1,number2,…)”。其中，参数 number1,number2,…表示要从中找到最小值的 1~255 个参数。它们可以是数字或者包含数字的名称、数字或引用。

8.3.5 引用与查找函数

引用与查询函数是 Excel 函数中应用相当广泛的一个类别，它并不专用于某个领域，在各种函数中起到连接和组合的作用。引用与查询函数可以将数据根据指定的条件查询出来，再按要求将其放在相应的位置。

1. 引用函数

下面分别对各种引用函数进行介绍，帮助用户理解引用函数的功能、语法结构及参数的含义。

- ADDRESS 函数用于按照给定的行号和列标，建立文本类型的单元格地址。语法结构为“ADDRESS(row_num,column_num,abs_num,a1,sheet_text)”。其中，row_num 表示在单元格引用中使用的行号；column_num 表示在单元格中引用中使用的列标；abs_num 指定返回的引用类型。
- COLUMN 函数用于返回引用的列标。语法结构为“COLUMN(reference)”。其中，参数 reference 表示要得到其列标的单元格或单元格区域。
- INDIRECT 函数用于返回由文本字符串指定的引用。语法结构为“INDIRECT(ref_text,a1)”。其中，ref_text 表示单元格的引用，该引用可以包含 A1 样式的引用、R1C1 样式的引用、定义为引用的名称或文本字符串单元格的引用；a1 表示一个逻辑值，指明包含在单元格 ref_text 中的引用类型。如果 a1 为 TRUE 或省略，ref_text 被解释为 A1 样式的引用，反之，ref_text 被解释为 R1C1 样式的引用。
- ROW 函数用于返回引用的行号。语法结构为“ROW(reference)”。其中，参数 reference 表示要得到其行号的单元格或单元格区域。

2. 查找函数

下面将分别对各种查找函数进行介绍，帮助用户掌握查找函数的基础知识。

- AREAS 函数用于返回引用中包含的区域(连续的单元格区域或某个单元格)个数。语法

结构为“AREAS(reference)”。其中，参数 reference 表示对某个单元格或单元格区域的引用，也可以引用多个区域。

- RTD 函数用于从支持 COM 自动化的程序中检索实时数据。语法结构为“RTD(progID,server,topic1,topic2,…)”。其中，progID 表示一个注册的 COM 自动化加载宏的 progID 名称，该名称用需要双引号括起来；server 表示运行加载宏的服务器的名称；topic1,topic2,…表示 1~253 个参数，这些参数放在一起代表一个唯一的实时数据。
- CHOOSE 函数用于从给定的参数中返回指定的值。语法结构为“CHOOSE(index_num, value1,value2,…)”。其中，index_num 表示待选参数序号，即指明从给定参数中选择的参数，必须为 1~254 之间的数字，或者是包含数字 1~254 的公式或单元格引用；value1,value2,…表示 1~254 个数值参数。CHOOSE 函数基于 index_num 从中选择一个数值，参数可以为数字、单元格引用、名称、公式、函数或文本。

8.4 上机练习

本章的上机练习将介绍在 Excel 2016 中使用函数计算表格数据的方法，用户可以通过实例操作巩固所学的知识。

8.4.1 使用文本函数处理表格文本信息

为了便于掌握文本函数，下面将以常用函数中的 LEFT 函数、LEN 函数、REPT 函数和 MID 函数为例，介绍文本函数的应用方法。

(1) 新建一个名为【公司培训计划表】的工作簿，然后在 Sheet1 工作表中创建数据，如图 8-37 所示。

(2) 选中 D3 单元格，在编辑栏中输入如下公式。

```
=LEFT(B3,1)&IF(C3="女","女士","先生")
```

(3) 按 Ctrl+Enter 组合键，即可从信息中提取相应的指导教师的姓名。

(4) 将光标移动至 D3 单元格右下角，待光标变为实心十字形时，按住鼠标左键向下拖动至 D8 单元格，进行公式填充。从而提取所有教师的称呼，如图 8-38 所示。

培训讲座	销售经理	性别	称呼	参加人数	课时	★	费用	金额			
								千	百	十	元
讲座1	刘备	男		100	3		200				
讲座2	曹操	男		120	3		210				
讲座3	孙权	男		80	4		150				
讲座4	小乔	女		210	5		300				
讲座5	袁绍	男		60	4		350				
讲座6	貂蝉	女		220	2		500				

图 8-37　输入表格数据

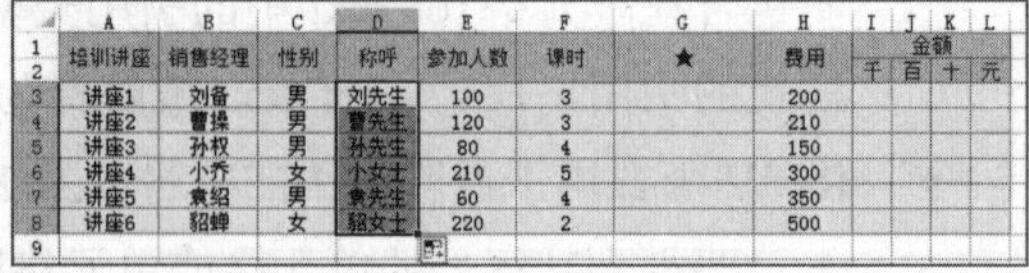

培训讲座	销售经理	性别	称呼	参加人数	课时	★	费用	金额			
								千	百	十	元
讲座1	刘备	男	刘先生	100	3		200				
讲座2	曹操	男	曹先生	120	3		210				
讲座3	孙权	男	孙先生	80	4		150				
讲座4	小乔	女	小女士	210	5		300				
讲座5	袁绍	男	袁先生	60	4		350				
讲座6	貂蝉	女	貂女士	220	2		500				

图 8-38　提取教师称呼

(5) 选中 G3 单元格，在编辑栏中输入如下公式。

```
=REPT(G1,INT(F3))
```

(6) 在编辑栏中选中 G1，按 F4 快捷键，将其更改为绝对引用方式$G$1，如图 8-39 所示。

(7) 按 Ctrl+Enter 组合键，完成公式更改操作。使用相对引用方式复制公式至 G4:G8 单元格区域，计算不同的培训课程所对应的课程星级。

(8) 选中 I3 单元格，然后在编辑栏中输入以下公式。

```
=IF(LEN(H3)=4,MID(H3,1,1),0)
```

(9) 按 Ctrl+Enter 组合键，从“讲座 1”的费用中提取“千”位数额，如图 8-40 所示。

AVERAGE　=REPT($G$1, INT(F3))

培训讲座	销售经理	性别	称呼	参加人数	课时	★	费用	金额			
								千	百	十	元
讲座1	刘备	男	刘先生	100	3	=REPT($G$1, I	200				
讲座2	曹操	男	曹先生	120	3		210				
讲座3	孙权	男	孙先生	80	4		150				
讲座4	小乔	女	小女士	210	5		300				
讲座5	袁绍	男	袁先生	60	4		350				
讲座6	貂蝉	女	貂女士	220	2		500				

图 8-39　绝对引用

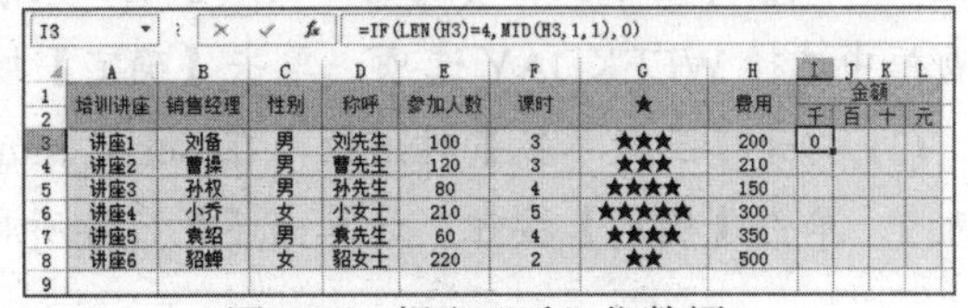

I3　=IF(LEN(H3)=4,MID(H3,1,1),0)

培训讲座	销售经理	性别	称呼	参加人数	课时	★	费用	金额			
								千	百	十	元
讲座1	刘备	男	刘先生	100	3	★★★	200	0			
讲座2	曹操	男	曹先生	120	3	★★★	210				
讲座3	孙权	男	孙先生	80	4	★★★★	150				
讲座4	小乔	女	小女士	210	5	★★★★★	300				
讲座5	袁绍	男	袁先生	60	4	★★★★	350				
讲座6	貂蝉	女	貂女士	220	2	★★	500				

图 8-40　提取“千”位数额

(10) 使用相对引用方式复制公式至 I4:I8 单元格区域，计算不同的培训课程所对应的培训学费中千位数额。

(11) 在 J3 单元格输入如下公式。

```
=IF(I3=0,IF(LEN(H3)=3,MID(H3,1,1),0),MID(H3,2,1))
```

然后，按 Ctrl+Enter 组合键，提取“讲座 1”费用中的“百”位数额，如图 8-41 所示。

(12) 使用相对引用方式复制公式至 J4:J8 单元格区域，计算出不同的讲座所对应的费用中百位数额。

(13) 在 K3 单元格输入如下公式。

```
=IF(I3=0,IF(LEN(H3)=2,MID(H3,1,1),MID(H3,2,1)),MID(H3,3,1))
```

(14) 按 Ctrl+Enter 组合键，提取“办公自动化”培训学费中的“十”位数额，如图 8-42 所示。

J3　=IF(I3=0,IF(LEN(H3)=3,MID(H3,1,1),0),MID(H3,2,1))

培训讲座	销售经理	性别	称呼	参加人数	课时	★	费用	金额			
								千	百	十	元
讲座1	刘备	男	刘先生	100	3	★★★	200	0	2		
讲座2	曹操	男	曹先生	120	3	★★★	210	0			
讲座3	孙权	男	孙先生	80	4	★★★★	150	0			
讲座4	小乔	女	小女士	210	5	★★★★★	300	0			
讲座5	袁绍	男	袁先生	60	4	★★★★	350	0			
讲座6	貂蝉	女	貂女士	220	2	★★	500	0			

图 8-41　提取“百”位数额

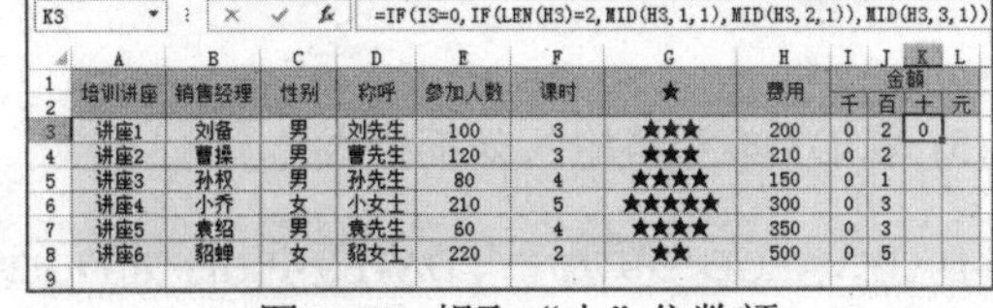

K3　=IF(I3=0,IF(LEN(H3)=2,MID(H3,1,1),MID(H3,2,1)),MID(H3,3,1))

培训讲座	销售经理	性别	称呼	参加人数	课时	★	费用	金额			
								千	百	十	元
讲座1	刘备	男	刘先生	100	3	★★★	200	0	2	0	
讲座2	曹操	男	曹先生	120	3	★★★	210	0	2		
讲座3	孙权	男	孙先生	80	4	★★★★	150	0	1		
讲座4	小乔	女	小女士	210	5	★★★★★	300	0	3		
讲座5	袁绍	男	袁先生	60	4	★★★★	350	0	3		
讲座6	貂蝉	女	貂女士	220	2	★★	500	0	5		

图 8-42　提取“十”位数额

(15) 在 L3 单元格输入如下公式。

```
=IF(I3=0,IF(LEN(H3)=1,MID(H3,1,1),MID(H3,3,1)),MID(H3,4,1))
```

然后按 Ctrl+Enter 组合键，提取“讲座 1”费用中的“元”位数额。

(16) 使用相对引用方式复制公式至 L4:L8 单元格区域，计算出不同的讲座所对应的费用中的个位数额。

8.4.2 使用日期函数计算统计借还信息

下面将通过实例介绍创建【贷款借还信息统计】工作簿，并使用日期函数统计借还信息。

(1) 新建【贷款借还信息统计】的工作簿，在 Sheet1 工作表中输入数据。

(2) 选中 C3 单元格，打开【公式】选项卡，在【函数库】组中单击【插入函数】按钮，打开【插入函数】对话框。在【或选择类别】下拉列表框中选择【日期和时间】选项，在【选择函数】列表框中选择 WEEKDAY 选项，单击【确定】按钮，如图 8-43 所示。

(3) 打开【函数参数】对话框，在 Serial_number 文本框中输入 B3，在 Return_type 文本框中输入 2，单击【确定】按钮。计算出还款日期所对应的星期数为 1，即星期一，如图 8-44 所示。

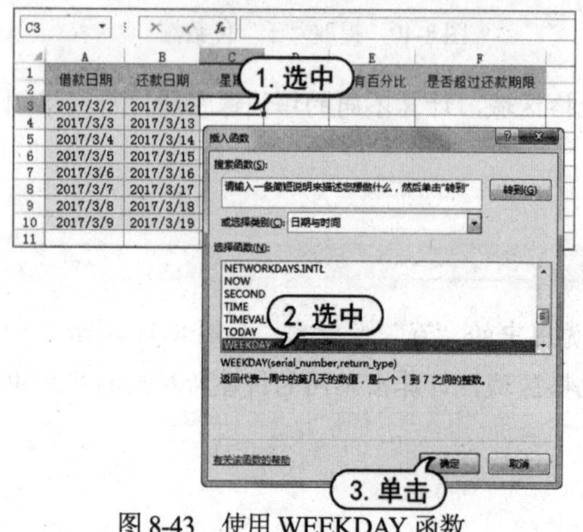

图 8-43 使用 WEEKDAY 函数

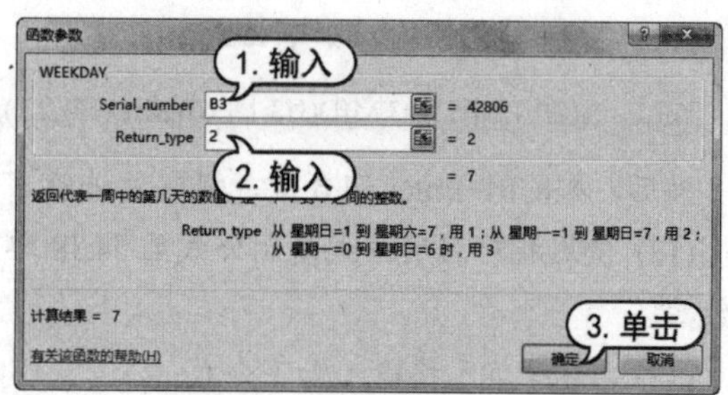

图 8-44 【函数参数】对话框

(4) 将光标移至 C3 单元格右下角，当光标变成实心十字形状时，向下拖动到 C10 单元格，然后释放鼠标，即可进行公式填充，并返回计算结果。计算出还款日期所对应的星期数，如图 8-45 所示。

(5) 在 D3 单元格输入如下公式。

```
=DATEVALUE("2017/3/12")-DATEVALUE("2017/3/2")
```

(6) 按 Ctrl+Enter 组合键，即可计算出借款日期和还款日期的间隔天数，如图 8-46 所示。

C3 =WEEKDAY(B3, 2)

	A	B	C	D	E
1-2	借款日期	还款日期	星期	天数	占有百分
3	2017/3/2	2017/3/12	7		
4	2017/3/3	2017/3/13	1		
5	2017/3/4	2017/3/14	2		
6	2017/3/5	2017/3/15	3		
7	2017/3/6	2017/3/16	4		
8	2017/3/7	2017/3/17	5		
9	2017/3/8	2017/3/18	6		
10	2017/3/9	2017/3/19	7		
11					

图 8-45 计算出还款日期对应的星期数

图 8-46 计算借款日期和还款日期的间隔

(7) 使用 DAYS360 也可计算借款日期和还款日期的间隔天数，选中 D4 单元格，在编辑栏中输入以下公式。

```
=DAYS360(A4,B4,FALSE)
```

按 Ctrl+Enter 组合键即可，如图 8-47 所示。

(8) 选用相对引用方式，计算出所有的借款日期和还款日期的间隔天数。

(9) 在 E3 单元格输入如下公式。

```
=YEARFRAC(A3,B3,3)
```

(10) 按 Ctrl+Enter 组合键，即可以“实际天数/365”日计数基准类型计算出借款日期和还款日期之间的天数占全年天数的百分比，如图 8-48 所示。

D4　=DAYS360(A4, B4, FALSE)

	A	B	C	D	E
1–2	借款日期	还款日期	星期	天数	占有百分比
3	2017/3/2	2017/3/12	7	10	
4	2017/3/3	2017/3/13	1	10	
5	2017/3/4	2017/3/14	2		
6	2017/3/5	2017/3/15	3		
7	2017/3/6	2017/3/16	4		
8	2017/3/7	2017/3/17	5		
9	2017/3/8	2017/3/18	6		
10	2017/3/9	2017/3/19	7		

图 8-47　在 D4 单元格输入公式

E3　=YEARFRAC(A3, B3, 3)

	A	B	C	D	E
1–2	借款日期	还款日期	星期	天数	占有百分比
3	2017/3/2	2017/3/12	7	10	2.74%
4	2017/3/3	2017/3/13	1	10	
5	2017/3/4	2017/3/14	2	10	
6	2017/3/5	2017/3/15	3	10	
7	2017/3/6	2017/3/16	4	10	
8	2017/3/7	2017/3/17	5	10	
9	2017/3/8	2017/3/18	6	10	
10	2017/3/9	2017/3/19	7	10	

图 8-48　在 E3 单元格输入公式

(11) 使用相对引用方式，计算出所有借款日期和还款日期之间的天数占全年天数的百分比。

(12) 在 F3 单元格输入如下公式。

```
=IF(DATEDIF(A3,B3,"D")>50,"超过还款日","没有超过还款日")
```

按 Ctrl+Enter 组合键，即可判断还款天数是否超过到期还款日。

(13) 将光标移至 F3 单元格右下角，当光标变为实心十字形状时，向下拖动到 F10 单元格。然后释放鼠标，即可进行公式填充，并返回计算结果，判断所有的还款天数是否超过到期还款日，如图 8-49 所示。

(14) 选中 C12 单元格，在编辑栏中输入如图 8-50 所示的公式。

```
=TODAY()
```

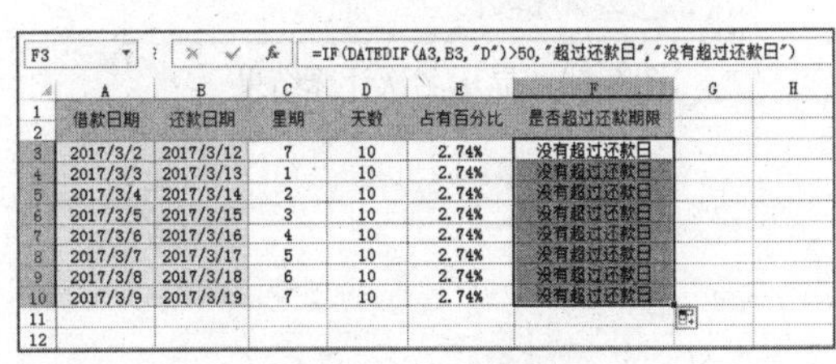

F3　=IF(DATEDIF(A3, B3, "D")>50, "超过还款日", "没有超过还款日")

	A	B	C	D	E	F	G	H
1–2	借款日期	还款日期	星期	天数	占有百分比	是否超过还款期限		
3	2017/3/2	2017/3/12	7	10	2.74%	没有超过还款日		
4	2017/3/3	2017/3/13	1	10	2.74%	没有超过还款日		
5	2017/3/4	2017/3/14	2	10	2.74%	没有超过还款日		
6	2017/3/5	2017/3/15	3	10	2.74%	没有超过还款日		
7	2017/3/6	2017/3/16	4	10	2.74%	没有超过还款日		
8	2017/3/7	2017/3/17	5	10	2.74%	没有超过还款日		
9	2017/3/8	2017/3/18	6	10	2.74%	没有超过还款日		
10	2017/3/9	2017/3/19	7	10	2.74%	没有超过还款日		
11								
12								

图 8-49　公式填充

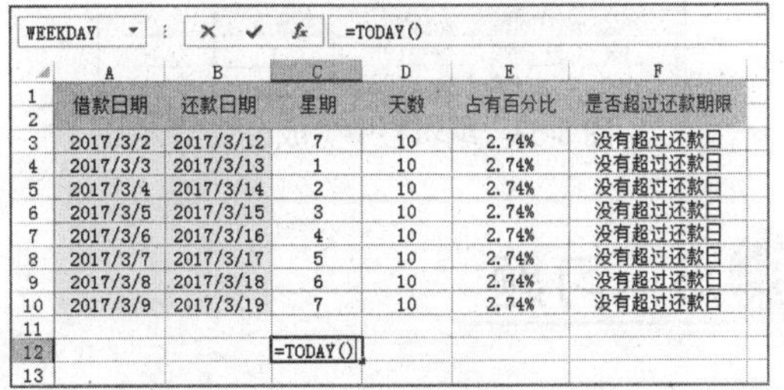

WEEKDAY　=TODAY()

	A	B	C	D	E	F
1–2	借款日期	还款日期	星期	天数	占有百分比	是否超过还款期限
3	2017/3/2	2017/3/12	7	10	2.74%	没有超过还款日
4	2017/3/3	2017/3/13	1	10	2.74%	没有超过还款日
5	2017/3/4	2017/3/14	2	10	2.74%	没有超过还款日
6	2017/3/5	2017/3/15	3	10	2.74%	没有超过还款日
7	2017/3/6	2017/3/16	4	10	2.74%	没有超过还款日
8	2017/3/7	2017/3/17	5	10	2.74%	没有超过还款日
9	2017/3/8	2017/3/18	6	10	2.74%	没有超过还款日
10	2017/3/9	2017/3/19	7	10	2.74%	没有超过还款日
11						
12			=TODAY()			
13						

图 8-50　在 B12 单元格输入公式

8.4.3 使用统计函数计算学生成绩排名

下面将以 RANK 函数为例，介绍常用统计函数的使用方法。

(1) 创建一个空白工作表，然后在工作表中输入所需的数据，并选中 G6 单元格。

(2) 单击编辑栏上的【插入函数】按钮，打开【插入函数】对话框，并在【选择函数】列表框中选中 RANK.AVG 函数，如图 8-51 所示。

(3) 在【插入函数】对话框中单击【确定】按钮，然后在打开的【函数参数】对话框中对函数参数进行设置，如图 8-52 所示。

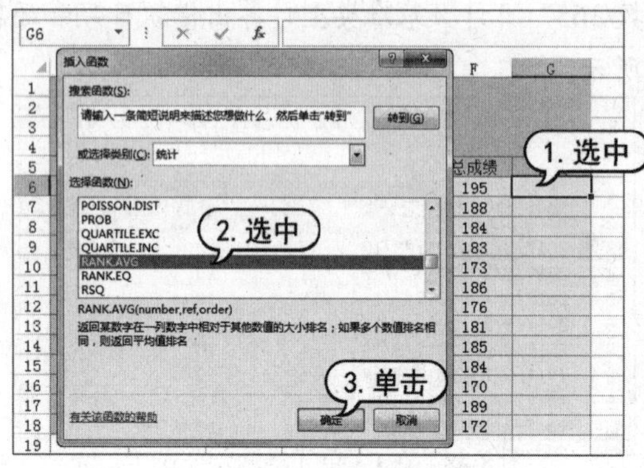

图 8-51 使用 RANK.AVG 函数

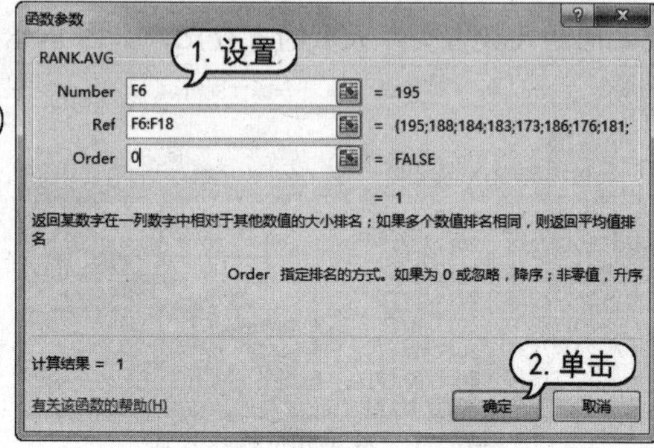

图 8-52 【插入函数】对话框

(4) 此时，编辑栏中的公式为如图 8-53 所示。

```
=RANK.AVG(F6,F6:F18,0)
```

(5) 在【函数参数】对话框中单击【确定】按钮，即可在 G6 单元格中显示函数的运行结果。然后向下复制公式，在 G 列显示函数运行结果，如图 8-54 所示。

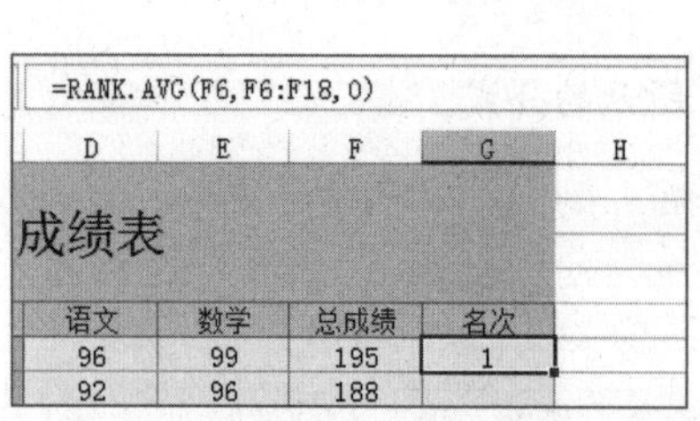

图 8-53 编辑栏中生成公式

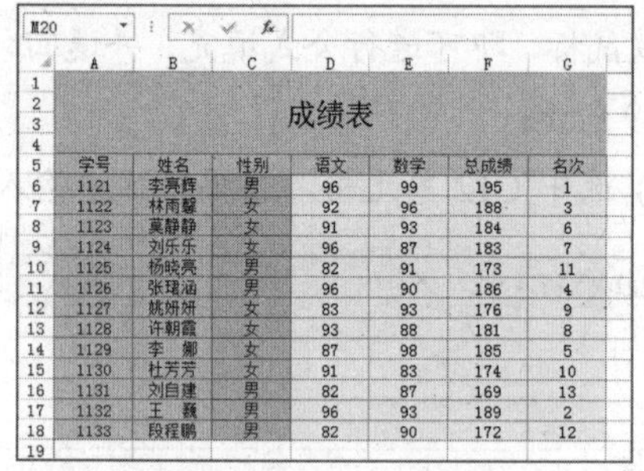

图 8-54 显示名次计算结果

8.5 习题

1. 说明条件求和函数：SUMIF(range,criteria,sum_range)中，各参数的含义？
2. Excel 内部函数包含哪几类函数。

第9章 Excel 表格数据的管理与分析

学习目标

在日常工作中，用户经常需要对 Excel 中的数据进行管理与分析，将数据按照一定的规律排序、筛选、分类汇总，使数据更加合理地被利用。本章将主要介绍管理与分析数据的常用方法。

本章重点

- 使用排序、筛选与分类汇总
- 使用数据透视表分析数据
- 使用 Excel 图表分析数据

9.1 排序表格数据

数据排序是指按一定规则对数据进行整理、排列，这样可以为数据的进一步处理做好准备。Excel 2016 提供了多种方法对数据清单进行排序，可以按升序、降序的方式，也可以由用户自定义排序。

9.1.1 单一条件排序数据

在数据量相对较少(或排序要求简单)的工作簿中，用户可以设置一个条件对数据进行排序处理，具体方法如下。

【例 9-1】在【人事档案】工作表中按单一条件排序表格数据。

(1) 打开【人事档案】工作表，选中 E4:E22 单元格区域，然后选择【数据】选项卡，在【排序和筛选】组中单击【升序】按钮。

(2) 在打开的【排序提醒】对话框中选中【扩展选定区域】单选按钮，然后单击【排序】按钮，如图 9-1 所示。

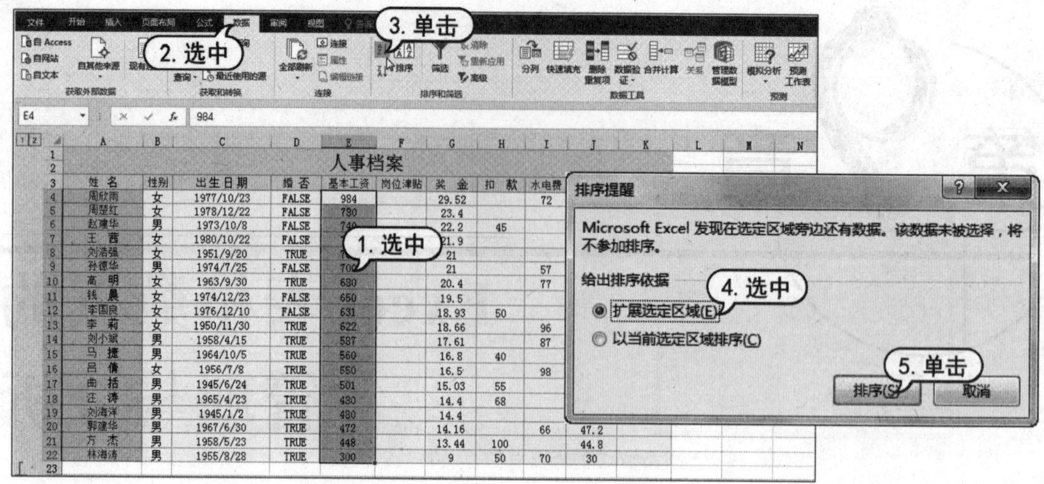

图 9-1　按单一条件排序数据

(3) 此时，在工作表中显示排序后的数据，即从低到高的顺序重新排列。

9.1.2　多个条件排序数据

在 Excel 中，按多个条件排序数据可以有效避免排序时出现多个数据相同的情况，从而使排序结果符合工作的需要。

【例 9-2】在【成绩】工作表中按多个条件排序表格数据。

(1) 打开【成绩】工作表，选中 B2:E18 单元格区域。然后选择【数据】选项卡，单击【排序和筛选】组中的【排序】按钮。

(2) 在打开的【排序】对话框中单击【主要关键字】下拉列表按钮，在弹出的下拉列表中选中【语文】选项；单击【排序依据】下拉列表按钮，在弹出的下拉列表中选中【数值】选项；单击【次序】下拉列表按钮，在弹出的下拉列表中选中【升序】选项，如图 9-2 所示。

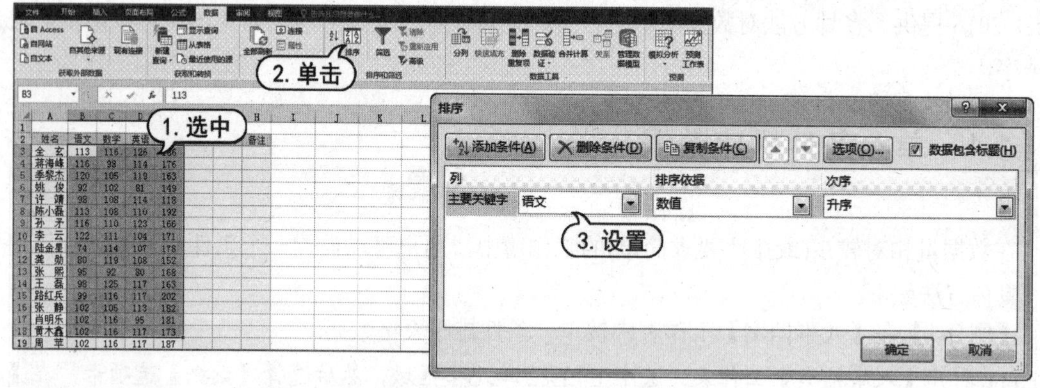

图 9-2　设置主要排序关键字

(3) 在【排序】对话框中单击【添加条件】按钮，添加次要关键字。然后单击【次要关键字】

下拉列表按钮，在弹出的下拉列表中选中【数学】选项；单击【排序依据】下拉列表按钮，在弹出的下拉列表中选中【数值】选项；单击【次序】下拉列表按钮，在弹出的下拉列表中选中【升序】选项，如图 9-3 所示。

(4) 完成以上设置后，在【排序】对话框中单击【确定】按钮，即可按照“语文”和“数学”成绩的“升序”条件排序工作表中选定的数据，效果如图 9-4 所示。

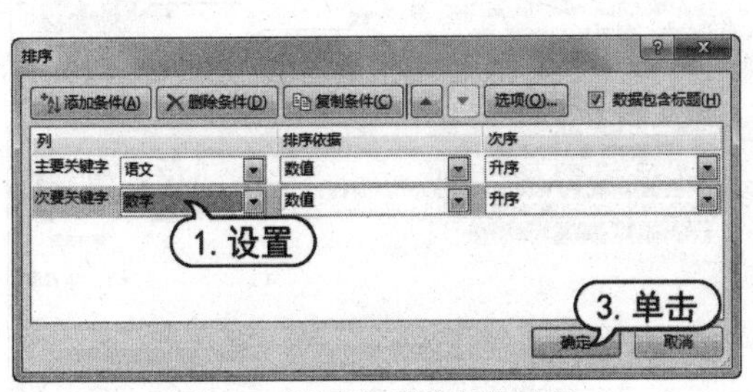

图 9-3　设置次要排序关键字

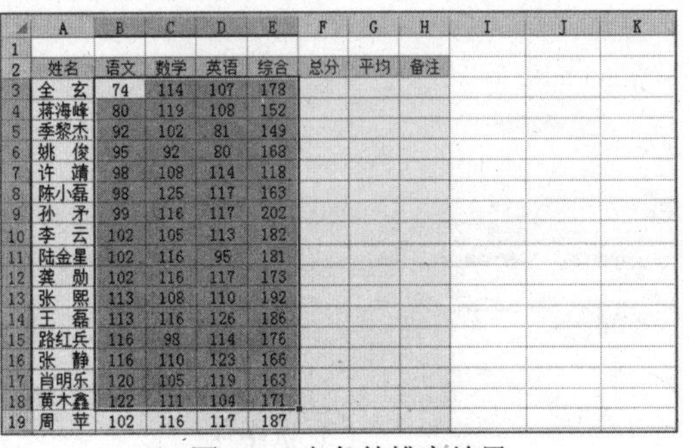

姓名	语文	数学	英语	综合	总分	平均	备注
全　玄	74	114	107	178			
蒋海峰	80	119	108	152			
季黎杰	92	102	81	149			
姚　俊	95	92	80	168			
许　靖	98	108	114	118			
陈小磊	98	125	117	163			
孙　矛	99	116	117	202			
李　云	102	105	113	182			
陆金星	102	116	95	181			
龚　勋	102	116	117	173			
张　熙	113	108	110	192			
王　磊	113	116	126	186			
路红兵	116	98	114	176			
张　静	116	110	123	166			
肖明乐	120	105	119	163			
黄木鑫	122	111	104	171			
周　苹	102	116	117	187			

图 9-4　多条件排序结果

9.1.3　自定义条件排序数据

在 Excel 中，用户除了可以按单一或多个条件排序数据，还可以根据需要自行设置排序的条件，即自定义条件排序。

【例 9-3】在【人事档案】工作表中自定义排序【性别】列数据。

(1) 打开【人事档案】工作表后选中 B3:B22 单元格区域。

(2) 选择【数据】选项卡，然后单击【排序和筛选】组中的【排序】按钮，并在打开的【排序提醒】对话框中单击【排序】按钮，如图 9-5 所示。

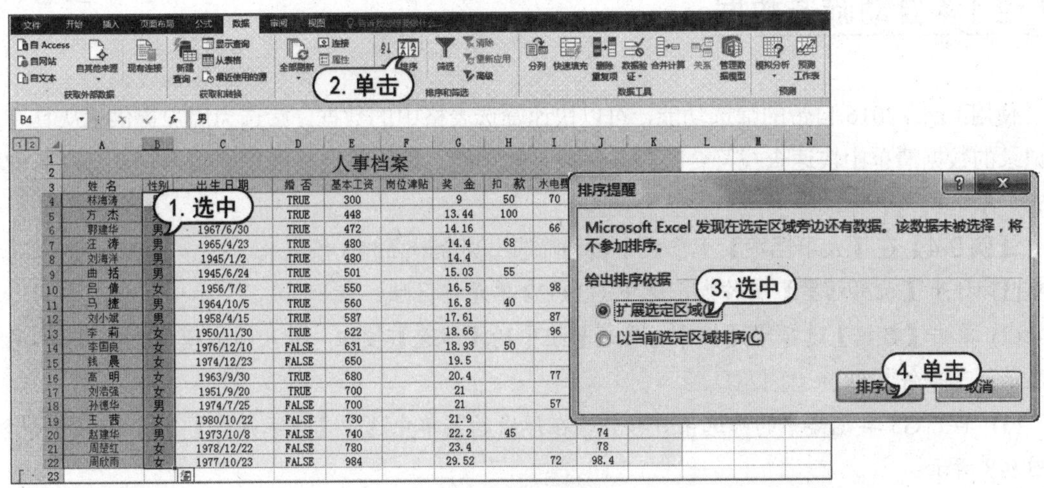

图 9-5　设置排序

(3) 在打开的【排序】对话框中单击【主要关键字】下拉列表按钮，在弹出的下拉列表中选

中【性别】选项；单击【次序】下拉列表按钮，在弹出的下拉列表中选中【自定义序列】选项，如图 9-6 所示。

(4) 在打开的【自定义序列】对话框的【输入序列】文本框中输入自定义排序条件“男，女”后，单击【添加】按钮，然后单击【确定】按钮，如图 9-7 所示。

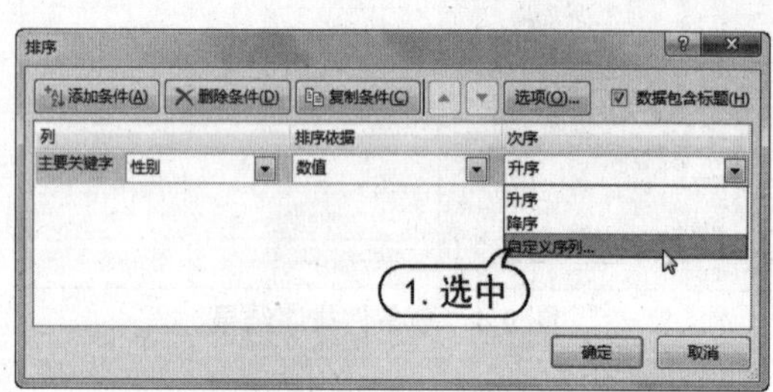

图 9-6 【排序】对话框

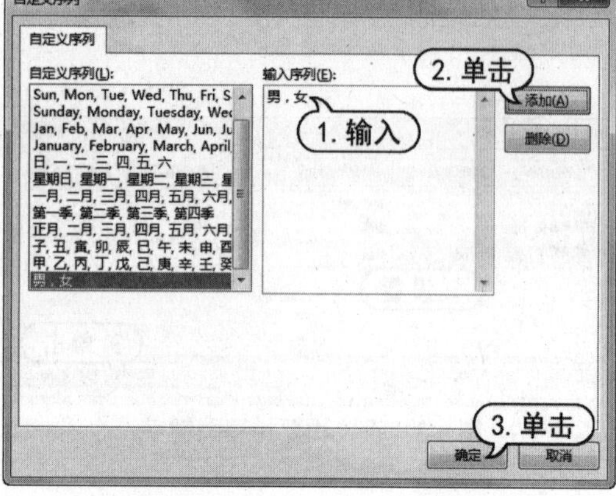

图 9-7 【自定义序列】对话框

(5) 返回【排序】对话框后，在该对话框中单击【确定】按钮，即可完成自定义排序操作。

9.2 筛选表格数据

筛选是一种用于查找数据清单中数据的快速方法。经过筛选后的数据清单只显示包含指定条件的数据行，以供用户浏览、分析之用。

9.2.1 自动筛选数据

使用 Excel 2016 自带的筛选功能，可以快速筛选表格中的数据。筛选为用户提供了从具有大量记录的数据清单中快速查找符合某种条件记录的功能。使用筛选功能筛选数据时，字段名称将变成一个下拉列表框的框名。

【例 9-4】在【人事档案】工作表中自动筛选出奖金最高的 3 条记录。

(1) 打开【人事档案】工作表，选中 G3:G22 单元格区域。

(2) 单击【数据】选项卡【排序和筛选】组中的【筛选】按钮，进入筛选模式。在 G3 单元格中显示筛选条件按钮。

(3) 单击 G3 单元格中的筛选条件按钮，在弹出的菜单中选中【数字筛选】|【前 10 项】命令，如图 9-8 所示。

(4) 在打开的【自动筛选前 10 个】对话框中单击【显示】下拉列表按钮，在弹出的下拉列表中选中【最大】选项，然后在其后的文本框中输入参数 3，如图 9-9 所示。

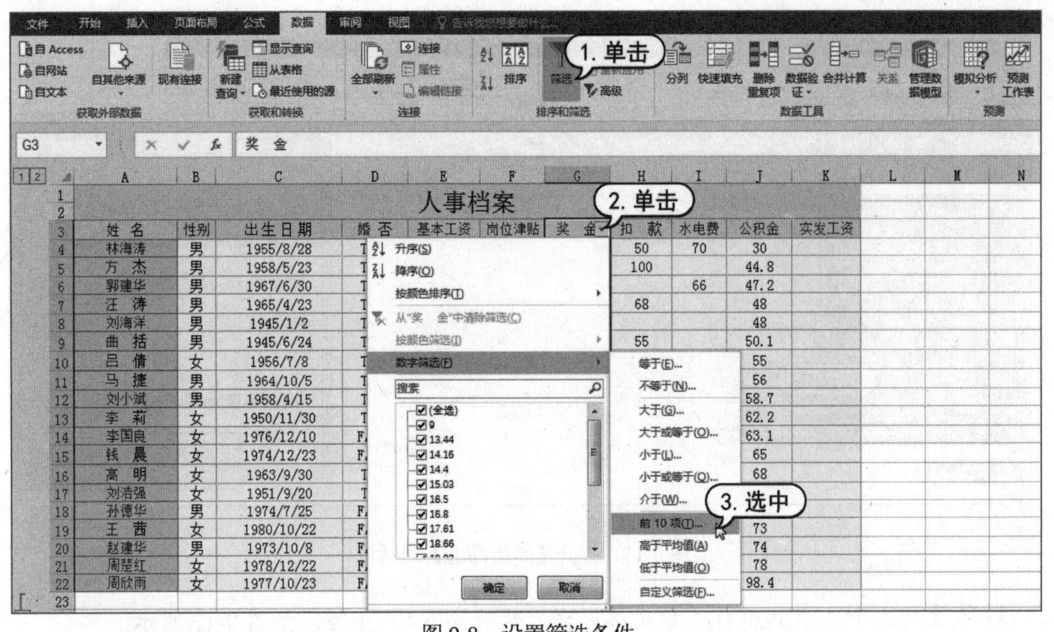

图 9-8　设置筛选条件

(5) 完成以上设置后，在【自动筛选前 10 个】对话框中单击【确定】按钮，即可筛选出“奖金”列中数值最大的 3 条数据记录，如图 9-10 所示。

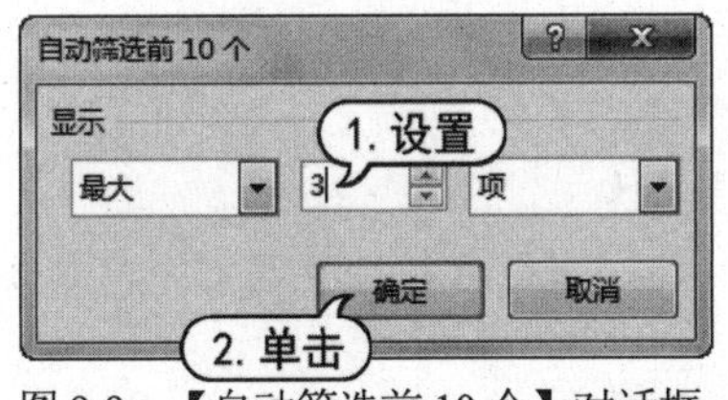

图 9-9　【自动筛选前 10 个】对话框

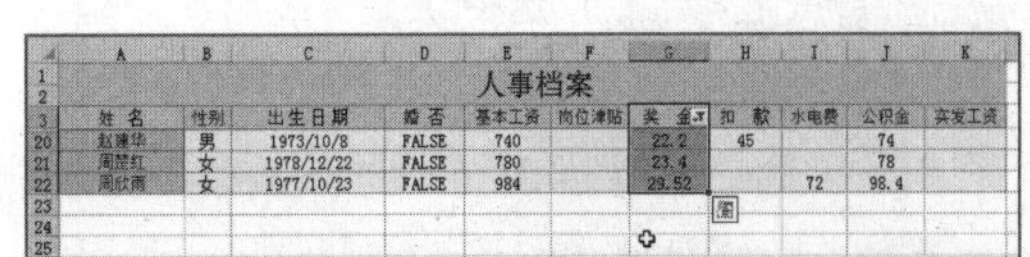

图 9-10　自动筛选数据结果

9.2.2　多条件筛选数据

对筛选条件较多的情况，可以使用高级筛选功能来处理。

使用高级筛选功能，必须先建立一个条件区域，用来指定筛选的数据所需满足的条件。条件区域的第一行是所有作为筛选条件的字段名，这些字段名与数据清单中的字段名必须完全一致。条件区域的其他行则是筛选条件。需要注意的是，条件区域和数据清单不能连接，必须用一个空行将其隔开。

【例 9-5】在【成绩】工作表中筛选出语文成绩大于 100 分，数学成绩大于 110 分的数据记录。

(1) 打开【成绩】工作表后，选中 A2:E18 单元格区域。

(2) 选择【数据】选项卡，然后单击【排序和筛选】组中的【高级】按钮，在打开的【高级筛选】对话框中单击【条件区域】文本框后的按钮，如图 9-11 所示。

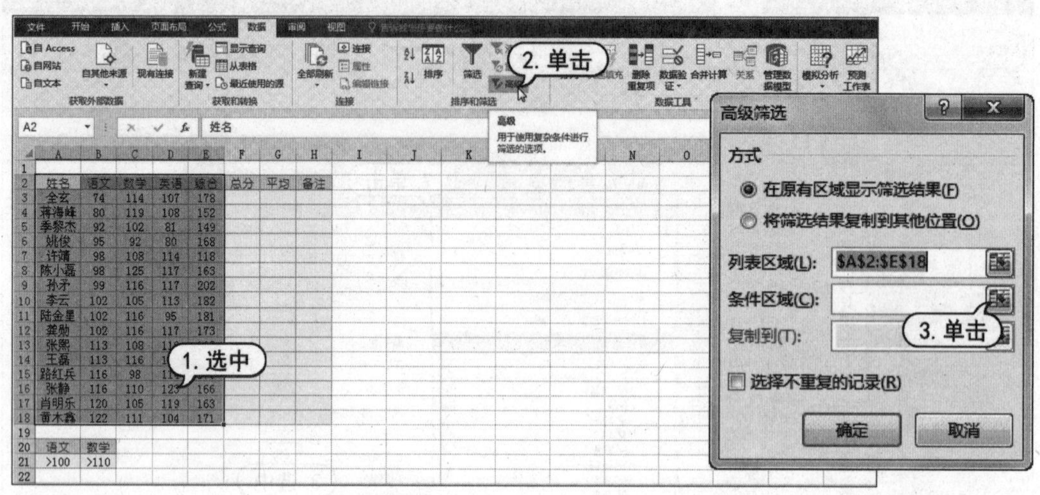

图 9-11　打开【高级筛选】对话框

(3) 在工作表中选中 A20:B21 单元格区域，然后按下 Enter 键，如图 9-12 所示。

(4) 返回【高级筛选】对话框后，单击该对话框中的【确定】按钮，即可筛选出表格中“语文”成绩大于 100 分，“数学”成绩大于 110 分的数据记录，如图 9-13 所示。

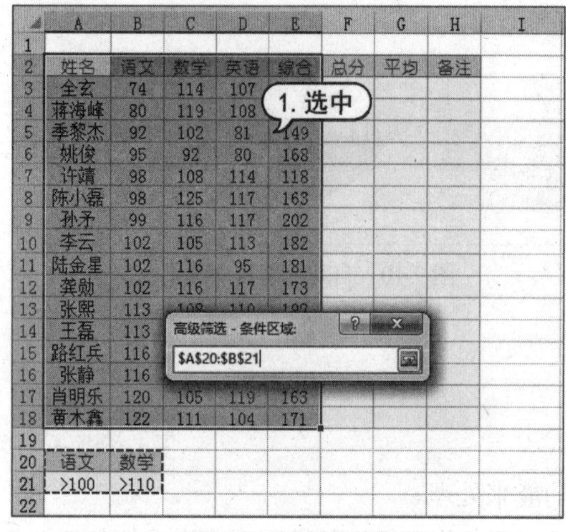

图 9-12　选定条件区域

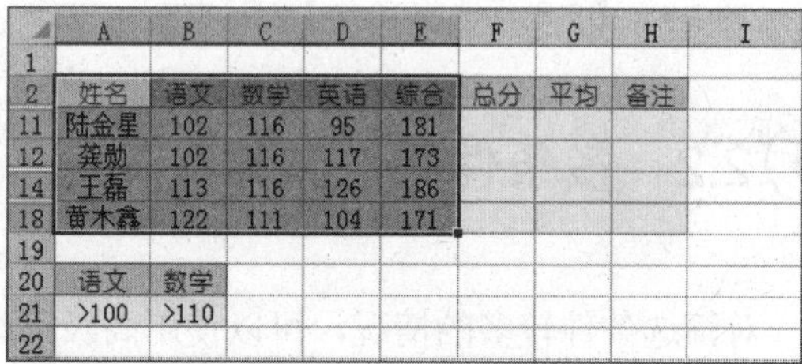

图 9-13　数据筛选结果

(5) 用户在对电子表格中的数据进行筛选或者排序操作后，如果要清除操作，重新显示电子表格的全部内容，则在【数据】选项卡的【排序和筛选】组中单击【清除】按钮即可。

9.2.3　筛选不重复值

重复值是用户在处理表格数据时常遇到的问题，使用高级筛选功能可以得到表格中的不重复值(或不重复记录)。

【例 9-6】在【成绩】工作表中筛选出语文成绩不重复的记录。

(1) 打开【成绩】工作表，然后单击【数据】选项卡【排序和筛选】单元格中的【高级】按钮。在打开的【高级筛选】对话框中选中【选择不重复的记录】复选框，然后单击【列表区域】文本框后的按钮。

(2) 选中 B3:B18 单元格区域，然后按下 Enter 键。

(3) 返回【高级筛选】对话框后，选中【选择不重复的记录】复选框，单击该对话框中的【确定】按钮，即可筛选出工作表中“语文”成绩不重复的数据记录，效果如图 9-14 所示。

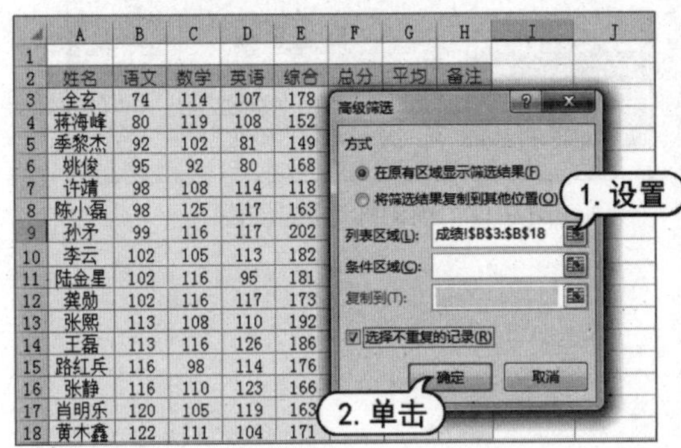

	A	B	C	D	E	F	G	H	I
1									
2	姓名	语文	数学	英语	综合	总分	平均	备注	
3	全玄	74	114	107	178				
4	蒋海峰	80	119	108	152				
5	季黎杰	92	102	81	149				
6	姚俊	95	92	80	168				
7	许靖	98	108	114	118				
9	孙矛	99	116	117	202				
10	李云	102	105	113	182				
13	张熙	113	108	110	192				
15	路红兵	116	98	114	176				
17	肖明乐	120	105	119	163				
18	黄木鑫	122	111	104	171				
19									

图 9-14　筛选不重复的值

9.2.4　模糊筛选数据

有时，筛选数据的条件可能不够精确，只知道其中某一个字或内容。用户可以用通配符来模糊筛选表格内的数据。

【例 9-7】在【人事档案】工作表中筛选出姓“刘”且名字包含 3 个字的数据。

(1) 打开【人事档案】工作表，然后选中 A3:A22 单元格区域，并单击【数据】选项卡【排序和筛选】组中的【筛选】按钮，进入筛选模式。

(2) 单击 A3 单元格中的筛选条件按钮，在弹出的菜单中选择【文本筛选】|【自定义筛选】命令，如图 9-15 所示。

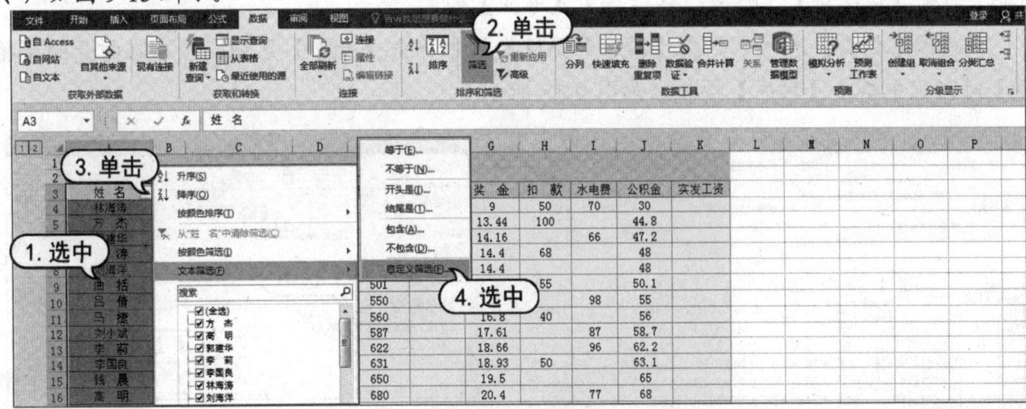

图 9-15　自定义筛选

(3) 在打开的【自定义自动筛选方式】对话框中单击【姓名】下拉列表按钮，在弹出的下拉列表中选中【等于】选项，并在其后的文本框中输入“刘??”，如图 9-16 所示。

(4) 最后，在【自定义自动筛选方式】对话框中单击【确定】按钮，即可筛选出姓名为“刘”，且名字包含 3 个字的数据记录，如图 9-17 所示。

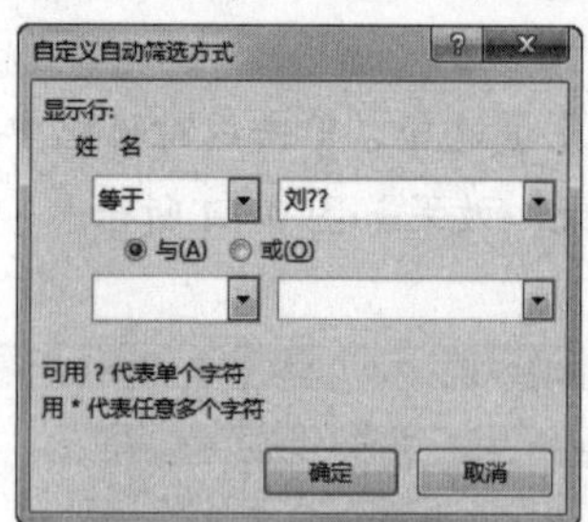

图 9-16　【自定义自动筛选方式】对话框

	A	B	C	D
1				
2				
3	姓 名	性别	出生日期	婚 否
8	刘海洋	男	1945/1/2	TRUE
12	刘小斌	男	1958/4/15	TRUE
17	刘浩强	女	1951/9/20	TRUE
23				

图 9-17　模糊筛选数据结果

9.3　数据分类汇总

分类汇总数据，即在按某一条件对数据进行分类的同时，对同一类别中的数据进行统计运算。分类汇总被广泛应用于财务、统计等领域，用户要灵活掌握其使用方法，应掌握创建、隐藏、显示以及删除它的方法。

9.3.1　创建分类汇总

Excel 2016 可以在数据清单中自动计算分类汇总及总计值。用户只需指定需要进行分类汇总的数据项、待汇总的数值和用于计算的函数(如求和函数)即可。如果使用自动分类汇总，工作表必须组织成具有列标志的数据清单。在创建分类汇总之前，用户必须先根据需要进行分类汇总的数据列对数据清单排序。

【例 9-8】在【考试成绩】工作表中将“总分”按专业分类，并汇总各专业的总分平均成绩。

(1) 打开【成绩表】工作表，然后选中【专业】列。

(2) 选择【数据】选项卡，在【排序和筛选】组中单击【升序】按钮，然后在打开的【排序提醒】对话框中单击【排序】按钮，如图 9-18 所示。

图 9-18　设置排序

(3) 选中任意一个单元格，在【数据】选项卡的【分级显示】组中单击【分类汇总】按钮。

(4) 在打开的【分类汇总】对话框中单击【分类字段】下拉列表按钮，在弹出的下拉列表中选中【专业】选项；单击【汇总方式】下拉列表按钮，在弹出的下拉列表中选中【平均值】选项；分别选中【替换当前分类汇总】复选框和【汇总结果显示在数据下方】复选框，如图 9-19 所示。

(5) 完成以上设置后，在【分类汇总】对话框中单击【确定】按钮，即可查看表格分类汇总后的效果，如图 9-20 所示。

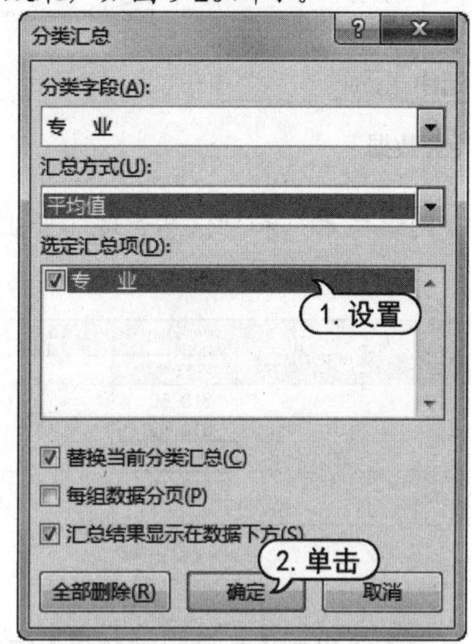

图 9-19　【分类汇总】对话框

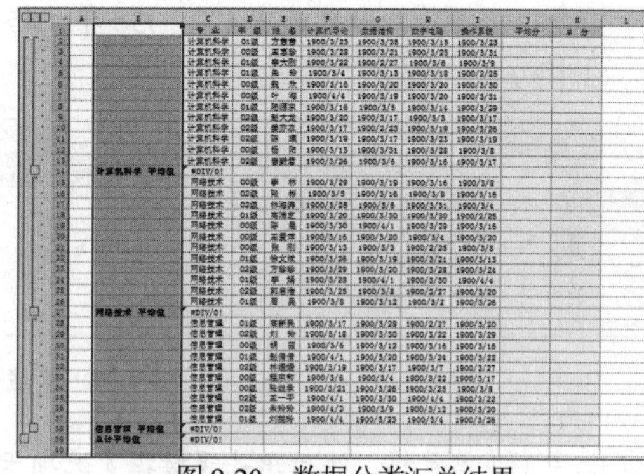

图 9-20　数据分类汇总结果

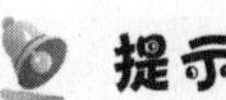

提示

建立分类汇总后，如果修改明细数据，汇总数据将会自动更新。

9.3.2　隐藏和删除分类汇总

用户在创建了分类汇总后，为了方便查阅，可以将其中的数据进行隐藏，并根据需要在适当的时候显示出来。

1. 隐藏分类汇总

为了方便用户查看数据，可将分类汇总后暂时不需要使用的数据隐藏，从而减小界面的占用空间。当需要查看时，再将其显示。

【例 9-9】在【考试成绩】工作表中隐藏除汇总外的所有分类数据，并显示“计算机科学”专业的详细数据。

(1) 在【考试成绩】工作表中选中 I14 单元格，然后在【数据】选项卡的【分级显示】组中单击【隐藏明细数据】按钮，隐藏“计算机科学”专业的详细记录，如图 9-21 所示。

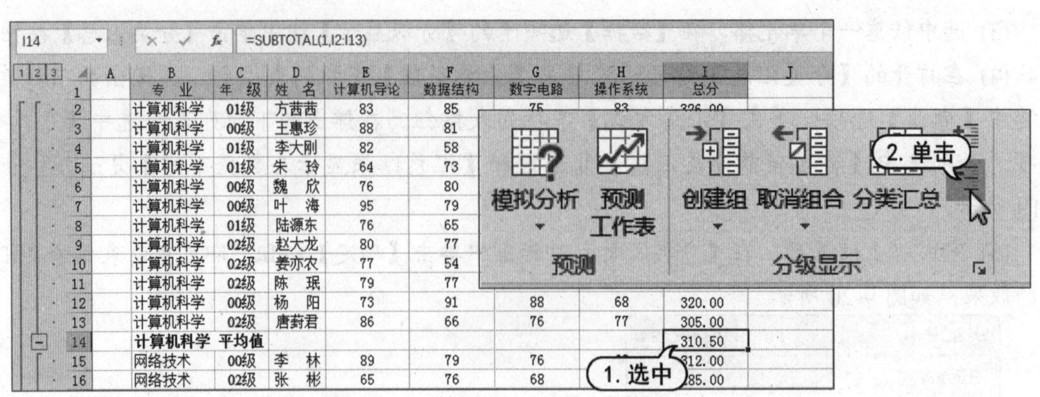

图 9-21 隐藏“计算机科学”专业数据

(2) 重复以上操作，分别选中 I27、I38 单元格，隐藏“网络技术”和“信息管理”专业的详细记录，如图 9-22 所示。

	A	B	C	D	E	F	G	H	I	J
1		专 业	年 级	姓 名	计算机导论	数据结构	数字电路	操作系统	总分	
14		计算机科学 平均值							310.50	
27		网络技术 平均值							310.83	
38		信息管理 平均值							319.00	
39		总计平均值							313.12	
40										

图 9-22 隐藏分类汇总

(3) 选中 I14 单元格，然后单击【数据】选项卡【分级显示】组中的【显示明细数据】按钮，即可重新显示“计算机科学”专业的详细数据。

提示

除了以上介绍的方法外，单击工作表左边列表树中的+、-符号按钮，同样可以显示与隐藏详细数据。

2. 删除分类汇总

查看完分类汇总后，若用户需要将其删除，恢复原先的工作状态，可以在 Excel 中删除分类汇总，具体方法如下。

【例 9-10】在【考试成绩】工作表中删除设置的分类汇总。

(1) 继续【例 9-9】的操作，在【数据】选项卡中单击【分类汇总】按钮。在打开的【分类汇总】对话框中，单击【全部删除】按钮即可删除表格中的分类汇总。

(2) 此时，表格内容将恢复设置分类汇总前的状态。

9.4 使用数据透视表分析数据

数据透视表允许用户使用特殊的、直接的操作分析 Excel 表格中的数据，对于创建好的数据

透视表，用户可以灵活重组其中的行字段和列字段，从而实现修改表格布局，达到“透视”效果的目的。

9.4.1 数据透视表简介

1. 认识数据透视表

数据透视表是用来从 Excel 数据列表、关系数据库文件或 OLAP 多维数据集中的特殊字段中总结信息的分析工具。它是一种交互式报表，可以快速分类汇总、比较大量的数据，并可以随时选择其中页、行和列中的不同元素，以达到快速查看源数据的不同统计结果。同时还可以随意显示和打印出指定区域的明细数据。

数据透视表有机地综合了数据排序、筛选、分类汇总等数据分析的优点，可以方便地调整分类汇总的方式，灵活地以多种不同方式展示数据的特征。一张“数据透视表”仅靠鼠标移动字段位置，即可变换出各种类型的报表。同时，数据透视表也是解决函数公式速度瓶颈的手段之一。因此，该工具是最常用、功能最全的 Excel 数据分析工具之一。

2. 数据透视表的用途

数据透视表是一种对大量数据快速汇总和建立交叉列表的交互式动态表格，能够帮助用户分析、组织数据。例如，计算平均数或标准差、建立列联表、计算百分比、建立新的数据子集等。建好数据透视表后，用户可以对数据透视表重新安排，以便从不同的角度查看数据。数据透视表的名字来源于它具有“透视”表格的能力，从大量看似无关的数据中寻找背后的联系，从而将繁杂的数据转化为有价值的数据。

9.4.2 应用数据透视表

在 Excel 中，用户要应用数据透视表，首先要学会如何创建它。在实际工作中，为了让数据透视表更美观，更符合工作簿的整体风格，用户还需要掌握设置数据透视表格式的方法，包括设置数据汇总、排序数据透视表、显示与隐藏数据透视表等。

1. 创建数据透视表

在 Excel 2016 中，用户可以参考以下实例所介绍的方法，创建数据透视表。

【例 9-11】在【产品销售】工作表中创建数据透视表。

(1) 打开【产品销售】工作表，选中 A2:E7 单元格区域，然后选择【插入】选项卡，并单击【表格】命令组中的【数据透视表】按钮。

(2) 在打开的【创建数据透视表】对话框中选中【现有工作表】单选按钮，然后单击▣按钮，如图 9-23 所示。

(3) 单击 A10 单元格，然后按下 Enter 键。

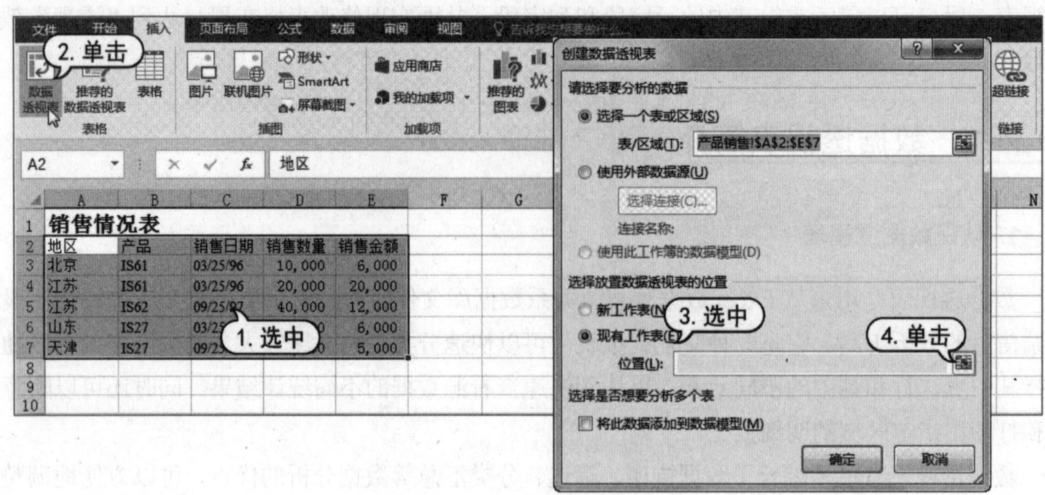

图 9-23　【产品销售】工作表

(4) 返回【创建数据透视表】对话框，在该对话框中单击【确定】按钮。在显示的【数据透视表字段】窗格中，选中需要在数据透视表中显示的字段，如图 9-24 所示。

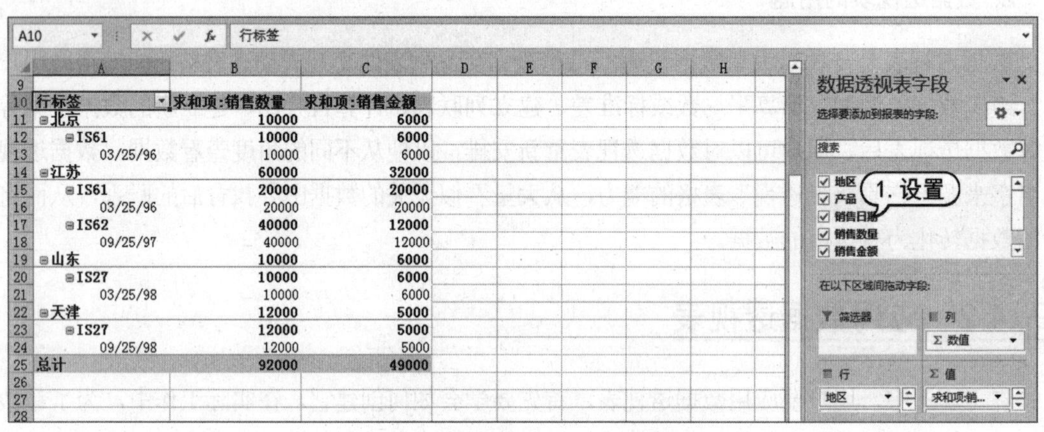

图 9-24　设置数据透视表字段

(5) 最后，单击工作表中的任意单元格，关闭【数据透视表字段】窗口，完成数据透视表的创建。

2. 设置数据汇总

数据透视表中默认的汇总方式为求和汇总，除此之外，用户还可以手动为其设置求平均值、最大值等汇总方式。

【例 9-12】在【产品销售】工作表中设置数据的汇总方式。

(1) 继续【例 9-11】的操作，右击数据透视表中的 C10 单元格，在弹出的菜单中选择【值汇总依据】|【平均值】命令，如图 9-25 所示。

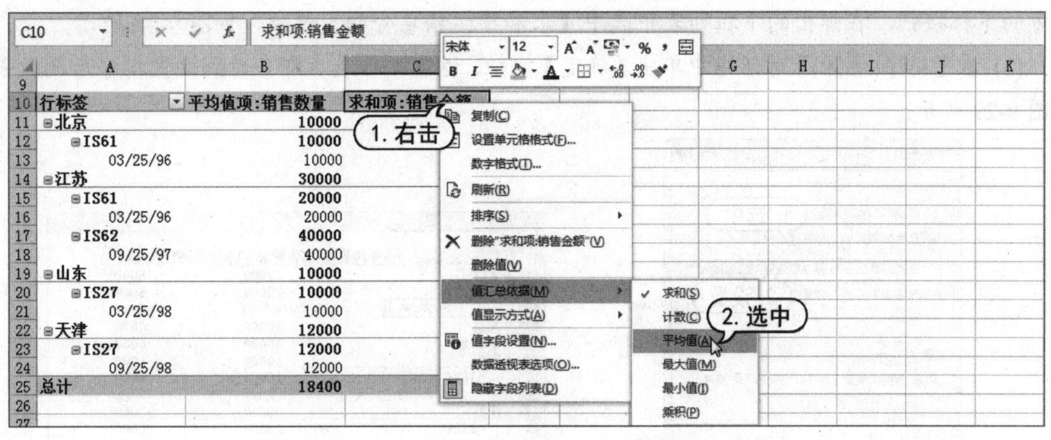

图 9-25　显示值汇总依据(平均值)

(2) 此时，数据透视表中的数据将随之发生变化。

3. 隐藏/显示明细数据

当数据透视表中的数据过多时，可能会不利于阅读者查阅。此时，通过隐藏和显示明细数据，可以所设置只显示需要的数据。

【例 9-13】在【产品销售】工作表中设置隐藏与显示数据。

(1) 继续【例 9-12】的操作，选中并右击 A15 单元格，在弹出的菜单中选择【展开/折叠】|【折叠】命令，如图 9-26 所示。

(2) 此时，即可隐藏数据透视表中相应的明细数据，如图 9-27 所示。

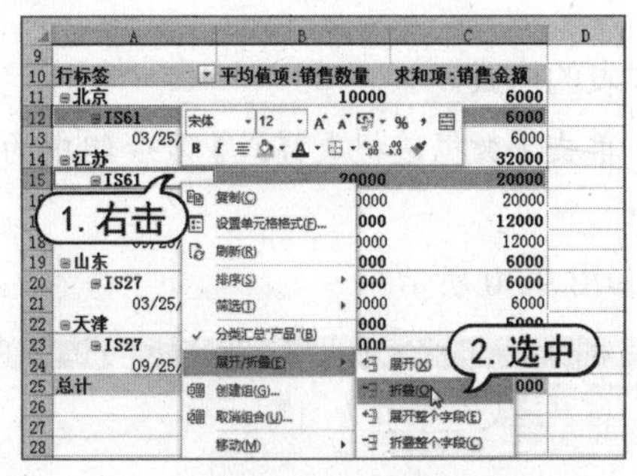

图 9-26　折叠明细数据

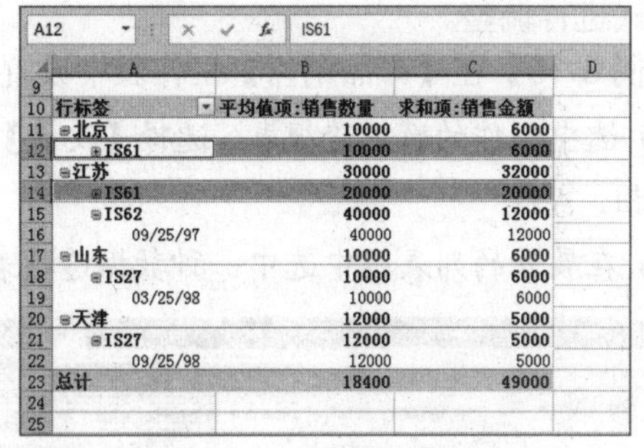

图 9-27　明细数据隐藏效果

(3) 单击隐藏数据前的⊞按钮，即可将明细数据重新显示。

4. 数据透视表的排序

在 Excel 中对数据透视表进行排序，将更有利于用户查看其中的数据。

【例 9-14】在【产品销售】工作表中设置排序。

(1) 选择数据透视表中的 A12 单元格后，右击，在弹出的菜单中选中【排序】|【其他排序选项】命令。

(2) 打开【排序(产品)】对话框，选中【升序排序(A 到 Z)依据】单选按钮。单击该单选按钮

下方的下拉按钮，在弹出的下拉列表中选中【求和项：销售金额】选项，如图 9-28 所示。

(3) 在【排序(地区)】对话框中单击【确定】按钮，返回工作表后即可看到设置排序后的效果，如图 9-29 所示。

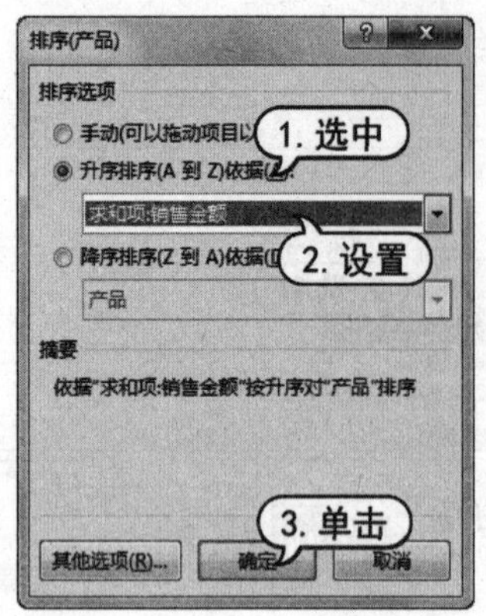

图 9-28 【排序(产品)】对话框

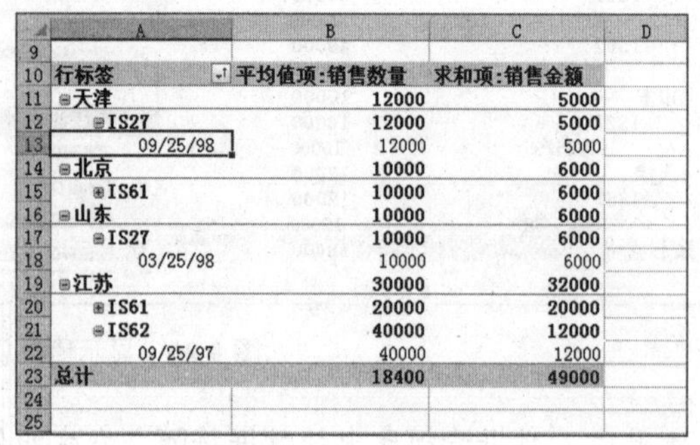

	A	B	C	D
9				
10	行标签	平均值项:销售数量	求和项:销售金额	
11	⊟天津	12000	5000	
12	⊟IS27	12000	5000	
13	09/25/98	12000	5000	
14	⊟北京	10000	6000	
15	⊞IS61	10000	6000	
16	⊟山东	10000	6000	
17	⊟IS27	10000	6000	
18	03/25/98	10000	6000	
19	⊟江苏	30000	32000	
20	⊞IS61	20000	20000	
21	⊟IS62	40000	12000	
22	09/25/97	40000	12000	
23	总计	18400	49000	
24				
25				

图 9-29 排序效果

单击【数据】选项卡中的【排序和筛选】组中的【排序】按钮，也可以打开【排序】对话框。用户在设置数据表排序时，应注意的是，【排序】对话框中的内容将根据当前所选择的单元格进行调整。

9.4.3 设置数据透视表

数据透视表与图表一样，如果用户需要让对其进行外观设置，可以在 Excel 中，对数据透视表的格式进行调整。

【例 9-15】在【产品销售】工作表中设置数据透视表的格式。

(1) 选中制作的数据透视表，选择【设计】选项卡，单击【数据透视表样式】命令组中的【其他】按钮。

(2) 在展开的列表框中选中一种数据透视表样式，如图 9-30 所示。

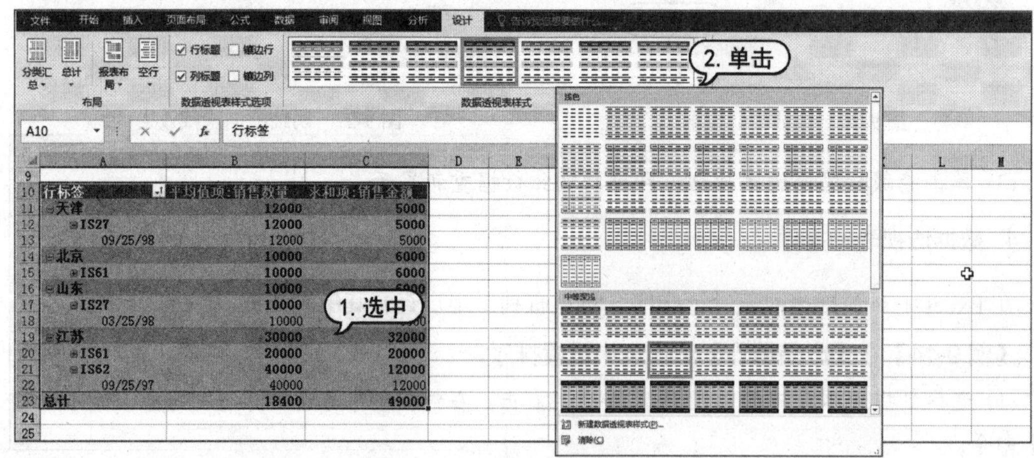

图 9-30 设置数据透视表的格式

(3) 此时，即可看到设置后的数据透视表的样式效果。

9.4.4 移动数据透视表

对于已经创建好的数据透视表，不仅可以在当前工作表中移动位置，还可以将其移动到其他工作表中。移动后的数据透视表保留原位置数据透视表的所有属性与设置，不用担心由于移动数据透视表而造成数据出错的故障。

【例 9-16】在【产品销售】工作表中将数据透视表移动到 Sheet3 工作表中。

(1) 打开【产品销售】工作表，选择【数据透视表工具】的【分析】选项卡，在【操作】组中单击【移动数据透视表】按钮。

(2) 打开【移动数据透视表】对话框，选中【现有工作表】单选按钮，如图 9-31 所示。

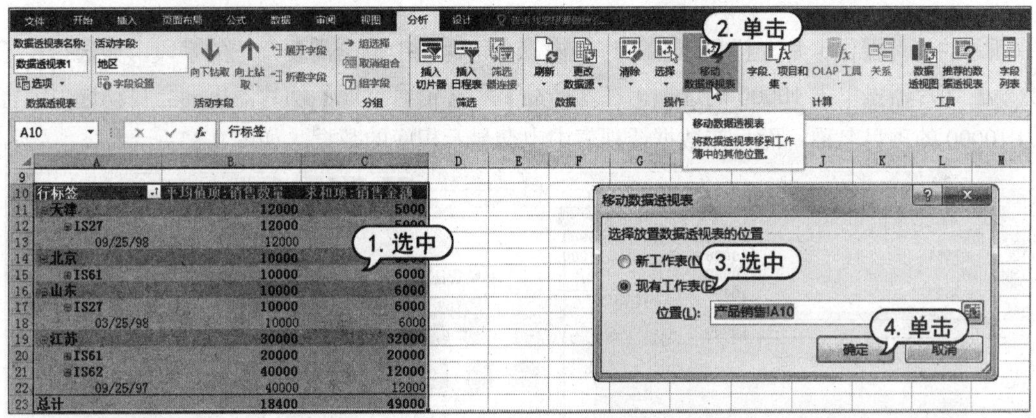

图 9-31　打开【移动数据透视表】对话框

(3) 单击【位置】文本框后的▣按钮，选择 Sheet3 工作表的 A1 单元格，单击【确定】按钮。

(4) 返回【移动数据透视表】对话框，在该对话框中单击【确定】按钮，即可将数据透视表移动到 Sheet3 工作表中(而【产品销售】工作表中则没有数据透视表)。

9.4.5 使用切片器

切片器是 Excel 2016 中自带的一个简便的筛选组件，它包含一组按钮。使用切片器可以方便地筛选出数据表中的数据。

1. 插入切片器

要在数据透视表中筛选数据，首先需要插入切片器，选中数据透视表中的任意单元格。打开【数据透视表工具】|【分析】选项卡，在【筛选】命令组中，单击【插入切片器】按钮。在打开的【插入切片器】对话框中选中所需字段前面的复选框，然后单击【确定】按钮，即可显示插入的切片器，如图 9-32 所示。

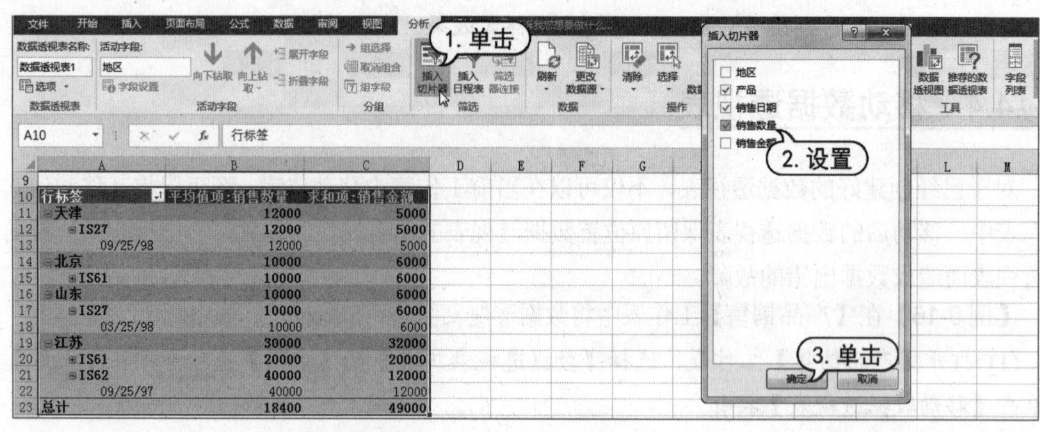

图 9-32　打开【插入切片器】对话框

插入的切片器像卡片一样显示在工作表内，在切片器中单击需要筛选的字段，如选择在【销售数量】切片器里单击 10000 的选项，在【产品】和【销售日期】切片器里则会自动选中销售数量为 10000 的项目名称，而且在数据透视表中也会显示相应的数据，如图 9-33 所示。

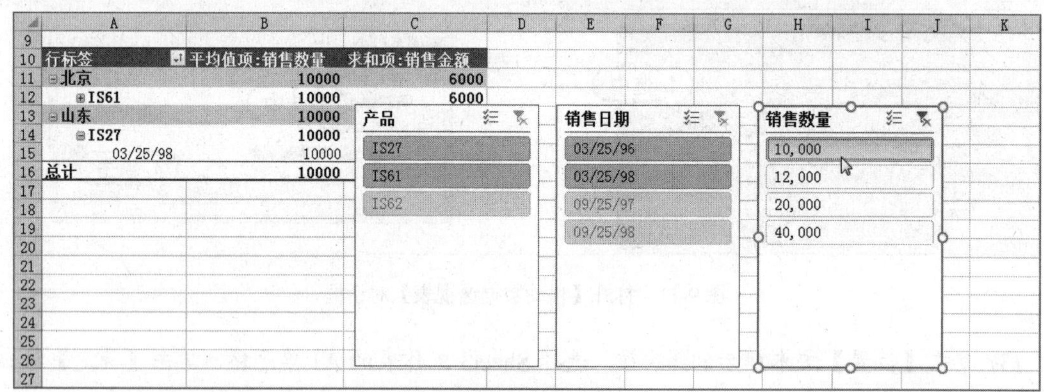

图 9-33　选择切片器数据

知识点

单击筛选器右上角的【清除筛选器】按钮，即可清除对字段的筛选。另外，选中切片器后，将光标移动到切片器边框上，当光标变成形状时，按住鼠标左键进行拖动，可以调节切片器的位置；打开【切片器工具】的【选项】选项卡，在【大小】组中还可以设置切片器的大小。

2. 排列切片器

选中切片器，打开【切片器工具】的【选项】选项卡。在【排列】组中单击【对齐】按钮，从弹出的菜单中选择一种排列方式，如选择【垂直居中】对齐方式。此时，切片器将垂直居中显示在数据透视表中，操作界面和效果如图 9-34 所示。

选中某个切片器，在【排列】组中单击【上移一层】和【下移一层】按钮，可以上下移动切片器，或者将切片器置于顶层或底层。按 Ctrl 键可以选中多个切片器，在切片器内，可以按 Ctrl 键选中多个字段项进行筛选。

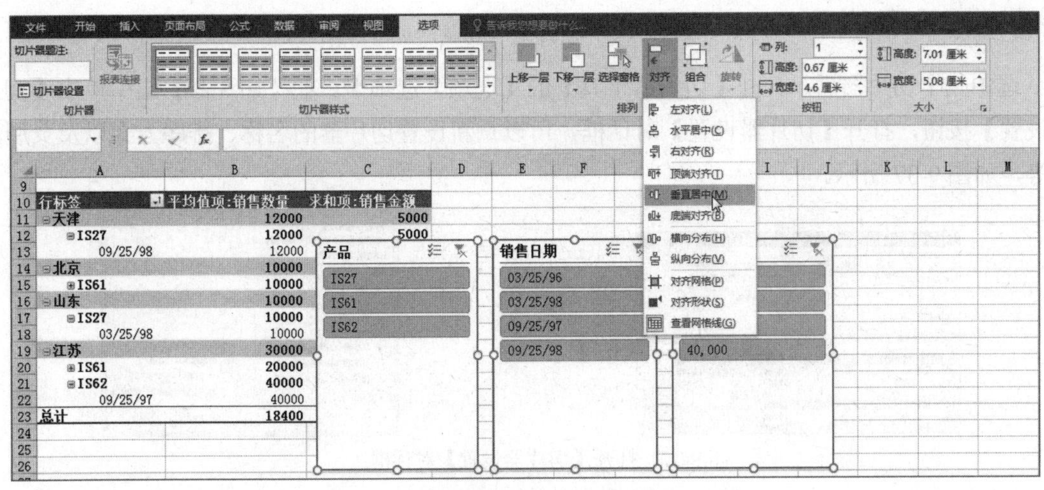

图 9-34　设置切片器垂直居中对齐

3. 设置切片器按钮

切片器中包含多个按钮(即记录或数据)，可以设置按钮大小和排列方式。选中切片器后，打开【切片器工具】的【选项】选项卡。在【按钮】组的【列】微调框中输入按钮的排列方式，在【高度】和【宽度】文本框中输入按钮的高度和宽度，如图 9-35 所示。

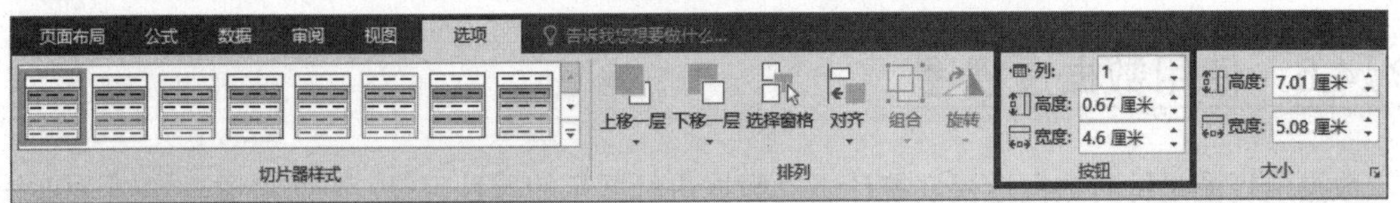

图 9-35　设置切片器按钮

4. 应用切片器样式

Excel 2016 提供了多种内置的切片器样式。选中切片器后，打开【切片器工具】的【选项】选项卡，在【切片器样式】组中单击【其他】按钮，从弹出的列表框中选择一种样式，即可快速为切片器应用该样式，如图 9-36 所示。

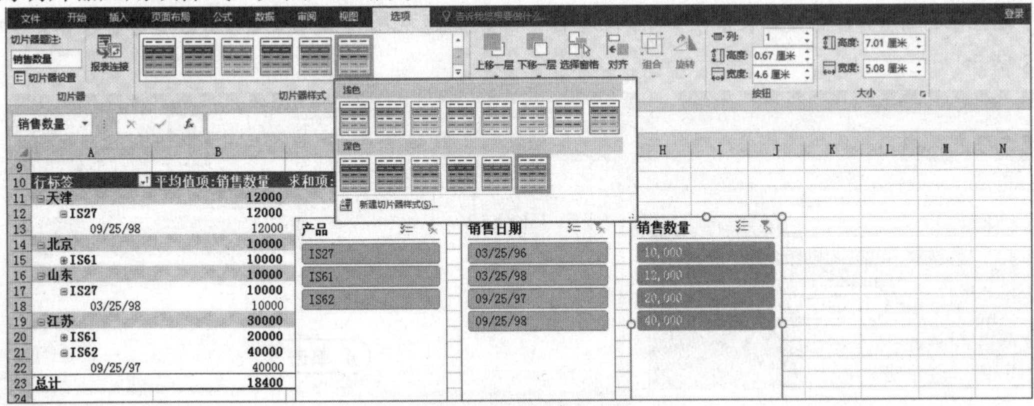

图 9-36　应用切片器样式

5. 详细设置切片器

选中一个切片器后，打开【切片器工具】的【选项】选项卡。在【切片器】组中单击【切片器设置】按钮，打开【切片器设置】对话框，可以重新设置切片器的名称、排序方式以及页眉标签等，如图 9-37 所示。

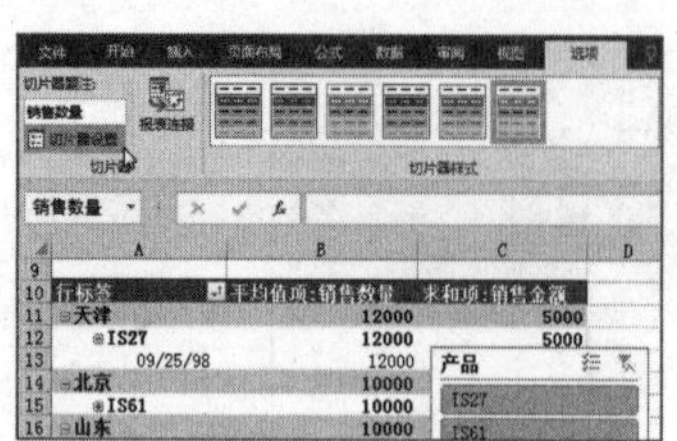
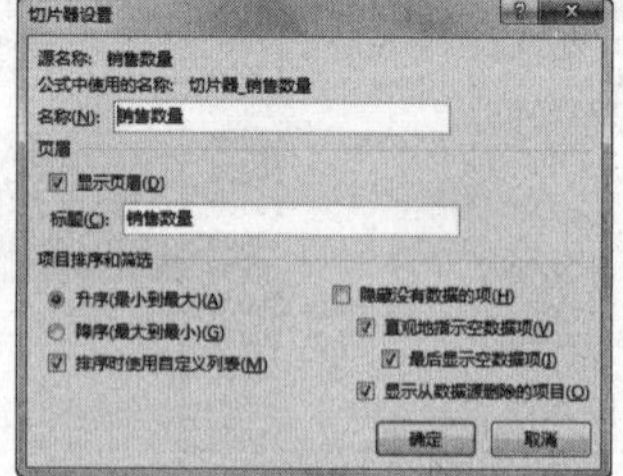

图 9-37　打开【切片器设置】对话框

6. 清除与删除切片器

要清除切片器的筛选器可以直接单击切片器右上方的【清除筛选器】按钮，或者右击切片器内，在弹出的快捷菜单中选择【从“(切片器名称)”中清除筛选器】命令，即可清除筛选器。

要彻底删除切片器，只需在切片器内右击，在弹出的快捷菜单中选择【删除“(切片器名称)”】命令，即可删除该切片器。

9.4.6 使用数据透视图

数据透视图是针对数据透视表统计出的数据进行展示的一种手段，下面将通过实例详细介绍创建数据透视图的方法。

1. 创建数据透视图

创建数据透视图的方法与创建数据透视表类似，具体如下。

(1) 选中【产品销售】工作表中的整个数据透视表，然后选择【分析】选项卡，并单击【工具】组中的【数据透视图】按钮。

(2) 在打开的【插入图表】对话框中选中一种数据透视图样式后，单击【确定】按钮，如图 9-38 所示。

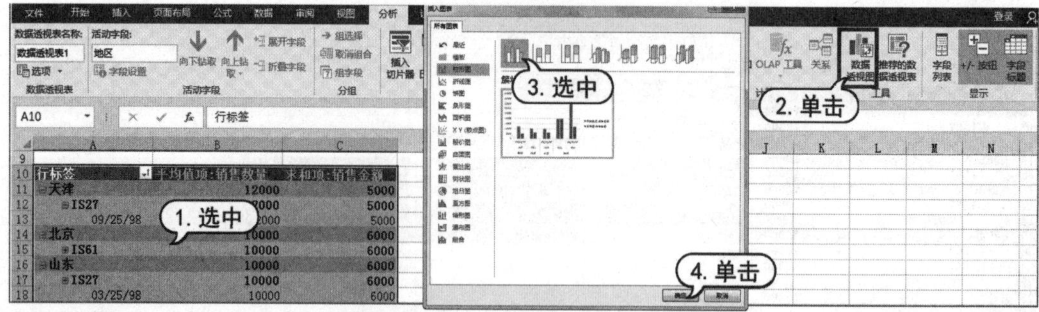

图 9-38　打开【插入图表】对话框

(3) 返回工作表后，即可看到创建的数据透视图效果。

2. 修改数据透视图类型

对于已经创建好的数据透视图，用户可以使用以下方法修改其图表类型，具体方法如下。

(1) 选中创建的数据透视图，选中【设计】选项卡，然后单击【类型】组中的【更改图表类型】按钮。

(2) 在打开的【更改图表类型】对话框中用户可以根据需要更改图表的类型，完成后单击【确定】按钮，如图 9-39 所示。

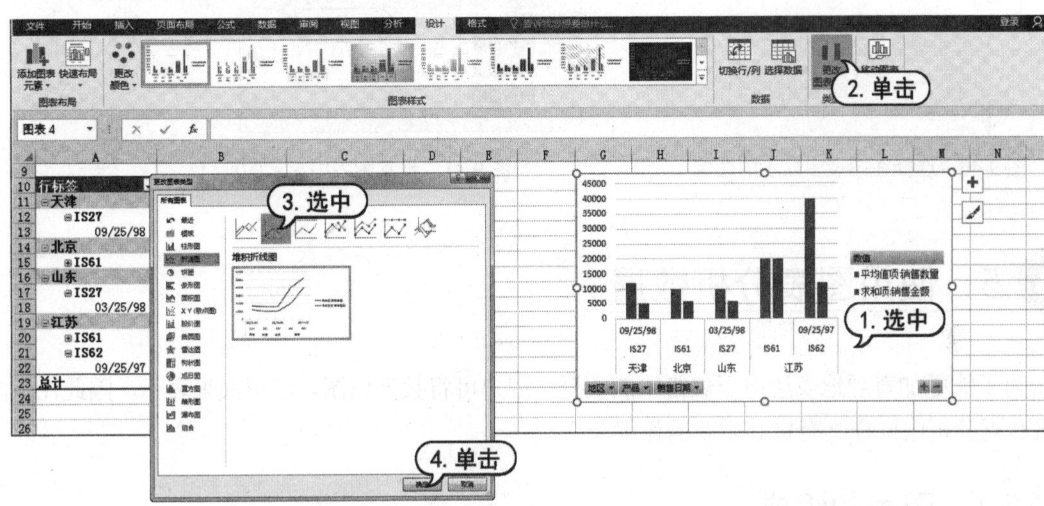

图 9-39　打开【更改表格类型】对话框

(3) 此时，数据透视图的类型将被修改。

提示

数据透视图中的数据与数据透视表中的数据是相互关联的，当数据透视表中的数据发生变化时间，数据透视图中也会发生相应的改变。

3. 修改显示项目

用户可以参考下面介绍的方法修改数据透视图的显示项目。

(1) 选中并右击工作表中插入的数据透视图，然后在弹出的菜单中选中【显示字段列表】命令。

(2) 在显示的【数据透视图字段】窗格中的【选中要添加到报表的字段】列表框中，用户可以根据需要，选择在图表中显示的图例，如图 9-40 所示。

(3) 单击【地区】选项后的下拉列表按钮，在弹出的菜单中，设置图表中显示的项目，如图 9-41 所示。

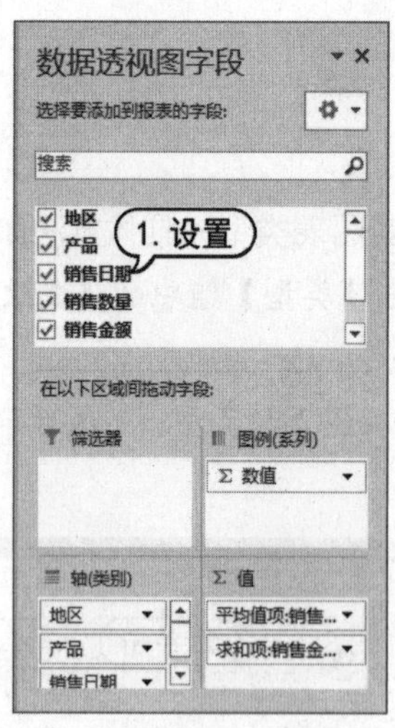

图 9-40　选择在图表中显示的图例

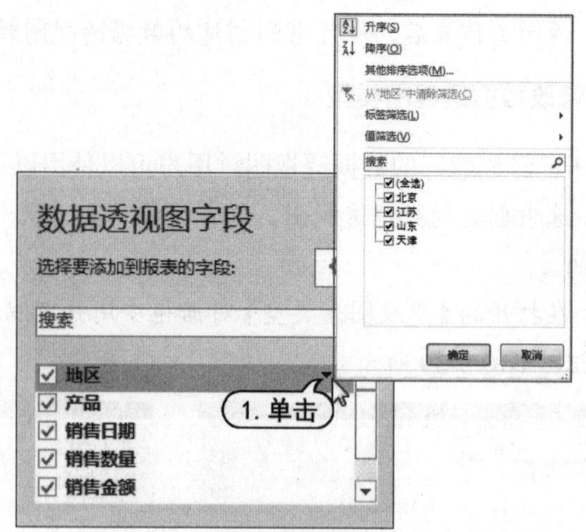

图 9-41　设置图表中显示的项目

9.5　使用图表分析数据

为了能更加直观地表达电子表格中的数据，用户可将数据以图表的形式来表示，因此图表在表格数据分析中同样具有极其重要的作用。

9.5.1　图表的组成

在 Excel 2016 中，图表通常有两种存在方式：一种是嵌入式图表；另一种是图表工作表。其中，嵌入式图表就是将图表看作是一个图形对象，并作为工作表的一部分进行保存；图表工作表是工作簿中具有特定工作表名称的独立工作表。在需要独立于工作表数据查看、编辑庞大而复杂的图表或需要节省工作表上的屏幕空间时，就可以使用图表工作表。无论是建立哪一种图表，创建图表的依据都是工作表中的数据。当工作表中的数据发生变化时，图表便会随之更新。

图表的基本结构包括：图表区、绘图区、图表标题、数据系列、网格线、图例等，如图 9-42 所示。

图表各组成部分的介绍如下。

- 图表区：在 Excel 2016 中，图表区指的是包含绘制的整张图表及图表中元素的区域。如果要复制或移动图表，必须先选定图表区。
- 绘图区：图表中的整个绘制区域。二维图表和三维图表的绘图区有所区别。在二维图表中，绘图区是以坐标轴为界并包括全部数据系列的区域；而在三维图表中，绘图区是以坐标轴为界并包含数据系列、分类名称、刻度线和坐标轴标题的区域。

◉ 图表标题：图表标题在图表中起到说明的作用，是图表性质的大致概括和内容总结，它相当于一篇文章的标题并可用来定义图表的名称。它可以自动地与坐标轴对齐或居中排列于图表坐标轴的外侧。

◉ 数据系列：在 Excel 中数据系列又称为分类。它指的是图表上的一组相关数据点。在 Excel 2016 图表中，每个数据系列都用不同的颜色和图案加以区别。每一个数据系列分别来自于工作表的某一行或某一列。在同一张图表中(除了饼图外)可以绘制多个数据系列。

◉ 网格线：和坐标纸类似，网格线是图表中从坐标轴刻度线延伸并贯穿整个绘图区的可选线条系列。网格线的形式有水平的、垂直的、主要的、次要的等，还可以对它们进行组合。网格线使得对图表中的数据进行观察和估计更为准确和方便。

◉ 图例：在图表中，图例是包围图例项和图例项标示的方框，每个图例项左边的图例项标示和图表中相应数据系列的颜色与图案相一致。

◉ 数轴标题：用于标记分类轴和数值轴的名称，在 Excel 2016 默认设置下其位于图表的下面和左面。

◉ 图表标签：用于在工作簿中切换图表工作表与其他工作表，可以根据需要修改图表标签的名称。

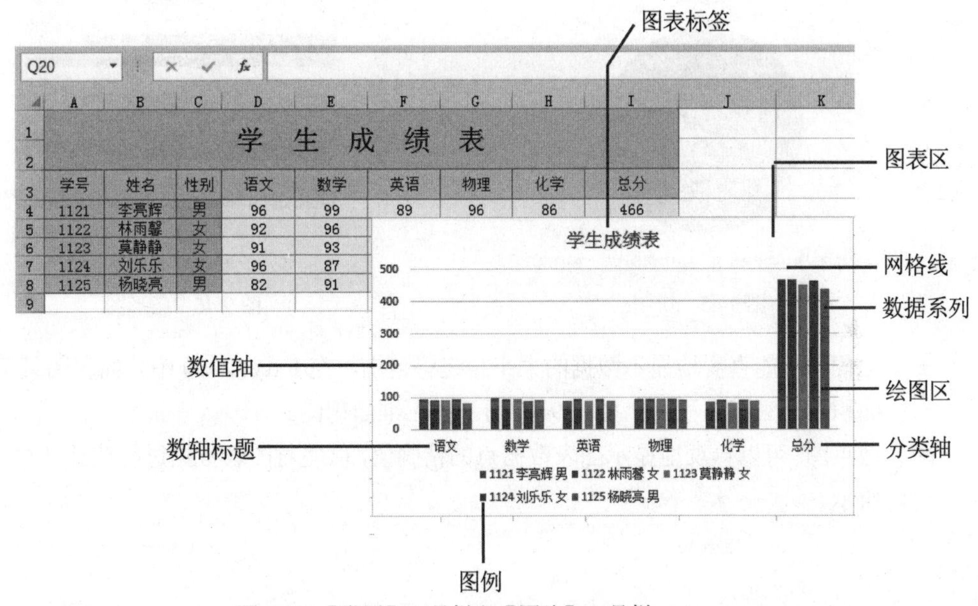

图 9-42 【常用】工具栏和【图片】工具栏

9.5.2 图表的类型

Excel 2016 提供了多种图表，如柱形图、折线图、饼图、条形图、面积图和散点图等，各种图表各有优点，适用于不同的场合。

◉ 柱形图：可直观地对数据进行对比分析以得出结果。在 Excel 2016 中，柱形图又可细分为二维柱形图、三维柱形图、圆柱图、圆锥图以及棱锥图，如图 9-43 所示为三维柱形图。

◉ 折线图：折线图可直观地显示数据的走势情况。在 Excel 2016 中，折线图又分为二维折线图与三维折线图，如图 9-44 所示为折线图。

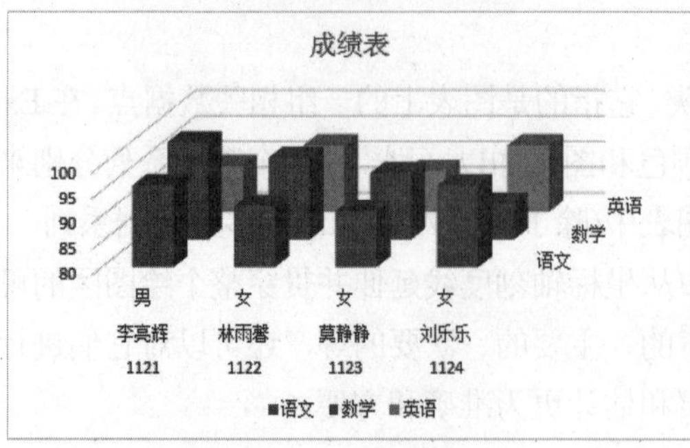

图 9-43　三维柱形图

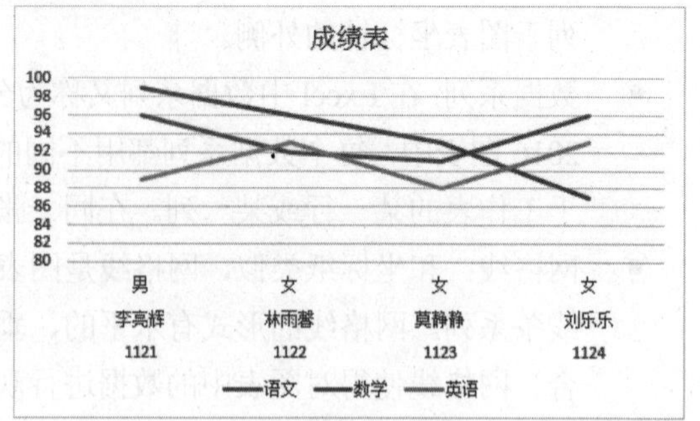

图 9-44　折线图

◉ 饼图：能直观地显示数据占有比例，而且比较美观。在 Excel 2016 中，饼图又可分为二维饼图、三维饼图、复合饼图等多种，如图 9-45 所示为三维饼图。

◉ 条形图：就是横向的柱形图，其作用也与柱形图相同，可直观地对数据进行对比分析。在 Excel 2016 中，条形图又可分为簇状条形图、堆积条形图等，如图 9-46 所示为条形图。

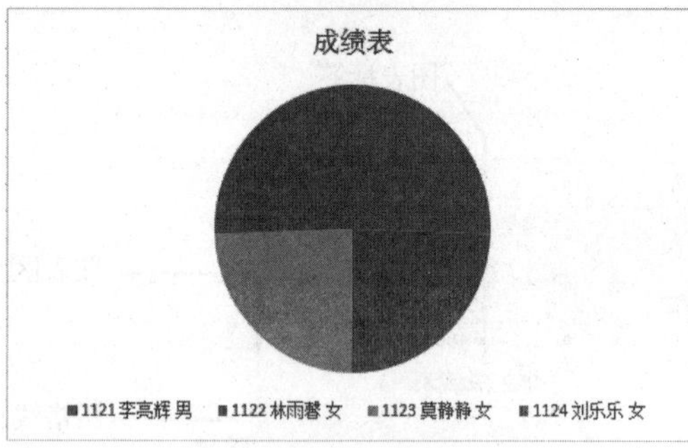

图 9-45　饼图

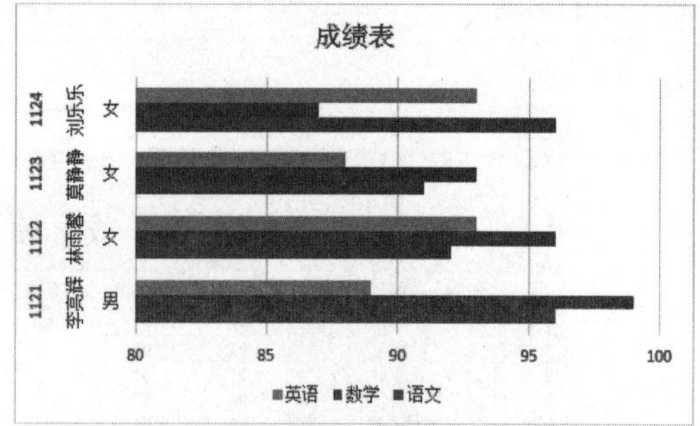

图 9-46　条形图

◉ 面积图：能直观地显示数据的大小与走势范围。在 Excel 2010 中，面积图又可分为二维面积图与三维面积图，如图 9-47 所示为三维面积图。

◉ 散点图：可以直观地显示图表数据点的精确值，以便对图表数据进行统计计算，如图 9-48 所示。

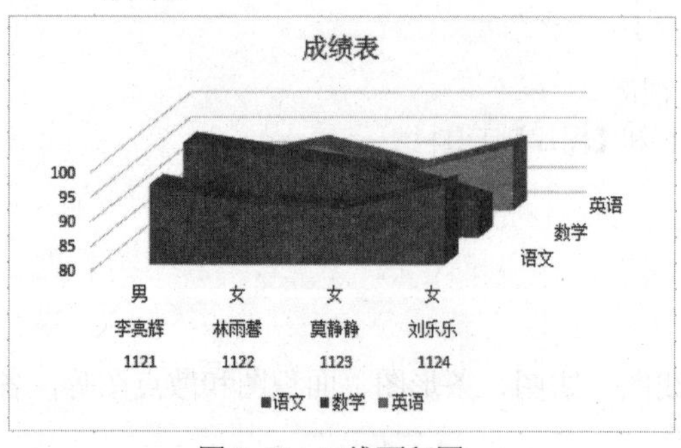

图 9-47　三维面积图

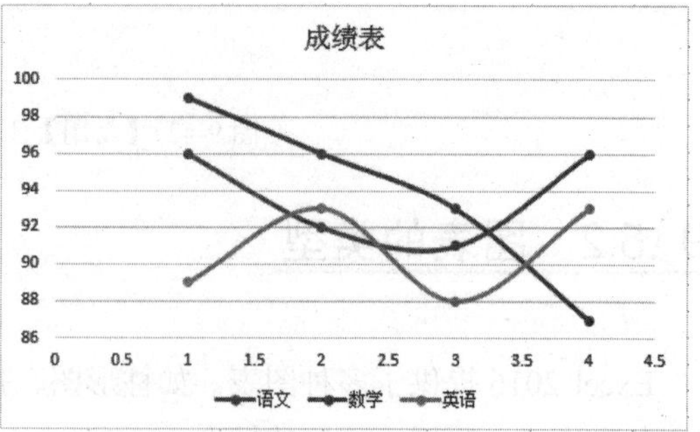

图 9-48　散点图

9.5.3　创建图表

使用 Excel 2016 提供的图表向导，可以方便、快速地建立一个标准类型或自定义类型的图表。在图表创建完成后，仍然可以修改其各种属性，以使整个图表更趋于完善。

【例 9-17】创建【学生成绩】工作表，使用图表向导创建图表。

(1) 创建“成绩统计表”工作表，然后选中 A3:F7 单元格区域。

(2) 选择【插入】选项卡，在【图表】命令组中单击对话框启动器按钮，打开【插入图表】向导对话框。

(3) 在【插入图表】对话框中选中【所有图表】选项卡。然后在该选项卡左侧的导航窗格中选择图表类型，在右侧的列表框中选择一种图表，并单击【确定】按钮，如图 9-49 所示。

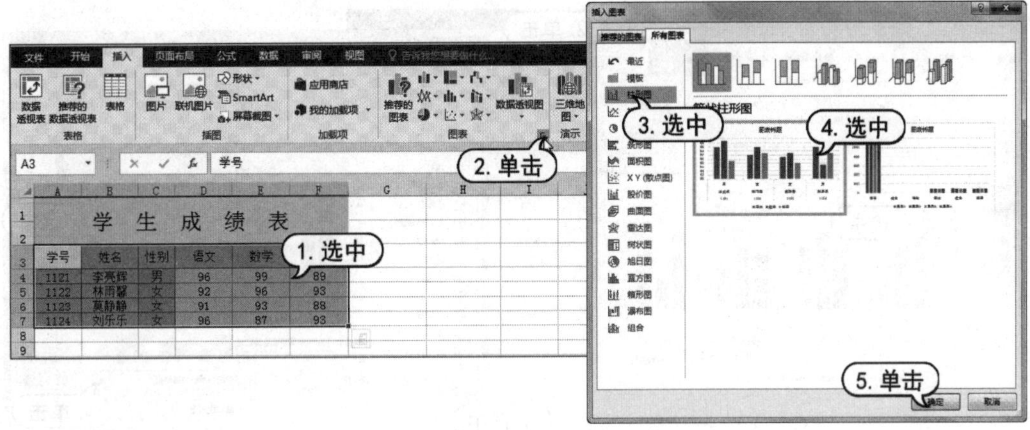

图 9-49　打开【插入表格】对话框

(4) 此时，在工作表中创建如图 9-50 所示的图表，Excel 软件将自动打开【图表工具】的【设计】选项卡。

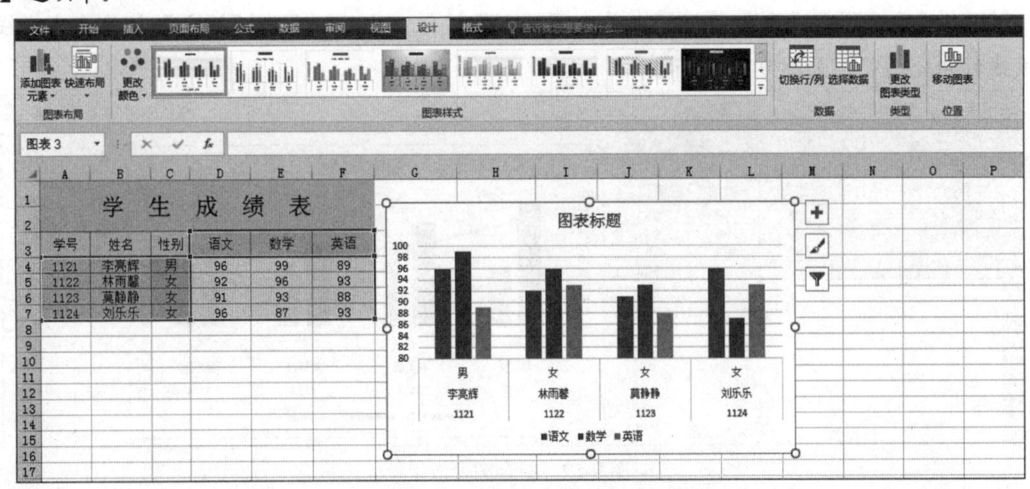

图 9-50　在工作表中插入表格

9.5.4 创建组合图表

有时在同一个图表中需要同时使用两种图表类型，即为组合图表，如由柱状图和折线图组成的线柱组合图表。

【例 9-18】在【学生成绩】工作表中，创建线柱组合图表。

(1) 打开包含图表的数据表后，单击图表中表示【语文】的任意一个蓝色柱体，则会选中所有【语文】的数据柱体，被选中的数据柱体 4 个角上显示小圆圈符号。

(2) 在【设计】选项卡的【类型】组中单击【更改图表类型】按钮。打开【更改图表类型】对话框，选择【组合】选项，在对话框右侧的列表框中单击【语文】拆分按钮，在弹出的菜单中选中【带数据标记的折线图】选项，如图 9-51 所示。

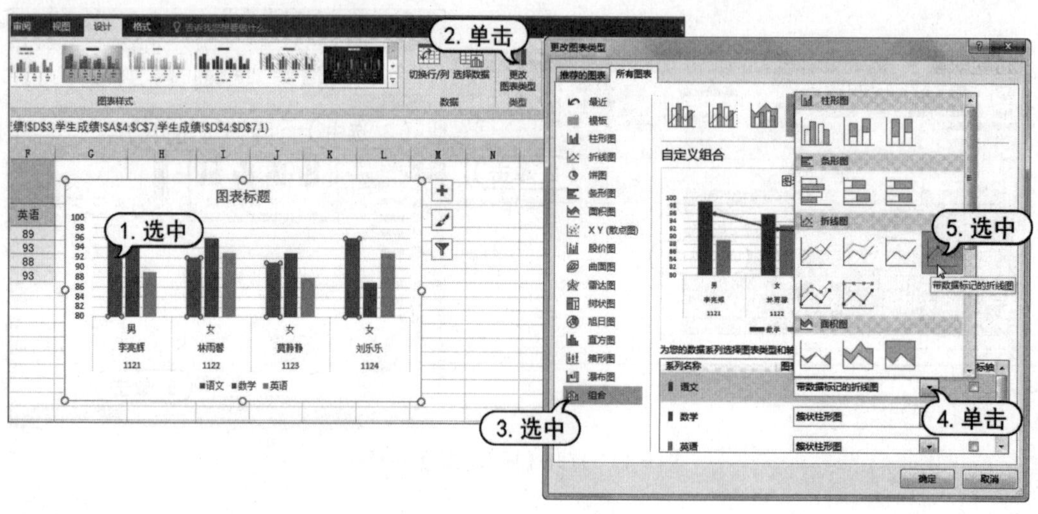

图 9-51　更改图表类型

(3) 在【更改图表类型】对话框中单击【确定】按钮。此时，原来【语文】柱体变为折线。完成线柱组合图表，如图 9-52 所示。

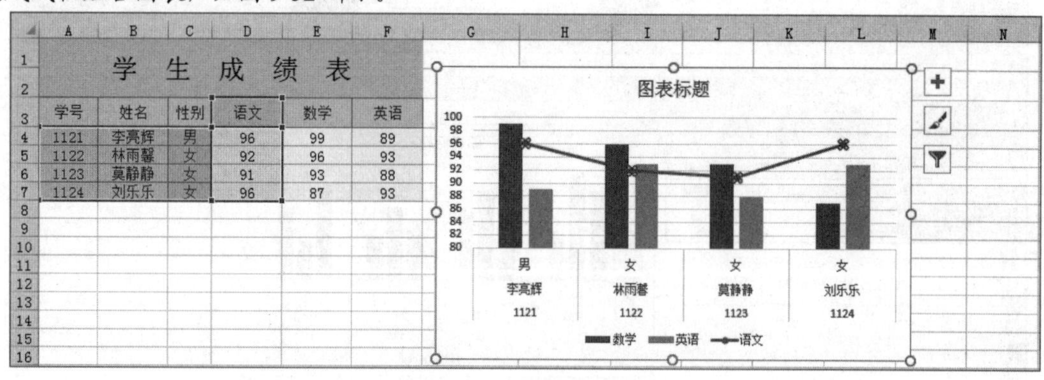

图 9-52　组合图表效果

9.5.5　添加图表注释

在创建图表时，为了更加方便用户理解，有时需要添加注释解释图表内容。图表的注释就是一种浮动的文字，可以使用【文本框】功能来添加。

【例 9-19】在【学生成绩】工作表中添加图表注释。

(1) 选择【插入】选项卡，在【文本】组中单击【文本框】下拉按钮，在弹出的下拉列表中选中【横排文本框】选项，如图 9-53 所示。

(2) 按住鼠标左键在图表中拖动，绘制一个横排文本框，并在文本框内输入文字，如图 9-54 所示。

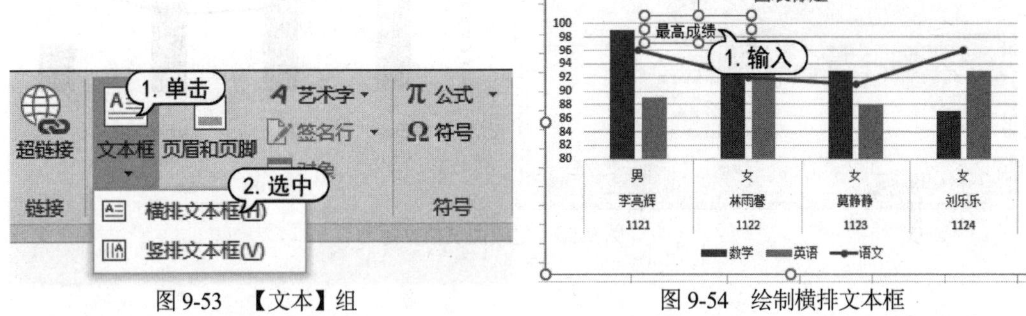

图 9-53　【文本】组　　　　图 9-54　绘制横排文本框

(3) 当选中图表中绘制的文本框时，用户可以在【格式】选项卡里设置文本框和其中文本的格式。

9.5.6　更改图表类型

如果对插入图表的类型不满意，无法确切表现所需要的内容，则可以更改图表的类型。首先选中图表，然后打开【设计】选项卡。在【类型】组中单击【更改图表类型】按钮，打开【更改图表类型】对话框，选择其他类型的图表选项。

9.5.7　更改图表数据源

在 Excel 2016 中使用图表时，用户可以通过增加或减少图表数据系列，来控制图表中显示数据的内容。

【例 9-20】在【学生成绩】工作表中更改图表的数据源。

(1) 选中图表，选择【设计】选项卡，在【数据】组中单击【选择数据】选项。

(2) 打开【选择数据源】对话框，单击【图表数据区域】后面的按钮。

(3) 返回工作表，选择 A3:E7 单元格区域，然后按下 Enter 键，如图 9-55 所示。

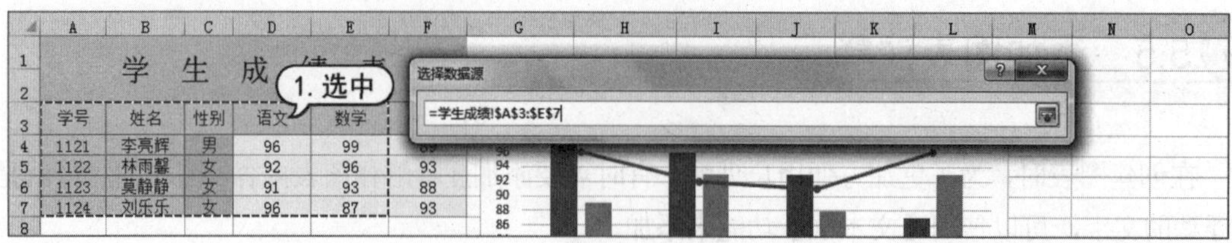

图 9-55　选择新的图表数据源

(4) 返回【选择数据源】对话框，单击【确定】按钮。此时，数据源发生变化，图表也随之发生变化，如图 9-56 所示。

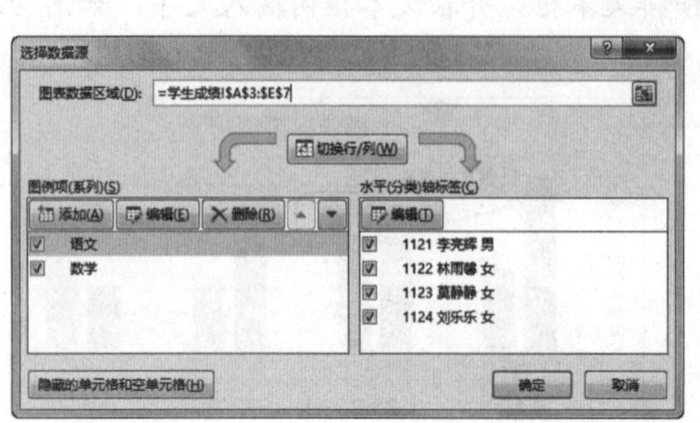

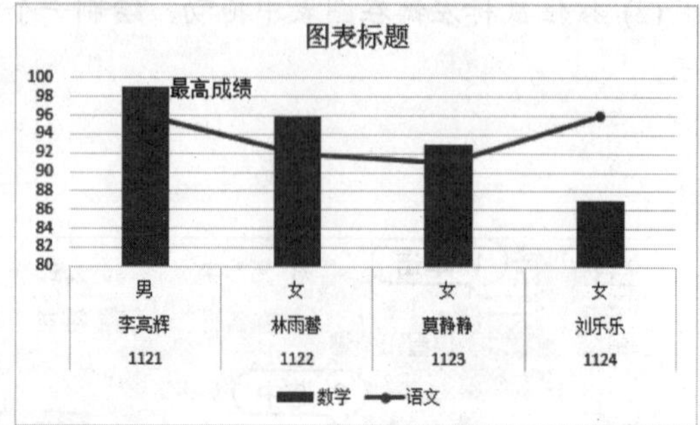

图 9-56　更改图表数据源

9.5.8　套用图表预设样式和布局

Excel 2016 为所有类型的图表预设了多种样式效果。选择【设计】选项卡，在【图表样式】组中单击【图表样式】下拉列表按钮，在弹出的下拉列表中即可为图表套用预设的图表样式，如图 9-57 所示。

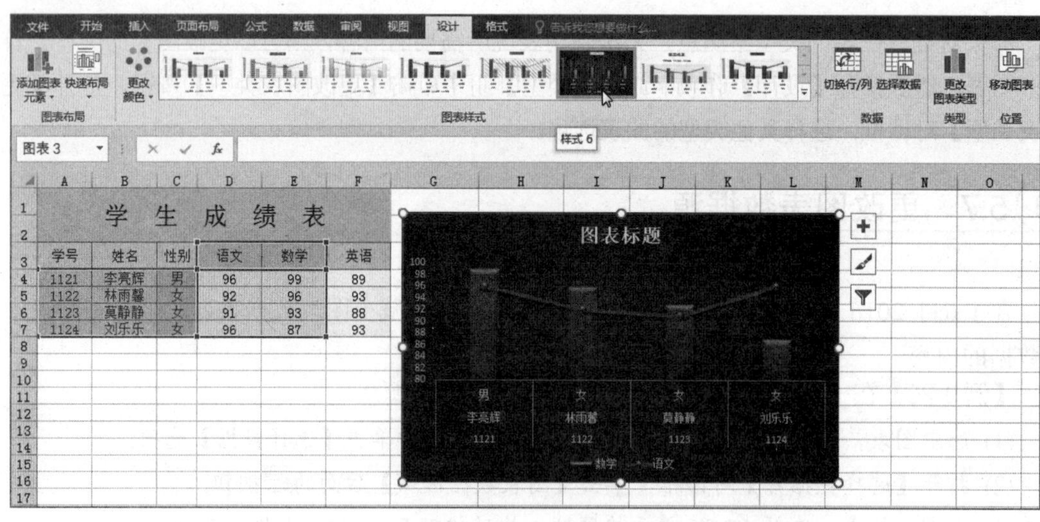

图 9-57　套用预设图表样式

此外，Excel 2016 也预设了多种布局效果。选择【设计】选项卡，在【图表布局】组中单击【快速布局】下拉按钮，在弹出的下拉列表中可以为图表套用预设的图表布局。

9.5.9　设置图表标签

选择【设计】选项卡，在【图表布局】组中可以设置图表布局的相关属性，包括设置图表标题、坐标轴标题、图例位置和数据标签的显示位置等。

1. 设置图表标题

在【设计】选项卡的【图表布局】命令组中，单击【添加图表元素】下拉按钮，在弹出的下拉列表中选择【图表标题】选项，可以显示【图表标题】下拉列表，如图 9-58 所示。在下拉列表中可以选择图表标题的显示位置与是否显示图表标题。

2. 设置图表的图例位置

在【设计】选项卡的【图表布局】组中，单击【添加图表元素】下拉列表按钮。可以打开【图例】下拉列表，如图 9-59 所示。在该下拉列表中可以设置图表图例的显示位置以及是否显示图例。

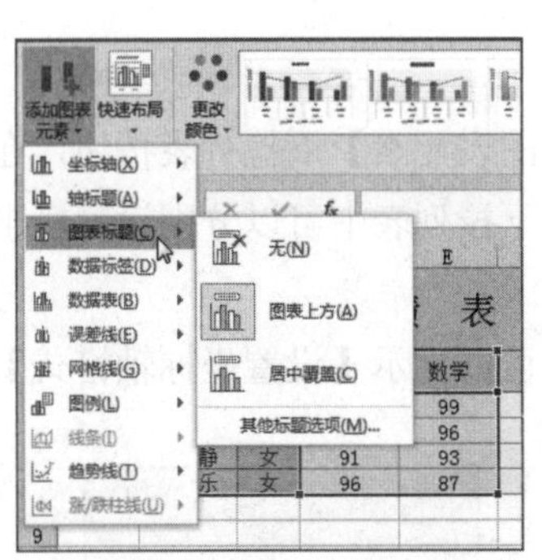

图 9-58　【图表标题】下拉列表

图 9-59　【图例】下拉列表

3. 设置图表坐标轴的标题

在【设计】选项卡的【图表布局】组中，单击【添加图表元素】下拉列表按钮。在弹出的下拉列表中可以打开【轴标题】下拉列表，如图 9-60 所示。在该下拉列表中可以分别设置横坐标轴标题与纵坐标轴标题。

4. 设置数据标签的显示位置

有些情况下，图表中的形状无法精确表达其所代表的数据，Excel 提供的数据标签功能可以很好地解决这个问题。数据标签可以用精确数值显示其对应形状所代表的数据。在【设计】选项卡的【图表布局】组中，单击【添加图表元素】下拉列表按钮。在弹出的下拉列表中可以打开【数据标签】下拉列表，如图 9-61 所示。在该下拉列表中可以设置数据标签在图表中的显示位置。

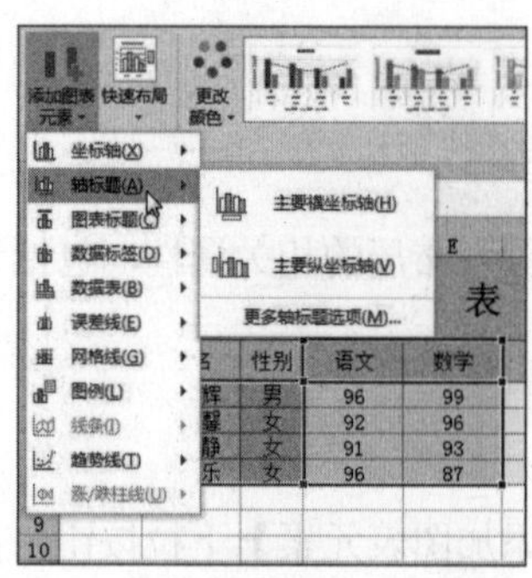
图 9-60　【轴标题】下拉列表

图 9-61　【数据标签】下拉列表

9.5.10　设置图表坐标轴

坐标轴用于显示图表的数据刻度或项目分类，而网格线可以更清晰地了解图表中的数值。在【设计】选项卡的【图表布局】组中，单击【添加图表元素】下拉列表按钮。在弹出的下拉列表中，可以选择【坐标轴】选项，根据需要详细设置图表坐标轴与网格线等属性。

1. 设置坐标轴

在【设计】选项卡的【图表布局】组中，单击【添加图表元素】下拉列表按钮，在弹出的下拉列表中选择【坐标轴】选项，如图 9-62 所示。在弹出的下拉列表中可以分别设置横坐标轴与纵坐标轴的格式与分布。

在【坐标轴】下拉列表中选中【更多轴选项】选项，可以显示【设置坐标轴格式】窗格，在该窗格中可以设置坐标轴的详细参数，如图 9-63 所示。

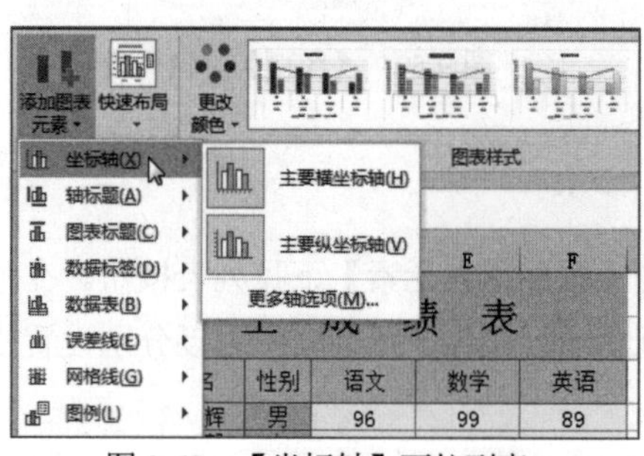
图 9-62　【坐标轴】下拉列表

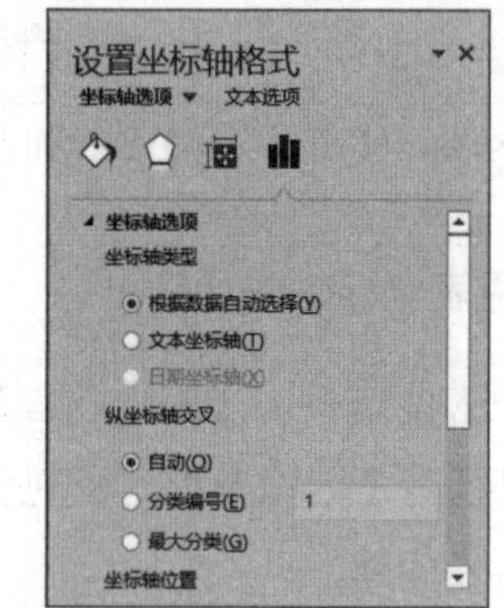
图 9-63　【设置坐标轴格式】窗格

2. 设置网格线

在【设计】选项卡的【图表布局】组中，单击【添加图表元素】下拉列表按钮。在弹出的下

拉列表中选择【网格线】选项，如图 9-64 所示。在该菜单中可以设置启用或关闭网格线，如图 9-65 所示为显示主轴主要水平和垂直网格线。

图 9-64　【网格线】下拉列表

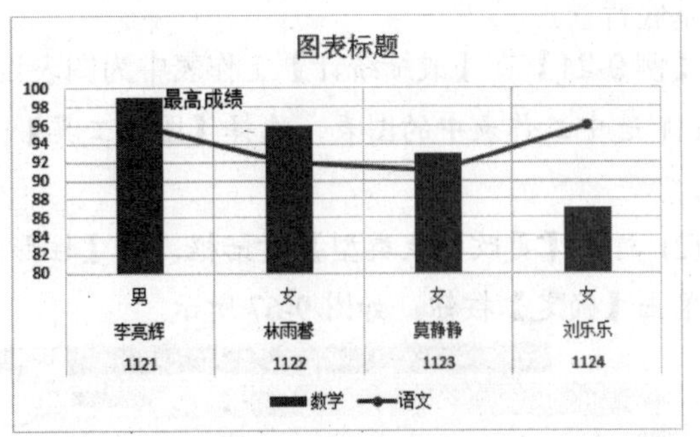

图 9-65　显示主轴网格线

9.5.11　设置图表背景

在 Excel 2016 中，可以为图表设置背景，对于一些三维立体图表还可以设置图表背景墙与基底背景。

1. 设置绘图区背景

选中图表后，在【格式】选项卡的【当前所选内容】命令组中单击【图表元素】下拉列表按钮。在弹出的下拉列表中选中【绘图区】选项，然后单击【设置所选内容格式】按钮，打开【设置绘图区格式】窗格。

在【设置绘图区格式】窗格中展开【填充】选项组后，选中【纯色填充】单选按钮。然后单击【填充颜色】按钮，即可在弹出的选项区域中为图表绘图区设置背景颜色，如图 9-66 所示。

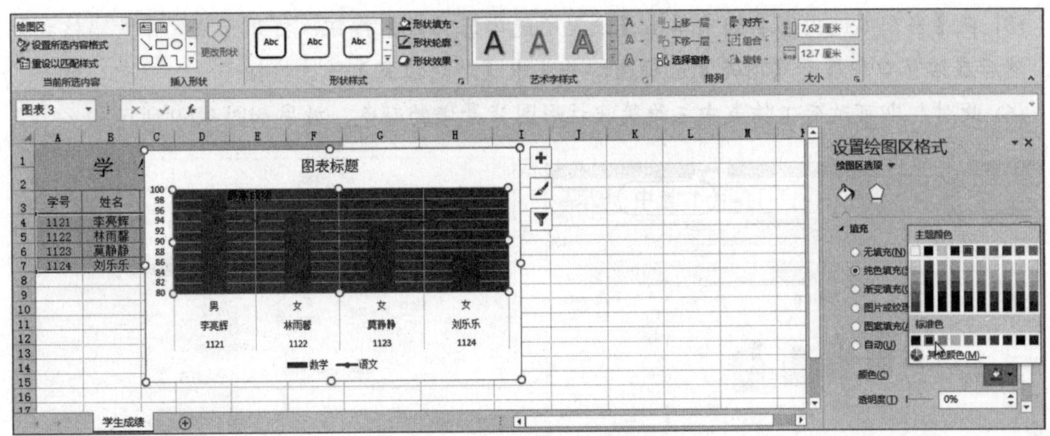

图 9-66　设置图表绘图区背景

2. 设置三维图表的背景

三维图表与二维图表相比多了一个面，因此在设置图表背景的时候需要分别设置图表的背景墙与基底背景。

【例 9-21】在【成绩统计】工作表中为图表设置三维图表背景。

(1) 选中工作表中的图表，选择【图表工具】|【设计】选项卡，然后单击【更改图表类型】按钮。

(2) 打开【更改图表类型】对话框，在【柱形图】列表框中选择【三维簇状柱形图】选项，然后单击【确定】按钮，如图 9-67 所示。

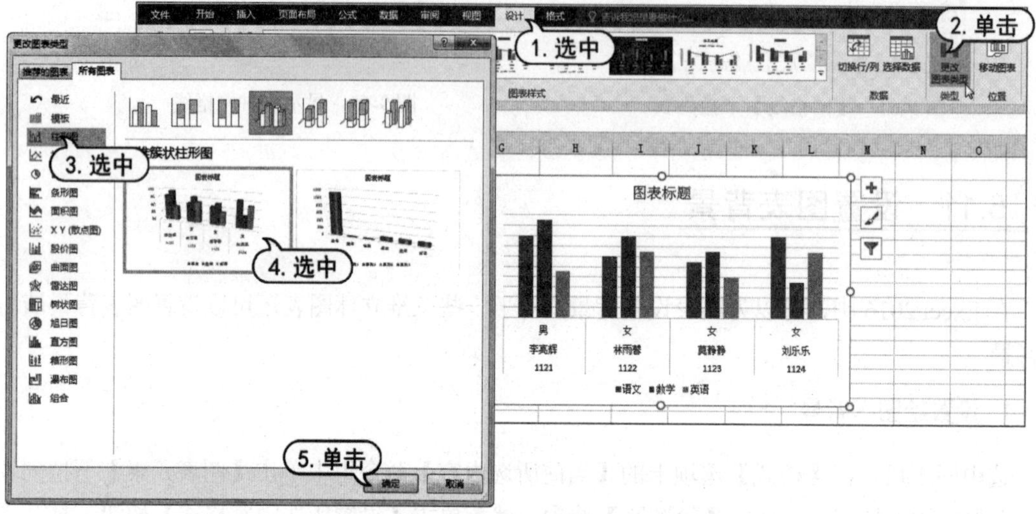

图 9-67　更改图形类型

(3) 此时，原来的柱形图将更改为【三维簇状柱形图】类型。

(4) 打开【图表工具】的【格式】选项卡。在【当前所选内容】组中单击【图表元素】下拉列表按钮，在弹出的下拉列表中选择【背景墙】选项，如图 9-68 所示。

(5) 在【当前所选内容】组中单击【设置所选内容格式】按钮，打开【设置背景墙格式】窗口。然后在该窗口中展开【填充】选项组，并选中【渐变填充】单选按钮。

(6) 此时，即可改变工作表中三维簇状柱形图背景墙的颜色，效果如图 9-69 所示。

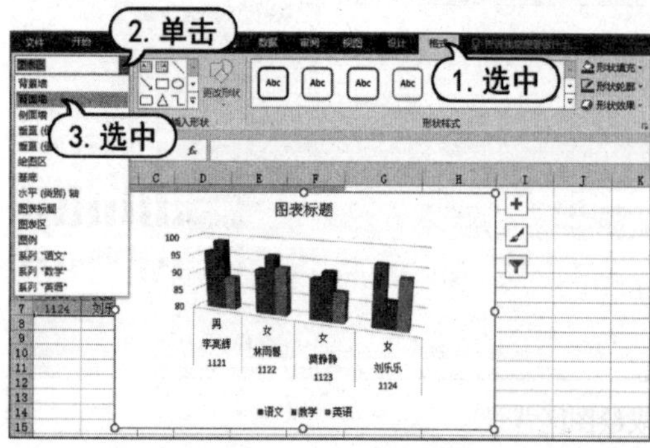

图 9-68　选择当前图表元素

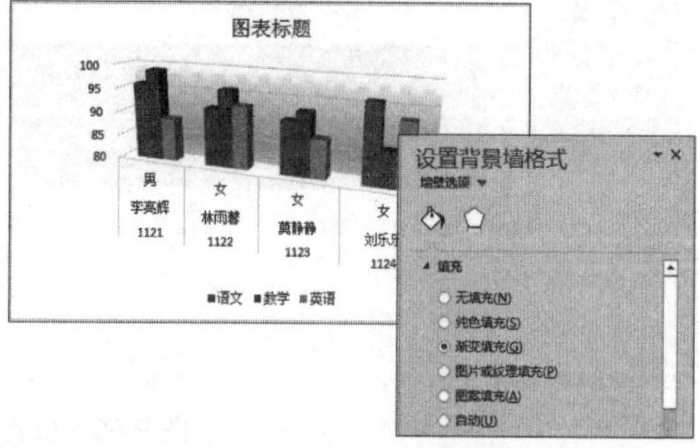

图 9-69　三维图表背景效果

在【设置背景墙格式】窗格的【渐变填充】选项区域中，用户可以设置具体的渐变填充属性参数，包括类型、方向、渐变光圈、颜色、位置和透明度等。

9.5.12　设置图表格式

插入图表后，还可以根据需要自定义设置图表的相关格式，包括图表形状的样式、图表文本样式等，让图表变得更加美观。

1. 设置图表中各个元素的样式

在 Excel 2016 中插入图表后，可以根据需要调整图表中任意元素的样式，如图表区的样式、绘图区的样式和数据系列的样式等。

【例 9-22】在【成绩统计】工作表中设置图表中各种元素的样式。

(1) 选中图表，选择【图表工具】|【格式】选项卡。在【形状样式】命令组中单击【其他】下拉按钮，在弹出的【形状样式】下拉列表框中选择一种预设样式，如图 9-70 所示。

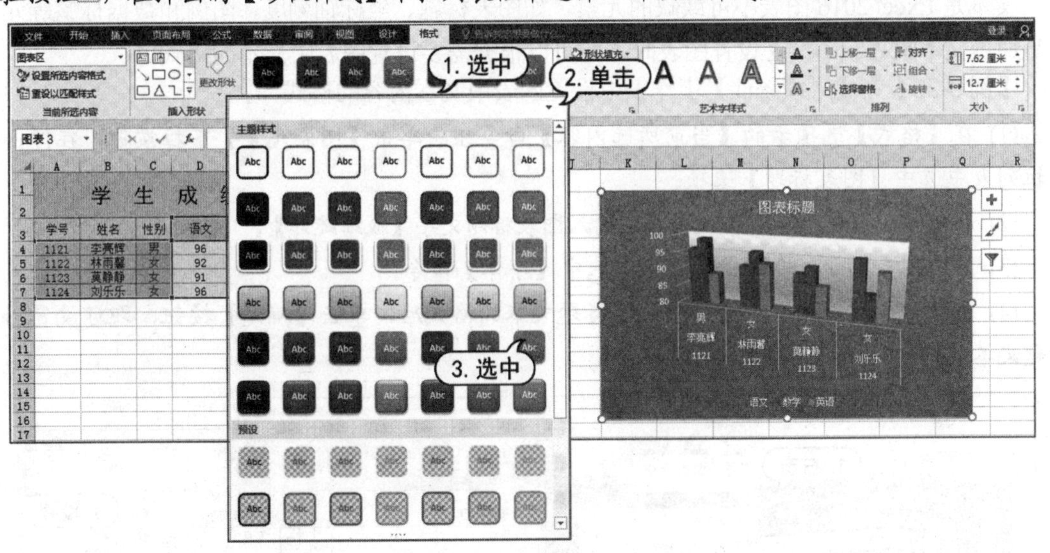

图 9-70　更改图形类型

(2) 返回工作簿窗口，即可查看新设置的图表区样式。

(3) 选定图表中的【英语】数据系列，在【格式】选项卡的【形状样式】组中，单击【形状填充】按钮，在弹出的菜单中选择紫色。

(4) 返回工作簿窗口，此时【英语】数据系列的形状颜色更改为紫色。

(5) 在图表中选择垂直轴主要网格线，在【格式】选项卡的【形状样式】组中，单击【其他】按钮，从弹出的列表框中选择一种网格线样式。

(6) 返回工作簿窗口，即可查看图表网格线的新样式，如图 9-71 所示。

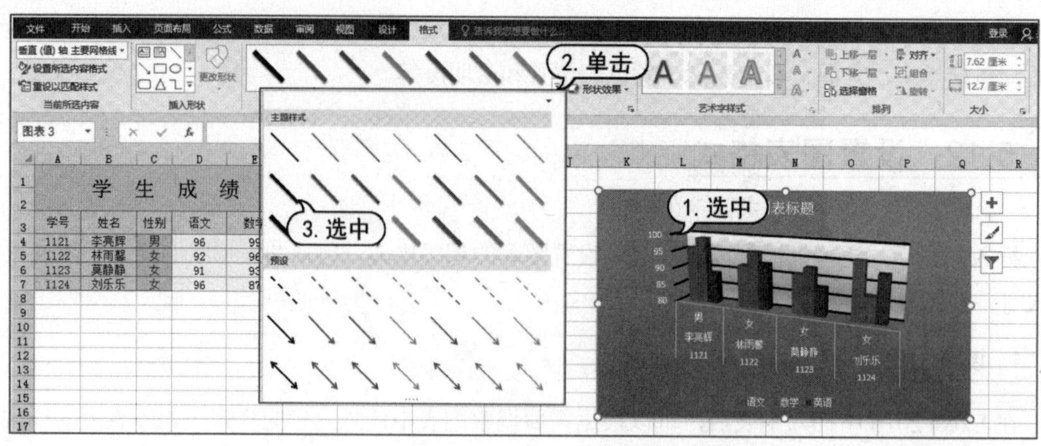

图 9-71　设置网格线样式

2. 设置图表中的文本格式

文本是 Excel 2016 图表不可或缺的元素，如图表标题、坐标轴刻度、图例和数据标签等元素都是通过文本来表示的。在设置图表时，还可以根据需要设置图表中文本的格式。

【例 9-23】在【成绩统计】工作表中设置图表中文本内容的格式。

(1) 在【格式】选项卡的【当前所选内容】命令组中单击【图表元素】下拉按钮，在弹出的下拉列表中选中【图表标题】选项。

(2) 在出现的【图表标题】文本框中输入图表标题文字【成绩统计】。

(3) 右击图表标题，在弹出的菜单中选中【字体】命令。

(4) 在打开的【字体】对话框中设置标题文本的格式后，单击【确定】按钮，即可设置图表标题文本的格式，如图 9-72 所示。

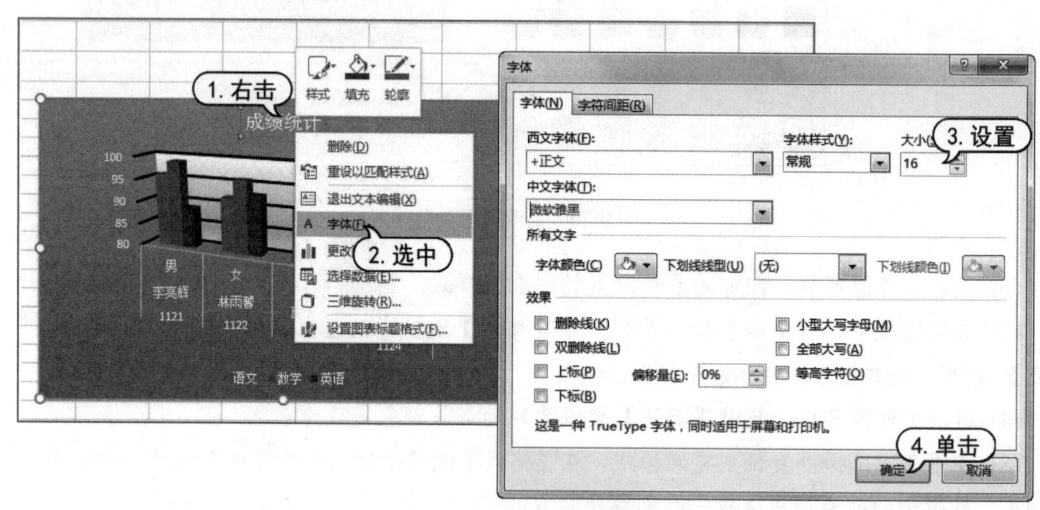

图 9-72　设置图表标题文本的格式

(5) 使用同样的方法可以设置纵坐标轴刻度文本、横坐标文本、图例文本的格式。

9.5.13　添加图表辅助线

在 Excel 2016 的图表中，可以添加各种辅助线来分析和观察图表数据内容。Excel 2016 支持的图表数据分析功能主要包括趋势线、折线、涨/跌柱线和误差线等。

1. 添加趋势线

趋势线是以图形的方式表示数据系列的变化趋势并对以后的数据进行预测，可以在 Excel 2016 的图表中添加趋势线来帮助数据分析。

【例 9-24】在【成绩统计】工作表中添加趋势线。

(1) 打开【成绩统计】工作簿的 Sheet1 工作表，然后选中图表，在【设计】选项卡的【图表布局】命令组中单击【添加图表元素】下拉列表按钮，在弹出的下拉列表中选中【趋势线】|【其他趋势线选项】选项。

(2) 在打开的【添加趋势线】对话框中选中【语文】选项，然后单击【确定】按钮，如图 9-73 所示。

(3) 在打开的【设置趋势线格式】窗格的【趋势线选项】选项区域中设置趋势线参数。

(4) 此时，在图表上添加了如图 9-74 所示的趋势线。

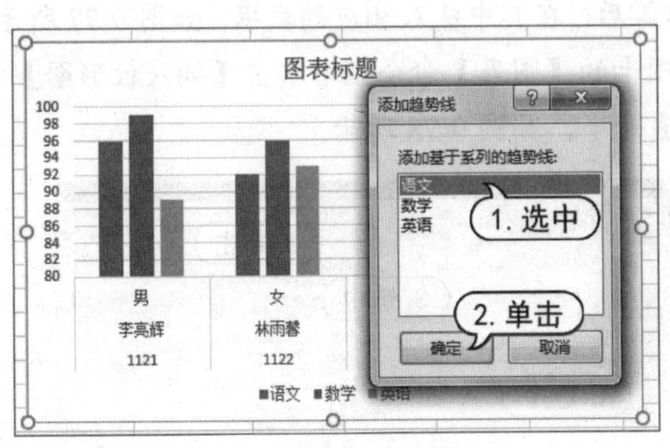

图 9-73　【添加趋势线】对话框

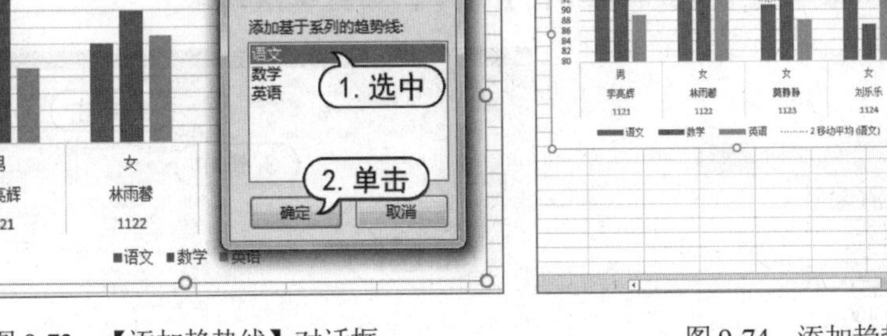

图 9-74　添加趋势线效果

(5) 右击添加的趋势线，从弹出的快捷菜单中选择【设置趋势线格式】命令，打开【设置趋势线格式】窗格，可以设置趋势线的各项参数。

2. 添加误差线

运用图表进行回归分析时，如果需要表现数据的潜在误差，则可以为图表添加误差线，其操作和添加趋势线的方法相似。

【例 9-25】在【成绩统计】工作簿中添加误差线。

(1) 打开【成绩统计】工作表后，选中图表中需要添加误差线的数据系列【语文】。

(2) 在【设计】选项卡的【图表布局】命令组中单击【添加图表元素】下拉列表按钮，在弹出的下拉列表中选中【误差线】|【其他误差线选项】选项。

(3) 打开【设置误差线格式】窗格，然后在该窗格中设置误差线的参数，如图 9-75 所示。

(4) 完成以上设置后，将在图表中添加如图 9-76 所示的误差线。

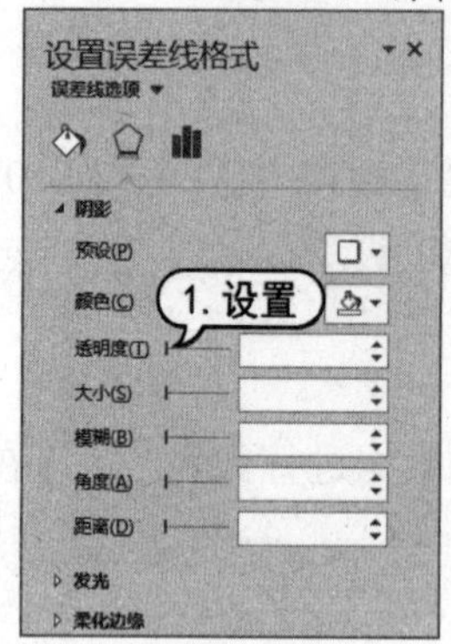

图 9-75　【设置误差线格式】窗格

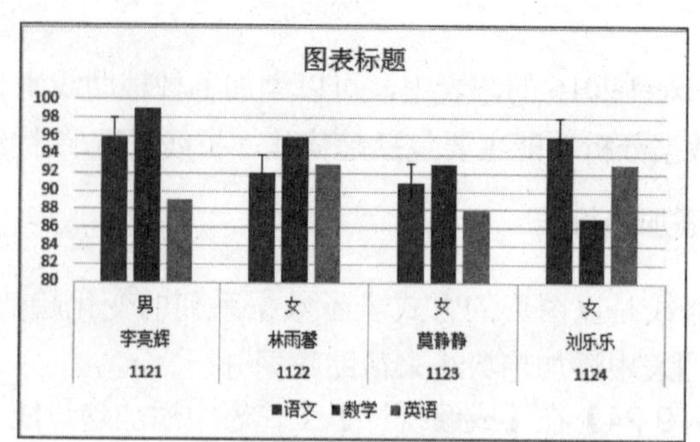

图 9-76　误差线效果

9.6　上机练习

本章的上机练习将介绍在 Excel 中设置动态数据图表的方法，用户可以通过实例操作巩固所学的知识。

(1) 创建一个名为【销量分析表】的空白工作簿后，在其中输入相应的数据，如图 9-77 所示。

(2) 选中 A1:B8 单元格区域，在【插入】选项卡的【图表】命令组中单击【插入柱形图】拆分按钮，在弹出的下拉列表中选中【簇状柱形图】命令，如图 9-78 所示。

	A	B	C
1	时间	数据	
2	1月	300	
3	2月	500	
4	3月	800	
5	4月	400	
6	5月	200	
7	6月	700	
8	7月	1100	
9			

图 9-77　【销量分析表】工作簿

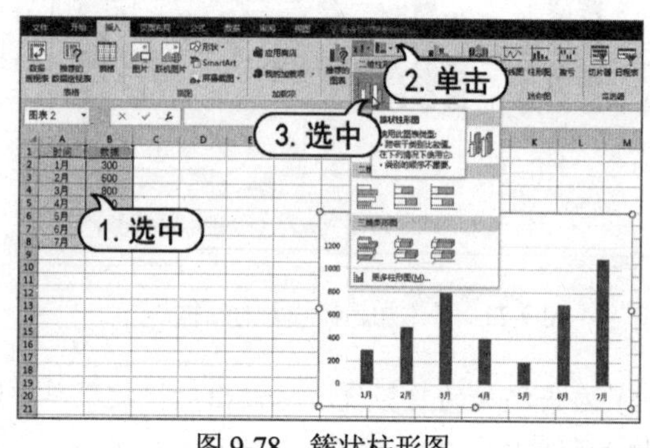

图 9-78　簇状柱形图

(3) 此时，将在工作表中插入一个簇状柱形图。

(4) 选中 A1 单元格后，选择【公式】选项卡，在【定义的名称】组中单击【名称管理器】选项。

(5) 在打开的【名称管理器】对话框中单击【新建】按钮，如图 9-79 所示。

(6) 在打开的【新建名称】对话框中的【名称】文本框中输入文本“时间”，然后单击【范围】下拉列表按钮，在弹出的下拉列表中选中 Sheet1 选项，如图 9-80 所示。

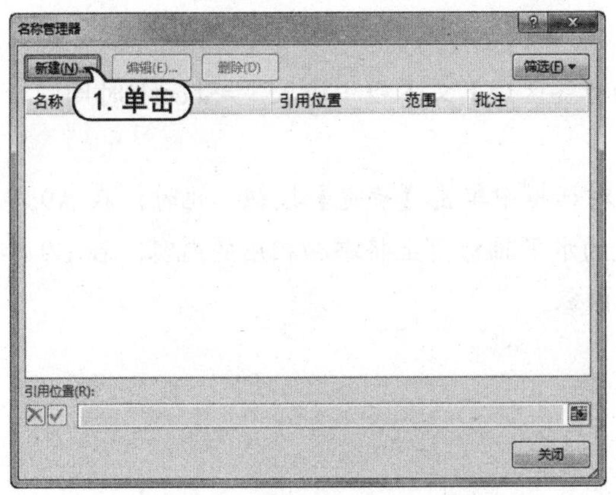

图 9-79　【名称管理器】对话框

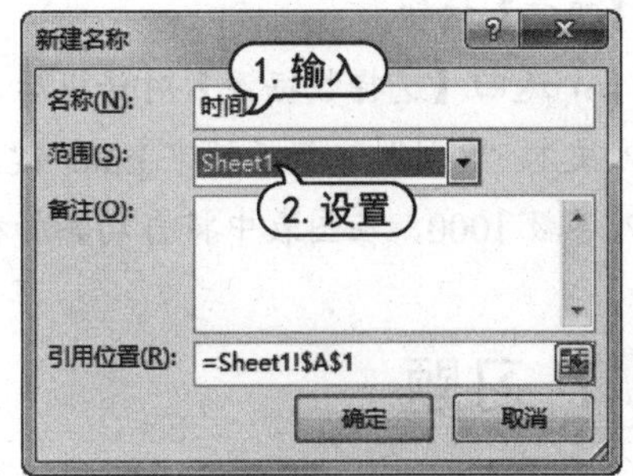

图 9-80　【新建名称】对话框

(7) 在【新建名称】对话框的【引用位置】文本框中输入如下公式。

```
=Sheet1!$A$2:$A$13
```

单击【确定】按钮。

(8) 返回【名称管理器】对话框后，再次单击【新建】按钮。

(9) 在打开的【新建名称】对话框的【名称】文本框中输入文本“数据”，单击【范围】下拉列表按钮，在弹出的下拉列表中选择 Sheet1 选项，在【引用位置】文本框中输入如下公式。

```
=OFFSET(Sheet1!$B$1,1,0,COUNT(Sheet1!$B:$B))
```

单击【确定】按钮，如图 9-81 所示，返回【名称管理器】对话框。

(10) 在【名称管理器】对话框中单击【关闭】按钮。

(11) 选中工作表中插入的图表，选择【设计】选项卡，在【数据】组中单击【选择数据】按钮。

(12) 在打开的【选择数据源】对话框中，单击【图例项】选项区域中的【编辑】按钮。

(13) 打开【编辑数据系列】对话框的【系列值】文本框中输入“=Sheet1!数据”，然后单击【确定】按钮，如图 9-82 所示。

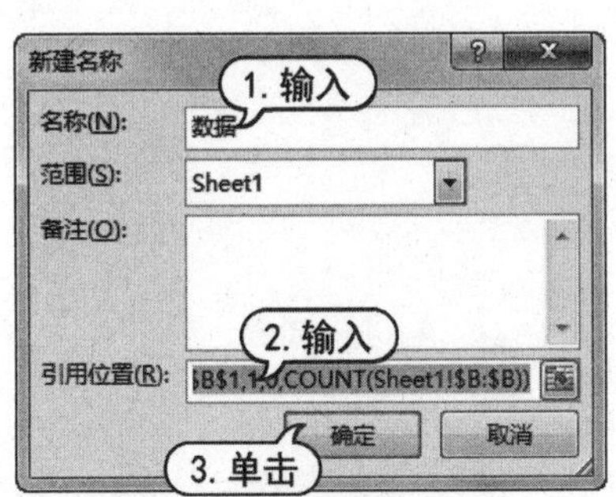

图 9-81　【新建名称】对话框

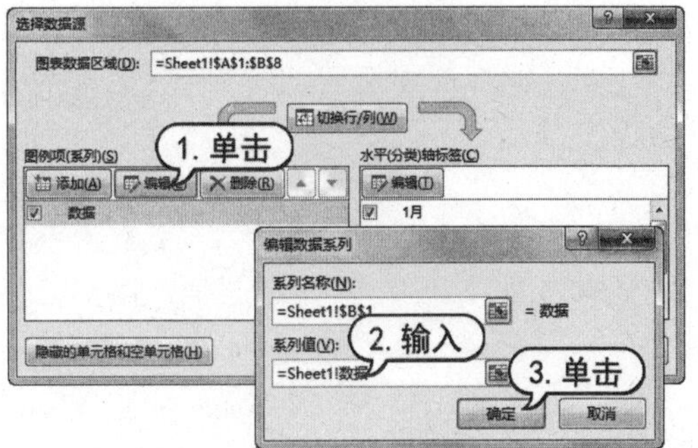

图 9-82　【编辑数据系列】对话框

(14) 返回【选择数据源】对话框后，在该对话框的【水平(分类)轴标签】列表框中单击【编

辑】按钮。

(15) 在打开的【轴标签】对话框中的【轴标签区域】文本框中输入“=Sheet1!时间”，然后单击【确定】按钮。

(16) 返回【选择数据源】对话框后，在该对话框中单击【确定】按钮。此时，在 A9 单元格中输入文本“8 月”，然后按下 Enter 键，图表的水平轴标签上将添加相应的内容。在 B9 单元格中输入参数 1000，在图表中将自动添加相应的内容。

9.7 习题

1. 创建【笔记本电脑报价表】工作簿，并根据笔记本电脑价格从低到高排序表格中的数据。
2. 在【笔记本电脑报价表】工作簿中，通过高级筛选功能筛选出品牌为惠普，价格小于4000元的记录。
3. 练习创建【销售明细】工作表，并在该工作表中创建数据透视表。
4. 图表主要有哪几种类型？
5. 使用 Excel 2016 创建【员工业绩考核表】工作表，并在输入数据后添加饼状图表。

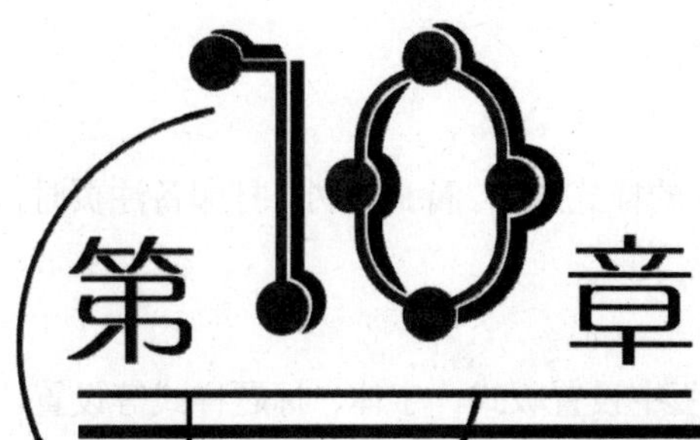

第10章 PPT幻灯片的设计与编辑

学习目标

从本章开始，将带领用户学习 PowerPoint 2016 软件的应用方法。PowerPoint 是专业的演示文稿制作软件，为用户提供了丰富的背景和配色方案，用于制作精美的幻灯片效果。本章将主要介绍使用 PowerPoint 设计与编辑演示文稿的方法与技巧。

本章重点

- ◉ 制作幻灯片母版
- ◉ 编辑幻灯片内容
- ◉ 在幻灯片中插入媒体文件
- ◉ 设置动作按钮

10.1 制作幻灯片母版

使用 PowerPoint 2016 设计幻灯片之前，不妨花一些时间为幻灯片制作适用的母版。当母版制作好后，应用母版即可快速制作出一套甚至一系列内容连贯、风格统一并且易于批量管理的演示文稿效果。

10.1.1 幻灯片母版简介

幻灯片母版可以看作是一组幻灯片设置，它通常由统一的颜色、字体、图片背景、页面设置、页眉页脚设置、幻灯片方向以及图文版式组成。需要注意的是，母版并不是 PowerPoint 模板，它仅是一组设定。母版既可以保存在模板文档内，也可以保存在非模板文档中。一份演示文稿文档，既可以只使用一个母版，也可以同时使用多个母版，所以母版与文档并无一一对应的关系。

在 PowerPoint 中可以使用的母版有以下几种。

- 幻灯片母版：仅将其中包含的设置套用至幻灯片上。
- 讲义母版：仅应用于讲义打印。
- 备注母版：当切换为备注视图时，将以备注母版的样式显示。除此之外，打印备注页时，也依据此母版设置的样式打印输出。

使用母版的优势主要表现在以下两个方面。

- 方便统一样式，简化幻灯片制作：只需要在母版中设置版式、字体、标题样式等设置，所有使用此母版的幻灯片将自动继承母版的样式、版式等设置。因而使用母版后，可以快速制作出大量样式、风格统一的幻灯片。
- 方便修改：修改母版后，所做的修改将自动套用至应用该母版的所有幻灯片上，并不需要一一手动修改所有幻灯片。

10.1.2 进入与关闭母版视图

当用户打开 PowerPoint 文档时，软件默认处于幻灯片编辑状态，此时用户所做的任何设置均应用于幻灯片本身，而不会对母版做任何修改。只有切换至母版视图时，用户所做的修改才会作用于母版。

1. 进入母版视图

选择【视图】选项卡，在【母版视图】命令组中单击【幻灯片母版】按钮，即可进入幻灯片母版编辑状态。如果用户需要编辑讲义母版或备注母版，可以单击【讲义母版】按钮，或【备注母版】按钮，如图 10-1 所示。

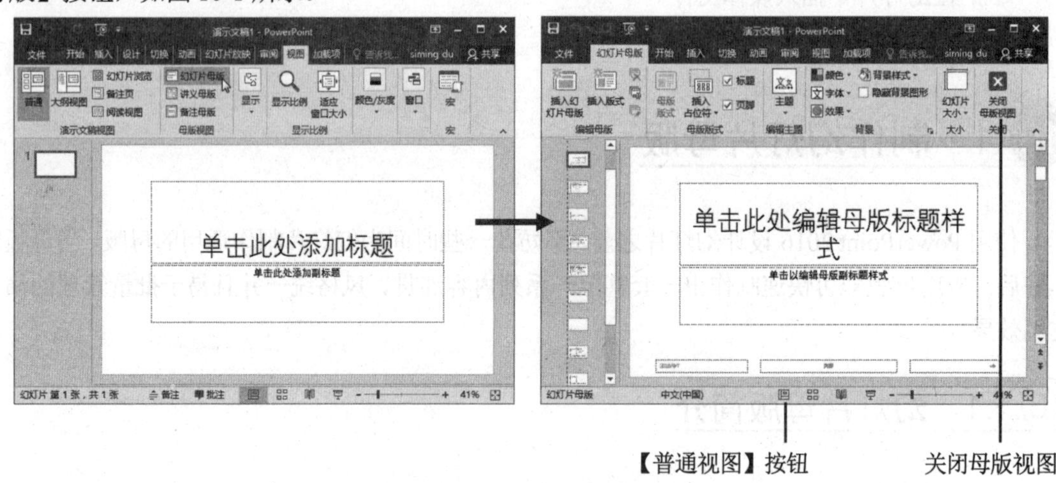

图 10-1 进入母版编辑状态

2. 退出母版编辑状态

母版编辑完毕，关闭母版视图后母版上所做的修改将自动套用至所有使用此母版的幻灯片。

退出母版编辑状态的常用方法有以下两种。

- 单击窗口下方的【普通视图】按钮，如图 10-1 所示，即可马上切换至普通视图并退出母版编辑状态。
- 选择【幻灯片母版】选项卡，在【关闭】命令组中单击【关闭母版视图】按钮☒。

10.1.3　设置幻灯片标题母版

标题母版用于为标题幻灯片设置样式效果，在演示文稿中通常第一张幻灯片作为标题幻灯片。下面将以制作“公司产品宣传”演示文稿为例，介绍设置幻灯片标题母版的方法。

(1) 选择【设计】选项卡，在【自定义】命令组中单击【幻灯片大小】下拉按钮，在弹出的菜单中选择【自定义幻灯片大小】命令。

(2) 打开【幻灯片大小】对话框，将【幻灯片大小】设置为【全屏显示(4:3)】，然后单击【确定】按钮，如图 10-2 所示。

图 10-2　自定义幻灯片大小

(3) 选择【视图】选项卡，在【母版视图】命令组中单击【幻灯片母版】按钮，进入幻灯片母版视图。

(4) 选择 Office 主题幻灯片母版，右击文档窗口，在弹出的菜单中选择【设置背景格式】命令，如图 10-3 所示。

(5) 打开【设置背景格式】窗格，选中【纯色填充】单选按钮，然后单击【填充颜色】按钮。在弹出的颜色选择器中选择【白色】，如图 10-4 所示。

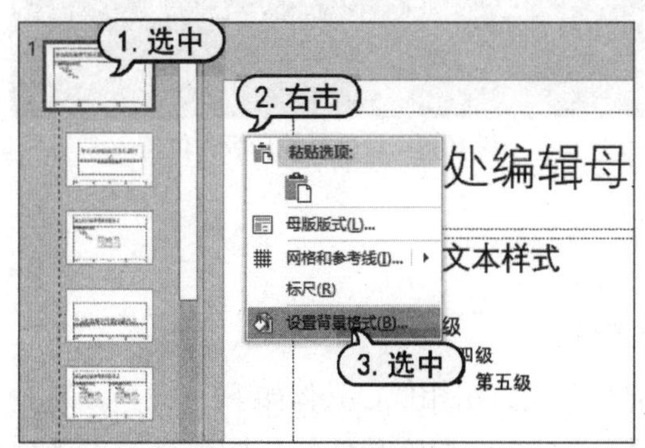

图 10-3　设置背景格式

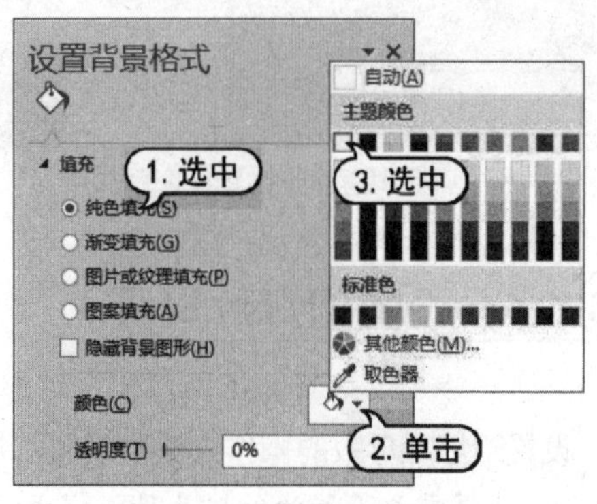

图 10-4　设置幻灯片背景

(6) 选中标题幻灯片母版，在【设置背景格式】窗格中为该母版设置如图 10-5 所示的背景图像。

(7) 选择【插入】选项卡，在【图像】命令组中单击【图片】按钮，打开【插入】对话框。在幻灯片母版中插入两张图片，并调整图片的位置，如图 10-6 所示。

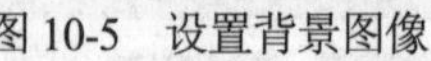

图 10-5　设置背景图像

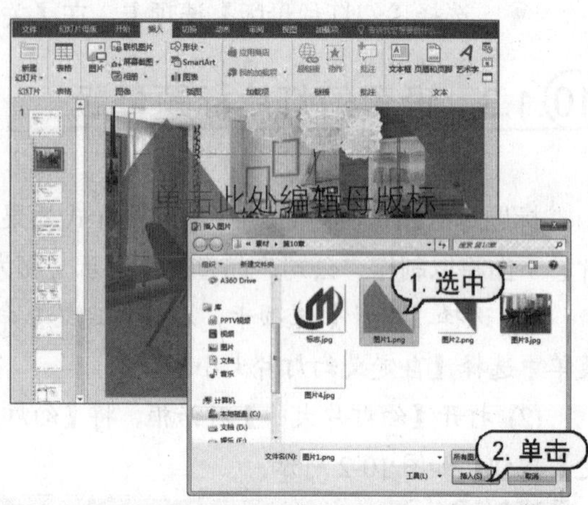

图 10-6　插入图片

(8) 选中标题母版中的标题占位符，右击鼠标，在弹出的菜单中选择【置于顶层】|【置于顶层】命令，如图 10-7 所示。

(9) 选择【开始】选项卡，在【字体】命令组中将【字体】设置为【微软雅黑】，将【字号】设置为 28，然后拖动鼠标调整标题母版的位置。

(10) 选中母版副标题占位符，按下 Delete 键将其删除。重复以上操作调整日期和页脚占位符的位置，在其中输入文本并设置文本格式，如图 10-8 所示。

图 10-7　将标题占位符置顶

图 10-8　设置其他母版占位符

10.1.4　设置幻灯片母版

设置幻灯片母版的操作方法与设置幻灯片标题母版的方法相似，具体如下。

(1) 选择需要设置的幻灯片母版样式(如“标题和内容”)，删除母版文本占位符。选择【插入】

选项卡，在【图像】命令组中单击【图片】按钮，打开【插入图片】对话框。选择需要插入的图片，单击【插入】按钮，如图 10-9 所示。

(2) 选中插入的图片，拖动图片的位置，如图 10-10 所示。

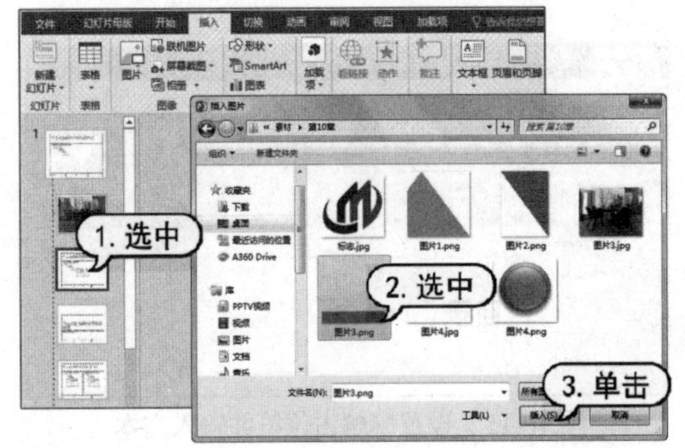

图 10-9　在“标题和内容”母版中插入图片

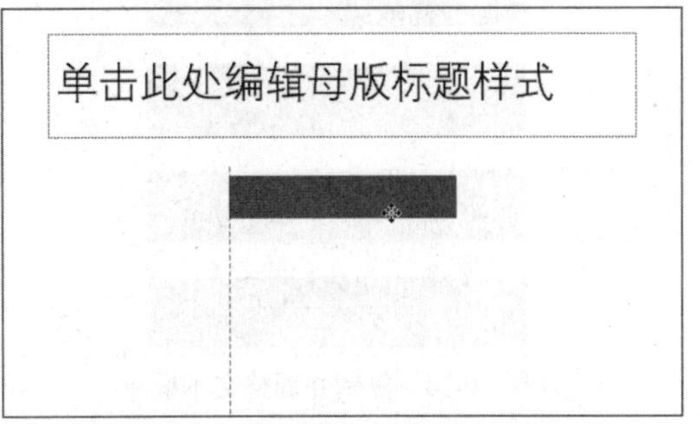

图 10-10　调整图片在母版中的位置

(3) 按下 Ctrl+C 组合键复制图片，然后按下 3 次 Ctrl+V 组合键粘贴图片，并调整图片在幻灯片母版中的位置，如图 10-11 所示。

(4) 重复步骤(1)~(3)的操作，在幻灯片中插入图片，复制图片，并调整图片在幻灯片中的位置，如图 10-12 所示。

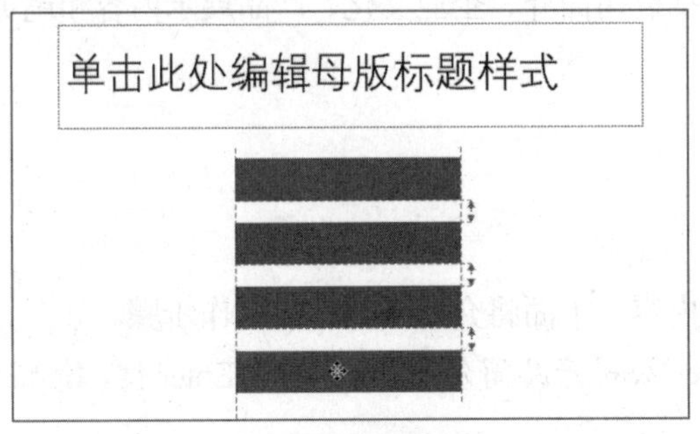

图 10-11　复制并调整图片位置

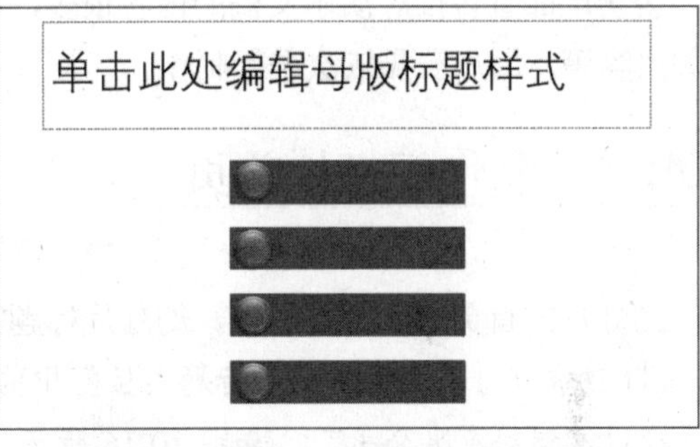

图 10-12　在幻灯片母版中设置更多图片

(5) 选择【幻灯片母版】选项卡。在【母版版式】命令组中单击【插入占位符】下拉按钮，在弹出的菜单中选择【内容】命令，在页面中插入一个如图 10-13 所示的文本样式占位符。

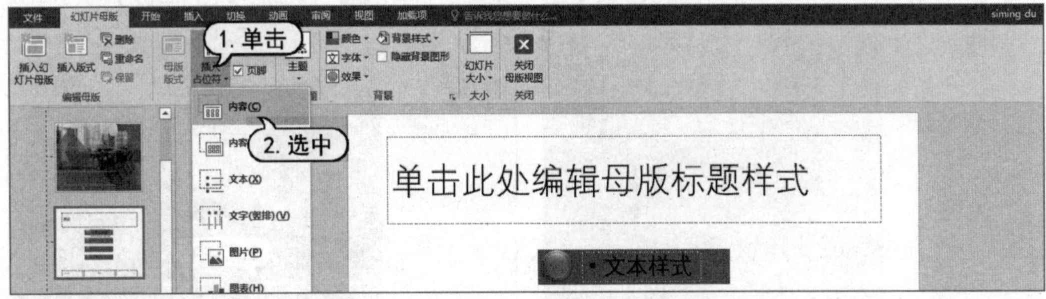

图 10-13　在幻灯片母版中插入横排文本框

(6) 选中幻灯片母版中的横排文本框，按下 Ctrl+C 组合键复制，然后按下 3 次 Ctrl+V 组合键粘贴文本框，并调整文本框在母版中的位置，如图 10-14 所示。

(7) 选中幻灯片母版中的标题占位符，选择【开始】选项卡。在【字体】命令组中设置占位符中的文本字体为【微软雅黑】，字号为 28，然后在占位符中输入“目录”，如图 10-15 所示。

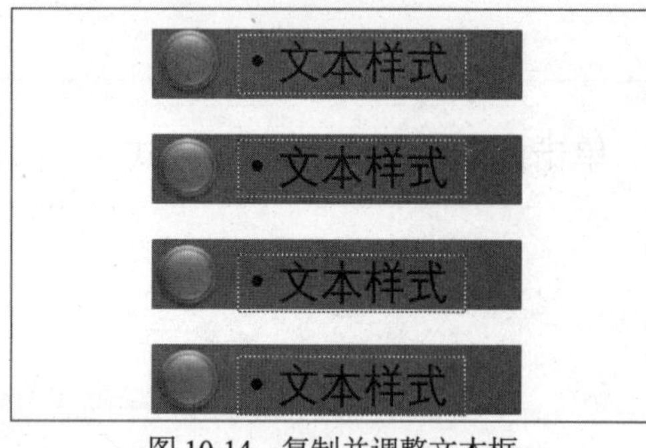

图 10-14　复制并调整文本框

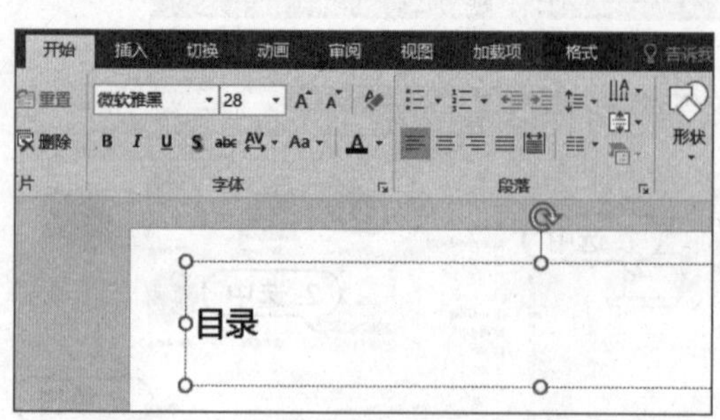

图 10-15　设置标题占位符并输入文本

(8) 在【幻灯片母版】选项卡中单击【关闭母版视图】按钮，退出幻灯片母版编辑状态。

10.2　制作幻灯片内容

公司产品宣传推广演示文稿的内容很多，包括公司简介、企业文化、产品展示内容和尾页的相关内容等，用户需要依次进行制作。

10.2.1　制作幻灯片首页

幻灯片的首页包括公司名称、幻灯片标题等内容。下面将介绍其具体的制作步骤。

(1) 选中第 1 张幻灯片，在标题占位符中输入“公司产品简介”。然后按下 Enter 键，输入“中国景通过滤材料有限公司”，如图 10-16 所示。

(2) 在【开始】选项卡的【段落】命令组中单击【左对齐】按钮，然后选中标题中的文本“中国景通过滤材料有限公司”，在【字体】文本框中将字号设置为 16，如图 10-17 所示。

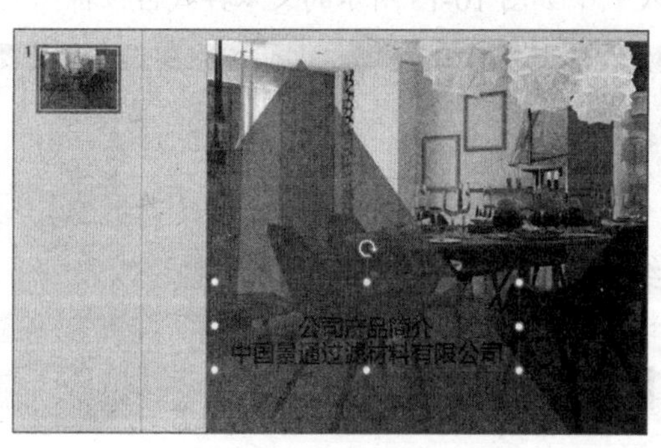

图 10-16　输入标题文本

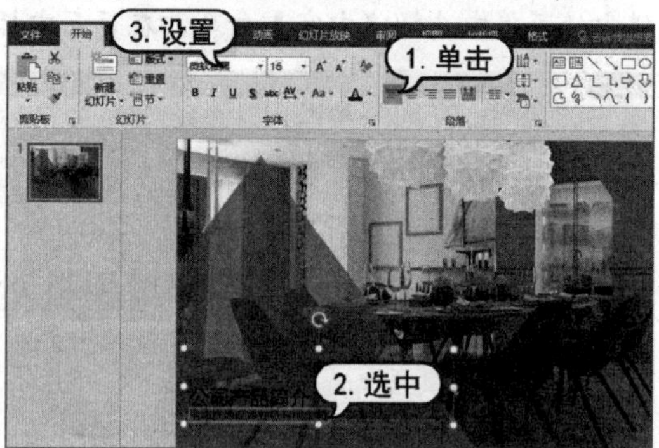

图 10-17　设置标题文本格式

(3) 选中标题占位符中的所有文本，在【开始】选项卡的【段落】命令组中单击 按钮，打开【段落】对话框。将【行距】设置为【1.5 倍行距】，然后单击【确定】按钮。设置标题占位符中段落的行间距，如图 10-18 所示。

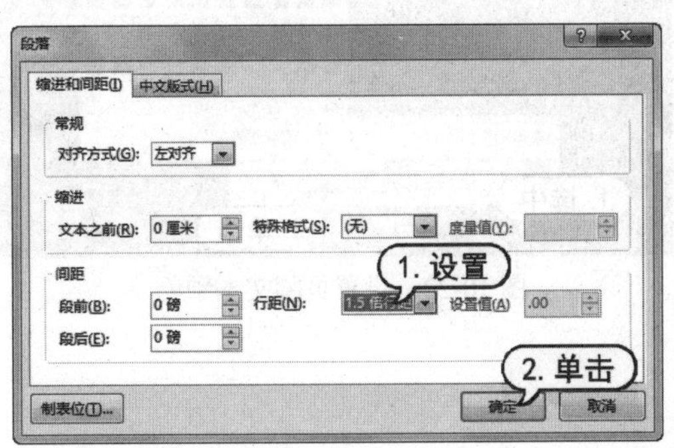

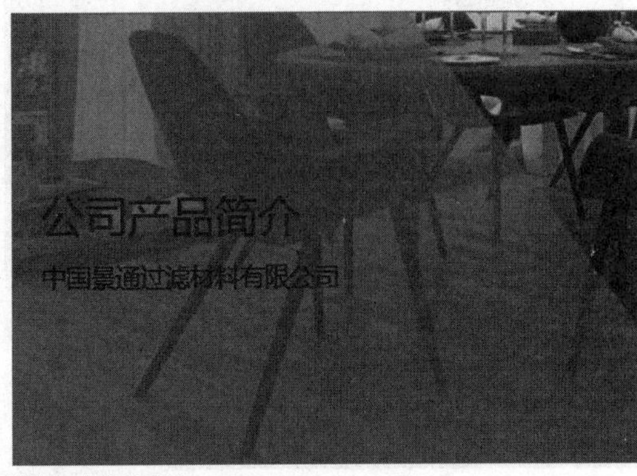

图 10-18　设置标题文本行间距

(4) 选择【插入】选项卡。在【插图】命令组中单击【形状】下拉按钮，在弹出的菜单中选择【直线】命令，如图 10-19 所示。

(5) 按住 Shift 键在幻灯片中绘制一条直线，在【格式】选项卡的【形状样式】命令组中选择一种形状样式，如图 10-20 所示。

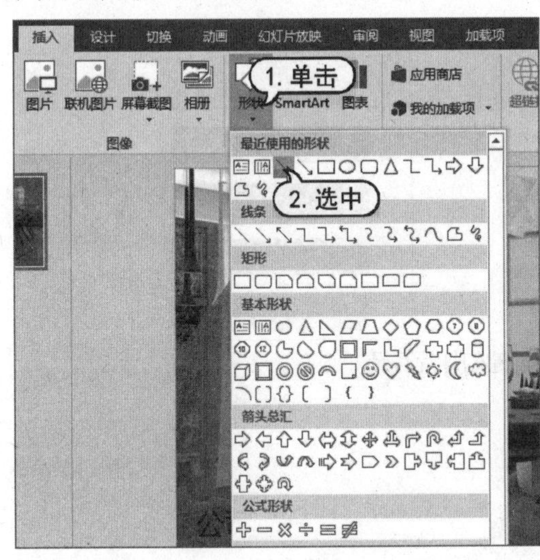

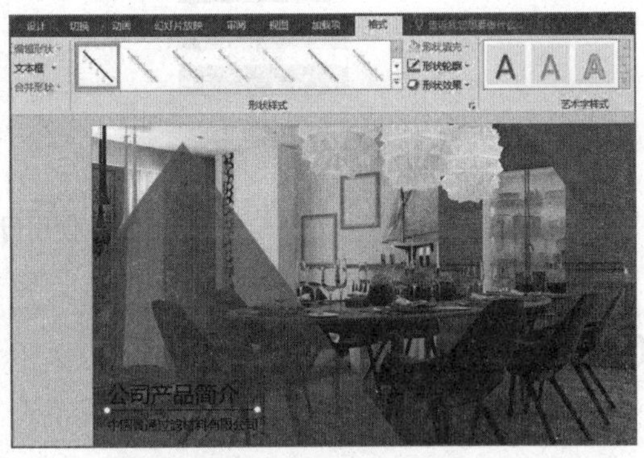

图 10-19　在幻灯片中插入直线　　　　图 10-20　设置形状样式

(6) 选择【插入】选项卡，在【文本】命令组中单击【日期和时间】按钮，打开【页眉和页脚】对话框。选中【日期和时间】复选框，设置【自动更新】的格式。

(7) 选中【页脚】复选框，在其下的文本框中输入“专业的过滤材料供应商”，然后单击【应用】按钮，如图 10-21 所示。

(8) 选中幻灯片中插入的页脚文本，在显示的工具栏中单击【字体颜色】下拉按钮 ，在弹出的颜色选择器中设置页脚文本的颜色，如图 10-22 所示。

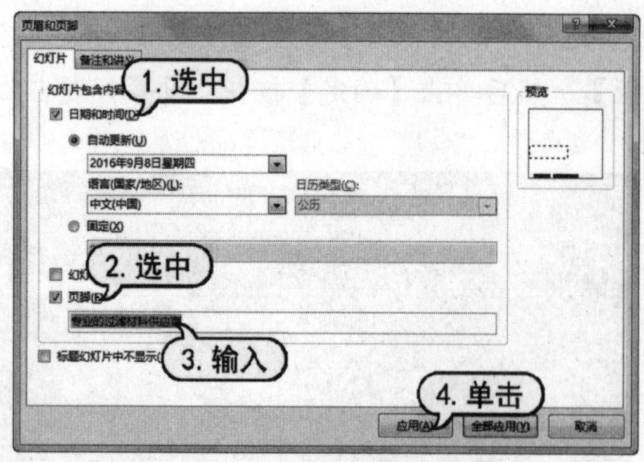

图 10-21 【页眉和页脚】对话框

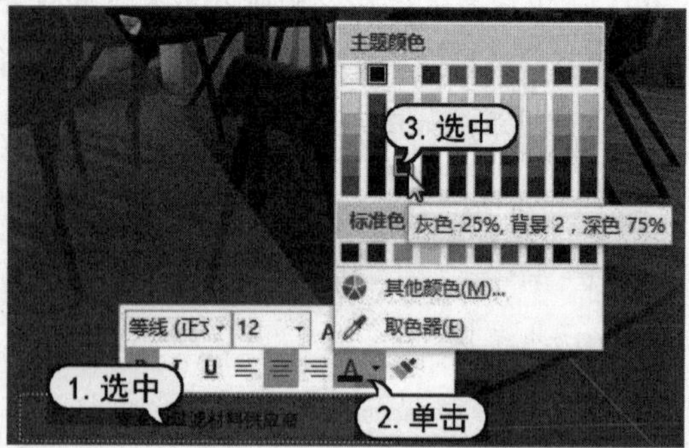

图 10-22 设置页脚文本颜色

10.2.2 制作目录幻灯片

完成演示文稿首页幻灯片的制作后，可以根据制作的幻灯片母版制作一个目录，具体操作步骤如下。

(1) 选中第 1 张幻灯片，按下 Enter 键插入第 2 张幻灯片。

(2) 将鼠标指针分别插入幻灯片中的占位符中，输入如图 10-23 所示的文本。

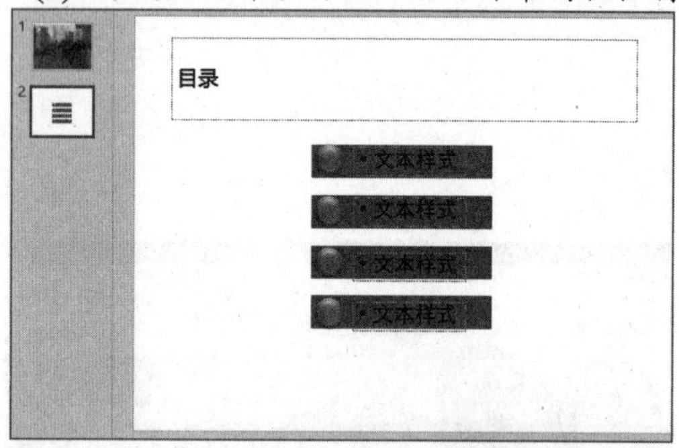

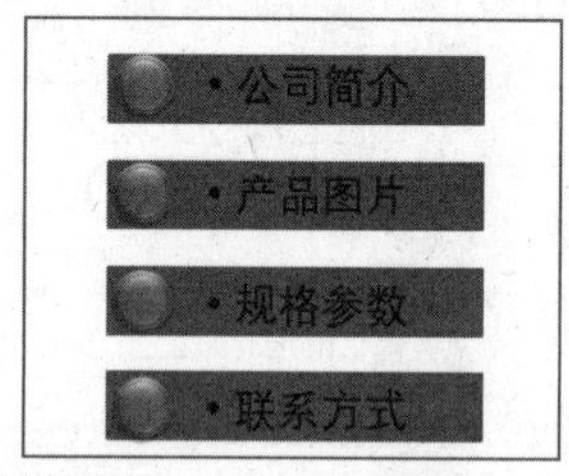

图 10-23 使用母版创建幻灯片目录

10.2.3 制作公司简介幻灯片

制作好演示文稿的首页和目录后，下面需要制作公司简介幻灯片，以便让观众在了解产品的同时了解公司及企业的文化。

(1) 选中第 2 张幻灯片，选择【插入】选项卡。在【幻灯片】命令组中单击【新建幻灯片】下拉按钮，在弹出的列表中选择【节标题】选项，如图 10-24 所示。

(2) 插入第 3 张幻灯片，选中幻灯片中的占位符，调整标题占位符和文本占位符在幻灯片中的大小和位置，如图 10-25 所示。

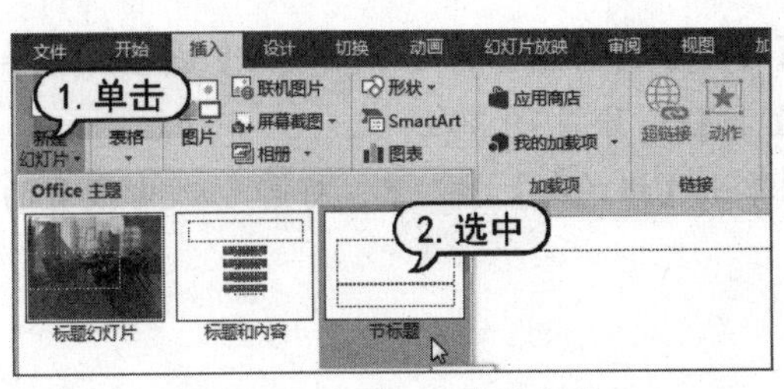

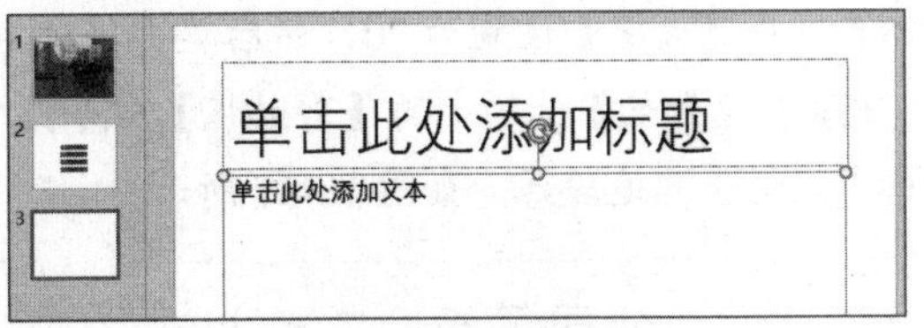

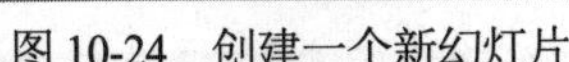

图 10-24　创建一个新幻灯片　　　　图 10-25　调整占位符的位置和大小

(3) 单击标题占位符，在其中输入文本“公司简介”。在【开始】选项卡的【字体】命令组中单击按钮，打开【字体】对话框，将【中文字体】设置为【微软雅黑】，【大小】设置为 48，如图 10-26 所示。

(4) 选择【字符间距】选项卡，将【间距】设置为【加宽】，【度量值】设置为【12 磅】，然后单击【确定】按钮，设置字符间距，如图 10-27 所示。

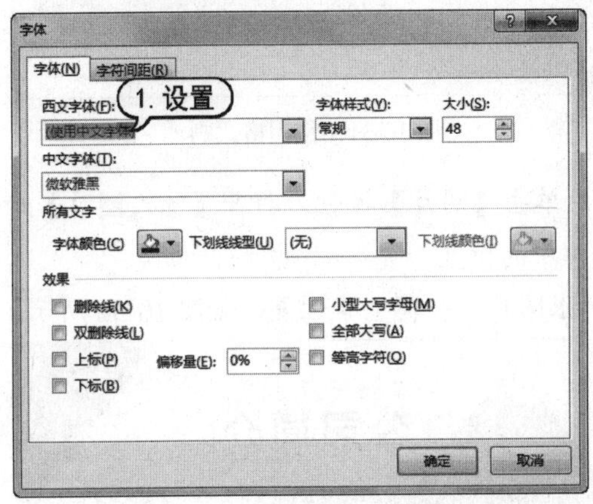

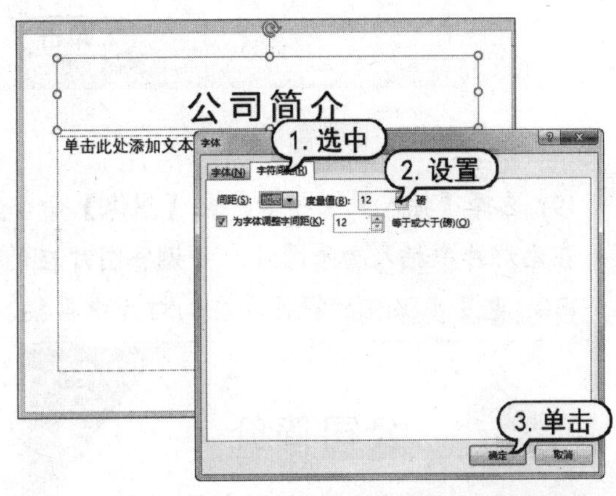

图 10-26　设置字体和字体大小　　　　图 10-27　设置字符间距

(5) 单击【单击此处添加文本】占位符，输入公司简介文本，如图 10-28 所示。

(6) 选中公司简介文本中的第一段文本，在【开始】选项卡的【段落】命令组中单击按钮，打开【段落】对话框。将【特殊格式】设置为【首行缩进】，然后单击【确定】按钮，如图 10-29 所示。

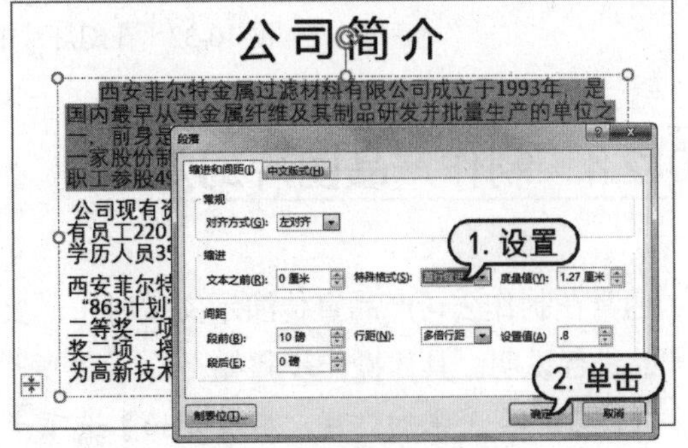

图 10-28　输入公司简介文本　　　　图 10-29　设置首行缩进

(7) 在【字体】命令组中单击按钮，打开【字体】对话框。将【中文字体】设置为【华文楷体】，将【大小】设置为 20，然后单击【确定】按钮，如图 10-30 所示。

(8) 在【开始】选项卡的【剪贴板】命令组中单击【格式刷】按钮，将第 1 段中设置的文本格式应用于其他段落，如图 10-31 所示。

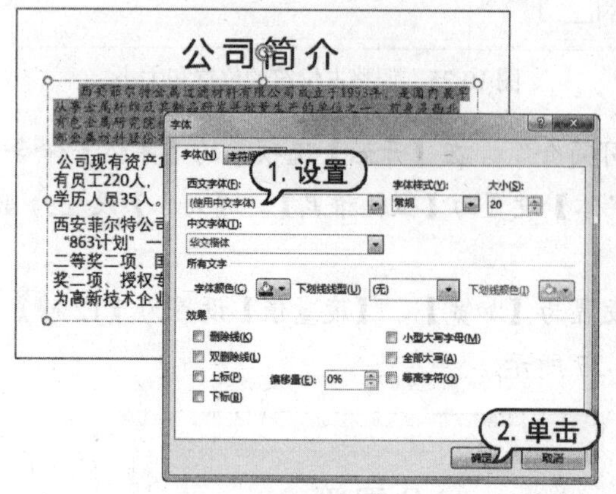

图 10-30 设置第一段文本格式

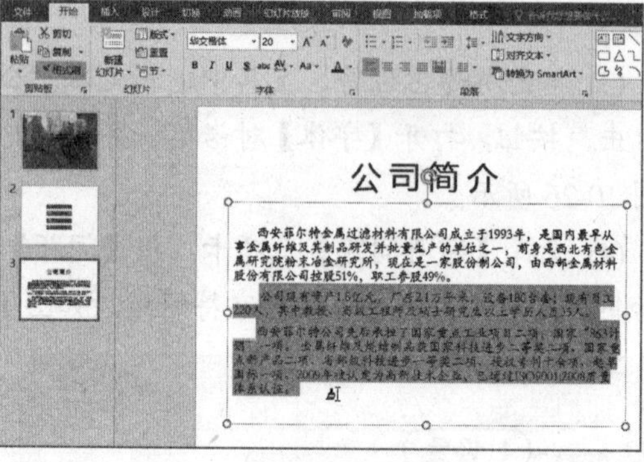

图 10-31 使用格式刷

(9) 选择【插入】选项卡，在【图像】命令组中单击【图片】按钮，打开【插入图片】对话框。在幻灯片中插入两张图片，并调整图片在幻灯片中的位置。

(10) 重复步骤(9)的操作，在幻灯片中再插入两张图片，并调整其位置，如图 10-32 所示。

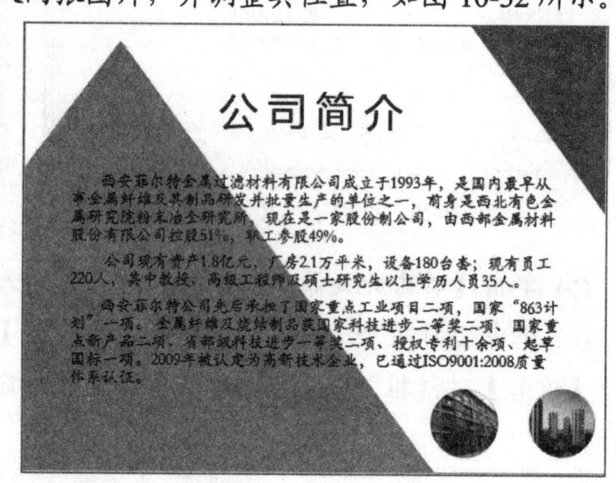

图 10-32 在幻灯片中插入并调整图片位置

10.2.4 制作产品图片幻灯片

通常在制作公司产品宣传演示文稿时，需要特别介绍公司产品，即需要插入图片并对图片中的产品进行说明。具体操作步骤如下。

(1) 选中第 3 张幻灯片，在【开始】选项卡的【幻灯片】命令组中单击【新建幻灯片】下拉按钮，在弹出的列表中选择【两栏内容】选项，如图 10-33 所示。

(2) 此时，可以看到幻灯片的版式已经更改为两栏样式，在左侧占位符中单击【插入来自文件的图片】按钮，如图 10-34 所示。

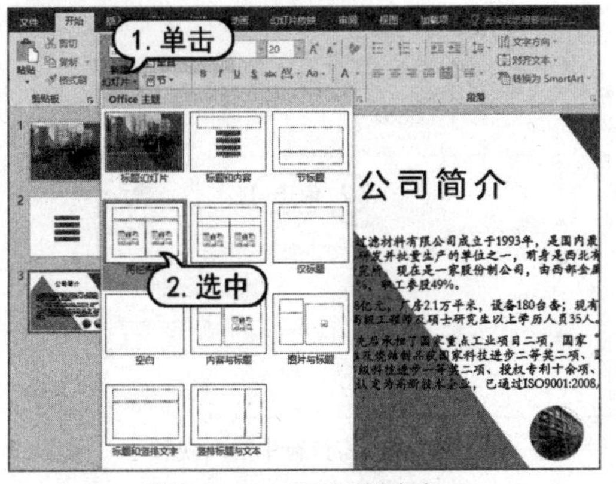

图 10-33　插入两栏内容

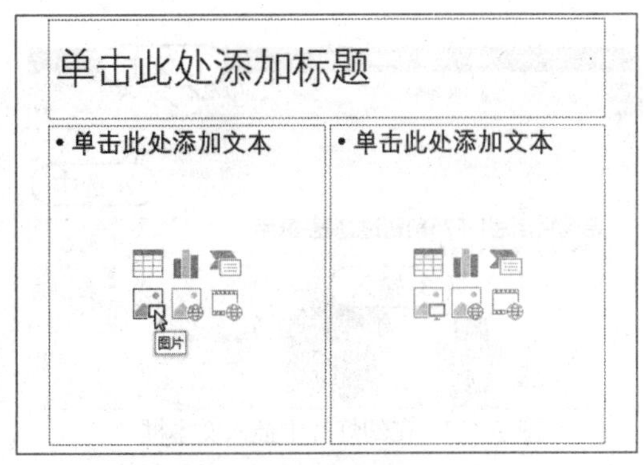

图 10-34　通过占位符插入图片

(3) 打开【插入图片】对话框，选中一个图片文件后，单击【插入】按钮。在幻灯片中插入一张图片，如图 10-35 所示。

(4) 重复步骤(4)的操作，在幻灯片右侧占位符中也插入一张图片。然后右击该图片，在弹出的菜单中选择【设置图片格式】命令，打开【设置图片格式】窗格。将【柔化边缘】的【大小】设置为 32 磅，如图 10-36 所示。

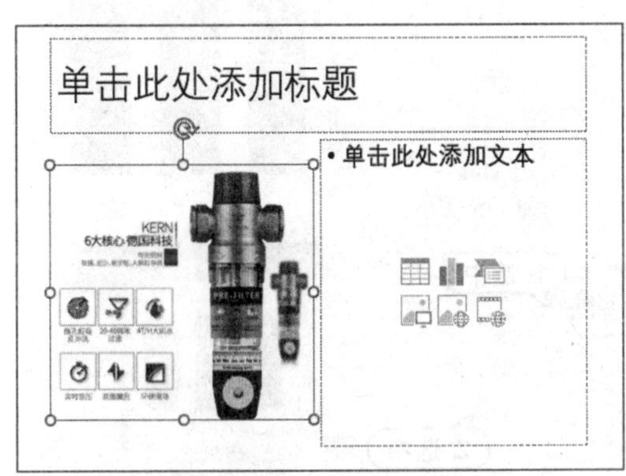

图 10-35　在左侧占位符中插入图片

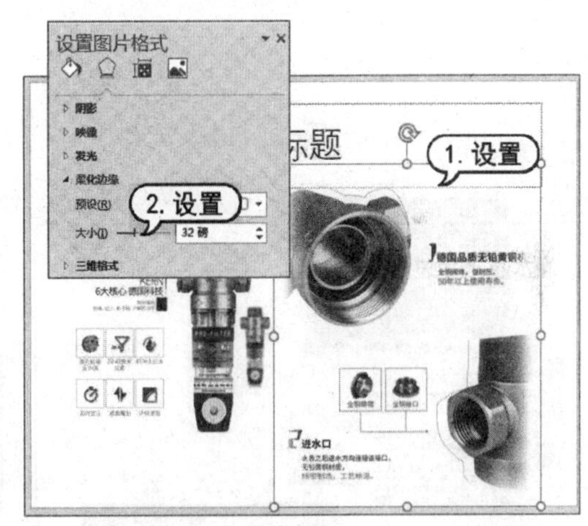

图 10-36　设置图片柔化边缘

(5) 单击标题占位符，输入文本“德国特洁恩 DF25 前置过滤器-家用”，并在【开始】选项卡的【字体】命令组中设置字体为【微软雅黑】，【字号】设置为 32。

(6) 选择【插入】选项卡，在【文本】命令组中单击【文本框】下拉按钮。在弹出的菜单中选择【横排文本框】命令，在幻灯片中插入一个文本框，并在其中输入“反冲洗自来水过滤器净水器 官配”，如图 10-37 所示。

(7) 选中第 4 张幻灯片，在【开始】选项卡的【幻灯片】命令组中单击【新建幻灯片】下拉按钮，在弹出的列表中选择【内容与标题】选项。

(8) 在第 4 张幻灯片右侧的占位符中单击【插入视频文件】按钮，打开【插入视频】对话框。单击【来自文件】选项后的【浏览】按钮，如图 10-38 所示。

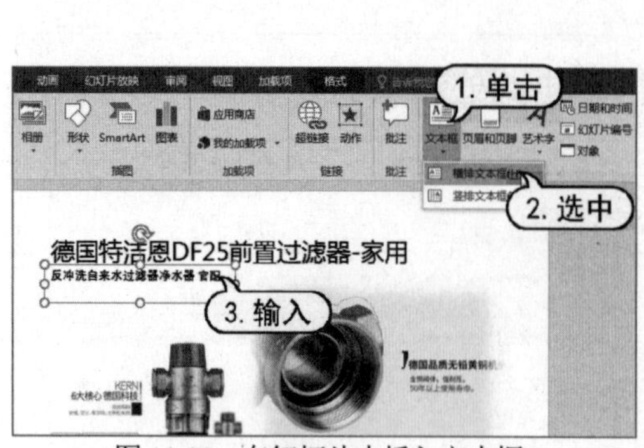
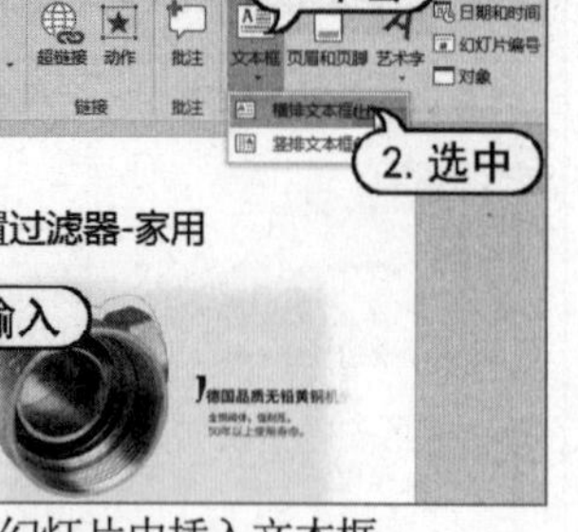

图 10-37　在幻灯片中插入文本框

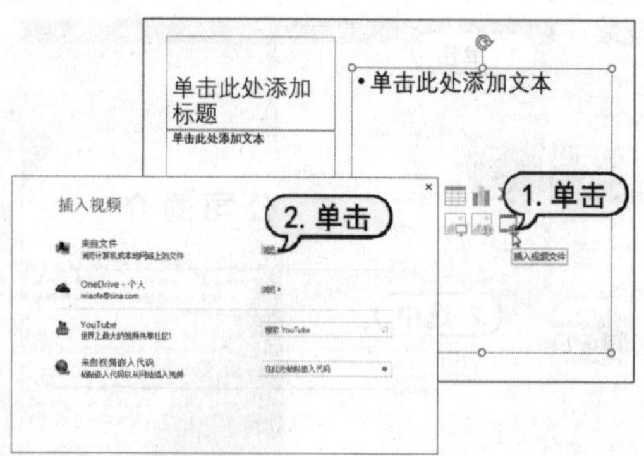

图 10-38　在占位符中插入视频

(9) 打开【插入视频文件】对话框，选中一个视频文件后单击【插入】按钮，在幻灯片中插入视频。

(10) 在标题和文本占位符中输入文本，并调整幻灯片中视频和文本的位置如图 10-39 所示。

(11) 选择【插入】选项卡，在【插图】命令组中单击 SmartArt 按钮，打开【插入 SmartArt】对话框。选中【图片重点列表】选项，然后单击【确定】按钮，在幻灯片中插入一个如图 10-40 所示的 SmartArt 图形。

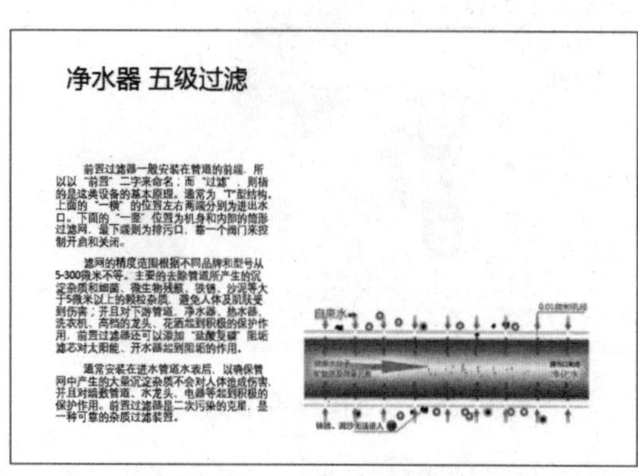

图 10-39　插入视频和文本

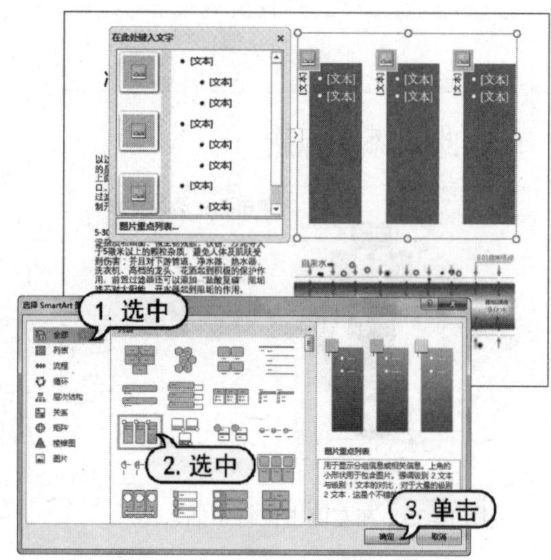

图 10-40　插入 SmartArt 图形

(12) 在 SmartArt 图形中的文本框中输入相应的文本，然后单击其中的按钮，打开【插入图片】对话框。单击【来自文件】选项后的【浏览】按钮，如图 10-41 所示。

(13) 在打开的对话框中选中一个图像文件后，单击【插入】按钮，在 SmartArt 图形中插入一张图片。

(14) 重复步骤(12)~(13)的操作，在 SmartArt 图形上方再插入两张图片，如图 10-42 所示。

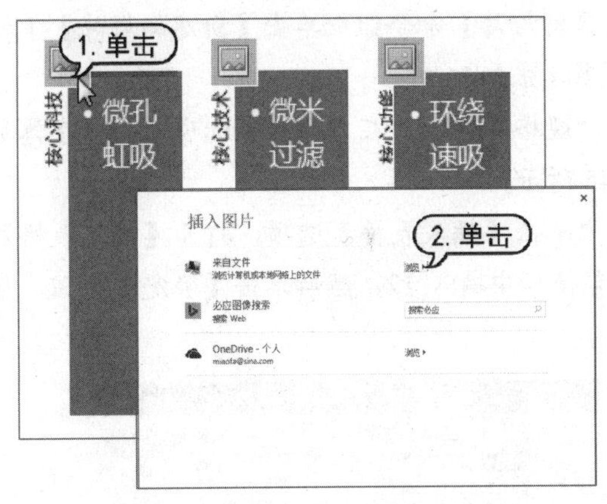

图 10-41 设置 SmartArt 图形文本

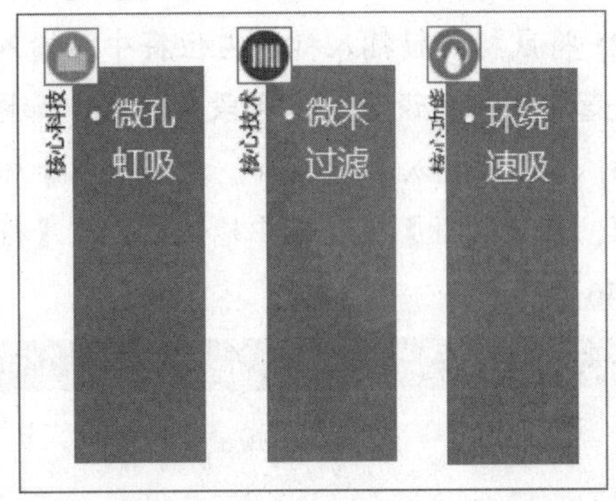

图 10-42 在 SmartArt 图形中插入图像

(15) 选中第 5 张幻灯片。在【开始】选项卡的【幻灯片】命令组中单击【新建幻灯片】下拉按钮，在弹出的列表中选择【空白】选项，插入第 6 张幻灯片。

(16) 右击幻灯片，在弹出的菜单中选择【设置背景格式】命令，打开【设置背景格式】窗格，选中【图片或纹理填充】单选按钮，单击【文件】按钮，打开【插入图片】对话框。选中一个图像文件，并单击【插入】按钮，如图 10-43 所示。

(17) 选择【插入】选项卡，在【文本】命令组中单击【艺术字】下拉按钮。在弹出的菜单中选择一种艺术字样式，在幻灯片中插入一行艺术字，如图 10-44 所示。

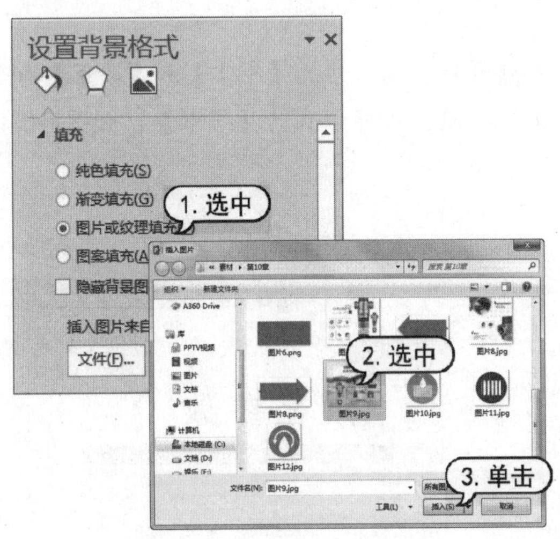

图 10-43 设置幻灯片背景

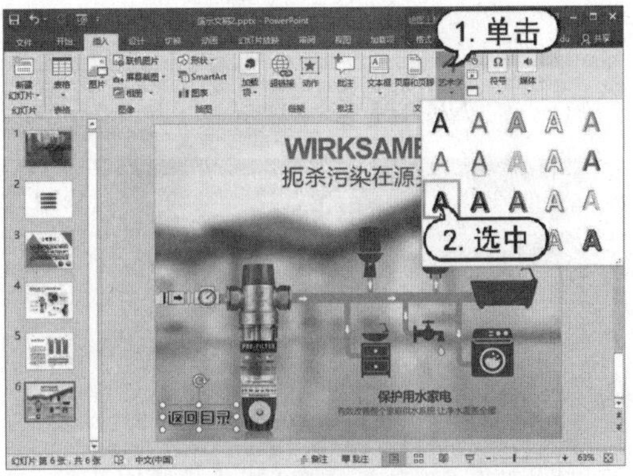

图 10-44 插入艺术字

10.2.5 制作规格参数幻灯片

表格非常适合呈现对象性质的信息。例如，在幻灯片中需要设置产品的颜色、类型、功能参数和规格参数等信息时，在幻灯片中插入表格来显示这些内容是个非常不错的设计。

(1) 选中第 6 张幻灯片，在【开始】选项卡的【幻灯片】命令组中单击【新建幻灯片】下拉按钮，在弹出的列表中选择【仅标题】选项，插入第 7 张幻灯片。

(2) 将鼠标指针插入标题占位符中，输入文本“规格参数”。在【开始】选项卡的【字体】和【段落】文本框设置字体和段落格式，如图 10-45 所示。

(3) 选择【插入】选项卡，在【表格】命令组中单击【插入表格】选项，打开【插入表格】对话框。在【列数】数值框中输入 2，在【行数】数值框中输入 12，然后单击【确定】按钮，如图 10-46 所示。

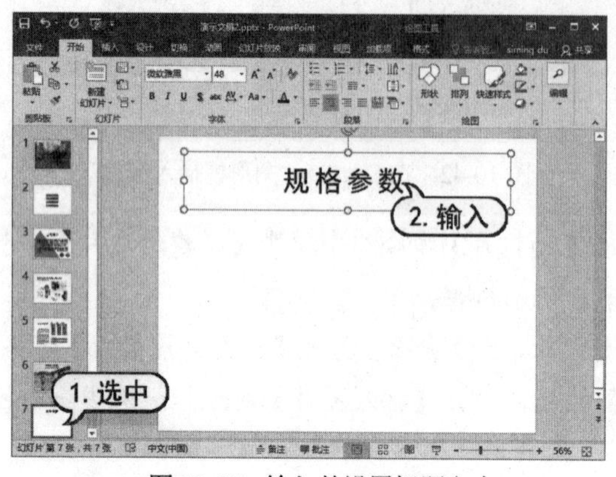

图 10-45　输入并设置标题文本

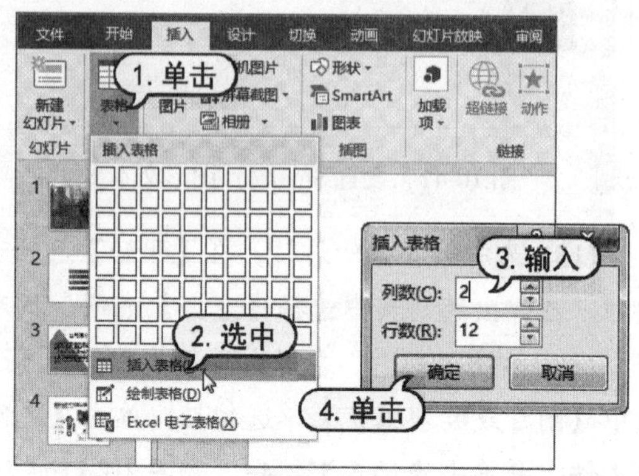

图 10-46　设置在幻灯片中插入表格

(4) 选中幻灯片中插入表格的第 1 行，右击鼠标，在弹出的菜单中选择【合并单元格】命令将第 1 行单元格合并，如图 10-47 所示。

(5) 在合并后的单元格中输入文本“主体”，在【开始】选项卡的【字体】和【段落】命令组中设置其字体为【微软雅黑】。设置【字号】为 16，段落对齐方式为【居中】，如图 10-48 所示。

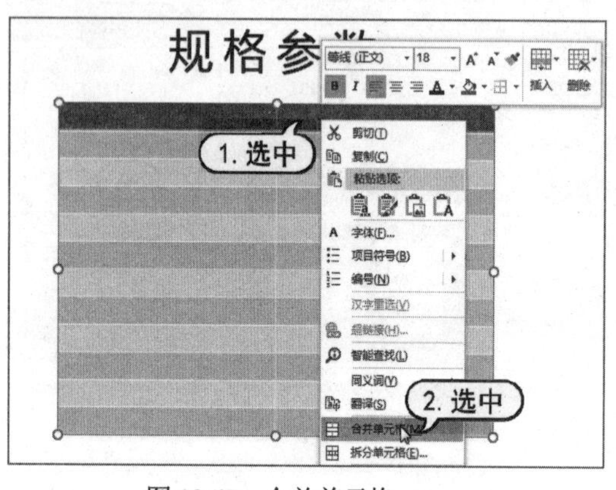

图 10-47　合并单元格

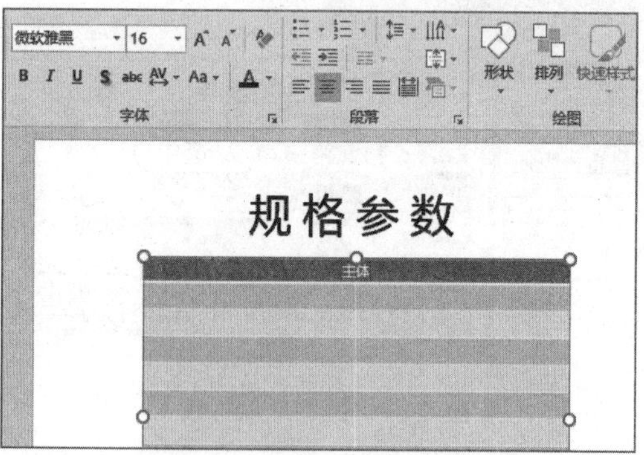

图 10-48　在单元格中输入文本并设置文本格式

(6) 重复步骤(4)、(5)的操作，合并表格中的其他单元格，然后在其中输入相应的文本。

(7) 在表格中输入文本，将鼠标指针移动至各列之间。通过拖动调整表格的列宽。将鼠标指针放置在表格边缘，拖动表格四周的控制柄调整表格大小，如图 10-49 所示。

(8) 选中幻灯片中的表格，选择【设计】选项卡。在【表格样式】列表中选中一种表格样式，

如图 10-50 所示。

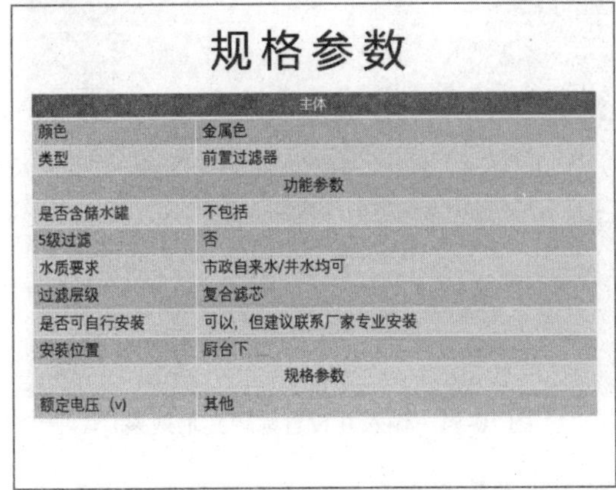

图 10-49　在表格中输入文本

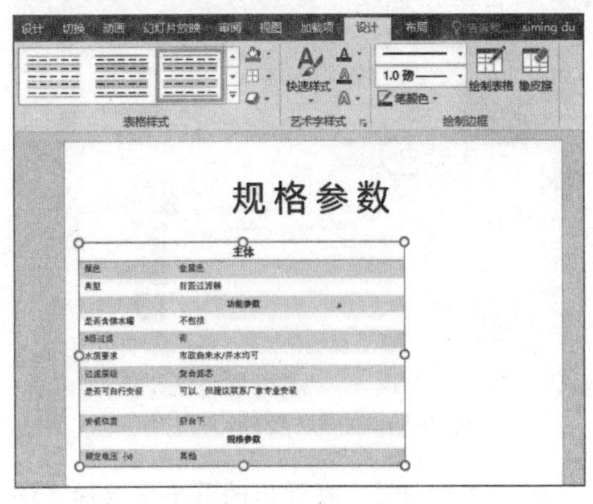

图 10-50　设置表格样式

(9) 在【插入】选项卡的【图像】命令组中单击【图片】按钮，在幻灯片中插入一张图片，并调整图片的大小和位置，如图 10-51 所示。

(10) 复制第 6 张幻灯片中的艺术字，将其粘贴至第 7 张幻灯片中，如图 10-52 所示。

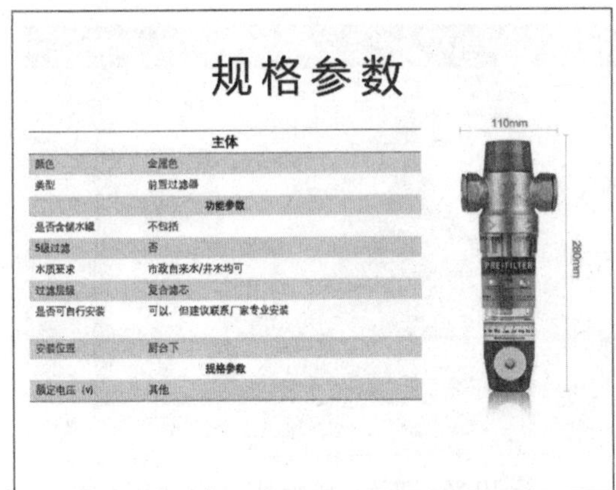

图 10-51　在幻灯片中插入图片

图 10-52　复制艺术字

10.2.6　制作联系方式幻灯片

幻灯片的尾页一般展示一些结束语和联系方式，下面将介绍制作“公司产品宣传”演示文稿中“联系方式”幻灯片的具体操作步骤。

(1) 选中第 7 张幻灯片，在【开始】选项卡的【幻灯片】命令组中单击【新建幻灯片】下拉按钮。在弹出的列表中选中本章为演示文稿设计的母版主题“标题幻灯片”，如图 10-53 所示。

(2) 单击幻灯片中的标题占位符，输入文本并在【开始】选项卡中设置文本字体、字号、段落对齐方式，如图 10-54 所示。

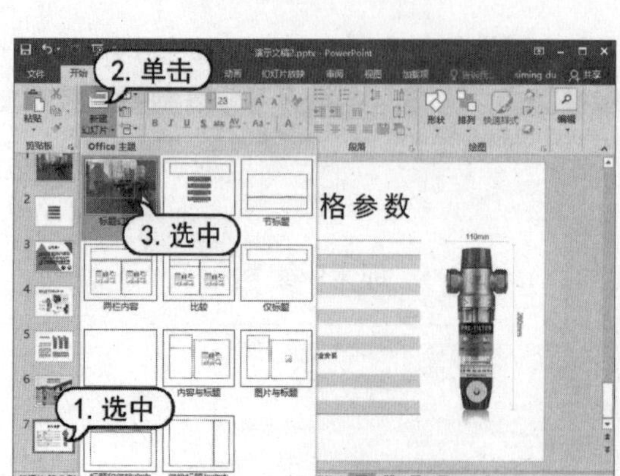

图 10-53　插入“标题幻灯片”

图 10-54　输入并设置标题文本效果

(3) 右击幻灯片，在弹出的菜单中选择【设置背景格式】命令，打开【设置背景格式】窗格，为幻灯片设置如图 10-55 所示的背景图片。

(4) 选择【插入】选项卡，在【图像】命令组中单击【图片】按钮，在幻灯片中插入产品的二维码。

(5) 复制第 6 张幻灯片中的艺术字，将其粘贴至第 8 张幻灯片中，如图 10-56 所示。

图 10-55　设置幻灯片背景图像

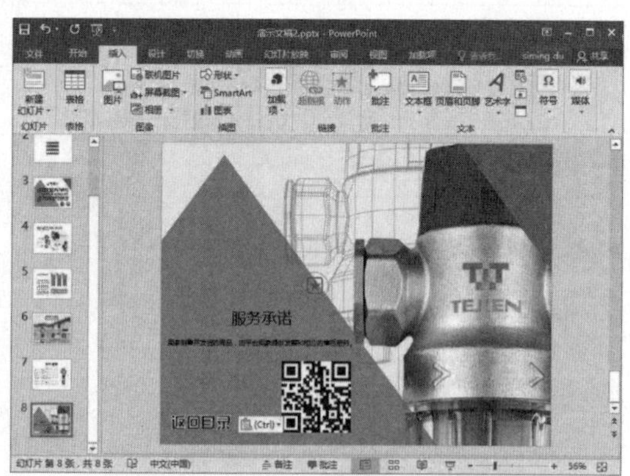

图 10-56　插入二维码图片和艺术字

10.3　设置幻灯片动画

制作完“公司产品宣传”演示文稿后，为了使其在放映时具有更好的展示效果，用户需要为幻灯片添加“动画”。

10.3.1　自定义动画

下面将介绍为幻灯片添加自定义动画的具体操作步骤。

(1) 选择第 1 张幻灯片中的标题占位符，选择【动画】选项卡。在【动画】命令组中单击【其

他】按钮，在弹出的列表中选择【随机线条】选项，如图 10-57 所示。

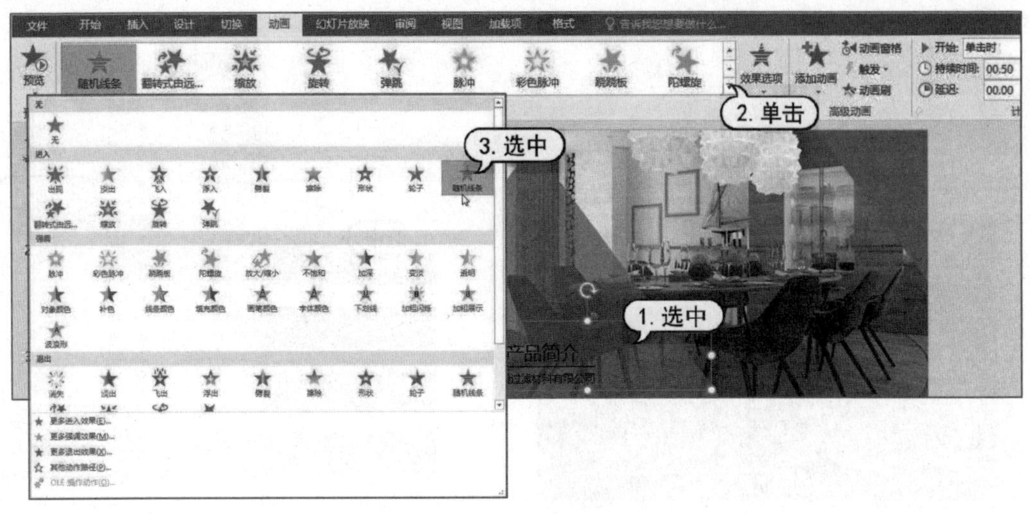

图 10-57　为标题占位符应用“随机线条”动画效果

(2) 单击【动画】命令组中的按钮，打开【随机线条】对话框。在【效果】选项卡中单击【声音】下拉按钮，在弹出的列表中选择【打字机】选项。然后单击按钮，在弹出的滑块条中调整动画声音效果音量大小，如图 10-58 所示。

(3) 选择【计时】选项卡，单击【期间】下拉按钮，在弹出的列表中选择【中速(2 秒)】选项，如图 10-59 所示。

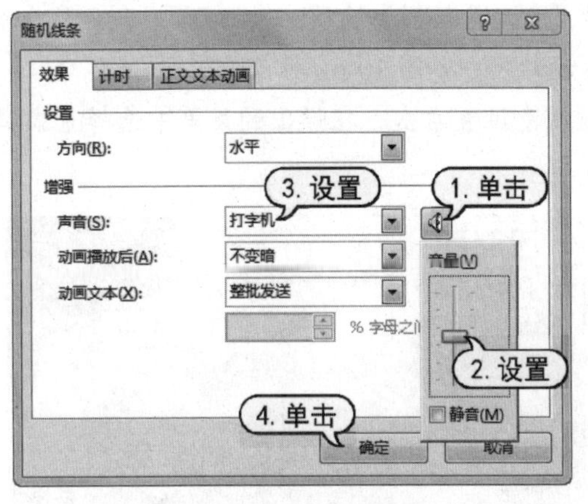

图 10-58　设置动画声音

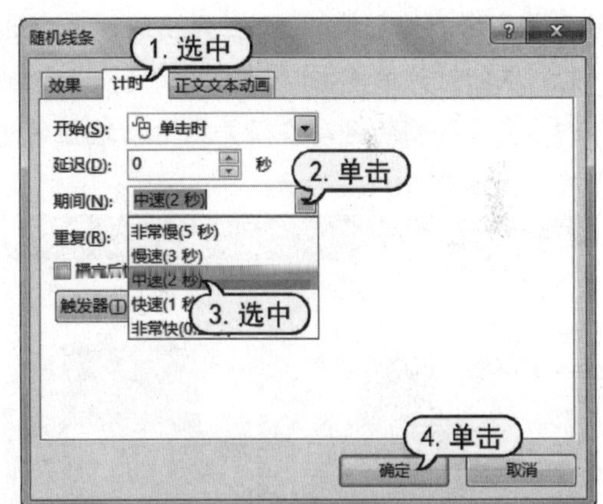

图 10-59　设置动画播放计时

(4) 单击【确定】按钮，关闭【随机线条】对话框。

(5) 在【动画】选项卡的【高级动画】命令组中单击【动画刷】按钮，然后单击幻灯片中日期时间占位符和页脚占位符，将自定义的“随机线条”动画效果应用于这两个占位符上，如图 10-60 所示。

(6) 选择第 2 张幻灯片，选中幻灯片中的 4 个占位符。在【动画】选项卡的【动画】命令组中单击【其他】按钮，在弹出的列表中选择【更多进入效果】选项。

(7) 打开【更改进入效果】对话框，选择【向内溶解】选项，然后单击【确定】按钮，如图 10-61 所示。

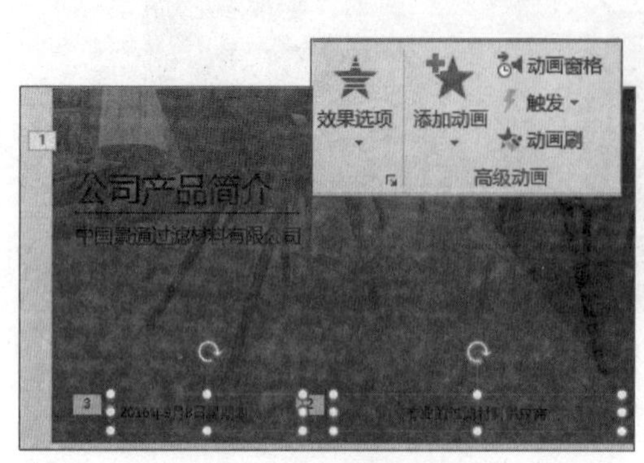

图 10-60　使用动画刷

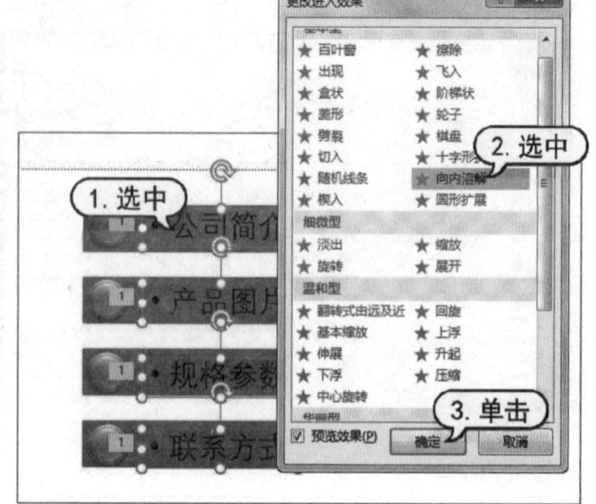

图 10-61　【更改进入效果】对话框

10.3.2　绘制运动路径

下面将为“公司产品宣传”演示文稿中的对象绘制运动路径，创建路径动画。

(1) 选中最后一张幻灯片，选中页面中插入的二维码图片。在【动画】选项卡的【动画】命令组中单击【其他】按钮，在弹出的列表中选择【自定义路径】选项。

(2) 在幻灯片中单击以获取路径定点，绘制运动路径，如图 10-62 所示。

(3) 选择绘制的运动路径并在运动路径的边框任意位置右击，在弹出的菜单中选择【编辑顶点】命令，如图 10-63 所示。

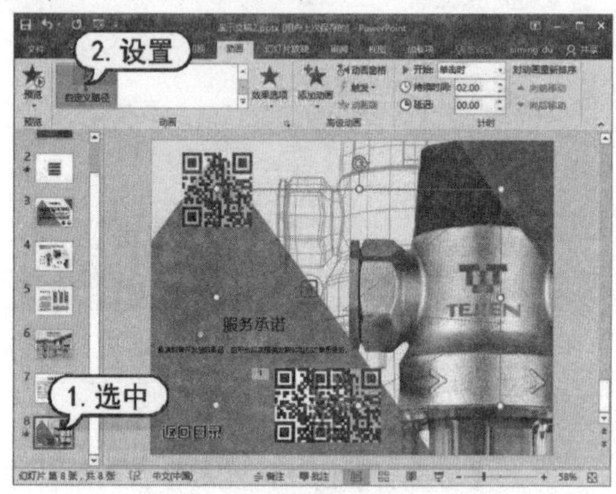

图 10-62　绘制运动路径

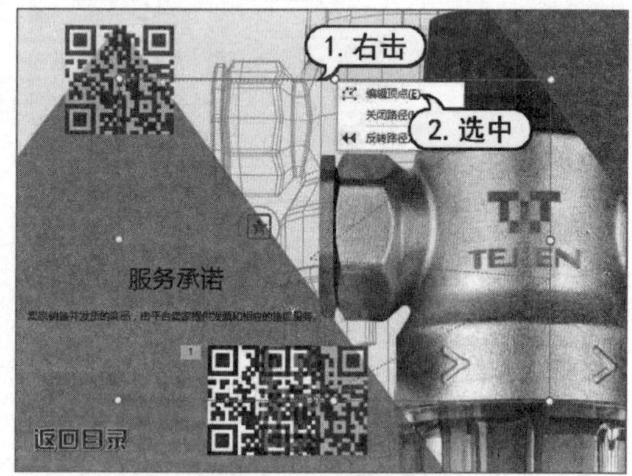

图 10-63　编辑顶点

(4) 此时，运动路径的顶点变为可编辑状态。将鼠标指针移动至需要调整的顶点处进行拖动，如图 10-64 所示。

(5) 在【动画】选项卡的【预览】命令组中单击【预览】按钮，即可显示运动路径动画的效

果，如图 10-65 所示。

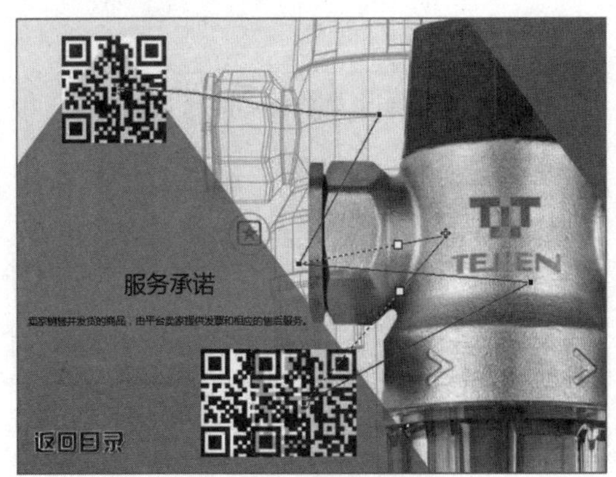

图 10-64　调整运动路径

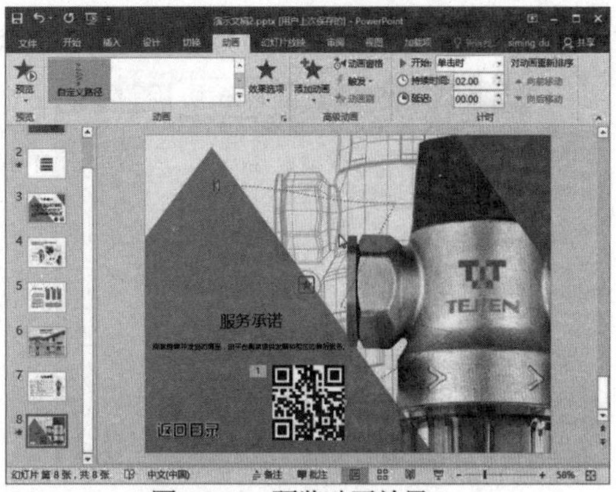

图 10-65　预览动画效果

10.4　设置幻灯片视频效果

在“公司产品宣传”演示文稿中的第 5 张幻灯片中插入了一个视频文件。在实际应用中，用户还需要对幻灯片中的视频进行设置，如调整图标大小、应用视频样式、设置视频图标对齐方式等。

10.4.1　调整视频图标效果

下面将调整第 5 张幻灯片中视频的图标效果，设置视频图标的大小、应用视频样式以及设置图表对齐方式。

(1) 选中第 5 张幻灯片中插入的视频，选择【格式】选项卡。在【大小】命令组中通过微调按钮调整视频图标大小，如图 10-66 所示。

(2) 在【视频样式】命令组中单击【其他】按钮，在展开的库中选择一种视频样式，如图 10-67 所示。

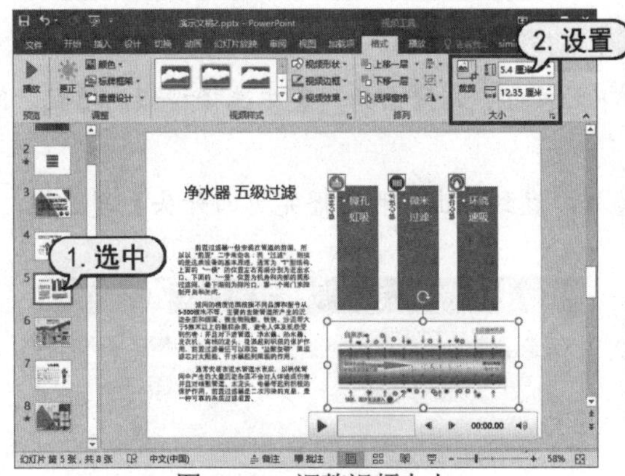

图 10-66　调整视频大小

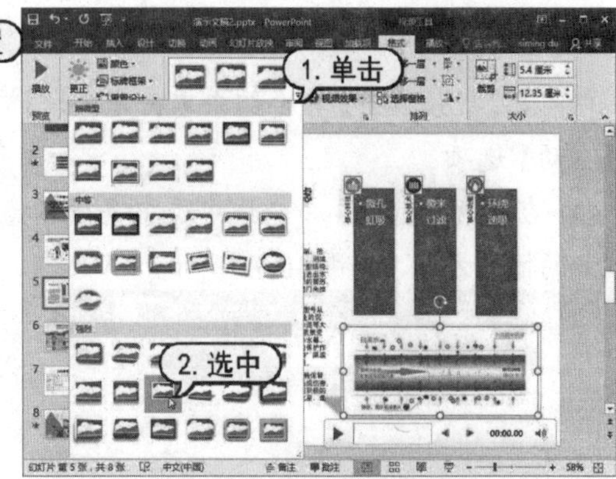

图 10-67　选择视频样式

(3) 在【排列】命令组中单击【对齐】下拉按钮。在弹出的菜单中选择一种对齐方式，如【右对齐】，即可将将视频对齐到指定的对象，如图 10-68 所示。

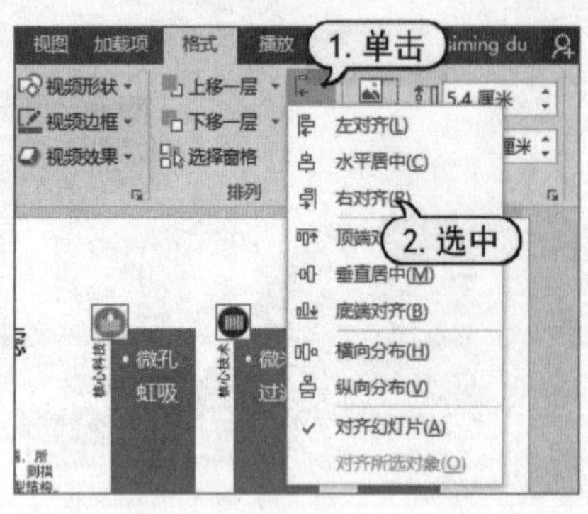

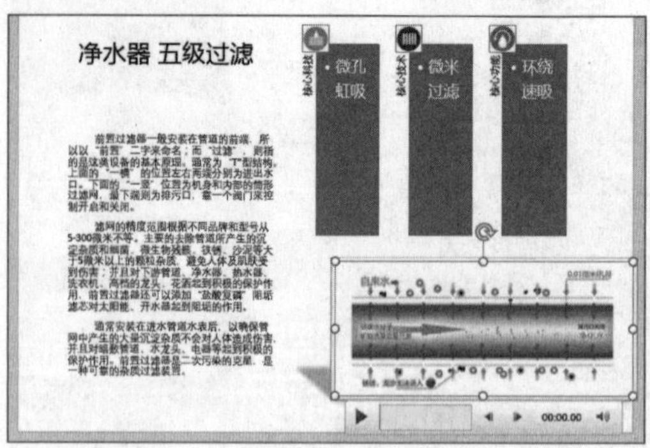

图 10-68　设置视频对齐方式

10.4.2　编辑并设置视频效果

为了使产品宣传演示文稿在放映过程中达到更好的播放效果，用户还需要对视频进行编辑，具体操作步骤如下。

(1) 选择【播放】选项卡，在【编辑】命令组中单击微调按钮，分别调整视频的淡入和淡出的持续时间，如图 10-69 所示。

(2) 在【视频选项】命令组中单击【音量】下拉按钮，在弹出的菜单中设置视频中的音量大小。例如，选择【中】选项，如图 10-70 所示。

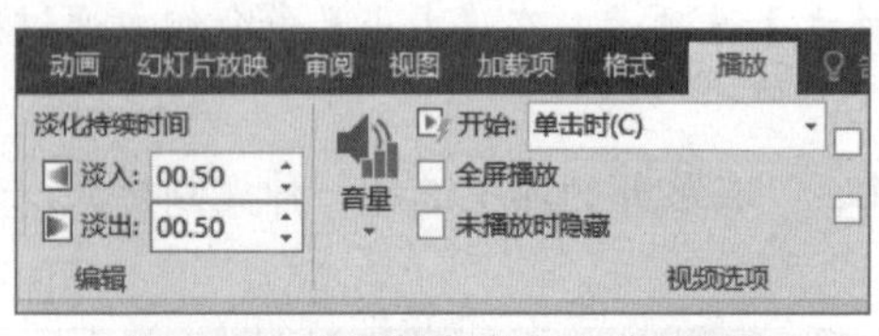

图 10-69　设置视频淡入和淡出效果

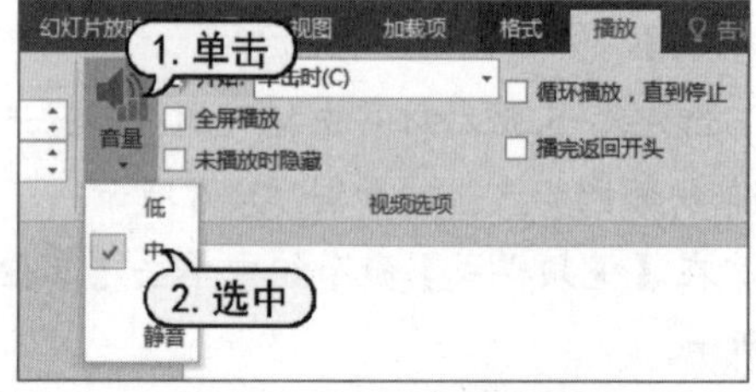

图 10-70　设置视频音量大小

(3) 在【视频选项】命令组中单击【开始】下拉按钮，在弹出的列表中选择视频的播放时间，如【自动】选项。

(4) 在【视频选项】命令组中选中【循环播放，直到停止】和【播完返回开头】复选框，设置视频的播放方式，如图 10-71 所示。

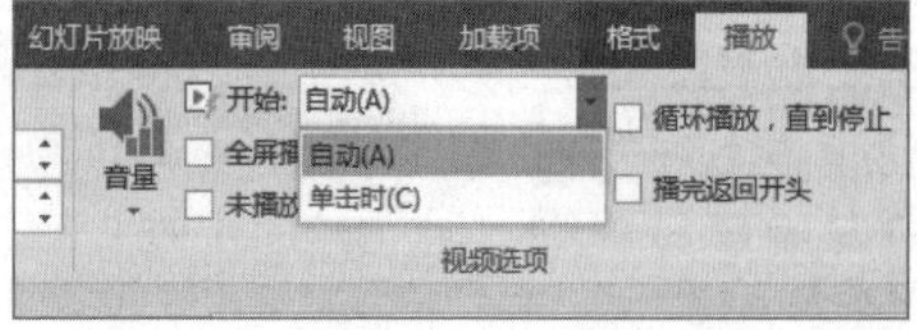

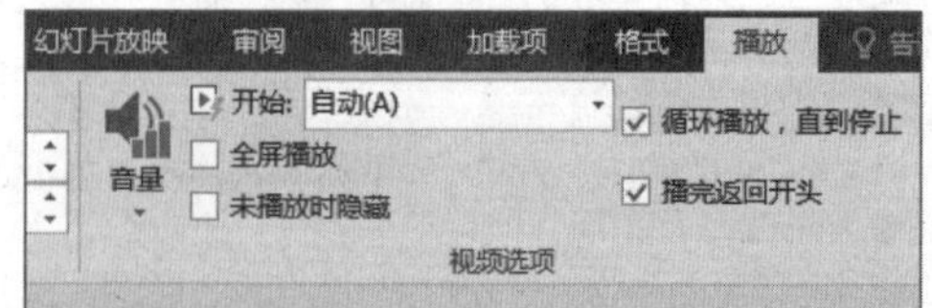

图 10-71　设置视频的播放时间和播放方式

10.5　在幻灯片中添加声音

本节将介绍在“公司产品宣传”演示文稿中为幻灯片添加声音的方法。

10.5.1　插入文件中的声音

在幻灯片中插入声音文件的操作方法非常简单，具体如下。

(1) 选择第 1 张幻灯片，在【插入】选项卡的【媒体】命令组中单击【音频】下拉按钮，在弹出的菜单中选择【PC 上的音频】命令。

(2) 打开【插入音频】对话框，选择需要插入幻灯片的声音文件。然后单击【确定】按钮，即可在幻灯片中插入声音，如图 10-72 所示。

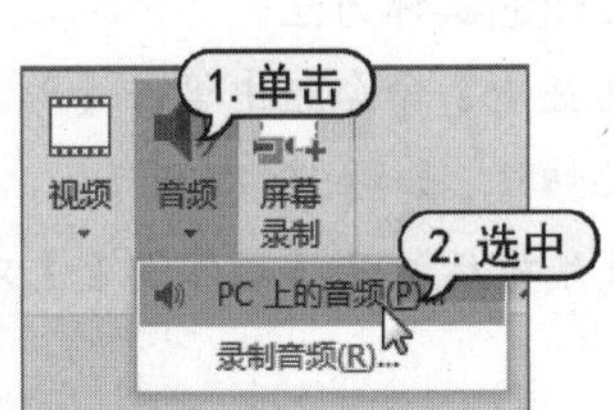

图 10-72　在幻灯片中插入声音

10.5.2　编辑并设置声音效果

在幻灯片中插入声音后，用户需要对其进行编辑与设置，使声音效果实现完美的播放效果。

(1) 选中幻灯片中插入的声音图标，直接拖动可以调整其在幻灯片中的位置，拖动图标四周的控制柄可以精确设置图标的大小，如图 10-73 所示。

(2) 选择【播放】选项卡，在【编辑】命令组中单击【剪裁音频】按钮，如图 10-74 所示。

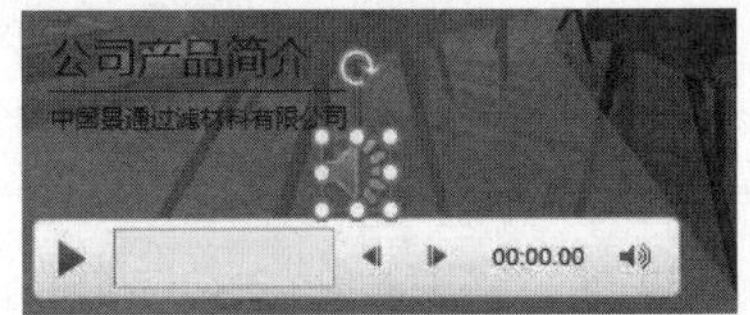

图 10-73　调整声音图标的位置和大小

图 10-74　【编辑】命令组

(3) 打开【剪裁音频】对话框，设置音频的开始时间与结束时间。然后单击【确定】按钮，如图 10-75 所示。

(4) 在【编辑】命令组中单击微调按钮，分别设置淡入和淡出的时间。

(5) 在【编辑】命令组中单击【开始】下拉按钮，在弹出的菜单中选择【自动】选项，设置音频播放的时间。选中【循环播放，直到停止】和【放映时隐藏】复选框，设置音频的播放方式，如图 10-76 所示。

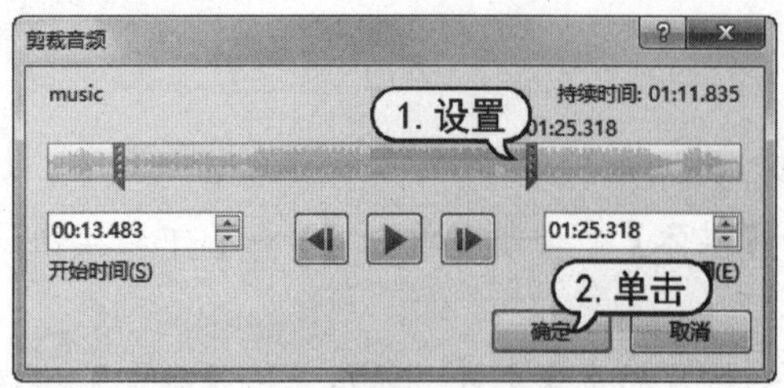

图 10-75 【剪裁音频】对话框

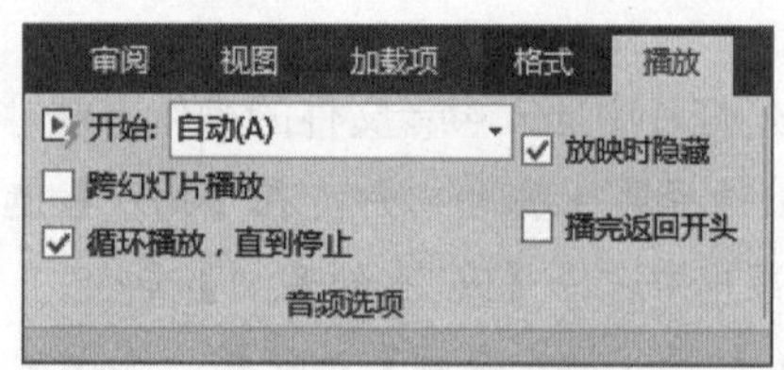

图 10-76 设置音频的播放时间与方式

10.6 设置动作按钮

为了方便在幻灯片放映时实现幻灯片的跳转，用户可以在幻灯片中设置动作按钮。下面将以“公司产品宣传”演示文稿的设置为例，介绍添加动作按钮的具体方法。

(1) 选择第 2 张幻灯片，选择【插入】选项卡，在【插图】命令组中单击【形状】按钮。在弹出的类别中选择一种动作按钮，如【后退或前一项】按钮◁，如图 10-77 所示。

(2) 在幻灯片中合适的位置拖动绘制动作按钮，释放鼠标后打开【动作设置】对话框。保持默认设置，单击【确定】按钮，如图 10-78 所示。

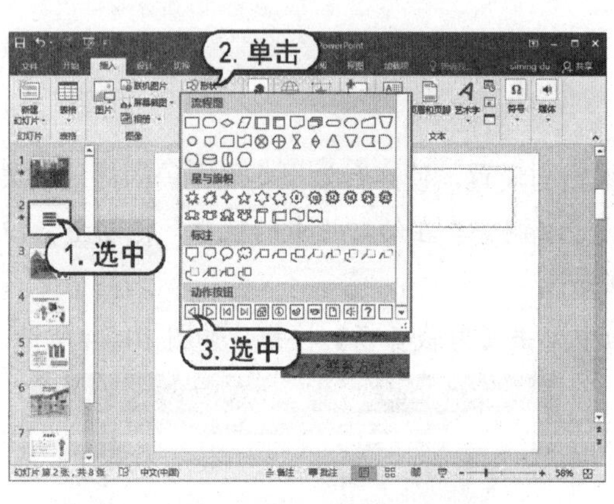

图 10-77 选择动作按钮

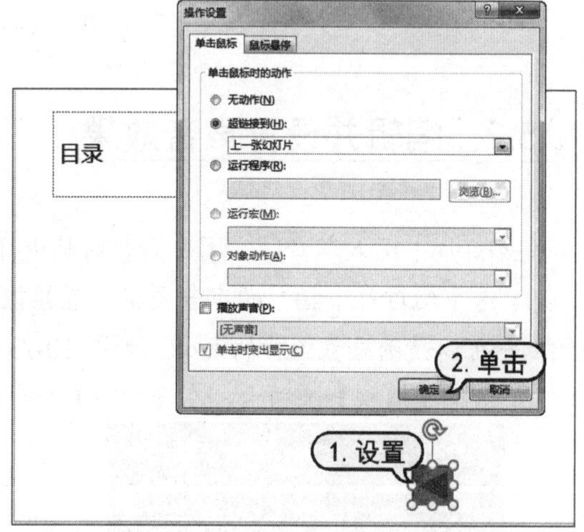

图 10-78 在幻灯片中绘制动作按钮

(3) 选中幻灯片中绘制的动作按钮，选择【格式】选项卡。在【形状样式】命令组中单击【其他】按钮，在展开的库中选择一种形状样式，如图 10-79 所示。

(4) 选中幻灯片中的动作按钮，按下 Ctrl+C 组合键复制该按钮，再按下 Ctrl+V 组合键粘贴该按钮。在【插入形状】命令组中单击【编辑形状】下拉按钮，在弹出的菜单中选择【更改形状】|【自定义】命令，打开【操作设置】对话框。

(5) 选中【超链接到】单选按钮。单击下拉按钮，在弹出的列表中选择【幻灯片】命令。然后单击【确定】按钮，如图 10-80 所示。

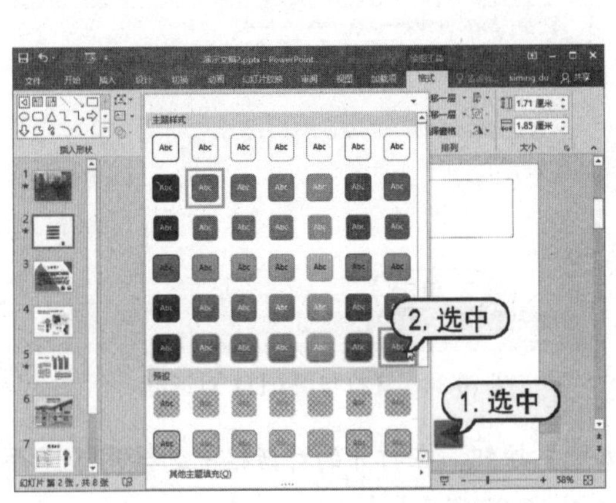

图 10-79　设置动作按钮样式

图 10-80　设置按钮超链接

(6) 打开【超链接到幻灯片】对话框，选择一张幻灯片，单击【确定】按钮，如图 10-81 所示。

(7) 右击自定义的动作按钮，在弹出的菜单中选择【编辑文字】命令，然后在按钮上输入文本“结束放映”，如图 10-82 所示。

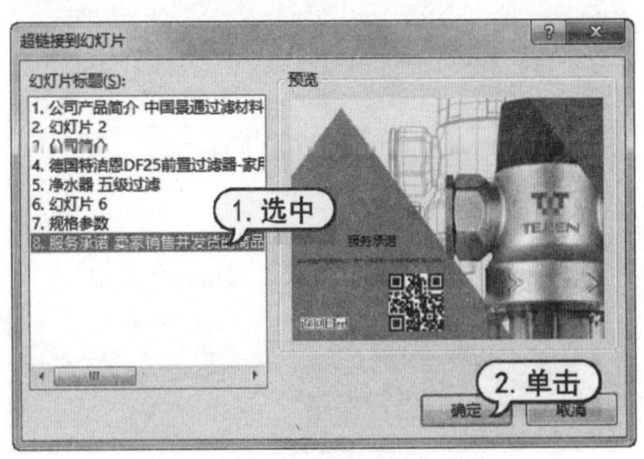

图 10-81　选择链接到的幻灯片

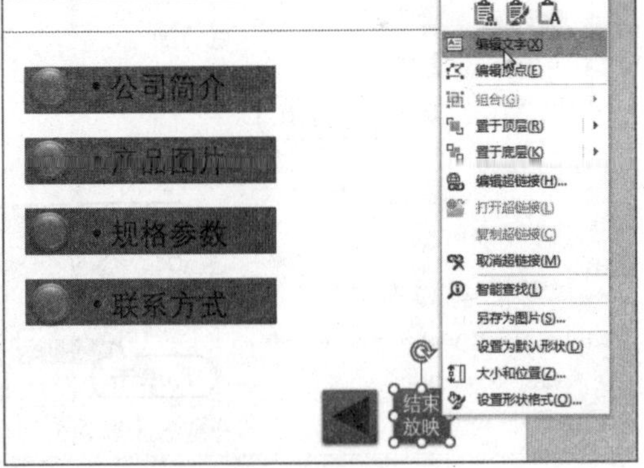

图 10-82　编辑按钮文字

10.7　将演示文稿打包

“公司产品宣传”演示文稿制作完成后，为了方便其他同事使用，用户可以将演示文稿打包成 CD，具体操作步骤如下。

(1) 选择【文件】选项卡，在弹出的菜单中选择【导出】命令。在显示的选项区域中选择【将演示文稿打包成 CD】选项，单击【打包成 CD】按钮，如图 10-83 所示。

(2) 打开【打包成 CD】对话框。在【将 CD 命名为】文本框中输入“公司产品宣传”，然后单击【复制到文件夹】按钮，如图 10-84 所示。

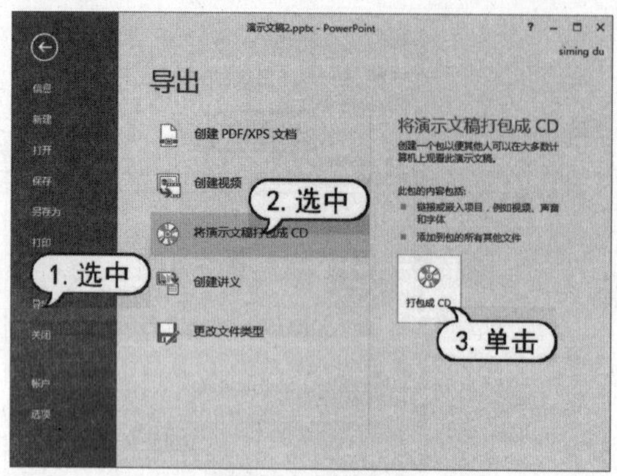

图 10-83　将演示文稿打包成 CD

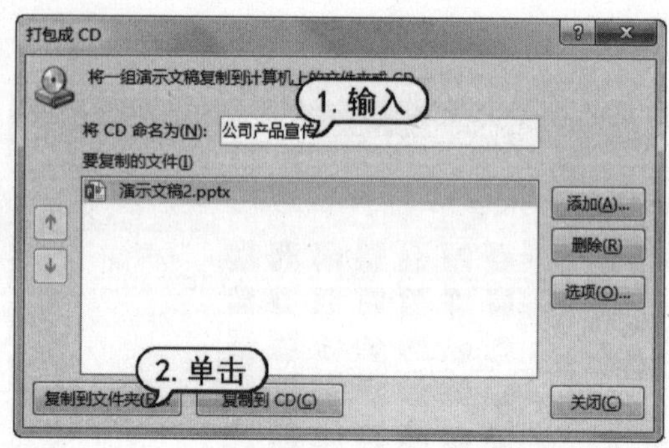

图 10-84　【打包成 CD】对话框

(3) 打开【复制到文件夹】对话框。单击【浏览】按钮，在打开的对话框中选择用于保存打包演示文稿的文件夹，然后单击【选择】按钮，如图 10-85 所示。

(4) 返回【复制到文件夹】对话框，单击【确定】按钮。此时，软件开始对文件进行打包，稍等片刻后将自动打开步骤(3)选择的文件夹，显示打包后的文件，如图 10-86 所示。

图 10-85　选择打包 CD 文件夹

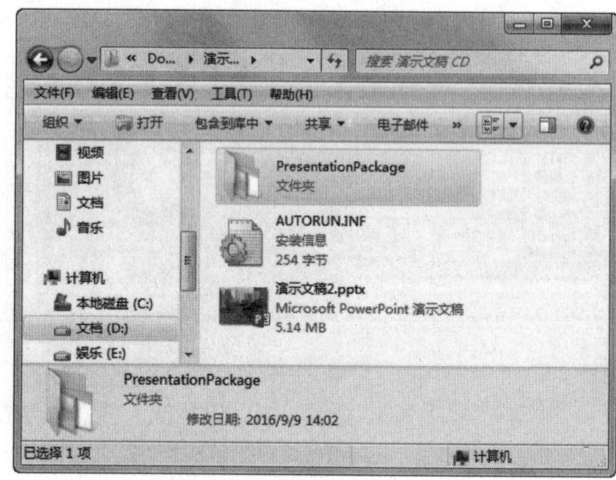

图 10-86　完成演示文稿的打包

10.8　上机练习

本章的上机练习主要介绍使用 PowerPoint 2016 制作产品商业计划书，帮助用户通过练习巩固

本章所学知识。

(1) 按下 Ctrl+N 组合键创建一个空白演示文稿。选择【设计】选项卡，在【自定义】命令组中单击【设置背景格式】按钮，打开【设置背景格式】窗格。

(2) 展开【填充】选项区域，选中【图片或纹理填充】单选按钮。然后单击【文件】按钮，在打开的对话框中选择一个图片文件，并单击【插入】按钮，如图 10-87 所示。

(3) 单击幻灯片中的【单击此处添加标题】占位符，在其中输入文本“产品商业计划书”，并在【开始】选项卡的【字体】命令组中设置输入文本的【字体】为【方正大黑简体】，设置【字号】为 60，在【段落】命令组中设置文本的对齐方式为【左对齐】，如图 10-88 所示。

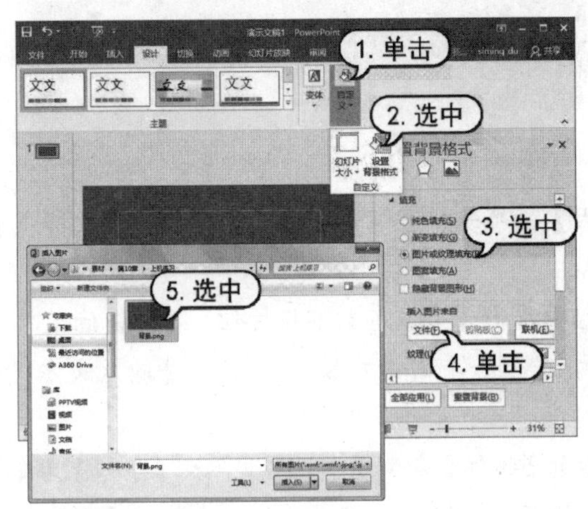

图 10-87　设置幻灯片背景

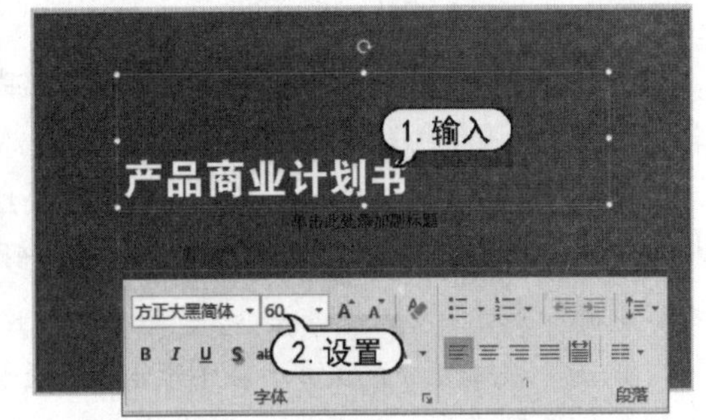

图 10-88　输入并设置幻灯片标题

(4) 重复以上操作，单击【单击此处添加副标题】占位符，在其中输入图 10-89 所示的文本并设置文本格式。

(5) 选择【插入】选项卡，在【图像】命令组中单击【图片】按钮。在幻灯片中插入 3 张图片，并通过拖动调整图片的位置，如图 10-90 所示。

图 10-89　幻灯片副标题效果

图 10-90　插入并调整图片位置

(6) 选择【插入】选项卡。在【插图】命令组中单击【形状】下拉按钮，在展开的库中选择【矩形】选项。然后通过拖动在幻灯片中绘制一个矩形图形，如图 10-91 所示。

(7) 选中绘制的矩形图形，复制该图形并调整其位置，如图 10-92 所示。

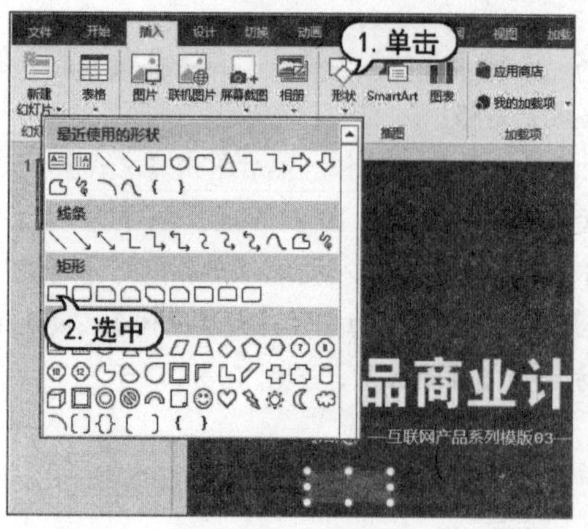

图 10-91　绘制矩形

图 10-92　复制矩形

(8) 选中幻灯片左侧的矩形图形，选择【格式】选项卡。在【形状样式】命令组中选择【彩色轮廓-蓝色-强调颜色】样式，如图 10-93 所示。

(9) 选择【插入】选项卡。在【文本】命令组中单击【文本框】下拉按钮，在弹出的菜单中选择【横排文本框】命令。在幻灯片中的矩形图形上绘制一个横排文本框，并在其中输入文本“演讲人：小韩”。

(10) 选中文本框中的文本，在【开始】选项卡的【字体】命令组中设置文本的【字体】为【华文细黑】，设置【大小】为 12。单击【字体颜色】下拉按钮，在展开的库中选择【深蓝】选项，如图 10-94 所示。

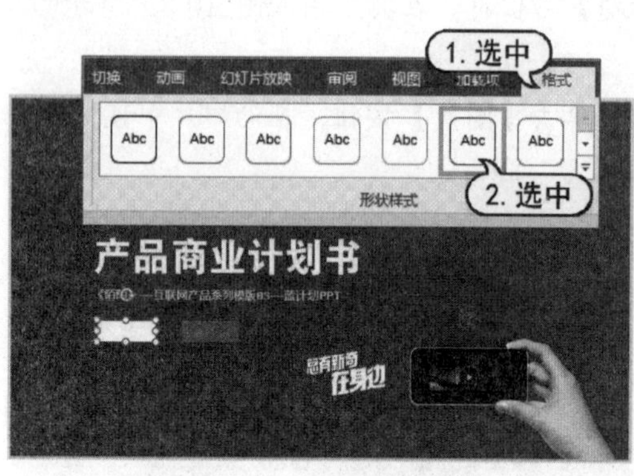

图 10-93　设置形状样式

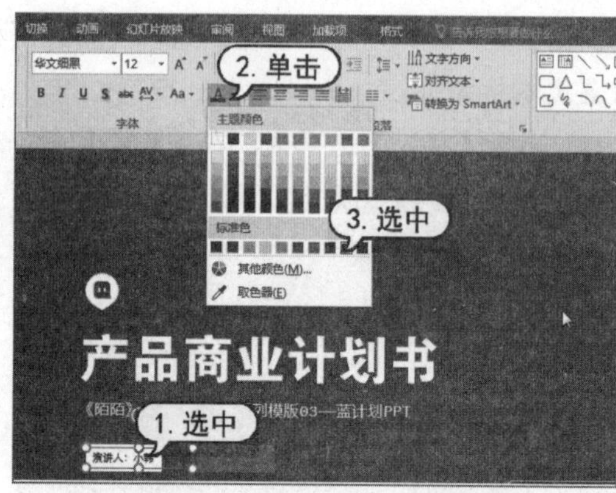

图 10-94　设置文本框中文本的格式

(11) 重复步骤(9)、(10)的操作，在幻灯片中插入更多横排文本框，并在其中输入文本。

(12) 将鼠标指针插入幻灯片中另一个矩形图形上的文本框中。在【插入】选项卡的【文本】命令组中单击【日期和时间】按钮，打开【日期和时间】对话框。选择一种日期格式，然后单击【确定】按钮。

(13) 此时，将在幻灯片中的文本框中插入如图 10-95 所示的当前电脑系统日期。

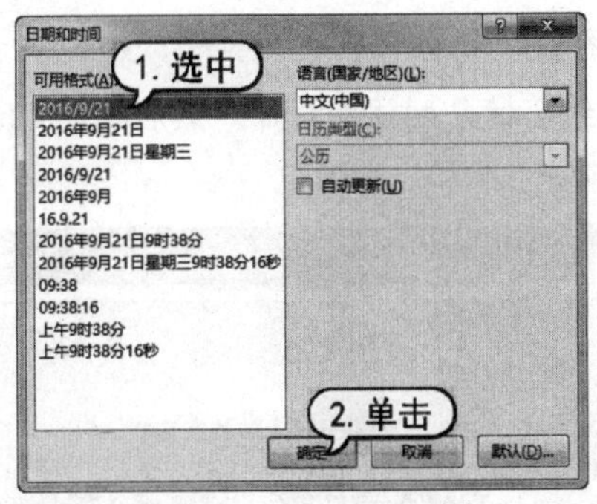

图 10-95　在幻灯片中插入当前日期

(14) 在【插入】选项卡的【媒体】命令组中单击【音频】下拉按钮，在弹出的菜单中选择【PC 上的音频】命令，打开【插入音频】对话框。选择一个音频文件并单击【插入】按钮，如图 10-96 所示。

(15) 选中幻灯片中选中插入的音频，将其拖动至幻灯片左侧边缘。然后选择【播放】选项卡，在【音频选项】命令组中选中【跨幻灯片播放】复选框。单击【开始】下拉按钮，在弹出的下拉列表中选择【自动】选项，如图 10-97 所示。

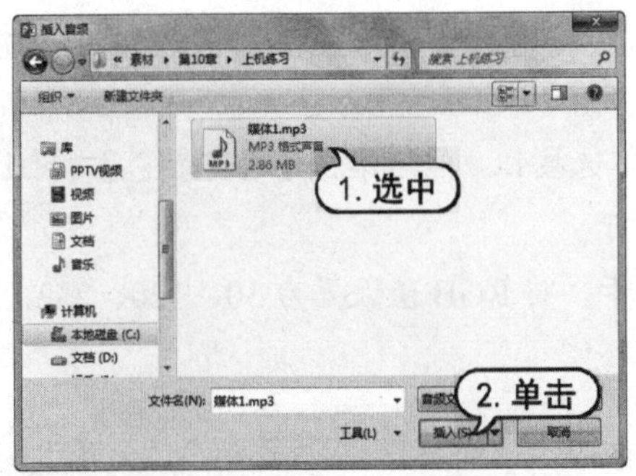

图 10-96　【插入音频】对话框

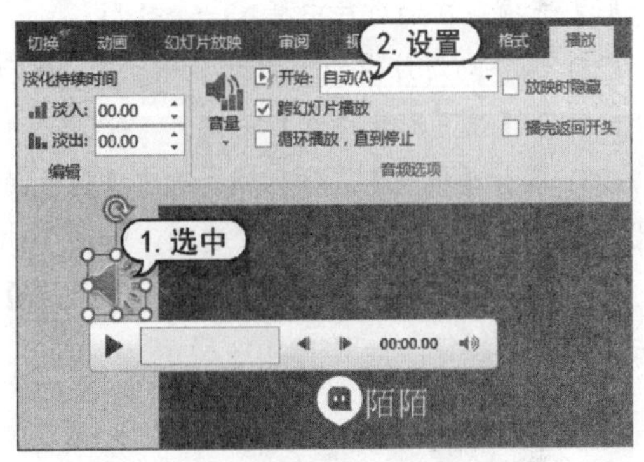

图 10-97　设置幻灯片中插入的音频

(16) 选中窗口右侧的第 1 张幻灯片，按下 Enter 键插入如图 10-98 所示的空白幻灯片。

(17) 在添加的空白幻灯片中单击【单击此处添加标题】占位符，在其中输入文本。然后选中输入的文本，在显示的工具栏中设置字体、字号和文本对齐方式，如图 10-99 所示。

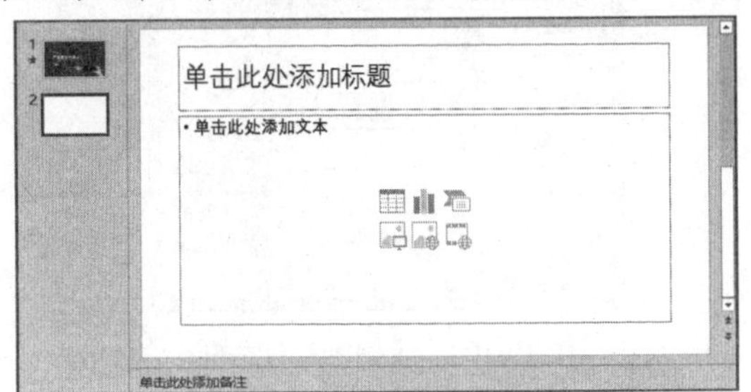

图 10-98　插入空白幻灯片

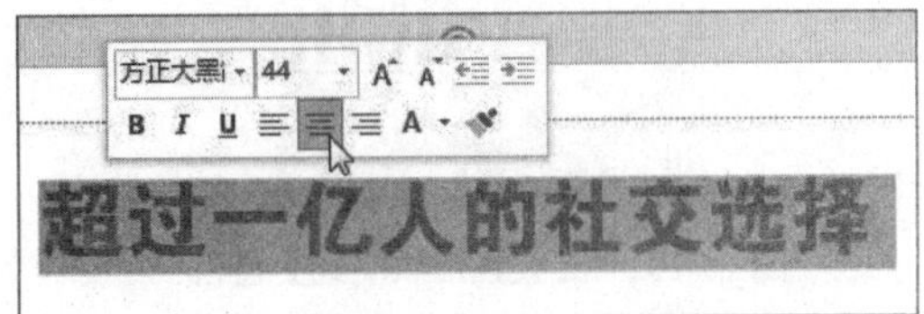

图 10-99　输入并设置标题

(18) 在【单击此处添加文本】占位符中单击【图片】按钮，打开【插入图片】对话框。按住 Ctrl 键选中多张图片，并单击【插入】按钮，在占位符中插入多张图片。

(19) 通过拖动调整幻灯片中插入图片的位置，如图 10-100 所示。

(20) 在窗口右侧选中第 2 张幻灯片，按下 Ctrl+C 组合键复制该幻灯片。然后按下 Ctrl+V 组合键通过复制的方式创建第 3 张幻灯片，如图 10-101 所示。

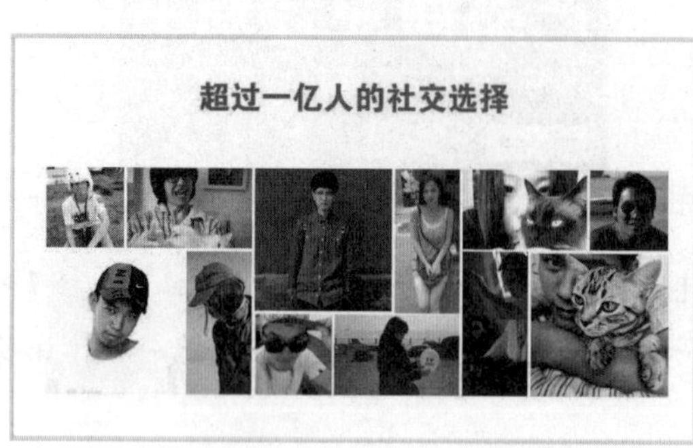

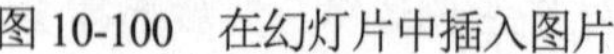
图 10-100　在幻灯片中插入图片

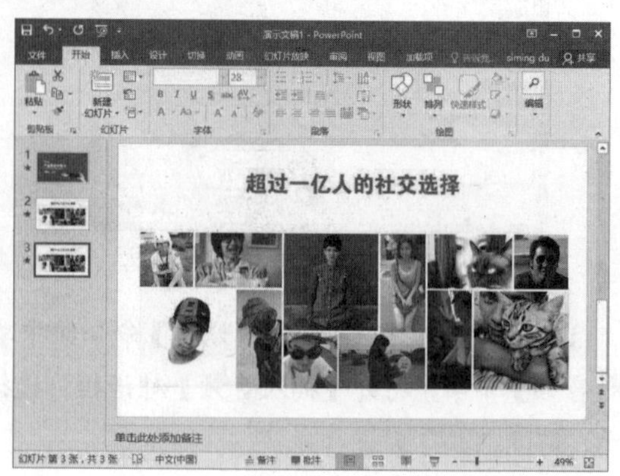

图 10-101　创建第 3 张幻灯片

(21) 选择【插入】选项卡，在【插图】命令组中单击【形状】下拉按钮。在展开的库中选择【矩形】选项，在幻灯片中插入一个矩形，

(22) 调整幻灯片中矩形的大小和位置。然后右击鼠标，在弹出的菜单中选择【设置形状格式】命令，打开【设置形状格式】窗格。

(23) 展开【填充】选项区域，选中【纯色填充】单选按钮。然后单击【填充颜色】按钮，在展开的库中选择【其他颜色】选项，如图 10-102 所示。

(24) 打开【颜色】对话框，选择【自定义】选项卡。将 RGB 值设置为 30、120、232，然后单击【确定】按钮，如图 10-103 所示。

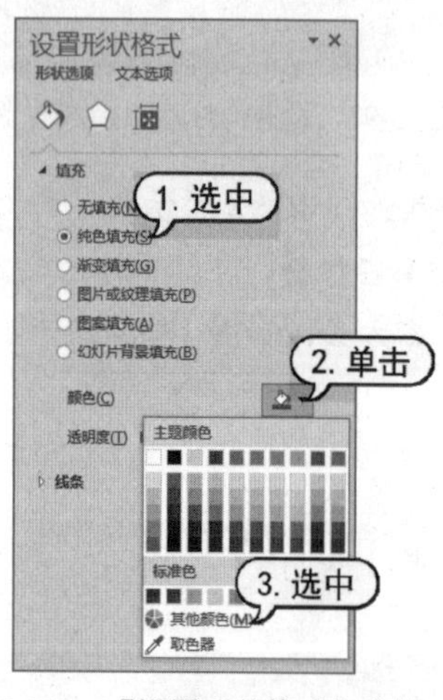

图 10-102　【设置形状格式】窗格

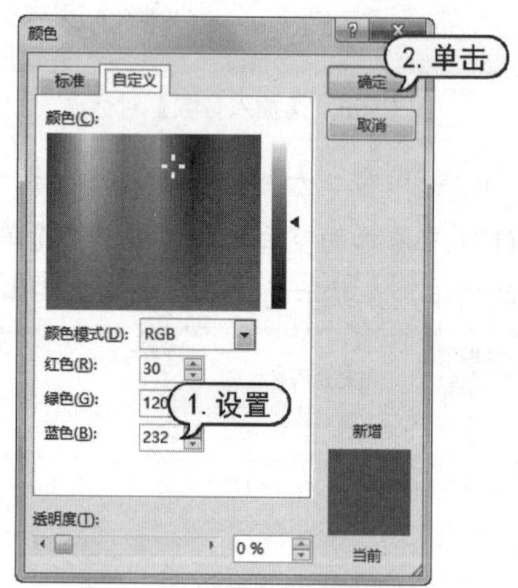

图 10-103　【颜色】对话框

(25) 选择【插入】选项卡，在【文本】命令组中单击【文本框】下拉按钮。在弹出的菜单中选择【横排文本框】命令，然后通过拖动在幻灯片中的矩形图形上绘制一个横排文本框。

(26) 在横排文本框中输入文本，并在【开始】选项卡的【字体】命令组中设置文本的格式，

效果如图 10-104 所示。

(27) 重复以上操作，在第 3 张幻灯片中添加更多的矩形形状和文本框，并输入文本，效果如图 10-105 所示。

图 10-104　输入文本并设置文本格式

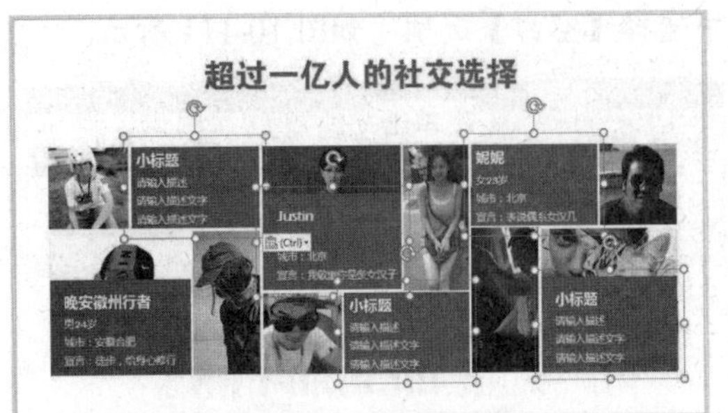

图 10-105　第 3 张幻灯片效果

(28) 选中窗口右侧的第 3 张幻灯片，按下 Enter 键创建第 4 张幻灯片，并为该幻灯片添加标题【会员特权】，如图 10-106 所示。

(29) 在【单击此处添加文本】占位符中单击【插入 SmartArt 图形】按钮，打开【选择 SmartArt 图形】对话框。选择一种 SmartArt 图形样式，单击【确定】按钮，如图 10-107 所示。

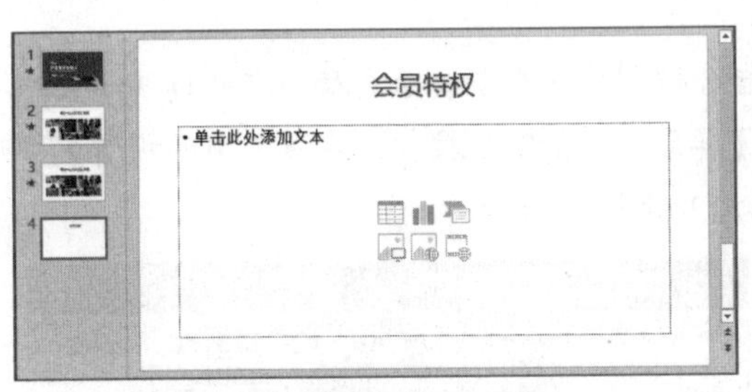

图 10-106　创建第 4 张幻灯片

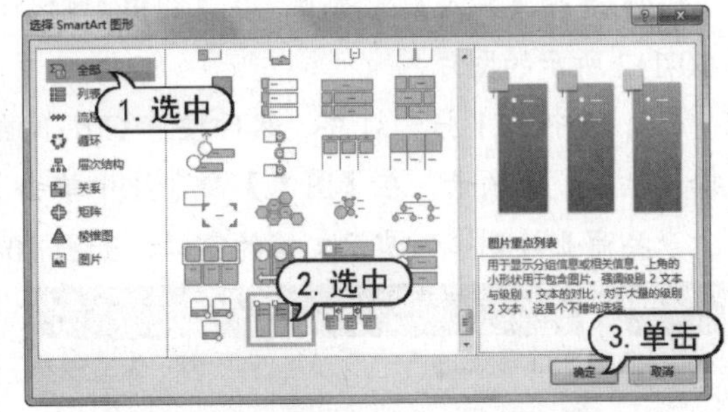

图 10-107　【选择 SmartArt 图形】对话框

(30) 选中幻灯片中插入的 SmartArt 图形，双击图形左上角的按钮，打开【插入图片】对话框。单击【来自文件】选项后的【浏览】按钮，如图 10-108 所示。

(31) 打开【插入图片】对话框选择一个图片文件，单击【确定】按钮，在 SmartArt 图形中插入图片。重复以上操作，插入更多的图片，效果如图 10-109 所示。

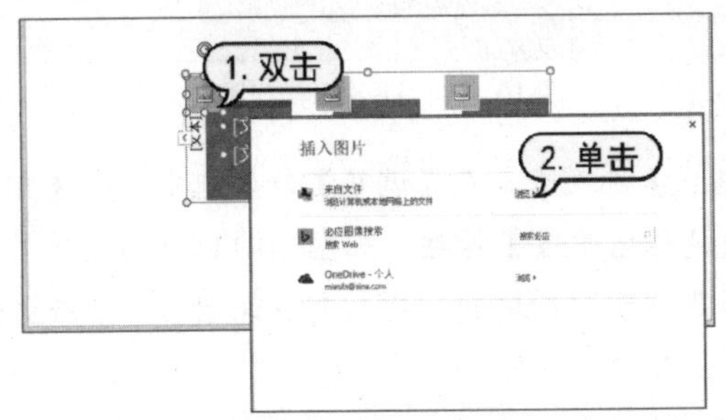

图 10-108　插入图片

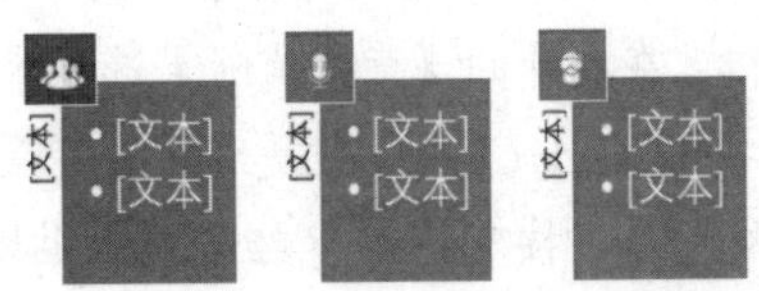

图 10-109　SmartArt 图形效果

(32) 在 SmartArt 图形的文本框中输入文本。选择【设计】选项卡，单击【更改颜色】下拉按钮，在展开的库中选择【渐变循环-个性色 1】选项，如图 10-110 所示。

(33) 选择【插入】选项卡，在【幻灯片】命令组中单击【新建幻灯片】下拉按钮，在展开的库中选择【空白】选项，如图 10-111 所示。

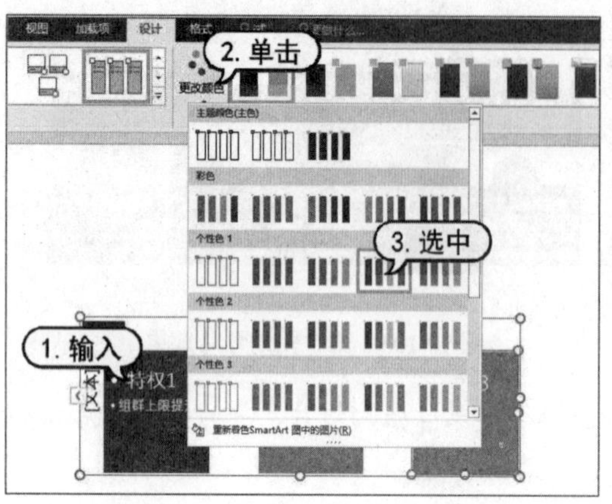

图 10-110　更改 SmartArt 图形颜色

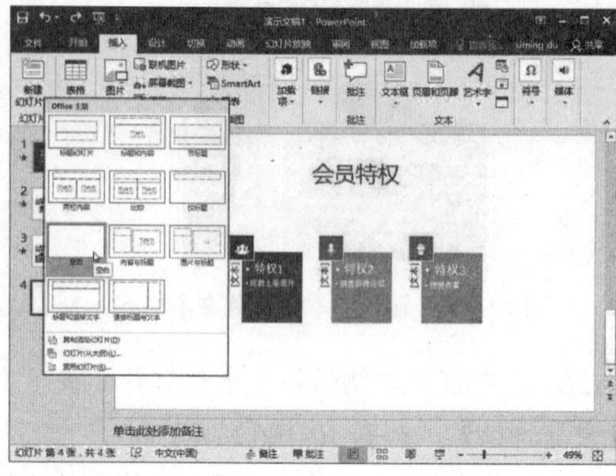

图 10-111　插入空白幻灯片

(34) 选择【插入】选项卡，在【图像】命令组中单击【图片】按钮，在幻灯片中插入一张如图 10-112 所示的图片。

(35) 选中第 1 张幻灯片，然后按下 Ctrl+N 组合键创建一个新演示文稿。在新建演示文稿中选择【插入】选项卡，在【图像】命令组中单击【屏幕截图】下拉按钮，在【可用的视窗】中选择“产品商业计划书”演示文稿的窗口，如图 10-113 所示。

图 10-112　在第 5 张幻灯片中插入图像

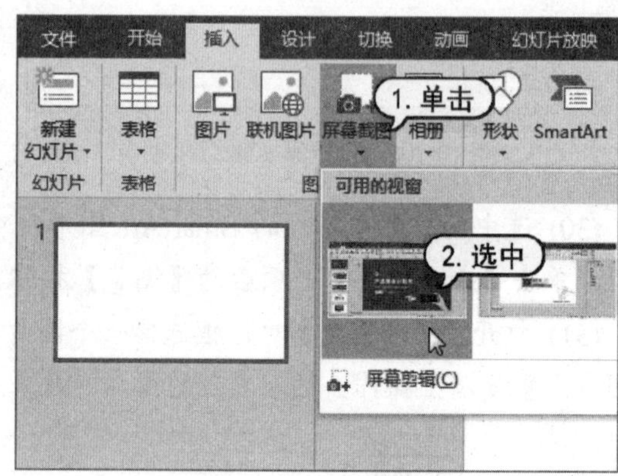

图 10-113　插入屏幕截图

(36) 选中幻灯片中插入的屏幕截图，选择【格式】选项卡，在【调整】命令组中单击【删除背景】按钮。在打开的【背景消除】选项卡中单击【保留更改】按钮，如图 10-114 所示。

(37) 按下 Ctrl+C 组合键复制删除背景后的屏幕截图，切换到“产品商业计划书”演示文稿的第 5 张幻灯片，按下 Ctrl+V 组合键粘贴图像。

(38) 按住鼠标左键拖动，调整屏幕截图的位置。然后拖动图像四周的控制点，调整其大小，效果如图 10-115 所示。

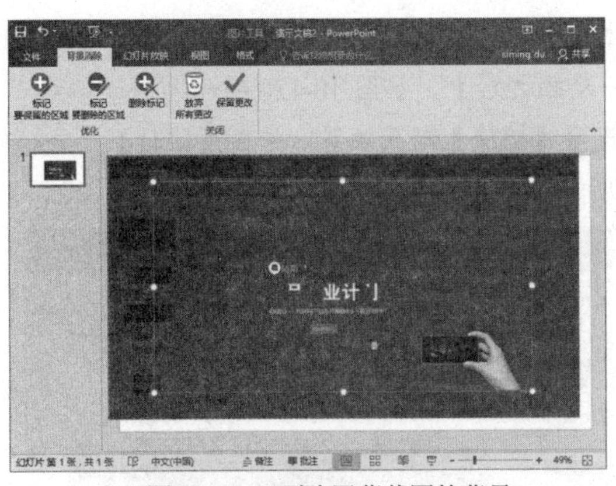

图 10-114　删除屏幕截图的背景

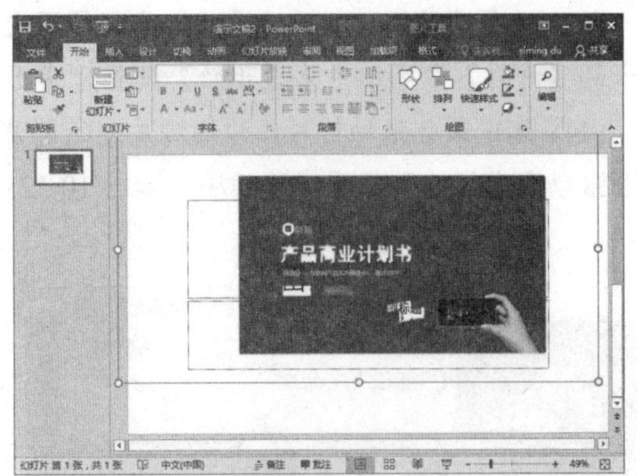

图 10-115　调整图片的大小和位置

(39) 选择【插入】选项卡，在第 5 张幻灯片中插入如图 10-116 所示的图片和文本框。

(40) 选中第 1 张幻灯片中的标题占位符，选择【动画】选项卡。单击【动画】命令组中的【其他】下拉按钮，在展开的库中选择【随机线条】选项，如图 10-117 所示。

图 10-116　第 5 张幻灯片效果

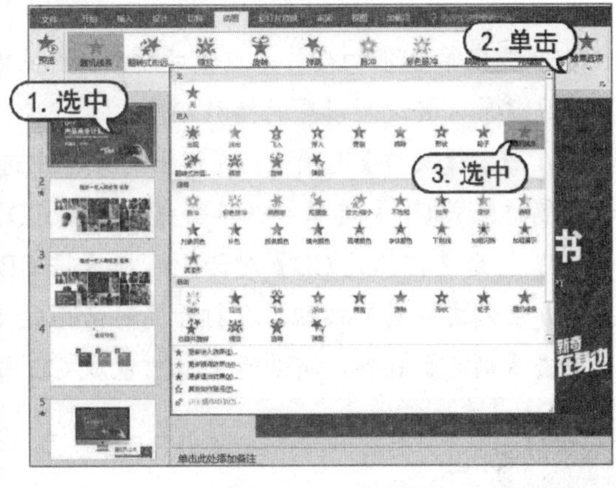

图 10-117　添加动画效果

(41) 在【动画】命令组中单击【显示其他效果选项】按钮，打开【随机线条】对话框。在【效果】选项卡中设置【声音】为【打字机】，并单击按钮设置声音大小，如图 10-118 所示。

(42) 选择【计时】选项卡，设置动画播放的计时参数，如图 10-119 所示。

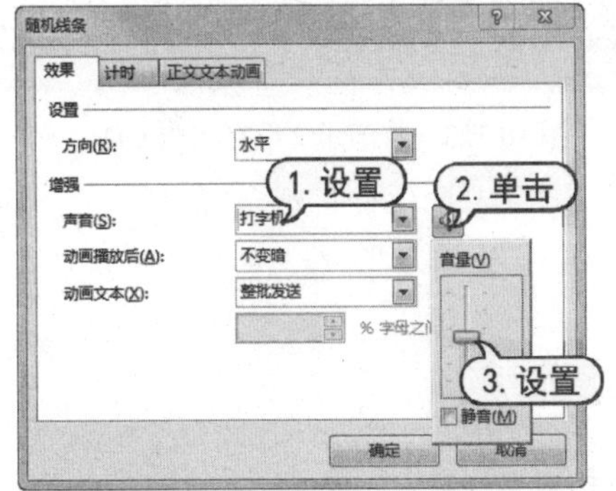

图 10-118　【效果】选项卡

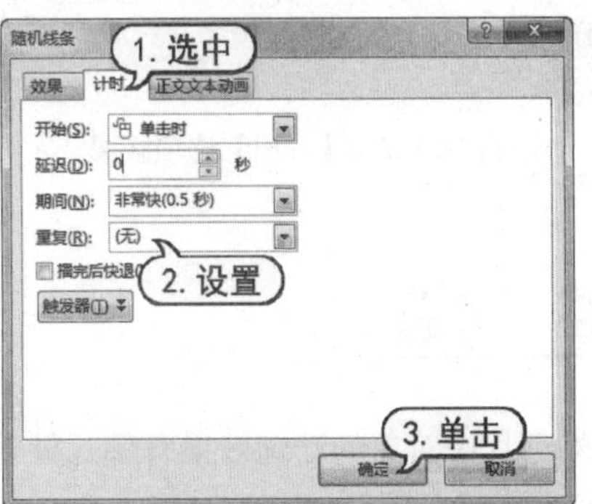

图 10-119　【计时】选项卡

(43) 重复步骤(40)~(42)的操作，为副标题文本框设置【随机线条】动画效果。在【动画】选项卡的【计时】命令组中将【开始】设置为【上一动画之后】，如图 10-120 所示。

(44) 选中第 2 张幻灯片，为幻灯片中的图片设置【擦除】动画效果，并在【计时】命令组中为每张动画中的动画设置播放顺序，如图 10-121 所示。

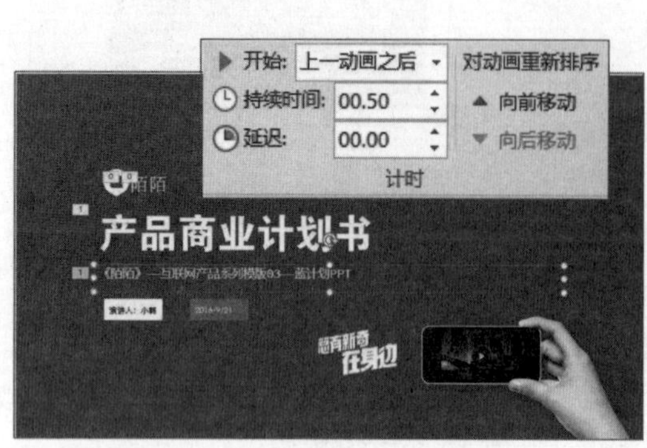

图 10-120　设置动画播放开始时间

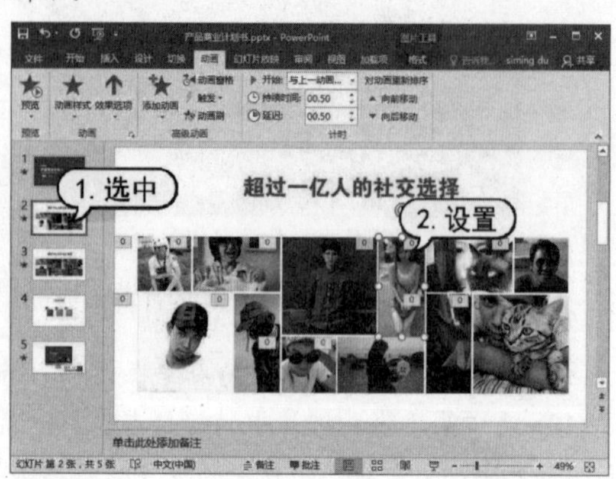

图 10-121　为第 2 张幻灯片中的图片设置动画

(45) 选中第 3 张幻灯片，重复步骤(44)的操作，为幻灯片中的图片、图形和文本框设置【擦除】动画效果，并设置动画的播放顺序。

(46) 选择【文件】选项卡，在弹出的菜单中选择【导出】命令，在展开的选项区域中选中【将演示文稿打包成 CD】选项，并单击【打包成 CD】按钮，如图 10-122 所示。

(47) 打开【打包成 CD】对话框。在【将 CD 命名为】文本框中输入“产品商业计划书”。单击【复制到文件夹】按钮，在打开的对话框的【位置】文本框中输入演示文稿的复制文件夹路径后单击【确定】按钮，将演示文稿打包成 CD 并保存在电脑中，如图 10-123 所示。

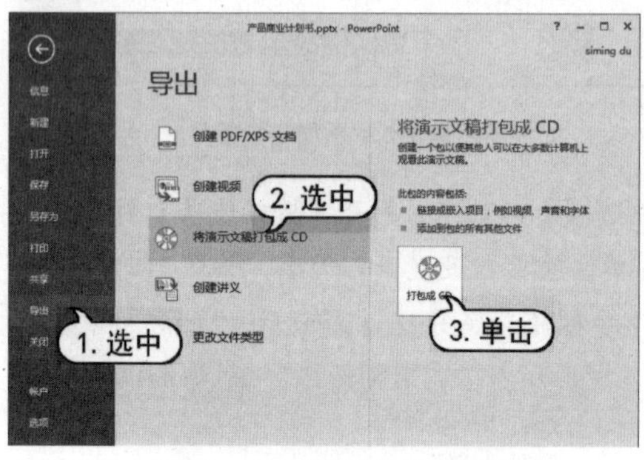

图 10-122　【导出】选项区域

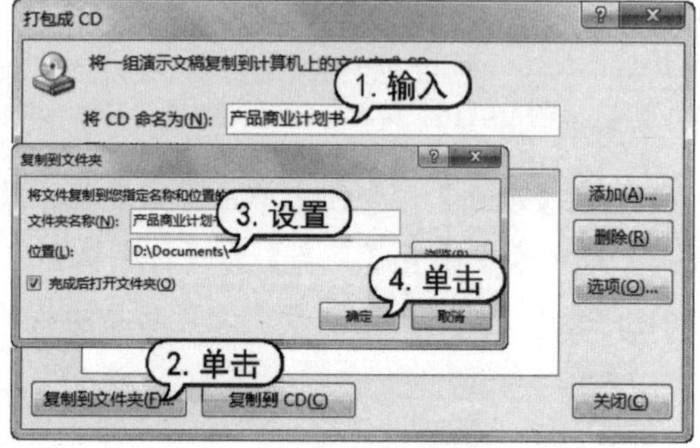

图 10-123　将演示文稿打包成 CD

10.9　习题

1. 幻灯片中对象的动画效果有哪几种？
2. 创建一个新的演示文稿，输入文本并插入图片和声音文件。

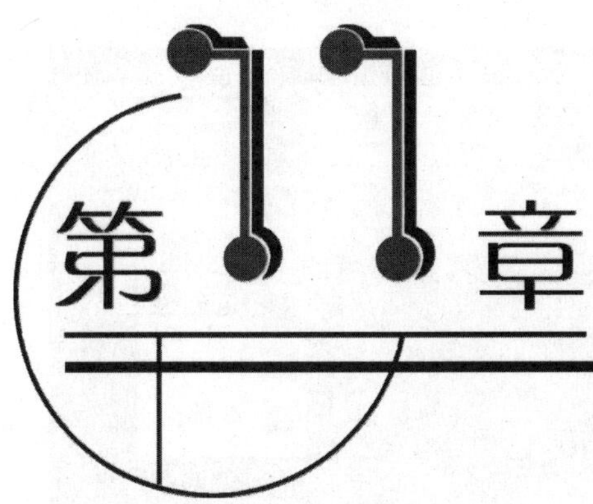

第11章 PPT幻灯片的效果添加与放映

学习目标

在 PowerPoint 2016 中，用户可以选择最为理想的放映速度与放映方式，让幻灯片放映过程更加清晰明确。此外还可以为制作完成的演示文稿添加各种效果，使幻灯片的放映效果更佳美观。本章将主要介绍为幻灯片增加效果和设置放映方式的方法与技巧。

本章重点

- 为幻灯片添加效果
- 设置幻灯片的放映方式
- 控制幻灯片的放映过程
- 录制幻灯片演示

11.1 设计幻灯片切换动画

幻灯片的切换效果是指两张连续的幻灯片之间的过渡效果，也就是从前面一张幻灯片转到下一张幻灯片时要呈现的效果。本节将介绍为幻灯片添加切换动画、设置切换动画计时选项的方法。

11.1.1 为幻灯片添加切换动画

下面将介绍在 PowerPoint 2016 中为幻灯片设置切换动画的方法。

(1) 打开本书第 10 章制作的“公司产品宣传”演示文稿。选择【转换】选项卡，在【切换至此幻灯片】命令组中单击【其他】按钮，在展开的库中选择【涟漪】选项，如图 11-1 所示。

(2) 此时，在 PowerPoint 中将立即预览“涟漪”动画切换效果。

(3) 在【切换至此幻灯片】命令组中单击【效果选项】下拉按钮，在弹出的菜单中选择【从左下部】命令，如图 11-2 所示。

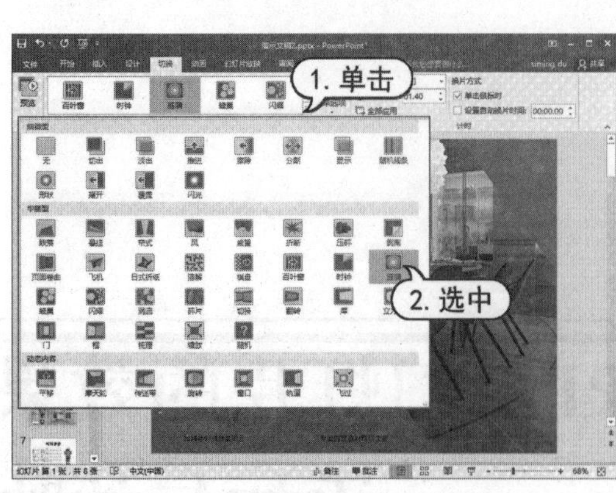

图 11-1 选择幻灯片切换动画

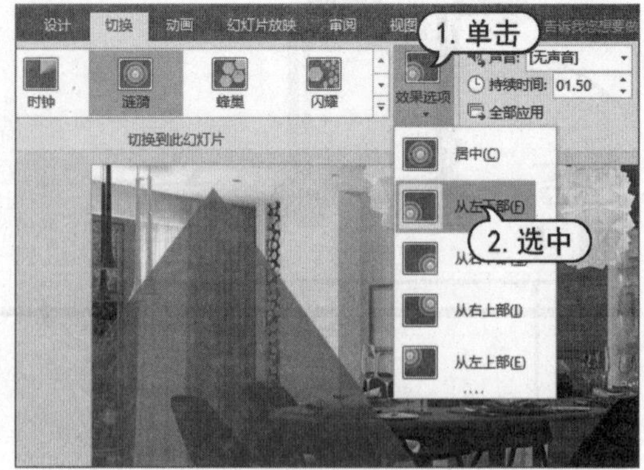

图 11-2 设置切换动画显示方式

(4) 此时，在 PowerPoint 中可以看到幻灯片的切换动画效果已经更改，从左下方向开始“涟漪”切换动画效果。

11.1.2 设置切换动画计时选项

设置幻灯片切换动画之后，还可以对动画选项进行设置，如切换动画时出现的声音、持续时间、换片方式等，具体如下。

(1) 在【切换】选项卡的【计时】命令组中单击【声音】下拉按钮，在弹出的菜单中选择【风铃】选项，如图 11-3 所示。

(2) 在【计时】命令组中的【持续时间】列表框中设置切换动画持续的时间，如输入“00.50”，如图 11-4 所示。

图 11-3 设置幻灯片切换声音

图 11-4 设置切换持续时间

(3) 如果用户需要将第 1 张幻灯片中设置的切换动画效果应用到演示文稿中的所有幻灯片，可以在【计时】命令组中单击【全部应用】按钮。

(4) 在【切换】选项卡的【预览】命令组中单击【预览】按钮，可以在 PowerPoint 中预览其他幻灯片的切换效果。

11.2　对象动画效果的高级设置

在本书第 10.3 节介绍了在幻灯片中为对象设置动画效果的方法和使用【动画刷】工具复制动画的方法。本节将在第 10.3 节的基础上介绍对象动画效果的高级设置。

11.2.1　设置动画触发器

动画触发器是指产生设置动画的动作，例如单击某个对象时产生该动画。下面将介绍设置动画触发器的方法。

(1) 选中第 1 张幻灯片中设置了对象动画的标题占位符，在【动画】选项卡的【高级动画】命令组中单击【触发】下拉按钮，在弹出的菜单中选择【单击】命令。在弹出的子菜单中选择单击对象即产生动画触发的对象，如【标题 1】，如图 11-5 所示。

(2) 在【高级动画】命令组中单击【动画窗格】按钮，在打开的【动画窗格】窗格中可以看到设置的触发器，用鼠标指向触发器时，将显示单击时的动画内容，如图 11-6 所示。

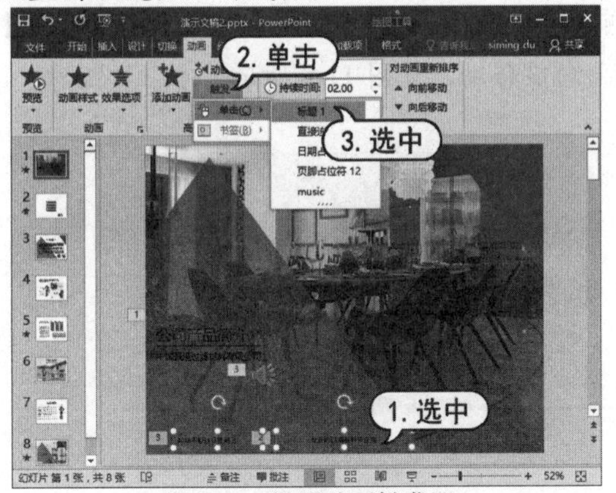

图 11-5　设置动画触发器

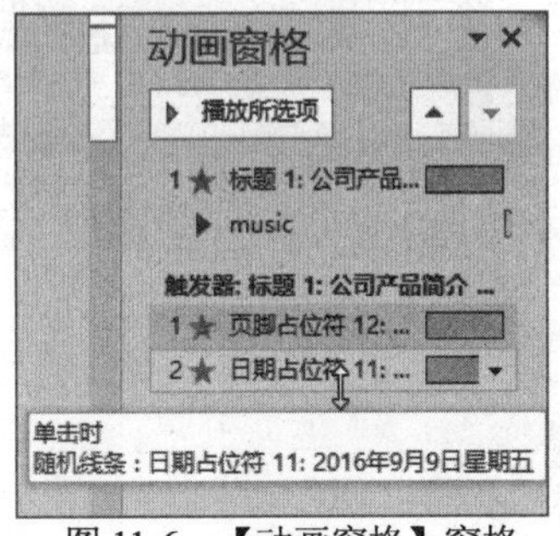

图 11-6　【动画窗格】窗格

11.2.2　设置动画计时选项

用户还可以设置动画计时选项，如开始时间、持续时间、延迟时间等，具体步骤如下。

(1) 在【动画窗格】窗格中选择幻灯片中需要设置开始时间的动画，在【动画】选项卡的【计时】命令组中单击【开始】下拉按钮，在弹出的菜单中选择【与上一动画同时】选项，如图 11-7 所示。

(2) 在【动画窗格】窗格中选择第 2 个动画对象，单击【开始】下拉按钮，在弹出的菜单中选择【上一动画之后】选项，表示接着上一个动画。

(3) 在【动画窗格】窗格中选择需要设置计时的动画，在【计时】命令组中设置动画的持续时间、延迟时间，如图 11-8 所示。

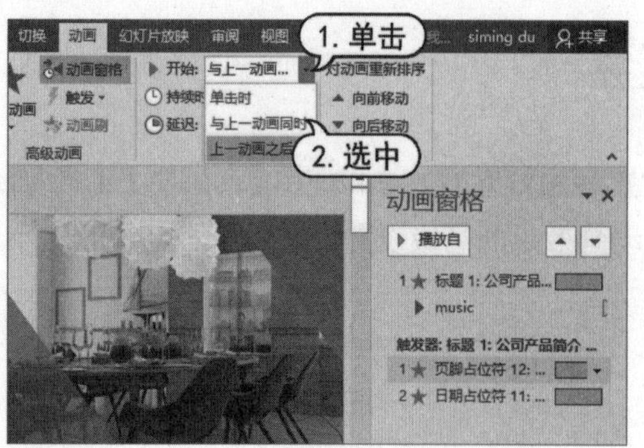

图 11-7　设置动画开始时间

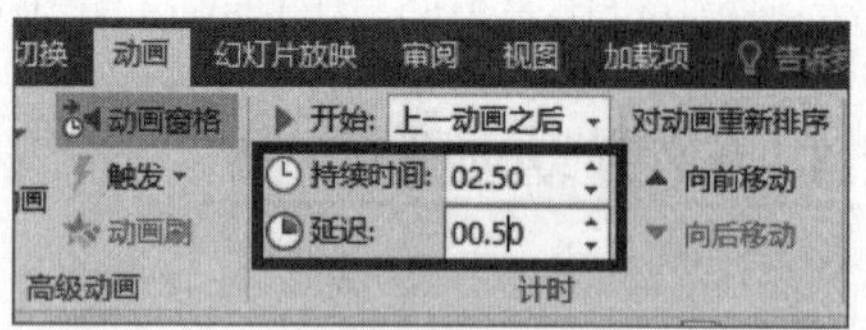

图 11-8　设置动画持续和延迟时间

11.2.3　重新排序动画

如果一张幻灯片中设置了多个动画对象，用户可以通过重新排序动画，调整各个动画的出现顺序，具体步骤如下。

(1) 在【动画窗格】窗格中选中一个需要向前移动的动画，在【动画】选项卡的【计时】命令组中单击【向前移动】按钮，可以将选中的动画向前移动，如图 11-9 所示。

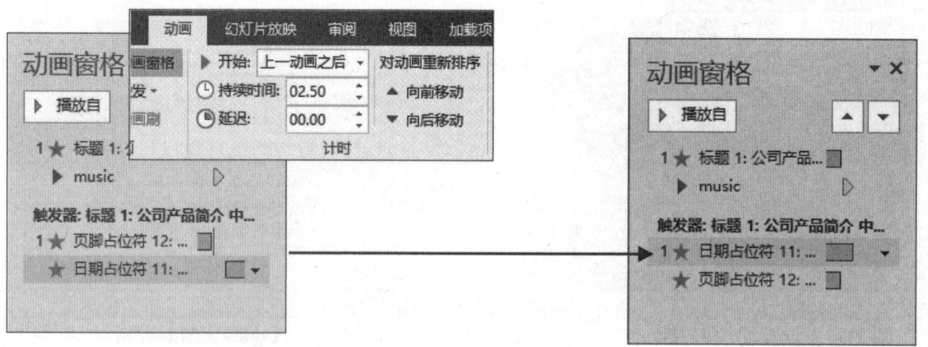

图 11-9　向前移动动画

(2) 在【动画窗格】窗格中选择需要向后移动的动画，在【计时】命令组中单击【向后移动】按钮，可以将选中的动画向后移动一位。

11.3　添加超链接

在 PowerPoint 中，往后可以设置超链接，将一个幻灯片链接到另一个幻灯片中，还可以为幻灯片中的对象内容设置网页、文件等内容的链接。在放映幻灯片时，将鼠标指针指向超链接，指针将变成手的形状，单击则可以跳转到设置的链接位置。在演示文稿中用户可以给任何文本或图形对象设置超链接，具体步骤如下。

(1) 选中第 6 张幻灯片中的艺术字，右击鼠标，在弹出的菜单中选择【超链接】命令，如图

11-10 所示。

(2) 打开【超链接】对话框。在【链接到】列表框中选择【本文本档中的位置】选项，在【请选择文档中的位置】列表框中选择【幻灯片 2】，即链接到第 2 张幻灯片，如图 11-11 所示。

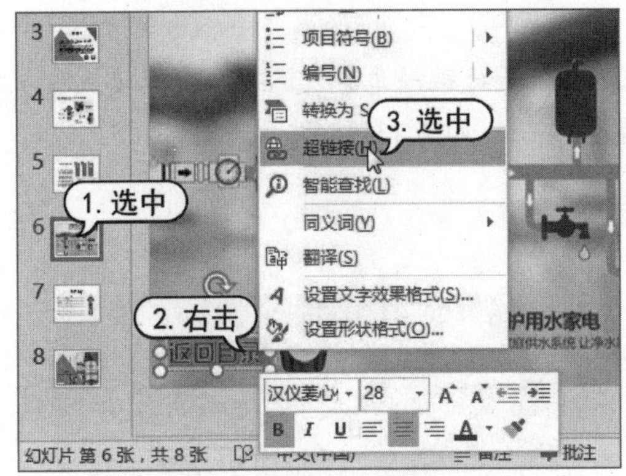

图 11-10　为艺术字设置超链接

图 11-11　【插入超链接】对话框

(3) 为艺术字设置了超链接后，幻灯片中的文本将显示超链接格式，在放映时单击【返回目录】艺术字，将返回第 2 张幻灯片，如图 11-12 所示。

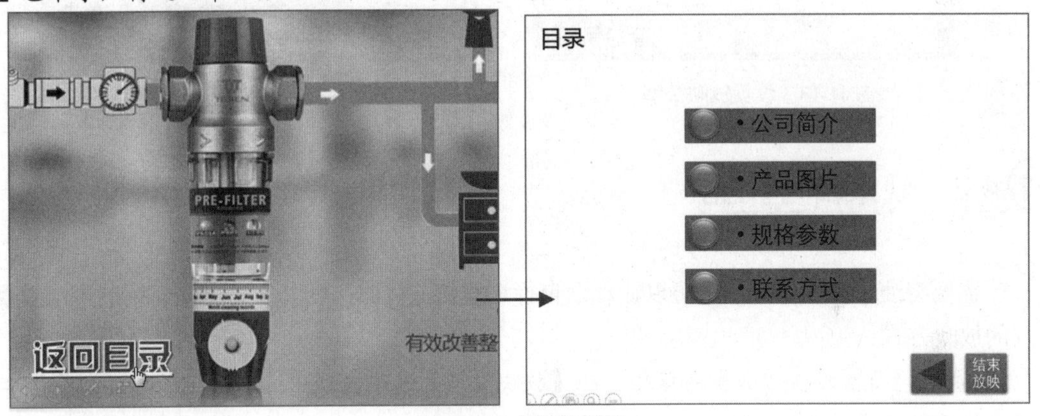

图 11-12　超链接效果

11.4　设置幻灯片放映方式

PowerPoint 2016 提供了 3 种幻灯片的放映方式，以满足不同的用户在不同场合下使用。本节将分别对 3 种放映方式进行介绍，并讲解如何设置幻灯片放映方式。

11.4.1　演讲者放映

当用户作为演示文稿的演讲者时，可以参考下面介绍的方法设置幻灯片的放映方式。

(1) 选择【幻灯片放映】选项卡，在【设置】命令组中单击【设置幻灯片放映】按钮，打开

【设置放映方式】对话框。在【放映类型】选项区域中选择幻灯片放映类型，如选中【演讲者放映(全屏幕)】单选按钮，如图 11-13 所示。

(2) 在【放映幻灯片】选项区域中选择放映的幻灯片，如选中【从 到】单选按钮，并设置放映第 1 张到第 6 张幻灯片。

(3) 选中【放映选项】选项区域中的【循环放映，按 Esc 键终止】复选框。选中【换片方式】选项区域中的【手动】单选按钮，然后单击【确定】按钮，如图 11-14 所示。

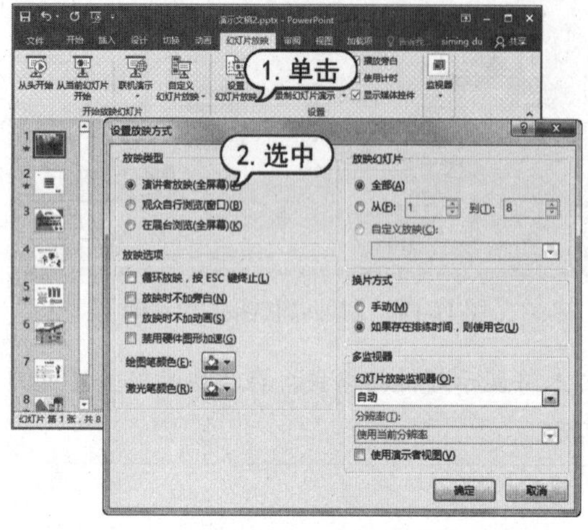

图 11-13　设置放映类型

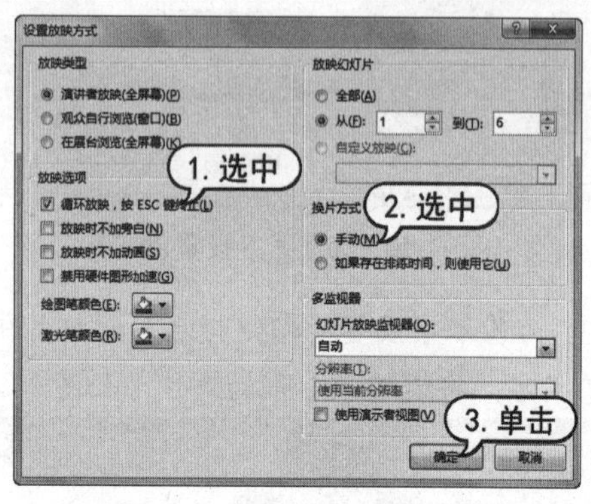

图 11-14　设置放映选项和换片方式

11.4.2　观众自行浏览

当需要将演示文稿作为一个可以让观众自行浏览的文档时，可以参考下面介绍的方法设置幻灯片的放映方式。

(1) 打开【设置放映方式】对话框。在【放映类型】选项区域中选中【观众自行浏览(窗口)】选项，然后单击【确定】按钮。

(2) 单击状态栏右侧的【幻灯片放映】按钮，观众自行浏览的效果如图 11-15 所示。

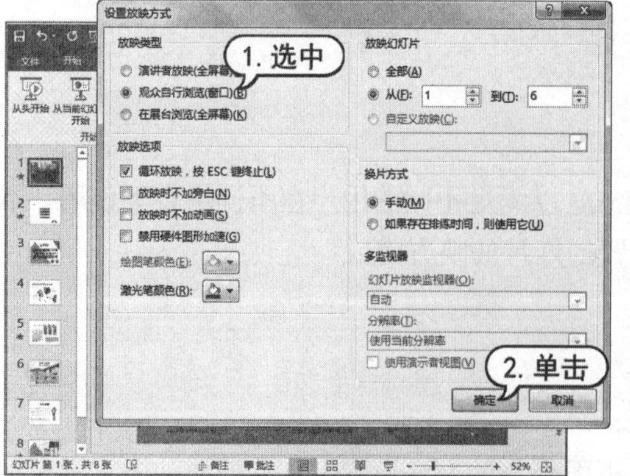

图 11-15　设置观众自行浏览幻灯片放映效果

11.4.3　在展台浏览

如果演示文稿需要被放置在展台上浏览，可以参考下面介绍的方法设置幻灯片的放映方式。

(1) 打开【设置放映方式】对话框，在【放映类型】选项区域中选中【在展台浏览(全屏幕)】选项，然后单击【确定】按钮。

(2) 单击状态栏右侧的【幻灯片放映】按钮，在展台浏览的效果如图 11-16 所示。

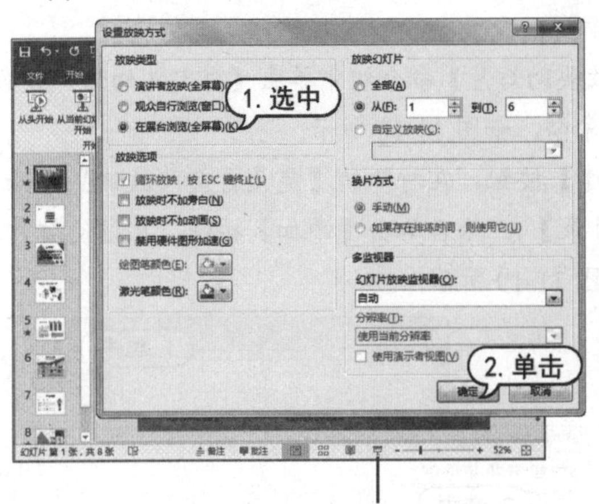

图 11-16　设置在展台浏览幻灯片放映效果

11.5　隐藏幻灯片

如果用户希望演示文稿中的某一张幻灯片不被放映，可以将其隐藏，PowerPoint 在放映幻灯片时将自动跳过隐藏的幻灯片。

(1) 选择需要隐藏的幻灯片，在【幻灯片放映】选项卡的【设置】命令组中单击【隐藏幻灯片】按钮。

(2) 此时，可以看到被选中的幻灯片已经隐藏，左侧窗格中编号发生变化，如图 11-17 所示。

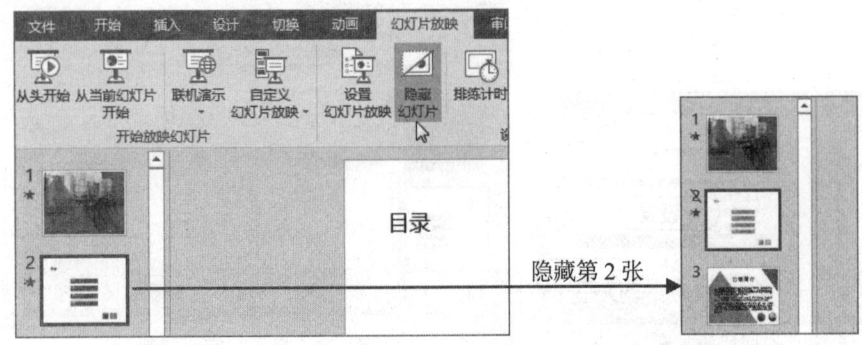

图 11-17　隐藏演示文稿中的幻灯片

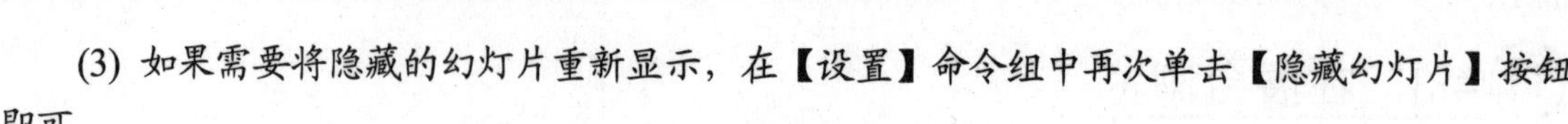

(3) 如果需要将隐藏的幻灯片重新显示，在【设置】命令组中再次单击【隐藏幻灯片】按钮即可。

11.6 自定义幻灯片放映

针对不同的场合与观众，用户可以对演示文稿进行自定义放映设置，设置放映幻灯片内容或调整幻灯片放映的顺序。

(1) 选择【幻灯片放映】选项卡，在【开始放映幻灯片】命令组中单击【自定义幻灯片放映】下拉按钮，在弹出的菜单中选择【自定义放映】命令，如图 11-18 所示。

(2) 打开【自定义放映】对话框，单击【新建】按钮，在打开的【定义自定义放映】对话框中选中需要优先播放的幻灯片前的复选框(如【目录】)，然后单击【添加】按钮，将该幻灯片添加至【在自定义放映中的幻灯片】列表框中，如图 11-19 所示。

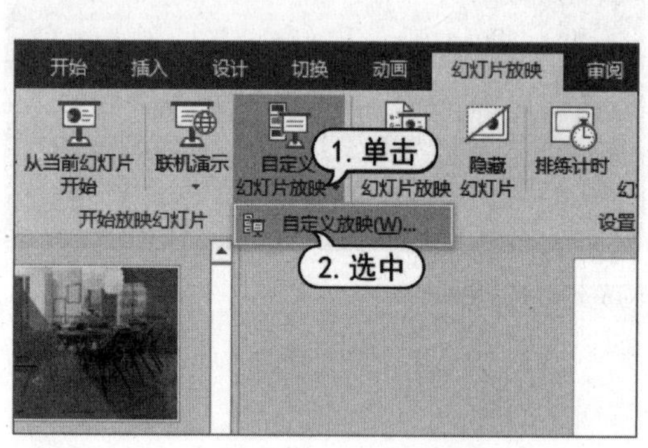

图 11-18　自定义放映

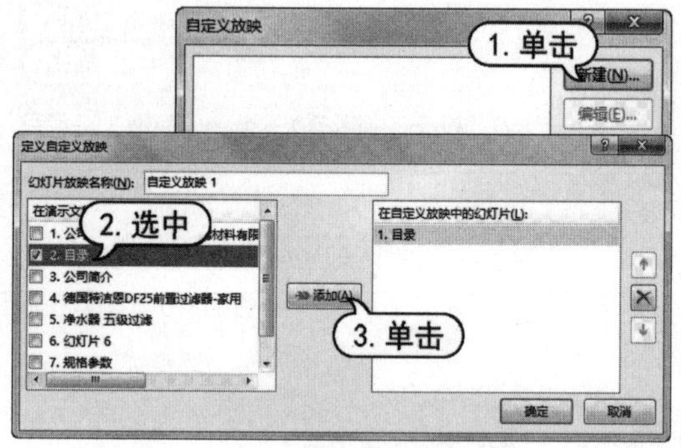

图 11-19　添加需要放映的幻灯片

(3) 重复以上操作，在【在自定义放映中的幻灯片】列表框中依次添加需要播放的幻灯片，并在【幻灯片放映名称】文本框中输入幻灯片的放映名称，如图 11-20 所示。

(4) 单击【确定】按钮，返回【自定义放映】对话框，单击【确定】按钮。此时，在【开始放映幻灯片】命令组中单击【自定义幻灯片放映】下拉按钮，在弹出的菜单中将显示自定义的幻灯片放映选项，如图 11-21 所示。

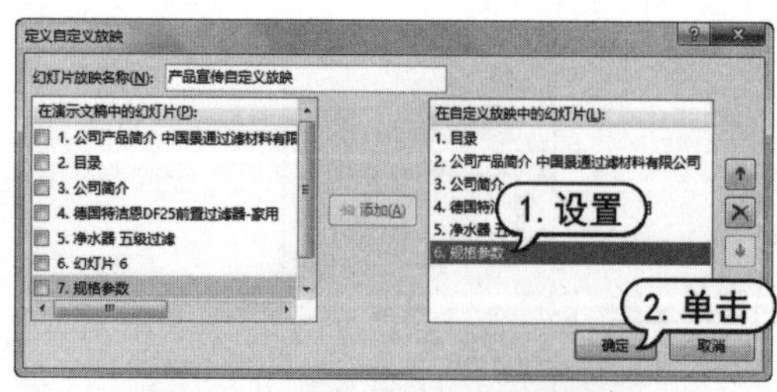

图 11-20　自定义幻灯片放映顺序

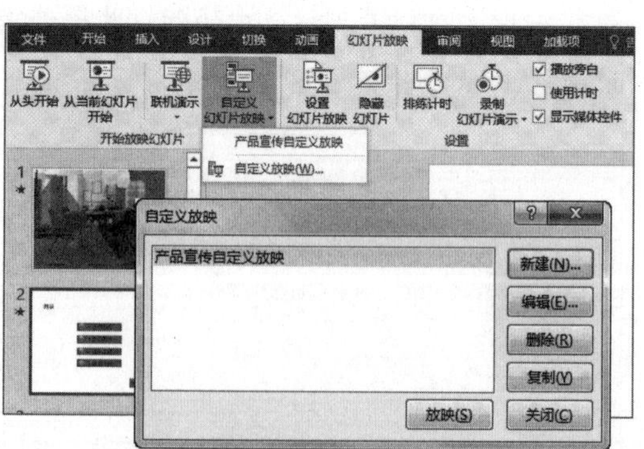

图 11-21　显示自定义放映

(5) 选择自定义放映的名称，即可以自定义方式放映演示文稿。

11.7　放映幻灯片

放映幻灯片的方式有很多，除了本章第 11.6 节介绍的自定义放映以外，还包括从头开始放映、从当前幻灯片开始放映、联机演示幻灯片等。本节将介绍幻灯片的放映方式。当用户需要退出幻灯片放映时，按下 Esc 键即可。

11.7.1　从头开始放映

如果用户希望从演示文稿的第 1 张幻灯片开始放映，可以按下列步骤操作。

(1) 选择【幻灯片放映】选项卡，在【开始放映幻灯片】命令组中单击【从头开始】按钮。

(2) 此时，将立刻进入幻灯片放映视图，从第 1 张幻灯片开始依次对幻灯片进行放映，如图 11-22 所示。

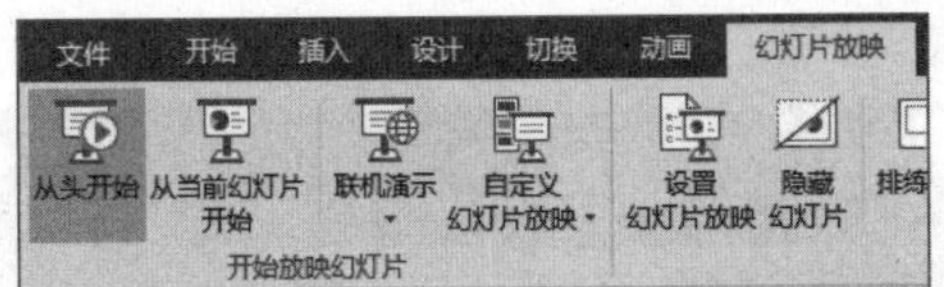

图 11-22　从头开始放映演示文稿

11.7.2　从当前幻灯片开始放映

如果用户希望从当前选择的幻灯片开始放映，可以按下列步骤操作。

(1) 选择需要播放的幻灯片后，选择【幻灯片放映】选项卡，在【开始放映幻灯片】命令组中单击【从当前幻灯片开始】按钮。

(2) 此时将进入幻灯片放映视图，幻灯片以全屏方式从当前幻灯片开始放映。

11.7.3　联机演示幻灯片

联机演示幻灯片可以允许用户远程演示制作的幻灯片效果。在 PowerPoint 2016 中，用户可以参考下列步骤实现联机演示幻灯片。

(1) 选择【幻灯片放映】选项卡，在【开始放映幻灯片】命令组中单击【联机演示】按钮。打开【联机演示】对话框，单击【连接】按钮，如图 11-23 所示。

(2) 稍等片刻后，PowerPoint 在打开的对话框中将显示如图 11-24 所示的对话框，并在对话框中显示联机演示链接。

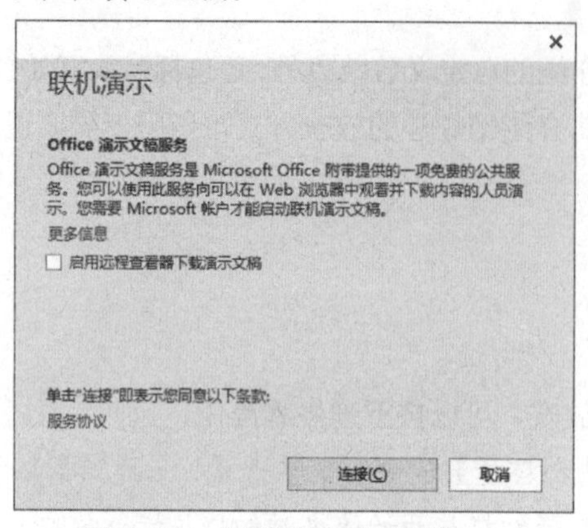

图 11-23 【联机演示】对话框

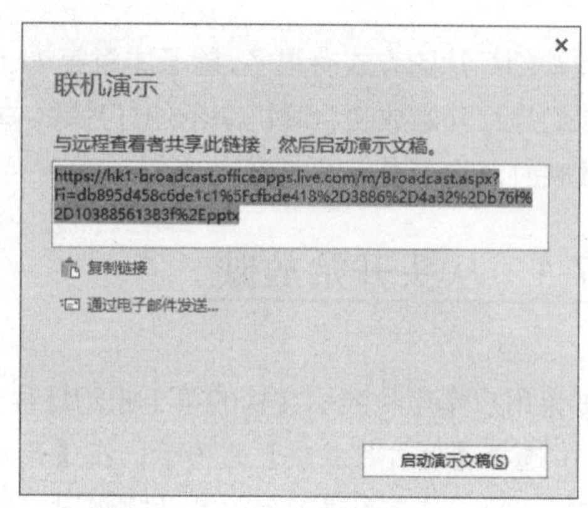

图 11-24 显示联机演示链接

(3) 单击对话框中的【复制链接】选项，复制对话框中生成的联机演示链接。然后通过微信、QQ 或电子邮件等工具，将链接发送给网络中的其他用户。其他用户在浏览器中访问收到的链接，即可显示如图 11-25 所示的界面等待演示文稿播放。

(4) 此时，在如图 11-24 所示的对话框中单击【启动演示文稿】按钮，所有用户都可以在浏览器中观看演示文稿的播放，如图 11-26 所示。

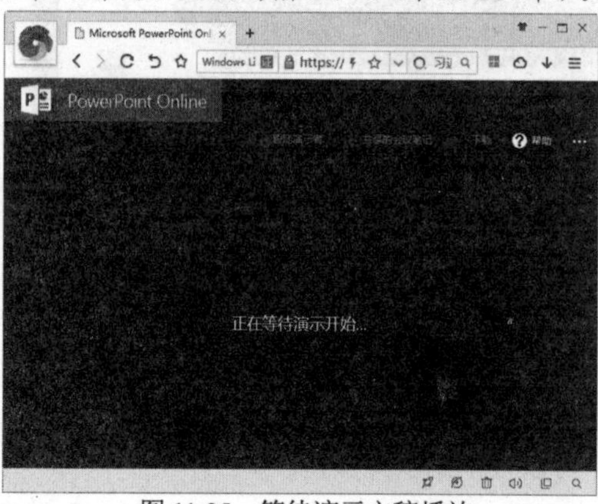

图 11-25 等待演示文稿播放

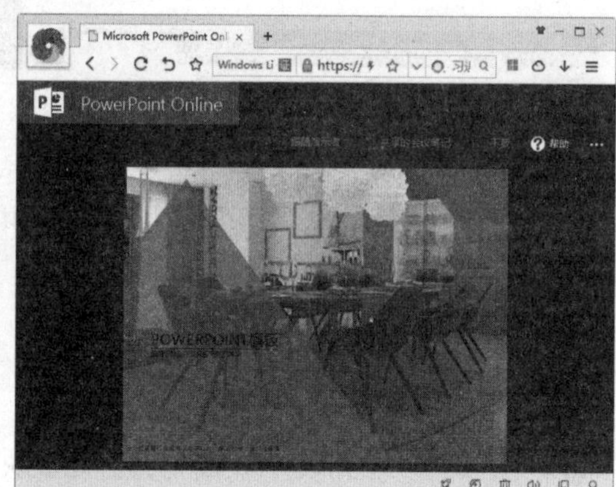

图 11-26 观看演示文稿的联机播放

11.8 控制幻灯片放映过程

在放映幻灯片时，用户可以从当前幻灯片切换至上一张或下一张幻灯片，也可以直接从当前幻灯片跳转到另一张幻灯片。下面将介绍在幻灯片放映过程中切换和定位幻灯片的方法，具体操作步骤如下。

(1) 在幻灯片页面中右击，在弹出的菜单中选择【下一张】命令，如图 11-27 所示，可以切换至下一张幻灯片。

(2) 在幻灯片页面中右击，在弹出的菜单中选择【定位至幻灯片】命令，在显示的子菜单中可以定位到指定幻灯片(如“幻灯片 6”)，并播放该幻灯片，如图 11-28 所示。

图 11-27　切换至下一张幻灯片

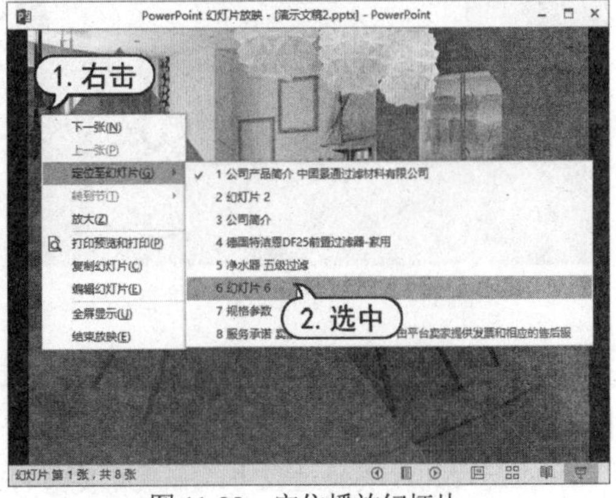

图 11-28　定位播放幻灯片

(3) 右击幻灯片，在弹出的菜单中选择【放大】命令，使用显示的矩形选择框可以放大幻灯片中特定的区域，如图 11-29 所示。

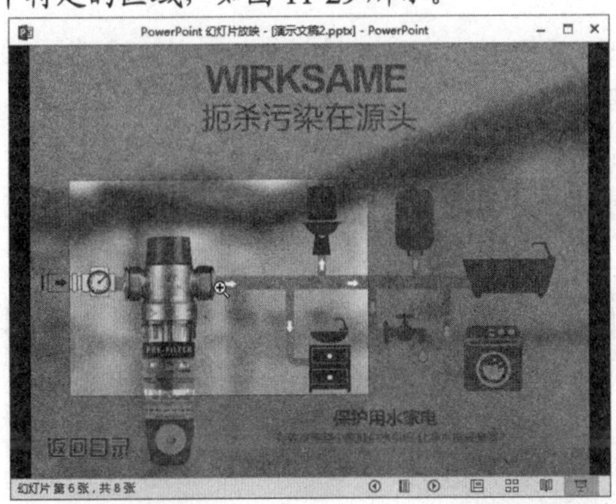

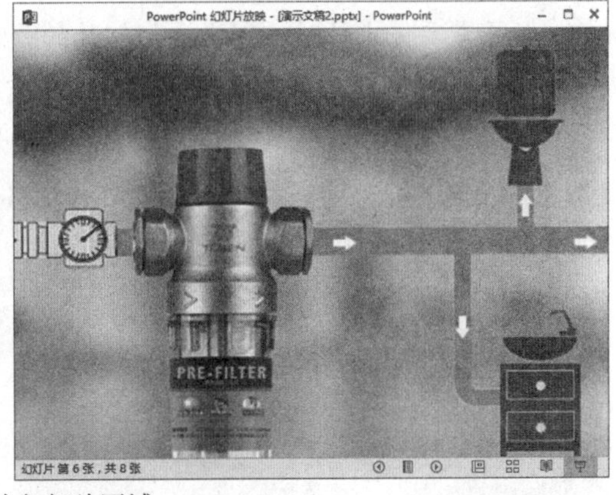

图 11-29　放大幻灯片区域

(4) 要结束幻灯片的放映，可以右击鼠标，在弹出的菜单中选择【结束放映】命令即可。

11.9　设置排练计时

PowerPoint 2016 提供了排列计时功能，用户可以预先排练放映演示文稿，预测放映时间并进行切换时间的设置，具体如下。

(1) 选择【幻灯片放映】选项卡，在【设置】命令组中单击【排列计时】按钮，显示如图 11-30 所示的排练计时状态。

(2) 此时，进入幻灯片放映状态，同时出现【录制】工具栏，显示了当前幻灯片的放映时间，

如图 11-31 所示。

图 11-30　显示排练计时状态

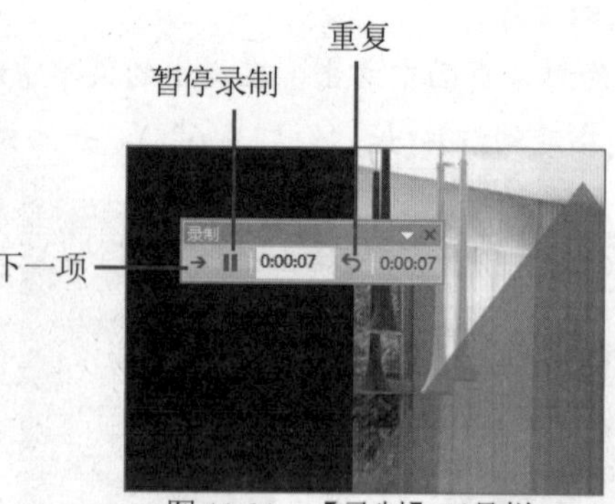

图 11-31　【录制】工具栏

(3) 记录完第 1 张幻灯片之后，单击即可进入下一张幻灯片，也可以在【录制】工具栏中单击【下一项】按钮跳转至第 2 张幻灯片。

(4) 在幻灯片放映的过程中，如果需要暂停计时，可以在【录制】工具栏中单击【暂停录制】按钮。

(5) 如果用户需要重新记录当前幻灯片的放映时间，可以在【录制】工具栏中单击【重复】按钮。

(6) 如果需要停止计时，则退出幻灯片的放映。在停止放映后，将打开如图 11-32 所示的提示对话框，提示用户是否保留本次排练时间，需要保留可以单击【是】按钮。

(7) 完成以上操作后，单击状态栏中的【幻灯片浏览】按钮，切换到幻灯片浏览视图。在该视图中，用户可以查看排练计时的幻灯片缩略图，其左下角显示了相应的幻灯片放映时间，如图 11-33 所示。

图 11-32　结束排练计时

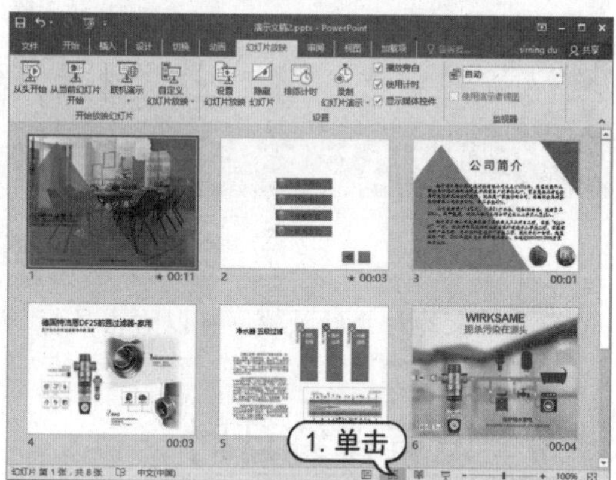

图 11-33　幻灯片浏览视图

(8) 选择【幻灯片放映】选项卡，在【设置】命令组中单击【设置幻灯片放映】按钮，打开【设置放映方式】对话框。

(9) 选在【换片方式】选项区域中选中【如果存在排练时间，则使用它】单选按钮，如图 11-34 所示，就可以实现根据排练计时的时间进行幻灯片放映。

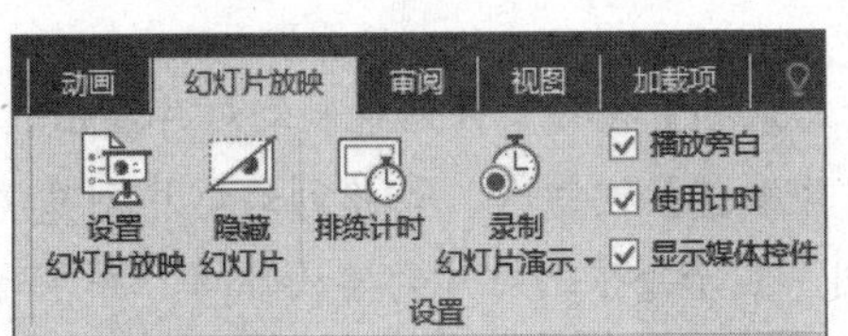

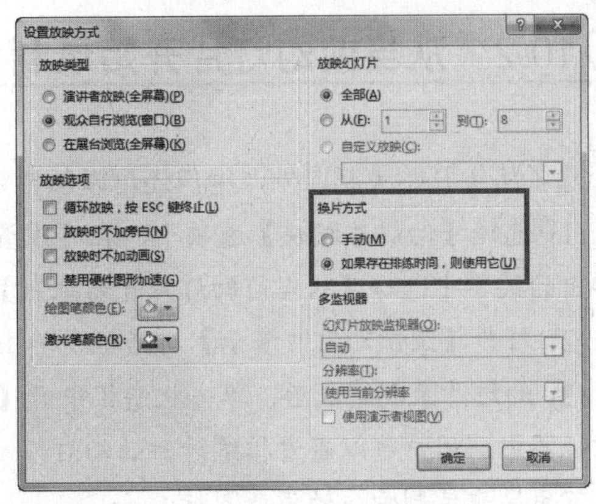

图 11-34　设置使用排练计时

11.10　录制幻灯片演示

在放映幻灯片时，为了使观众能更好地理解其内容，演示者一般会跟随演示文稿进行讲解。演示者也可以使用录制幻灯片演示功能，添加旁白并排练计时，从而在放映过程中自动播放幻灯片并进行讲解。

11.10.1　从头开始录制

用户可以选择从头开始录制幻灯片演示，具体如下。

(1) 选择【幻灯片放映】选项卡，在【设置】命令组中单击【录制幻灯片演示】下拉按钮，在弹出的菜单中选择【从头开始录制】命令，如图 11-35 所示。

(2) 打开【录制幻灯片演示】对话框，选中【幻灯片和动画计时】复选框然后单击【开始录制】按钮即可开始录制，如图 11-36 所示。

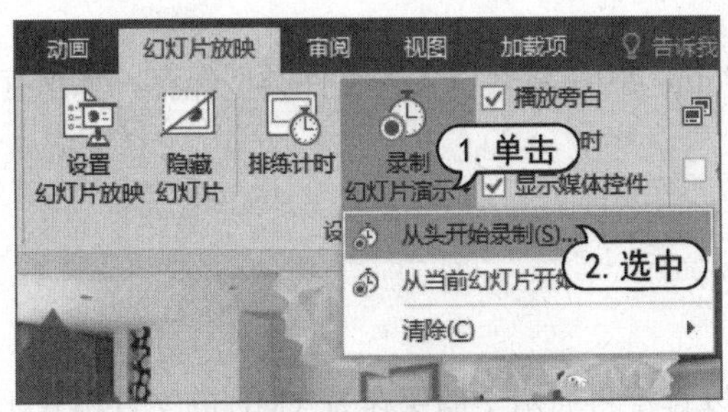

图 11-35　从头开始录制

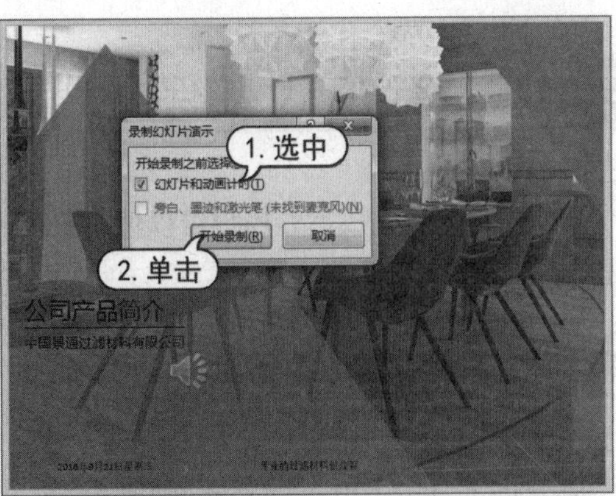

图 11-36　【录制幻灯片演示】对话框

11.10.2 从当前幻灯片开始录制

除了从头开始录制以外，用户还可以从指定的幻灯片开始录制，具体如下。

(1) 选择【幻灯片放映】选项卡，在【设置】命令组中单击【录制幻灯片演示】下拉按钮，在弹出的菜单中选择【从当前幻灯片开始录制】命令。

(2) 打开【录制幻灯片演示】对话框，单击【开始录制】按钮，开始录制幻灯片演示。

(3) 幻灯片录制完成后，单击状态栏中的【幻灯片浏览】按钮田，切换到幻灯片浏览视图。在该视图中，用户可以查看排练计时的幻灯片缩略图，显示每张幻灯片的播放时间，并在幻灯片的左下角显示录制旁白的声音图标。

(4) 在【设置】命令组中单击【录制幻灯片演示】下拉按钮，在弹出的菜单中选择【清除】命令。在显示的子菜单中，用户可以选择清除所有幻灯片中录制的计时或者清除当前选中幻灯片中的计时，如图 11-37 所示。

(5) 如果用户清除了所有幻灯片中录制的旁白声音，可以在浏览视图中看到幻灯片缩略图下方的声音图标自动消失了，如图 11-38 所示。

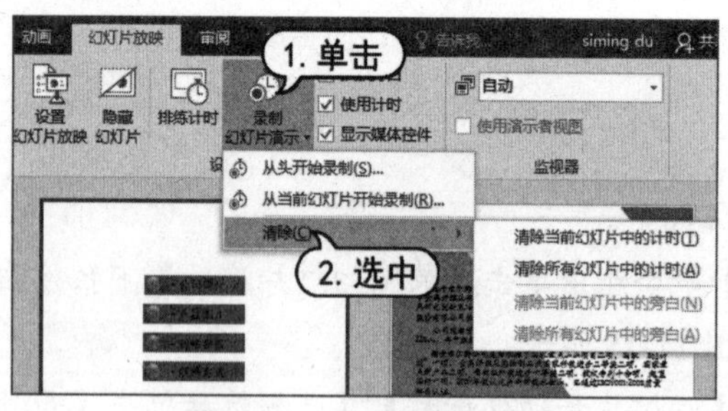

图 11-37 清除幻灯片计时

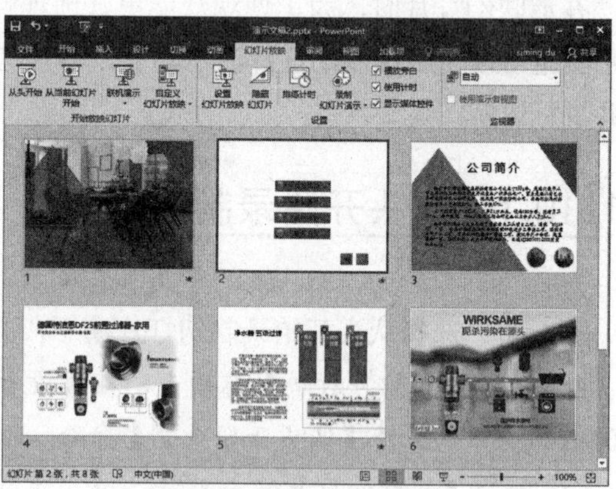

图 11-38 删除旁白声音

11.11 将演示文稿保存为其他类型文件

演示文稿制作完成后，用户可以使用 PowerPoint 2016 将其以各种文件类型保存，如保存为 XML 文件、视频文件等。

11.11.1 将演示文稿保存为网页

使用 PowerPoint 2016 的“另存为”功能，可以直接将演示文稿保存为 XML 的文件格式，使用户能以网页的形式将演示文稿打开，具体如下。

(1) 选择【文件】选项卡，在弹出的菜单中选择【另存为】命令，在显示的选项区域中单击

【浏览】按钮(或按下 F12 键)，如图 11-39 所示。

(2) 打开【另存为】对话框。单击【保存类型】下拉按钮，在弹出的下拉列表中选择【PowerPoint XML 演示文稿】选项，然后单击【保存】按钮，如图 11-40 所示。

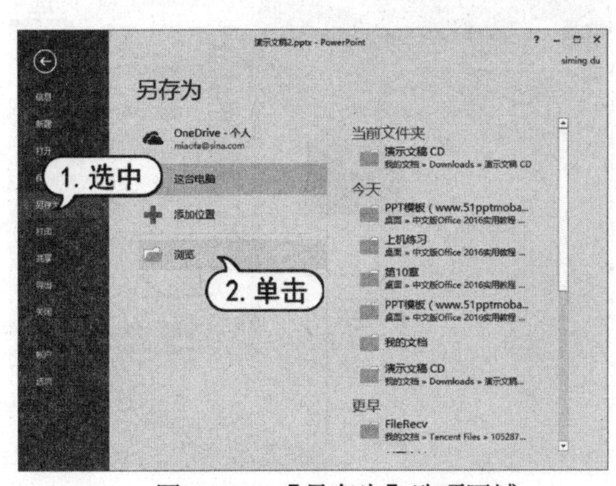

图 11-39　【另存为】选项区域

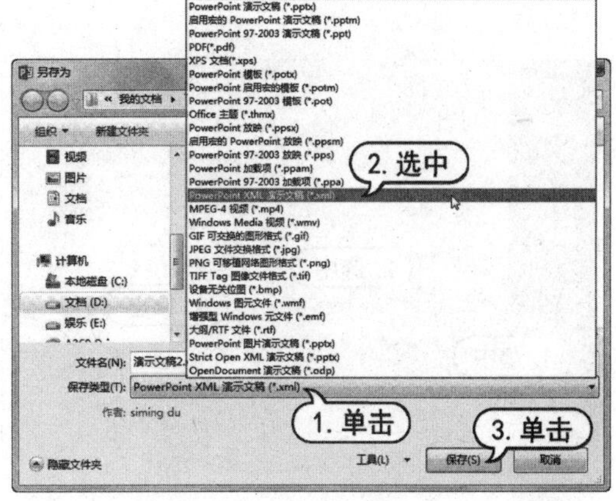

图 11-40　选择文件保存类型

11.11.2　将演示文稿保存为视频

将演示文稿保存为视频，可以实现演示文稿在其他没有安装 PowerPoint 软件的计算机上的放映，具体操作步骤如下。

(1) 选择【文件】选项卡，在弹出的菜单中选择【导出】命令，在打开的选项区域中选中【创建视频】选项，并单击【创建视频】按钮。

(2) 打开【另存为】对话框，单击【保存】按钮即可将演示文稿保存为视频，如图 11-41 所示。

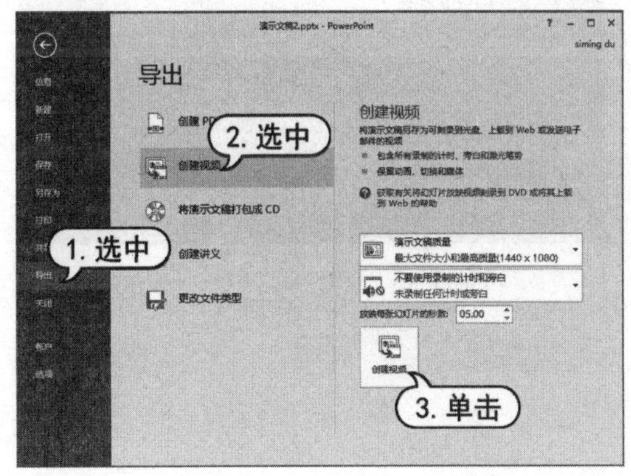

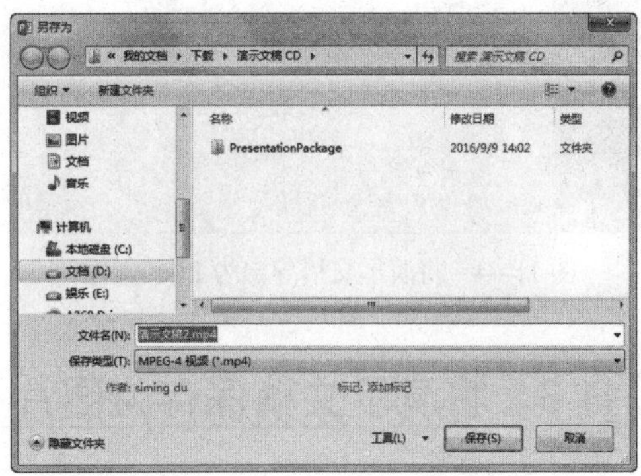

图 11-41　将演示文稿保存为视频

(3) 双击保存的视频，即可使用媒体播放器软件观看演示文稿的播放效果。

【例 11-1】将演示文稿保存为 Word 讲义。

(1) 选择【文件】选项卡，在弹出的菜单中选择【导出】命令。在打开的选项区域中选中【创

建讲义】选项，并单击【创建讲义】按钮，如图 11-42 所示。

(2) 打开【发送到 Microsoft Word】对话框。选择一种演示文稿导入 Word 后的版式后，单击【确定】按钮，即可将演示文稿保存为 Word 讲义，效果如图 11-43 所示。

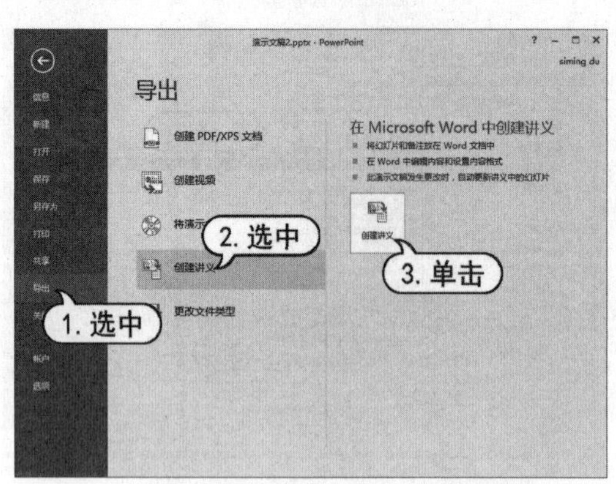

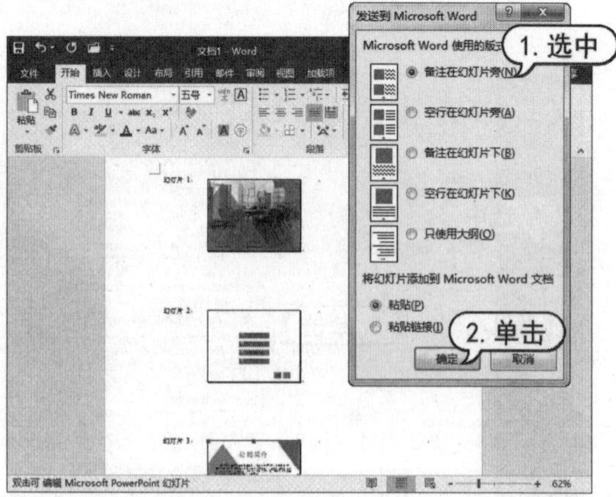

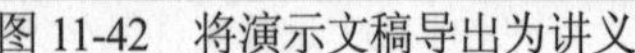
图 11-42　将演示文稿导出为讲义　　　　图 11-43　讲义导出效果

【例 11-2】将演示文稿导出为 PDF 文件。

(1) 选择【文件】选项卡，在弹出的菜单中选择【导出】命令。在打开的选项区域中选中【创建 PDF/XPS】选项，并单击【创建 PDF/XPS】按钮，如图 11-44 所示。

(2) 在打开的【另存为】对话框中单击【保存】按钮，即可将演示文稿导出为 PDF 文件，如图 11-45 所示。

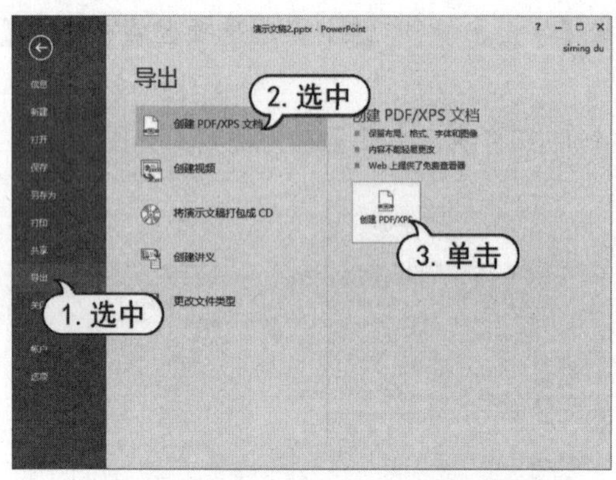

图 11-44　将演示文稿导出为 PDF 文件　　　　图 11-45　PDF 文件效果

11.11.3　将演示文稿保存为图片

使用 PowerPoint 2016 的“更改文件类型”功能，可以将制作好的演示文稿以.PNG 或.JPEG 格式保存，具体操作步骤如下。

(1) 选择【文件】选项卡，在弹出的菜单中选择【导出】命令。在打开的选项区域中选中【更改文件类型】选项和【JPEG 文件交换格式】选项，单击【另存为】按钮，如图 11-46 所示。

(2) 打开【另存为】对话框。选择一个保存图片文件的文件夹后，单击【保存】按钮。在打开的对话框中单击【所有幻灯片】按钮，即可将所有演示文稿中的所有幻灯片保存为 JPEG 格式的图片，效果如图 11-47 所示。

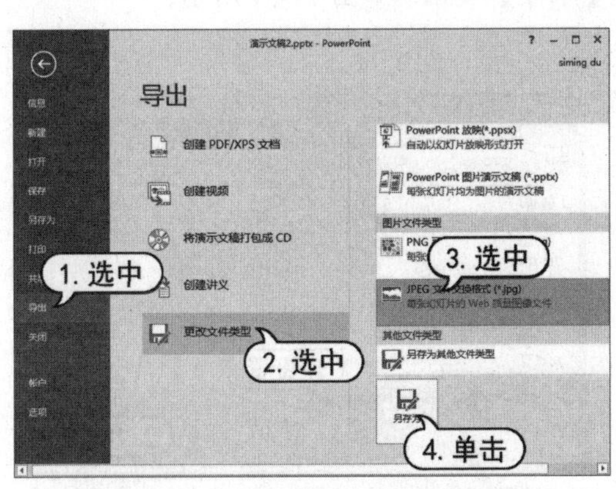

图 11-46　将演示文稿保存为图片

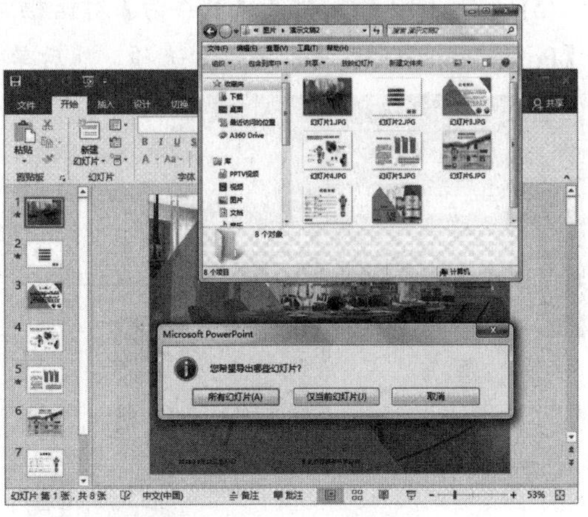

图 11-47　保存所有幻灯片

11.12　上机练习

本章的上机练习将继续本书第 10 章上机练习的操作，设置“产品商业计划书”演示文稿的【切换】动画，自定义放映、排练计时，并将幻灯片导出为网页。

(1) 打开本书第 10 章制作的“产品商业计划书”演示文稿。按住 Ctrl 键的同时选中第 1~5 张幻灯片。选择【切换】选项卡，在【切换到此幻灯片】命令组中单击【其他】按钮，在展开的库中选择【悬挂】选项，如图 11-48 所示。

(2) 选择【幻灯片放映】选项卡。在【设置】命令组中单击【设置幻灯片放映】按钮，在打开的对话框中选中【观众自行浏览(窗口)】单选按钮，如图 11-49 所示，单击【确定】按钮。

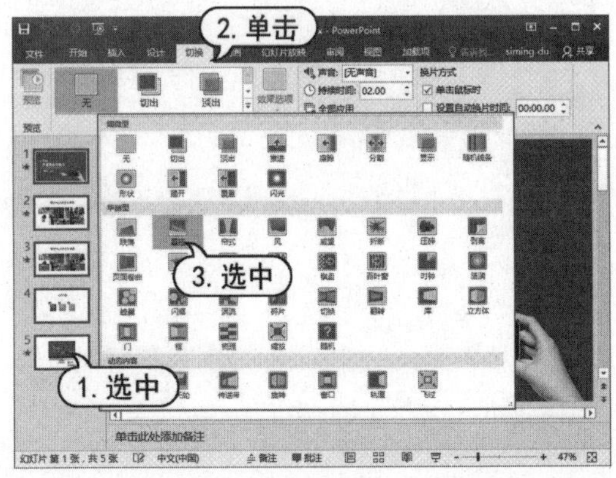

图 11-48　设置幻灯片切换动画

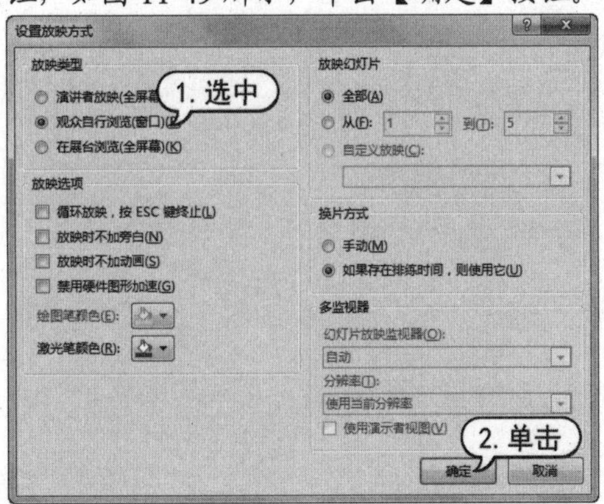

图 11-49　设置幻灯片放映形式

(3) 在【设置】选项组中单击【排练计时】按钮，进入排练计时状态。使用【录制】工具栏控制排练计时的节奏，如图 11-50 所示。完成后在弹出的对话框中单击【是】按钮，保留计时。

(4) 按下 Ctrl+S 组合键保存“产品商业计划书”演示文稿。

(5) 按下 F12 键，打开【另存为】对话框。单击【保存类型】下拉按钮，在弹出的菜单中选择【PowerPoint XML 演示文稿】选项，然后单击【保存】按钮，如图 11-51 所示。

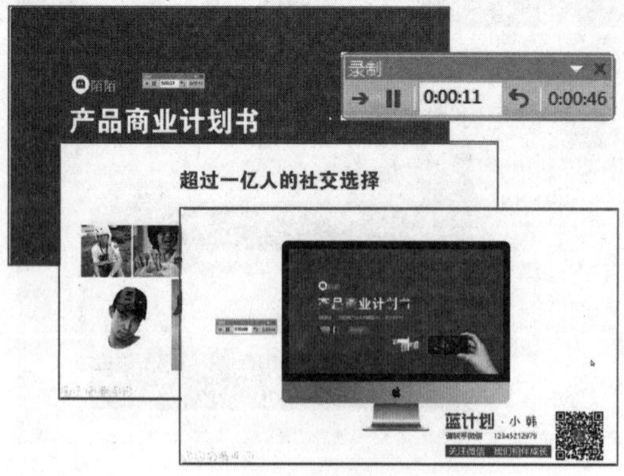

图 11-50　设置排练计时

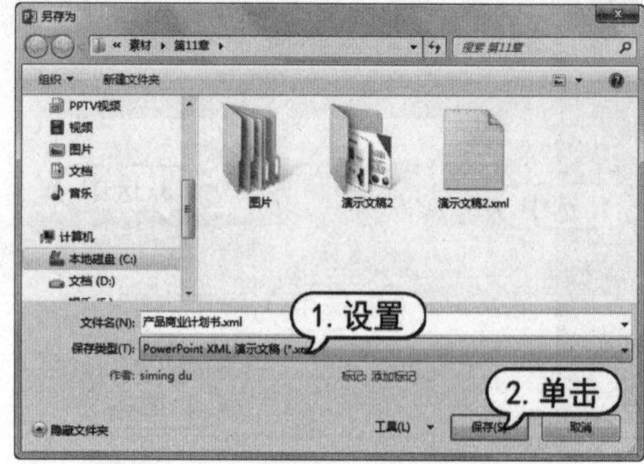

图 11-51　将演示文稿保存为网页

11.13　习题

1. 简述幻灯片的放映类型。
2. 简述幻灯片的放映方式。
3. 新建一个演示文稿，设置自定义放映，并使用观众自行浏览模式放映该演示文稿。

第12章 Office 软件应用综合实例

学习目标

本书主要介绍了 Office 2016 常用组件的使用方法和技巧，包括 Word 2016、Excel 2016 和 PowerPoint 2016。本章通过几个综合实例，来帮助用户灵活运用 Office 2016 的各种功能，提高用户的综合应用能力。

本章重点

- 使用 Word 2016 制作与编辑文档
- 使用 Excel 2016 管理与统计表格
- 使用 PowerPoint 2016 设计与美化幻灯片

12.1 使用 Word 制作活动传单

本例将介绍使用 Word 2016 制作活动传单文档的方法。该文档的设计在模板的基础上进行，具体操作步骤如下。

(1) 启动 Word 2016 创建一个空白文档。选择【文件】选项卡，在弹出的菜单中选择【新建】命令，在显示选项区域的【主页】文本框中输入“活动传单”，然后按下 Enter 键在线搜索可用的 Word 模板。

(2) 在显示的搜索结果中单击一个可用的模板，在打开的对话框中单击【创建】按钮，使用模板创建一个文档，如图 12-1 所示。

(3) 选中文档中的背景图片，选择【格式】选项卡。在【大小】命令组中单击【高级版式：大小】按钮，打开【布局】选项卡。

(4) 选择【大小】选项卡，取消选中【锁定纵横比】复选框。将【高度】选项区域中的【绝对值】设置为 225 毫米，如图 12-2 所示，然后单击【确定】按钮。

图 12-1　使用模板创建文档

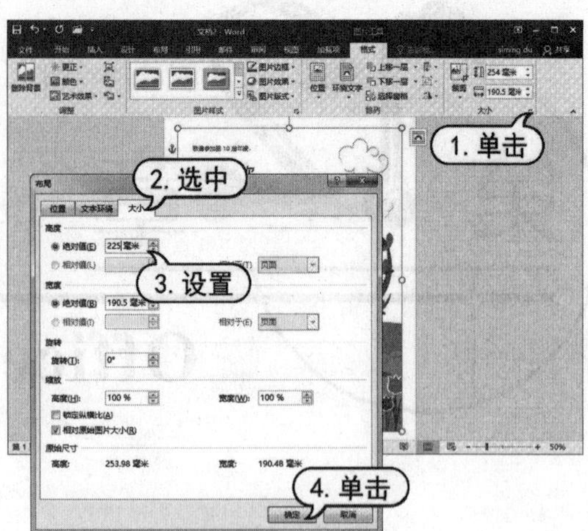

图 12-2　设置背景图片大小

(5) 完成以上设置后，在文档的空白处单击。选择【布局】选项卡，在【页面设置】命令组中单击【纸张大小】下拉按钮，在弹出的菜单中选择【其他页面大小】命令。

(6) 打开【页面设置】对话框，将【高度】设置为【250 毫米】，然后单击【确定】按钮，设置文档的高度，如图 12-3 所示。

(7) 在文档中选中文字“敬请参加第 10 届年度”，将其修改为“2018 年度夏季活动宣传”。然后选中输入的文本，在【开始】选项卡的【字体】命令组中将字体设置为【微软雅黑】，将【字号】设置为【小一】，将【字体颜色】设置为【紫色】，如图 12-4 所示。

图 12-3　设置文档纸张高度

图 12-4　设置标题文本

(8) 选中文档中的文本“春季狂欢”，将其修改为“诚邀”，选择修改后的文本字体设置为【华文中宋】，将字号设置为【小二】。

(9) 选中文档中的文本“在此处添加关于活动的简要描述”，将其修改为如图 12-5 所示的活动介绍文本，并设置文本的字体为【微软雅黑】，设置字号为 11。

(10) 使用同样的方法，设置文档中【地点:】、【日期:】和【时间:】文本，并设置文本字体格式，如图 12-6 所示。

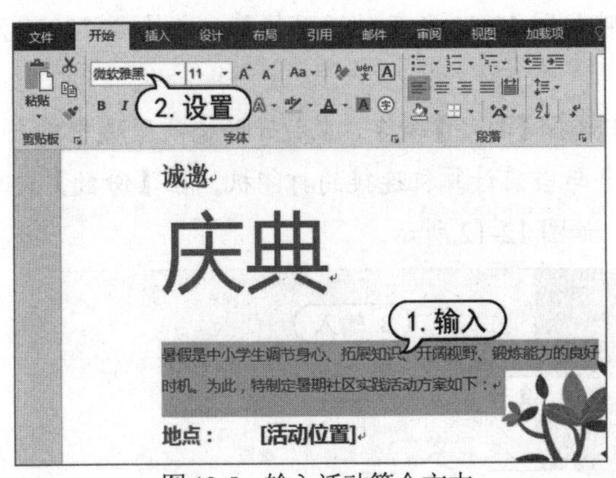

图 12-5　输入活动简介文本

图 12-6　输入活动地点、日期和时间

(11) 选中文档中地点、日期和时间文本，在【段落】命令组中单击【项目符号】下拉按钮，在弹出的菜单中选择【定义新项目符号】命令，如图 12-7 所示。

(12) 打开【定义新项目符号】对话框。单击【符号】按钮，打开【符号】对话框。选择一种符号类型，然后单击【确定】按钮，如图 12-8 所示。

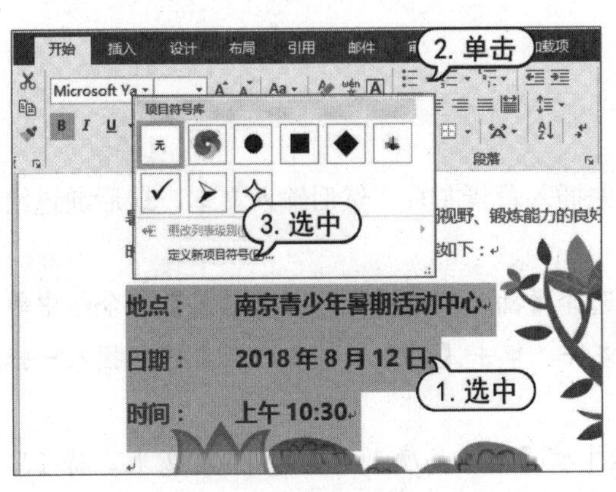

图 12-7　定义新项目符号

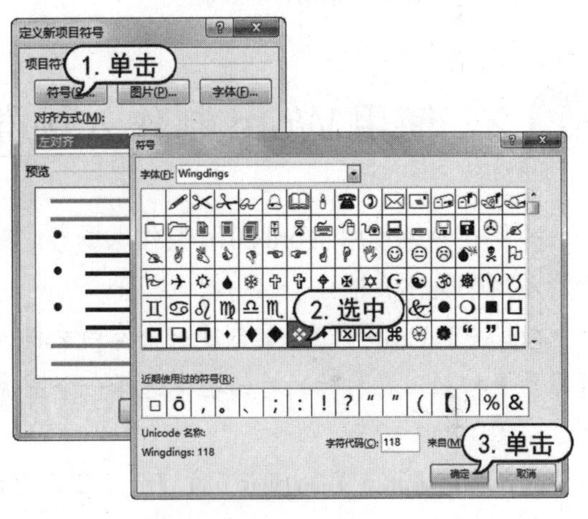

图 12-8　选择符号

(13) 此时，将为文档中的字体添加如图 12-9 所示的项目符号。

(14) 将文档中的文本“庆典”修改为“参与”，并设置文本的大小为 45，如图 12-10 所示。

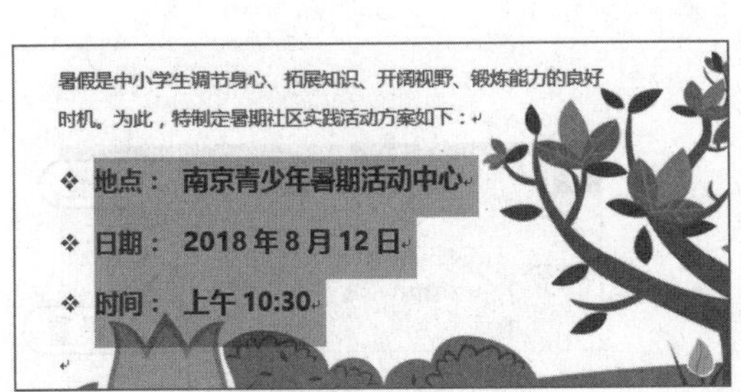

图 12-9　添加项目符号

图 12-10　修改文字

(15) 按下 F12 键打开【另存为】对话框。将如图 12-11 所示的活动传单以文件名“2018 活动传单”保存。

(16) 选择【文件】选项卡，在弹出的菜单中选择【打印】命令。在打开的选项区域中单击【打印机】下拉按钮，在弹出的下拉列表中选择一个与当前计算机连接的打印机。在【份数】文本框中输入 100，然后单击【打印】按钮打印文档，如图 12-12 所示。

图 12-11　活动传单效果

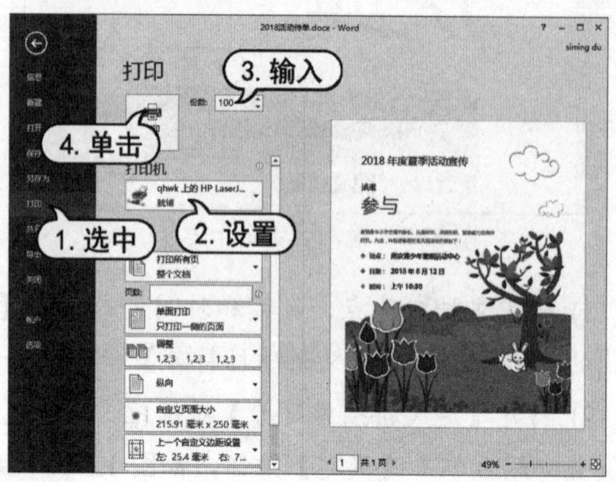

图 12-12　打印文档

12.2　使用 Word 制作入场券

本例将介绍使用 Word 2016 制作入场券。首先插入背景图片，然后输入文本，最后通过绘制矩形图形来美化文档。

(1) 按下 Ctrl+N 组合键创建一个空白文档。选择【插入】选项卡，在【插图】命令组中单击【图片】按钮，在打开的对话框中选择一个图像文件。单击【插入】按钮，在文档中插入一张图片，如图 12-13 所示。

(2) 选择【格式】选项卡，在【大小】命令组中将【形状高度】设置为 63.62 毫米，将【形状宽度】设置为 175 毫米，如图 12-14 所示。

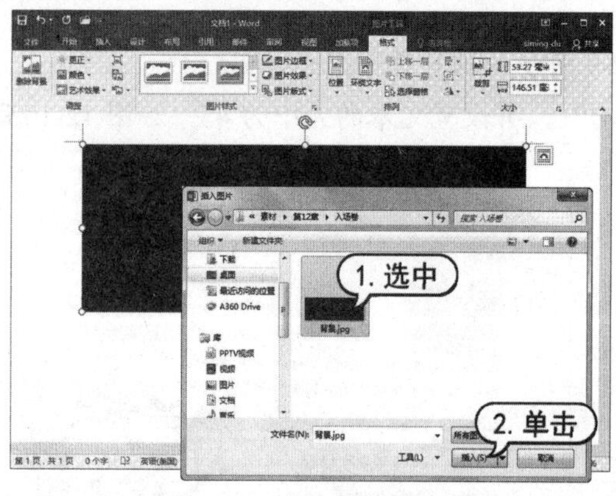

图 12-13　在文档中插入图片

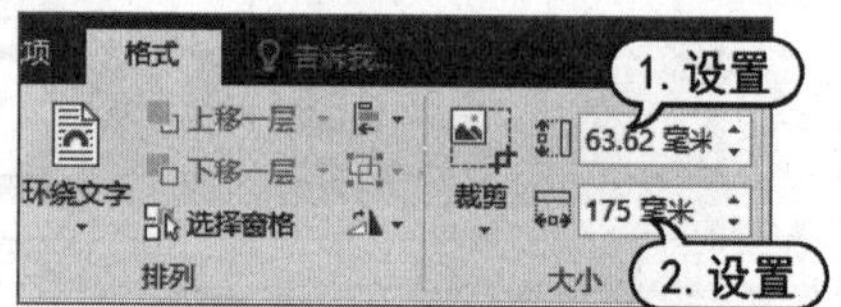

图 12-14　设置图片大小

(3) 选择文档中的图片，右击鼠标，在弹出的菜单中选择【环绕文字】|【衬于文字下方】命令，如图 12-15 所示。

(4) 选择【插入】选项卡，在【文本】命令组中单击【文本框】按钮。在弹出的菜单中选择【绘制文本框】命令，在图片上绘制一个文本。

(5) 选择【格式】选项卡，在【形状样式】命令组中单击【形状填充】下拉按钮，在展开的库中选择【无填充颜色】选项，如图 12-16 所示。

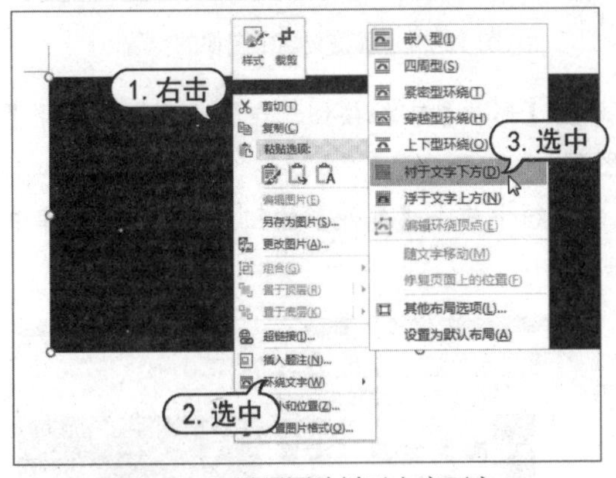

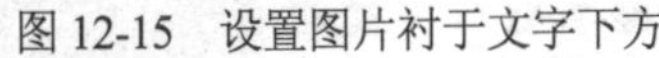
图 12-15　设置图片衬于文字下方

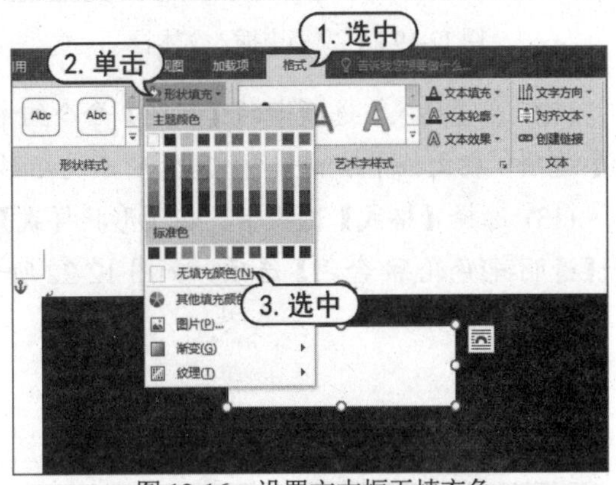

图 12-16　设置文本框无填充色

(6) 在【形状样式】命令组中单击【形状轮廓】下拉按钮，在展开的库中选择【无形状轮廓】选项。

(7) 选中文档中的文本框，在【大小】命令组中将【形状高度】设置为 16 毫米，将【形状宽度】设置为 80 毫米，设置文本框的大小，如图 12-17 所示。

(8) 选中文本框并在其中输入文本，在【开始】选项卡的【字体】命令组中设置字体为【微软雅黑】，【字号】为【小二】，【字体颜色】为【金色】，如图 12-18 所示。

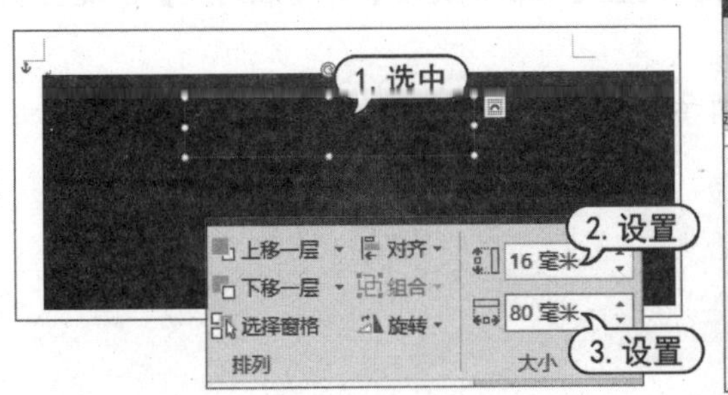

图 12-17　设置文本框的大小

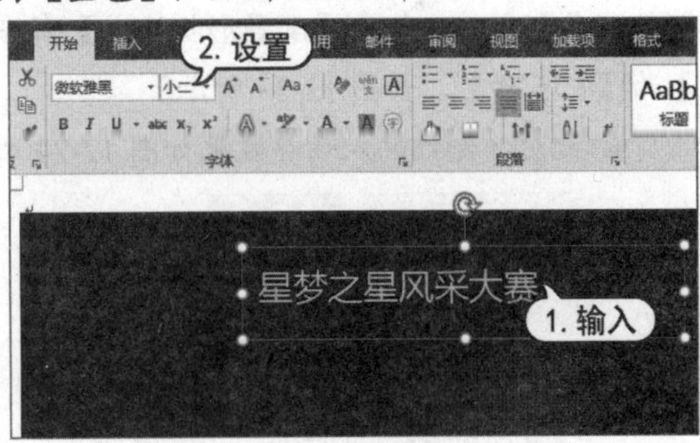

图 12-18　在文本框中输入文本

(9) 重复以上步骤在文档中插入其他文本框，在其中文本并设置文本的格式、大小和颜色，完成后如图 12-19 所示。

(10) 选择【插入】选项卡，在【插图】命令组中单击【图片】按钮，在打开的对话框中选择一个图片文件后，单击【插入】按钮，在文档中插入一个图像。

(11) 右击文档中插入的图像，在弹出的菜单中选择【环绕文字】|【浮于文字上方】命令，调

整图片的环绕方式。然后拖动调整图像位置，如图 12-20 所示。

图 12-19　在文档中插入文本框

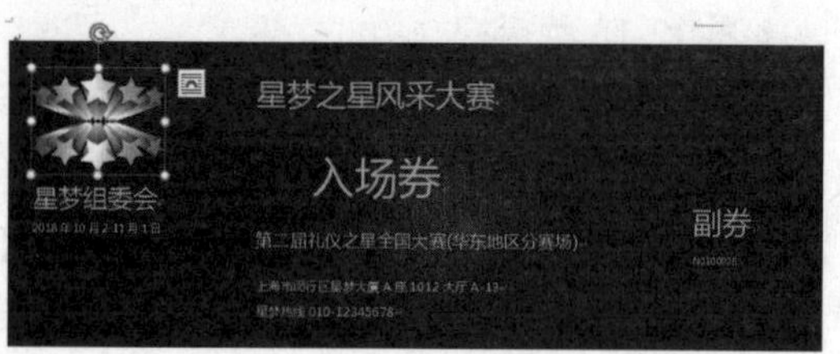

图 12-20　调整文档中图像的位置

(12) 在【插入】选项卡的【插图】命令组中单击【形状】下拉按钮，在展开的库中选择【矩形】选项，在文档中绘制如图 12-21 所示的矩形图形。

(13) 选择【格式】选项卡，在【形状样式】命令组中单击【其他】按钮，在展开的库中选择【透明-彩色轮廓-金色】选项，如图 12-22 所示。

图 12-21　绘制矩形

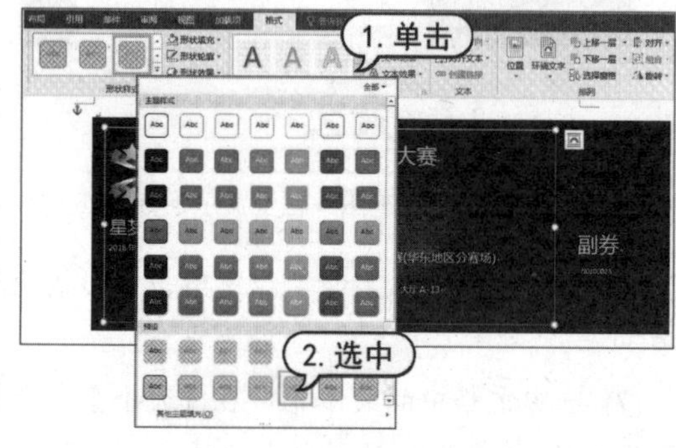

图 12-22　应用形状样式

(14) 在【形状样式】命令组中单击【形状轮廓】下拉按钮，在弹出的菜单中选择【虚线】|【其他线条】命令，打开【设置形状格式】窗格。设置【短划线类型】为【短划线】，设置【宽度】为【1.75 磅】，如图 12-23 所示。

(15) 此时，制作的入场券效果如图 12-24 所示。

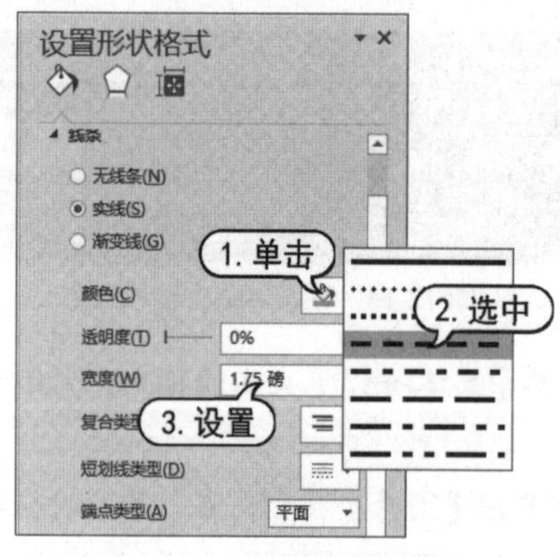

图 12-23　设置形状格式

图 12-24　入场券效果

(16) 按下 F12 键，打开【另存为】对话框，将文档以“入场券”保存。

12.3　使用 Word 制作成绩单

本例将通过操作讲解使用 Word 2016 制作成绩单的具体方法。

(1) 选择【布局】选项卡，在【页面设置】命令组中单击【页面设置】按钮，打开【页面设置】对话框。在【页边距】选项卡中将【上】、【下】、【左】和【右】都设置为【15 毫米】，如图 12-25 所示。

(2) 在【页面设置】对话框中选择【纸张】选项卡，将【宽度】和【高度】设置为【255 毫米】、【213 毫米】，如图 12-26 所示。

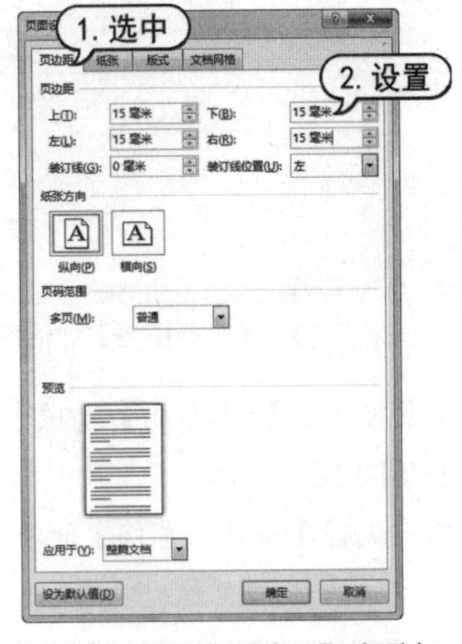

图 12-25　设置【页边距】选项卡

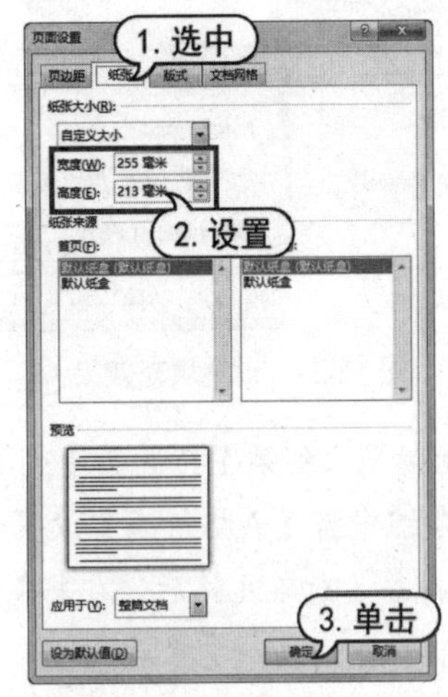

图 12-26　设置【纸张】选项卡

(3) 单击【确定】按钮，关闭【页面设置】对话框。选择【设计】选项卡，在【页面背景】命令组中单击【颜色】下拉按钮，在展开的库中选择【填充效果】选项。

(4) 在打开的对话框中选择【图片】选项卡，单击【选择图片】按钮，如图 12-27 所示。

(5) 打开【选择图片】对话框，选择一个图片文件，然后单击【插入】按钮，如图 12-28 所示。

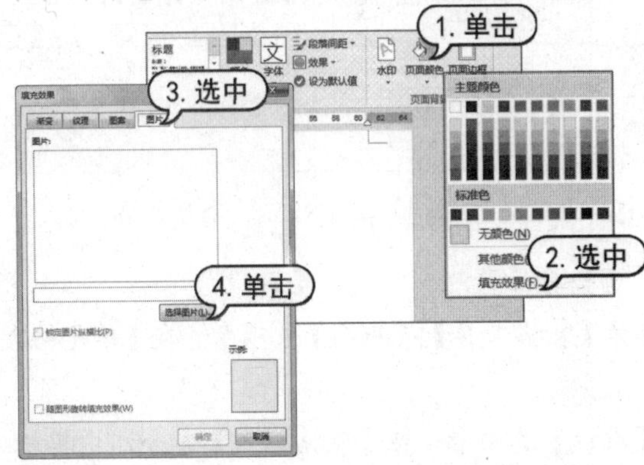

图 12-27　设置填充效果

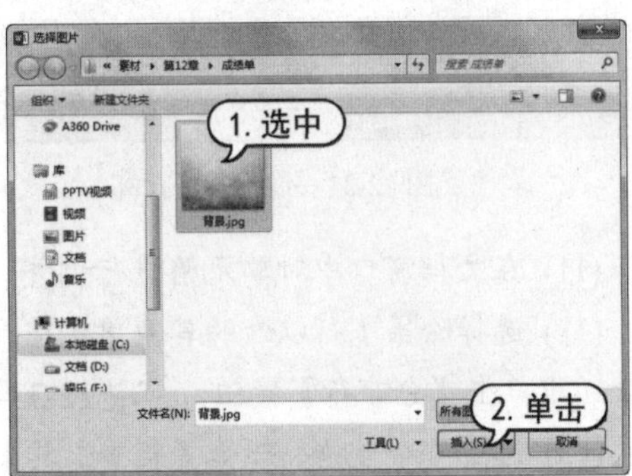

图 12-28　【选择图片】对话框

(6) 选择【插入】选项卡，在【表格】命令组中单击【表格】下拉按钮，在展开的库中选择【插入表格】选项。

(7) 打开【插入表格】对话框，将【列数】和【行数】分别设置为 5 和 8，如图 12-29 所示。

(8) 单击【确定】按钮，在文档中插入一个 8 行 5 列的表格，效果如图 12-30 所示。

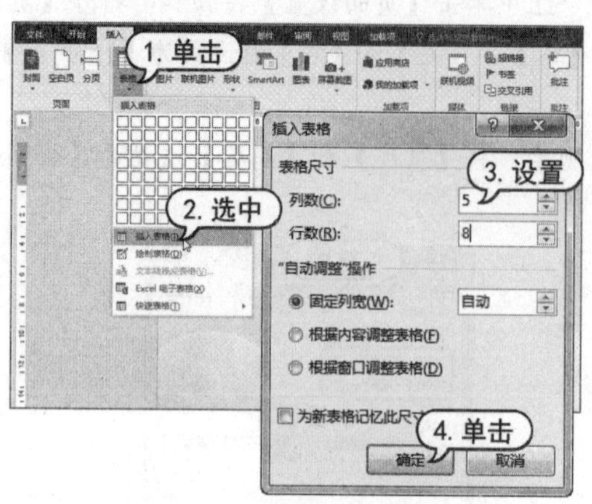

图 12-29　设置填充效果

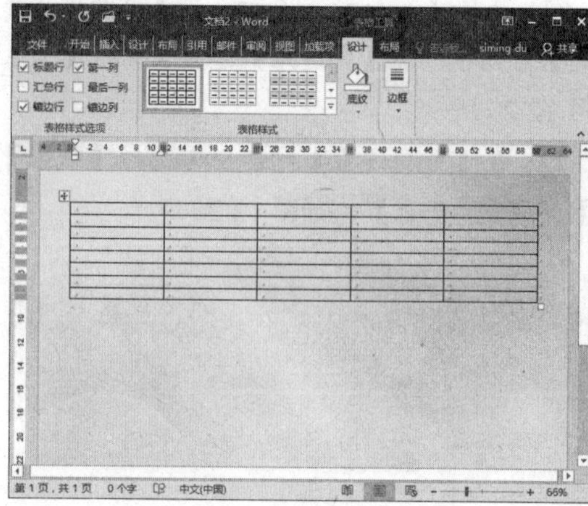

图 12-30　【选择图片】对话框

(9) 将光标置入到第 1 行的第 1 列单元格中，选择【表格工具】|【布局】选项卡，在【单元格大小】命令组中将【表格行高】设置为【27 毫米】，如图 12-31 所示。

(10) 选择第 1 行单元格后，右击鼠标，在弹出的菜单中选择【合并单元格】命令，如图 12-32 所示。

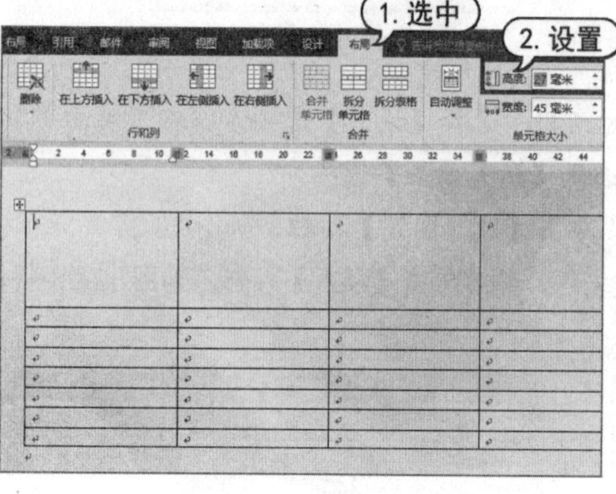

图 12-31　设置表格行高

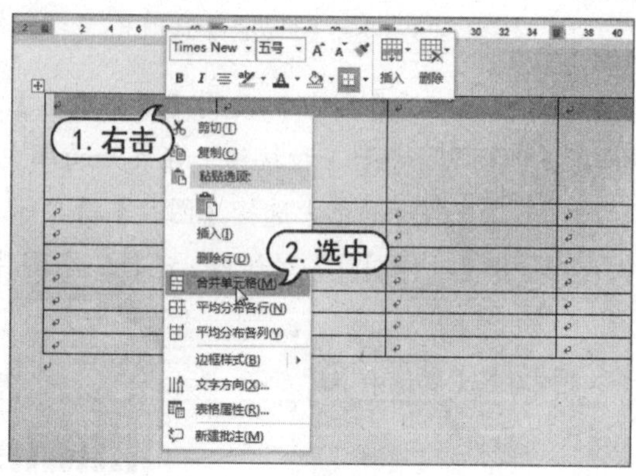

图 12-32　合并第一行单元格

(11) 在文档窗口中对单元格进行调整，并调整其位置。

(12) 选择除第 1 行以外的其他单元格，选择【表格工具】|【布局】选项卡。在【单元格大小】命令组中单击【分布行】按钮，如图 12-33 所示。

(13) 选中整个表格，选择【表格工具】|【设计】选项卡。在【表格样式】命令组中单击【其他】按钮，在展开的库中选择【网格表 5 深色-着色 2】选项。

(14) 选择【表格工具】|【布局】选项卡，在【对齐方式】命令组中单击【水平居中】按钮，如图 12-34 所示。

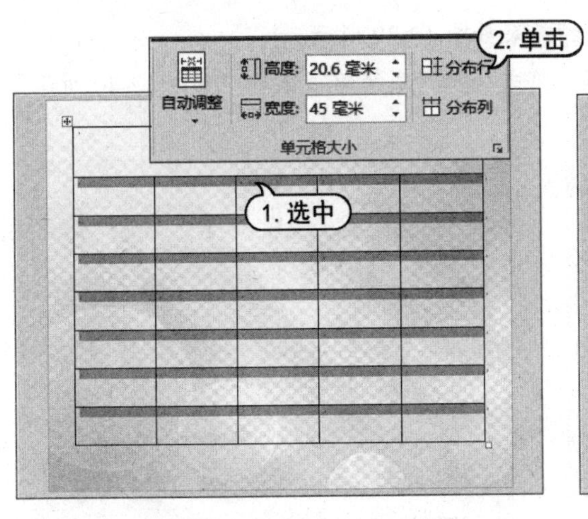

图 12-33　设置平均分布行

图 12-34　设置表格水平居中

(15) 在表格的各个单元格中输入文字，效果 12-35 所示。

(16) 选中表格中的文本“成绩单”。选择【开始】选项卡，在【字体】命令组中将【字号】设置为“初号”，并使用同样的方法设置其他文字，如图 12-36 所示。

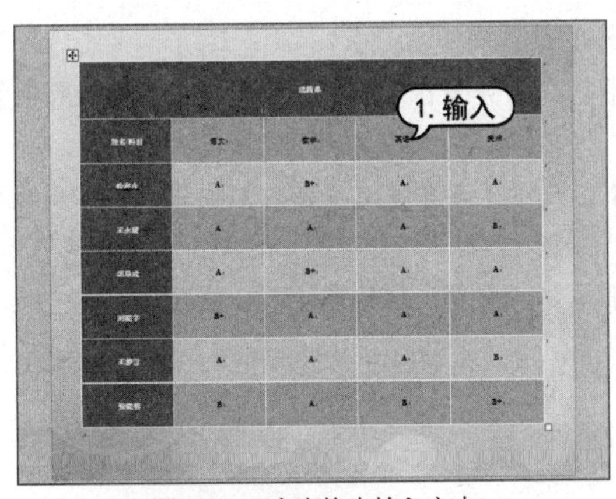

图 12-35　在表格中输入文本

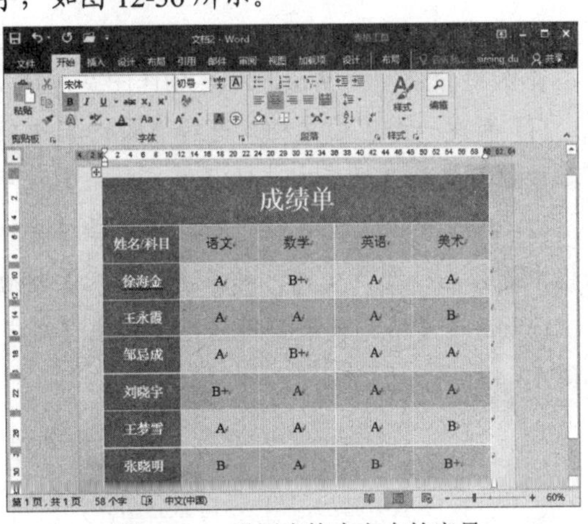

图 12-36　设置表格中文本的字号

(17) 选择【表格工具】|【格式】选项卡，在【边框】命令组中单击【笔样式】下拉按钮，在弹出的下拉列表中选择如图 12-37 所示的边框样式。

(18) 将【笔颜色】设置为【白色】，在文档中进行描边，如图 12-38 所示。

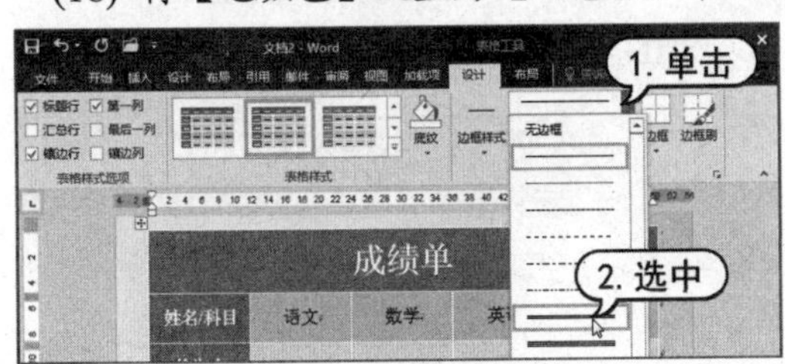

图 12-37　选择边框样式

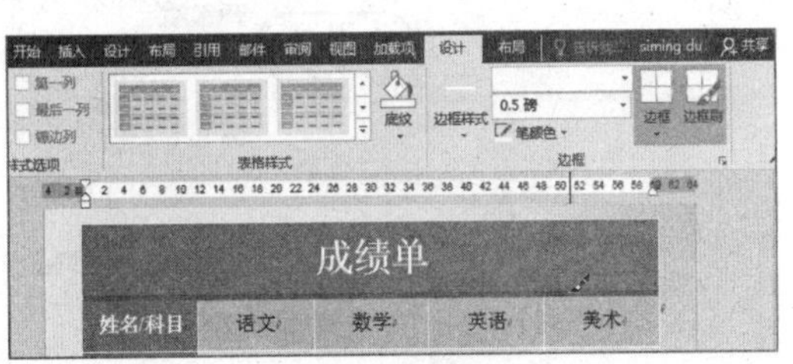

图 12-38　绘制边框

(19) 按下 Esc 键取消边框的绘制，成绩单的效果如图 12-39 所示。

(20) 按下 F12 键，打开【另存为】对话框。将文档以“成绩单”保存，如图 12-40 所示。

成绩单				
姓名/科目	语文	数学	英语	美术
徐海金	A	B+	A	A
王永霞	A	A	A	B
邹忌成	A	B+	A	A
刘晓宇	B+	A	A	A
王梦雪	A	A	A	B
张晓明	B	A	B	B+

图 12-39　成绩单效果

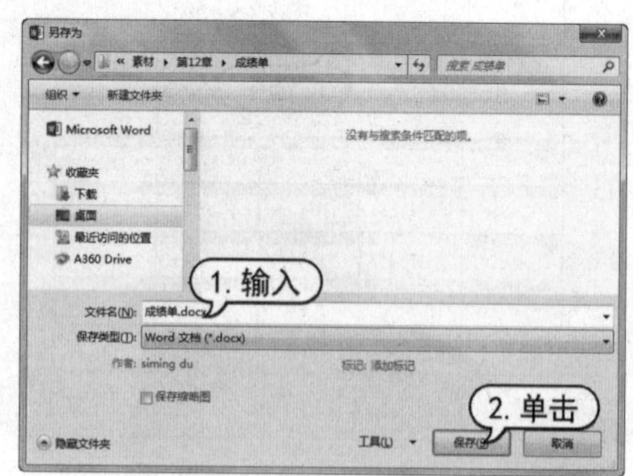

图 12-40　保存文档

12.4　使用 Word 制作图文混排

本例将介绍使用 Word 2016 制作图文混排文档的具体操作。

(1) 新建一个空白文档，选择【设计】选项卡。在【页面背景】命令组中单击【页面颜色】下拉按钮，在展开的库中选择【填充效果】选项。

(2) 打开【填充效果】对话框，选择【图片】选项卡。单击【选择图片】按钮，在打开的对话框中选择一个图片文件，并单击【插入】按钮，如图 12-41 所示。

(3) 返回【填充效果】对话框，单击【确定】按钮，设置文档填充效果。然后在文档中输入如图 12-42 所示的文本。

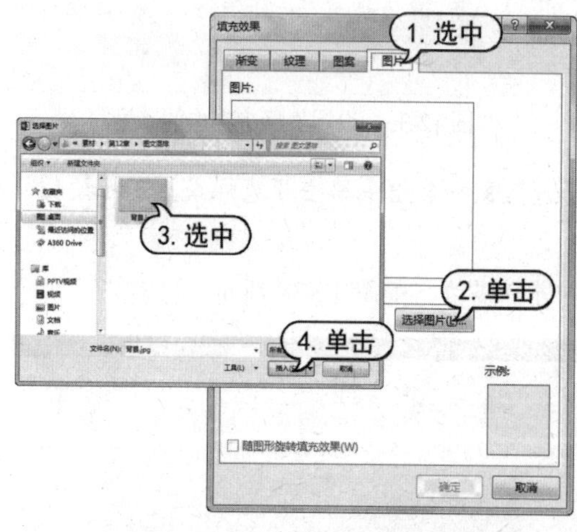

图 12-41　设置文档填充图片

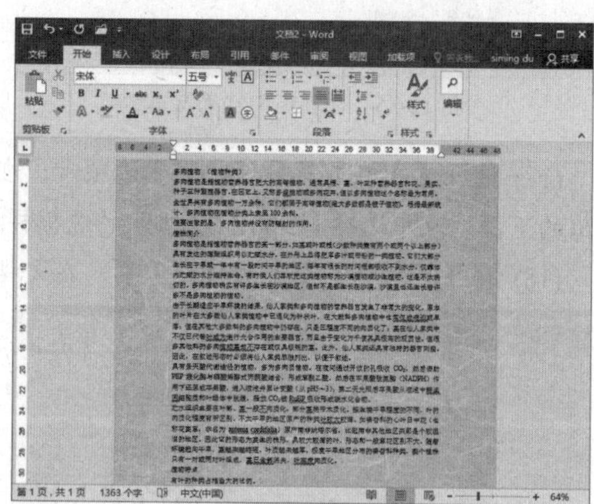

图 12-42　输入文本

(4) 选中文档中的文本“多肉植物 (植物种类)”，在【开始】选项卡的【样式】命令组中单

击【标题】样式，如图 12-43 所示。

(5) 在【样式】命令组中右击【标题 1】样式，在弹出的菜单中选择【修改】命令，打开【修改样式】对话框.设置样式字体为【小三】，如图 12-44 所示，然后单击【确定】按钮。

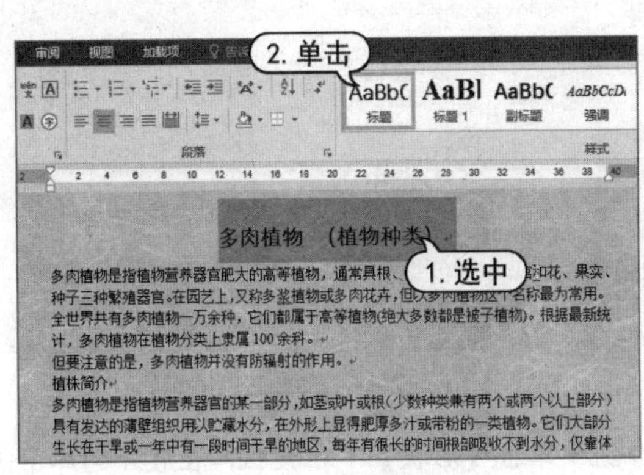

图 12-43　设置标题

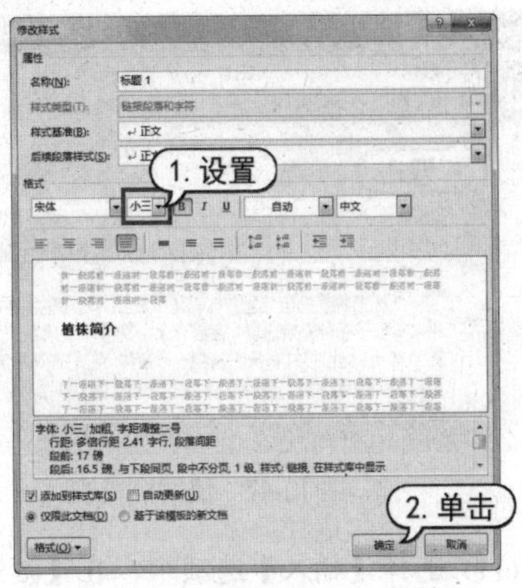

图 12-44　【修改样式】对话框

(6) 选中文档中的文本，为其设置【标题 1】样式，如图 12-45 所示。

(7) 选中文档中的第一段文本，右击鼠标，在弹出的菜单中选择【段落】命令，打开【段落】对话框。将【特殊格式】设置为【首行缩进】，将【缩进值】设置为【2 字符】，然后单击【确定】按钮，如图 12-46 所示。

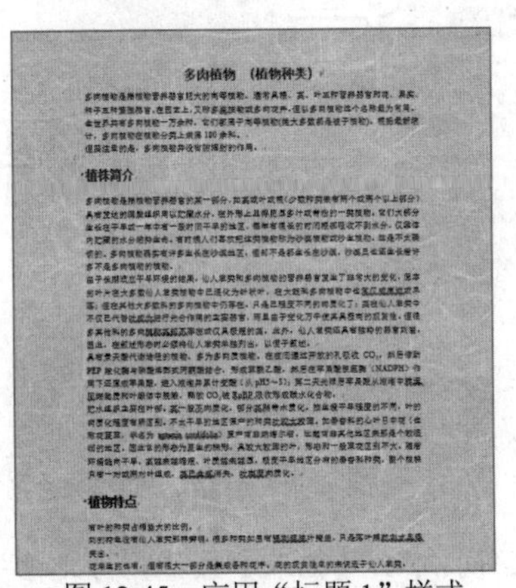

图 12-45　应用“标题 1”样式

图 12-46　设置首行缩进

(8) 将鼠标指针插入第一段文本中，在【开始】选项卡的【剪贴板】命令组中双击【格式刷】按钮，如图 12-47 所示。

(9) 分别单击文档中的其他段落，复制段落格式。

(10) 选择【设计】选项卡，在【文档格式】命令组中单击【其他】按钮，在展开的库中选择【阴影】选项，如图 12-48 所示。

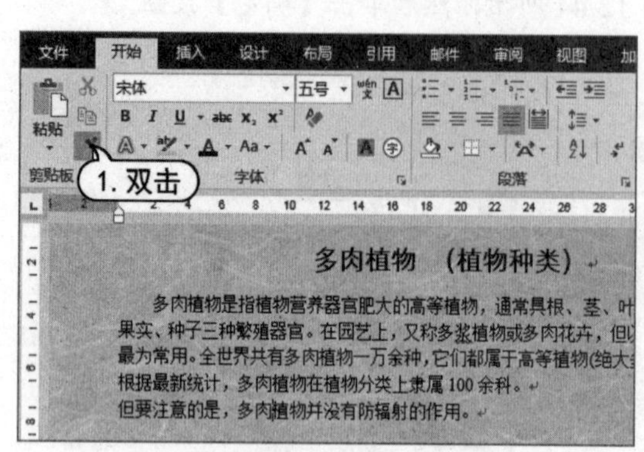

图 12-47 使用格式刷

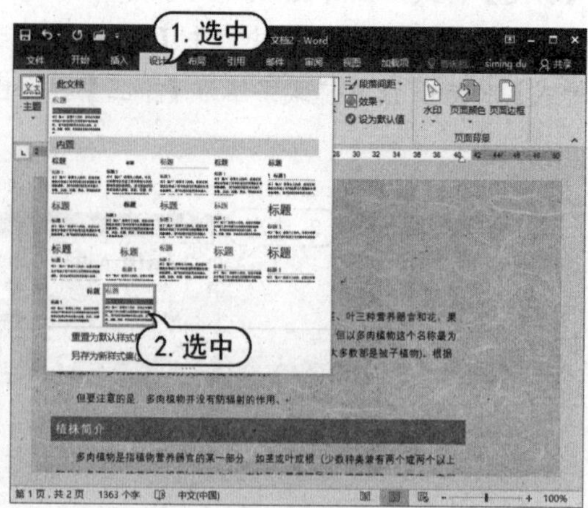

图 12-48 设置文档格式

(11) 选择【插入】选项卡，在【插图】命令组中单击【形状】下拉按钮，在展开的库中选择【椭圆】选项，在文档中绘制如图 12-49 所示的椭圆。

(12) 选择【绘图工具】|【格式】选项卡，在【形状样式】命令组中单击【形状填充】下拉按钮，在展开的库中选择【图片】选项。

(13) 打开【插入图片】对话框，单击【来自文件】选项后的【浏览】选项，如图 12-50 所示。

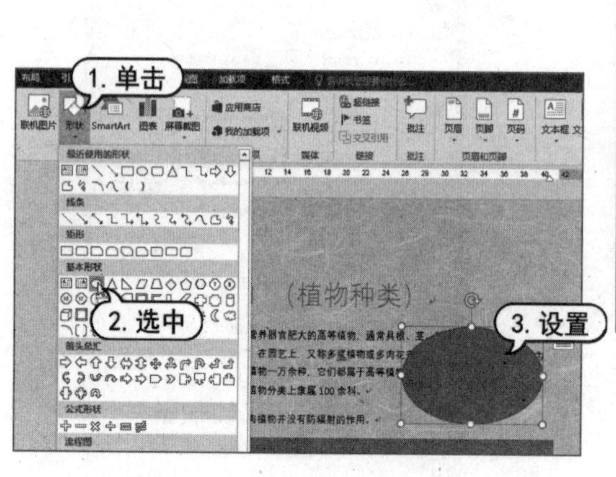

图 12-49 在文档中绘制椭圆

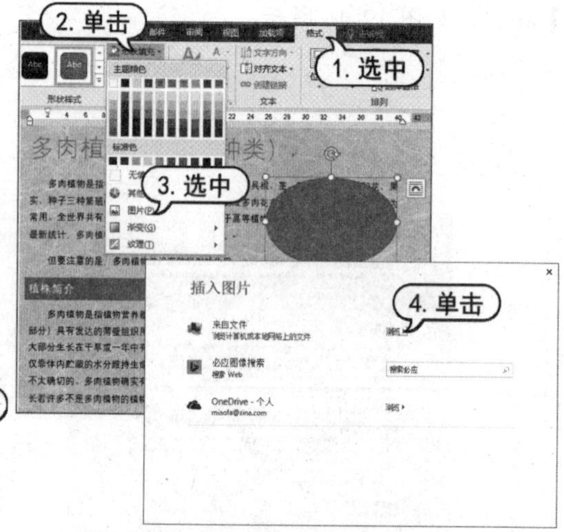

图 12-50 设置形状填充

(14) 打开【插入图片】对话框，选中一个图片文件。单击【插入】按钮，为文档中的椭圆图形设置如图 12-51 所示的填充图片。

(15) 在【形状样式】命令组中单击【形状效果】下拉按钮，在弹出的菜单中选择【阴影】|【右下斜偏移】选项。

(16) 在【排列】命令组中单击【环绕文字】下拉按钮，在弹出的菜单中选择【紧密型环绕】选项，如图 12-52 所示。

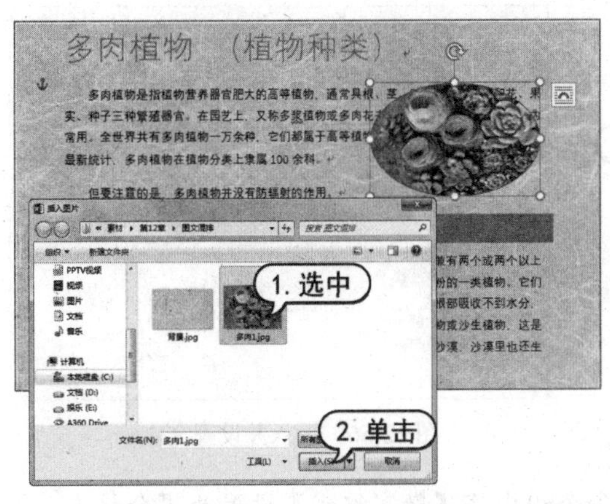

图 12-51　图形填充图片效果

图 12-52　设置紧密型环绕

(17) 使用同样的方法，继续绘制图像并填充图片。然后对文字环绕的方式进行设置，如图 12-53 所示。

(18) 按下 F12 键，打开【另存为】对话框。将文档以“成绩单”保存，如图 12-54 所示。

图 12-53　文档效果

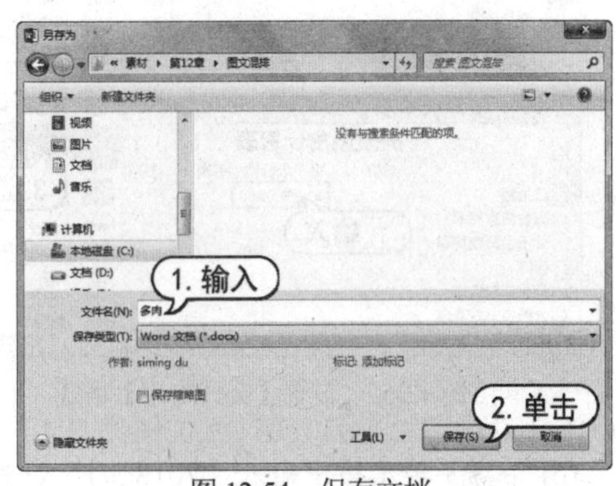

图 12-54　保存文档

12.5　使用 Excel 制作房屋还贷计算表

本例将介绍房屋还贷计算表的制作。首先输入数据表的标题，然后输入表格的各个项目名称，在输入数字和函数的同时设置相应的数字格式。

(1) 启动 Excel 2016，新建一个空白工作簿。在 Sheet1 工作表中选中 A1:E1 单元格区域，选择【开始】选项卡，在【对齐方式】命令组中单击【合并后居中】按钮，如图 12-55 所示。

(2) 在合并后的单元格中输入文本“房屋还贷计算表”，在【字体】命令组中将【字体】设置为【微软雅黑】，【字号】设置为 18。

(3) 在 A3:A15 和 B2:E2 单元格区域中输入文本，并设置文本【字体】为【微软雅黑】，【字号】为 12，如图 12-56 所示。

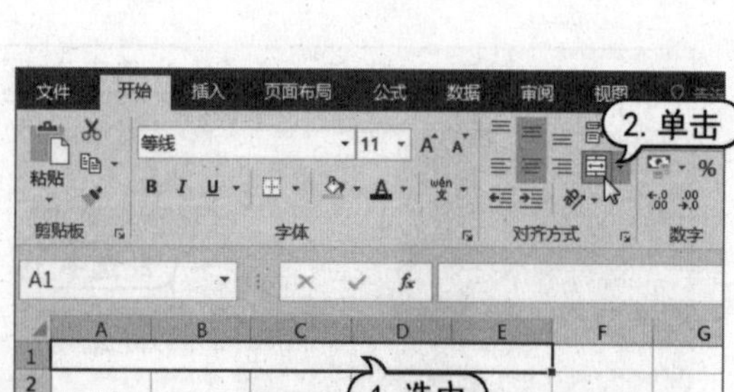

图 12-55　合并单元格

图 12-56　输入并设置文本

(4) 在 C3 单元格中输入 26000，在【数字】命令组中将【数字格式】设置为【会计专用】，如图 12-57 所示。

(5) 在 D3 单元格中输入 160，在【数字】命令组中将【数字格式】设置为【数字】，如图 12-58 所示。

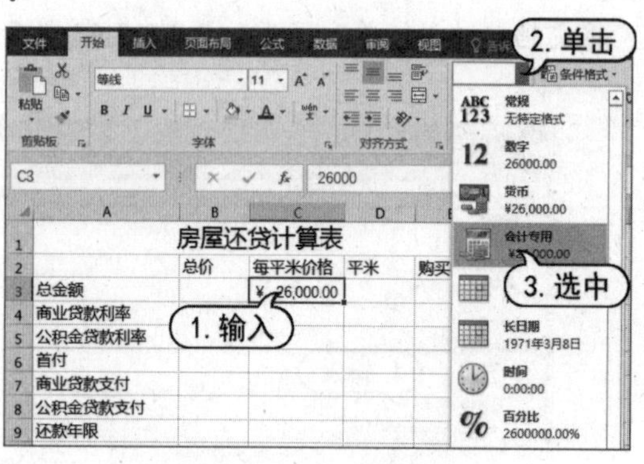

图 12-57　设置【会计专用】格式

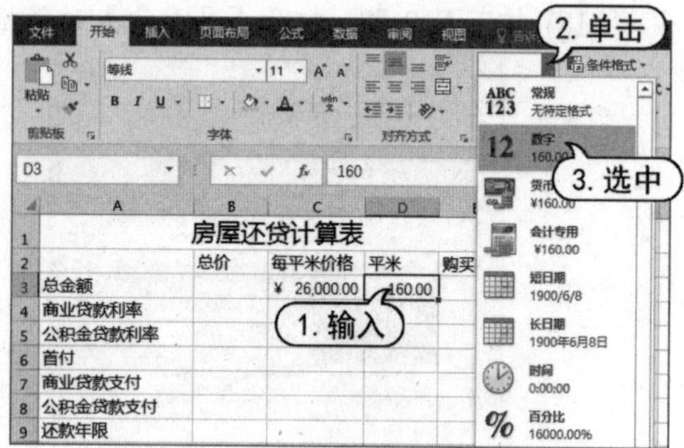

图 12-58　设置【数字】格式

(6) 在 E3 单元格中输入 “2018/3/1” ，然后右击该单元格，在弹出的菜单中选择【设置单元格格式】命令，如图 12-59 所示。

(7) 打开【设置单元格格式】对话框，将【分类】设置为【日期】，在显示的选项区域中选择一种日期格式，单击【确定】按钮，如图 12-60 所示。

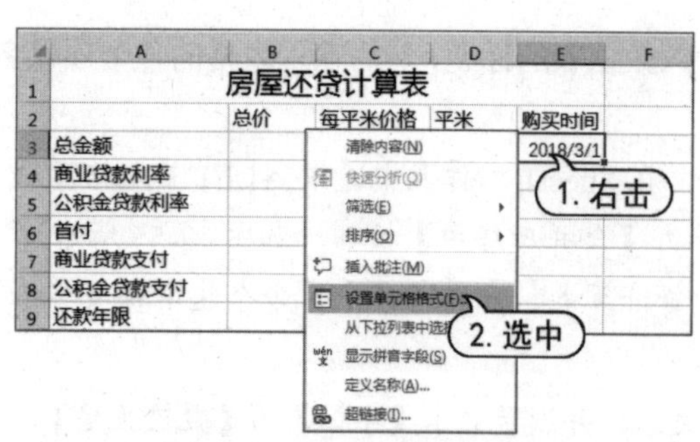

图 12-59　设置单元格格式

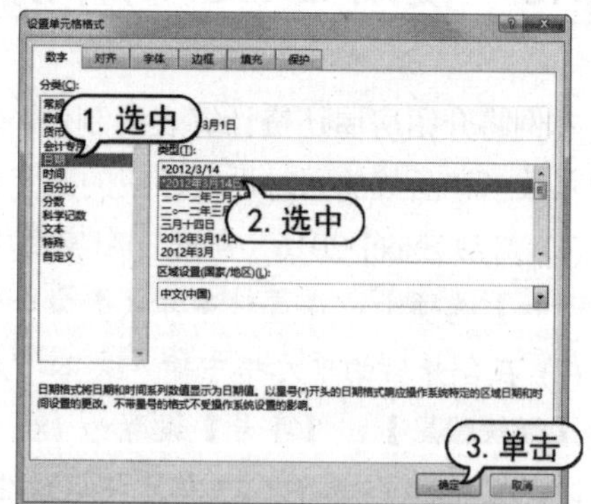

图 12-60　选择日期格式

(8) 选中 B3 单元格，输入如下公式。

```
=C3*D3
```

按下 Ctrl+Enter 组合键确认后，公式计算结果如图 12-61 所示。

(9) 在 B4 和 B5 单元格中分别输入 0.0655 和 0.0515，然后选中这两个单元格，在【数字】命令组中将【数字格式】设置为【百分比】，如图 12-62 所示。

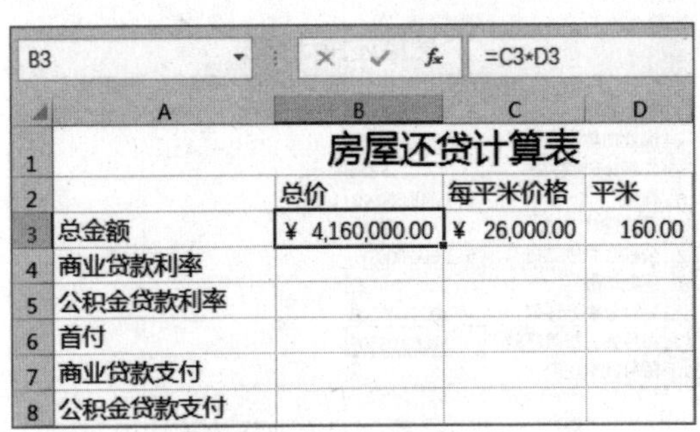

B3 =C3*D3

	A	B	C	D
1		房屋还贷计算表		
2		总价	每平米价格	平米
3	总金额	¥ 4,160,000.00	¥ 26,000.00	160.00
4	商业贷款利率			
5	公积金贷款利率			
6	首付			
7	商业贷款支付			
8	公积金贷款支付			

图 12-61 公式计算结果

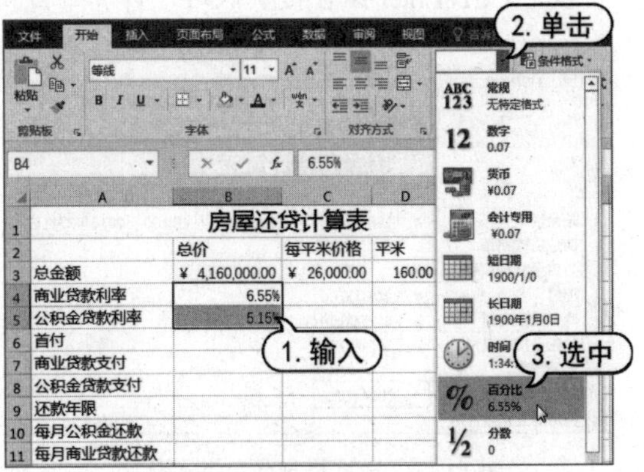

B4 6.55%

	A	B	C	D
1		房屋还贷计算表		
2		总价	每平米价格	平米
3	总金额	¥ 4,160,000.00	¥ 26,000.00	160.00
4	商业贷款利率	6.55%		
5	公积金贷款利率	5.15%		
6	首付			
7	商业贷款支付			
8	公积金贷款支付			
9	还款年限			
10	每月公积金还款			
11	每月商业贷款还款			

图 12-62 设置数字格式为百分比

(10) 在 B6 单元格中，输入如下公式。

```
=B3*0.3
```

按下 Ctrl+Enter 组合键确认后，公式计算结果如图 12-63 所示。

(11) 在 B8 和 B9 单元格中分别输入数字，然后将 B8 单元格的【数字格式】设置为【会计专用】。

(12) 在 B7 单元格中，输入如下公式。

```
=IF(B3-B6-B8>0,B3-B6-B8,0)
```

按下 Ctrl+Enter 组合键确认后，在【数字】命令组中将 B7 单元格的【数字格式】设置为【会计专用】，如图 12-64 所示。

B6 =B3*0.3

	A	B	C	D
1		房屋还贷计算表		
2		总价	每平米价格	平米
3	总金额	¥ 4,160,000.00	¥ 26,000.00	160.00
4	商业贷款利率	6.55%		
5	公积金贷款利率	5.15%		
6	首付	¥ 1,248,000.00		
7	商业贷款支付			
8	公积金贷款支付			

图 12-63 计算首付额

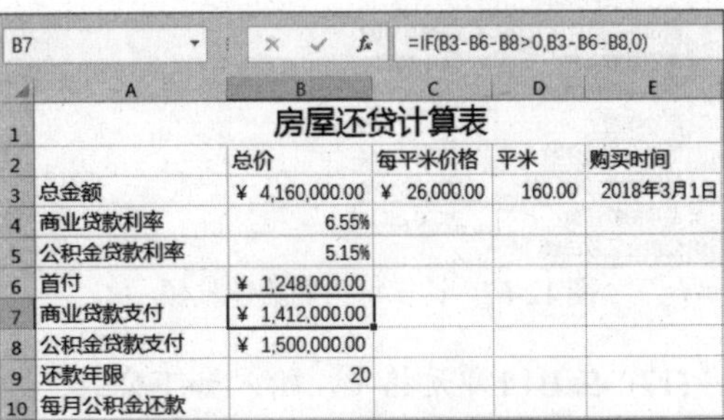

B7 =IF(B3-B6-B8>0,B3-B6-B8,0)

	A	B	C	D	E
1		房屋还贷计算表			
2		总价	每平米价格	平米	购买时间
3	总金额	¥ 4,160,000.00	¥ 26,000.00	160.00	2018年3月1日
4	商业贷款利率	6.55%			
5	公积金贷款利率	5.15%			
6	首付	¥ 1,248,000.00			
7	商业贷款支付	¥ 1,412,000.00			
8	公积金贷款支付	¥ 1,500,000.00			
9	还款年限	20			
10	每月公积金还款				

图 12-64 计算商业贷款支付额

(13) 在 B10 单元格中，输入如下公式。

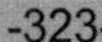

```
=ABS(IF(B8=0,0,PMT(B5/12,B9*12,B8)))
```

按下 Ctrl+Enter 组合键确认后，计算每月公积金还款额，如图 12-65 所示。

(14) 在 B11 单元格中，输入如下公式。

```
=ABS(PMT(B4/12,B9*12,B7))
```

按下 Ctrl+Enter 组合键确认后，计算每月商业贷款还款额，如图 12-66 所示。

B10 =ABS(IF(B8=0,0,PMT(B5/12,B9*12,B8)))

	A	B	C	D	E
1	房屋还贷计算表				
2		总价	每平米价格	平米	购买时间
3	总金额	¥ 4,160,000.00	¥ 26,000.00	160.00	2018年3月1日
4	商业贷款利率	6.55%			
5	公积金贷款利率	5.15%			
6	首付	¥ 1,248,000.00			
7	商业贷款支付	¥ 1,412,000.00			
8	公积金贷款支付	¥ 1,500,000.00			
9	还款年限	20			
10	每月公积金还款	10024.05208			
11	每月商业贷款还款				

图 12-65　计算每月公积金还款额

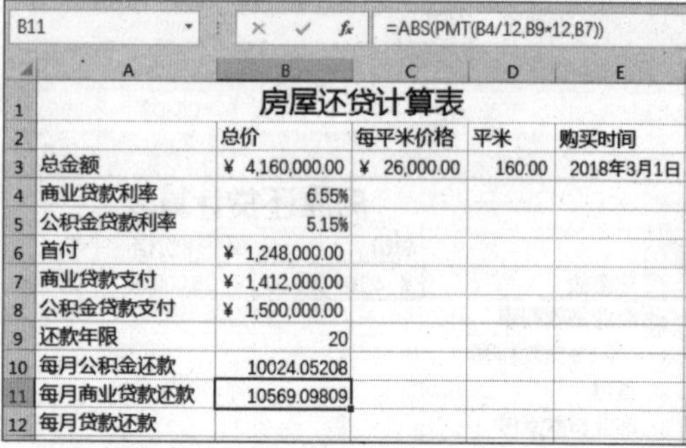
B11 =ABS(PMT(B4/12,B9*12,B7))

	A	B	C	D	E
1	房屋还贷计算表				
2		总价	每平米价格	平米	购买时间
3	总金额	¥ 4,160,000.00	¥ 26,000.00	160.00	2018年3月1日
4	商业贷款利率	6.55%			
5	公积金贷款利率	5.15%			
6	首付	¥ 1,248,000.00			
7	商业贷款支付	¥ 1,412,000.00			
8	公积金贷款支付	¥ 1,500,000.00			
9	还款年限	20			
10	每月公积金还款	10024.05208			
11	每月商业贷款还款	10569.09809			
12	每月贷款还款				

图 12-66　计算每月商业贷款还款额

(15) 在 B12 单元格中，输入如下公式。

```
=B10+B11
```

按下 Ctrl+Enter 组合键确认后，计算每月贷款还款额，如图 12-67 所示。

(16) 在 B13 单元格中，输入如下公式。

```
=B10*B9*12
```

按下 Ctrl+Enter 组合键确认后，计算公积金还款总额，如图 12-68 所示。

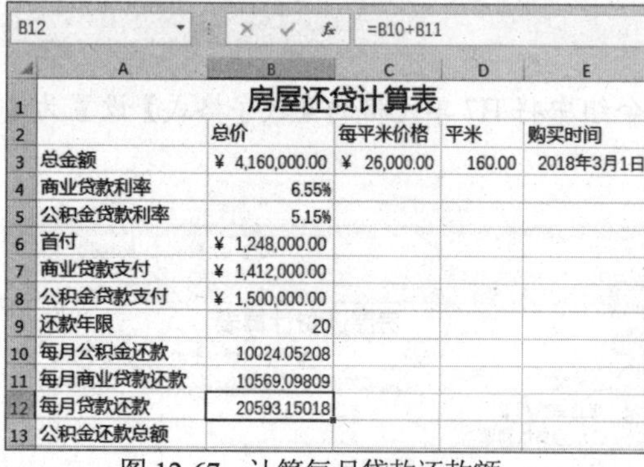
B12 =B10+B11

	A	B	C	D	E
1	房屋还贷计算表				
2		总价	每平米价格	平米	购买时间
3	总金额	¥ 4,160,000.00	¥ 26,000.00	160.00	2018年3月1日
4	商业贷款利率	6.55%			
5	公积金贷款利率	5.15%			
6	首付	¥ 1,248,000.00			
7	商业贷款支付	¥ 1,412,000.00			
8	公积金贷款支付	¥ 1,500,000.00			
9	还款年限	20			
10	每月公积金还款	10024.05208			
11	每月商业贷款还款	10569.09809			
12	每月贷款还款	20593.15018			
13	公积金还款总额				

图 12-67　计算每月贷款还款额

B13 =B10*B9*12

	A	B	C	D	E
1	房屋还贷计算表				
2		总价	每平米价格	平米	购买时间
3	总金额	¥ 4,160,000.00	¥ 26,000.00	160.00	2018年3月1日
4	商业贷款利率	6.55%			
5	公积金贷款利率	5.15%			
6	首付	¥ 1,248,000.00			
7	商业贷款支付	¥ 1,412,000.00			
8	公积金贷款支付	¥ 1,500,000.00			
9	还款年限	20			
10	每月公积金还款	10024.05208			
11	每月商业贷款还款	10569.09809			
12	每月贷款还款	20593.15018			
13	公积金还款总额	2405772.5			
14	商业贷款还款总额				

图 12-68　计算公积金还款总额

(17) 在 B14 单元格中，输入如下公式。

```
=B11*B9*12
```

按下 Ctrl+Enter 组合键确认后，计算商业贷款还款总额，如图 12-69 所示。

(18) 在 B15 单元格中，输入如下公式。

```
=B3+B14
```

按下 Ctrl+Enter 组合键确认后，计算还款总额，如图 12-70 所示。

B14　=B11*B9*12

	A	B	C	D	E
1	房屋还贷计算表				
2		总价	每平米价格	平米	购买时间
3	总金额	¥ 4,160,000.00	¥ 26,000.00	160.00	2018年3月1日
4	商业贷款利率	6.55%			
5	公积金贷款利率	5.15%			
6	首付	¥ 1,248,000.00			
7	商业贷款支付	¥ 1,412,000.00			
8	公积金贷款支付	¥ 1,500,000.00			
9	还款年限	20			
10	每月公积金还款	10024.05208			
11	每月商业贷款还款	10569.09809			
12	每月贷款还款	20593.15018			
13	公积金还款总额	2405772.5			
14	商业贷款还款总额	2536583.542			
15	还款总额				
16					

图 12-69　计算商业贷款还款总额

B15　=B3+B14

	A	B	C	D	E
1	房屋还贷计算表				
2		总价	每平米价格	平米	购买时间
3	总金额	¥ 4,160,000.00	¥ 26,000.00	160.00	2018年3月1日
4	商业贷款利率	6.55%			
5	公积金贷款利率	5.15%			
6	首付	¥ 1,248,000.00			
7	商业贷款支付	¥ 1,412,000.00			
8	公积金贷款支付	¥ 1,500,000.00			
9	还款年限	20			
10	每月公积金还款	10024.05208			
11	每月商业贷款还款	10569.09809			
12	每月贷款还款	20593.15018			
13	公积金还款总额	2405772.5			
14	商业贷款还款总额	2536583.542			
15	还款总额	¥ 6,696,583.54			
16					

图 12-70　计算还款总额

(19) 选中 B10:B15 单元格区域，在【数字】命令组中将【数字格式】设置为【会计专用】。

(20) 选中 A1:E15 单元格区域，在【字体】命令组中将【边框】设置为【粗下框线】，如图 12-71 所示。

(21) 完成以上操作后，房屋还款计算表的效果如图 12-72 所示，按下 F12 键，打开【另存为】对话框将工作簿保存。

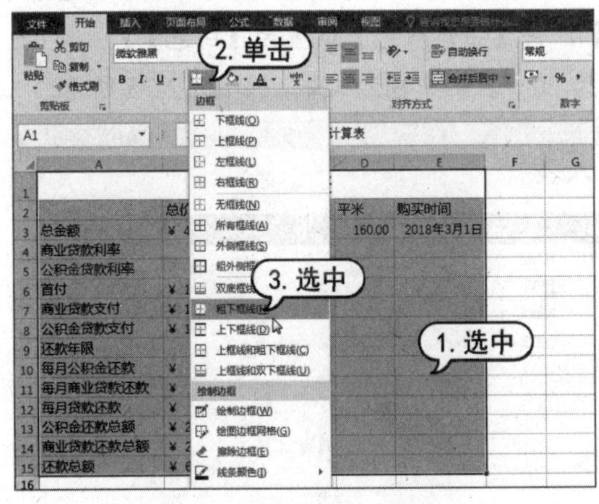

图 12-71　设置粗下框线

	A	B	C	D	E
1	房屋还贷计算表				
2		总价	每平米价格	平米	购买时间
3	总金额	¥ 4,160,000.00	¥ 26,000.00	160.00	2018年3月1日
4	商业贷款利率	6.55%			
5	公积金贷款利率	5.15%			
6	首付	¥ 1,248,000.00			
7	商业贷款支付	¥ 1,412,000.00			
8	公积金贷款支付	¥ 1,500,000.00			
9	还款年限	20			
10	每月公积金还款	¥ 10,024.05			
11	每月商业贷款还款	¥ 10,569.10			
12	每月贷款还款	¥ 20,593.15			
13	公积金还款总额	¥ 2,405,772.50			
14	商业贷款还款总额	¥ 2,536,583.54			
15	还款总额	¥ 6,696,583.54			
16					

图 12-72　房屋还款计算表效果

12.6　使用 Excel 制作工资收入表

本例将介绍如何制作工资收入表的方法。首先在创建的工作表中输入数据内容，然后为表格设置边框。

(1) 按下 Ctrl+N 组合键创建一个空白工作簿，将 Sheet1 工作表的第 1 行单元格的【行高】设置为 35，将 B 列的【列宽】设置为 12，将 C:H 列单元格的【列宽】设置为 18，完成后效果如图 12-73 所示。

(2) 选择 B1:H1 单元格区域，在【对齐方式】命令组中单击【合并后居中】按钮，将其合并，并在合并后的单元格中输入“工资收入表”。在【开始】选项卡的【字体】命令组中将【字体】设置为【微软雅黑】，将【字号】设置为 22，如图 12-74 所示。

图 12-73　设置单元格行高和列宽

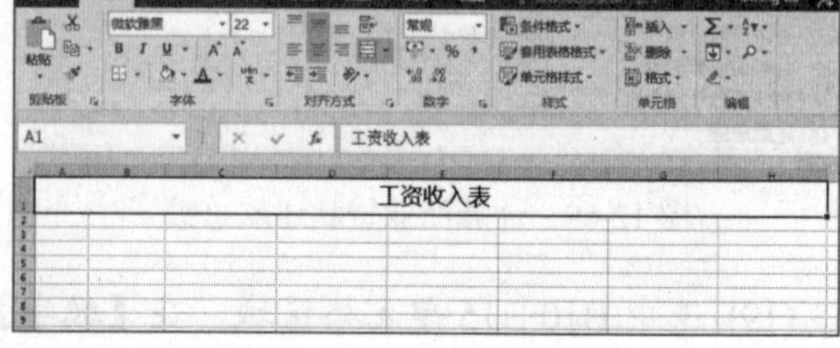

图 12-74　合并单元格并输入文本

(3) 将第 2 行单元格的【行高】设置为 15，并合并 B2:C2 单元格，在其中输入“时间：2018 年”，将【字号】设置为 12。

(4) 将第 3 行单元格的【行高】设置为 22，并在其中输入如图 12-75 所示的文本，将【字号】设置为 14(加粗)，将【填充颜色】设置为【绿色】，将【字体颜色】设置为【白色】。

(5) 选择第 4~15 行单元格，将【行高】设置为 20，在其中输入文本，如图 12-75 所示。

	A	B	C	D	E	F	G	H
1		工资收入表						
2		时间：2018年						
3		日期	工资（元）	奖金（元）	加班费（元）	扣税（元）	月收入（元）	累计收入（元）
4		1月	5000	3000	2000			
5		2月	5000	2000	1500			
6		3月	5000	3500	2000			
7		4月	5000	2700	1000			
8		5月	5000	3000	500			
9		6月	5000	2800	0			
10		7月	5000	3800	0			
11		8月	5000	4100	1200			
12		9月	5000	3000	0			
13		10月	5000	2000	600			
14		11月	5000	4000	3000			
15		12月	5000	3900	1000			
16								

图 12-75　在工作表中输入文本并设置其字体格式

(6) 选中 F4 单元格，输入如下公式。

```
=(C4-3500)*3%
```

按下 Ctrl+Enter 组合键确认后，计算扣税金额，如图 12-76 所示。

F4 =(C4-3500)*3%

工资收入表

时间：2018年

日期	工资（元）	奖金（元）	加班费（元）	扣税（元）	月收入（元）	累计收入（元）
1月	5000	3000	2000	45		
2月	5000	2000	1500			

图 12-76　计算扣税金额

(7) 选中 F4 单元格，将鼠标置于单元格右下角，拖动控制柄，将 F4 单元格中的公式复制到 F15 单元格，如图 12-77 所示。

(8) 使用同样的方法在 G4 单元格中输入如下公式。

```
=C4+D4+E4-F4
```

按下 Ctrl+Enter 组合键确认后，计算月收入金额，如图 12-78 所示。

工资收入表

	加班费（元）	扣税（元）	月收入（元）
3000	2000	45	
2000	1500	45	
3500	2000	45	
2700	1000	45	
3000	500	45	
2800	0	45	
3800	0	45	
4100	1200	45	
3000	0	45	
2000	600	45	
4000	3000	45	
3900	1000	45	

图 12-77　复制公式

=C4+D4+E4-F4

工资收入表

奖金（元）	加班费（元）	扣税（元）	月收入（元）	累计
5000	3000	2000	45	9955
5000	2000	1500	45	
5000	3500	2000	45	
5000	2700	1000	45	
5000	3000	500	45	

图 12-78　计算月收入

(9) 参考步骤(7)的操作复制公式，将 G4 单元格中的公式复制到 G5:G15 单元格区域。

(10) 选中 H4 单元格，输入如下公式。

```
=G4
```

按下 Ctrl+Enter 组合键确认后，计算累计收入金额，如图 12-79 所示。

H4 =G4

工资收入表

时间：2018年

日期	工资（元）	奖金（元）	加班费（元）	扣税（元）	月收入（元）	累计收入（元）
1月	5000	3000	2000	45	9955	9955
2月	5000	2000	1500	45	8455	
3月	5000	3500	2000	45	10455	
4月	5000	2700	1000	45	8655	

图 12-79　计算累计收入金额

(11) 参考步骤(7)的操作复制公式，将 H4 单元格中的公式复制到 H5:H15 单元格区域。

(12) 选中单元格中所有的数据，在【开始】选项卡的【对齐方式】命令组中单击【居中】按钮，设置数据居中对齐。

(13) 选择 B3:B15 单元格区域，在【字体】命令组中单击【边框】下拉按钮，在弹出的下拉列表中选择【所有框线】选项，为表格设置边框，如图 12-80 所示。

工资收入表

时间：2018年

日期	工资（元）	奖金（元）	加班费（元）	扣税（元）	月收入（元）	累计收入（元）
1月	5000	3000	2000	45	9955	9955
2月	5000	2000	1500	45	8455	8455
3月	5000	3500	2000	45	10455	10455
4月	5000	2700	1000	45	8655	8655
5月	5000	3000	500	45	8455	8455
6月	5000	2800	0	45	7755	7755
7月	5000	3800	0	45	8755	8755
8月	5000	4100	1200	45	10255	10255
9月	5000	3000	0	45	7955	7955
10月	5000	2000	600	45	7555	7555
11月	5000	4000	3000	45	11955	11955
12月	5000	3900	1000	45	9855	9855

图 12-80　工资收入表效果

(14) 按下 F12 键，打开【另存为】对话框将工作簿保存。

12.7　使用 Excel 制作成绩查询表

本例将介绍成绩查询表的制作方法。首先制作成绩表，然后制作查询表并输入相应的函数。

(1) 按下 Ctrl+N 组合键创建一个空白工作簿。选中 Sheet1 工作表中的 A1:H1 单元格区域，在【开始】选项卡中的【对齐方式】命令组中单击【合并后居中】按钮，并在合并后的单元格中输入“考试成绩查询表”，将【字号】设置为 18(加粗)。

(2) 在表格的其他单元格中输入成绩信息，如图 12-81 所示。

考成成绩查询表

姓名	语文	数学	英语	美术	体育	总成绩	名次
杨晓亮	82	91	87	90	88	438	5
张珺涵	96	90	85	96	87	454	1
姚妍妍	83	93	88	91	91	446	4
许朝霞	93	88	91	82	93	447	3
李 娜	87	98	89	88	90	452	2

图 12-81　输入表格数据

(3) 选中 B9:D9 单元格区域，在【开始】选项卡中的【对齐方式】命令组中单击【合并后居

中】按钮，然后输入文字“查询详细成绩”，将【字号】设置为 18(加粗)。

(4) 使用相同的方法合并单元格并输入文字，然后将其设置为【右对齐】，如图 12-82 所示。

(5) 选中 D11 单元格，单击【编辑栏】中的【插入函数】按钮 f_x，打开【插入函数】对话框。在【或选择类别】中选择【查找与引用】选项，在【选择函数】列表中选择 VLOOKUP 函数，然后单击【确定】按钮，如图 12-83 所示。

考成成绩查询表							
姓名	语文	数学	英语	美术	体育	总成绩	名次
杨晓亮	82	91	87	90	88	438	5
张瑾涵	96	90	85	96	87	454	1
姚妍妍	83	93	88	91	91	446	4
许朝霞	93	88	91	82	93	447	3
李　娜	87	98	89	88	90	452	2

图 12-82　输入并设置文本

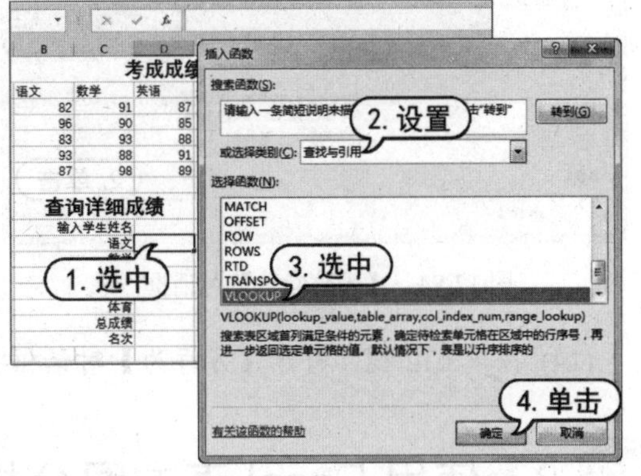

图 12-83　打开【插入函数】对话框

(6) 打开【函数参数】对话框，输入各项参数，然后单击【确定】按钮，如图 12-84 所示。此时，Excel 将在 D11 单元格中输入如下公式。

```
=VLOOKUP(D10,$A$2:$H$7,2,TRUE)
```

(7) 在 D12 单元格中输入如下公式。

```
=VLOOKUP(D10,$A$2:$H$7,3,TRUE)
```

(8) 在 D13 单元格中输入如下公式。

```
=VLOOKUP(D10,$A$2:$H$7,4,TRUE)
```

(9) 在 D14 单元格中输入如下公式。

```
=VLOOKUP(D10,$A$2:$H$7,5,TRUE)
```

(10) 在 D15 单元格中输入如下公式。

```
=VLOOKUP(D10,$A$2:$H$7,6,TRUE)
```

(11) 在 D16 单元格中输入如下公式。

```
=VLOOKUP(D10,$A$2:$H$7,7,TRUE)
```

(12) 在 D17 单元格中输入如下公式。

```
=VLOOKUP(D10,$A$2:$H$7,8,TRUE)
```

(13) 完成以上操作后，在 D10 中输入一个学生姓名，即可在 D11:D17 单元格区域中显示该学生的考试成绩，如图 12-85 所示。

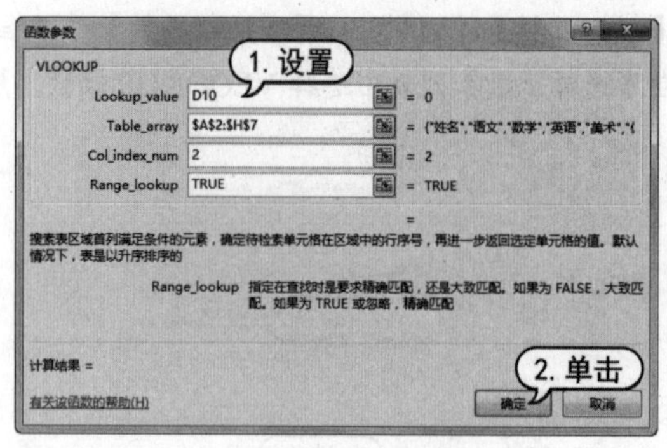

图 12-84 【函数参数】对话框

9		查询详细成绩		
10		输入学生姓名	杨晓亮	
11		语文	82	
12		数学	91	
13		英语	87	
14		美术	90	
15		体育	88	
16		总成绩	438	
17		名次	5	
18				

图 12-85 输入学生姓名查询成绩

(14) 按下 F12 键，打开【另存为】对话框将工作簿保存。

12.8 使用 Excel 直方图分析季度业绩

本例将介绍如何使用直方图分析业绩表，通过直方图可以清晰地观察业绩情况。

(1) 按下 Ctrl+N 组合键创建一个空白工作簿，在 Sheet1 工作表中选择第 2 行单元格，将其【行高】设置为 40。

(2) 选中 B2:F2 单元格区域，将【列宽】设置为 15。

(3) 选在【开始】选项卡的【对齐方式】命令组中单击【合并后居中】按钮，合并单元格并在其中输入文本“星梦源公司季度销售”。在【字体】命令组中设置【字体】为【方正大黑简体】，设置【字号】为 20，设置【字体颜色】为【白色】，设置单元格【填充颜色】为【绿色】，如图 12-86 所示。

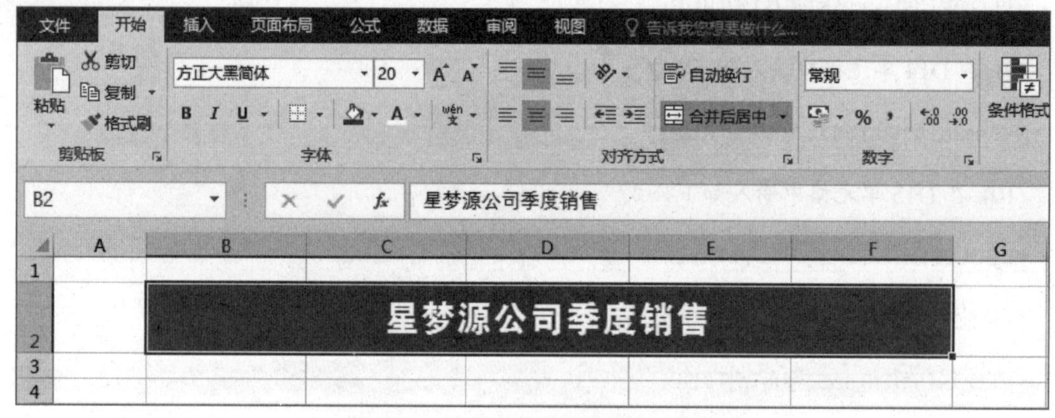

图 12-86 设置合并单元格并输入文本

(4) 在表格的其他单元格中输入文本，在【对齐方式】命令组中单击【居中】按钮，将文本设置为居中，如图 12-87 所示。

	A	B	C	D	E	F	G
1							
2		星梦源公司季度销售					
3		分公司	一季度（万元）	二季度（万元）	三季度（万元）	四季度（万元）	
4		上海	82	91	122	123	
5		广州	96	85	85	123	
6		深圳	83	112	88	91	
7		成都	93	91	91	82	
8		杭州	87	89	89	88	
9		南京	90	96	156	85	
10		青岛	109	83	123	88	
11		徐州	88	93	91	91	
12		兰州	98	34	89	89	
13							

图 12-87　输入文本并设置对齐方式

(5) 选择【文件】选项卡，在弹出的菜单中选择【选项】命令，打开【Excel 选项】对话框。选择【加载项】选项卡，然后单击【转到】按钮，如图 12-88 所示。

(6) 打开【加载宏】对话框，选中【分析工具库】复选框，然后单击【确定】按钮，如图 12-89 所示。

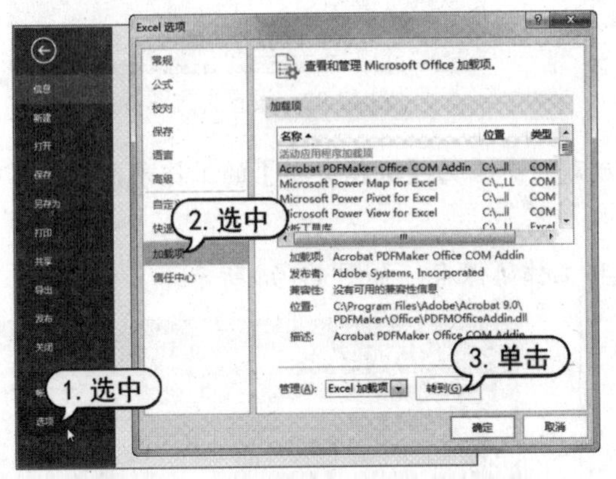

图 12-88　打开【Excel 选项】对话框

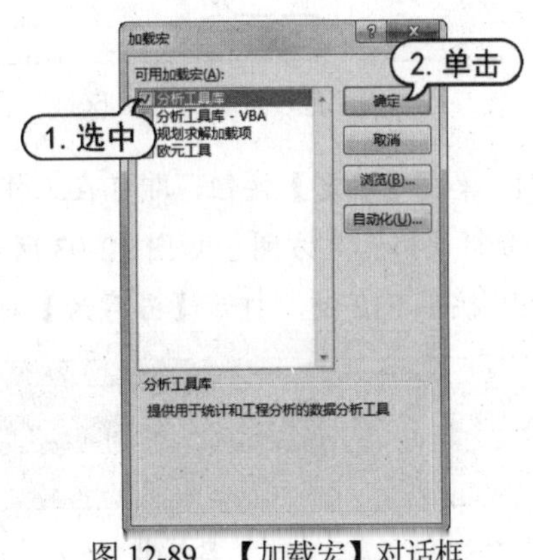

图 12-89　【加载宏】对话框

(7) 选择【数据】选项卡，在【分析】命令组中单击【数据分析】按钮，打开【数据分析】对话框。在【分析工具】列表框中选中【直方图】选项，单击【确定】按钮，如图 12-90 所示。

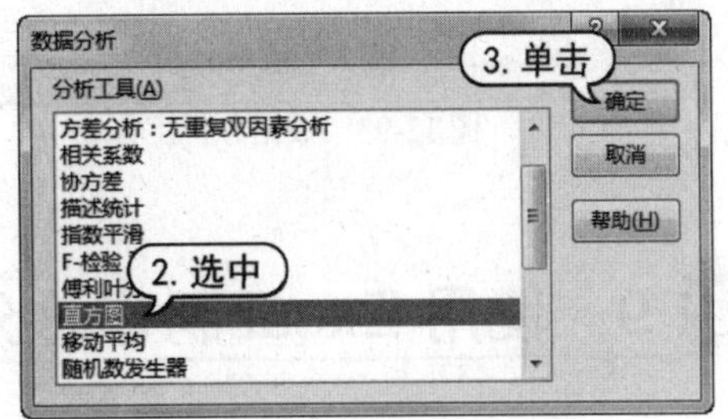

图 12-90　打开【数据分析】对话框

(8) 打开【直方图】对话框，单击【输入区域】文本框后的按钮，然后选中 C8:F11 单元格

区域，如图 12-91 所示。

(9) 按下 Enter 键返回【直方图】对话框。单击【接收区域】文本框后的▣按钮，然后选中 C12:F12 单元格区域。

(10) 按下 Enter 键返回【直方图】对话框。选中【新工作表组】单选按钮，在该单选按钮后的文本框中输入“数据分析”。然后选中【柏拉图】、【累计百分率】、【图表输出】等复选框，如图 12-92 所示。

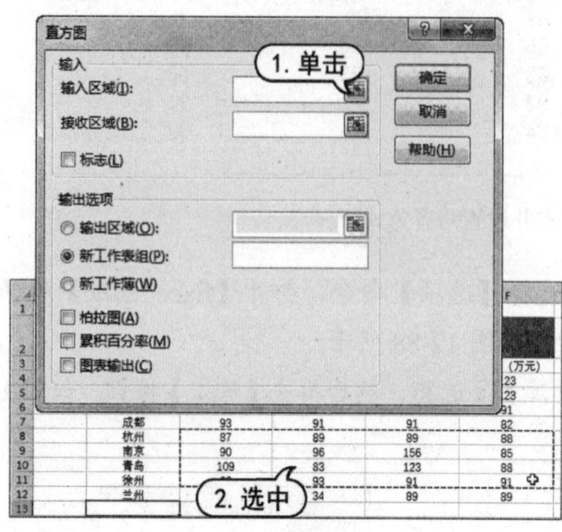

图 12-91　设置输入区域

图 12-92　设置直方图参数

(11) 单击【确定】按钮，即可在工作簿中创建一个名为【数据分析】的工作表，并在其中创建数据分析表格和直方图，如图 12-93 所示。

(12) 按下 F12 键，打开【另存为】对话框将工作簿保存，如图 12-94 所示。

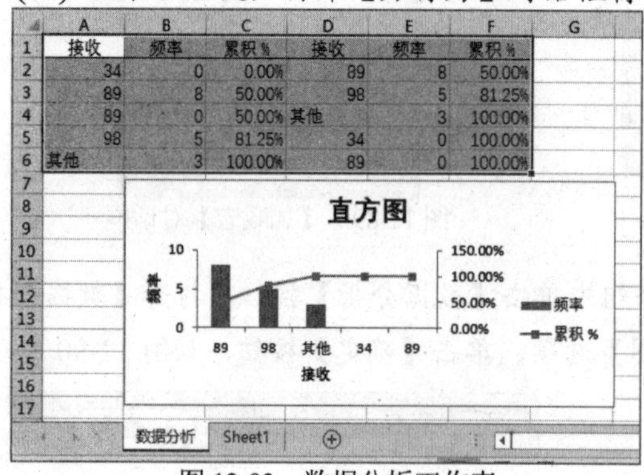

图 12-93　数据分析工作表

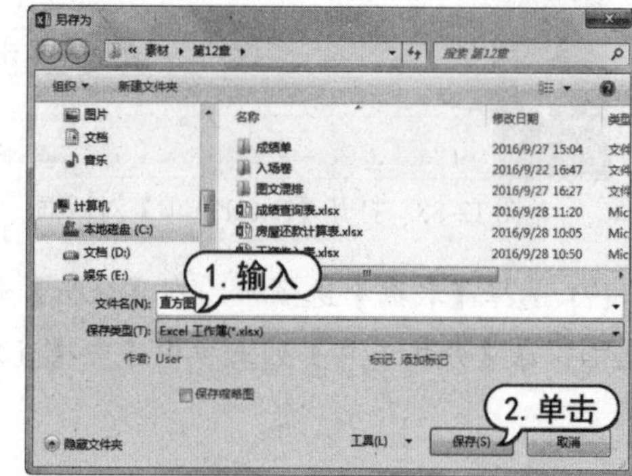

图 12-94　保存工作簿

12.9　使用 Excel 制作总分类账

本例将通过操作介绍制作总分类账的方法。

(1) 按下 Ctrl+N 组合键创建一个空白工作簿，选中 Sheet1 工作表的第 2 行，右击，在弹出的

菜单中选择【行高】命令，在打开的【行高】对话框中将第 2 行的行高设置为 35，如图 12-95 所示。

(2) 选择 B:G 列单元格，右击鼠标，在弹出的菜单中选择【列宽】命令，将该单元格区域的列宽设置为 15，完成后效果如图 12-96 所示。

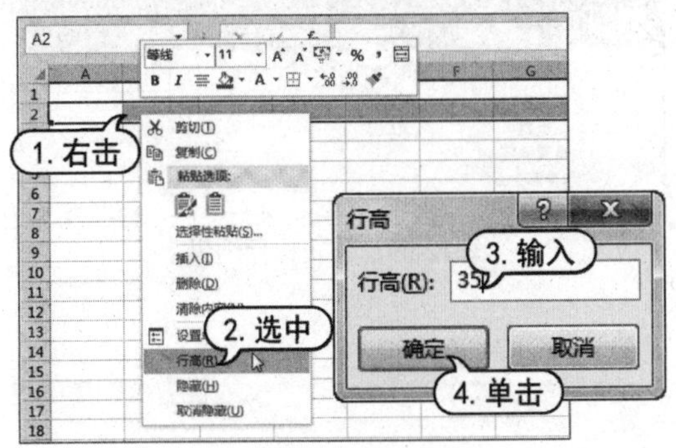

图 12-95　设置行高

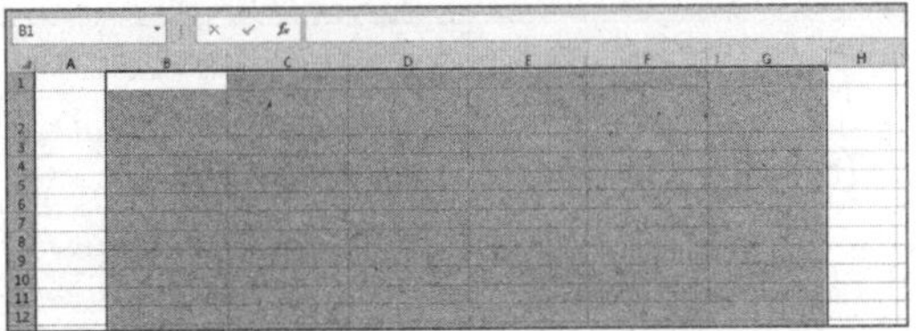

图 12-96　设置单元格区域列宽

(3) 选择 B2:G2 单元格区域，在【对齐方式】命令组中单击【合并后居中】按钮，合并单元格，并在其中输入"总分类账"。在【字体】命令组中设置【字体】为【方正大黑简体】，字号为 24，【字体颜色】为【白色】，【填充颜色】为【绿色】。

(4) 选择第 3 行单元格，将其【行高】设置为 25，并在 B3:G3 单元格中输入文本，在【字体】命令组中设置【字体】为【微软雅黑】，【字号】为 11(加粗)，【字体颜色】为【黑色】，【填充颜色】为【浅绿】，如图 12-97 所示。

图 12-97　输入并设置表格标题

(5) 选中 B3:G3 单元格区域，在【对齐方式】命令组中单击【居中】按钮，设置文本居中。

(6) 选择第 4~15 行单元格，将其【行高】设置为 16，并在其中输入文本，并将【对齐方式】设置为【居中对齐】，如图 12-98 所示。

(7) 选中 G4 单元格，输入如下公式。

```
=E4
```

按下 Ctrl+Enter 组合键确认后，完成输入，如图 12-99 所示。

图 12-98　输入文本并设置对齐方式

=E4

摘要	借方	贷方	余额
总分类账			
期初余额	5000000		5000000
订货现款	1500000		
运费	30000		
得实科技		720000	
永丰和企业		120000	
三联超市		80000	

图 12-99　公式执行结果

(8) 选中 G5 单元格，输入如下公式。

```
=G4+E5-F5
```

按下 Ctrl+Enter 组合键确认后，将鼠标指针放置在 G5 单元格右下角，拖动单元格控制柄，将公式复制到 G6:G14 单元格区域，如图 12-100 所示。

G5　=G4+E5-F5

	A	B	C	D	E	F	G	H
1								
2		总分类账						
3		日期	传票号码	摘要	借方	贷方	余额	
4				期初余额	5000000		5000000	
5		20181001	18001	订货现款	1500000		6500000	
6		20181002	18002	运费	30000		6530000	
7		20181003	18003	得实科技		720000	5810000	
8		20181004	18004	永丰和企业		120000	5690000	
9		20181005	18005	三联超市		80000	5610000	
10		20181006	18006	梦之星		280000	5330000	
11		20181007	18007	金星物业		870000	4460000	
12		20181008	18008	恒生科技		200000	4260000	
13		20181009	18009	德雷克公司		190000	4070000	
14		20181010	18010	罗曼超市		920000	3150000	
15				合计				
16								

图 12-100　复制公式结果

(9) 选择 E15 单元格，输入如下公式。

```
=SUM(E4:E14)
```

按下 Ctrl+Enter 组合键确认后，计算借方合计值。

(10) 选择 F15 单元格，输入如下公式。

```
=SUM(F7:F14)
```

按下 Ctrl+Enter 组合键确认后，计算贷方合计值，如图 12-101 所示。

F15　=SUM(F7:F14)

总分类账					
日期	传票号码	摘要	借方	贷方	余额
		期初余额	5000000		5000000
20181001	18001	订货现款	1500000		6500000
20181002	18002	运费	30000		6530000
20181003	18003	得实科技		720000	5810000
20181004	18004	永丰和企业		120000	5690000
20181005	18005	三联超市		80000	5610000
20181006	18006	梦之星		280000	5330000
20181007	18007	金星物业		870000	4460000
20181008	18008	恒生科技		200000	4260000
20181009	18009	德雷克公司		190000	4070000
20181010	18010	罗曼超市		920000	3150000
		合计	6530000	3380000	

图 12-101　计算借方和贷方的合计值

(11) 选择 B4:G15 单元格区域，在【字体】命令组中将【填充颜色】设置为【绿色 个性色6,淡色 60%】。

(12) 选中 B2:B15 单元格区域，在【字体】命令组中单击【边框】下拉按钮，在弹出的列表中选择【其他边框】选项，如图 12-102 所示。

(13) 打开【设置单元格格式】对话框，选择线条样式，然后单击【外边框】按钮，如图 12-103 所示。

图 12-102　设置其他边框

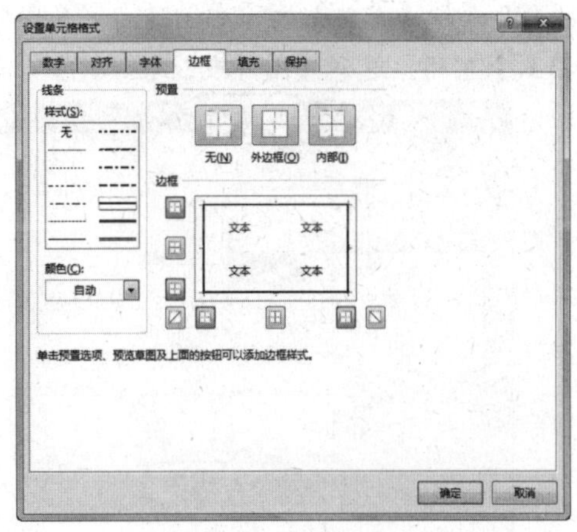

图 12-103　设置表格外边框

(14) 选择线条样式，然后单击【内部】按钮，设置表格的内边框。单击【确定】按钮，关闭【设置单元格格式】对话框。

(15) 选中 D15:F15 单元格区域，在【字体】命令组中将【填充颜色】设置为【浅蓝】，完成设置后表格的效果如图 12-104 所示。

	A	B	C	D	E	F	G	H
1								
2		总分类账						
3		日期	传票号码	摘要	借方	贷方	余额	
4				期初余额	5000000		5000000	
5		20181001	18001	订货现款	1500000		6500000	
6		20181002	18002	运费	30000		6530000	
7		20181003	18003	得实科技		720000	5810000	
8		20181004	18004	永丰和企业		120000	5690000	
9		20181005	18005	三联超市		80000	5610000	
10		20181006	18006	梦之星		280000	5330000	
11		20181007	18007	金星物业		870000	4460000	
12		20181008	18008	恒生科技		200000	4260000	
13		20181009	18009	德雷克公司		190000	4070000	
14		20181010	18010	罗曼超市		920000	3150000	
15				合计	6530000	3380000		
16								

图 12-104　总分类账效果

(16) 按下 F12 键，打开【另存为】对话框将工作簿保存。

12.10　使用 PowerPoint 制作新年贺卡

本例将介绍制作新年贺卡的具体操作方法。

(1) 启动 PowerPoint 2016，新建一个空白演示文稿。选择【开始】选项卡，在【幻灯片】命令组中单击【版式】下拉按钮，在展开的库中选择【空白】选项，12-105 所示。

(2) 选择【设计】选项卡的【自定义】命令组中单击【设置背景格式】按钮，打开【设置背景格式】窗格。选择【图片或纹理填充】单选按钮，单击【文件】按钮，如图 12-106 所示。

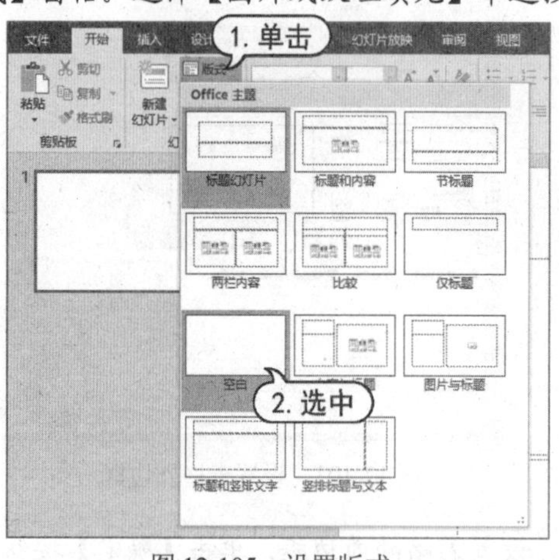

图 12-105　设置版式

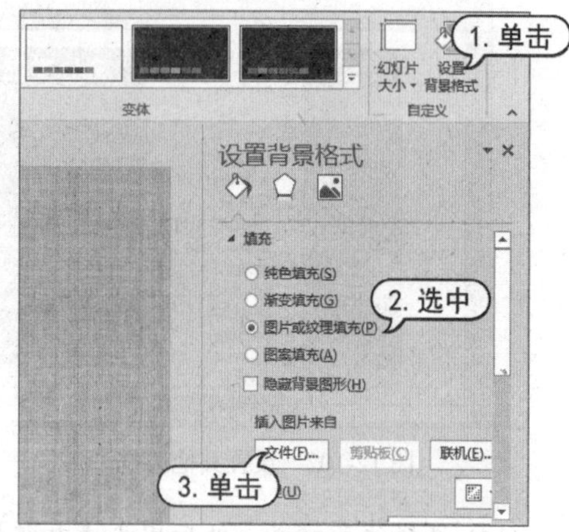

图 12-106　【设置背景格式】窗格

(3) 打开【插入图片】对话框，选中一个图片文件。然后单击【插入】按钮，为幻灯片设置如图 12-107 所示的背景图片。

(4) 选择【插入】选项卡，在【图像】命令组中单击【图片】按钮，打开【插入图片】对话

框。选择一个图片文件后单击【插入】按钮，在幻灯片中插入如图 12-108 所示的图片。

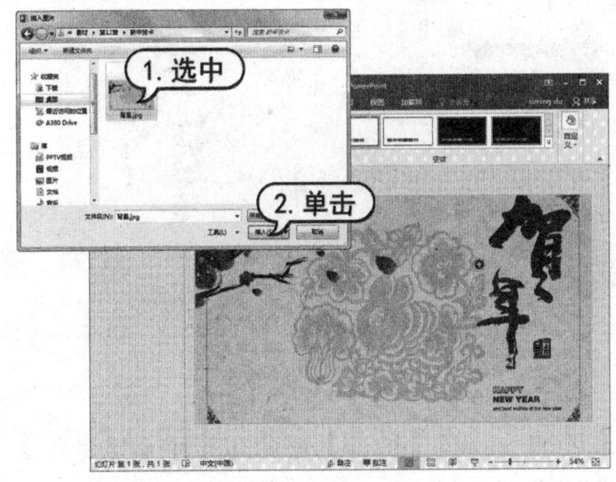

图 12-107　设置幻灯片背景

图 12-108　在幻灯片中插入图片

(5) 选择【插入】选项卡，在【文本】命令组中单击【文本框】下拉按钮。在弹出的菜单中选择【横排文本框】命令，然后拖动鼠标在幻灯片中绘制一个文本框，并在其中输入“尊敬的XXX：”。选择【开始】选项卡，在【字体】命令组中设置文本的【字体】为【华文楷体】，【字号】为 36，如图 12-109 所示。

(6) 保持文本框的选中状态，选择【绘图工具】|【格式】选项卡，在【艺术字样式】命令组中单击【其他】按钮，在展开的库中选择一种艺术字样式，如图 12-110 所示。

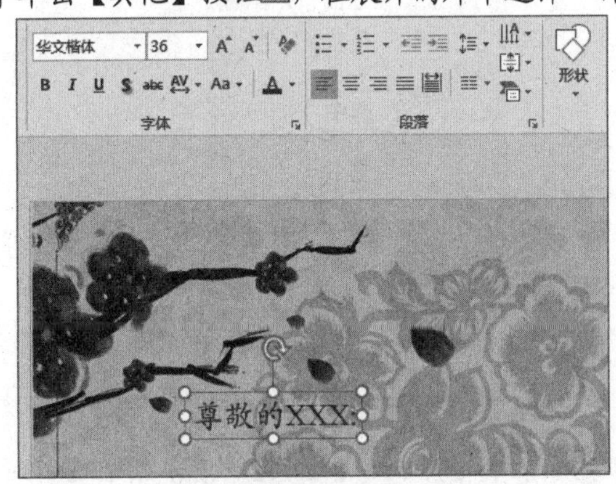

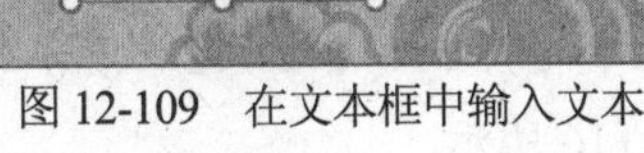

图 12-109　在文本框中输入文本

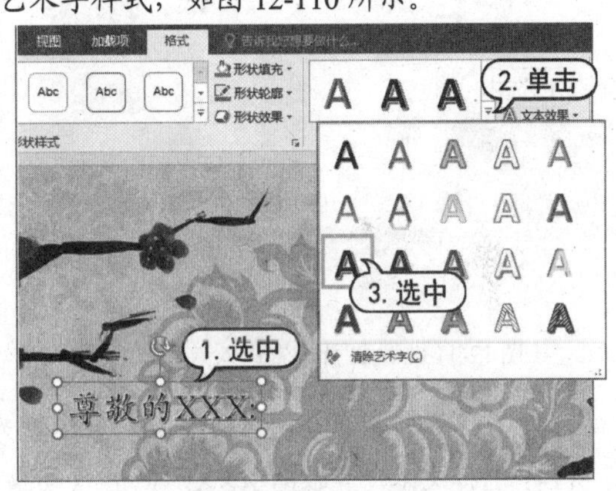

图 12-110　设置文本艺术字样式

(7) 在【艺术字样式】命令组中单击【文本填充】下拉按钮，在展开的库中选择【深红】选项，如图 12-111 所示。

(8) 在【艺术字样式】命令组中单击【文字效果】下拉按钮，在展开的库中选择【金色 个性色 4】选项。

(9) 选择【插入】选项卡，在【文本】命令组中单击【文本框】下拉按钮。在弹出的菜单中选择【横排文本框】命令，在幻灯片中再绘制一个文本框，并在其中输入文本。

(10) 选择【开始】选项卡，在【字体】命令组中设置【字体】为【华文楷体】，【字号】为 30，如图 12-112 所示。

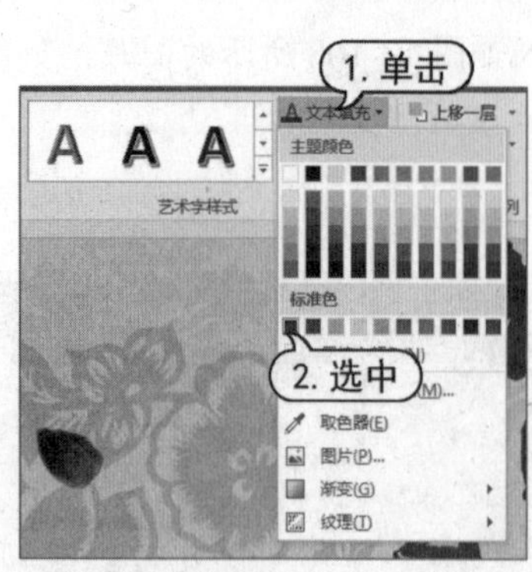

图 12-111　设置文本填充

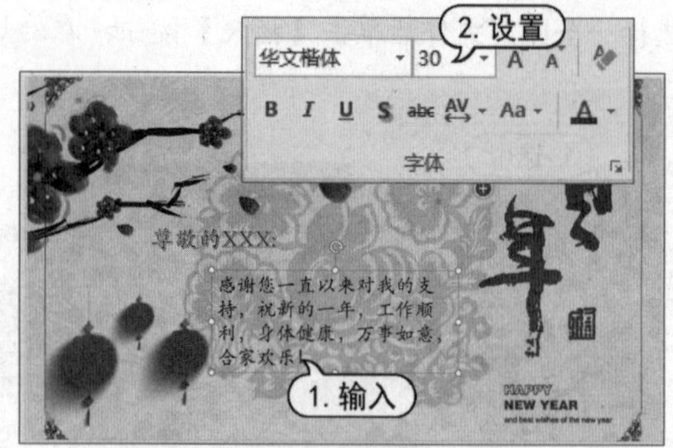

图 12-112　输入并设置文本格式

(11) 选中幻灯片中插入的图片，选择【动画】选项卡。在【动画】命令组中单击【其他】按钮，在展开的库中选择【更多进入效果】选项，如图 12-113 所示。

(12) 打开【更改进入效果】对话框。在其中选择【弹跳】选项，然后单击【确定】按钮，如图 12-114 所示。

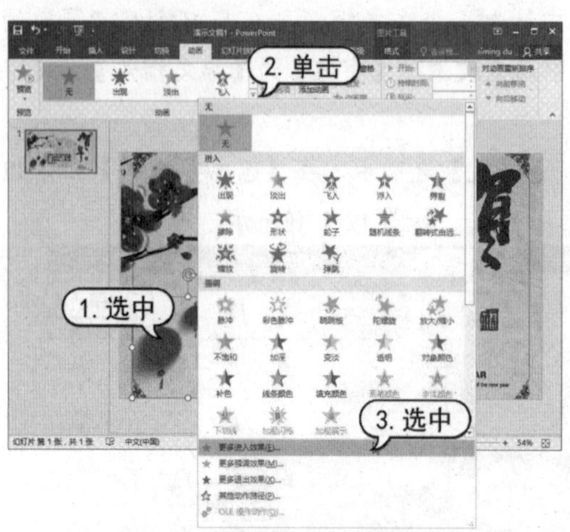

图 12-113　为图片设置进入效果

图 12-114　【更改进入效果】对话框

(13) 在【计时】命令组中将【开始】设置为【上一动画之后】，如图 12-115 所示。

(14) 选择文本“尊敬的 XXX:”，在【动画】选项卡中为其添加【进入】效果，并在【计时】命令组中将【开始】设置为【上一动画之后】，如图 12-116 所示。

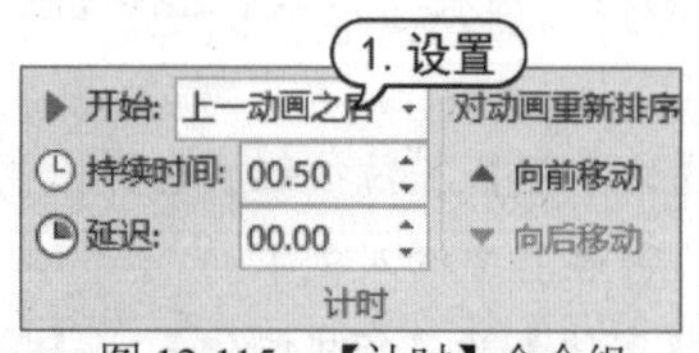

图 12-115　【计时】命令组

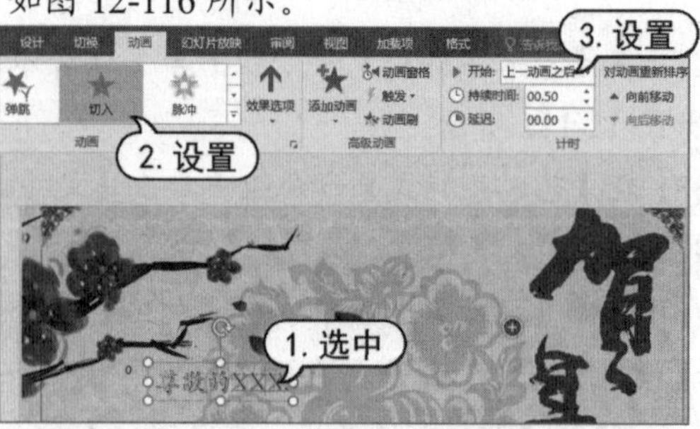

图 12-116　为文本框中的文本设置动画效果

(15) 选中幻灯片中的正文文本框，在【动画】命令组中设置【进入】效果为【随机线条】动画，并在【计时】命令组中将【开始】设置为【上一动画之后】，如图 12-117 所示。

(16) 按下 F12 键，打开【另存为】对话框将演示文稿保存。选择【幻灯片放映】选项卡，在【开始放映幻灯片】命令组中单击【从头开始】按钮，幻灯片的播放效果如图 12-118 所示。

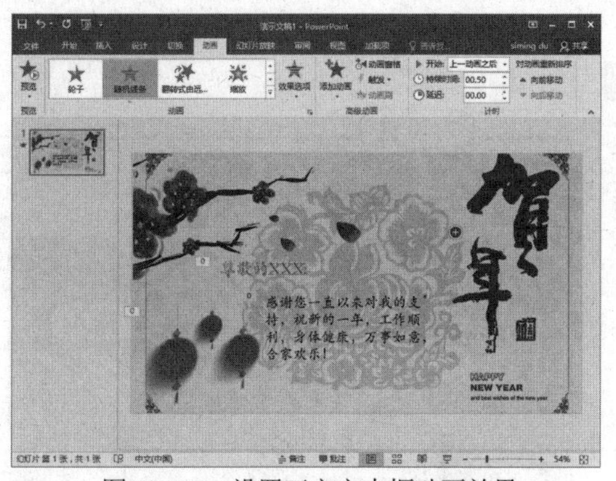

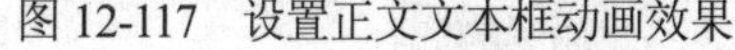

图 12-117　设置正文文本框动画效果

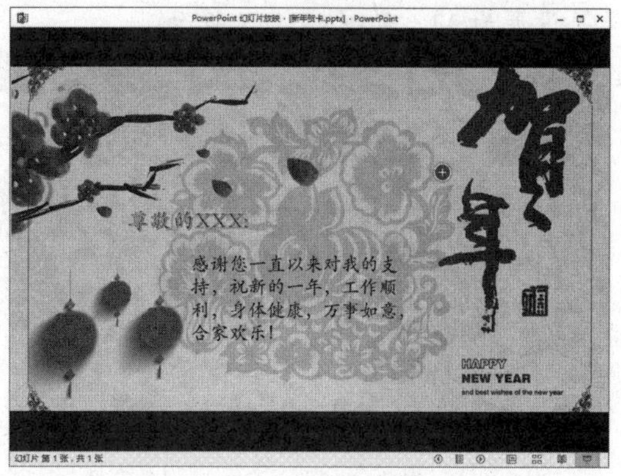

图 12-118　幻灯片播放效果

12.11　使用 PowerPoint 制作公司组织结构图

本例将介绍公司组织结构图的制作方法，该图是公司组织结构的直观反映，是最常见的表现员工、职称和群体关系的一种图表。它形象地反映了组织内机构、岗位上下左右相互之间的关系。

(1) 按下 Ctrl+N 组合键创建一个空白演示文稿，选择【设计】选项卡在【自定义】命令组中单击【幻灯片大小】下拉按钮，在弹出的下拉列表中选择【标准 4:3】选项，如图 12-119 所示。

(2) 选择【插入】选项卡，在【图像】命令组中单击【图片】按钮，打开【插入图片】对话框。选择一个图片文件，单击【插入】按钮，在幻灯片中插入如图 12-120 所示的图片。

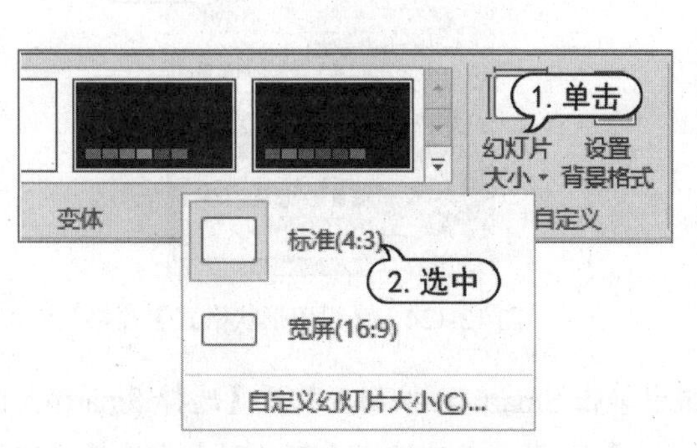

图 12-119　自定义幻灯片大小

图 12-120　在幻灯片中插入图片

(3) 选择【图片工具】|【格式】选项卡，在【大小】命令组中单击【大小和位置】按钮，打开【设置图片格式】窗格。在【大小】选项区域中取消【锁定纵横比】复选框的选中状态，然

后调整幻灯片中图片的大小，如图 12-121 所示。

(4) 选择【插入】选项卡，在【文本】命令组中单击【文本框】下拉按钮，在弹出的菜单中选择【横排文本框】命令，然后在幻灯片中绘制一个文本框，并输入文本。

(5) 选择【开始】选项卡，在【字体】命令组中将【字体】设置为【方正大黑简体】，【字号】设置为 32，如图 12-122 所示。

图 12-121　调整图片大小

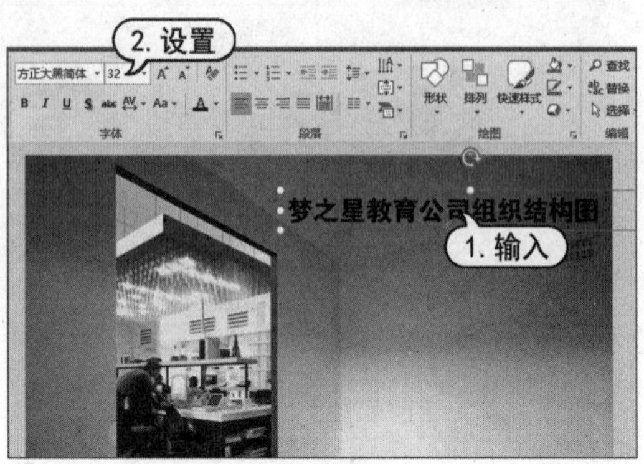

图 12-122　设置文本框中文本的格式

(6) 选择【绘图工具】|【格式】选项卡，在【艺术字样式】命令组中单击【快速样式】下拉按钮，在展开的库中选择一种艺术字样式，如图 12-123 所示。

(7) 在【艺术字样式】命令组中单击【文本填充】下拉按钮，在展开的库中选择【深红】选项。

(8) 在【艺术字样式】命令组中单击按钮，在打开的【设置形状格式】窗格中，设置【阴影】颜色为【白色】，如图 12-124 所示。

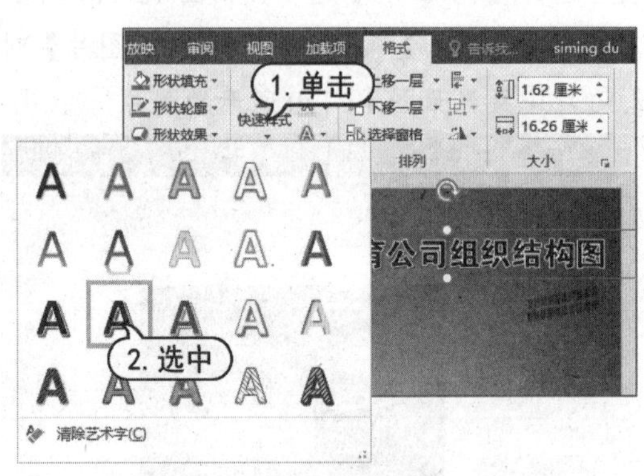

图 12-123　应用快速文字样式

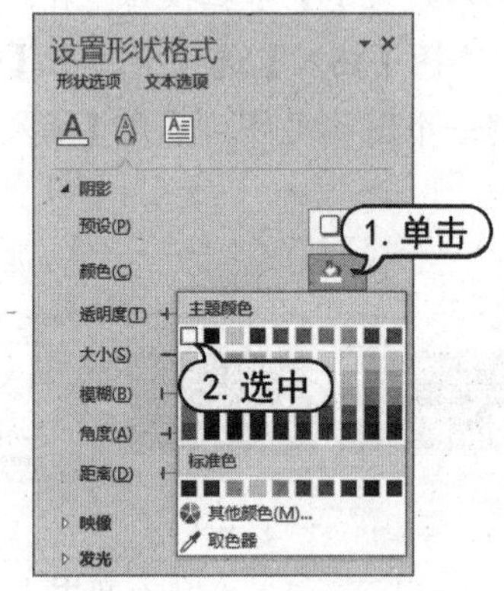

图 12-124　【设置形状格式】窗格

(9) 选择【插入】选项卡，在【插图】命令组中单击 SmartArt 按钮，打开【选择 SmartArt 图形】对话框。在对话框左侧的列表中选择【层次结构】选项，在对话框右侧的列表中选择【组织结构图】选项，然后单击【确定】按钮，如图 12-125 所示。

(10) 在幻灯片中插入组织结构图，选择【SmartArt 工具】|【格式】选项卡。在【大小】命令组中，设置【高度】和【宽度】，并在幻灯片中调整 SmartArt 图形的位置，如图 12-126 所示。

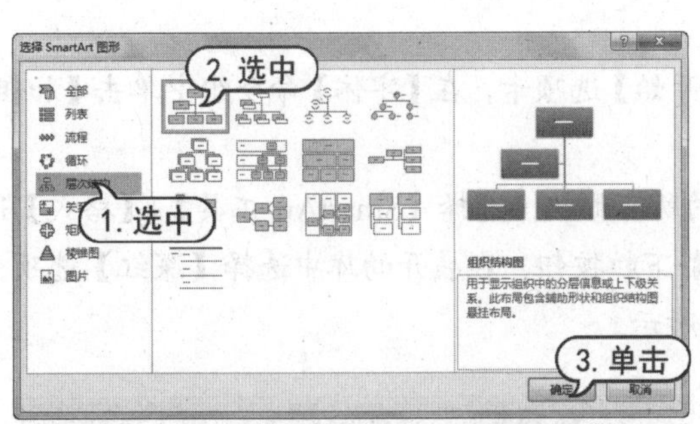

图 12-125　【选择 SmartArt 图形】对话框

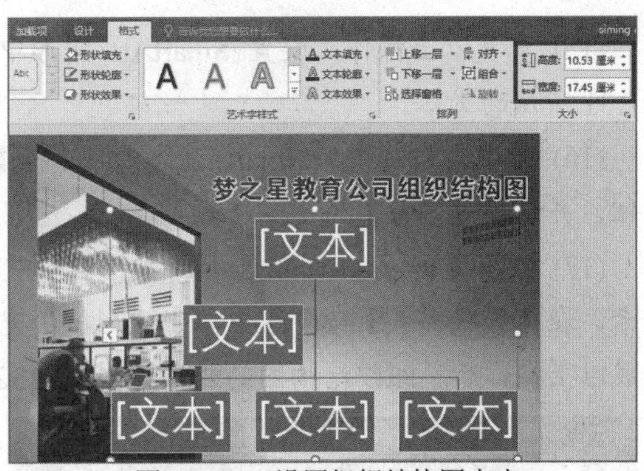

图 12-126　设置组织结构图大小

(11) 选中幻灯片中的 SmartArt 图形。选择【SmartArt 工具】|【设计】选项卡，在【创建图形】命令组中单击【添加形状】下拉按钮，在弹出的菜单中选择【在前面添加形状】命令，即可在选择形状后添加一个新形状，如图 12-127 所示。

(12) 使用同样的方法，继续添加形状，制作如图 12-128 所示的图形效果。

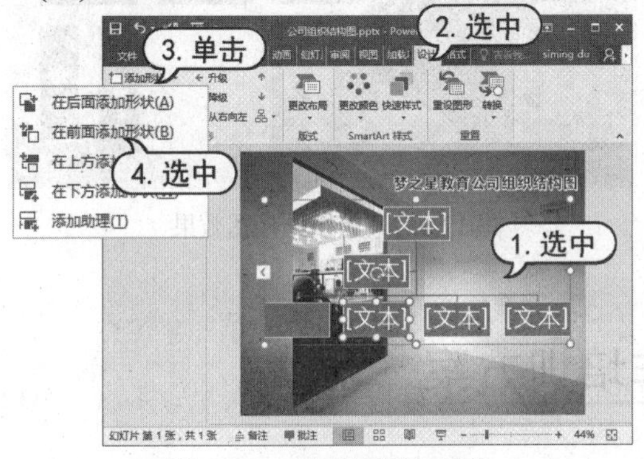

图 12-127　在前面添加形状

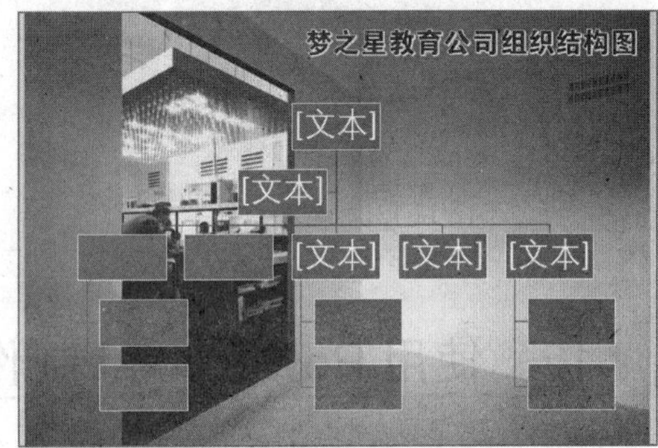

图 12-128　添加更多的形状

(13) 在幻灯片中选择如图 12-127 所示的形状，在【SmartArt 工具】|【格式】选项卡的【大小】命令组中设置形状的【高度】和【宽度】，如图 12-129 所示。

(14) 选中如图 12-130 所示的 3 个形状，在【SmartArt 工具】|【设计】选项卡中单击【布局】下拉按钮，在弹出的菜单中选择【标准】命令。

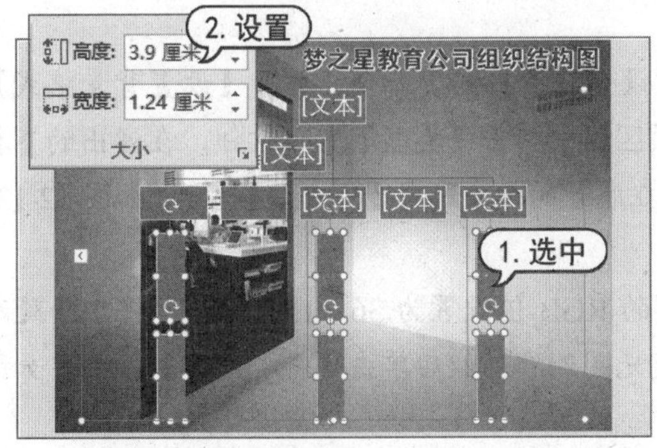

图 12-129　设置形状的高度和宽度

图 12-130　修改图形的布局

计算机 基础与实训教材系列

(15) 重复以上操作，设置 SmartArt 图形中其他形状的布局，然后在组织结构图中输入如图 12-131 所示的文本。

(16) 选中幻灯片中的 SmartArt 图形，选择【开始】选项卡，在【字体】命令组中单击【加粗】按钮，并设置【字号】为 22。

(17) 按下 Ctrl+A 组合键选中制作结构图中的所有形状。选择【SmartArt 工具】|【格式】选项卡，在【形状样式】命令组中单击【形状填充】下拉按钮，在展开的库中选择【深红】选项。完成以上操作后，组织结构图的效果如图 12-132 所示。

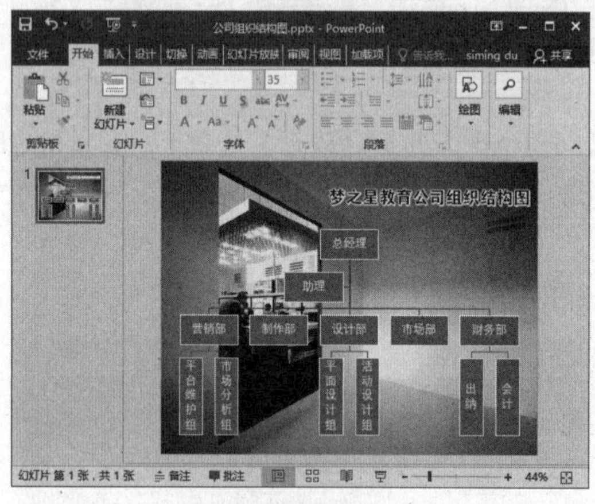

图 12-131　输入文本

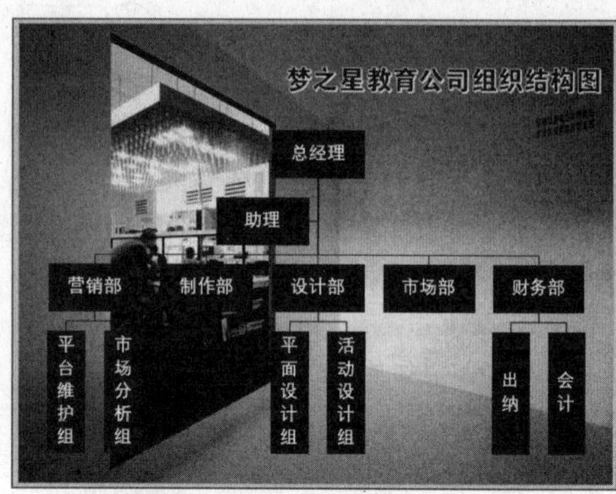

图 12-132　组织结构图效果

12.12　使用 PowerPoint 制作培训方案

本例将介绍制作培训方案幻灯片的方法。主要通过为幻灯片添加素材图像、图形及文字并为其添加动画，实现最终的效果。

(1) 按下 Ctrl+N 组合键创建一个空白演示文稿，选择【设计】选项卡，在【自定义】命令组中单击【幻灯片大小】下拉按钮，在弹出的下拉列表中选择【标准(4:3)】选项。

(2) 选择【开始】选项卡，在【幻灯片】命令组中单击【版式】下拉按钮，在展开的库中选择【空白】选项。

(3) 在幻灯片中右击，在弹出的菜单中选择【设置背景格式】命令，打开【设置背景格式】窗格。选中【渐变填充】单选按钮，在显示的选项区域中单击【类型】下拉按钮，在弹出的下拉列表中选择【射线】选项。单击【方向】下拉按钮，在展开的库中选择【从中心】选项，如图 12-133 所示。

(4) 在【渐变光圈】选项组中将 0 处渐变光圈的 RGB 值设置为 36、154、220，将 100 处渐变光圈的 RGB 值设置为 3、62、121，将其他渐变光圈删除，然后单击【全部应用】按钮，如图 12-134 所示。

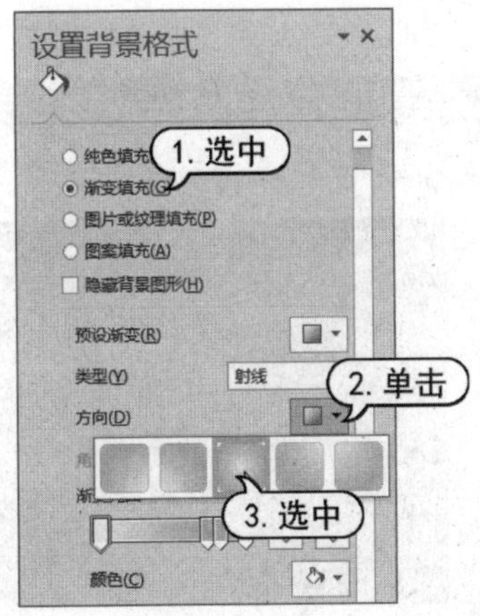

图 12-133　设置类型和方向

图 12-134　设置背景渐变光圈

(5) 选择【插入】选项卡，在【插图】命令组中单击【形状】下拉按钮，在展开的库中选择【矩形】选项。在幻灯片中绘制一个与幻灯片大小相同的矩形，如图 12-135 所示。

(6) 选中绘制的矩形，在【设置图片格式】窗格中展开【线条】选项区域，选中【无线条】单选按钮。在【填充】选项区域中选中【图片或纹理填充】单选按钮，并单击【文件】按钮。在打开的对话框中选中一个图片文件，并单击【打开】按钮，如图 12-136 所示。

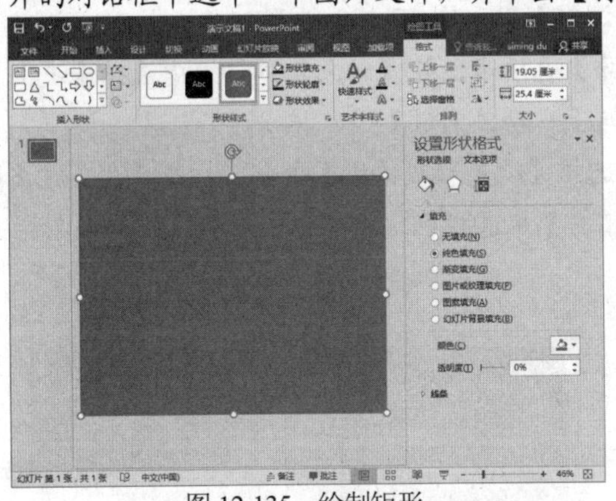

图 12-135　绘制矩形

图 12-136　为矩形设置图片填充

(7) 在【设置图片格式】窗格中将【透明度】设置为 10%，展开【线条】选项组，选择【无线条】单选按钮。

(8) 选择【插入】选项卡，在【插图】命令组中单击【形状】下拉按钮，在展开的库中选择【矩形】选项，在幻灯片中再绘制一个矩形。

(9) 选中步骤(8)绘制的矩形，选择【动画】选项卡。在【动画】命令组中单击【其他】按钮，在展开的库中选择【劈裂】选项，并将【效果选项】设置为【中央向上下展开】。在【计时】命令组中将【开始】设置为【上一动画之后】，如图 12-137 所示。

(10) 选择【插入】选项卡，在【文本】命令组中单击【文本框】下拉按钮，在弹出的菜单中选择【横排文本框】命令，在幻灯片中绘制一个文本框。输入文字“公司培训方案”。在【开始】选项卡的【字体】命令组中设置【字体】为【方正综艺简体】，【字号】为 40，【字体颜色】为

【深蓝】，效果如图 12-138 所示。

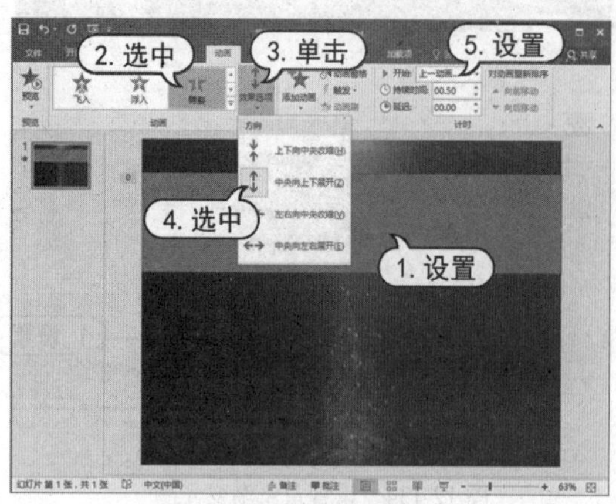

图 12-137　设置矩形动画

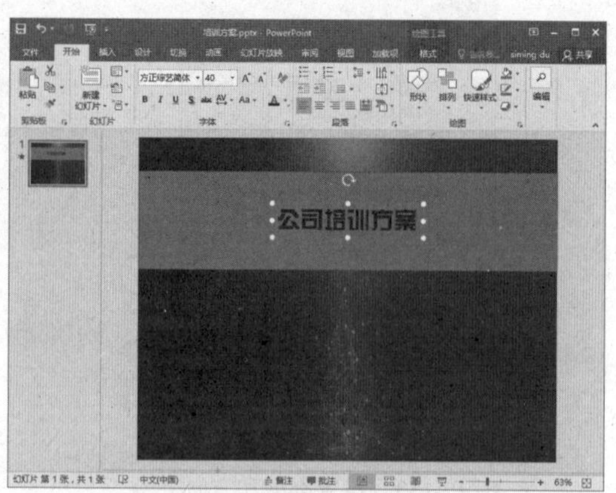

图 12-138　绘制文本框并输入文本

(11) 选中文本框，选择【动画】选项卡，在【动画】命令组中单击【淡出】选项，在【计时】命令组中将【开始】设置为【上一动画之后】。

(12) 使用【横排文本框】工具在幻灯片中绘制一个文本框，输入文本“培训目标/课程安排/培训讲师/考核评估”。选择【开始】选项卡，在【字体】命令组中将【字体】设置为【微软雅黑】，将【字号】设置为 18，将【字体颜色】设置为【深红】，如图 12-139 所示。

(13) 选中步骤 11 绘制的文本框，选择【动画】选项卡，在【动画】命令组中选择【淡出】选项，在【计时】命令组中将【开始】设置为【与上一动画同时】。

(14) 右击幻灯片中的矩形，在弹出的菜单中选择【设置形状格式】命令，打开【设置形状格式】窗格。展开【填充】选项区域，选择【纯色填充】单选按钮，将【透明度】设置为 50%，如图 12-140 所示。

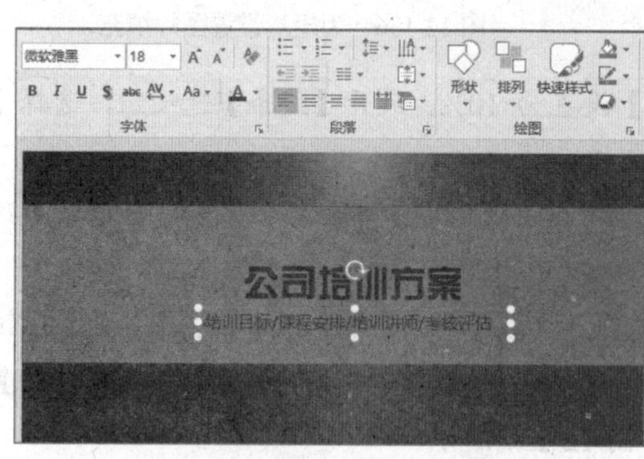

图 12-139　设置文本框中的文本格式

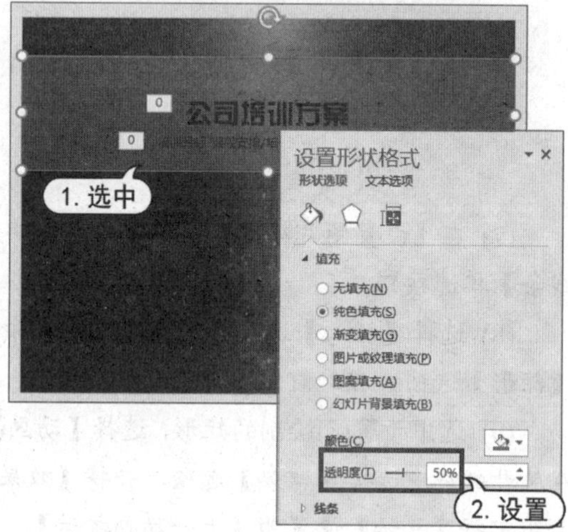

图 12-140　设置矩形透明度

(15) 在幻灯片窗格中选中第一张幻灯片，按下 Enter 键新建一个空白幻灯片。选择【插入】

选项卡，在【插图】命令组中单击【形状】下拉按钮，在展开的库中选择【矩形】选项，在幻灯片中绘制一个矩形。

(16) 在【设置形状格式】窗格中单击【填充与线条】按钮。在【填充】选项区域中将【颜色】设置为【白色】，将【透明度】设置为 65%。在【线条】选项区域中选中【无线条】单选按钮，如图 12-141 所示。

(17) 在【设置形状格式】窗格中单击【大小与属性】按钮。在【大小】选项区域中将【宽度】、【高度】分别设置为 48 厘米和 25.4 厘米。在【位置】选项区域中将【水平位置】、【垂直位置】分别设置为 0 厘米和 7.69 厘米，如图 12-142 所示。

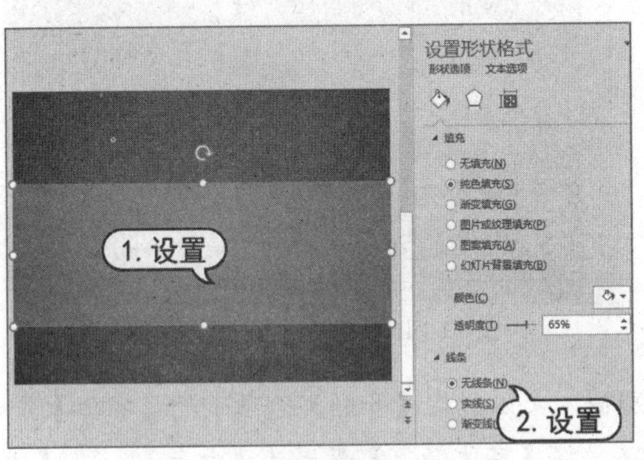

图 12-141 设置矩形形状的颜色和透明度

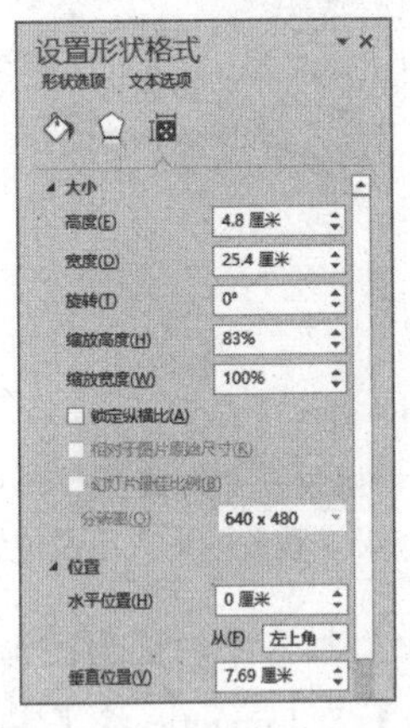

图 12-142 设置图形的大小和位置

(18) 选中幻灯片中的图形，选择【动画】选项卡。在【动画】命令组中单击【其他】按钮，在展开的库中选择【擦除】选项。在【计时】命令组中将【开始】设置为【与上一动画同时】。

(19) 保持矩形图形的选中状态，按下 Ctrl+D 组合键复制图形，在幻灯片中调整其位置与高度，如图 12-143 所示。

(20) 选择【插入】选项卡，在【插入】命令组中单击【形状】下拉按钮，在展开的库中选择【椭圆】选项。按住 Shift 键在幻灯片中绘制一个圆，如图 12-144 所示。

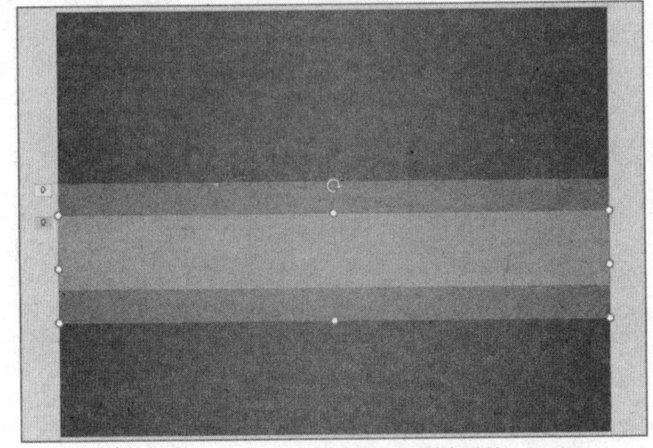

图 12-143 复制并调整矩形

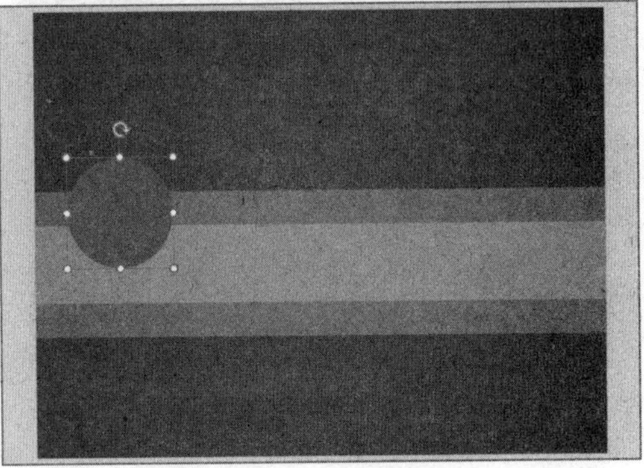

图 12-144 绘制圆形图形

(21) 在【设置形状格式】窗格中单击【填充与线条】按钮，在【填充】选项区域中将【颜色】设置为【浅蓝】，在【线条】选项区域中选中【无线条】单选按钮。

(22) 在【设置形状格式】窗格中单击【大小与属性】按钮，在【大小】选项区域中将【高度】、【宽度】都设置为 2.61 厘米。在【位置】选项区域中将【水平位置】、【垂直位置】分别设置为 19.79 厘米和 6.78 厘米，如图 12-145 所示。

(23) 保持圆形图形的选中状态，按下 Ctrl+D 组合键复制多个图形，并调整其大小和位置。在【设置形状格式】窗格中单击【填充与线条】按钮，在【线条】选项区域中选择【实线】单选按钮，将【颜色】设置为【白色】，将【宽度】设置为 3 磅，效果如图 12-146 所示。

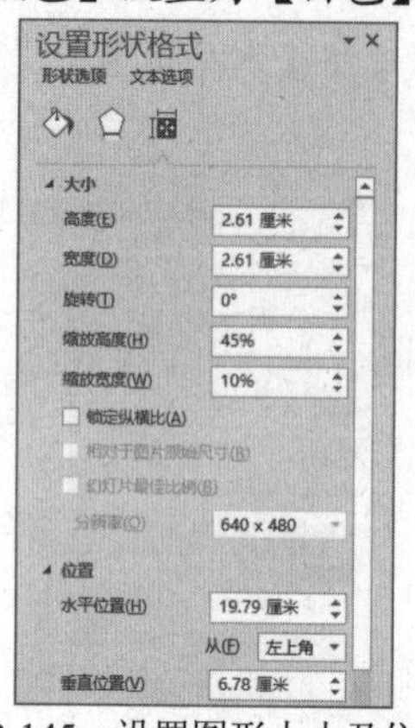

图 12-145 设置图形大小及位置

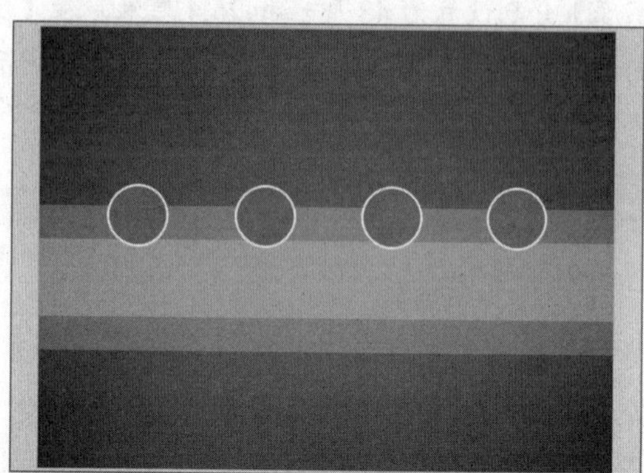

图 12-146 复制图形并调整位置

(24) 选中幻灯片中的圆形图形，在其中分别输入文本。在【开始】选项卡的【字体】命令组中设置【字体】为 Impact，将【字号】设置为 36。将【字体颜色】设置为【白色】，在【段落】命令组中单击【居中】按钮，如图 12-147 所示。

(25) 按住 Ctrl 键选中幻灯片中的 4 个圆形图形，选择【动画】选项卡。在【动画】命令组中选择【飞入】选项，将【效果选项】设置【自左侧】。在【计时】命令组中将【开始】设置为【与上一动画同时】，如图 12-148 所示。

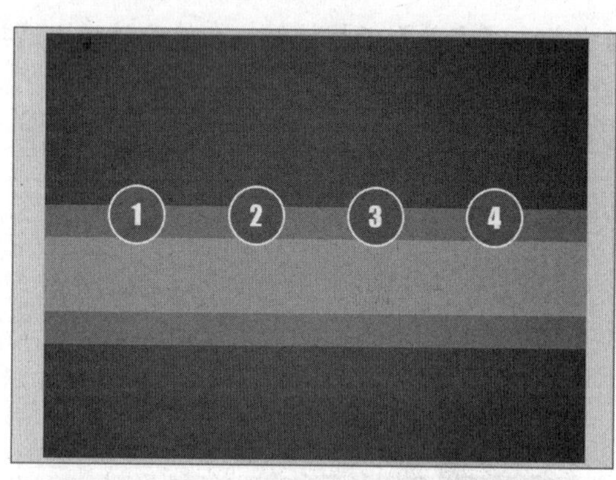

图 12-147 在圆形图形中输入文本

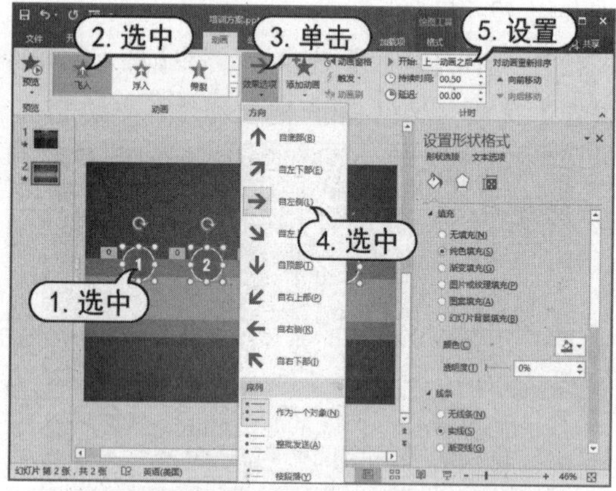

图 12-148 设置图形的动画效果

(26) 选择【插入】选项卡，在【文本】命令组中单击【文本框】下拉按钮。在弹出的菜单中选择【横排文本框】命令，在幻灯片中绘制一个文本框，并输入文字“培训目标”。

(27) 选中幻灯片中的文本框，在【开始】选项卡的【字体】命令组中将【字体】设置为【微

软雅黑】，将【字号】设置为 20，将【字体颜色】设置为【深红】，如图 12-149 所示。

(28) 按下 Ctrl+D 组合键复制步骤(28)创建的文本框，并在文本框中输入如图 12-150 所示的文本。

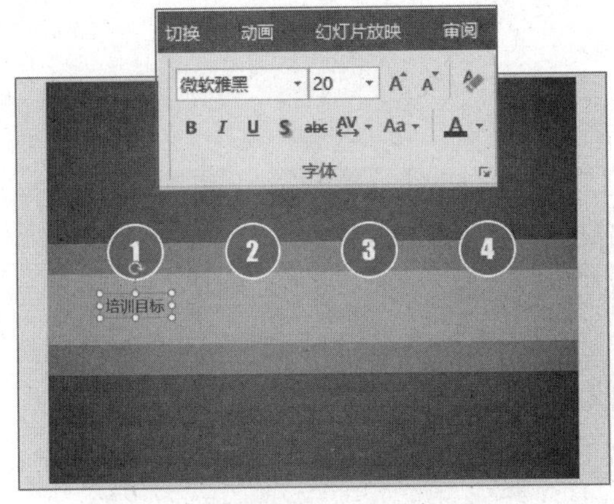

图 12-149　绘制文本框并输入文本

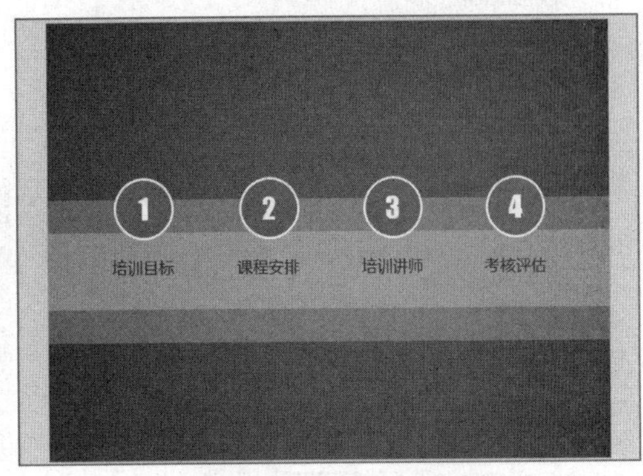

图 12-150　复制文本框

(29) 按住 Ctrl 键选中幻灯片中的所有文本框。选择【动画】选项卡，在【动画】命令组中选择【浮入】选项，在【计时】命令组中将【开始】设置为【与上一动画同时】，如图 12-151 所示。

(30) 在幻灯片窗格中选择第二张幻灯片，按下 Enter 键新建一个幻灯片。选择【插入】选项卡，在【字体】命令组中单击【文本框】下拉按钮，在弹出的菜单中选择【横排文本框】命令，绘制一个文本框，输入文本“培训目的”。

(31) 选择【开始】选项卡，在【字体】命令组中将【字体】设置为【微软雅黑】，将【字号】设置为 36，单击【加粗】按钮，将【字体颜色】设置为【白色】，如图 12-152 所示。

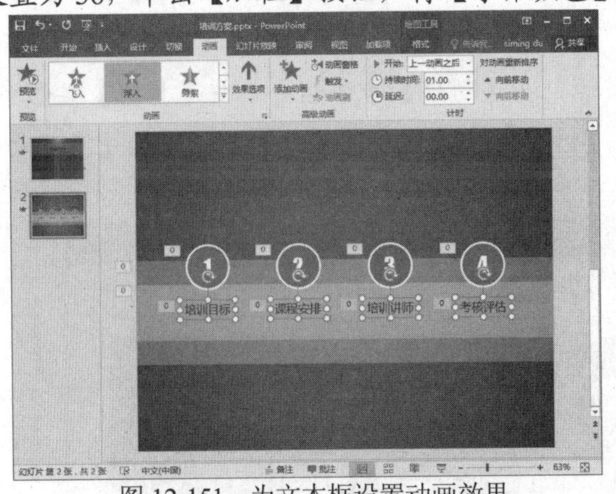

图 12-151　为文本框设置动画效果

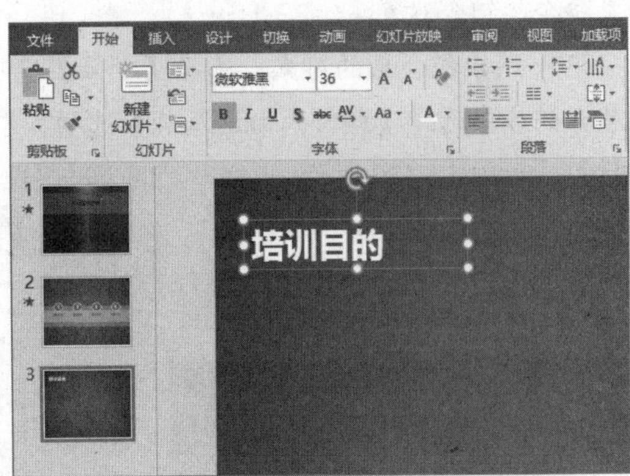

图 12-152　在第 3 张幻灯片中创建文本框

(32) 选中幻灯片中的横排文本框，选择【动画】选项卡。在【动画】命令组中单击【其他】按钮，在展开的库中选择【更多进入效果】选项，打开【更改进入效果】对话框。选择【挥鞭式】选项，然后单击【确定】按钮，如图 12-153 所示。

(33) 在【计时】命令组中将【开始】设置为【上一动画之后】。

(34) 选择【插入】选项卡。在【插图】命令组中单击【形状】下拉按钮，在展开的库中选择

【椭圆】选项，按住 Shift 键在幻灯片中绘制一个圆形图形。

(35) 在【设置形状格式】窗格中单击【填充与线条】按钮，在【填充】选项区域中将【颜色】设置为白色。在【线条】选项区域中将【颜色】设置为【深蓝】，将【宽度】设置为 6 磅，如图 10-154 所示。

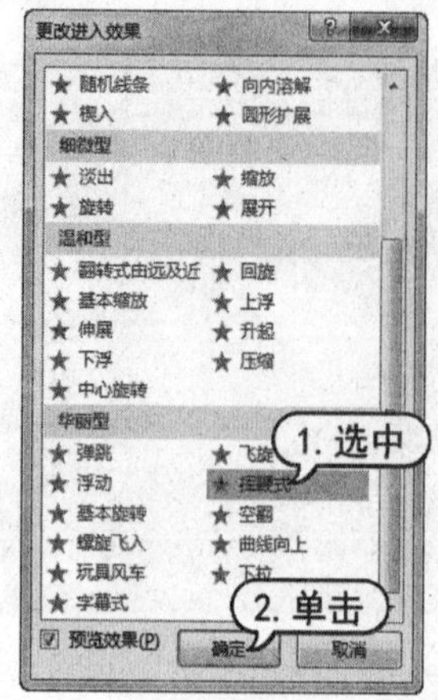

图 12-153 【更改进入效果】对话框

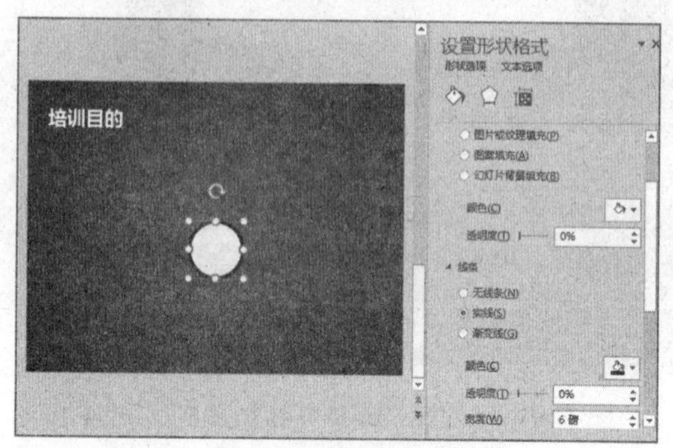

图 12-154 绘制并设置圆形形状

(36) 在【设置形状格式】窗格中单击【大小与属性】按钮，在【大小】选项区域中将【宽度】、【高度】都设置为 4 厘米。在【位置】选项区域中将【水平位置】、【垂直位置】分别设置为 10.55 厘米和 9.11 厘米。

(37) 选择【插入】选项卡，在【图像】命令组中单击【图片】按钮。在打开的对话框中选择一个图像文件，单击【插入】按钮。在幻灯片中插入一个图片并调整其位置，如图 12-155 所示。

(38) 选中幻灯片中绘制的图形及插入的图像，右击鼠标，在弹出的菜单中选择【组合】|【组合】命令，组合对象。

(39) 选中组合后的对象，选择【动画】选项卡。在【动画】命令组中单击【其他】按钮，在展开的库中选择【翻转式由远及近】选项。在【计时】命令组中将【开始】设置为【上一动画之后】，如图 12-156 所示。

图 12-155 插入图像并调整其位置

图 12-156 设置对象的动画效果

(40) 选择【插入】选项卡，在【插图】命令组中单击【形状】下拉按钮，在展开的库中选择

【圆角矩形】选项，在幻灯片中绘制一个圆角矩形。然后调整圆角的大小。在【设置形状格式】窗格中单击【填充与线条】按钮，在【填充】选项区域中将【颜色】设置为【浅蓝】，将【透明度】设置为 70%，在【线条】选项区域中将【颜色】设置为【白色】，将【宽度】设置为 1 磅，将短划线类型设置为【长划线】，效果如图 12-157 所示。

(41) 选择【插入】选项卡。单击【插图】命令组中的【形状】下拉按钮，在展开的库中选择【椭圆】选项，在幻灯片中按住 Shift 键绘制一个圆形图形，如图 12-158 所示。

图 12-157　绘制圆角矩形

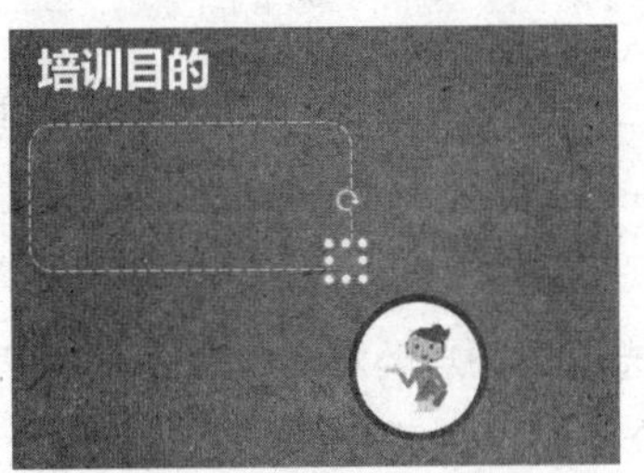

图 12-158　绘制圆形图形

(42) 在【插图】命令组中单击【形状】下拉按钮，在展开的库中选择【直线】选项，在幻灯片中绘制两条直线。并在【设置背景格式】窗格中设置直线的线条颜色为【白色】，将短划线类型设置为【长划线】，效果如图 12-159 所示。

(43) 选中幻灯片中的圆形矩形，在其中输入文本。在【开始】选项卡的【字体】命令组中将【字体】设置为【微软雅黑】，将【字号】设置为 12，将【字体颜色】设置为【白色】，效果如图 12-160 所示。

图 12-159　绘制直线

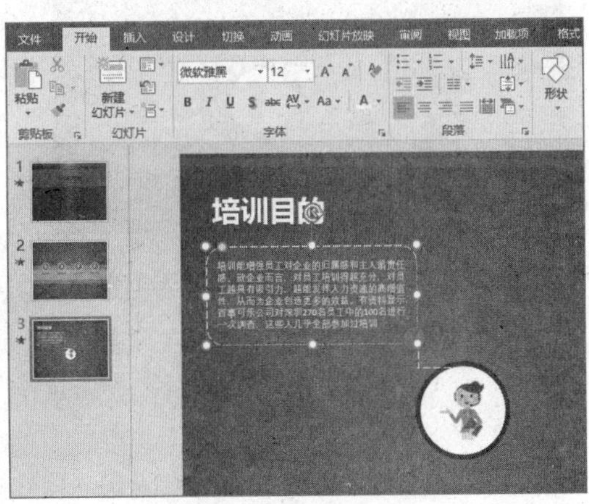

图 12-160　在图形中输入文本

(44) 选中圆角矩形中的文本，右击，在弹出的菜单中选择【段落】命令，打开【段落】对话框。选择【缩进和间距】选项卡，在【缩进】选项区域中将【特殊格式】设置为【首行缩进】，在【间距】选项区域中将【段后】设置为 12 磅，单击【确定】按钮，如图 12-161 所示。

(45) 在幻灯片中选中圆形图形，在其中输入数字 1，并在【开始】选项卡的【字体】命令组中设置字体格式。

(46) 在幻灯片中选中圆角矩形、圆形图形和两条直线，右击鼠标，在弹出的菜单中选择【组合】|【组合】命令，如图 12-162 所示。

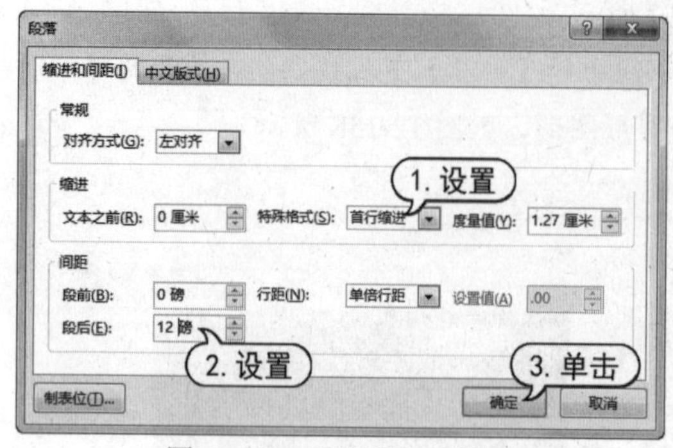

图 12-161 【段落】对话框

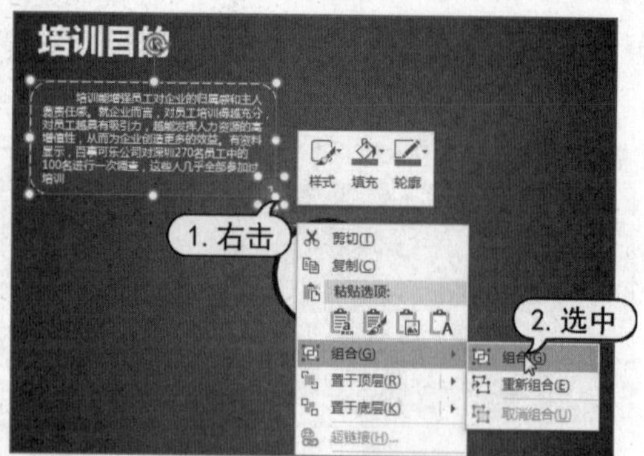

图 12-162 组合图形对象

(47) 选中组合后的对象，选择【动画】选项卡。在【动画】命令组中单击【淡出】选项，在【计时】命令组中将【开始】设置为【上一动画之后】。

(48) 使用同样的方法，在幻灯片中添加其他图形和文本，并添加动画效果，如图 12-163 所示。

(49) 按下 F12 键，打开【另存为】对话框，将演示文稿以“培训方案”保存，如图 12-164 所示。

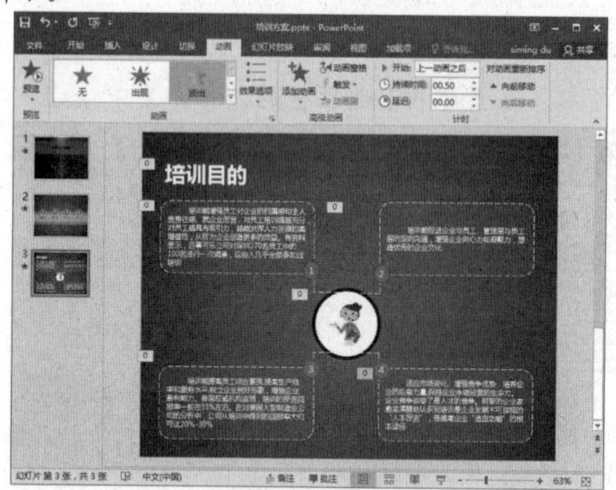

图 12-163 添加其他图形和文字后的效果

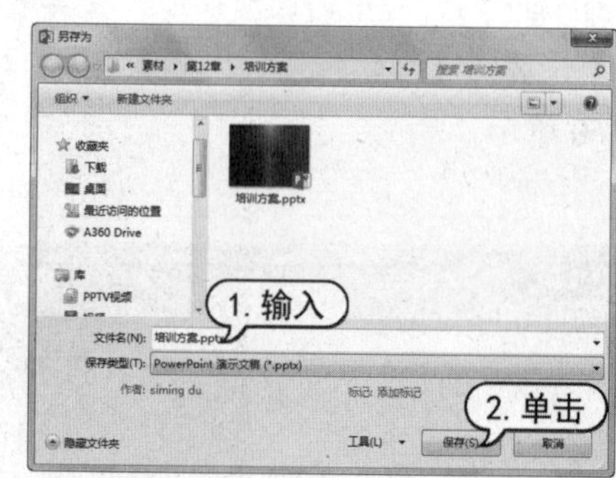

图 12-164 【另存为】对话框